2026 CBT필기 시험대비
국가직무능력표준(NCS)기반 출제기준 반영

국가건설기준(KDS)규정 적용 | 필기+실기

전산응용 3주완성
토목제도기능사

염창열 · 김지우 · 최진호 공저

❖ 시험대비 SOLUTION

- Pick Remember 요약정리
- CBT 대비 실전테스트 운용
- 필기/실기 시험동시대비
- 도로 횡/종단면도 작성법

한솔아카데미

CBT 시험대비 실전테스트

홈페이지(www.bestbook.co.kr)에서 일부 필기시험 문제를 CBT 모의 TEST로 체험하실 수 있습니다.

CBT 필기시험문제

- 2017년 제3회 시행
- 2018년 제3회 시행
- 2019년 제3회 시행
- 2020년 제3회 시행
- 2021년 제3회 시행
- 2022년 제3회 시행
- 2023년 제3회 시행
- 2024년 제3회 시행
- 2025년 제3회 시행

■ CBT 실전테스트 쿠폰번호안내

| 회원 쿠폰번호 | 682I-03GE-Z24Z |

■ 전산응용토목제도기능사 CBT 필기시험문제 응시방법

① 한솔아카데미 인터넷서점 베스트북 홈페이지(www.bestbook.co.kr) 접속 후 로그인합니다.
② [CBT모의고사] – [기능사/기타] – [전산응용토목제도기능사] 메뉴에서 쿠폰번호를 입력합니다.
③ [내가 신청한 모의고사] 메뉴에서 모의고사 응시가 가능합니다.

※ 쿠폰사용 유효기간은 2026년 12월 31일 까지 입니다.

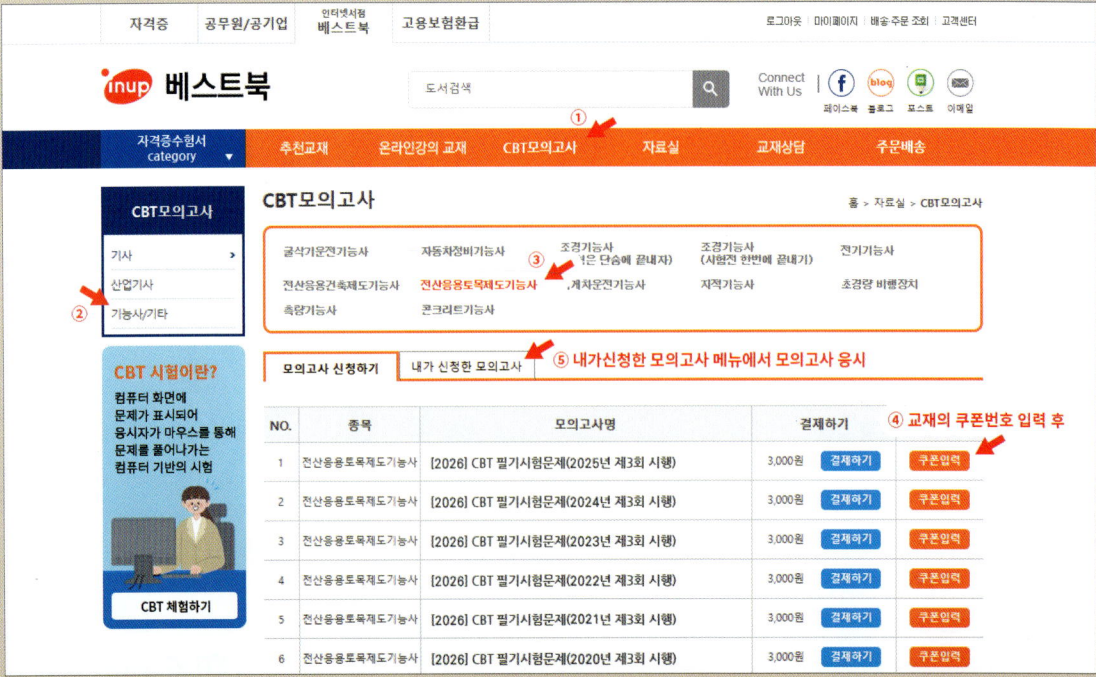

머리말

Introduction

아는 것을 안다고 하고,
모르는 것을 모른다고 하는 것,
그것이 바로 아는 것이다.

전산응용토목제도기능사는 컴퓨터에 의한 설계(CAD : Computer Aided Design)를 접할 수 있는 유일한 라이센스입니다. 전산응용토목제도기능사는 건설분야에서 준비해야 할 자격증으로 현재와 미래에 반드시 필요한 자격증임을 추천드리고 싶습니다.

어떻게 하면 전산응용토목제도기능사를 쉽게 공부할 수 있을까하는 관점에서 탁월한 길잡이가 되도록 기본적이고 핵심적인 내용을 체계적이고 효과적으로 학습할 수 있도록 최근 출제 기준에 맞추어 CBT대비서로 함축성있게 편집하려 노력하였습니다.

출제기준인 토목제도(CAD), 전산응용제도, 철근(2021년 KDS 규정 적용) 및 콘크리트(2022년 콘크리트 표준시방서 KCS 규정 적용), 토목일반 등 업무수행능력 평가를 위해 다음과 같이 중점을 두어 집필하였습니다.

1. CBT시험 전까지 출제되었던 모든 문제를 분류 및 분석하였습니다.
2. 기출문제를 년도별, 회별로 표시하여 중요도를 알 수 있도록 하였습니다.
3. CBT 프로그램을 통한 반복적인 실전 TEST를 할 수 있도록 하였습니다.
4. 1차 필기시험과 2차 실기시험을 연속성 있게 학습할 수 있도록 하였습니다.
5. 도로토공 횡단면도 및 종단면도를 쉽게 이해할 수 있도록 하였습니다.

이 수험서를 통하여 CAD에 관련된 자격증을 취득하는데 훌륭한 지침서가 되고 자신의 목표가 반드시 이룩할 수 있기를 소망합니다.

가장 바쁜 시간 중에 시간을 지배할 줄 아는 사람이 인생도 지배할 줄 안다고 생각됩니다. 앞으로도 꾸준히 라이센스(license)에 도전하십시오.

그리고 한솔아카데미와 함께하십시오. 반드시 계획했던 모든 꿈을 이루실겁니다.

혹시 오류가 있다면 신속히 보완하여 더욱 좋은 책으로 거듭날 수 있도록 최선을 다 하겠으며, 항상 조언을 부탁드립니다. 또한 본 CBT 필기복원문제는 다양한 방식(수험자의 기억, 랜덤 등)으로 복원한 문제이므로 실제문제와 다를 수 있음을 미리 알려드립니다. 따라서 이 책을 접하는 모든 분들이 전산응용토목제도기능사 라이센스를 취득하시길 진심으로 기원드립니다.

한 권의 책이 나올 수 있도록 최선을 다해 도와 주신 한솔아카데미 편집부 여러분, 이 책의 얼굴을 예쁘게 디자인 해주신 강수정 실장님, 묵묵히 어려움을 마다하고 편집을 하여 주신 안주현 부장님, 언제나 가교 역할을 해 주시는 최상식 이사님, 항상 큰 그림을 그려 주시는 이종권 사장님, 사랑받는 수험서로 출판될 수 있도록 아낌없이 지원해 주신 한병천 대표이사님께 감사드립니다.

저자 드림

CBT 필기 자격시험 안내

CBT 시험이란?
(컴퓨터 이용 시험, computer based testing)

컴퓨터를 이용하여 시험 평가(testing)하는 것입니다.
2016년 5회부터 전산응용토목제도기능사를 포함한
정기 및 상시 기능사 전 종목이 CBT를 이용하여 필기시험 평가를 합니다.
CBT시험은 수험자가 답안을 제출하면 바로 합격여부를 확인할 수 있습니다.

01 CBT 철저한 준비 (웹체험 서비스 안내)

한국산업인력공단에서 운영하는 큐넷(Q-net) 홈페이지에서는 실제 컴퓨터 자격시험 환경과 동일하게 구성하여 누구나 쉽게 CBT(컴퓨터 기반 시험)을 이용해볼 수 있도록 가상 체험 서비스를 운영합니다. (http://www.q-net.or.kr)

❶ 신분 확인절차

시험 시작 전 수험자에게 배정된 좌석에 앉아 있으면 신분 확인 절차가 진행됩니다. 시험장 감독위원이 컴퓨터에 나온 수험자 정보과 신분증이 일치하는지를 확인하는 단계입니다.

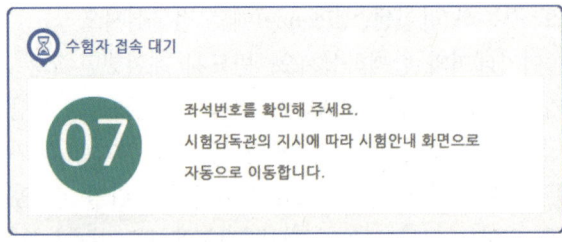

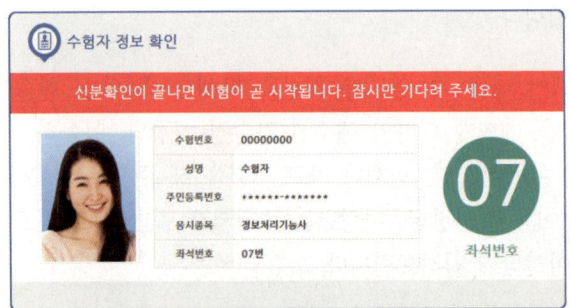

❷ 시험안내 진행

좌석배정과 신분증 확인 단계가 끝난 후 시험안내가 진행됩니다.
시험 안내사항, 유의사항, 메뉴설명, 문제풀이 연습, 시험준비완료 항목을 확인하고 실제 시험과 동일한 방식의 문제풀이 연습을 통해 CBT 시험을 준비합니다.

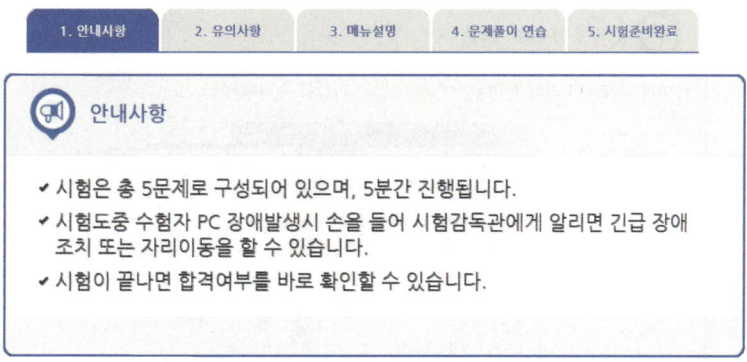

02 CBT 확인 점검 (웹체험 서비스 진행)

① CBT 시험 문제 화면의 기본 글자 크기는 150%입니다. 글자가 크거나 작을 경우 크기를 변경하실 수 있습니다.
② 화면 배치는 1단 배치가 기본 설정입니다. 더 많은 문제를 볼 수 있는 2단 배치와 한 문제씩 보기 설정이 가능합니다.

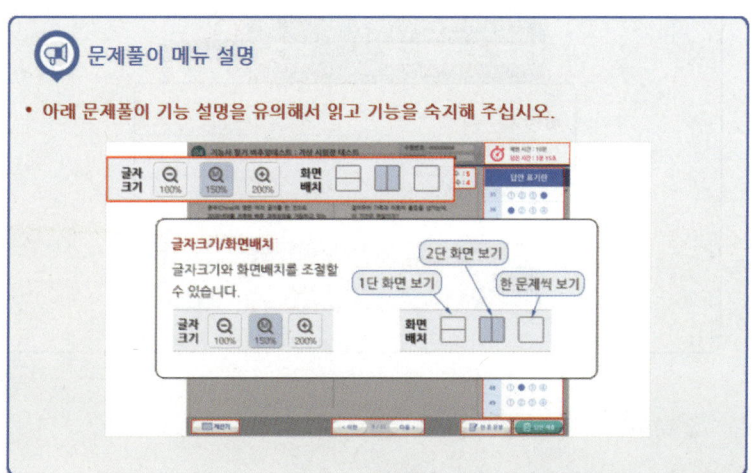

③ 답안은 문제의 보기 번호를 클릭하거나 답안표기란의 번호를 클릭하여 입력하실 수 있습니다.
④ 입력된 답안은 문제화면 또는 답안 표기란의 보기 번호를 클릭하여 변경하실 수 있습니다.

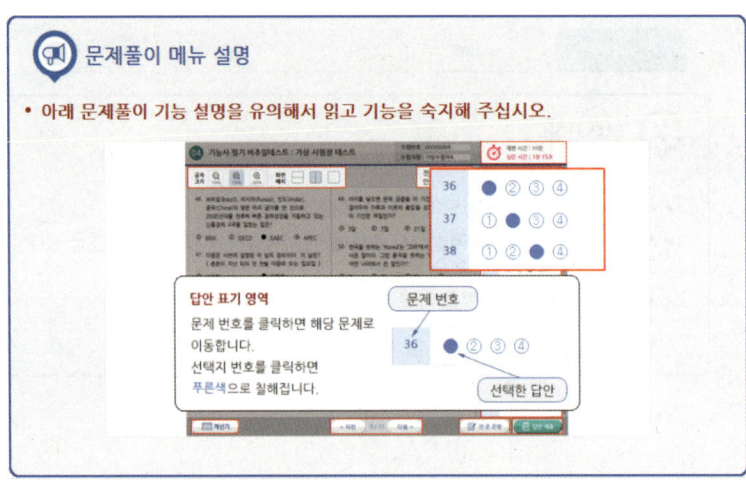

⑤ 페이지 이동은 아래의 페이지 이동 버튼(이전, 다음) 또는 답안 표기란의 문제번호를 클릭하여 이동할 수 있습니다.

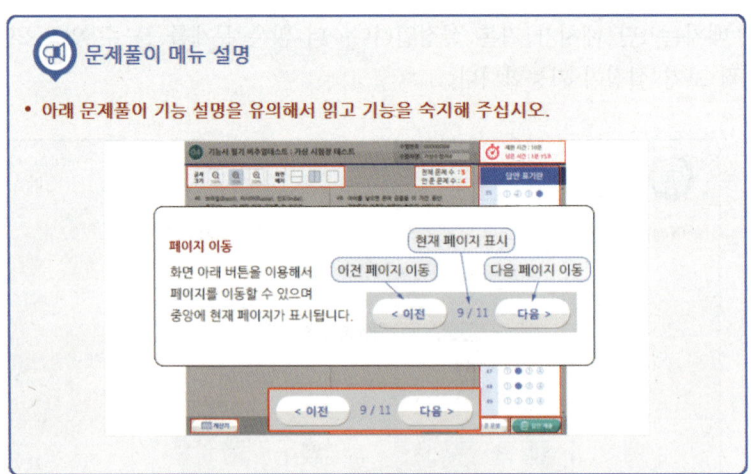

⑥ 응시종목에 계산문제가 있을 경우 좌측 하단의 계산기 기능을 이용하실 수 있습니다.

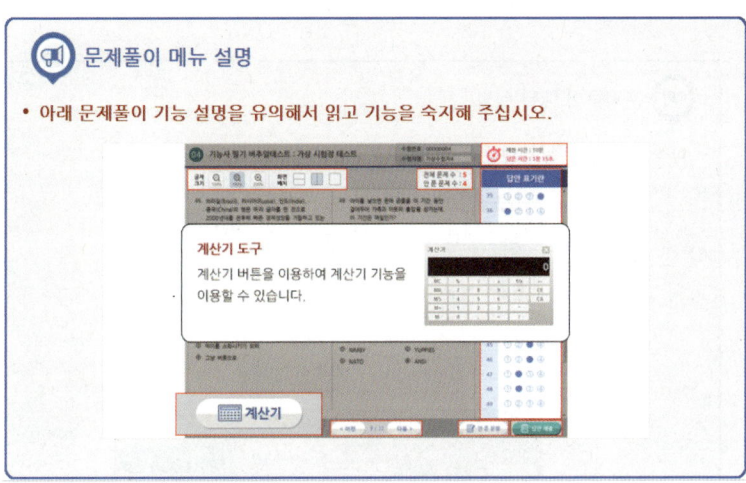

⑦ 안 푼 문제 확인은 답안 표기란 좌측에 안 푼 문제 수를 확인하시거나 답안 표기란 하단 [안 푼 문제] 버튼을 클릭하여 확인하실 수 있습니다.
⑧ 안 푼 문제 번호 보기 팝업창에 안 푼 문제 번호가 표시됩니다. 번호를 클릭하시면 해당 문제로 이동합니다.

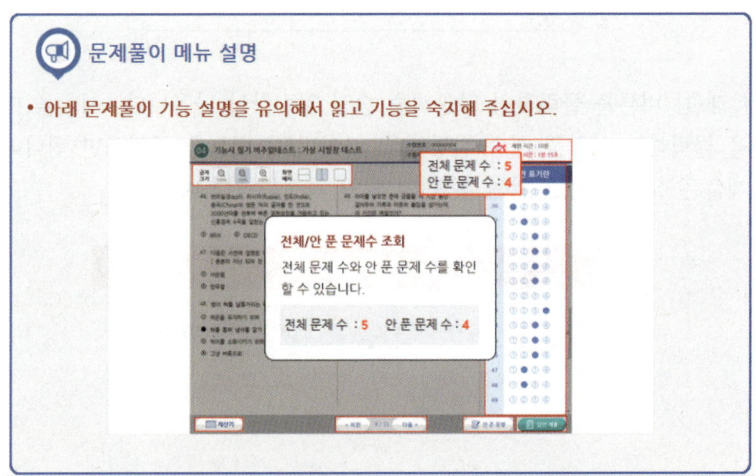

⑨ 시험 문제를 다 푸신 후 답안 제출을 하시거나 시험시간이 모두 경과되었을 경우 시험이 종료되며 시험결과를 바로 확인하실 수 있습니다.

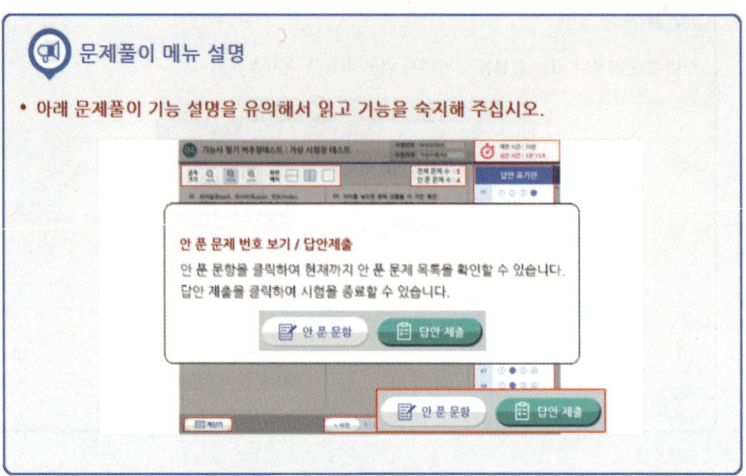

⑩ 상단 우측 [남은 시간 표시]란에서 현재 남은 시간을 확인할 수 있습니다.

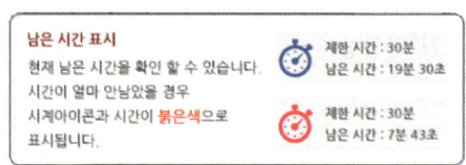

⑪ [답안 제출] 버튼을 클릭하면 답안제출 승인 알림창이 나옵니다. 시험을 마치려면 [예] 버튼을 클릭하고 시험을 계속 진행하려면 [아니오] 버튼을 클릭하면 됩니다.
⑫ 답안제출은 실수 방지를 위해 두 번의 확인 과정을 거칩니다.

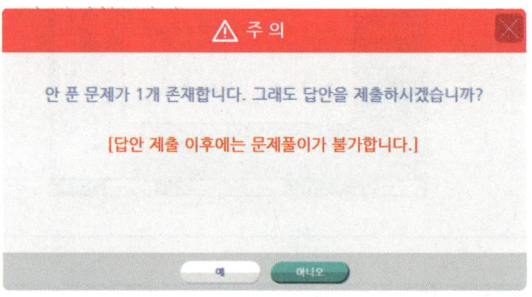

⑬ 시험 안내사항 및 문제풀이 연습까지 모두 마친 수험자는 [시험 준비 완료] 버튼을 클릭한 후 잠시 대기합니다.
⑭ 시험 시행 후 답안지를 제출하면 바로 합격여부를 확인할 수 있습니다.

출제기준

| 중직무분야 | 토목 | 자격종목 | 전산응용토목제도기능사 | 적용기간 | 2026.1.1~2027.12.31 |

○ 직무내용 : 토목일반 및 제도에 관한 기본지식을 바탕으로 컴퓨터를 이용하여 도면을 작성, 수정·보완 및 출력 등을 수행하는 직무이다.

01 출제기준 (필기)

| 필기검정방법 | 객관식 | 문제수 | 60 | 시험시간 | 1시간 |

필기과목명	주요항목	세부항목
토목제도(CAD), 철근콘크리트, 토목일반구조	1. 토목제도	1. 제도기준 2. 기본도법 3. 도면작성 4. 건설재료의 표시 5. 도면이해
	2. 전산응용제도	1. CAD일반
	3. 철근 및 콘크리트	1. 철근 2. 콘크리트
	4. 토목일반	1. 토목구조물의 개념 2. 토목구조물의 종류 3. 토목구조물의 특성

02 출제기준 (실기)

| 실기검정방법 | 작업형 | 시험시간 | 3시간 정도 |

필기과목명	주요항목	세부항목
전산응용 토목제도 작업	1. 도로설계 도면작성	1. 위치도·일반도 작성하기 2. 종평면도·횡단면도 작성하기
	2. 구조물 도면 작성	1. 구조물 상·하부구조 일반도 작성하기
	3. 토공 도면파악	1. 기본도면 파악하기 2. 도면 기본지식 파악하기

CONTENTS

PART 1 Pick Remember 핵심정리

CHAPTER 01 | 토목제도

- 01 제도기준 ······ 1-4
  - 과년도 핵심문제 1-16
- 02 기본 도법 ······ 1-32
  - 과년도 핵심문제 1-38
- 03 건설재료의 표시 ······ 1-44
  - 과년도 핵심문제 1-47
- 04 도면의 이해 ······ 1-54
  - 과년도 핵심문제 1-61

CHAPTER 02 | 전산응용제도

- 01 토목 CAD ······ 1-70
  - 과년도 핵심문제 1-73
- 02 컴퓨터 일반 ······ 1-78
  - 과년도 핵심문제 1-83
- 03 GIS ······ 1-88
  - 과년도 핵심문제 1-92

CHAPTER 03 | 철근 및 콘크리트

- 01 콘크리트 ······ 1-96
  - 과년도 핵심문제 1-109
- 02 철근 콘크리트 ······ 1-116
  - 과년도 핵심문제 1-128
- 03 프리스트레스트 콘크리트 ······ 1-136
  - 과년도 핵심문제 1-139
- 04 강구조 ······ 1-144
  - 과년도 핵심문제 1-149

CHAPTER 04 | 토목일반

- 01 토목 구조물설계 ······ 1-154
  - 과년도 핵심문제 1-159
- 02 기둥 ······ 1-164
  - 과년도 핵심문제 1-168
- 03 슬래브 ······ 1-172
  - 과년도 핵심문제 1-175
- 04 확대기초와 옹벽 ······ 1-178
  - 과년도 핵심문제 1-180

PART 2 CBT 대비 과년도 기출문제

2010년 제1회 시행	2-3	2014년 제1회 시행	2-107
2011년 제5회 시행	2-16	2014년 제4회 시행	2-120
2012년 제1회 시행	2-29	2014년 제5회 시행	2-133
2012년 제4회 시행	2-42	2015년 제1회 시행	2-147
2012년 제5회 시행	2-55	2015년 제4회 시행	2-160
2013년 제1회 시행	2-68	2015년 제5회 시행	2-173
2013년 제4회 시행	2-81	2016년 제1회 시행	2-186
2013년 제5회 시행	2-94	2016년 제4회 시행	2-199

PART 3 CBT 대비 복원 기출문제

✪ 답안카드

2017년 제1회 시행	3-9
2018년 제1회 시행	3-22
2019년 제1회 시행	3-35
2020년 제1회 시행	3-49
2021년 제1회 시행	3-62
2022년 제1회 시행	3-75
2023년 제1회 시행	3-88
2024년 제1회 시행	3-100
2025년 제1회 시행	3-112

【복원 기출문제 CBT 따라하기】
홈페이지(www.bestbook.co.kr)에서 일부 기출문제를 CBT 모의 TEST로 체험하실 수 있습니다.

- 2017년 제3회 시행
- 2018년 제3회 시행
- 2019년 제3회 시행
- 2020년 제3회 시행
- 2021년 제3회 시행
- 2022년 제3회 시행
- 2023년 제3회 시행
- 2024년 제3회 시행
- 2025년 제3회 시행

PART 4 작업형 실기문제

01 토목 CAD의 기본사항 ·············· 4-2
  1. Layer 설정 4-2
  2. 주요부분 그리기 4-2
  3. AutoCAD 계산기 4-7
  4. 도로토공 횡단면도 4-8
  5. 도로토공 종단면도 4-11
  6. 출력 설정 4-16

02 국가기술자격 실기시험문제 ·········· 4-18
  ✪ 수험자 유의사항 4-18
  1. 역 T 형 옹벽 구조도 4-20
  2. 역 T 형 돌출부 옹벽 구조도 4-64
  3. L 형 돌출부 옹벽 구조도 4-92
  4. L 형 옹벽 구조도 4-102

별책부록 Pick Remember 핵심문제 180선

01 핵심이론 40선 ·············· 4
02 핵심문제 180선 ·············· 22

[계산기 $f_x 570$ ES] SOLVE 사용법

공학용계산기 기종 허용군

연번	제조사	허용기종군
1	카시오(CASIO)	FX-901 ~ 999
2	카시오(CASIO)	FX-501 ~ 599
3	카시오(CASIO)	FX-301 ~ 399
4	카시오(CASIO)	FX-80 ~ 120
5	샤프(SHARP)	EL-501 ~ 599
6	샤프(SHARP)	EL-5100, EL-5230, EL-5250, EL-5500
7	유니원(UNIONE)	UC-600E, UC-400M
8	캐논(Canon)	F-715SG, F-788SG, F-792SGA

[예] FX-570 ES PLUS 계산기

---

01 지간 10m인 철근콘크리트보에 등분포하중이 작용할 때 최대 허용하중은? (단, 보의 설계모멘트가 20kN·m이고, 하중계수와 강도 감소계수는 고려하지 않는다)

① 1.0kN/m ② 1.6kN/m
③ 2.0kN/m ④ 2.4kN/m

| 해답 | ②

$M_u = \dfrac{w_u L^2}{8}$ 에서 $20 = \dfrac{w_u \times 10^2}{8}$

참고 계산기 $f_x 570 ES$ SOLVE 사용법

$20 = \dfrac{w_u \times 10^2}{8}$ 먼저 20

☞ ALPHA ☞ SOLVE ☞ 20 =
☞ ALPHA ☞ X

$20 = \dfrac{X}{} \Rightarrow 20 = \dfrac{X \times 10^2}{8}$

SHIFT ☞ SOLVE ☞ = ☞ 잠시 기다리면
$X = 1.6$
∴ 최대하중 $w_u = 1.6$ kN/m

---

02 자중을 포함하여 $P = 2700$kN인 수직 하중을 받는 독립 확대 기초에서 허용 지지력 $q_a = 300$kN/m²일 때, 경제적인 기초의 한 변의 길이는? (단, 기초는 정사각형임)

① 2m ② 3m
③ 4m ④ 5m

| 해답 | ②

$q_a = \dfrac{P}{A} = \dfrac{P}{a^2}$ 에서

• $300 = \dfrac{2700}{a^2}$ • $a^2 = \dfrac{2700}{300}$

참고 계산기 $f_x 570 ES$ SOLVE 사용법

$a^2 = \dfrac{2,700}{300}$

먼저 ALPHA ☞ X^2
☞ ALPHA ☞ SOLVE ☞

$X^2 = \dfrac{2700}{300}$

SHIFT ☞ SOLVE ☞ = ☞ 잠시 기다리면
$X = 3$
∴ 한 변의 길이 $a = 3$m

출제항목별 출제비율

주요 항목	세부 항목	출제 문항수(문항)	출제 비율(%)
토목제도	제도기준	244	20.3
	기본도법	87	7.3
	건설재료의 표시	91	7.6
	도면의 이해	51	4.3
	소 계	473	39.5
전산응용제도	토목 CAD / 컴퓨터 일반	62	5.1
	소 계	62	5.1
철근 및 콘크리트	콘크리트	142	11.8
	철근콘크리트	238	19.8
	PSC	33	2.8
	강구조	33	2.8
	소 계	446	37.2
토목일반	토목구조물 설계	86	7.1
	기둥	51	4.2
	슬래브	43	3.6
	확대기초 및 옹벽	32	2.6
	기타(역학)	7	0.6
	소 계	219	18.2
총 합계		1,200문항	100%

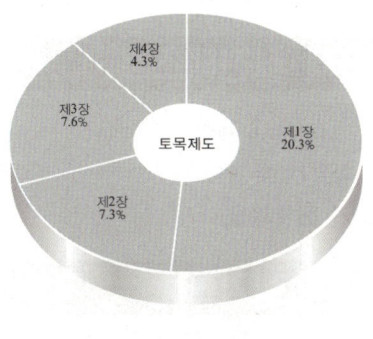

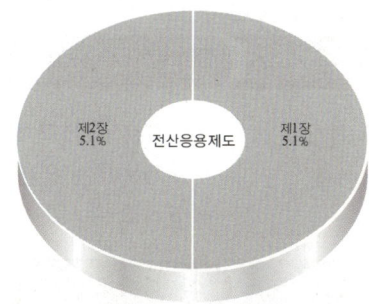

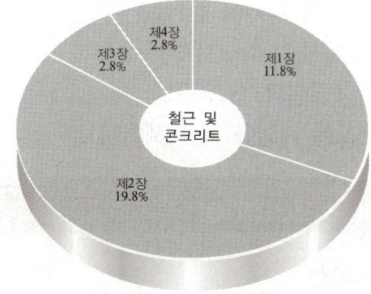

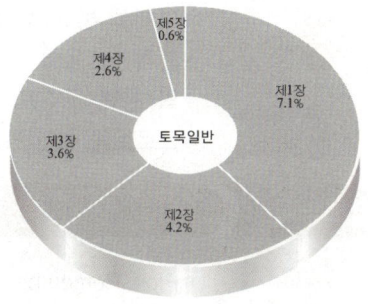

전산응용토목제도기능사
필기·실기 학습안내

有備無患
도전하면 합격한다

❶ **신분증** 지참은 반드시 필수입니다.

❷ 문제를 학습하는 방법
- 전산응용토목제도기능사 연습용 답안카드를 이용하세요.
- 틀린 문제를 확인한다.
- 마킹된 문제를 확인한다.
- 마킹된 문제를 최종확인한다.

❸ 60문제 출제 : **36개 이상** 맞으면 **합격**

1주차 — 핵심이론과 핵심문제 중심
- 반드시 알아야 할 내용을 정리하였습니다.
- 암기되어야 할 과년도 문제 모음입니다.
- 처음에 완벽하게 외우지 말고 2단계를 풀면서 반복하면 됩니다.

2주차 — 과년도 기출문제
- 2단계는 합격을 좌우하는 중요단계입니다.
- 자신의 풀이 능력을 실전테스트 해보세요.
- 1단계 핵심요점을 오가며 2단계를 많이 반복할수록 시험에 유리합니다.

3주차 — 필기복원문제 실전테스트
- CBT로 자신의 풀이 능력을 시험해 보세요.
- 교재문제는 연습용 CBT로 활용해 보세요.
- 그리고 수시로 CBT 따라하기 해보세요.

4주차 — 작업형 실기
- 교재를 통해 수없이 반복 학습을 하셔야 합니다.
- 먼저 역T옹벽 구조도를 완벽하도록 숙달하시면 됩니다.
- 역T옹벽 구조도가 숙달되시면 L형은 쉽습니다.
- 도로토공 횡단면도와 종단면도는 개념을 꼭 이해하세요.

별책부록 — Pick Remember
- Pick Remember 핵심이론 40선
- Pick Remember 핵심문제 180선
- 늘 곁에 소지하여 외우려하지 말고 자연스럽게 학습하세요.

PART 1

Pick Remember
핵심정리

CHAPTER 01 토목제도

CHAPTER 02 전산응용제도

CHAPTER 03 철근 및 콘크리트

CHAPTER 04 토목일반

1 CHAPTER

토목제도

01 제도기준
02 기본 도법
03 건설재료의 표시
04 도면의 이해

01 제도기준

01 도면의 분류 및 제도 용구

1 도면의 분류

(1) 용도에 따른 분류
① 계획도 : 구체적인 설계를 하기 전에 계획자의 의도를 명시하기 위하여 그리는 도면
② 설계도
③ 제작도
④ 시공도

(2) 표현형식에 따른 분류

일반도	구조물의 평면도, 입면도, 단면도 등에 의해서 그 형식과 일반 구조를 나타내는 도면
외관도	대상물의 외형과 최소한의 필요한 치수를 나타낸 도면
구조선도	교량 등의 골조를 나타내고, 구조 계산에 사용하는 선도로 뼈대 그림

(3) 내용에 따른 분류

구조도	구조물의 구조를 나타내는 도면으로, 구조물을 정확하고 능률적으로 제작, 시공하기 위해 필요한 치수, 형상, 재질 등을 알기 쉽게 표시한 것
배근도	철근의 치수와 배치를 나타낸 그림 또는 도면
실측도	지형, 구조물 등을 실측하여 그린 도면

(4) 사용목적에 따른 분류
① 계획도 : 제작도를 그리기 전에 그리는 도면으로, 설계자의 생각이 잘 나타나 있는 그림
② 제작도   ③ 견적도
④ 주문도   ⑤ 승인도
⑥ 설명도

> **알아두기**
>
> 📌 **도면이란**
> 물체의 모양과 크기, 구조 및 제작방법 등을 정해진 규칙에 따라 선과 문자, 기호를 사용하여 제도 용지에 나타낸 것

(5) 작성 방법에 따른 분류

연필제도	제도 용지에 연필로 그린 도면
먹물제도	연필로 그린 도면을 바탕으로 하여 먹물로 다시 그린 그림
착색도	구조, 재료 등의 상태를 쉽게 구별할 수 있도록 여러 가지 색을 엷게 칠한 도면

(6) 성격에 따른 분류

① 원도 : 기본이 되는 도면으로 제도용지에 연필로 직접 그린 그림이나 컴퓨터로 작성한 최초의 도면
② 트레이스도 : 연필로 그린 원도 위에 트레이싱지를 놓고 연필 또는 먹줄펜으로 옮겨 그린 도면
③ 복사도 : 트레이스도를 원본으로 하여 이것을 감광지에 복사한 도면

▶ 복사도의 종류
• 청사진
• 백사진
• 전자 복사도

2 제도 용구

(1) 삼각 스케일

1면에 1m의 1/100, 1/200, 1/300, 1/400, 1/500, 1/600에 해당하는 여섯가지의 축척 눈금이 새겨져 있다.

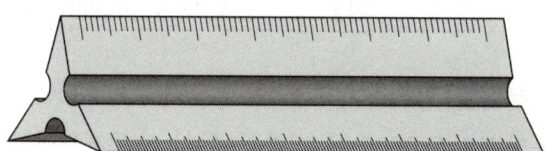

(2) 디바이더 Divider

① 치수를 자의 눈금에서 잰 후 제도 용지 위에 옮김
② 선, 원주 등을 같은 길이로 분할하는 데 사용

02 토목제도통칙 KS F 1001

1 표준 규격

(1) 국제 규격

국제 표준화 기구(ISO)나 국제 전기 표준회의(IEC)의 규격과 같이 사용

【국제 및 국가별 표준 규격명】

국 별	기호	국가 규격 명칭
국제 표준화 기구	ISO	International Standardization Organization
한국 산업 규격	KS	Korean Industrial Standards
영국 규격	BS	British Standards
독일 규격	DIN	Deutsches Industrie fur Normung
미국 규격	ANSI	American National Standards Institute
스위스 규격	SNV	Schweitzerish Normen-Vereinigung
프랑스 규격	NF	Norme Francaise
일본 공업 규격	JIS	Japanese Industrial Standards

ISO 마크

(2) KS의 부분별 기호

제도 통칙(KS A 0005)에 기초를 두어 토목제도에 관한 공통적이며 기본적인 사항에 대하여 규정하고 있다.

【KS의 부문별 기호】

분류 기호	KS F	KS A	KS B	KS C	KS D	KS E	KS G	KS H
부문	토건	기본	기계	전기	금속	광산	일용품	식료품

분류 기호	KS K	KS L	KS M	KS P	KS R	KS V	KS W	KS X
부문	섬유	요업	화학	의료	수송 기계	조선	항공	정보 산업

KS 마크

(3) 도면에 표시할 금속 재료 기호

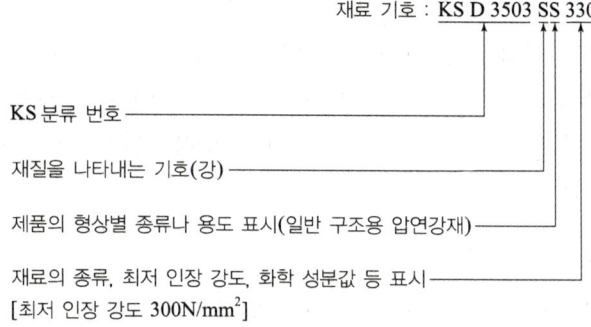

> **재료기호**
> 도면에서 부품의 재료를 표시할 때 KS D에 정해진 재료 기호를 사용하면 재질, 형상, 강도 등을 간단명료하게 나타낼 수 있다.

2 도면의 크기 및 척도

(1) 도면의 크기
① 도면의 크기는 종이 재단 치수의 A0~A4에 따른다.
② 제도 용지의 폭(a)과 길이(b)의 비는 $1 : \sqrt{2}$ 이다.
③ A0의 넓이는 약 $1m^2$이고, B0의 넓이는 약 $1.5m^2$이다.
③ 큰 도면을 접을 때에는 A4(210×297mm)의 크기로 접는 것을 원칙으로 한다.

> **도면의 크기**
>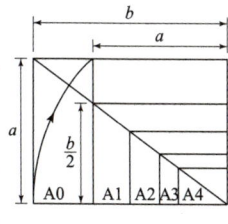

(2) 도면의 윤곽 치수
① 용지의 재단치수와 및 윤곽치수

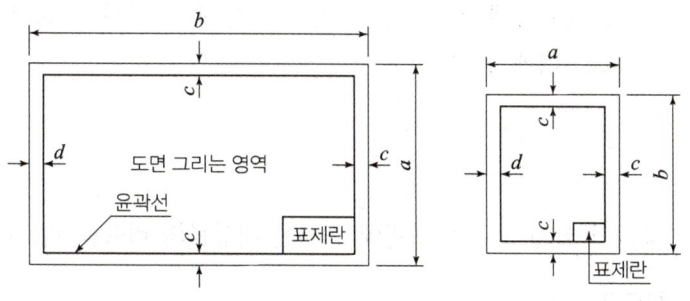

> **A4**
> 도면을 접을 때 기준이 되는 도면의 크기

크기와 호칭		A0	A1	A2	A3	A4
a×b		841×1189	594×841	420×594	297×420	210×297
c(최소)		20	20	10	10	10
d (최소)	철하지 않을 때	20	20	10	10	10
	철할 때	25	25	25	25	25

> 알아두기

② 도면을 철하고자 할 때
- 왼쪽을 철함을 원칙으로 한다.
- 철하는 쪽에 25mm 이상 여백을 둔다.
- 도면을 접을 때에는 A4(210×297mm) 크기로 접어야 한다.
- d 부분은 도면을 철하기 위하여 접었을 때에 제도용지의 왼쪽이 되는 곳

(3) 윤곽선
① 윤곽선은 제도용지의 가장자리에 생기는 손상으로 기재 사항을 해치지 않도록 하기 위해서 윤곽선을 그린다.
② 윤곽선은 도면의 크기에 따라 0.5mm 이상의 굵은 실선으로 그린다.

(4) 표제란
① 도면의 관리에 필요한 사항과 도면의 내용에 대한 사항을 모아서 기입하기 위하여 표제란을 오른쪽 아래 구석의 안쪽에 설치한다.
② 도면 번호, 도면 명칭, 기업명, 책임자 서명, 도면 작성 일자, 축척 등을 기입한다.

(5) 인출선
① 치수, 가공법, 주의 사항 등을 기입하기 위해 사용하는 인출선은 가로에 대하여 $45°$의 직선을 긋는다.
② 인출되는 쪽에 화살표를 붙여 인출한 쪽의 끝에 가로선을 그어 가로선 위에 쓴다.

3 척도 scale

대상물의 실제 치수와 도면에 표시한 대상물의 비율을 척도라 한다.

(1) 척도의 종류
① 축척 : 물체의 실제보다 축소
② 현척 : 물체의 실제와 같은 크기
③ 배척 : 물체의 실제보다 확대

▶ 제도의 축척

$\frac{1}{2}, \frac{1}{5}, \frac{1}{10}, \frac{1}{15}, \frac{1}{20},$
$\frac{1}{25}, \frac{1}{50}, \frac{1}{100}, \frac{1}{200},$
$\frac{1}{250}, \frac{1}{300}, \frac{1}{400}, \frac{1}{500},$
$\frac{1}{1000}, \frac{1}{2000}, \frac{1}{5000},$
$\frac{1}{10000}$

(2) 척도의 표시법

A : B
└─ 물체의 실제 크기
└─ 도면에서의 크기

축척   1 : 2
현척   1 : 1
배척   2 : 1

(3) 도면과 축척
① 축척은 도면 마다 기입한다.
② 같은 도면 안에 다른 축척을 사용할 때에는 그림마다 그 축척을 기입한다.
③ 도면의 긴 변을 가로 방향 또는 세로 방향의 어느 것을 선택해도 좋다.
④ 도면을 철하기 위한 구멍 뚫기의 여유를 설치해도 좋다. 여유는 최소 나비는 20mm(윤곽선 포함)로 표제란에서 가장 떨어진 왼쪽 끝에 둔다.

(4) 척도의 일반 사항
① 구조선도, 조립도, 배치도 등의 그림에서 치수를 읽을 필요가 없는 것은 척도를 표시할 필요는 없다.
② 그림의 형태가 치수와 비례하지 않을 때에는 치수 밑에 밑줄을 긋거나, 비례가 아님 또는 NS(not to scale) 등의 문자를 기입하여야 한다.

4 선과 문자

(1) 선의 종류
① 굵기에 따른 선의 종류

종류	굵기 비율	굵기(mm)	모양
가는 선	1	0.18, 0.25	———————
굵은 선	2	0.35, 0.5	———————
아주 굵은 선	4	0.7, 1.0	———————

② 모양에 따른 선의 종류

종류	구분	명칭	용도
실선	———————	굵은 실선	외형선
	———————	가는 실선	치수선, 치수 보조선, 지시선, 해칭선
	～～～	자유 실선	부분 생략 또는 부분 단면의 경계, 파단선

알아두기

종류	구분	명칭	용도
파선	----------------	파선	숨은선
쇄선	—·—·—·—·—	가는 일점 쇄선	중심선, 대칭선, 절단선
	—·—·—·—·—	굵은 일점 쇄선	특별한 요구사항을 적용할 범위를 나타내는 선
	—··—··—··—	가는 이점 쇄선	가상선
	—··—··—··—	굵은 이점 쇄선	표면 처리 부분

(2) 선의 종류에 따른 용도

선의 종류	명칭	선의 용도
굵은 실선	외형선	대상물의 보이는 부분의 겉모양을 표시한다. (0.35~1mm 정도)
	치수선	치수를 기입하기 위하여 사용한다.
	치수 보조선	치수를 기입하기 위하여 도형에서 인출한 선이다.
가는 실선	지시선	지시, 기호 등을 나타내기 위하여 사용한다.
	수준면선	수면, 유면 등의 위치를 나타낸다. (0.18~0.3mm 정도)
파선 ----------	숨은선	대상물의 보이지 않는 부분의 모양을 표시한다.
1점 쇄선 —·—·—	중심선	도형의 중심을 나타내며 중심선이 이동한 중심 궤적을 표시하는 데 사용한다.
	기준선	위치 결정의 근거임을 나타내기 위하여 사용한다.
	피치선	반복 도형의 피치의 기준을 잡는다.
2점 쇄선 —··—··—	가상선	가공 부분을 이동하는 특정 위치 또는 이동 한계의 위치를 나타낸다.
	무게 중심선	단면의 무게 중심 연결에 사용한다.
파형, 지그재그의 가는 실선 ∼∼	파단선	대상물의 일부를 파단한 경계 또는 일부를 떼어 낸 경계를 표시한다.
가는 실선으로 규칙적으로 빗금을 그은 선 /////	해칭	단면도의 절단면을 나타낸다.

(3) 용도에 따른 선의 명칭

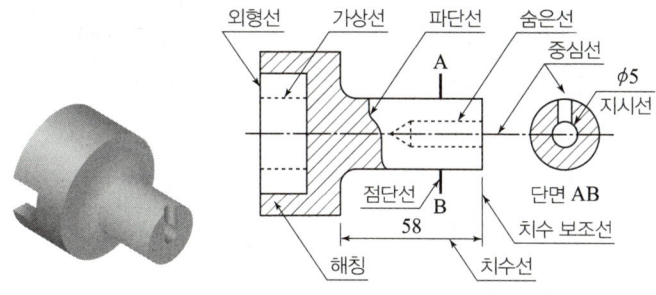

(4) 선의 우선 순위

한 도면에서 두 종류 이상의 선이 같은 장소에 겹치게 될 때에는 다음 순서에 따라 그린다.

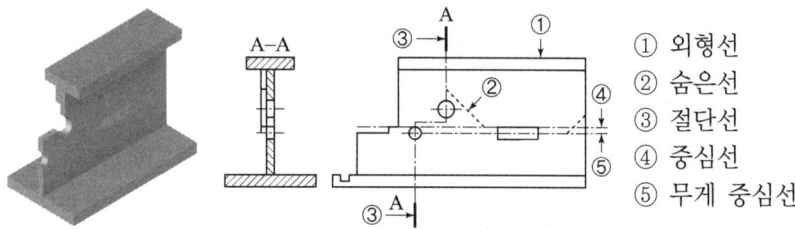

① 외형선
② 숨은선
③ 절단선
④ 중심선
⑤ 무게 중심선

(5) 선의 접속

선의 접속 부분에서는 다음과 그린다.

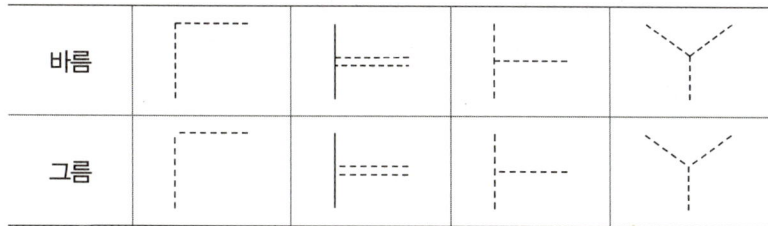

① 단면에서 단면된 면을 구분하기 위하여 빗금을 긋는 것을 해칭이라 한다.
② 해칭선은 중심선 또는 단면도의 주된 외형선에 대하여 45°의 가는 실선을 같은 간격으로 긋는다.

▶ 해칭(hatching)

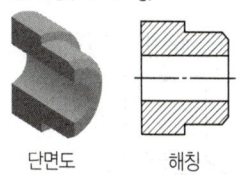

(6) 문자의 크기

① 문자의 크기는 문자의 높이로 나타낸다.
② 제도의 통칙에서는 크기 및 모양을 규정하고 있다.
③ 도면의 크기나 축척의 정도에 따라 문자의 크기를 달리 한다.
④ 글자의 굵기는 한글, 숫자 및 로마자의 경우에는 1/9로 하는 것이 적당하다.

⑤ 쓰이는 곳에 따른 문자의 높이

쓰이는 곳	높이(mm)
공차 치수 문자	2.24 ~ 4.5
일반 치수 문자	3.15 ~ 6.3
부품 번호 문자	6.3 ~ 12.5
도면 번호 문자	9 ~ 12.5
도면 이름 문자	9 ~ 18

(7) 선과 문자
① 숫자는 아라비아 숫자를 원칙으로 한다.
② 한글 서체는 활자체에 준하는 것이 좋다.
③ 영자는 주로 로마자의 대문자를 사용한다.
④ 문자의 크기는 원칙적으로 높이를 표준으로 한다.
⑤ 글자체는 고딕체로 하고, 수직 또는 오른쪽 15° 오른쪽으로 경사지게 쓴다.
⑥ 문자는 명확하게 써야하며, 문장은 가로 왼쪽부터 쓰기를 원칙으로 하며 문자의 크기가 같은 경우 그 선의 굵기도 같아야 한다.
⑦ 문자의 선 굵기는 한글, 숫자 및 영문자에 해당하는 문자 크기의 호칭에 대하여 1/9로 하는 것이 바람직하다
⑧ 선의 굵기 비율은 가는선 ; 굵은 선 ; 아주 굵은선이 1 : 2 : 4 이다.

5 토목제도의 원칙

(1) 작도 원칙
① 그림은 간단하고 중복을 피하며, 보이는 부분은 실선으로 하고, 숨겨진 부분은 파선으로 표시한다.
② 도면은 될 수 있는 대로 실선으로 표시하고, 파선으로 표시함을 피하며, 될 수 있는 대로 간단하고 중복을 피한다.
③ 대칭적인 것은 중심선의 한쪽을 외형도, 반대쪽을 단면도로 표시하는 것을 원칙으로 한다.
④ 경사면을 가진 구조물의 표시는 경사면 부분만의 보조도를 넣는다.
⑤ 단면도 : 물체 내부의 보이지 않는 부분을 나타낼 때에 물체를 절단하여 내부의 모양을 그리는 것을 단면도라 한다.

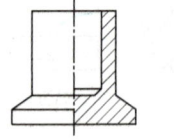
대칭적인 그림의 표시

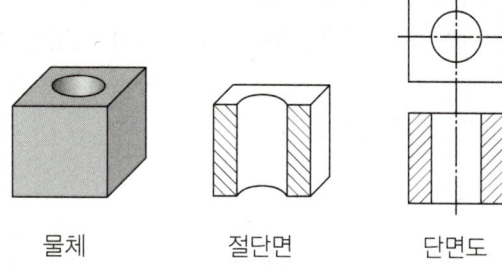

물체　　　　절단면　　　　단면도

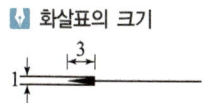
화살표의 크기

(2) 치수

① 치수는 특별히 명시하지 않으면 마무리 치수로 표시한다.
② 치수의 단위는 mm를 원칙으로 하고, 단위 기호는 쓰지 않는다.
③ 부분별 치수의 합계 또는 전체의 치수는 순차적으로 개개의 부분 치수 바깥에 기입한다.
④ 제작, 조립, 시공, 설계를 할 때 기준이 되는 곳이 있을 때에는 그 곳을 기준으로 하여 치수를 기입한다.
⑤ 치수는 모양 및 위치를 가장 명확하게 표시하며 중복을 피한다. 또 계산하지 않고서도 알 수 있게 표시한다.

(3) 치수선

① 치수선은 표시할 치수의 방향에 평행하게 긋는다.
② 치수선은 될 수 있는 대로 물체를 표시하는 도면의 외부에 긋는다.
③ 대칭인 물체의 치수선은 중심선에서 약간 연장하여 긋고, 치수선의 중심쪽 끝에는 화살표를 붙이지 않는다.
④ 다수의 평행 치수선을 서로 접근시켜 그을 때에는 선의 간격은 동일하게 하고 서로 교차하지 않도록 한다.
⑤ 협소하여 화살표를 붙일 여백이 없을 때에는 치수선을 치수보조선 바깥쪽에 긋고 내측을 향하여 화살표를 붙인다.

(4) 치수의 기입

① 도면에 길이의 크기와 자세 및 위치를 명확하게 표시해야 한다.
② 치수는 될 수 있는 대로 주 투상도에 기입해야 한다.
③ 치수는 계산할 필요가 없도록 기입해야 한다.
④ 관련되는 치수는 될 수 있는 대로 한 곳에 모아서 기입해야 한다.
⑤ 치수 수치는 완전히 읽을 수 있도록 충분한 크기의 글자로 도면에 기입한다.
⑥ 치수 수치는 도면상에서 다른 선에 의해 겹치거나 교차되거나 분리되지 않게 기입한다.

⑦ 치수 수치는 치수선에 평행하게 기입하고, 되도록 치수선의 중앙의 위쪽에 치수선으로부터 조금 띄어 기입한다.
⑧ 치수를 기입할 때는 치수선을 중단하지 않고 치수선의 위쪽에 쓰는 것을 원칙으로 한다.

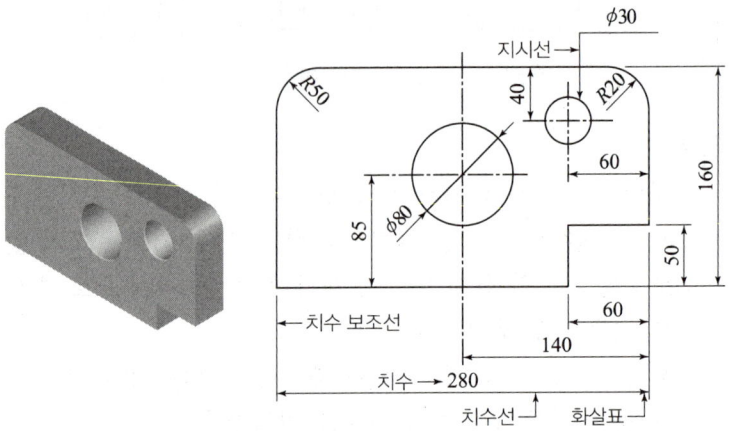

⑨ 치수선이 세로인 때에는 치수선의 왼쪽 중앙에 쓴다.

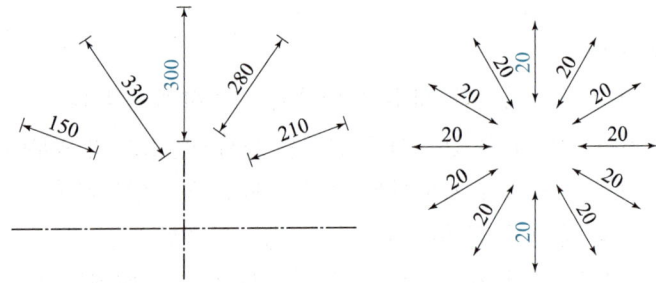

■ 경사의 표시

⑩ 치수는 선과 교차하는 곳에는 될 수 있는 대로 쓰지 않는다.
⑪ 협소한 구간이 연속될 때에는 치수선의 위쪽과 아래쪽에 번갈아 치수를 쓴다.
⑫ 협소한 구간에서 치수선의 위쪽에, 치수 보조선이 있을 때에는 치수선의 아래쪽에 기입할 수 있다. 필요에 따라 인출선을 사용하여 치수를 써도 좋다.
⑬ 경사의 표시는 높이에 따른 수평거리의 비로 표시한다.
⑭ 경사를 표시할 때는 때에 따라서 백분율 또는 천분율로 표시한다. 이 때 경사의 방향을 표시할 필요가 있을 때에는 하향 경사 쪽으로 화살표를 붙인다.

⑮ 현의 길이, 호의 길이 표시

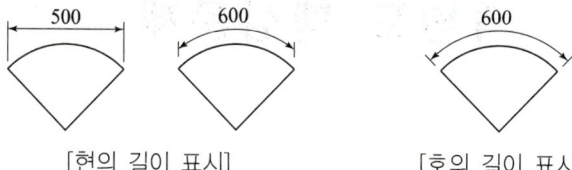

[현의 길이 표시]   [호의 길이 표시]

⑯ 원 또는 호의 반지름을 표시하는 치수선은 호쪽에만 화살표를 붙이고, 반지름을 표시하는 치수 숫자의 앞에 R를 붙인다.

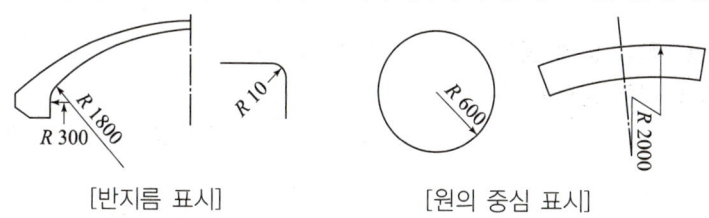

[반지름 표시]   [원의 중심 표시]

⑰ 원의 지름을 표시하는 치수선은 중심선 또는 기준선에 일치하지 않게 하며, 작은 원의 인출선을 써서 표시할 수 있고 이때에는 지름을 표시하는 숫자 앞에 ϕ를 붙여 쓴다.
⑱ 골조 구조의 치수는 구조선도에서는 치수선을 생략하고, 골조를 표시하는 선의 위쪽 또는 왼쪽에 치수를 쓴다.
⑲ 치수 보조 기호

기호	명칭	읽기	사용법
ϕ	지름	파이	원의 지름 치수 앞에 붙임
R	반지름	아르	반지름 치수 앞에 붙임
SR	구의 반지름	에스아르	구의 반지름 치수 앞에 붙임
$S\phi$	구의 지름	에스파이	구의 지름 치수 앞에 붙임
□	정사각형의 변	사각	정사각형 한 변의 치수 앞에 붙임
t	판의 두께	티	판두께의 치수 앞에 붙임
⌒	원호의 길이	원호	원호의 길이 치수 위에 붙인다.
C	45° 모따기	시	45° 모따기 치수 앞에 붙임
CL	중심선	시엘	도면의 중심을 표시할 때 사용

골조의 치수 표시

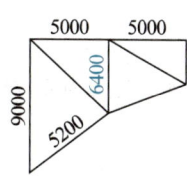

약칭 기호
- R : radius
- SR ⎤
- $S\phi$ ⎦ sphere
- t : thickness
- C : chamfer

과년도 핵심문제

01 제도기준

제도기준

□□□ 14①

01 도면을 사용 목적, 내용, 작성 방법 등에 따라 분류할 때 사용목적에 따른 분류에 속하는 것은?

① 부품도　　② 계획도
③ 공정도　　④ 스케치도

| 해답 | ②
목적에 따른 분류
계획도, 설계도, 제작도, 시공도

□□□ 11⑤, 12①, 15④

02 한 도면에서 두 종류 이상의 선이 같은 장소에 겹치게 될 때 우선순위로 옳은 것은?

㉠ 숨은선　　㉡ 중심선
㉢ 외형선　　㉣ 절단선

① ㉣ - ㉠ - ㉢ - ㉡
② ㉢ - ㉠ - ㉣ - ㉡
③ ㉠ - ㉡ - ㉢ - ㉣
④ ㉢ - ㉠ - ㉡ - ㉣

| 해답 | ②
선의 우선 순위
① 외형선　　② 숨은선
③ 절단선　　④ 중심선
⑤ 무게 중심선

□□□ 12⑤

03 토목제도를 목적과 내용에 따라 분류한 것으로 옳은 것은?

① 설계도 : 중요한 치수, 기능, 사용되는 재료를 표시한 도면
② 계획도 : 설계도를 기준으로 작업 제작에 이용되는 도면
③ 구조도 : 구조물과 관련 있는 지형 및 지질을 표시한 도면
④ 일반도 : 구조도에 표시하기 곤란한 부분의 형상, 치수를 표시한 도면

| 해답 | ①
• 계획도 : 구체적인 설계를 하기 전에 계획자의 의도를 명시하기 위해서 그리는 도면
• 구조도 : 구조물의 구조를 나타내는 도면
• 일반도 : 구조물의 평면도, 입면도, 단면도 등에 의해서 그 형식과 일반구조를 나타내는 도면
• 상세도 : 구조도에 표시하기 곤란한 부분의 형상, 치수를 표시한 도면

□□□ 12⑤, 16④

04 구체적인 설계를 하기 전에 계획자의 의도를 제시하기 위하여 그려지는 도면은?

① 설계도　　② 계획도
③ 제작도　　④ 시공도

| 해답 | ②
용도에 따른 분류
• 계획도, 설계도, 제작도, 시공도
• 계획도 : 구체적인 설계를 하기 전에 계획자의 의도를 명시하기 위하여 그리는 도면

□□□ 07⑤, 10①, 14①

05 도면을 철하지 않을 경우 A3도면 윤곽선의 여백 치수의 최소값은 얼마로 하는 것이 좋은가?

① 25mm ② 20mm
③ 10mm ④ 5mm

| 해답 | ③

도면을 철하지 않을 경우 A3 도면 윤곽선의 최소 여백 치수 10mm
■ 도면의 윤곽 치수

크기와 호칭	A0	A1	A2	A3	A4
철하지 않을 때	20	20	10	10	10
철할 때	25	25	25	25	25

□□□ 10①, 15①

06 철근의 치수와 배치를 나타낸 도면은?

① 일반도   ② 구조 일반도
③ 배근도   ④ 외관도

| 해답 | ③

배근도
철근의 치수와 배치를 나타낸 그림 또는 도면을 말한다.

□□□ 08①, 12①, 15①

07 삼각 스케일에 표시된 축척이 아닌 것은?

① 1 : 100   ② 1 : 300
③ 1 : 500   ④ 1 : 700

| 해답 | ④

삼각 스케일
1면에 1m의 1/100, 1/200, 1/300, 1/400, 1/500, 1/600에 해당하는 여섯가지의 축척 눈금이 새겨져 있다.

□□□ 08⑤, 09⑤, 10①⑤, 11①, 13④

08 국제 표준화 기구를 나타내는 표준 규격 기호는?

① ANS   ② JIS
③ ISO   ④ DIN

| 해답 | ③

국제 및 국가별 표준 규격명

국가별 명칭	기 호	국가별 명칭	기 호
미국 규격	ANSI	국제 표준화 기구	ISO
일본 규격	JIS	독일 규격	DIN

□□□ 14⑤

09 선과 선이 서로 교차할 때 표시법으로 옳지 않은 것은?

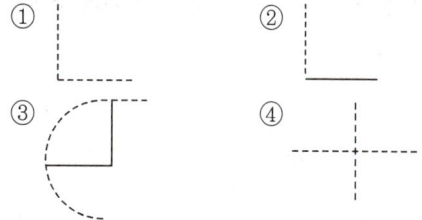

| 해답 | ②

점선과 실선이 만나야 한다.

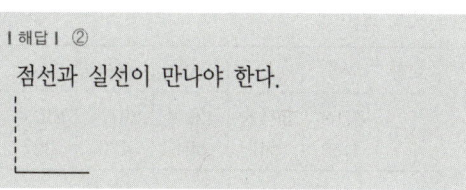

□□□ 08④, 10④, 11⑤, 12⑤, 13①, 14④, 15④

10 제도 통칙에서 제도 용지의 세로와 가로의 비로 옳은 것은?

① 1 : $\sqrt{2}$ ② 1 : 1.5
③ 1 : $\sqrt{3}$ ④ 1 : 2

| 해답 | ①

제도 용지의 세로와 가로의 비는 1 : $\sqrt{2}$ 이다.

□□□ 08⑤, 10④, 13④, 15①

11 도면의 작도에 대한 설명으로 옳지 않은 것은?

① 도면은 간단히 하고 중복을 피한다.
② 대칭일 때는 중심선의 한쪽에 외형도, 반대쪽은 단면도를 표시한다.
③ 경사면을 가진 구조물의 표시는 경사면 부분만의 보조도를 넣는다.
④ 보이는 부분은 굵은 실선으로 하고, 숨겨진 부분은 가는 실선으로 하여 구분한다.

|해답| ④
작도 통칙
보이는 부분은 실선으로 표시하고, 숨겨진 부분은 파선으로 표시한다.

□□□ 08④, 09①, 10⑤, 11③, 13⑤, 15①④, 16④

12 토목설계 도면의 A3 용지 크기를 바르게 나타낸 것은?

① 841 × 594mm ② 594 × 420mm
③ 420 × 297mm ④ 297 × 210mm

|해답| ③
도면의 크기

호칭	A0	A1	A2	A3	A4
a×b	841×1189	594×841	420×594	297×420	210×297

□□□ 10①④, 11①⑤, 14①⑤

13 도면을 접을 때에 기준이 되는 크기는?

① A3 ② A4
③ A5 ④ A6

|해답| ②
도면을 접을 때에는 A4(210×297mm) 크기로 접어야 한다.

□□□ 08①, 09①, 11①, 13①④, 14①, 15④

14 문자에 대한 토목제도 통칙으로 옳지 않은 것은?

① 문자의 크기는 높이에 따라 표시한다.
② 숫자는 주로 아라비아 숫자를 사용한다.
③ 글자는 필기체로 쓰고 수직 또는 30° 오른쪽으로 경사지게 쓴다.
④ 영자는 주로 로마자의 대문자를 사용하나 기호, 그 밖에 특별히 필요한 경우에는 소문자를 사용해도 좋다.

|해답| ③
한글 서체는 고딕체로 하고, 수직 또는 오른쪽 15° 오른쪽으로 경사지게 쓴다.

□□□ 11①⑤, 13①

15 표제란에 기입할 사항이 아닌 것은?

① 도면 번호 ② 도면 명칭
③ 도면치수 ④ 기업체명

|해답| ③
표제란
• 도면의 관리에 필요한 사항과 도면의 내용에 대한 사항을 모아서 기입
• 도면 번호, 도면 명칭, 기업체명, 책임자 서명, 도면 작성 일자, 축척 등을 기입

□□□ 12①

16 다음 선의 종류 중 가장 굵게 그려져야 하는 선은?

① 중심선 ② 윤곽선
③ 파단선 ④ 치수선

|해답| ②
윤곽선
도면의 크기에 따라 굵은 실선 0.5mm 이상으로 그린다.

□□□ 12①

17 치수의 기입 방법에 대한 설명으로 틀린 것은?

① 협소한 구간에서의 치수 기입은 필요에 따라 생략해도 된다.
② 경사의 방향을 표시할 필요가 있을 때에는 하향 경사쪽으로 화살표를 붙인다.
③ 원의 지름을 표시하는 치수선은 기준선 또는 중심선에 일치하지 않게 한다.
④ 작은 원의 지름은 인출선을 써서 표시할 수 있다.

| 해답 | ①

협소한 구간의 치수 기입
협소한 구간이 연속될 때에는 치수선의 위쪽과 아래쪽에 번갈아 치수를 기입할 수 있다.

□□□ 09①, 10⑤, 12④, 16④

18 도면의 치수 표기 방법에 대한 설명으로 옳은 것은?

① 치수 단위는 cm를 원칙으로 하며, 단위 기호는 표기하지 않는다.
② 치수선이 세로일 때 치수를 치수선 오른쪽에 표시한다.
③ 좁은 공간에서는 인출선을 사용하여 치수를 표시할 수 있다.
④ 치수는 선이 교차하는 곳에 표기한다.

| 해답 | ③

치수 표기 방법
• 치수 단위는 mm를 원칙으로 하며, 단위 기호는 표기하지 않는다.
• 치수선이 세로일 때 치수를 치수선 왼쪽에 표시한다.
• 좁은 공간에서는 인출선을 사용하여 치수를 표시할 수 있다.
• 치수는 치수선이 교차하는 곳에는 가급적 기입하지 않는다.

□□□ 10⑤, 13⑤

19 도면 작성에서 가는 선 : 굵은 선의 굵이 비율로 옳은 것은?

① 1 : 1.5 ② 1 : 2
③ 1 : 2.5 ④ 1 : 3

| 해답 | ②

굵기에 따른 선의 종류

선의 종류	굵기 비율	예
가는 선	1	0.2mm
굵은 선	2	0.4mm
아주 굵은 선	4	0.8mm

□□□ 08⑤, 09⑤, 10①⑤, 11①, 12⑤, 15⑤

20 국제 및 국가별 표준규격 명칭과 기호 연결이 옳지 않은 것은?

① 국제 표준화기구 – ISO
② 영국 규격 – DIN
③ 프랑스규격 – NF
④ 일본규격 – JIS

| 해답 | ②

영국 규격 : BS, 독일 규격 – DIN

□□□ 03④, 08⑤, 09⑤, 10⑤, 11③, 12①, 13①

21 한국 산업 표준 중에서 토건 기호는?

① KS A ② KS C
③ KS F ④ KS M

| 해답 | ③

KS의 부문별 기호

기호	KS F	KS A	KS M	KS C
부문	토건	기본	화학	전기

□□□ 08⑤, 09①, 14⑤

22 그림에서 치수기입 방법이 옳지 않은 것은?

① A
② B
③ C
④ D

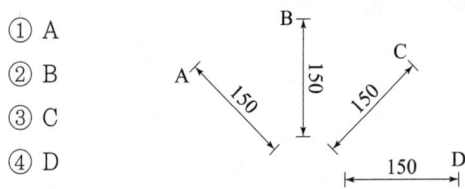

| 해답 | ②

치수선 B 부분은 좌측에 기입한다.

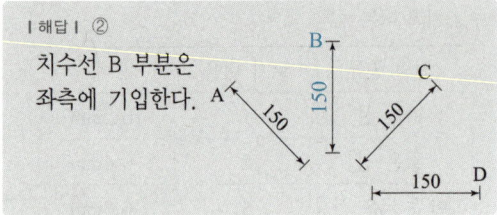

□□□ 09①, 11⑤, 16④

23 토목제도에서의 대칭인 물체나 원형인 물체의 중심선으로 사용되는 선은?

① 파선
② 1점 쇄선
③ 2점 쇄선
④ 나선형 실선

| 해답 | ②

1점 쇄선
• 중심선, 기준선, 피치선에 사용되는 선
• 주로 도형의 중심을 나타내며 도형의 대칭선으로 사용

□□□ 04, 08④

24 그림과 같은 골조 구조에서 치수 기입이 잘못된 치수는?

① 5000
② 5200
③ 6400
④ 9000

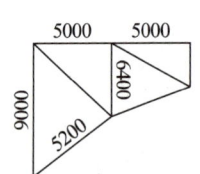

| 해답 | ③

골조를 표시하는 왼쪽(6400)에 치수를 쓴다.

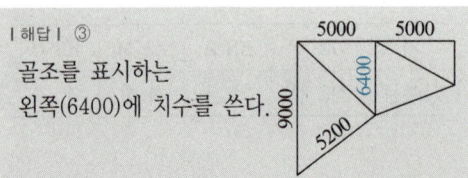

□□□ 10④, 11①, 14④

25 치수기입 방법 중 "R 25"가 의미하는 것은?

① 반지름이 25mm이다.
② 지름이 25mm이다.
③ 호의 길이가 25mm이다.
④ 한 변이 25mm인 정사각형이다.

| 해답 | ①

반지름 R
원형의 반지름 치수 앞에 붙인다.
∴ R25 : 반지름이 25mm

□□□ 08①, 09①, 12④⑤, 15④

26 문자의 선 굵기는 한글자, 숫자 및 영자일 때 문자 크기의 호칭에 대하여 얼마로 하는 것이 바람직한가?

① 1/3
② 1/6
③ 1/9
④ 1/12

| 해답 | ③

글자의 굵기는 한글, 숫자 및 로마자의 경우에는 1/9로 하는 것이 적당하다.

□□□ 11④, 12⑤, 13④⑤, 16①

27 인출선을 사용하여 기입하는 내용과 거리가 먼 것은?

① 치수
② 가공법
③ 주의 사항
④ 도면 번호

| 해답 | ④

인출선
치수, 가공법, 주의 사항 등을 기입하기 위해 사용하는 인출선은 가로에 대하여 직각 또는 45°의 직선을 긋고 치수선의 위쪽에 치수를 표시

☐☐☐ 07①, 09⑤, 10④⑤, 13⑤, 15④

28 대상물의 보이지 않는 부분의 모양을 표시하는 선은?

① 굵은 실선　　② 가는 실선
③ 1점 쇄선　　④ 파선

| 해답 | ④
파선 : 숨은선
대상물의 보이지 않는 부분의 모양을 표시

☐☐☐ 11⑤, 13④

29 옹벽의 벽체 높이가 4500mm, 벽체의 기울기가 1 : 0.02일 때, 수평거리는 몇 mm인가?

① 20　　② 45
③ 90　　④ 180

| 해답 | ③
• 연직거리 : 수평거리 = 1 : n = 1 : 0.02
• 연직거리가 4500mm일 때 수평거리
$D = 0.02 \times 4500 = 90mm$

☐☐☐ 07④, 11①, 13⑤, 14①, 15④, 16①

30 제도의 척도에 해당하지 않는 것은?

① 배척　　② 현척
③ 상척　　④ 축척

| 해답 | ③
척도의 종류 : 축척, 현척, 배척

☐☐☐ 10⑤, 12④

31 문자의 크기를 나타낼 때 무엇을 기준으로 하는가?

① 모양　　② 굵기
③ 높이　　④ 서체

| 해답 | ③
도면에서 문자의 크기는 문자의 높이로 나타낸다.

☐☐☐ 03④, 05③, 09④, 11⑤, 15⑤

32 대칭인 도형은 중심선에서 한쪽은 외형도를 그리고 그 반대쪽은 무엇을 표시하는가?

① 정면도　　② 평면도
③ 측면도　　④ 단면도

| 해답 | ④
대칭되는 도면은 중심선의 한쪽은 외형도를 반대쪽은 단면도로 표시하는 것을 원칙으로 한다.

☐☐☐ 08④, 10①, 15⑤, 16①

33 단면도의 절단면에 가는 실선으로 규칙적으로 나열한 선은?

① 해칭선　　② 절단선
③ 피치선　　④ 파단선

| 해답 | ①
해칭선
• 단면도의 절단된 부분을 표시하는데 이용
• 가는 실선으로 규칙적으로 빗금을 그은 선

☐☐☐ 09④, 11④, 15④

34 보기의 철강 재료 기호 표시에서 재료의 종류, 최저 인장강도, 화학 성분값 등을 표시하는 부분은?

〈보기〉　KS D 3503　S　S　330
　　　　　　ㄱ　　　ㄴ ㄷ　ㄹ

① ㄱ　　② ㄴ
③ ㄷ　　④ ㄹ

| 해답 | ④
구조용 압연재
　KS D 3503　S S　41
(KS 분류 번호)┐
　　　　　　　├─ 최저 인장 강도 41
　　　　　　　├─ 일반 구조용 압연재
　　　　　　　└─ 강

ㄱ KS D 3503 : KS 분류 번호
ㄴ S : 강(steel)
ㄷ S : 일반 구조용 압연강재
ㄹ 330 : 최저 인장 강도(330N/mm^2)

□□□ 11⑤, 15④

35 도면이 구비하여야 할 일반적인 기본 요건으로 옳은 것은?

① 분야별 각기 독자적인 표현 체계를 가져야 한다.
② 기술의 국제 교류의 입장에서 국제성을 가져야 한다.
③ 기호의 다양성과 제작자의 특성을 잘 반영하여야 한다.
④ 대상물의 임의성을 부여하여야 한다.

| 해답 | ②
도면은 기술의 국제 교류의 입장에서 국제성을 가져야 한다.

□□□ 14⑤

36 도면 종류 중 작성 방법에 따른 분류에 속하지 않는 것은?

① 연필도   ② 먹물제도
③ 복사도   ④ 착색도

| 해답 | ③
작성 방법에 따른 분류
연필제도, 먹물제도, 착색도

□□□ 09④, 12①, 14⑤

37 도면을 표현형식에 따라 분류할 때 구조물의 구조 계산에 사용되는 선도로 교량의 골조를 나타내는 도면은?

① 일반도   ② 배근도
③ 구조선도 ④ 상세도

| 해답 | ③
표현 형식에 따른 분류
• 일반도, 외관도, 구조선도
• 구조선도 : 교량 등의 골조를 나타내고, 구조 계산에 사용하는 선도로 뼈대 그림

□□□ 08①, 10①

38 도면에서 특정한 부분의 형상·치수·구조를 보이기 위하여 큰 축척으로 표시한 것은?

① 일반도   ② 구조도
③ 상세도   ④ 일반구조도

| 해답 | ③
상세도
구조도에서 표시하는 것이 곤란한 부분의 형상, 치수, 기구 등을 상세하게 표시하는 도면

□□□ 09①, 11①, 13⑤

39 선, 원주 등을 같은 길이로 분할할 때 사용하는 기구는?

① 컴퍼스   ② 디바이더
③ 형판   ④ 운형자

| 해답 | ②
디바이더
• 치수를 자의 눈금에서 잰 후 제도 용지 위에 옮김
• 선, 원주 등을 같은 길이로 분할하는 데 사용

□□□ 08⑤, 09⑤, 10①, 10⑤, 11①, 13④

40 국제 표준화 기구를 나타내는 표준 규격 기호는?

① ANS   ② JIS
③ ISO   ④ DIN

| 해답 | ③

국제 및 국가별 표준 규격명

국가별 명칭	기 호
미국 규격	ANSI
일본 규격	JIS
국제 표준화 기구	ISO
독일 규격	DIN

□□□ 14⑤
41 한국산업표준(KS)에서 "기본"에 대한 분류 기호는?

① KS A ② KS B
③ KS C ④ KS F

| 해답 | ①

KS의 부문별 기호

기호	KS F	KS A	KS B	KS C
부문	토건	기본	기계	전기

□□□ 08④, 14④
42 다음 중 선의 접속 및 교차에 대한 제도 방법이 틀린 것은?

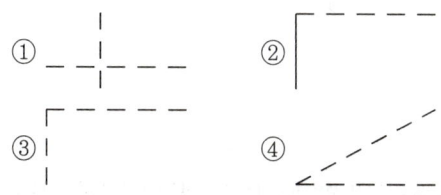

| 해답 | ①

선의 교차점은 십자형이 되어야 한다.

□□□ 11①
43 제도용지 A0와 B0의 넓이는 약 얼마인가?

① A0=1m^2, B0=1.5m^2
② A0=1.5m^2, B0=1m^2
③ A0=1m^2, B0=2m^2
④ A0=2m^2, B0=1m^2

| 해답 | ①

• A0의 넓이는 약 1m^2이다.
• B0의 넓이는 약 1.5m^2이다.

□□□ 08⑤, 13⑤
44 제도용지 A2의 규격으로 옳은 것은? (단, 단위 mm)

① 841×1189 ② 515×728
③ 420×594   ④ 210×297

| 해답 | ③

제도 용지의 규격

규격	A0	A1	A2	A3	A4
a×b	841×1189	594×841	420×594	297×420	210×297

□□□ 08④, 09①, 14⑤
45 A1 용지에서 윤곽의 나비는 최소 몇 mm인 것이 바람직한가? (단, 도면을 철하지 않는 경우)

① 5mm   ② 10mm
③ 20mm ④ 25mm

| 해답 | ③

도면을 철하지 않을 때 최소 윤곽의 나비
• 도면 A0, A1 : 20mm
• 도면 A2, A3, A4 : 10mm

□□□ 08④, 12④
46 도면의 크기 중 A4 크기의 2배가 되는 도면은?

① A5 ② A3
③ B4 ④ B3

| 해답 | ②

도면 A3와 A4의 크기

크기와 호칭	A3	A4
a×b	297×420	210×297

∴ A3는 A4의 2배가 된다.

□□□ 10④, 11④, 14①⑤

47 도면에 대한 설명으로 옳지 않은 것은?

① 큰 도면을 접을 때에는 A4의 크기로 접는다.
② A3도면의 크기는 A2도면의 절반 크기이다.
③ A계열에서 가장 큰 도면의 호칭은 A0이다.
④ A4의 크기는 B4보다 크다.

| 해답 | ④
A4(210×297mm)의 크기는 B4(257×364mm)의 크기보다 작다.

□□□ 10⑤, 15④

48 제도 용지 중 A0도면의 치수는 몇 mm인가?

① 841×1189   ② 594×841
③ 420×594   ④ 297×420

| 해답 | ①

도면의 치수

크기	$a \times b$
A0	841×1189
A1	594×841
A2	420×594
A3	297×420
A4	210×297

□□□ 02④, 08①④, 09①, 11①④, 15⑤

49 다음 중 그림을 그리는 영역을 한정하기 위한 윤곽선으로 알맞은 것은?

① 0.3mm 굵기의 실선
② 0.5mm 굵기의 파선
③ 0.7mm 굵기의 실선
④ 0.9mm 굵기의 파선

| 해답 | ③
그림을 그리는 영역을 한정하기 위한 윤곽선 0.5mm 굵기 이상의 실선으로 그린다.

□□□ 08①, 08⑤, 13⑤

50 윤곽 및 윤곽선에 대한 설명 중 틀린 것은?

① 윤곽의 나비는 A0 크기에 대하여 최소 20mm인 것이 바람직하다.
② 윤곽의 나비는 A1 크기에 대하여 최소 10mm인 것이 바람직하다.
③ 그림을 그리는 영역을 한정하기 위한 윤곽선은 최소 0.5mm 이상 두께의 실선으로 그린다.
④ 도면을 철하기 위한 구멍 뚫기의 여유는 최소 나비 20mm(윤곽선 포함)로 표제란에서 가장 떨어진 왼쪽 끝에 둔다.

| 해답 | ②
도면을 철하지 않을 때 최소 윤곽의 나비
• 도면 A0, A1 : 20mm
• 도면 A2, A3, A4 : 10mm

□□□ 14①

51 치수 기입 방법에 대한 설명으로 옳은 것은?

① 치수 보조선과 치수선은 서로 교차하도록 한다.
② 치수 보조선은 각각의 치수선보다 약간 길게 끌어내어 그린다.
③ 원의 지름을 표시하는 치수는 숫자 앞에 R을 붙여서 지름을 나타낸다.
④ 치수 보조선은 치수를 기입하는 형상에 대해 평행하게 그린다.

| 해답 | ②
• 치수 보조선과 치수선은 서로 교차하지 않도록 한다.
• 원의 지름을 표시하는 치수는 숫자 앞에 ϕ을 붙여서 지름을 나타낸다.
• 치수 보조선은 치수를 기입하는 형상에 대해 직각되게 그린다.

□□□ 10⑤

52 공업 각 분야에서 사용되고 있는 다음과 같은 기본 부문을 규정하고 있는 한국산업표준의 영역은?

> ㉠ 도면의 크기 및 방식
> ㉡ 제도에 사용하는 선과 문자
> ㉢ 제도에 사용하는 투상법

① KS A ② KS B
③ KS C ④ KS D

|해답| ①
KS의 부문별 기호

기호	KS A	KS B	KS C	KS D
부문	기본	기계	전기	금속

□□□ 09①, 14④

53 토목제도에 사용하는 문자에 대한 설명으로 옳지 않은 것은?

① 한자의 서체는 KS A 0202에 준하는 것이 좋다.
② 영자는 주로 로마자의 소문자를 사용한다.
③ 숫자는 주로 아라비아 숫자를 사용한다.
④ 한글자의 서체는 활자체에 준하는 것이 좋다.

|해답| ②
영자는 주로 로마자의 대문자를 사용한다.

□□□ 10④

54 도면 작도에서 중심선을 나타내는 기호(약자)는?

① C.L. ② C.I.
③ M.L. ④ M.I.

|해답| ①
C.L.(center line) : 중심선을 나타내는 기호

□□□ 14①

55 제도 통칙에서 그림의 모양이 치수에 비례하지 않아 착각될 우려가 있을 때 사용되는 문자 기입 방법은?

① AS ② NS
③ KS ④ PS

|해답| ②
NS(not to scale)
그림의 형태가 치수와 비례하지 않을 때에는 치수 밑에 밑줄을 긋거나, 비례가 아님 또는 NS(not to scale) 등의 문자를 기입하여야 한다.

□□□ 12⑤, 14①

56 도면에 그려야 할 내용의 영역을 명확하게 하고, 제도용지의 가장자리에 생기는 손상으로 기재 사항을 해치지 않도록 하기 위하여 그리는 선은?

① 윤곽선 ② 외형선
③ 치수선 ④ 중심선

|해답| ①
윤곽선
• 윤곽선이 있는 도면은 윤곽선이 없는 도면에 비하여 안정되어 보인다.
• 도면의 크기에 따라 0.5mm 이상의 굵은 실선으로 그린다.

□□□ 07④, 11①, 13⑤, 14①, 15④, 16①④

57 1 : 1보다 큰 척도를 의미하는 것은?

① 실척 ② 축척
③ 현척 ④ 배척

|해답| ④
척도의 종류
• 축척 : 물체의 실제보다 축소(1:2)
• 현척 : 물체의 실제와 같은 크기(1:1)
• 배척 : 물체의 실제보다 확대(2:1)

□□□ 02, 05, 06, 07⑤, 09④⑤, 11①⑤, 13①, 15①④

58 도면에서 반드시 그려야 할 사항으로 도면의 번호, 도면 이름, 척도, 투상법 등을 기입하는 것은?

① 표제란 ② 윤곽선
③ 중심마크 ④ 재단마크

|해답| ①
표제란
• 도면의 관리에 필요한 사항과 도면의 내용에 대한 사항을 모아서 기입
• 도면 번호, 도면 명칭, 기업체명, 책임자 서명, 도면 작성 일자, 축척 등을 기입

□□□ 03④, 04④, 06⑤, 13⑤

59 "물체의 실제 치수"에 대한 "도면에 표시한 대상물"의 비를 의미하는 용어는?

① 척도 ② 도면
③ 연각선 ④ 표제란

|해답| ①
척도의 표시방법
A : B 축척 1 : 2
　└ 물체의 실제 크기 현척 1 : 1
　└ 도면에서의 크기 배척 2 : 1

□□□ 07④, 11①, 14①, 15④

60 척도에서 물체의 실제 크기보다 확대하여 그리는 것은?

① 축척 ② 현척
③ 배척 ④ 실척

|해답| ③
척도의 종류
• 축척 : 물체의 실제보다 축소하여 그림
• 현척 : 물체의 실제와 같은 크기로 그림
• 배척 : 물체의 실제보다 확대하여 그림

□□□ 12④, 15⑤

61 KS 토목제도 통칙에서 척도의 비가 1 : 1보다 작은 척도를 무엇이라 하는가?

① 현척 ② 배척
③ 축척 ④ 소척

|해답| ③
척도의 종류
• 축척 : 물체의 실제보다 축소(1 : 2)
• 현척 : 물체의 실제와 같은 크기(1 : 1)
• 배척 : 물체의 실제보다 확대(2 : 1)

□□□ 07①, 14④

62 척도를 나타내는 방법으로 옳은 것은?

① (제도용지의 치수) : (실제의 치수)
② (도면에서의 치수) : (실제의 치수)
③ (실제의 치수) : (제도용지의 치수)
④ (실제의 치수) : (도면에서의 치수)

|해답| ②
척도의 표시방법
A : B=(도면에서의 크기) : (물체의 실제 크기)

□□□ 04③, 08④, 11⑤, 12①, 15④

63 한 도면에서 두 종류 이상의 선이 같은 장소에 겹치게 될 때 우선순위로 옳은 것은?

| ㉠ 숨은선 | ㉡ 중심선 |
| ㉢ 외형선 | ㉣ 절단선 |

① ㉣-㉠-㉢-㉡ ② ㉢-㉠-㉣-㉡
③ ㉠-㉡-㉢-㉣ ④ ㉢-㉠-㉡-㉣

|해답| ②
선의 우선 순위
1) 외형선 2) 숨은선 3) 절단선
4) 중심선 5) 무게 중심선

□□□ 09④, 12①, 13④

64 다음 중 같은 크기의 물체를 도면에 그릴 때 가장 작게 그려지는 척도는?

① 1 : 2
② 1 : 3
③ 2 : 1
④ 3 : 1

| 해답 | ②

척도
- 도면에서의 크기(A) : 물체의 실제 크기(B) = 1 : n
- ∴ n값이 클수록 작게 그려지는 척도이다.

□□□ 05, 08④, 09①, 14①

65 다음 중 실선으로 표시하지 않는 것은?

① 중심선
② 파단선
③ 외형선
④ 해칭선

| 해답 | ①

- 굵은 실선 : 외형선
- 가는 실선 : 치수선, 지시선, 수준면선, 해칭선, 파단선
- 가는 1점 쇄선 : 중심선, 기준선, 피치선

□□□ 08①, 09⑤, 14①④, 16①

66 도면 제도를 위한 치수 기입 방법으로 옳지 않은 것은?

① 치수의 단위는 m를 원칙으로 한다.
② 각도의 단위는 도(°), 분(′), 초(″)를 사용한다.
③ 완성된 도면에는 치수를 기입하여야 한다.
④ 치수 기입 요소는 치수선, 치수보조선, 치수 등을 포함한다.

| 해답 | ①

치수의 단위는 mm를 원칙으로 하고, 단위 기호는 쓰지 않는다.

□□□ 05⑤, 07⑤, 09①, 10⑤, 11⑤, 12④, 16④

67 토목제도에서의 대칭인 물체나 원형인 물체의 중심선으로 사용되는 선은?

① 파선
② 1점 쇄선
③ 2점 쇄선
④ 나선형 실선

| 해답 | ②

1점 쇄선
- 중심선, 기준선, 피치선에 사용되는 선
- 주로 도형의 중심을 나타내며 도형의 대칭선으로 사용

□□□ 08⑤, 10①, 12①

68 치수표기에서 특별한 명시가 없으면 무엇으로 표시하는가?

① 가상 치수
② 재료 치수
③ 재단 치수
④ 마무리 치수

| 해답 | ④

치수는 특별히 명시하지 않으면 마무리 치수(완성 치수)로 표시한다.

□□□ 08⑤, 10⑤, 13⑤

69 도면 작성에서 가는 선 : 굵은 선 : 아주 굵은 선의 굵기 비율로 바른 것은?

① 1 : 2 : 3
② 1 : 2 : 4
③ 1 : 3 : 5
④ 1 : 3 : 6

| 해답 | ②

굵기에 따른 선의 종류

선의 종류	굵기 비율	예
가는 선	1	0.2mm
굵은선	2	0.4mm
아주굵은선	4	0.8mm

□□□ 14①

70 선의 종류 중에서 치수선, 해칭선, 지시선 등으로 사용되는 선은?

① 가는실선 ② 파선
③ 일점쇄선 ④ 이점쇄선

| 해답 | ①
가는 실선의 용도
치수선, 치수보조선, 지시선, 해칭선

□□□ 09①, 10①⑤, 12④⑤, 13④, 15④

71 치수 기입의 원칙에 어긋나는 것은?

① 치수의 중복 기입은 피해야 한다.
② 치수는 계산할 필요가 없도록 기입해야 한다.
③ 주 투상도에는 가능한 치수 기입을 생략하여야 한다.
④ 도면에 길이의 크기와 자세 및 위치를 명확하게 표시해야 한다.

| 해답 | ③
치수는 될 수 있는 대로 주 투상도에 기입해야 한다.

□□□ 08⑤, 09①, 14⑤

72 토목제도에서 치수선에 대한 치수의 위치로 바르지 않은 것은?

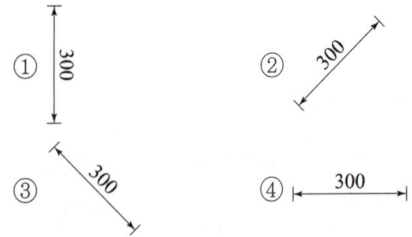

| 해답 | ①
치수선이 세로인 때에는 치수선의 왼쪽(좌측)에 기입한다.

□□□ 09④, 12①

73 도면의 치수기입 방법으로 옳지 않은 것은?

① 치수는 치수선에 평행하게 기입한다.
② 치수선이 수직일 때 치수는 왼쪽에 쓴다.
③ 협소한 구간에서 치수는 인출선을 사용하여 표시해도 된다.
④ 협소 구간이 연속될 때라도 치수선의 위쪽과 아래쪽에 번갈아 써서는 안된다.

| 해답 | ④
협소한 구간의 치수 기입
협소한 구간이 연속될 때에는 치수선의 위쪽과 아래쪽에 번갈아 치수를 기입할 수 있다.

□□□ 11①

74 치수의 기입 방법에 대한 설명으로 옳지 않은 것은?

① 치수선이 세로일 때에는 치수선의 왼쪽에 쓴다.
② 치수는 선과 교차하는 곳에는 될 수 있는 대로 쓰지 않는다.
③ 각도를 기입하는 치수선은 양변 또는 그 연장선 사이의 호로 표시한다.
④ 경사의 방향을 표시할 필요가 있을 때에는 상향 경사쪽으로 화살표를 붙인다.

| 해답 | ④
경사 표시

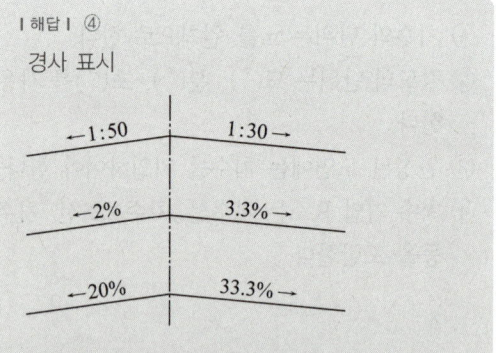

경사의 방향을 표시할 필요가 있을 때에는 하향 경사쪽으로 화살표를 붙인다.

□□□ 09④

75 도로 경사를 표시할 때 4%의 의미는?

① 수평거리 1m당 수직거리 4m의 경사
② 수평거리 10m당 수직거리 4m의 경사
③ 수평거리 100m당 수직거리 4m의 경사
④ 수평거리 1000m당 수직거리 4m의 경사

| 해답 | ③
경사
- 수직 높이 : 수평거리 $= 1 : n$
- $\dfrac{수직높이}{수평거리} \times 100 = \dfrac{4}{100} \times 100 = 4\%$
∴ 수평거리 100m당 수직거리 4m의 경사

□□□ 08④, 10①

76 경사가 있는 L형 옹벽 벽체에서 도면에 $1 : 0.02$로 표시할 수 있는 경우는?

① 연직거리 1m일 때 수평거리 2mm인 경사
② 연직거리 4m일 때 수평거리 8mm인 경사
③ 연직거리 1m일 때 수평거리 40mm인 경사
④ 연직거리 4m일 때 수평거리 80mm인 경사

| 해답 | ④
- 연직거리 : 수평거리 $= 1 : n = 1 : 0.02$
- 연직거리가 4m일 때 수평거리
 $D = 0.02 \times 4 = 0.08\text{m} = 80\text{mm}$

□□□ 09①, 15⑤

77 실제 거리가 120m인 옹벽을 축척 $1 : 1200$의 도면에 그릴 때 도면상의 길이는?

① 12mm ② 100mm
③ 10000mm ④ 120000mm

| 해답 | ②
도면상의 길이
$l = \dfrac{1}{1200} \times 120 = 0.1\text{m} = 100\text{mm}$

□□□ 10①, 11⑤, 13④

78 옹벽의 벽체 높이가 4500mm, 벽체의 기울기가 $1 : 0.02$일 때, 수평거리는 몇 mm인가?

① 20 ② 45
③ 90 ④ 180

| 해답 | ③
- 연직거리 : 수평거리 $= 1 : n = 1 : 0.02$
- 연직거리가 4500mm일 때 수평거리
 $D = 0.02 \times 4500 = 90\text{mm}$

□□□ 10①, 15⑤, 16①

79 단면도의 절단면을 해칭할 때 사용되는 선의 종류는?

① 가는 파선 ② 가는 실선
③ 가는 1점 쇄선 ④ 가는 2점 쇄선

| 해답 | ②
해칭
단면을 표시하는 경우나 강 구조에 있어서 연결판의 측면 또는 충전재의 측면을 표시하는 때 사용되는 것으로 가는 실선을 사용한다.

□□□ 13①

80 구조물 제도에서 물체의 절단면을 표현하는 것으로 중심선에 대하여 45° 경사지게 일정한 간격으로 긋는 것은?

① 파선 ② 스머징
③ 해칭 ④ 스프릿

| 해답 | ③
해칭(hatching)
- 단면도의 절단면을 나타내는 선
- 가는 실선으로 규칙적으로 빗금을 그은 선
- 해칭선은 중심선 또는 단면도의 주된 외형선에 대하여 45°의 가는 실선을 같은 간격으로 긋는다.

□□□ 08①, 14⑤

81 토목제도에서 현의 길이를 바르게 표시한 것은?

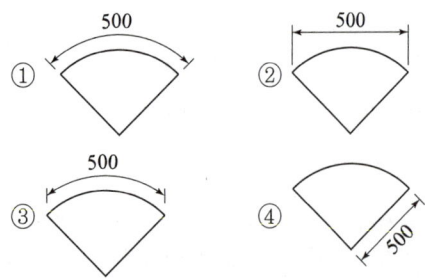

| 해답 | ②
① 호의 길이 ② 현의 길 ③ 현의 길이

□□□ 08①, 09⑤, 10⑤, 13⑤

82 다음은 치수보조 기호이다. 반지름을 나타내는 기호는?

① R   ② ϕ
③ t   ④ C

| 해답 | ①
치수 보조 기호

명칭	기호
원의 지름	ϕ
원의 반지름	R
판의 두께	t
45° 모따기	C

□□□ 03, 04, 06, 10①④

83 도면의 복사도 종류가 아닌 것은?

① 청사진   ② 홍사진
③ 백사진   ④ 마이크로 사진

| 해답 | ②
복사도의 종류
청사진, 백사진, 마이크로 사진(전자 복사도)

□□□ 09④, 10③, 11③, 13①④, 14④

84 도면의 치수 보조 기호의 설명으로 옳지 않은 것은?

① t : 파이프의 지름에 사용된다.
② ϕ : 지름의 치수 앞에 붙인다.
③ R : 반지름 치수 앞에 붙인다.
④ SR : 구의 반지름 치수 앞에 붙인다.

| 해답 | ①
치수 보조 기호

명칭	기호
판의 두께	t
원의 반지름	R
원의 지름	ϕ
구의 반지름	SR

□□□ 11④, 12⑤, 13④

85 치수, 가공법, 주의 사항 등을 넣기 위하여 가로에 대하여 45°의 직선을 긋고 문자 또는 숫자를 기입하는 선은?

① 중심선   ② 치수선
③ 인출선   ④ 치수 보조선

| 해답 | ③
인출선
치수, 가공법, 주의 사항 등을 기입하기 위해 사용하는 인출선은 가로에 대하여 직각 또는 45°의 직선을 긋고 치수선의 위쪽에 치수를 표시

| memo |

02 기본 도법

01 평면 도법

1 선분 AB의 5등분

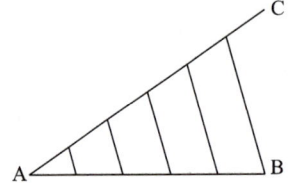 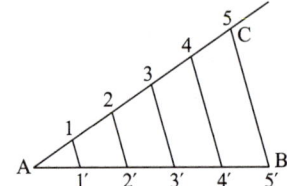

(1) 선분 AB의 한 끝 A에서 임의의 방향으로 선분 AC를 긋는다.
(2) 선분 AC를 임의의 길이로 5등분하여 점 1, 2, 3, 4, 5를 잡는다.
(3) 끝점 5와 B를 잇고 선분 AC상의 각 점에서 선분 5 B에 평행선을 그어 선분 AB와 만나는 점 1′, 2′, 3′, 4′은 선분 AB를 5등분하는 선이다.

2 각(∠AOB)를 2등분

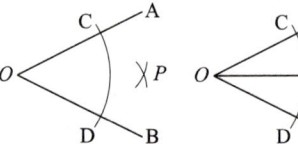

(a) 주어진 각∠AOB
(b) 점 O를 중심으로 임의의 반지름으로 원호를 그린다. 이때, 선 A, B와 만나는 점을 C, D라 한다.
(c) 점 C, D를 각각 중심으로 하고 임의의 반지름으로 원호를 그려 만나는 점을 P라 한다.
(d) 점 O와 점 P를 직선으로 연결한다. 직선 OP는 ∠AOB의 2등분선이 된다.

▶ 주어진각 2등분

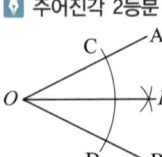

(1) 점 O을 중심으로 임의의 반지름으로 원호를 그린다.
  이 때, 선A, B와 만나는 점을 C, D라 한다.
(2) 점 C, D를 각각 중심으로 하고 임의의 반지름으로 원을 그려 만나는 점을 P라 한다.
(3) 점 O와 점 P를 직선으로 연결한다. 직선 OP는 ∠AOB의 2등분선이 된다.

3 도형의 면적 분할

(1) 삼각형 ABC의 꼭지점 C에서 변 AB에 그은 수선과의 교점을 D라 한다.
(2) 점C에서 반지름 CD로 그은 원호와 점C를 지나고 변 AB에 평행한 선과의 교점을 E를 구한다.
(3) 점A와 E를 이은 선과 변 BC와의 교점 F를 구한다.
(4) 점 F에서 변 AB에 내린 수선의 발 I, 또 변 AB에 평행선과 AC와의 교점 G, 점 G에서 변 AB에 내린 수선의 발을 H라 한다.
(5) 점 F, G, H, I를 이으면 최대 정사각형이 된다.

▶ 삼각형에 내접하는 최대 정사각형

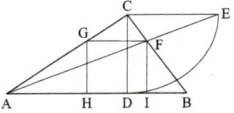

02 입체 투상도

1 투상법

(1) 공간상에 있는 구조물의 위치, 크기, 모양 등을 평면상에 명확하게 나타내기 위하여 투상법을 사용한다.
(2) 투상법은 보는 방법과 그리는 방법을 일정한 규칙에 따르도록 한 것이다.

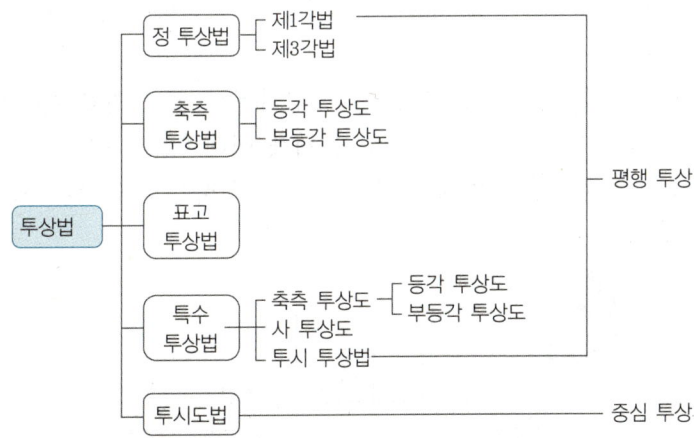

(3) 소점수에 따른 투시도의 종류
1소점 투시도, 2소점 투시도, 3소점 투시도

▶ V.P.(소점)
시점이 화면 위에 투상되는 점

📖 알아두기

■ 공간
- 공간을 4등분하면 1, 2, 3, 4 면각으로 나타낸다.
- 물체를 제1면각에 놓고 정 투상법으로 나타내면 제1각법이 된다.
- 물체를 제3면각에 놓고 정 투상법으로 나타내면 제3각법이 된다.

■ 제3각법

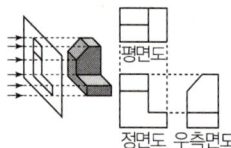
눈→투상면→물체

2 정 투상법 orthographic projection method

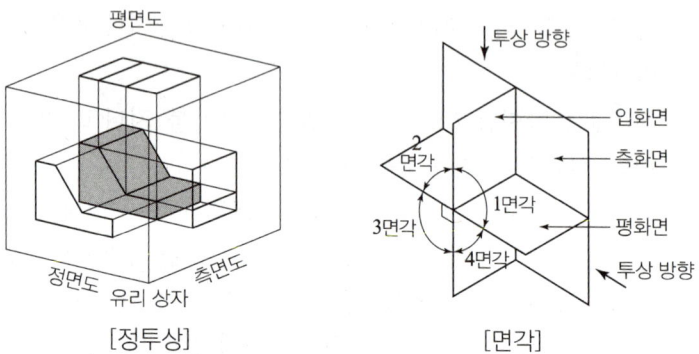

[정투상]　　　　　　　　　[면각]

① 투상선이 투상면에 대하여 수직으로 투상되는 것을 정 투상법이라 한다.
② 물체를 투상법으로 나타낼 때는 정면도, 평면도, 측면도 등으로 나타낸다.
③ 물체를 제1면각에 놓고 정 투상법으로 나타낸 것을 제1각법이라 하고, 물체를 제3면각에 놓고 정 투상법으로 나타낸 것을 제3각법이라 한다.

(1) 제3각법 third angle projection method

① 투상면의 뒤에 물체를 놓은 것으로 : 눈 → 투상면 → 물체의 순서이다.
② 정면도를 중심으로 평면도가 위에, 우측면도는 정면도의 오른쪽에 위치에 그린 것이다.
③ 정면도를 기준으로 하여 좌우, 상하에서 본 모양을 본 위치에 그리게 되므로 도면을 보고 물체를 이해하기가 쉽다.
④ KS에서는 제3각법에 따라 도면을 작성하는 것을 원칙으로 하고 있다.

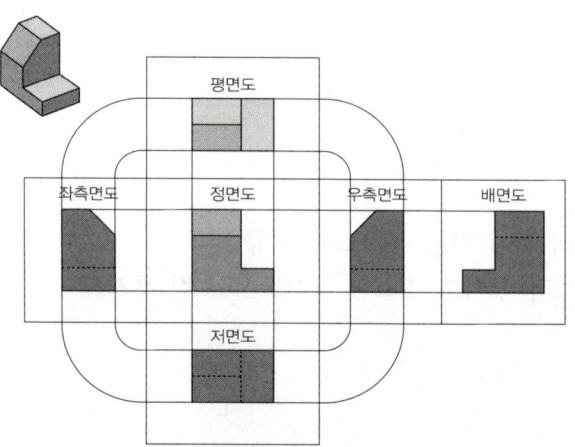

(2) 제1각법 first angle projection method

① 투상면 안쪽에 물체를 놓은 것으로 : 눈 → 물체 → 투상면의 순서이다.
② 정면도를 중심으로 평면도가 아래에, 우측면도는 정면도의 왼쪽에 위치에 그린 것이다.

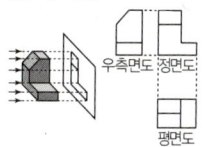

▶ 제1각법

눈→물체→투상면

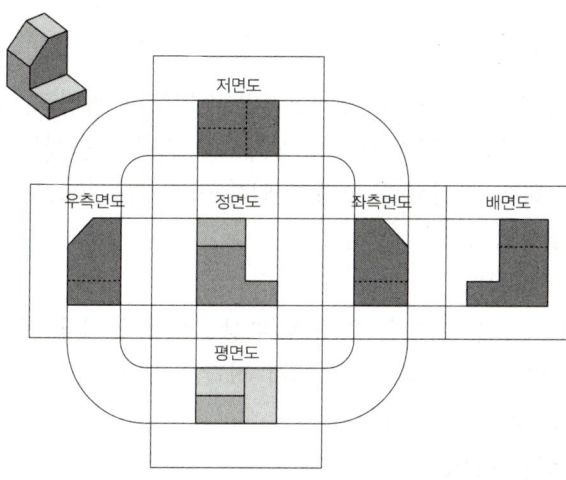

【3각법과 1각법의 비교】

구분	3각법	1각법
투상	눈 → 투상면 → 물체	눈 → 물체 → 투상면
	제3각법: 배면도, 좌측면도, 정면도, 우측면도, 평면도, 저면도	제1각법: 배면도, 우측면도, 정면도, 좌측면도, 저면도, 평면도
배치	평면도 / 정면도, 우측면도	우측면도, 정면도 / 평면도
위치	정면도를 중심으로 하여 평면도는 정면도 위에, 우측면도는 정면도 오른쪽에 위치	정면도를 중심으로 하여 평면도는 정면도 아래에, 우측면도는 정면도의 왼쪽에 위치

(3) 표고 투상도

입면도를 쓰지 않고 수평면으로부터 높이의 수치를 평면도에 기호로 주기하여 나타내는 방법

▶ 표고 투상도

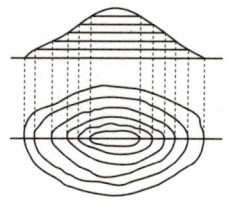

> 알아두기

3 특수 투상도

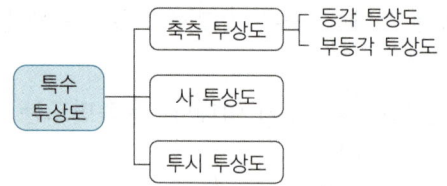

(1) 축측 투상도

정 투상법으로 입체를 나타내려면 정면도와 평면도, 측면도가 필요하다. 그러나 각 모서리가 직각으로 만나는 물체는 모서리를 세 축으로 하여 투상도를 그리면 입체의 모양을 투상도 하나로 나타내는 투상법

① 등각 투상도
- 정면, 평면, 측면을 하나의 투상도에서 동시에 볼 수 있다.
- 직육면체의 등각 투상도에서 직각으로 만나는 3개의 모서리는 각각 120°를 이룬다.

> 등각 투상도

② 부등각 투상도
- 수평선과 2개의 축선이 이루는 각을 서로 다르게 그린 것
- 수평선과 이루는 각은 30°와 60°를 많이 쓴다.
- 3개의 축선 중 2개는 같은 척도로 그리고 나머지 하나는 3/4, 1/2로 줄여서 그린다.

(2) 사 투상도법 oblique projection drawing

① 물체의 상징인 정면 모양이 실제로 표시되며 한쪽으로 경사지게 투상하여 입체적으로 나타내는 투상도
② 물체를 입체적으로 나타내기 위해 수평선에 대하여 30°, 45°, 60° 경사각을 주어 삼각자를 쓰기에 편리한 각도로 한다.

(3) 투시도법 투시 투상도

> 시점(E.P)
보는 사람의 눈의 위치

> 소점(V.P)
시점이 화면 위에 투상되는 점

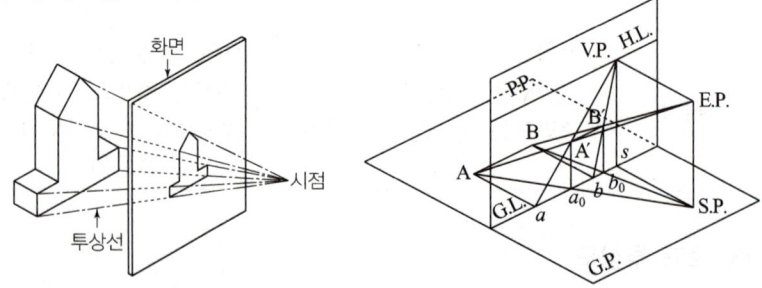

① 물체를 앞이나 뒤에 화면을 놓은 것으로 생각하고, 물체를 본 시선이 그 화면과 만나는 각 점을 연결하여 우리 눈에 비치는 모양과 같은 물체를 그리는 것이 투시도라 한다.

② 멀고 가까운 거리감(원근감)을 느낄 수 있도록 하나의 시점과 물체의 각 점을 방사선으로 이어서 그리는 방법
③ 주로 토목이나 건축에서 현장의 겨냥도, 구조물의 조감도 등에 쓰인다.

■ 그림에 나타낸 기호
- P.P.(picture plane 화면) : 물체를 투시하여 도면을 그리는 입화면
- G.P.(ground plane 기면) : 화면과 수직이고 기준이 되는 평화면
- G.L.(ground line 기선) : 기면과 화면이 만나는 선
- H.L.(horizontal line 수평선) : 입화면과 수평면이 만나는 선
- E.P.(eye point 시점) : 보는 사람의 눈의 위치
- S.P.(station point 정점) : 시점이 기면 위에 투상되는 점
- V.P.(vanishing point 소점) : 시점이 화면 위에 투상되는 점, 즉 소점은 물체가 기면에 평행으로 무한히 멀리 있을 때 수평선 위의 한 점에 모이게 되는 점을 말한다.
- A.V.(axis of vision 시선축) : 시점에서 입화면에 수직하게 통하는 투상선

> **투시 투상도의 표현방법**
> ① 평행 투시도 : 인접한 두 면이 각각 화면과 기면에 평행한 때의 투시도
> ② 유각 투시도 : 인접한 두 면 가운데 밑면을 기면에 평행하고 다른면은 화면에 경사진 투시도
> ③ 경사 투시도 : 인접한 두 면이 모두 기면과 화면에 기울어진 투시도

02 기본 도법

과년도 핵심문제

기본도법

□□□ 11⑤, 12④, 13①, 15①, 16④

01 정면, 평면, 측면을 하나의 투상도에서 동시에 볼 수 있도록 3개의 모서리가 각각 120°를 이루게 그리는 도법은?

① 경사 투상도　② 유각 투상도
③ 등각 투상도　④ 평행 투상도

| 해답 | ③
등각 투상도
• 정면, 평면, 측면을 하나의 투상도에서 동시에 볼 수 있다.
• 직육면체의 등각 투상도에서 직각으로 만나는 3개의 모서리는 각각 120°를 이룬다.

□□□ 02, 07①, 10①, 13⑤, 14⑤

02 그림과 같이 수평면으로부터 높이 수치를 주기하는 투상법은?

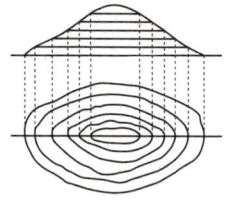

① 정 투상법　② 사 투상법
③ 축측 투상법　④ 표고 투상법

| 해답 | ④
표고 투상법
입면도를 쓰지 않고 수평면으로부터 높이의 수치를 평면도에 기호로 주기하여 나타내는 방법

□□□ 10①, 11④⑤, 13④⑤

03 투상선이 투상면에 대하여 수직으로 투상되는 투영법은?

① 사 투상법　② 정 투상법
③ 중심 투상법　④ 평행 투사법

| 해답 | ②
정 투상법
투상선이 투상면에 대하여 수직으로 투상되는 투상법

□□□ 07①, 10①, 14④

04 주어진 각(∠AOB)을 2등분할 때 작업 순서로 알맞은 것은?

ㄱ. O점과 P점을 연결한다.
ㄴ. O점에서 임의의 원을 그려 C와 D점을 구한다.
ㄷ. D점에서 임의의 반지름으로 원호를 그려 P점을 찾는다.

① ㄱ - ㄴ - ㄷ
② ㄱ - ㄷ - ㄴ
③ ㄴ - ㄱ - ㄷ
④ ㄴ - ㄷ - ㄱ

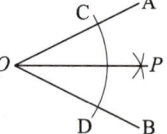

| 해답 | ④
주어진 각을 2등분 하기
• 점 O을 중심으로 임의의 반지름으로 원호를 그려 선A, B와 만나는 점을 C, D라 한다.
• 점 C, D를 각각 중심으로 하는 반지름으로 원호를 그려 만나는 점을 P라 한다.
• 점 O와 점 P를 직선으로 연결한다. 직선 OP는 ∠AOB의 2등분선이 된다.

□□□ 10⑤, 11⑤, 15④

05 그림에서와 같이 주사위를 바라보았을 때 우측면도를 바르게 표현한 것은?
(단, 투상법은 제3각법이며, 물체의 모서리 부분의 표현은 무시한다.)

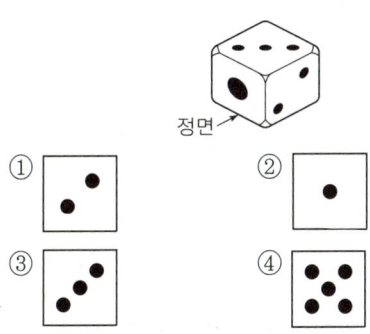

| 해답 | ①

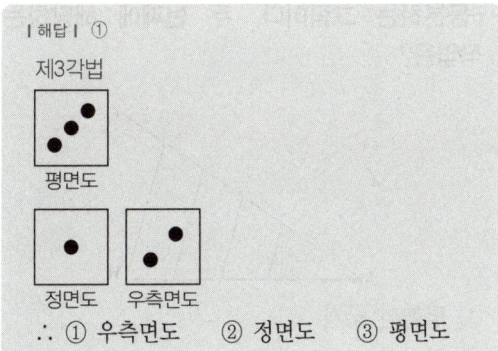

∴ ① 우측면도   ② 정면도   ③ 평면도

□□□ 11⑤, 12④

06 각 모서리가 직각으로 만나는 물체는 모서리를 세 축으로 하여 투상도를 그리면 입체의 모양을 하나로 나타낼 수 있는데 이러한 투상법은?

① 정 투상법   ② 사 투상법
③ 축측 투상법   ④ 표고 투상법

| 해답 | ③

축측 투상도
각 모서리가 직각으로 만나는 세 모서리를 좌표축으로 하여 하나의 투상도에 정면, 평면, 측면이 입체적으로 하나로 나타내는 투상법

□□□ 02, 08①, 10④⑤, 12④, 16①④

07 정 투상법에서 제1각법의 순서로 옳은 것은?

① 눈 → 물체 → 투상면
② 눈 → 투상면 → 물체
③ 물체 → 눈 → 투상면
④ 물체 → 투상면 → 눈

| 해답 | ①

정 투상법
• 제1각법 : 눈 → 물체 → 투상면
• 제3각법 : 눈 → 투상면 → 물체

□□□ 05⑤, 09⑤, 11④

08 내부의 보이지 않는 부분을 나타낼 때 물체를 절단하여 내부 모양을 나타낸 도면은?

① 단면도   ② 전개도
③ 투상도   ④ 입체도

| 해답 | ①

단면도
물체 내부의 보이지 않는 부분을 나타낼 때에 물체를 절단하여 내부의 모양을 그리는 것을 단면도라 한다.

□□□ 11④, 14④, 15①⑤

09 투상도법에서 원근감이 나타나는 것은?

① 표고 투상법   ② 정 투상법
③ 사 투상법   ④ 투시도법

| 해답 | ④

투시도법
멀고 가까운 거리감(원근감)을 느낄 수 있도록 하나의 시점과 물체의 각 점을 방사선으로 이어서 그리는 방법

Pick Remember

☐☐☐ 12⑤, 13④, 14①, 15④

10 한국 산업 표준(KS)에서 원칙으로 하는 정 투상도 그리기 방법은?

① 제1각법   ② 제3각법
③ 제5각법   ④ 다각법

|해답| ②
KS에서는 제3각법에 따라 도면을 작성하는 것을 원칙으로 하고 있다.

☐☐☐ 02, 08①, 10④⑤, 16①

12 물체를 '눈→투상면→물체'의 순서로 놓은 정 투상법은?

① 제1각법   ② 제2각법
③ 제3각법   ④ 제4각법

|해답| ③
정 투상법
• 제 3각법 : 눈 → 투상면 → 물체
• 제 1각법 : 눈 → 물체 → 투상면

☐☐☐ 10①, 12①, 13①, 15④

11 정 투상도에 의한 제3각법으로 도면을 그릴 때 도면 위치는?

① 정면도를 중심으로 평면도가 위에, 우측면도는 평면도의 왼쪽에 위치한다.
② 정면도를 중심으로 평면도가 위에, 우측면도는 정면도의 오른쪽에 위치한다.
③ 정면도를 중심으로 평면도가 아래에, 우측면도는 정면도의 오른쪽에 위치한다.
④ 정면도를 중심으로 평면도가 아래에, 우측면도는 정면도의 왼쪽에 위치한다.

|해답| ②
제3각법
정면도를 중심으로 하여 평면도는 정면도 위에, 우측면도는 정면도 오른쪽에 위치

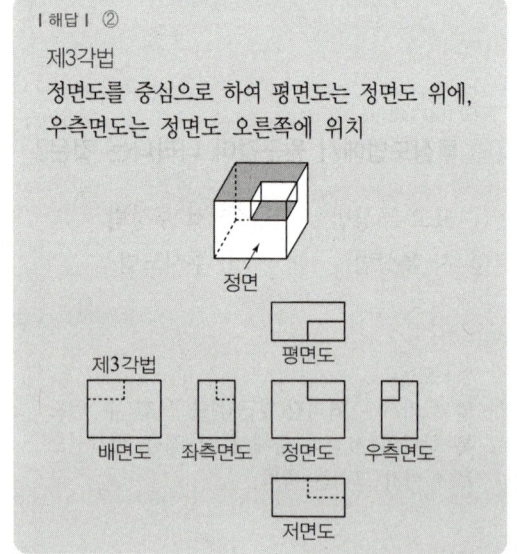

☐☐☐ 10④, 14①

13 직선의 길이를 측정하지 않고 선분 AB를 5등분하는 그림이다. 두 번째에 해당하는 작업은?

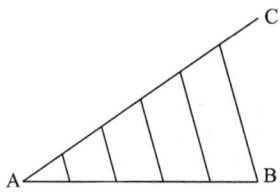

① 평행선 긋기
② 임의의 선분(AC) 긋기
③ 선분 AC를 임의의 길이로 5등분
④ 선분 AB를 임의의 길이로 다섯 개 나누기

|해답| ③
선분 AB의 5등분

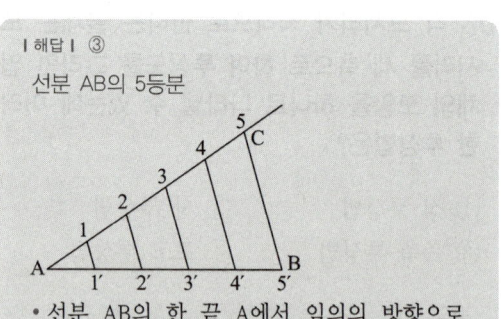

• 선분 AB의 한 끝 A에서 임의의 방향으로 선분 AC를 긋는다.
• 선분 AC를 임의의 길이로 5등분하여 점 1, 2, 3, 4, 5를 잡는다.
• 끝점 5와 B를 잇고 선분 AC상의 각 점에서 선분 5B에 평행선을 그어 선분 AB와 만나는 점 1', 2', 3', 4'은 선분 AB를 5등분하는 선이다.

□□□ 10④, 12①

14 그림은 무엇을 작도하기 위한 것인가?

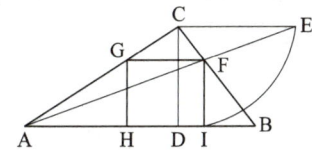

① 사각형에 외접하는 최소 삼각형
② 사각형에 외접하는 최대 삼각형
③ 삼각형에 내접하는 최대 정사각형
④ 삼각형에 내접하는 최소 직사각형

| 해답 | ③

삼각형에 내접하는 최대 정사각형
- 삼각형 ABC의 꼭지점 C에서 변 AB에 그은 수선과의 교점을 D라 한다.
- 점 C에서 반지름 CD로 그은 원호와 점C를 지나고 변 AB에 평행한 선과의 교점을 E를 구한다.
- 점A와 E를 이은 선과 변 BC와의 교점 F를 구하여 점 F에서 변 AB에 내린 수선의 발 I 이다.
- 또 변 AB에 평행선과 AC와의 교점 G, 또 점 G에서 변 AB에 내린 수선의 발을 H라 한다.
- 점 F, G, H, I를 이으면 최대 정사각형이 된다.

□□□ 09⑤, 12①, 16④

15 물체를 투상면에 대하여 한쪽으로 경사지게 투상하여 입체적으로 나타낸 것은?

① 투시 투상도　② 사 투상도
③ 등각 투상도　④ 축측 투상도

| 해답 | ②

사 투상도
- 물체의 상징인 정면 모양이 실제로 표시되며 한쪽으로 경사지게 투상하여 입체적으로 나타내는 투상도
- 물체를 입체적으로 나타내기 위해 수평선에 대하여 30°, 45°, 60° 경사각을 주어 삼각자를 쓰기에 편리한 각도로 한다.

□□□ 11①, 13④, 16①

16 그림의 정면도와 우측면도를 보고 추측할 수 있는 물체의 모양으로 짝지어진 것은?

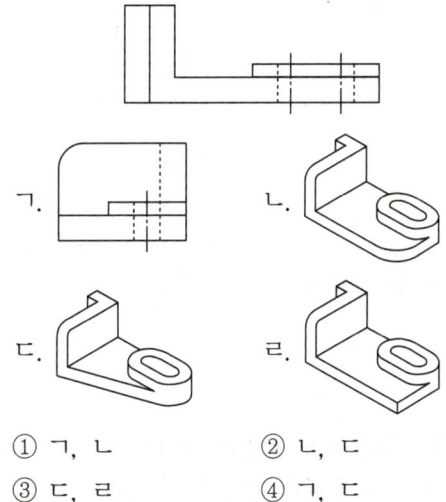

① ㄱ, ㄴ　② ㄴ, ㄷ
③ ㄷ, ㄹ　④ ㄱ, ㄷ

| 해답 | ④

물체의 정면도(ㄱ)와 우측면도(ㄷ) 이다.

□□□ 12⑤, 15④

17 보기의 입체도에서 화살표 방향을 정면으로 할 때 평면도를 바르게 표현한 것은?

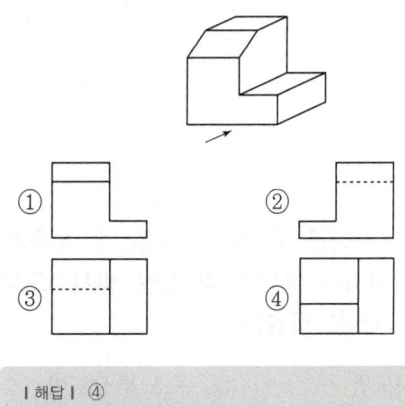

| 해답 | ④

제3각법의 투상

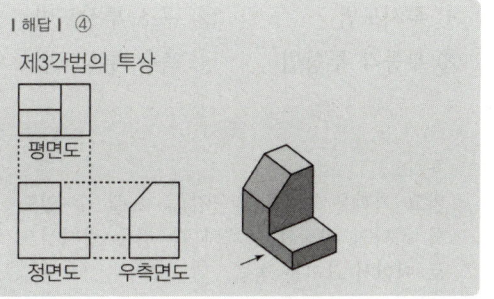

☐☐☐ 02, 07①, 10①, 13⑤

18 입면도를 쓰지 않고 수평면으로부터 높이의 수치를 평면도에 기호로 주기하여 나타내는 투상법은?

① 정 투상법
② 사 투상법
③ 축측 투상법
④ 표고 투상법

| 해답 | ④
표고 투상법
입면도를 쓰지 않고 수평면으로부터 높이의 수치를 평면도에 기호로 주기하여 나타내는 방법

☐☐☐ 10④, 14①

19 투상법은 보는 방법과 그리는 방법에 따라 여러 가지 종류가 있는데, 투상법의 종류가 아닌 것은?

① 정 투상법
② 등변 투상법
③ 등각 투상법
④ 사 투상법

| 해답 | ②
투상법의 종류
• 정 투상법 : 제3각법, 제1각법
• 표고 투상도
• 특수 투상법 : 축측 투상법(등각 투상도, 부등각 투상도), 사 투상도
• 투시도법

☐☐☐ 11④, 14④, 15①⑤, 16①

20 멀고 가까운 거리감을 느낄 수 있도록 하나의 시점과 물체의 각 점을 방사선으로 이어서 그리는 도법은?

① 투시도법
② 구조 투상도법
③ 부등각 투상법
④ 축측 투상도법

| 해답 | ①
투시도법
멀고 가까운 거리감(원근감)을 느낄 수 있도록 하나의 시점과 물체의 각 점을 방사선으로 이어서 그리는 방법

☐☐☐ 15④

21 투시도에서 물체가 기면에 평행으로 무한히 멀리 있을 때 수평선 위의 한 점으로 모이게 되는 점은?

① 시점
② 소점
③ 정점
④ 대점

| 해답 | ②
소점(V.P)
물체가 기면에 평행으로 무한히 멀리 있을 때 수평선 위의 한 점에 모이게 되는 점

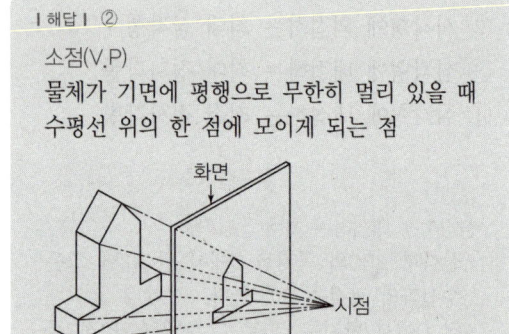

☐☐☐ 11②, 14④

22 그림과 같이 나타내는 정 투상법은?

① 제1각법
② 제2각법
③ 제3각법
④ 제4각법

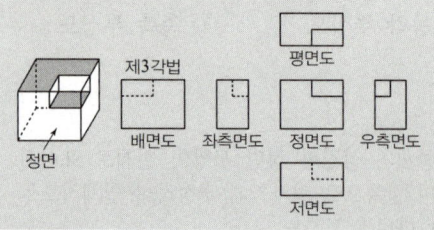

| 해답 | ③
제3각법
정면도를 중심으로 하여 평면도는 정면도 위에, 우측면도는 정면도 우측에 그린다.

□□□ 02, 09④, 14⑤, 15①

23 그림과 같이 투상하는 방법은?

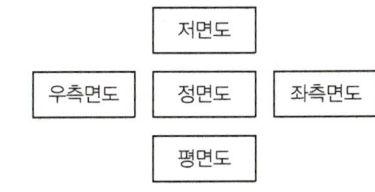

① 제1각법 ② 제2각법
③ 제3각법 ④ 제4각법

| 해답 | ①
제1각법

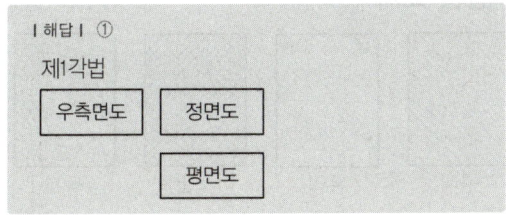

03 건설재료의 표시

01 토목제도의 단면 표시

1 구조용 재료의 단면 표시

(1) 금속재 및 비금속재의 단면 표시

 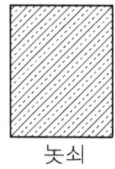    

| 강철 | 놋쇠 | 구리 | 유리 | 아스팔트 | 목재 |

(2) 석재, 벽돌 및 콘크리트재의 단면 표시

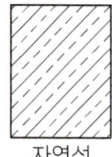 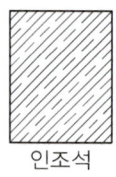 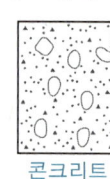   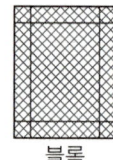

| 자연석 | 인조석 | 콘크리트 | 모르타르 | 벽돌 | 블록 |

(3) 골재의 단면 표시

 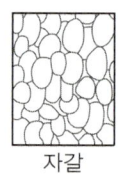 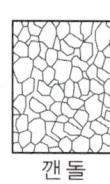  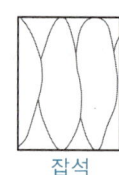 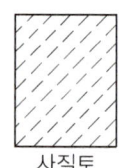

| 호박돌 | 자갈 | 깬 돌 | 모래 | 잡석 | 사질토 |

2 단면의 경계 표시

지반면(흙)	수준면(물)	암반면(바위)	자갈

모래	호박돌	잡석	일반면

3 단지형의 평면도에서 절성토면

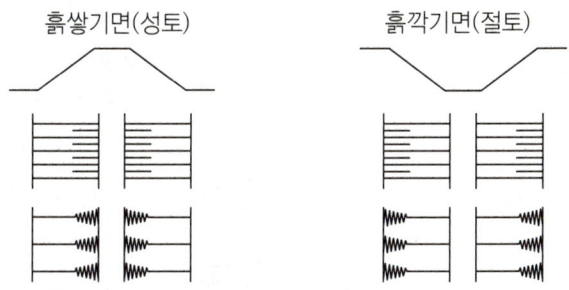

4 단면의 형태에 따른 절단면 도시

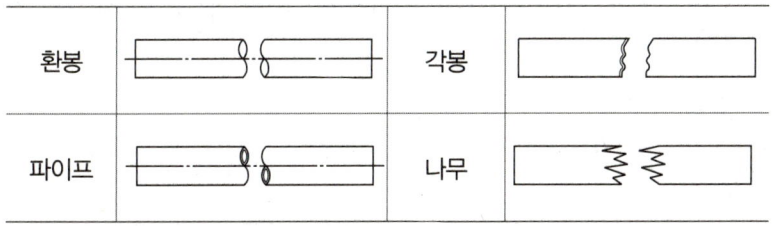

5 판형재의 치수 표시

종류	단면 모양	표시 방법	종류	단면 모양	표시 방법
등변 ㄱ 형강		$L\ A \times B \times t - L$	경 Z 형강		$\mathsf{\rfloor}\ H \times A \times B \times t - L$
부등변 ㄱ 형강		$L\ A \times B \times t - L$	립 ㄷ 형강		$\mathsf{\sqsubset}\ H \times A \times C \times t - L$
부등변 부등 두께 ㄱ 형강		$L\ A \times B \times t_1 \times t_2 - L$	립 Z 형강		$\mathsf{\rfloor}\ H \times A \times C \times t - L$
I 형강		$I\ H \times B \times t - L$	모자 형강		$\sqcap\ H \times A \times B \times t - L$

종류	단면 모양	표시 방법	종류	단면 모양	표시 방법
ㄷ 형강		ㄷ $H \times B \times t_1 \times t_2 - L$	환강		보통 $\phi\ A - L$ 이형 $D\ A - L$
구평형강		$J\ A \times t - L$	강관		$\phi A \times t - L$
T 형강		$T\ B \times H \times t_1 \times t_2 - L$	각강관		$\square\ A \times B \times t - L$
H 형강		$H\ H \times A \times t_1 \times t_2 = L$	각강		$\square\ A - L$
경 ㄷ 형강		ㄷ $H \times A \times B \times t - L$	평강		$\square\ B \times A - L$

03 건설재료의 표시

과년도 핵심문제

기본도법

□□□ 10①, 11①, 13④, 15①

01 아래 그림과 같은 강관의 치수 표시 방법으로 옳은 것은? (단, B : 내측 지름, L : 축방향 길이)

① 원형 $\phi A - L$
② $\phi A \times t - L$
③ $\square A \times B - L$
④ $B \times A \times L - t$

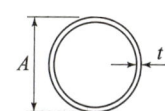

| 해답 | ②
판형재의 치수 표시
· 강관 : $\phi A \times t - L$
· 환강 : 이형 $DA - L$
· 평강 : $\square A \times B - L$
· 등변 ㄱ형강 : $LA \times B \times t - L$

□□□ 11⑤, 14⑤

02 재료 단면 표시 중 모르타르를 표시하는 기호는?

① 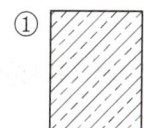   ②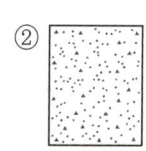

③ 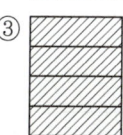   ④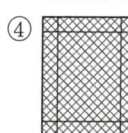

| 해답 | ②
① 자연석(석재)   ② 모르타르
③ 벽돌   ④ 블록

□□□ 09④, 12④, 14①

03 골재의 단면 표시 중 그림은 어떤 단면을 나타낸 것인가?

① 호박돌
② 사질토
③ 모래
④ 자갈

| 해답 | ②
사질토의 경계 표시이다.

□□□ 11①, 14⑤

04 재료 단면의 경계 표시 중 잡석을 나타낸 그림은?

| 해답 | ②
① 지반면(흙)   ② 잡석
③ 모래   ④ 일반면

□□□ 14①

05 건설 재료 단면의 표시방법 중 모래를 나타낸 것은?

| 해답 | ④
① 지반면(흙)   ② 잡석
③ 암반면(바위) ④ 모래

□□□ 10⑤

06 골재의 단면 표시 중 잡석을 나타내는 것은?

① 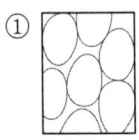   ②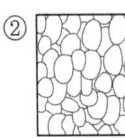

③ 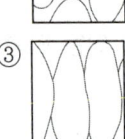   ④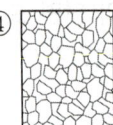

| 해답 | ③
① 호박돌 ② 자갈 ③ 잡석 ④ 깬돌

□□□ 09⑤, 12④

09 그림과 같이 길이가 L인 I형강의 치수 표시로 가장 적합한 것은?

① $IH-B\times L\times t$
② $IL-B\times H\times t$
③ $IB\times L\times H\times t$
④ $IH\times B\times t-L$

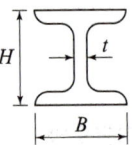

| 해답 | ④
I형강
• $IH\times B\times t-L$
• 단면 모양(I), 높이(H), 너비(B), 두께(t), 길이(L)

□□□ 07①, 10①, 13④

07 강(鋼) 재료의 단면 표시로 옳은 것은?

① 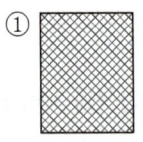   ②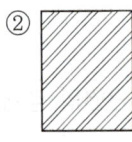

③ 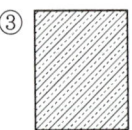   ④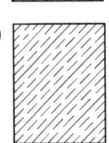

| 해답 | ②
① 아스팔트 ② 강철 ③ 놋쇠 ④ 구리

□□□ 06, 09⑤, 10⑤, 13⑤

10 구조용 재료의 단면 중 강(鋼)을 나타내는 것은?

① 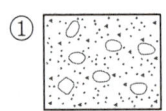   ②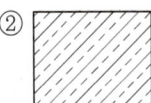

③ 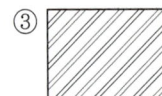   ④

| 해답 | ③
① 콘크리트 ② 자연석(석재)
③ 강철   ④ 목재

□□□ 04④, 08①, 14①④, 13④

08 그림은 어떤 구조물 재료의 단면을 나타낸 것인가?

① 점토
② 석재
③ 콘크리트
④ 주철

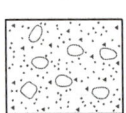

| 해답 | ③
콘크리트 재료의 단면을 표시하는 방법이다.

□□□ 14①

11 그림은 어느 재료 단면의 경계를 표시한 것인가?

① 흙
② 물
③ 암반
④ 잡석

| 해답 | ②
수준면(물)을 표시한 것이다.

□□□ 10④, 12⑤

12 단면 형상에 따른 절단면 표시에 관한 내용으로 파이프를 나타내는 그림은?

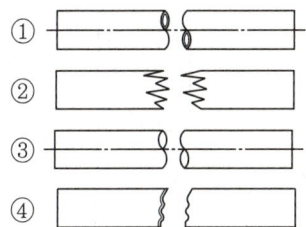

| 해답 | ①
① 파이프 ② 나무 ③ 환봉 ④ 각봉

□□□ 11④, 12⑤, 14①⑤

13 평면도에 그림이 나타내고 있는 지형은?

① 지반면
② 암반면
③ 성토면
④ 절토면

| 해답 | ③
평면도에서의 경사면 표시

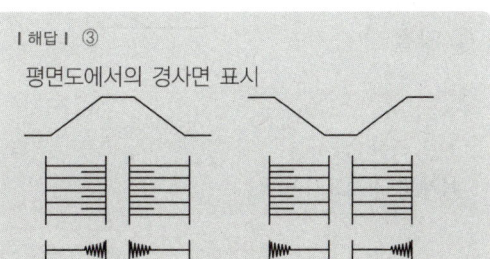

성토면   절토면

□□□ 08④, 10①, 15⑤, 16④

14 단면의 경계 표시 중 지반면(흙)을 나타내는 것은?

① ②
③ ④

| 해답 | ①
재료의 경계 표시
① 지반면(흙) ② 모래
③ 잡석   ④ 수준면(물)

□□□ 11④⑤, 13①⑤

15 그림은 어떠한 재료 단면의 경계를 나타낸 것인가?

① 지반면
② 자갈면
③ 암반면
④ 모래면

| 해답 | ①
지반면(흙)을 표시 방법이다.

□□□ 09①, 11①, 14⑤

16 다음은 재료의 단면표시이다. 무엇을 표시하는가?

① 석재
② 목재
③ 강재
④ 콘크리트

| 해답 | ①
건설재료의 자연석(석재)를 표시한다.

□□□ 11①④, 13⑤, 15①

17 건설 재료의 단면 중 어떤 단면 표시인가?

① 강철
② 유리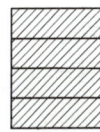
③ 잡석
④ 벽돌

| 해답 | ④
콘크리트재의 벽돌 표시이다.

□□□ 10④, 12①, 14⑤

18 그림과 같은 재료 단면의 경계 표시가 나타내는 것은?

① 흙
② 호박돌
③ 바위
④ 잡석

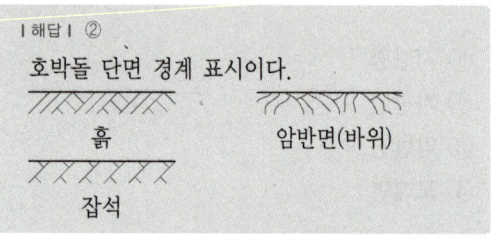

| 해답 | ②

호박돌 단면 경계 표시이다.

흙　　　　　암반면(바위)

잡석

□□□ 06, 08⑤, 14①

19 재료 단면의 경계 표시 중 암반면을 나타내는 것은?

①　　　　②
③　　　　④

| 해답 | ③

재료의 단면 경계 표시
① 지반면(흙)　② 수준면(물)
③ 암반면(바위)　④ 잡석

□□□ 12⑤, 13④, 14④

20 다음 그림은 어떤 재료의 단면 표시인가?

① 블록
② 아스팔트
③ 벽돌
④ 사질토

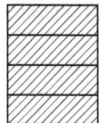

| 해답 | ③

벽돌 단면을 표시한다.

□□□ 09⑤, 11⑤, 12①, 14⑤, 16①

21 석재의 단면 표시 중 자연석을 나타내는 것은?

①　　　　②
③　　　　④

| 해답 | ④

① 인조석　② 벽돌
③ 블록　　④ 자연석(석재)

□□□ 08①, 09④, 12⑤, 16④

22 다음 그림의 재료기호는?

① 목재
② 구리
③ 유리
④ 강철

| 해답 | ①

재료 단면 표시
목재의 경계표시이다.

□□□ 09④, 13①, 16①

23 판형재 중 각 강(鋼)의 치수 표시방법은?

① ϕA-L　　② □A-L
③ DA-L　　　④ □A×B×t-L

| 해답 | ②

종류	단면모양	표시방법
직강	A ☐ A	□$A-L$

□□□ 11④, 12⑤, 13⑤, 14①⑤, 15④, 16①

24 그림과 같은 절토면의 경사 표시가 바르게 된 것은?

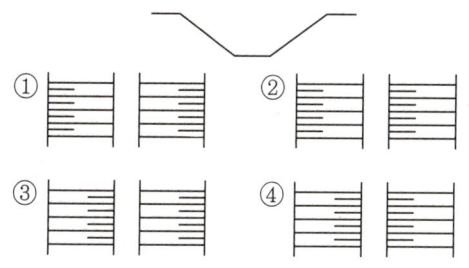

| 해답 | ①
평면도에서의 경사면 표시

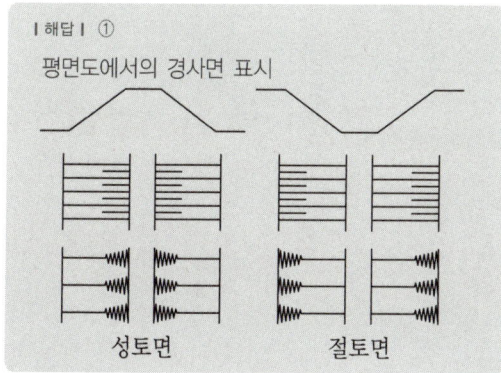

성토면   절토면

□□□ 11④, 12⑤, 13⑤, 14①⑤, 16①

25 그림은 평면도상에서 어떤 지형의 절단면 상태를 나타낸 것인가?

① 절토면
② 성토면
③ 수준면
④ 물매연

| 해답 | ②
평면도에서의 경사면 표시

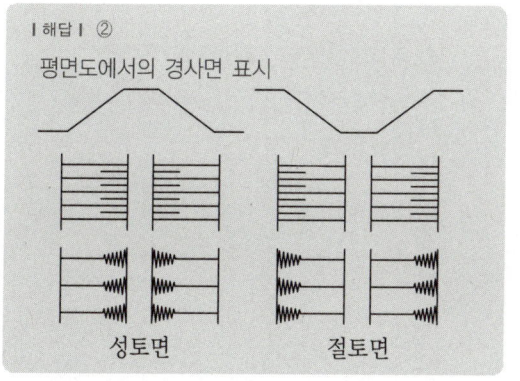

성토면   절토면

□□□ 10①, 11①, 13④, 15①④

26 판형재의 치수표시에서 강관의 표시방법으로 옳은 것은?

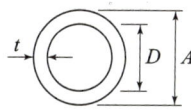

① $\phi A \times t$ ② $D \times t$
③ $\phi D \times t$ ④ $A \times t$

| 해답 | ①
판형재의 치수 표시
• 강관 : ϕ A×t-L
• 환강 : 이형 D A-L
• 평강 : □A×B-L
• 등변 ㄱ형강 : L A×B×t-L

□□□ 11⑤, 13⑤, 15①

27 긴 부재의 절단면 표시 중 환봉의 절단면 표시로 옳은 것은?

| 해답 | ③
단면의 형태에 따른 절단면 표시
① 각봉   ② 파이프
③ 환봉   ④ 나무

□□□ 10①, 12④, 15④, 16①

28 각봉의 절단면을 바르게 표시한 것은?

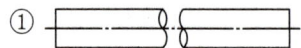

| 해답 | ④
단면의 형태에 따른 절단면 표시
① 환봉   ② 나무
③ 파이프   ④ 각봉

| memo |

04 도면의 이해

01 구조물의 도면

1 콘크리트 구조물의 표시

(1) 도면의 종류와 축척

일반도	구조물 전체의 개략적인 모양을 표시하는 도면
구조 일반도	구조물의 모양 치수를 모두 표시한 도면으로 이것에 의해 거푸집을 제작할 수 있어야 한다.
구조도	• 철근, 긴장재 등 설계에 필요한 여러 가지 재료의 모양, 품질 등을 표시한 도면 • 일반적으로 배근도라고도 하며, 현장에서는 이 도면에 따라 철근의 가공, 배치 등을 행하는 중요한 도면
상세도	• 도면의 내용에 따른 분류에서 상세도는 구조도에 표시하는 것이 곤란한 부분의 형상, 치수, 철근종류 등을 상세하게 표시하는 도면 • 구조도의 일부를 취하여 큰 축척으로 표시한 도면

▶ 알아두기

▣ 콘크리트의 구조물 도면의 종류와 축척

도면의 종류	축척
일반도	1/100, 1/200, 1/300, 1/400, 1/600
구조 일반도	1/50, 1/100, 1/200
구조도	1/20, 1/30, 1/40, 1/50
상세도	1/1, 1/2, 1/5, 1/10, 1/20

(2) 도면의 배치

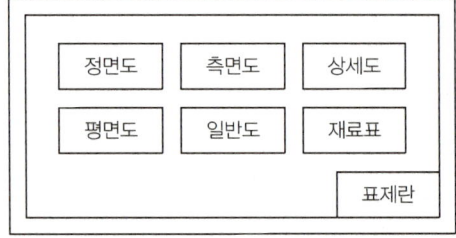

① 일반적으로 정면도, 평면도, 측면도 및 얼마간의 단면도를 적절하게 배치하고, 필요에 따라서는 재료표를 작성하여 표시하는 것이 좋다.
② 철근 상세도는 될 수 있는 대로 배근도에 가깝게 그리고, 철근의 가공치수를 재료표에 표시함으로서 상세도를 생략할 수도 있다.

2 철근의 표시법

(1) 철근의 형태

① 철근을 표시하는 선
   철근은 지름에 따라 1개의 실선으로 표시한다.

② 철근의 단면
   철근의 단면은 지름에 따라 원을 칠해서 표시한다.

③ 철근의 갈고리
   - 갈고리의 측면도 종류

원형갈고리	직각갈고리
예각갈고리	갈고리 정면

   - 갈고리가 없는 철근과 구별하기 위해서 갈고리 정면과 같이 30° 기울게 하여 가늘고 짧게 직선을 긋는다.

④ 철근의 이음

철근의 용접이음	철근의 기계적 이음

(2) 철근의 배근

① 배근을 표시하는 측면도는 동일한 단면에 없는 철근이라도 실선으로 표시한다.
② 배근을 표시하는 평면도는 보이지 않는 철근을 도면에 표시하지 않는 것을 원칙으로 한다.

(3) 철근의 치수 및 기호

기호	명칭	기호	명칭
Ⓑ	Base, Beam, Bottom	Ⓕ	Foundation, Footing
Ⓦ	Wall	Ⓢ	Spacer, Slab
Ⓗ	Haunch	Ⓒ	Column

(4) 철근의 표기법

표시법	설명
Ⓐ $\phi 13$	철근 기호(분류 번호) Ⓐ의 지름 13mm의 원형 철근
Ⓑ D 16	철근 기호(분류 번호) Ⓑ의 지름 16mm의 이형 철근(일반 철근)
Ⓒ H 16	철근 기호(분류 번호) Ⓒ의 지름 16mm의 이형 철근(고강도 철근)
5×450=2250	전장 2250mm를 450mm로 5등분
24@200=4800	전장 4800mm를 200mm로 24등분
(D19 $L=2200$ $N=20$)	지름 19mm, 길이 2200mm의 이형 철근 20개
@ 400 C.T.C	철근과 철근 사이의 간격이 400mm (center to center)

3 강 구조물의 표시

(1) 도면의 종류와 축척

① 일반도
   강 구조물 전체의 계획이나 형식 및 구조의 대략을 표시하는 도면
② 구조도
   • 강 구조물 부재의 치수, 부재를 구성하는 소재의 치수와 그 제작 및 조립 과정 등을 표시한 도면
   • 철근, PC 강재 등 설계상 필요한 여러 가지 재료의 모양, 품질 등을 표시한 도면으로 현장에서 철근의 가공, 배치 등을 행하는 데 중요한 도면
③ 상세도
   특정한 부분을 상세하게 나타낸 도면

■ 강 구조물 도면의 종류와 축척

도면의 종류	축척
일반도	1/100, 1/200, 1/500
구조 일반도	1/10, 1/20, 1/25, 1/30, 1/40, 1/50
상세도	1/1, 1/2, 1/5, 1/10, 1/20

(2) 강 구조물의 도면배치에 대한 주의 사항

① 강 구조물은 너무 길고 넓어 많은 공간을 차지하므로 몇 가지의 단면으로 절단하여 표현한다.
② 강 구조물의 도면은 제작이나 가설을 고려하여 부분적으로 제작 단위마다 상세도를 작성한다.

③ 평면도, 측면도, 단면도 등을 소재나 부재가 잘 나타나도록 각각 독립하여 그려도 된다.
④ 도면이 잘 보이도록 하기 위해 절단선과 지시선의 방향을 표시하는 것이 좋다.

(3) 치수의 기입
① 좁아서 화살표를 사용하기 곤란한 경우에는 두께를 나타내는 보조선을 이용하여 표시한다.
② 치수선에 치수를 기입하기 곤란한 경우에는 치수선 위 또는 아래에 기입해야 한다.
③ 판의 모서리각을 따는 것은 길이로 표시하고, 각으로 표시하지 않음을 원칙으로 한다.
④ 휨부재의 곡률 반지름은 구부러진 부재의 안쪽에 나타내고, 길이는 바깥쪽에 나타낸다.

(4) 부재의 이음
판형이나 형강을 조립할 때 서로 다른 부재나 같은 부재를 접하는 것을 이음이라 하며, 강 구조물의 부재 이음에는 용접이용, 볼트이음 및 리벳 이음이 있다.

① 리벳이음
- 리벳이음은 강재를 서로 겹쳐서 구멍을 뚫고 여기에 리벳을 끼워 결합시키는 것이다.
- 리벳기호는 리벳선을 가는 실선으로 그리고 리벳선 위에 기입하는 것을 원칙으로 한다.
- 현장리벳은 그 기호를 생략하지 않음을 원칙으로 한다.
- 축이 투상면에 나란한 리벳은 그리지 않음을 원칙으로 한다.
- 리벳 지름의 기입에 있어서 같은 도면에 다른 지름의 리벳을 사용할 경우, 리벳마다 그 지름을 기입하는 것을 원칙으로 한다.

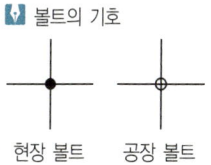
볼트의 기호
현장 볼트   공장 볼트

② 공장 리벳의 접시(마무리) 평면기호

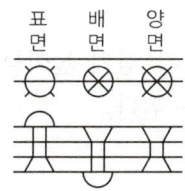

> 알아두기

02 도로 설계 제도

도로를 신설할 때에는 먼저 지형도에 의해 도면에서 가장 경제적이라고 생각되는 노선을 계획하고, 다음으로 노선의 중심선을 따라 종단측량 및 횡단 측량을 하고, 다시 평면측량을 하여 종단면도, 횡단면도 및 평면도를 작성한다.

1 평면도

(1) 평면도의 특성

① 평면도의 축척은 $\frac{1}{500} \sim \frac{1}{2000}$로 하고 도로 기점은 왼쪽에 두도록 한다.
② 노선 중심선 좌우 약 100m 정도의 지형 및 지물을 표시한다.
③ 평탄한 전답으로 별다른 지물이 없을 때에는 좌우 30~40m 정도면 된다.
④ 산악이나 구릉부의 지형은 등고선을 기입하여 표시한다.
⑤ 등고선은 개략적으로 표시하여도 되므로 축척이 $\frac{1}{2000}$인 경우에는 10m 마다 $\frac{1}{100}$에서는 5m 마다 기입한다.

(2) 굴곡부 노선

① 굴곡부를 그리려면 먼저 교점(I.P)의 위치를 정하고 교각(I)을 각도기로 측정한다.
② 교점(I.P)에서 접선길이(T.L)와 동등하게 시곡점(B.C) 및 종곡점(E.C)를 취한다.
③ 시곡점과 종곡점을 중심으로 반지름(R)의 원호를 그리고, 그 교점을 굴곡부의 중심으로 하여 굴곡부를 그린다.

(3) 등고선의 설정

등고선을 설치하려면 종단 측량의 결과에서 각 점의 높이를 정하고 비례배분에 의해 등고선의 위치를 구하면 된다.

(4) 굴곡부와 직선부의 연결

굴곡부에서의 확대폭부와 직선부와의 연결에는 완화곡선을 사용하며, 확폭량은 비례 배분에 의해 구한다.

2 도로토공 횡단면도

(1) 축척은 보통 종단면도의 세로 $\left(\frac{1}{100} \sim \frac{1}{200}\right)$ 축척과 동등하게 한다. 용지는 방안지를 사용한다.

(2) 종단면도에서 각 측점의 땅깎기 높이 또는 흙쌓기 높이로 계획선을 설정하고, 노폭을 정하여 측구 및 비탈 경사선을 그린 다음, 땅깎기 또는 흙쌓기의 단면을 그린다.

(3) 횡단면도에는 중심 말뚝, 측점 번호, 계획선, 땅깎기의 높이(C.H), 흙쌓기의 높이(B.H), 땅깎기의 단면적(C.A), 흙쌓기의 단면(B.A) 등을 기입한다.

3 도로토공 종단면도

(1) 종단면도의 특성

① 축척은 세로 $\frac{1}{100} \sim \frac{1}{200}$, 가로 $\frac{1}{500} \sim \frac{1}{2000}$ 로 한다.

② 세로축척은 가로 축척의 3~10배를 취하여 지반 고저의 변화를 명확히 하도록 한다.

③ 용지는 방안지 또는 종단면 용지를 사용하면 편리하다.

④ 도로설계의 종단면도를 작성하려면 밑에서 곡선, 측점, 거리, 추가거리, 지반고, 계획고, 땅깎기, 흙쌓기, 경사 등의 기입란을 만들고 종단측량 결과를 차례로 기입한다.

(2) 기입란

① 곡선란 : 커브 노선이 있는 곳은 좌회, 우회에 대응하여 지형상의 凹凸을 작성하고 여기에 교각(I), 반지름(R), 접선장(T.L), 외선장(S.L) 등을 기입한다.

② 측점란 : 20m 마다 박은 중심 말뚝의 위치를 왼쪽에서 오른쪽으로 No.0, No.1, No.2…의 순으로 기입한다. 이때 지형의 변화를 표시하는 +말뚝 및 시곡점(B.C), 종곡점(E.C)도 기입한다.

③ 거리 및 추가거리

④ 지반고란 및 종단면 형상도

⑤ 계획고란

⑥ 땅깎기 및 흙쌓기
  - (지반고) > (계획고) : 땅깎기(절토)
  - (지반고) < (계획고) : 흙쌓기(성토)

(3) 종단 곡선의 설정법

도로의 경사가 변하는 곳에 차량이 통행하면 자동차에 심한 충격을 주어 원활한 교통을 유지하지 못한다. 이러한 문제점을 해결하기 위하여 두 경사선 위에 종곡선을 설치한다.

4 토량 계산표

(1) 종단면도와 횡단면도가 작성되면 이것을 기본으로 토량표를 계산한다.
(2) 종단면도에서 측점과 거리를 찾아 기입한다.
(3) 횡단면도에서 각 측점의 단면적을 땅깎기, 흙쌓기의 경우에 대하여 구한다.
(4) 단면적을 구하려면 구적기를 사용하거나 모눈종이의 눈금을 읽어서 구한다.

04 도면의 이해

과년도 핵심문제

구조물의 도면

□□□ 10④, 11⑤, 15④

01 콘크리트 구조물 제도에서 구조물 전체의 개략적인 모양을 표시한 도면은?

① 단면도　　② 구조도
③ 상세도　　④ 일반도

| 해답 | ④
콘크리트 구조물의 일반도
구조물 전체의 개략적인 모양을 표시하는 도면

□□□ 12⑤

02 다음 중 콘크리트 구조물에 대한 상세도 축척의 표준으로 가장 적당한 것은?

① 1 : 5　　② 1 : 50
③ 1 : 100　　④ 1 : 200

| 해답 | ①
콘크리트 구조물의 상세도 축척

□□□ 14④

03 철근의 용접 이음을 표시하는 기호는?

| 해답 | ①
철근 이음 방법
① 철근의 용접 이음　② 철근의 기계적 이음

□□□ 09④, 10④

04 철근, PC 강재 등 설계상 필요한 여러 가지 재료의 모양, 품질 등을 표시한 도면으로 현장에서 철근의 가공, 배치 등을 행하는 데 중요한 도면은?

① 구조도　　② 일반도
③ 설계도　　④ 상세도

| 해답 | ①
콘크리트 구조물의 구조도
• 철근, 긴장재 등 설계에 필요한 여러 가지 재료의 모양, 품질 등을 표시한 도면
• 현장에서는 이 도면에 따라 철근의 가공, 배치 작업 등을 하는 중요한 도면

□□□ 09④, 10⑤, 14⑤, 16①

05 강 구조물의 도면 배치에 대한 설명으로 옳지 않은 것은?

① 강 구조물은 너무 길고 넓어 많은 공간을 차지하기에 몇 가지 단면으로 절단하여 표현할 수 있다.
② 제작이나 가설을 고려하여 부분적으로 제작단위마다 상세도를 작성한다.
③ 평면도, 측면도, 단면도 등을 소재나 부재가 잘 나타나도록 각각 독립하여 그려도 된다.
④ 절단선과 지시선의 방향을 붙이지 않는 것이 도면 판독에 유리하다.

| 해답 | ④
도면을 잘 보이도록 하기 위해서 절단선과 지시선의 방향을 표시하는 것이 좋다.

□□□ 13①, 16④

06 그림과 같은 양면 접시머리 공장 리벳의 바른 표시는?

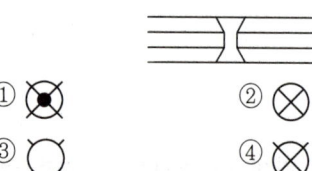

| 해답 | ④

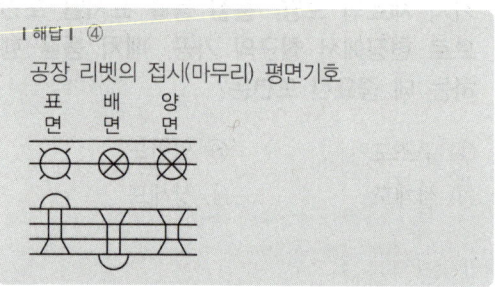

□□□ 13⑤

07 강 구조물의 도면 종류 중 강 구조물 전체의 계획이나 형식 및 구조의 대략을 표시하는 도면은?

① 구조도　　② 일반도
③ 상세도　　④ 재료도

| 해답 | ②
강 구조물의 일반도
강 구조물 전체의 계획이나 형식 및 구조의 대략을 표시하는 도면

□□□ 10⑤, 13④

08 콘크리트 구조물 제도에서 구조물의 모양치수가 모두 표현되어 있고, 거푸집을 제작할 수 있는 도면은?

① 일반도　　② 구조 일반도
③ 구조도　　④ 외관도

| 해답 | ②
구조 일반도
구조물의 모양 치수를 모두 표시한 도면에 의해 거푸집을 제작할 수 있다.

□□□ 11⑤, 12④, 14④

09 다음 철근 표시법에 대한 설명으로 옳은 것은?

@125 C.T.C

① 철근의 개수가 125개
② 철근의 굵기가 125mm
③ 철근의 길이가 125mm
④ 철근의 간격이 125mm

| 해답 | ④
@125 C.T.C
철근과 철근의 중심 간격이 125mm를 의미한다.

□□□ 04, 08①, 10④, 12①

10 철근의 표시 방법에 대한 설명으로 옳은 것은?

24@200=4800

① 전장 4800m를 24m로 200등분
② 전장 4800mm를 200mm로 24등분
③ 전장 4800m를 200m 간격으로 24등분
④ 전장 4800mm를 24m 간격으로 200등분

| 해답 | ②
24@200=4800
전장 4800mm를 200mm로 24등분

□□□ 03, 08①, 11⑤, 12①, 14④, 16①

11 철근 표시에서 'D16'이 의미하는 것은?

① 지름 16mm인 원형 철근
② 지름 16mm인 이형 철근
③ 반지름 16mm인 이형철근
④ 반지름 16mm인 고강도 철근

| 해답 | ②
철근의 표시
• D16 : 지름 16mm의 이형 철근
• φ16 : 지름 16mm의 원형 철근

□□□ 10①⑤, 16①

12 강 구조물의 도면에 대한 설명으로 옳지 않은 것은?

① 제작이나 가설을 고려하여 부분적으로 제작 단위마다 상세도를 작성한다.
② 평면도, 측면도, 단면도 등을 소재나 부재가 잘 나타나도록 각 각 독립하여 그린다.
③ 도면을 잘 보이도록 하기 위해서 절단선과 지시선의 방향을 표시하는 것이 좋다.
④ 강 구조물이 너무 길고 넓어 많은 공간을 차지해도 반드시 전부를 표현한다.

| 해답 | ④
강 구조물은 너무 길고 넓어 많은 공간을 차지하므로 몇 가지의 단면으로 절단하여 표현한다.

□□□ 04, 08④, 10①

13 보기와 같은 철근 이음 방법은?

① 철근 용접 이음
② 철근 갈고리 이음
③ 철근의 평면 이음
④ 철근의 기계적 이음

| 해답 | ①
철근의 용접이음을 기호로 표시한 것

□□□ 14①

14 철근의 기호 표시가 SD 50이라고 할 때, "50"이 의미하는 것은?

① 인장 강도   ② 압축 강도
③ 항복 강도   ④ 파괴 강도

| 해답 | ③
SD : 이형철근, 50 : 항복강도

□□□ 14④

15 철근 상세도에 표시된 기호 중 「C.T.C」가 의미하는 것은?

① center to center
② count to count
③ control to control
④ close to close

| 해답 | ①
C.T.C(center to center) : 철근과 철근의 중심간격

□□□ 08⑤, 09①④

16 다음 중 철근의 기호 표시로 가장 적합한 것은? (단, 영문의 대소문자의 구분은 무시한다.)

① Ⓦ : 기초   ② Ⓗ : 헌치
③ Ⓕ : 벽체   ④ Ⓢ : 슬래브

| 해답 | ②
Ⓦ : 벽(Wall), Ⓕ : 기초(Foundation), Ⓢ : 슬랩(Slab)

□□□ 10⑤, 16①

17 강 구조물의 도면에 대한 설명으로 옳지 않은 것은?

① 제작이나 가설을 고려하여 부분적으로 제작 단위마다 상세도를 작성한다.
② 평면도, 측면도, 단면도 등을 소재나 부재가 잘 나타나도록 각각 독립하여 그린다.
③ 도면을 잘 보이도록 하기 위해서 절단선과 지시선의 방향을 표시하는 것이 좋다.
④ 강 구조물이 너무 길고 넓어 많은 공간을 차지해도 반드시 전부를 표현한다.

| 해답 | ④
강 구조물은 너무 길고 넓어 많은 공간을 차지하므로 몇 가지의 단면으로 절단하여 표현한다.

☐☐☐ 11①

18 "리벳 기호는 리벳선을 ( )으로 표시하고, 리벳선 위에 기입 하는 것을 원칙으로 한다."에서 ( )에 알맞은 선의 종류는?

① 1점 쇄선 ② 2점 쇄선
③ 가는 점선 ④ 가는 실선

| 해답 | ④
리벳기호의 기입
- 리벳기호는 리벳선을 가는 실선으로 그린다.
- 리벳선 위에 기입하는 것을 원칙으로 한다.

도로 설계 제도

☐☐☐ 08⑤, 10⑤, 11⑤, 12①, 14⑤

19 도로 평면도에서 선형 요소의 교점을 표시하는 기호는?

① B.C ② E.C
③ I.P ④ T.L

| 해답 | ③
굴곡부 노선
- 먼저 교점(I.P)의 위치를 정하고 교각(I)을 각도기로 정확히 측정한다.
- 교점(I.P)에서 접선길이(T.L)와 동등하게 곡선시점(B.C) 및 곡선종점(E.C)를 취한다.

☐☐☐ 11④, 12④, 14④, 15④

20 도로 설계에서 종단 측량 결과로서 종단면도에 기입할 사항이 아닌 것은?

① 면적 ② 거리
③ 지반고 ④ 계획고

| 해답 | ①
종단면도에 기입사항
곡선, 측점, 거리 및 추가거리, 지반고, 계획고, 땅깎기 및 흙쌓기, 경사 등의 기입란을 만들고 종단측량 결과를 차례로 기입한다.

☐☐☐ 12⑤

21 도로 설계에 대한 순서가 옳은 것은?

㉮ 그 지방의 지형도에 의해 도면에서 가장 경제적인 노선을 계획한다.
㉯ 평면 측량을 하여 노선의 종단면도, 횡단면도 및 평면도를 작성한다.
㉰ 노선의 중심선을 따라 종단 측량 및 횡단 측량을 한다.
㉱ 도로 공사에 필요한 토공의 수량이나 도로부지 등을 구한다.

① ㉮ - ㉯ - ㉰ - ㉱
② ㉮ - ㉰ - ㉯ - ㉱
③ ㉯ - ㉮ - ㉰ - ㉱
④ ㉯ - ㉰ - ㉮ - ㉱

| 해답 | ②
㉮ - ㉰ - ㉯ - ㉱

☐☐☐ 13⑤, 15①

22 도로 설계 제도에 대한 설명으로 옳지 않은 것은?

① 평면도의 축척은 1/100 ~ 1/200으로 하고 기점을 오른쪽에 둔다.
② 종단면도의 가로축척과 세로축척은 축척을 달리 하며 일반적으로 세로축척을 크게 한다.
③ 횡단면도는 기점을 정한 후에 각 중심 말뚝의 위치를 정하고, 횡단 측량의 결과를 중심 말뚝의 좌우에 취하여 지반선을 그린다.
④ 횡단면도의 계획선은 종단면도에서 각 측점의 땅깎기 높이 또는 흙쌓기 높이로 설정한다.

| 해답 | ①
평면도
축척은 $\frac{1}{500}$ ~ $\frac{1}{2000}$로 하고, 도로 기점은 왼쪽에 두도록 한다.

☐☐☐ 11①, 13④

23 도로 설계를 할 때 평면도에 대한 설명으로 옳지 않은 것은?

① 평면도의 기점은 일반적으로 왼쪽에 둔다.
② 축척이 1/1000인 경우 등고선은 5m 마다 기입한다.
③ 노선 중심선 좌우 약 100m 정도의 지형 및 지물을 표시한다.
④ 산악이나 구릉부의 지형은 등고선을 기입하지 않는다.

|해답| ④
산악이나 구릉부의 지형은 등고선을 기입하여 표시한다.

☐☐☐ 06, 09④, 11①, 13④

24 도로 설계 제도의 평면도에 산악, 구릉부 등의 지형을 나타내는데 사용되는 것은?

① 거리표   ② 도근점
③ 다각형   ④ 등고선

|해답| ④
산악이나 구릉부의 지형은 등고선을 기입하여 표시한다.

☐☐☐ 12①

25 도로설계제도에서 굴곡부 노선의 제도에 사용되는 기호 중 곡선 시점을 나타내는 것은?

① I.P   ② E.C
③ T.L   ④ B.C

|해답| ④
굴곡부 노선
• 먼저 교점(I.P)의 위치를 정하고 교각(I)을 각도기로 정확히 측정한다.
• 교점(I.P)에서 접선길이(T.L)와 동등하게 곡선시점(B.C) 및 곡선종점(E.C)를 취한다.

☐☐☐ 11⑤

26 도로 설계 제도에 있어서 굴곡부에 표시되는 기호 중 곡선 종점에 대한 표시로 옳은 것은?

① R   ② B.C
③ I.P   ④ E.C

|해답| ④
굴곡부 노선
• 먼저 교점(I.P)의 위치를 정하고 교각(I)을 각도기로 정확히 측정한다.
• 교점(I.P)에서 접선길이(T.L)와 동등하게 시곡점(B.C) 및 종곡점(E.C)를 취한다.

☐☐☐ 09④, 16④

27 도로 설계 제도에서 평면 곡선부에 기입하는 것은?

① 교각   ② 토량
③ 지반고   ④ 계획고

|해답| ①
평면 곡선부에 기입사항
굴곡부를 그리려면 먼저 교점(I.P)의 위치를 정하고 교각(I)을 각도기로 정확히 측정하고 방향선을 긋는다.

☐☐☐ 11④, 12④, 14③

28 도로 설계의 종단면도에 일반적으로 기입되는 사항이 아닌 것은?

① 계획고   ② 횡단면적
③ 지반고   ④ 측점

|해답| ②
도로설계의 종단면도에 기입란
곡선, 측점, 거리 및 추가거리, 지반고, 계획고, 땅깎기 및 흙쌓기, 경사 등의 기입란을 만들고 종단측량 결과를 차례로 기입한다.

□□□ 14①

29 그림과 같은 종단면도에서 측점간의 거리는 20m, 측점의 지반고는 No.0에서 100m, No.1에서 106m 이고, 계획선의 경사가 3%일 때 No.1의 계획고는? (단, No.0의 계획고는 100m이다.)

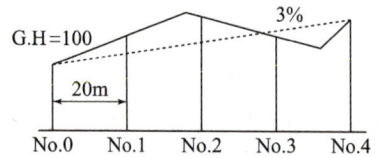

① 100.6m ② 101.3m
③ 103.5m ④ 105.6m

| 해답 | ①

계획고 = 지반고 + $\dfrac{경사}{100}$ × 거리

No.1 계획고 = $100 + \dfrac{3}{100} \times 20 = 100.6$m

□□□ 13①

30 측량제도에서 종단면도 작성에 관한 설명으로 옳지 않은 것은?

① 지반고가 계획고보다 클 때에는 흙쌓기가 된다.
② 기준선은 지반고와 계획고 이하가 되도록 한다.
③ No.4+9.8는 No.4에서 9.8m 지점의 +말뚝을 표시한 것이다.
④ 지반고란에는 야장에서 각 중심 말뚝의 표고를 기재한다.

| 해답 | ①

땅깎기 및 흙쌓기
• (지반고) > (계획고) : 땅깎기(절토)
• (지반고) < (계획고) : 흙쌓기(성토)
∴ 지반고가 계획고보다 클 때에는 흙깎기가 된다.

□□□ 10①

31 도로의 제도에서 종단 측량의 결과 No.0의 지반고가 105.35m이고 오름 경사가 1.0%일 때 수평거리 40m 지점의 계획고는?

① 105.35m ② 105.51m
③ 105.67m ④ 105.75m

| 해답 | ④

• 수평 : 수직 : 100 : 1.0 = 40 : x
∴ $x = 0.40$m
• 수평거리 40m 지점의 계획고
 = 105.35 + 0.40 = 105.75m

□□□ 09①

32 No.0의 지반고는 10m, 중심 말뚝의 간격은 20m일 때 No.3+10에 대한 계획고의 기울기와 성·절토고는?

측점	No.0	No.1	No.2	No.3	No.3+10	No.4
계획고	10.00	10.20	10.40	10.60	10.70	10.80
지반고	10.00	10.35	10.22	10.55	10.73	10.92

① 상향 1%, 성토(흙쌓기) 0.03m
② 상향 1%, 절토(땅깎기) 0.03m
③ 하향 1%, 성토(흙쌓기) 0.03m
④ 상향 1%, 절토(땅깎기) 0.03m

| 해답 | ②

• 기울기
 = $\dfrac{높이차}{거리} = \dfrac{10.70 - 10}{3 \times 20 + 10} \times 100 = 1\%$
• 절토 = 지반고 − 계획고 = 10.73 − 10.70
 = 0.03m

□□□ 08④, 14①

33 No.0의 지반고는 10m, 중심말뚝의 간격은 20m, 오르막 경사가 4%일 때 No.4+5의 계획고는?

① 10m
② 13.4m
③ 14.5m
④ 20m

| 해답 | ②
- $100 : 4 = 85(=20 \times 4+5) : x$
  ∴ $x = 3.4m$
- No.4+5의 계획고 = 10+3.4 = 13.4m

| memo |

CHAPTER 2
전산응용제도

01 토목 CAD
02 컴퓨터 일반
03 GIS

01 토목 CAD

01 토목 CAD

1 토목 캐드의 일반

(1) 캐드 CAD 의 이용 효과

생산성 향상	반복작업과 수정 작업의 편리성, 설계기간 단축, 도면 분할 및 중복 작업의 효율화
품질향상	기초도면에서 오류발생시 수정이 쉽고, 정확한 설계 도면 작성이 가능
표현력 증대	표현방법의 다양화, 입체식 표현가능, 짧은 시간에 많은 아이디어 제공
표현화 달성	심벌 및 표준도 축척으로 자료실 구축, 설계기반의 표준화로 제품을 표준화하여 업무 표준 달성
정보화 구축	도면축척을 달리하여 자료별 데이터베이스를 구축하고, 후속 프로젝트에 활용
경영의 효율화와 합리화	생산성 향상, 품질 향상, 표준화 등을 통한 경영의 효율화

(2) CAD 작업의 특징

① 모든 설계 및 제도를 편리하고 정확하게 할 수 있다.
② 수정, 보관 및 다중 작업(multi-tasking) 등이 수월해졌다.
③ CAD의 기본 요소인 점, 선, 면 등을 이용하여 도형을 정확하게 그릴 수 있다.
④ 심벌과 축척을 표준화하여 방대한 도면을 다중 작업해 표준화를 이룰 수 있다.
⑤ 설계 시간의 단축에 의한 생산성을 향상시킨다.
⑥ 모든 분야에 가장 광범위하게 적용되도록 할 수 있다.

(3) 좌표의 종류

① 절대좌표 : 좌표 원점으로부터 x, y축의 이동한 거리를 입력
② 상대좌표 : 시작점으로부터 x, y값의 변화 거리를 입력
③ 절대극좌표 : 좌표 원점으로부터 이동한 거리와 각도를 입력

④ 상대극좌표
- 시작점으로부터 이동한 거리와 각도를 입력
- 절대 극좌표와 구분하기 위하여 '@' 기호를 맨 앞에 붙여서 '@거리〈각'의 형식으로 표현한다.

(4) 캐드 시작하기

■ 템플릿 파일(Template, 확장자 : *DWT)

① 새로운 도면을 만들 때마다 표제란이나 테두리선 등을 다시 그리거나 치수나 문자 유형 등을 설정해 주어야 한다면 번거로운 작업이 아닐 수 없다. 그래서 캐드에서는 템플릿이라는 파일을 만들어 놓았다.
② 템플릿 파일은 표제란, 테두리선, 도면층 구성, 치수 및 문자 유형, 선 종류와 선 가중치, 단위의 형태와 정밀도 등의 도면 설정값 등을 저장하고 있는 파일이다.

(5) CAD 명령을 실행시키는 방법

① 마우스 포인트로 아이콘을 클릭한다.
② 명령(Command)창에 직접 입력한다.
③ 풀다운 메뉴에서 해당 명령어를 찾아 클릭한다.
④ 단축 메뉴를 이용한다.

(6) 캐드 명령어 토목제도설계

명령어	해석
offset	간격띄우기
trim	자르기
extend	연장하기
rotate	회전하기

(7) 저장하기

① CAD시스템의 저장 파일형식(Files of Type)은 기본적으로 dwg라는 파일 형식으로 저장된다.
② 도면을 신속하게 저장하는 방법
도면에 이름이 주어져있는 경우 대화상자를 표시하지 않고 도면을 신속하게 저장하려면 QSAVE 명령을 이용하면 된다.

> 알아두기

(8) 파일의 종류
① DWG : 캐드 도면 파일
② DXF(Drawing Exchange Frome) : DXF파일은 다른 캐드 시스템이나 프로그램에 의해 읽어지는 도면 정보를 포함하는 문자 파일
③ DWT : 템플릿 도면 파일
④ DWS : 프로젝트별 표준 파일

과년도 핵심문제

01 토목 CAD

토목 CAD

□□□ 12④
01 CAD 명령어를 실행하는 방법이 아닌 것은?

① 마우스 포인트로 아이콘을 클릭한다.
② 명령(Command) 창에 직접 명령어를 입력한다.
③ 풀다운 명령어에서 해당 명령어를 찾아 클릭한다.
④ 검색창에 명령어를 집적 입력한다.

| 해답 | ④
CAD 명령을 실행시키는 방법
• 마우스 포인트로 아이콘을 클릭한다.
• 명령(Command)창에 직접 입력한다.
• 풀다운 메뉴에서 해당 명령어를 찾아 클릭한다.
• 단축 메뉴를 이용한다.

□□□ 12④
02 테두리선, 표제란 등 도면 설정값을 미리 저장하고 있는 파일과 그 확장자가 옳은 것은?

① CAD 파일 – DXF
② 템플릿 파일 – DWT
③ 문자 파일 – HWP
④ 그림 파일 – DWG

| 해답 | ②
템플릿 파일(Template, 확장자 : *DWT)
템플릿 파일은 표제란, 테두리선, 치수 및 문자 유형, 선 종류 등의 도면 설정값 등을 미리 저장해 놓은 파일이다.

□□□ 11⑤, 15①
03 다양한 응용분야에서 정밀하고 능률적인 설계 제도 작업을 할 수 있도록 지원하는 소프트웨어는?

① CAD
② CAI
③ Excel
④ Access

| 해답 | ①
CAD
모든 분야에서 정밀하고 능률적으로 설계 제도 작업에서부터 군사 및 과학에 이르기까지 가장 광범위하게 적용되고 있는 소프트웨어이다.

□□□ 10⑤, 12⑤
04 컴퓨터를 사용하여 제도 작업을 할 때의 특징과 가장 거리가 먼 것은?

① 신속성
② 정확성
③ 응용성
④ 도덕성

| 해답 | ④
컴퓨터를 사용하여 제도 작업의 특징
신속성, 정확성 그리고 응용성을 가지고 있다.

□□□ 12①, 13④
05 CAD 작업 파일의 확장자로 옳은 것은?

① TXT
② DWG
③ HWP
④ JPG

| 해답 | ②
CAD시스템의 저장
파일형식은 기본적으로 dwg라는 파일 형식으로 저장된다.

□□□ 11③

06 암거 도면의 작도법에 대한 설명으로 옳은 것은?

① 단면도는 실선으로 치수에 관계없이 임의로 작도한다.
② 단면도에 배근된 철근 수량과 간격은 대략적으로 작도한다.
③ 단면도에는 철근 기호, 철근 치수 등을 생략한다.
④ 측면도는 단면도에서 표시된 철근 간격이 정확하게 표시되어야 한다.

| 해답 | ④
암거 도면의 작도법
- 단면도는 실선으로 주어진 치수대로 정확히 작도한다.
- 단면도에 배근될 철근 수량이 정확하고 철근 간격이 벗어나지 않도록 주의해야 한다.
- 단면도에는 철근 기호, 철근 치수를 표시하고 누락되지 않도록 주의한다.
- 측면도는 단면도에서 표시된 철근 간격이 정확하게 표시되어야 한다.

□□□ 11⑤, 14⑤

07 CAD작업에서 도면층(layer)에 대한 설명으로 옳은 것은?

① 도면의 크기를 설정해 놓은 것이다.
② 도면의 위치를 설정해 놓은 것이다.
③ 축척에 따른 도면의 모습을 보여주는 자료이다.
④ 투명한 여러 장의 도면을 겹쳐 놓은 효과를 준다.

| 해답 | ④
도면층(layer)
- 투명한 여러 장의 도면을 겹쳐 놓은 효과를 준다.
- 도면을 몇 개의 층으로 나누어 그리거나 편집할 수 있는 기능

□□□ 11③

08 CAD 시스템을 이용한 설계의 특징으로 볼 수 없는 것은?

① 다중작업으로 업무가 효율적이다.
② 도면 작성 시간을 단축시킬 수 있다.
③ CAD 시스템에서의 치수값은 부정확하나 간결한 표현이 가능하다.
④ 설계제도의 표준화와 규격화로 경쟁력을 향상시킬 수 있다.

| 해답 | ③
CAD 시스템에서의 치수값은 정확하고 간결한 표현이 가능하다.

□□□ 10①

09 CAD작업에서 좌표의 원점으로부터 좌표값 x, y의 값을 입력하는 좌표는?

① 절대 좌표   ② 상대 좌표
③ 극 좌표   ④ 원 좌표

| 해답 | ①
절대좌표
2차원인 경우 좌표의 원점으로부터 x, y값을 직접입력한다.

□□□ 11①

10 토목제도에서 캐드(CAD)작업으로 할 때의 특징으로 볼 수 없는 것은?

① 도면의 수정, 재활용이 용이하다.
② 제품 및 설계 기법의 표준화가 어렵다.
③ 다중 작업(Multi-tasking)이 가능하다.
④ 설계 및 제도작업이 간편하고 정확하다.

| 해답 | ②
심벌과 축척을 표준화하여 방대한 도면을 다중작업이 수월하다.

□□□ 11③

11 CAD로 아래의 정삼각형(△ABC)을 그리기 위하여 명령어를 입력하고자 한다. ( )에 알맞은 명령은? (단, 그리는 순서는 A→B →C→A이다.)

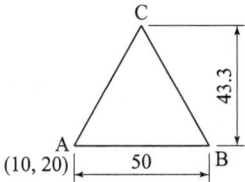

- command : LINE [enter]
- 시작점 : 10,20 [enter]
- 다음점 : ( ) [enter]
- 다음점 : @-25,43.3 [enter]
- 다음점 : C [enter]

① 50,20　　② @50,20
③ @60,0　　④ @50<0

| 해답 | ④

상대극좌표는 절대 극좌표와 구분하기 위하여 '@'기호를 맨 앞에 붙여서 '@거리<각'의 형식으로 표현한다.

□□□ 15④

12 토목 CAD의 이용효과에 대한 설명으로 옳지 않은 것은?

① 모듈화된 표준도면을 사용할 수 있다.
② 도면의 수정이 용의하다.
③ 입체적 표현이 불가능 하나, 표현 방법이 다양하다.
④ 다중작업(multi-tasking)이 가능하다.

| 해답 | ③

입체적 표현이 가능 하며 표현 방법이 증대 된다.

□□□ 15⑤

13 캐드 명령어 '@20,30'의 의미는?

① 이전 점에서부터 Y축 방향으로 20, X축 방향으로 30 만큼 이동된다는 의미
② 이전 점에서부터 X축 방향으로 20, Y축 방향으로 30만큼 이동된다는 의미
③ 원점에서부터 Y축 방향으로 20, X축 방향으로 30만큼 이동된다는 의미
④ 원점에서부터 X축 방향으로 20, Y축 방향으로 30만큼 이동된다는 의미

| 해답 | ②

'@20,30' 의미
- 상대좌표계
- 이전 점에서부터 X축 방향으로 20, Y축 방향으로 30 만큼 이동된다.

□□□ 10④, 13①

14 CAD작업의 특징으로 옳지 않은 것은?

① 도면의 수정, 보완이 편리하다.
② 도면의 관리, 보관이 편리하다.
③ 도면의 분석, 제작이 정확하다.
④ 도면의 크기 설정, 축척 변경이 어렵다.

| 해답 | ④

기존의 도면을 손쉽게 입·출력하므로 도면 분석, 수집, 제작이 정확하게 빠르다.

□□□ 10①, 12①, 13④

15 다음 중 CAD프로그램으로 그려진 도면이 컴퓨터에 "파일명.확장자" 형식으로 저장될 때, 확장자로 옳은 것은?

① dwg　　② doc
③ jpg　　④ hwp

| 해답 | ①

CAD시스템의 저장
파일형식은 기본적으로 dwg라는 파일 형식으로 저장된다.

□□□ 11③

16 암거 도면의 작도법에 대한 설명으로 옳은 것은?

① 단면도는 실선으로 치수에 관계없이 임의로 작도한다.
② 단면도에 배근된 철근 수량과 간격은 대략적으로 작도한다.
③ 단면도에는 철근 기호, 철근 치수 등을 생략한다.
④ 측면도는 단면도에서 표시된 철근 간격이 정확하게 표시되어야 한다.

| 해답 | ④
암거 도면의 작도법
• 단면도는 실선으로 주어진 치수대로 정확히 작도한다.
• 단면도에 배근될 철근 수량이 정확하고 철근 간격이 벗어나지 않도록 주의해야 한다.
• 단면도에는 철근 기호, 철근 치수를 표시하고 누락되지 않도록 주의한다.
• 측면도는 단면도에서 표시된 철근 간격이 정확하게 표시되어야 한다.

□□□ 13④

17 다음 중 토목 캐드작업에서 간격 띄우기 명령은?

① offset
② trim
③ extend
④ rotate

| 해답 | ①
캐드 작업에서 명령어

명령어	해석
offset	간격띄우기
trim	자르기
extend	연장하기
rotate	회전하기

□□□ 04④, 07⑤, 09④

18 CAD 시스템으로 도면을 그릴 때 기본요소가 아닌 것은?

① 점
② 선
③ 면
④ 질량

| 해답 | ④
CAD의 기본 요소인 점, 선, 면 등을 이용하여 도형을 정확하게 그릴 수 있다.

□□□ 09④, 14④

19 CAD 시스템을 도입하였을 때 얻어지는 효과가 아닌 것은?

① 도면의 표준화
② 작업의 효율화
③ 표현력 증대
④ 제품 원가의 증대

| 해답 | ④
설계 기법의 표준화로 제품 원가의 감소

□□□ 10③, 14①

20 CAD 작업의 특징으로 옳지 않은 것은?

① 도면의 출력과 시간 단축이 어렵다.
② 도면의 관리, 보관이 편리하다.
③ 도면의 분석, 제작이 정확하다.
④ 도면의 수정, 보완이 편리하다.

| 해답 | ①
도면의 출력과 시간 단축으로 생산성이 향상시킨다.

□□□ 16①
21 CAD 시스템에서 키보드로 도면 작업을 수행할 수 있는 영역은?

① 명령 영역
② 내림메뉴영역
③ 도구막대 영역
④ 고정 아이콘 메뉴 영역

| 해답 | ①
명령영역
• 키보드로 명령창에 직접 입력한다.
• 사용할 명령어나 선택 항목을 키보드로 입력하는 영역

02 컴퓨터 일반

01 컴퓨터 일반

1 컴퓨터의 하드웨어

컴퓨터를 구성하고 있는 모든 전기 회로와 기계 장치를 하드웨어(hardware)라 한다.

(1) 하드웨어의 구성

입력 장치, 중앙 처리 장치, 주기억 장치(메모리), 보조 기억 장치, 출력 장치로 구분할 수 있다.

① 입력 장치 : 처리해야 할 데이터나 프로그램을 입력 기기를 통해서 주기억 장치에 기억시키는 장치
② 중앙 처리 장치 : 명령을 수행하고 데이터를 처리하는 장치로서 사람의 뇌에 해당한다고 할 수 있으며, 제어 장치와 연산 장치로 구성되어 있다.
③ 주기억 장치 : 중앙 처리 장치와 직접 데이터를 교환할 수 있는 기억 장치로서 프로그램 수행에 필요한 기본적인 명령어와 데이터를 기억한다.
④ 보조 기억 장치 : 전원이 꺼진 후에도 정보를 잃지 않는 비휘발성 기억 장치로서, 주기억 장치에 비해 경제적이고 많은 양의 정보를 저장할 수 있다.

【하드웨어의 구분】

구분	입력 장치	중앙 처리 장치	주기억 장치	보조 기억 장치	출력 장치

종류	• 키보드
	• 마우스
	• 스캐너
	• 라이트 펜
	• 디지 타이저
	• 태블릿
	• 터치 스크린
	• 디지털 카메라
		• 레지스터
		• 연산 장치
		• 제어 장치
			• 캐시 메모리
			• 주기억 장치
			  - ROM
			  - RAM
				• 자기 테이프
				• 자기 디스크
				• 하드 디스크
				• 플로피 디스크
				• 플래시 메모리
				• 광디스크
				  - CD-ROM
				  - DVD
					• 프린터
					• 모니터
					• 플로터
					• 프로젝터

(2) 컴퓨터의 처리 속도의 단위

① 밀리초(ms : millisecond) : $\frac{1}{1000} = 10^{-3}$초

② 마이크로초(μs : microsecond) : $\frac{1}{1000000} = 10^{-6}$초

③ 나노초(nu : nonosecond) : $\frac{1}{1000000000} = 10^{-9}$초

④ 피코초(ps : picosecond) : $\frac{1}{1000000000000} = 10^{-12}$초

(3) 중앙 처리 장치

① 중앙 처리 장치의 기능
- 중앙 처리 장치는 컴퓨터를 제어하고 데이터를 처리하는 장치
- 키보드나 마우스 등의 입력 장치를 통해서 입력된 데이터는 일시적으로 컴퓨터의 주기억 장치에 저장된다. 이 데이터는 중앙 처리 장치에서 처리된 뒤에 모니터나 프린터와 같은 출력 장치를 통해서 외부로 출력된다.

② 중앙 처리 장치의 구성
중앙 처리 장치는 각기 다른 역할을 담당하는 장치들을 함께 모아 만든 초고밀도 집적 회로이다.

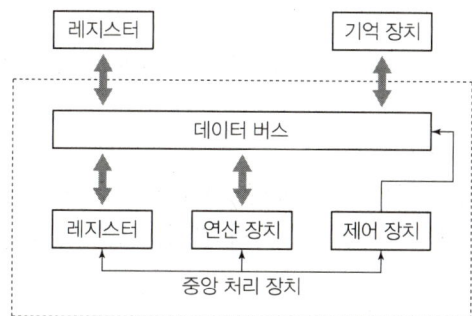

> **중앙 처리 장치의 구성**
> - 기억 기능을 담당하는 레지스터
> - 연산 기능을 담당하는 연산 장치
> - 제어기능을 담당하는 제어 장치

(4) 제어 장치

① 제어 장치의 기능
제어 장치는 주기억 장치에 저장되어 있는 프로그램의 명령어들을 차례대로 수행하기 위하여 기억 장치와 연산 장치 또는 입력 장치, 출력 장치에 제어 신호를 보낸다.

② 제어 장치의 구성

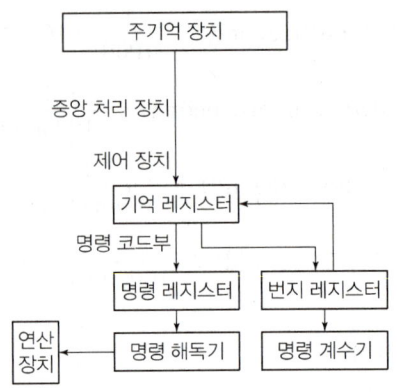

(5) 연산 장치

연산 장치는 제어 장치의 지시에 따라 전송되어 온 데이터의 산술 연산, 논리 연산 자리 이동 및 크기의 비교 등을 수행하는 장치이다.

> 연산 장치의 구성

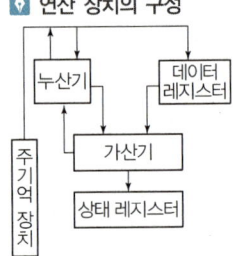

2 컴퓨터의 기억 장치

(1) 기억 장치의 조건
① 기억 장치의 규모가 작으면서 기억 용량이 크고 가격이 저렴해야 한다.
② 접근 시간이 짧을수록 경제적인 것으로 평가한다.

(2) 기억 장치의 종류
기억 장치는 데이터의 정보를 저장하는 장치로서 용도와 접근 시간에 따라 캐시 메모리, 주기억 장치, 보조 기억 장치 등으로 분류한다.
① 캐시 메모리(cache memory)
  중앙 처리 장치와 주기억 장치 사이에서 실행 속도를 높이기 위해 제작된 고속의 특수 기억 장치이다.
② 주기억 장치
  • ROM : 기억된 내용을 읽을 수만 있는 기억 장치로 비휘발성의 특징을 가지고 있다.
  • RAM : 정보를 자유롭게 읽고 쓸 수 있는 주기억 장치이지만 휘발성의 특징을 가지고 있어 전원이 끊어지면 기억된 내용이 모두 지워진다.

(3) 보조 기억 장치

① 자기 디스크 : 둥근 원형에 자성 물질을 입혀 이를 회전시키면서 데이터를 기록하고 읽는 장치이다.
② 하드 디스크 : 자성물질로 입혀진 딱딱한 알루미늄 원판을 기록 매체로 사용하여 정보를 기록하는 보조 기억 장치이다.

3 CAD 시스템의 입출력 장치

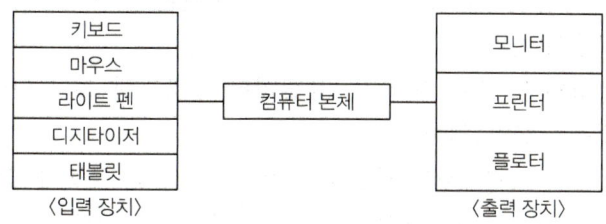

(1) 하드웨어 입력 장치

① 키보드(keyboard) : 한글, 영문, 한문 등 다양한 문자 정보 및 수식 정보를 입력할 때에 사용한다.
② 마우스(Mouse) : 일반적으로 포인트 장치라고도 하는데, 컴퓨터 좌표 입력 장치로서 볼형과 광학형이 있다.
③ 라이트 펜(Light Pen) : 스크린에 직접 접촉하면서 정보를 입력하는 장치이다.
④ 디지타이저(digitizer) : 선택 기능, 복사 기능 및 태블릿 메뉴 영역을 확보하는 기능 등을 가지고 있다.
⑤ 태블릿(Tablet)
⑥ 스캐너 : 사진이나 그림 등을 컴퓨터 메모리에 디지털화하여 입력하는 장치

【입·출력 장치】

구 분	종 류
입력 장치	키보드, 마우스, 스캐너, 디지타이저, 태블릿, 터치스크린, 디지털 카메라, 라이트 펜, 조이스틱
출력 장치	모니터, 프린터, 플로터, 프로젝터

(2) 하드웨어 출력 장치

① 모니터(Monitor) : 출력 장치 중에서 가장 대표적인 역할을 하는 주변 기기이다.
② 프린터(Printer) : 화면에 표시된 정보를 종이에 인쇄해 주는 장치

③ 플로터(Plotter) : 종이 위에 연필이나 펜으로 그림을 그려 주는 출력 장치

4 컴퓨터의 소프트웨어

(1) 소프트웨어의 구성

① 시스템 소프트웨어(system software)
- 컴퓨터의 전반적인 운영과 각종 자원을 관리하는 일련의 프로그램이다.
- 운영체제, 언어 번역기, 유틸리티 프로그램 등이 있다.

② 응용 소프트웨어
- 사용자 프로그램 : 사용자가 자신의 업무나 목적에 맞게 프로그래밍 언어를 사용하여 스스로 작성한 프로그램
- 패키지 프로그램 : 표준화되고 특성화된 프로젝트에 대하여 사용자들이 쉽게 활용하도록 제작된 프로그램을 말한다.

(2) 컴퓨터의 운영체제

운영체제는 사용자가 컴퓨터를 효과적으로 사용할 수 있도록 도와주는 프로그램의 집합체이다.

① 운영체제의 구성
  제어 프로그램, 감독 프로그램, 데이터 관리 프로그램

② 운영체제의 종류
  도스(DOS), 윈도우(Windows), 리눅스(Linux), 맥 OS, OS/2

(3) 스프레드 시트

① 스프레드 시트(spread sheet) 개요
  컴퓨터의 기억 장소를 하나의 커다란 종이로 생각하여 행과 열로 그려진 화면상의 도표 위에서 각종 계산 및 자료관리, 그래픽 등이 가능하도록 한 프로그램이다.

② 스프레드 시트의 기능
- 계산기능
- 문서 작성 기능
- 데이터 베이스 기능
- 그래프 작성 기능

과년도 핵심문제

02 컴퓨터 일반

컴퓨터 일반

□□□ 05⑤, 11①

01 컴퓨터의 기능 중 기억 장치가 갖추어야 할 조건으로 옳지 않은 것은?

① 가격이 저렴해야 한다.
② 기억 용량이 커야 한다.
③ 접근 시간이 짧아야 한다.
④ 기억 장치의 부피가 커야 한다.

| 해답 | ④

기억 장치의 조건
- 기억 장치의 규모가 작으면서 기억 용량이 크고 가격이 저렴해야 한다.
- 접근 시간이 짧을수록 경제적인 것으로 평가한다.

□□□ 14④, 15①

02 컴퓨터 처리시간이 느린 것부터 순서대로 배열된 것은?

① 1μs → 1ms → 1ns → 1ps
② 1ms → 1μs → 1ns → 1ps
③ 1ns → 1ms → 1μs → 1ps
④ 1ps → 1ms → 1ns → 1μs

| 해답 | ②

컴퓨터의 처리 속도
- ms(millisecond) : 10^{-3}초
- μs(microsecond) : 10^{-6}초
- nu(nonosecond) : 10^{-9}초
- ps(picosecond) : 10^{-12}초

□□□ 11⑤

03 도면을 인쇄할 때 프린터의 해상도를 나타내는 단위는?

① Byte   ② LPM
③ DPI   ④ COM

| 해답 | ③

프린터의 해상도
DPI(Dots Per Inch)는 1인치(inch)에 인쇄되는 도트수(Dots/inch)

□□□ 08①, 09①, 10④, 12①, 15④

04 CAD 시스템의 입력 장치가 아닌 것은?

① 마우스   ② 디지타이저
③ 키보드   ④ 플로터

| 해답 | ④

CAD시스템의 입출력 장치
- 입력 장치 : 키보드, 마우스, 라이트 펜, 디지타이저, 태블릿
- 출력 장치 : 모니터, 프린터, 플로터

□□□ 11⑤, 15⑤

05 모니터의 해상도를 나타내는 단위는?

① Point   ② RGB
③ TFT   ④ DPI

| 해답 | ④

프린터의 해상도
DPI(Dots Per Inch)는 1인치(inch)에 인쇄되는 도트수(Dots/inch)

☐☐☐ 10④

06 컴퓨터 하드웨어의 처리 절차를 나타낸 것으로 ( )에 가장 적당한 것은?

> 데이터 → 입력 → ( ) → 출력 → 정보

① 처리   ② 저장
③ 명령   ④ 이동

| 해답 | ①
컴퓨터 하드웨어의 처리 절차
데이터 → 입력 → 처리 → 출력 → 정보

☐☐☐ 12⑤

07 컴퓨터 연산 장치의 구성 요소로 옳지 않은 것은?

① 누산기(accumulator)
② 가산기(adder)
③ 명령 레지스터(instruction register)
④ 상태 레지스터(status register)

| 해답 | ③
연산 장치의 구성
누산기, 가산기, 상태 레지스터, 데이터 레지스터

☐☐☐ 10①

08 컴퓨터 파일 압축 형식이 아닌 것은?

① ZIP   ② RAR
③ ARJ   ④ LOG

| 해답 | ④
• *.lzh, *.arj, *.arc 압축 파일을 해제하기 위해서는 해당파일의 압축을 해제할 수 있는 프로그램을 외부 프로그램으로 설정해 주어야 한다.
• RAT의 윈도용 버전으로 압축할 경우 확장자는 *.rar형식으로 압축할 수도 있고, *.zip형식으로 압축할 수도 있다.

☐☐☐ 04④, 13①⑤, 15①, 19①

09 주기억 장치에 주로 사용되며 전원이 차단되면 기억된 내용이 모두 지워지는 기억 장치는?

① ROM   ② RAM
③ USB   ④ CD-ROM

| 해답 | ②
RAM(random access memory)
• 정보를 자유롭게 읽고 쓸 수 있는 주기억 장치이다.
• 휘발성의 특징을 가지고 있어 전원이 차단되면 기억된 내용이 모두 지워진다.

☐☐☐ 14⑤, 15④

10 중앙 처리 장치와 주기억 장치 사이에서 실행속도를 높이기 위해 사용되는 접근속도가 빠른 기억 장치는?

① 캐시 메모리(Cache Memory)
② DRAM(Dynamic RAM)
③ SRAM(Static RAM)
④ ROM(Read Only Memory)

| 해답 | ①
캐시 메모리(cache memory)
중앙 처리 장치와 주기억 장치 사이에서 실행 속도를 높이기 위해 제작된 고속의 특수 기억 장치이다.

☐☐☐ 11①, 14①

11 컴퓨터 운영체제가 아닌 것은?

① 유닉스(unix)   ② 리눅스(linux)
③ 윈도우즈(windows) ④ 엑세스(access)

| 해답 | ④
컴퓨터의 운영체제(OS)의 종류
윈도(Windows), 유닉스(UNIX), 리눅스(Linux), 맥OS, OS/2

□□□ 10⑤

12 컴퓨터에서 중앙 처리 장치의 주역할은?

① 데이터를 입력하는 기능
② 데이터를 출력하는 기능
③ 데이터를 기억 보관하는 기능
④ 데이터를 제어하고 연산하는 기능

| 해답 | ④
중앙 처리 장치의 기능
데이터를 제어하고 데이터를 연산하는 처리하는 장치

□□□ 10①

13 컴퓨터를 구성하는 주요 장치에서 데이터를 처리, 제어하는 기능을 수행하는 장치는?

① 기억 장치   ② 입력 장치
③ 출력 장치   ④ 중앙 처리 장치

| 해답 | ④
중앙 처리 장치
• 컴퓨터를 제어하고 데이터를 처리하는 장치
• 제어 장치와 연산 장치로 구성되어 있다.

□□□ 11③, 14⑤

14 시스템 소프트웨어(system software)가 아닌 것은?

① 운영 체제   ② 언어 프로그램
③ CAD 프로그램   ④ 유틸리티 프로그램

| 해답 | ③
시스템 소프트웨어
• 시스템 소프트웨어는 컴퓨터의 전반적인 운영과 각종 자원을 관리하는 일련의 프로그램이다.
• 운영체제, 언어 번역기, 유틸리티 프로그램 등이 있다.

□□□ 12①

15 그림은 컴퓨터 중앙 처리 장치를 도식화한 것이다. (A)부분에 해당하는 장치는?

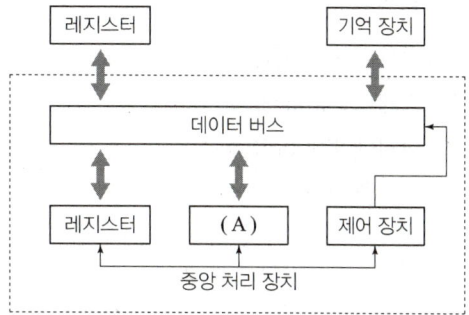

① 저장 장치   ② 연산 장치
③ 처리 장치   ④ 수합 장치

| 해답 | ②
중앙 처리 장치의 구성
• 기억 기능을 담당하는 레지스터
• 연산 기능을 담당하는 연산 장치
• 제어 기능을 담당하는 제어 장치

□□□ 13④

16 컴퓨터의 레지스터(register)에 대한 설명으로 바른 것은?

① 명령을 해독하고 산술논리연산이나 데이터 처리를 실행하는 장치이다.
② 주기억 장치로 ROM과 DRAM이 있다.
③ 보조 기억 장치로 자기 디스크, 하드 디스크 등이 해당 된다.
④ 극히 소량의 데이터나 처리 중인 중간 결과를 일시적으로 기억해 두는 고속의 전용 영역이다.

| 해답 | ④
■ 레지스터
• 중앙 처리 장치(CPU) 안에 있는 고속의 일시 기억 장치로서, 극히 소량의 데이터나 처리 중인 중간 결과를 임시로 저장하는 역할
■ 기억 장치에 주기억 장치와 보조 기억 장치가 있다.

□□□ 12④

17 도면을 CAD 좌표가 그려져 있는 판 위에 놓고 위치와 정보를 컴퓨터에 직접 입력하는 장치는?

① 키보드(keyboard)
② 스캐너(scanner)
③ 디지타이저(digitizer)
④ 프로젝터(projector)

| 해답 | ③
디지타이저(digitizer)
종이에 그려져 있는 차트, 도형, 도면 등을 좌표가 그려져 있는 판 위에 대고 각각의 위치를 입력하여 컴퓨터 내부로 입력하는 장치로 CAD/CAM 시스템에서 사용한다.

□□□ 13①

18 컴퓨터 입력 장치에서 문서, 그림, 사진 등을 이미지 형태로 입력하는 장치는?

① 광펜
② 스캐너
③ 태블릿
④ 조이스틱

| 해답 | ②
• 스캐너(scanner) : 그림이나 사진, 문서 등을 이미지 형태로 입력하는 장치
• 태블릿(Tablet) : 디지타이저와 유사한 입력 장치

□□□ 14④

19 다음 중 컴퓨터의 보조 기억 장치에 해당되지 않는 것은?

① HD
② CD
③ RAM
④ USB

| 해답 | ③
• 주기억 장치 : RAM, ROM
• 보조 기억 장치 : 하드 디스크(HD), 플래시 메모리(USB), 광디스크(CD-ROM)

□□□ 15①

20 기억 장치 중 기억된 내용을 읽을 수만 있는 것으로 비휘발성의 특징을 가지고 있는 기억 장치는?

① RAM
② ROM
③ 하드디스크
④ 자기디스크

| 해답 | ②
ROM
기억된 내용을 읽을 수만 있는 기억 장치로 비휘발성의 특징을 가지고 있다.

□□□ 14④

21 컴퓨터의 처리 시간 단위에서 10^{-12}초를 뜻하는 것은?

① 밀리초(ms)
② 마이크로초(μs)
③ 나노초(ns)
④ 피코초(ps)

| 해답 | ④
컴퓨터의 처리 속도
• ms(millisecond) : 10^{-3}초
• μs(microsecond) : 10^{-6}초
• nu(nonosecond) : 10^{-9}초
• ps(picosecond) : 10^{-12}초

□□□ 12⑤

22 행과 열로 구성되어 각 셀의 값을 계산하도록 도와주는 프로그램은?

① 컴파일러
② 스프레드 시트
③ 프레젠테이션
④ 워드 프로세서

| 해답 | ②
스프레드 시트(spread sheet)
컴퓨터의 기억 장소를 하나의 커다란 종이로 생각하여 행과 열로 그려진 화면상의 도표 위에서 각종 계산 및 자료관리, 그래픽 등이 가능하도록 한 프로그램이다.

□□□ 16④

23 CAD 프로그램을 이용하여 도면을 출력할 때 유의 사항과 가장 거리가 먼 것은?

① 주어진 축척에 맞게 출력 한다.
② 출력한 용지 사이즈를 확인 한다.
③ 도면 출력 방향이 가로인지 세로인지를 선택한다.
④ 이전 플롯을 사용하여 출력의 오류를 막는다.

| 해답 | ④
플롯영역은 한계, 범위, 윈도우 등을 선택하여 원하는 도면이 출력되도록 하여 오류를 막는다.

□□□ 15④

25 네트워크 보안을 강화하는 방법으로 옳지 않은 것은?

① 해킹   ② 암호화
③ 방화벽 설치   ④ 인트라넷 구축

| 해답 | ①
해킹
• 다른 시스템에 불법적으로 접근하여 피해를 입히는 행위
• 인터넷을 통하여 정보를 공유하고 교류하는 긍정적인 효과와는 달리 정보사회의 역기능

□□□ 14①

24 컴퓨터에 사용되는 용어인 「버스」에 대한 설명으로 옳은 것은?

① 컴퓨터 내부에서 발생한 데이터가 이동하는 연결 통로
② 아날로그 신호와 디지털 신호를 서로 바꾸어 주는 장치
③ 컴퓨터가 통신망에 접속할 수 있도록 설치한 접속 카드
④ 종이에 표시한 마크를 광학적으로 판독하여 입력하는 장치

| 해답 | ①
버스
• 컴퓨터 내부에서 발생된 데이터가 이동하는 통로
• 확장 슬롯과 중앙 처리 장치 간의 데이터의 연결 통로

03 GIS Geographic Information System

01 GIS의 개요

1 GIS의 개요

컴퓨터를 이용하여 어느 지역에 대한 토지, 지리, 환경, 자원, 시설관리, 도시계획 등 공간요소에 연계된 속성정보와 공간정보를 지리적 공간 위치에 맞추어 일정한 형태로 수치화하여 입력하고 필요한 결과물을 출력할 수 있는 기능을 갖춘 종합적인 공간 정보 관리 시스템을 지형정보체계(GIS)라 한다.

(1) GIS의 구성 요소

GIS를 구성하는 요소에는 주로 하드웨어, 소프트웨어, 데이터베이스, 조직 및 인력으로 구성되어 있다.

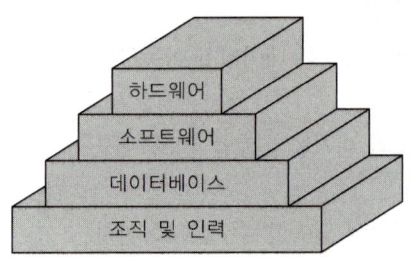

GIS의 구성요소

① 하드웨어(hardware)
- 각종 정보의 분석, 출력, 저장을 지원하는 컴퓨터 프로그램을 말하며, 정보의 입력 및 중첩, 데이터베이스관리, 질의 분석 등의 기능을 담당한다.
- GIS가 운용되는 시설로 컴퓨터, 프린터, 플로터, 디지타이저 또는 그 외의 다른 장비들이 포함된다.

■ 지형 공간 정보 체계의 하드웨어 구성
- 자료의 입력 : 디지타이저, 키보드, 마우스, 스캐너
- 자료의 관리와 분석 : 컴퓨터, 워크 스테이션 네트워크
- 자료의 출력 : 모니터나 플로터 및 각종 자기 매채

② 소프트웨어(software)
- GIS를 운용하기 위한 컴퓨터 프로그램이다.
- GIS 사용자들은 시스템 선택과정에서 다양한 GIS소프트웨어를 알아야 한다.

③ 데이터베이스(database)
  데이터 베이스의 구축은 GIS의 핵심적인 요소로서 많은 시간과 노력이 필요한 방대한 작업이다.

④ 조직 및 인력(organization and People)
  GIS를 구성하는 가장 중요한 요소로서 데이터를 구축하고 설계 업무에 활용하는 사람을 말하며, 조직과 인력이 없으면 GIS를 운용할 수 없다.

(2) 자료 처리 체계
GIS의 자료 처리 체계는 크게 자료 입력, 자료 관리, 자료 출력의 세단계로 나눌 수 있다.

① 자료 입력
  자료를 입력할 때 기존 도면의 경우는 디지타이저나 스캐너로 수치화하여 입력한다.

② 자료 관리
- 자료 관리에서는 지형 지물의 위치 연결성 속성에 대한 정보를 이용하여 이를 조직화 한다.
- 데이터베이스(DBMS)관리 체계가 사용된다.

③ 자료 출력
- 자료를 보여 주는 단계이다. 분석 결과를 사용하여 사용자에게 지도, 도표, 그림 및 텍스트의 형태로 보여 주는 역할을 한다.
- 대부분 인쇄 도면으로 그림 및 표 등으로 출력하지만 CRT, TFT, PDP, LED 등을 이용한 모니터나 도화기 및 각종 자기 매체로 출력하기도 한다.

2 GIS 데이터베이스 구축

(1) GIS의 공간 자료의 기본 형태

GIS분야에서 공간 데이터는 크게 점, 선, 면 이렇게 세 가지 유형으로 분류된다.

① 점(point)

점은 물리적 혹은 실제적 공간 차원을 가지고 있지 않는 지점 혹은 장소를 나타낸다.

② 선(line)

선은 1차원의 객체를 나타내는데 길이만 가질 뿐 폭은 아무런 의미를 가지지 못한다.

③ 면(polygon)

최소한 세 개 이상의 변을 가지고 있는 2차원적 객체로 닫혀있는 지역을 표현한다.

【공간 자료의 기본 형태의 특징】

구분	점	선	면
개념	0차원의 공간 객체를 표현한다.	1차원의 공간 객체를 표현하거나 시작점과 끝점으로 구성된다.	2차원의 공간 객체를 표현하며, 점과 선으로 구성된다.
형태	한 쌍의 x, y 좌표	시작점과 끝점을 갖는 일련의 좌표	폐합된 선들로 구성된 일련의 좌표군
특징	면적이나 길이가 없음	면적이 없고 길이만 있음	면적과 경계를 가짐
예	송전, 철탑, 맨홀	도로, 하천, 통신, 전력선, 관망, 경계	행정 구역, 지적, 건물, 지점 구역

(2) 기존의 도면에 의한 데이터베이스 구축

① GIS 데이터베이스를 구축하는 방법 중에서 기존의 도면을 이용할 경우에는 디지타이저 또는 스캐너를 이용한다.

② GIS에서 기존의 도면을 이용하여 자료를 입력하는 방법으로 어느 정도 훼손된 도면도 입력이 가능하며 불필요한 속성, 주기는 선택하여 입력하지 않을 수 있는 것

방법	장점	단점
디지 타이저	• 어느 정도 훼손된 도면도 입력 가능 • 불필요한 속성, 주기는 입력하지 않을 수 있음 • 레이어로 구분하여 입력 가능 • 장비 저가	• 단순 속성(등고선, 도로 등)의 입력이 비능률적 • 누락과 실수의 가능성이 높음 • 높은 정확도를 기대하기 어려움(±0.3mm)
스캐너	• 높은 능률성 • 속성 인식(등고선, 도로 등)이 가능 • 높은 정확도(±0.1mm)	• 오염된 지면은 입력이 불가능 • 벡터화가 불완전한 부분들의 인식 누수에 대한 체크가 필요 • 장비 및 소프트웨어가 고가

(3) 부호화

도형 정보인 점, 선, 면 등에 대한 공간적 형태를 부호화하는데 벡터(vector)구조와 래스터(raster) 구조가 이용된다.

① 벡터 구조

　자료의 입력에서 점, 선, 면으로 고유한 좌표값을 가지고 있으며 등고선과 같은 선형 자료를 수치로 변형시키는데 주로 사용되는 데이터 구조

② 래스터 구조

• 래스터 구조는 위성 영상이나 스캐닝 자료와 같이 영상소로 구성된 배열이다.
• 점은 하나의 영상소로 표현되며, 선은 한 방향으로 배열되어 인접되는 영상소로 구성되고, 면은 사방으로 인접하고 있는 영상소의 집합으로 표현된다.

03 GIS

과년도 핵심문제

GIS

☐☐☐ 22①

01 GIS를 구성하는 4대 요소가 아닌 것은?

① 하드웨어 ② 소프트웨어
③ 데이터베이스 ④ 인터넷

| 해답 | ④
GIS를 구성하는 4대 요소
• 하드웨어 • 소프트웨어
• 데이터베이스 • 조직 및 인력

☐☐☐ 09①

02 GIS에서 기존의 도면을 이용하여 자료를 입력하는 방법으로 어느 정도 훼손된 도면도 입력이 가능하며 불필요한 속성, 주기는 선택하여 입력하지 않을 수 있는 것은?

① 디지타이저 ② 스캐너
③ GPS ④ 위성영상

| 해답 | ①
디지타이저에 대한 설명이다.

☐☐☐ 06⑤

03 지형공간자료의 기본 형태가 아닌 것은?

① 점 ② 선
③ 면 ④ 각

| 해답 | ④
GIS분야에서 공간 데이터는 크게 점, 선, 면 이렇게 세 가지 유형으로 분류된다.

☐☐☐ 10①

04 GIS의 자료 취득 방법 중 기존 도면을 이용하는 방법으로 디지타이저를 이용하는 방법의 장점이 아닌 것은?

① 불필요한 속성, 주기는 입력되지 않음
② 레이어로 구분하여 입력 가능함
③ 작업자의 숙련도와 상관없이 높은 정확도를 기대할 수 있음
④ 장비가 비교적 저렴함

| 해답 | ③
높은 정확도를 기대하기 어렵다.(±0.3mm)

☐☐☐ 05①, 10④

05 지형 공간 정보 체계의 하드웨어 구성을 3개 그룹으로 구분할 때 가장 거리가 먼 것은?

① 자료의 입력 ② 자료의 관리와 분석
③ 자료의 출력 ④ 자료의 저장

| 해답 | ④
지형 공간 정보 체계의 하드웨어 3개 그룹
• 자료의 입력 • 자료의 관리와 분석
• 자료의 출력

☐☐☐ 06④

06 자료의 입력에서 점, 선, 면으로 고유한 좌표값을 가지고 있으며 등고선과 같은 선형 자료를 수치로 변형시키는데 주로 사용되는 데이터 구조를 무엇이라 하는가?

① 벡터구조 ② 비주얼구조
③ 베이직구조 ④ 래스터구조

| 해답 | ①
벡터(vector)구조에 대한 설명이다.

□□□ 08⑤

07 컴퓨터를 이용하여 어느 지역에 대한 토지, 지리, 환경, 자원, 시설관리, 도시계획 등 공간요소에 연계된 속성정보와 공간정보를 지리적 공간 위치에 맞추어 일정한 형태로 수치화하여 입력하고 필요한 결과물을 출력할 수 있는 기능을 갖춘 종합적인 공간 정보 관리 시스템을 무엇이라고 하는가?

① IT
② ICT
③ GPS
④ GIS

| 해답 | ④
지형정보체계(GIS)에 대한 설명이다.

□□□ 10④

08 디지타이저를 이용하여 기존도면을 압력할 때의 특징이 아닌 것은?

① 손상된 도면도 입력 가능하다.
② 사용자의 숙련도에 영향을 받지 않는다.
③ 불필요한 속성은 입력되지 않는다.
④ 레이어로 구분하여 입력이 가능하다.

| 해답 | ④
디지타이저의 특징
- 손상된 도면도 입력 가능
- 레이어로 구분하여 입력 가능
- 불필요한 속성, 주기는 입력되지 않음

| memo |

3 CHAPTER
철근 및 콘크리트

01 콘크리트
02 철근 콘크리트
03 프리스트레스트 콘크리트
04 강구조

01 콘크리트

01 콘크리트

1 재료의 일반적 성질

(1) 탄성한도
① 영구 변형을 일으키지 않는 한도의 응력
② 비례한도 이상의 응력에서도 하중을 제거하면 변형이 거의 처음 상태로 돌아가는 한도

(2) 강도
재료에 하중이 작용할 때 그 하중에 견디어 낼 수 있는 재료의 세기 정도를 강도라 한다.
① 정적 강도 : 재료에 비교적 느린 속도로 일정하게 하중을 가해 파괴에 이를 때, 파괴시의 응력을 정적 강도라 한다.
② 충격 강도 : 재료에 충격적인 하중이 작용할 때, 이것에 대한 저항성을 나타내는 강도
③ 피로강도 : 하중을 반복해서 받는 재료는 정적강도보다 작은 하중에서 파괴되는데 이와 같은 현상을 피로강도(피로파괴)라 한다.

2 콘크리트의 구성 및 특징

(1) 콘크리트의 구성

공기(5%)	물(15%)	시멘트(10%)	골재(70%)	
			잔골재	굵은 골재
	시멘트 풀(30%)			
	모르타르			
		콘크리트		

① 시멘트풀 : 시멘트에 물만 넣어 반죽한 것
② 모르타르 : 시멘트 풀에 잔골재를 배합한 것으로 시멘트와 잔골재를 물로 반죽한 것

③ 콘크리트 : 모르타르에 굵은 골재를 배합한 것으로 시멘트와 잔골재, 굵은 골재를 물로 반죽한 것

(2) 콘크리트의 특징
① 장점
- 재료의 운반과 시공이 쉽다.
- 압축강도와 내구성, 내화성이 크다.
- 구조물의 유지비가 거의 들지 않는다.
- 부재나 구조물의 크기, 모양을 마음대로 만들 수 있다.

② 단점
- 콘크리트 자체의 무게가 무겁다.
- 압축강도에 비해 인장강도가 작다.
- 건조수축에 의해 균열이 생기기 쉽다.

3 시멘트

■ 시멘트의 종류

포틀랜드 시멘트	혼합시멘트
• 보통 포틀랜드 시멘트(1종) • 중용열 포틀랜드 시멘트(2종) • 조강 포틀랜드 시멘트(3종) • 저열 포틀랜드 시멘트(4종) • 내황산염 포틀랜드 시멘트(5종) • 백색 포틀랜드 시멘트	• 고로 슬래그 시멘트 • 플라이 애시 시멘트 • 포틀랜드 포촐라나 시멘트
	특수 시멘트
	• 알루미나 시멘트 • 팽창성 시멘트

(1) 조강 포틀랜드 시멘트
수화열이 많으므로 한중 콘크리트에 알맞으며, 조기에 강도를 필요로 하는 공사, 긴급공사 등에 사용된다.

(2) 혼합시멘트
① 플라이 애시 시멘트
- 수화열이 적고, 장기강도가 크다.
- 해수에 대한 저항성이 커서 댐 및 방파제 공사 등에 사용한다.

② 고로 슬래그 시멘트
- 내화학 약품성이 좋으므로 해수, 공장 폐수, 하수 등에 좋다.
- 수화열이 적고, 장기강도가 크며, 내화학성이 크다.

(3) 알루미나 시멘트
- 조기 강도가 커서 긴급 공사나 한중 콘크리트에 알맞다.
- 내화학성도 크므로 해수 공사에도 사용할 수 있다.

(4) 시멘트의 분말도
① 시멘트 입자의 가는 정도를 나타내는 것을 분말도라 한다.
② 분말도가 높으면
- 수화 작용이 빨라서 조기강도가 커진다.
- 풍화하기 쉽고, 건조수축이 커진다.

③ 시멘트 분말도 시험방법은 블레인 공기 투과장치를 사용한다.

4 혼화재료

(1) 혼화재료의 분류
① 사용량이 시멘트 무게의 5% 이상이 되어 그 자체의 부피가 콘크리트의 배합계산에 관계되는 혼화재료를 혼화재라 한다.
② 혼화재 : 플라이 애시, 고로 슬래그 미분말, 팽창재
③ 혼화제 : AE제, 감수제, 급결제, 지연제, 유동화제, 촉진제

(2) 혼화재
① 플라이 애시
- 화력발전소에서 재의 미립자를 진집기로 포집한 것을 말한다.
- 장기 강도가 증진되고, 수밀성, 내구성이 향상된다.
- 화학저항성이 좋고, 단위수량의 감소나 워커빌리티의 개선에 효과가 있다.

② 고로 슬래그 미분말
- 철광석을 녹이는 고로에서 나온 고로 슬래그를 급랭하여 파쇄 및 분쇄한 것이다.
- 내구성 및 내화학성이 향상되고, 알칼리 골재반응의 억제효과가 크다.
- 수화열을 낮추어 매스 콘크리트 공사 등에 적합하다.

(3) 혼화제
① 연행공기(AE)제
- AE제의 혼합 목적 : 콘크리트 속에 작은 기포를 고르게 분포시키는 혼화제이다.
- AE제에 의해서 생긴 기포를 AE공기라 한다.

- AE공기는 워커빌리티를 좋게 하고, 기상 작용에 대한 내구성과 수밀성을 크게 한다.

② 감수제
- 시멘트의 입자를 분산시켜 콘크리트의 단위 수량을 감소시키는 혼화제
- 시멘트 분산제라 한다.

③ 급결제
- 시멘트의 응결을 상당히 빠르게 하기 위하여 사용하는 혼화제
- 숏크리트, 그라우트에 의한 지수 공법 등에 사용

④ 지연제
- 시멘트의 응결시간을 늦추기 위하여 사용하는 혼화제이다.
- 서중 콘크리트나 레디믹스트 콘크리트에서 운반거리가 먼 경우 사용된다.
- 연속적으로 콘크리트를 칠 때 콜드 조인트가 생기지 않도록 할 경우 사용된다.

⑤ 유동화제
  고성능 감수제라고도 하며, 단위수량의 감소나 워커빌리티의 개선을 목적으로 사용한다.

5 골재

(1) 골재의 종류

① 잔골재
- 10mm체를 전부 통과하고, 5mm체를 거의 다 통과하며, 0.08mm체에 거의 다 남는 골재
- 5mm체 다 통과하고, 0.08mm체에 다 남는 골재

② 굵은 골재
- 5mm체에 거의 다 남는 골재
- 5mm체에 다 남는 골재

③ 부순돌(쇄석)
- 부순 골재는 모가 나 있기 때문에 시멘트와 부착이 좋다.
- 부순 잔골재의 석분은 단위수량을 증가시키는 요인이 되어 수밀성과 내구성은 저하된다.
- 강자갈과 달리 거친 표면 조직과 풍화암이 섞여 있기 쉽다.
- 보통 콘크리트보다 단위수량이 일반적으로 약 10% 정도 많이 요구된다.

(2) 콘크리트용 골재가 갖추어야 할 성질
① 알맞는 입도를 가질 것
② 깨끗하고, 강하며, 내구적일 것
③ 연한 석편, 가느다란 석편을 함유하지 않을 것
④ 먼지, 흙, 유기 불순물, 염화물 등의 유해량을 함유하지 않을 것

(3) 골재의 함수상태

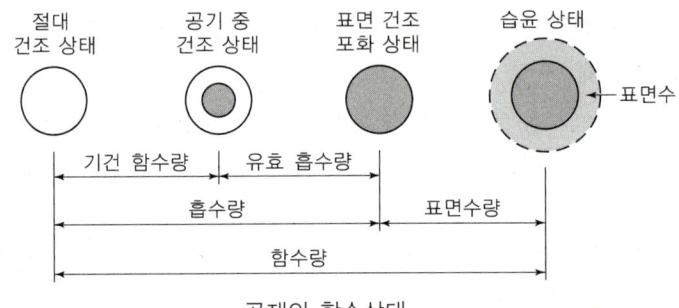

골재의 함수상태

① 습윤상태
  - 골재입자의 내부에 물이 채워져 있고, 표면에도 물이 부착되어 있는 상태
  - 습윤상태 = 표면건조포화상태 + 표면수
② 표면건조포화상태
  - 골재 알 속의 빈틈이 물로 차 있고 표면에 물기가 없는 상태
  - 표면건조포화상태 = 습윤상태 − 표면수
③ 공기중건조상태
   골재 알 속의 일부에만 물기가 있는 상태
④ 절대건조상태
   건조로에서 105±5℃(100～110℃)의 온도로 무게가 일정하게 될 때까지 완전히 건조시킨 상태를 말한다.

(4) 골재의 수량
① 유효 흡수량 = 표면건조 포화상태 − 공기 중 건조상태
② 흡수량 = 표면건조포화상태 − 절대건조상태
③ 함수량 = 습윤상태 − 절대건조상태
④ 표면수량 = 습윤상태 − 표면건조포화상태

(5) 골재의 입도

① 골재의 입도를 표시하는 방법에는 입도곡선과 조립률이 있다.
② 입도곡선 : 체가름 시험을 하여 각 체에 남은 골재의 무게비(%)를 구하여 체가름 곡선으로 나타낸다.
③ 잔골재는 크고 작은 알이 알맞게 혼합되어 있는 것으로서 입도가 표준 범위 내인가를 확인한다.
④ 입도가 잔골재의 표준 입도의 범위를 벗어나는 경우에는 두 종류 이상의 잔골재를 혼합하여 입도를 조정하여 사용한다.

(6) 조립률 fineness modulus : F.M

① 조립률은 골재의 입도를 수량적으로 나타내는 한 방법이다.
② 75mm, 40mm, 20mm, 10mm, 5mm, 2.5mm, 1.2mm, 0.6mm, 0.3mm, 0.15mm의 10개 체를 사용한다.
③ 일반적으로 잔골재의 조립률은 2.3~3.1, 굵은골재의 조립률은 6~8
④ 혼합 골재의 조립률

$$f_a = \frac{m}{m+n}f_s + \frac{n}{m+n}f_g$$

여기서, $m : n$; 잔골재와 굵은 골재의 중량비
f_s : 잔골재 조립률
f_g : 굵은 골재 조립률

(7) 굵은골재의 최대치수

굵은골재의 최대치수는 질량비로 90% 이상을 통과시키는 체 중에서 최소치수의 체눈을 체의 호칭치수로 나타낸다.

6 굳지 않은 콘크리트

(1) 굳지 않은 콘크리트의 성질

① 반죽질기 : 주로 물의 양이 많고 적음에 따르는 반죽이 되고 진 정도를 나타내는 굳지 않은 콘크리트의 성질
② 워커빌리티 : 반죽 질기의 정도에 따르는 작업의 난이성 및 재료의 분리성 정도를 나타내는 굳지 않은 콘크리트의 성질
③ 성형성(plasticity) : 거푸집에 쉽게 다져 넣을 수 있고 거푸집을 제거하면 천천히 형상이 변하기는 하지만 허물어지거나 재료가 분리되지 않는 성질

> **알아두기**
>
> **워커빌리티에 영향을 미치는 요인**
> • 단위수량
> • 시멘트
> • 혼화재료
> • 골재
> • 시간과 온도
>
> **반죽질기 측정방법**
> • 슬럼프시험
> • 리몰딩시험
> • 켈리볼관입시험
> • 다짐계수시험
> • 비비시험
>
> **블리딩을 작게 하는 방법**
> • 분말도가 높은 시멘트를 사용한다.
> • AE제, 포촐라나, 감수제를 사용한다.
> • 단위수량을 적게 한다.

④ 피니셔빌리티 : 굵은 골재의 최대치수, 잔 골재율, 잔 골재의 입도, 반죽질기 등에 따르는 표면 마무리하기 쉬운 정도를 나타내는 굳지 않은 콘크리트의 성질

(2) 워커빌리티에 영향을 끼치는 요소
① 시멘트의 분말도가 높을수록 워커빌리티가 좋아진다.
② AE제, 감수제 등의 혼화제를 사용하면 워커빌리티가 좋아진다.
③ 골재의 양보다 단위 시멘트의 양이 많을 수록 워커빌리티가 좋아진다.
④ 단위수량이 적으면 유동성이 적어 워커빌리티가 나빠진다.

(3) 반죽질기 측정법
① 슬럼프시험 : 슬럼프콘에 콘크리트를 3층으로 넣고 각 층을 다짐대로 25회 다진 후, 콘크리트의 반죽질기 측정에 사용
② 비비시험 : 슬럼프시험으로 측정하기 어려운 된 비빔 콘크리트의 반죽질기에 적용

(4) 재료의 분리
① 재료분리를 막는 방법
  AE제나 플라이 애시 등을 사용한다.
② 블리딩(bleeding)
  콘크리트를 친 후 시멘트와 골재알이 가라앉으면서 물이 떠오르는 현상
③ 레이턴스(laitance)
  블리딩에 의하여 콘크리트의 표면에 떠올라 가라앉는 아주 작은 물질

(5) 공기량
① AE공기
  • AE공기량이 적당하면 워커빌리티가 좋아지고, 너무 많으면 콘크리트의 강도가 작아진다.
  • 기상 작용에 대한 내구성도 커진다.
  • 콘크리트 부피의 4~7%를 표준으로 하고 있다.

② 공기량 시험의 종류
- 무게법 : 공기가 전혀 없는 것으로 하여 공기량을 구하는 방법
- 부피법 : 콘크리트 속에 있는 공기를 물로 치환하여 공기량을 측정하는 방법
- 공기실 압력법 : 워싱턴형 공기량 측정기를 사용하며, 보일(Boyle)의 법칙에 의하여 공기실에 일정한 압력을 콘크리트에 주었을 때 공기량으로 인하여 법칙에 저하하는 것으로부터 공기량을 구하는 것이다.

> **공기량시험방법**
> - 무게법
> - 부피법
> - 공기실 압력법

7 굳은 콘크리트의 성질

(1) 강도
① 압축강도
- 콘크리트의 강도라 하면 일반적으로 압축강도를 말한다.
- 콘크리트의 압축강도는 재령 28일의 강도를 설계기준강도라 한다.
- 콘크리트 압축강도 : $f_c = \dfrac{P}{A} = \dfrac{P}{\dfrac{\pi d^2}{4}}$

  P : 파괴시 최대 하중(N), A : 공시체의 단면적(mm^2)

② 인장강도(쪼갬인장강도)
- 압축강도 시험체를 눕혀 놓고 압축강도시험기로 인장강도를 구한다.
- 인장강도는 압축강도의 약 1/10 ~ 1/13 정도이다.

③ 휨강도
- 휨강도는 도로 포장용 콘크리트의 품질 결정에 사용된다.
- 휨강도는 압축강도의 1/5 ~ 1/8 정도이다.

④ 전단강도 및 부착강도
- 전단강도는 압축강도의 1/4 ~ 1/6 정도이다.
- 부착강도는 콘크리트와 철근이 부착하는 힘

> **원의 면적**
> $A = \dfrac{\pi \cdot d^2}{4}$
> d : 원의 지름

(2) 탄성계수
$$E_c = 8,500 \sqrt[3]{f_{cm}} \ (\text{MPa})$$

- 평균압축강도 $f_{cm} = f_{ck} + \Delta f$
- Δf 계산

  $f_{ck} = 40\text{MPa}$: $\Delta f = 4\text{MPa}$

  $f_{ck} = 60\text{MPa}$: $\Delta f = 6\text{MPa}$

> 알아두기

(3) 크리프 creep
① 콘크리트에 일정한 하중을 계속 주면 응력의 변화는 없는데도 변형이 재령과 함께 점차 변형이 증대되는 성질
② 크리프에 영향을 미치는 요인
- 재하 하중이 클수록 크리프 값이 크다.
- 주위의 온도가 높을수록 크리프는 증가한다.
- 콘크리트 온도가 높을수록 크리프 값이 크다.
- 콘크리트 재령이 짧고 하중 재하 기간이 길면 크리프 값이 크다.
- 물-결합재비가 적을수록 크리프는 감소한다.
- 주위의 습도가 높을수록 크리프는 감소한다.
- 단위 시멘트량이 적을수록 크리프는 감소한다.
- 고강도의 콘크리트일수록 크리프 변형은 적다.

(4) 내구성
콘크리트의 내구성은 구조물이 오랫동안 외부의 작용에 저항하기 위한 성질

> **콘크리트의 내구성에 영향을 끼치는 요소**
> 동결융해, 기상작용, 물, 산, 염 등에 화학적 침식, 그 밖의 전류에 의한 침식, 철근의 녹에 의한 균열 등이 있다.

(5) 콘크리트의 시공이음
① 시공이음은 될 수 있는 대로 전단력이 적은 위치에 설치한다.
② 콘크리트를 이어칠 경우에는 구 콘크리트의 표면의 레이턴스를 제거해야 한다.
③ 시공이음은 부재의 압축력이 작용하는 방향과 직각이 되도록 하는 것이 원칙이다.
④ 부득이 전단력이 큰 위치에 시공이음을 설치할 경우에는 시공이음에 장부 또는 홈을 두거나 적절한 강재를 배치하여 보강하여야 한다.
⑤ 신축이음에서는 필요에 따라 이음재, 지수판 등을 설치할 수 있다.

(6) 콘크리트의 건조수축에 미치는 영향
① 단위 수량이 작을수록 수축은 작다.
② 단위 시멘트량이 많으면 건조수축이 크다.
③ 흡수량이 많은 골재일수록 건조수축이 크다.
④ 양생 초기에 충분한 습윤양생을 하면 수축이 작아진다.

(7) 콘크리트의 동해방지 대책
① 물-시멘트 비를 작게 하여 시공한다.
② 밀도가 큰 중량골재 콘크리트로 시공한다.

③ 흡수율이 작은 골재를 사용하여 시공한다.
④ AE제를 사용하여 적당량의 공기를 연행시킨다.

8 콘크리트의 배합

콘크리트의 배합은 소요의 강도, 내구성, 수밀성, 균열저항성, 철근 또는 강재를 보호하는 성능을 갖도록 정하여야 한다.

(1) 배합 강도

① $f_{cn} \leq 35\text{MPa}$일 때

$$f_{cr} = f_{cn} + 1.34s\,(\text{MPa})$$
$$f_{cr} = (f_{cn} - 3.5) + 2.33s\,(\text{MPa})$$

둘 중 큰 값을 사용한다.

② $f_{cn} > 35\text{MPa}$일 때

$$f_{cr} = f_{cn} + 1.34s\,(\text{MPa})$$
$$f_{cr} = 0.9f_{cn} + 2.33s\,(\text{MPa})$$

둘 중 큰 값을 사용한다.

여기서, f_{cr} : 콘크리트의 배합강도(MPa)
f_{cn} : 콘크리트의 호칭강도(MPa)
s : 콘크리트 압축 강도의 표준 편차(MPa)

③ 콘크리트 압축강도의 표준편차를 알지 못할 때, 또는 압축강도의 시험횟수가 14회 이하인 경우 콘크리트의 배합강도는 다음 표와 같이 정한다.

【압축강도의 시험회수가 14 이하이거나 기록이 없는 경우의 배합강도】

호칭강도 f_{cn}(MPa)	배합강도 f_{cr}(MPa)
21 미만	$f_{cn} + 7$
21 이상 35 이하	$f_{cn} + 8.5$
35 초과	$1.1f_{cn} + 5$

(2) 배합설계

① 배합설계의 기본원칙
- 단위량은 질량배합을 원칙으로 한다.
- 작업이 가능한 범위에서 단위수량이 최소가 되도록 한다.
- 작업이 가능한 범위에서 굵은 골재 최대치수가 크게 한다.
- 강도와 내구성이 확보되도록 한다.

> **알아두기**
>
> 🔹 **물-결합재비가 크면**
> - 수밀성이 작다.
> - 내구성이 작다.
> - 압축강도가 작다.
> - 워커빌리티가 좋아진다.

② 물-결합재비

■ 물-결합재비의 결정
- 물-결합재비는 소요의 강도와 내구성을 고려하여 정하여야 한다.
- 수밀을 요하는 구조물에서는 콘크리트의 수밀성에 대해서도 고려해야한다.
- 물-결합재비 : $W/B = \dfrac{단위\ 수량}{단위\ 시멘트량}$

③ 잔골재율(S/a)
- 잔골재율 $(S/a) = \dfrac{S}{S+G} \times 100$

  여기서, S : 잔골재량의 절대 용적
  G : 굵은 골재량의 절대 용적

- 잔골재율 보정 방법

구 분	잔골재율(S/a)
잔골재의 조립률이 0.1 만큼 클(작을) 때마다	0.5 만큼 크게(작게)한다.
물-결합재비가 0.05 클(작을) 때마다	1 만큼 크게(작게)한다.

④ 시방배합
- 골재(잔골재, 굵은 골재)는 표면건조포화상태이다.
- 잔골재는 5mm체를 다 통과하고, 굵은 골재는 5mm체에 다 남는다.

⑤ 현장배합

■ 시방배합을 현장배합으로 변경 시 고려할 사항
- 골재의 함수상태
- 잔골재 속의 5mm체에 남는 양
- 굵은 골재 속의 5mm체를 통과하는 양

■ 혼화제를 녹이는데 사용하는 물이나 혼화재를 물게 하는데 사용하는 물은 단위 수량의 일부로 보아야 한다.

9 각종 콘크리트

(1) AE 콘크리트

■ AE콘크리트의 특징
- 동결융해에 대한 저항성이 크다.
- 워커빌리티와 내구성, 수밀성 등이 좋다.
- 공기량에 비례하여 압축강도가 작아진다.
- 철근과의 부착강도가 떨어진다.

(2) 서중 콘크리트

① 하루 평균 기온이 4℃ 이하로 될 때에는 한중 콘크리트로 시공해야 한다.
② 하루 평균 기온이 25℃를 초과하는 것이 예상되는 경우에 서중 콘크리트로 시공한다.

(3) 한중 콘크리트

① 하루의 평균기온이 4℃ 이하가 예상되는 조건일 때는 콘크리트가 동결할 우려가 있으므로 한중콘크리트로 시공한다.
② 콘크리트의 온도는 타설할 때 5~20℃를 원칙으로 한다.
③ 온도가 높은 시멘트와 물을 접촉시키면 급결하여 콘크리트에 나쁜 영향을 줄 우려가 있으므로 시멘트를 직접 가열해서는 안 된다.
④ 시공 시 특히 응결경화 초기에 동결시키지 않도록 주의하여야 한다.
⑤ AE콘크리트를 사용하는 것을 원칙으로 한다.

(4) 수밀콘크리트

■ 수밀콘크리트 특징
① 시공이음은 피하는 것이 좋다.
② AE제, 감수제를 사용하는 것이 좋다.
③ 단위 굵은 골재량을 되도록 크게 한다.
④ 단위수량 및 물-결합재비를 되도록 적게 한다.

(5) 숏크리트

숏크리트는 압축공기를 이용하여 콘크리트나 모르타르 재료를 시공면에 뿜어 붙여서 만든 콘크리트

(6) 경량골재콘크리트

■ 경량 콘크리트의 특징
① 열전도율이 작다.
② 강도와 탄성계수가 작다.
③ 건조수축과 팽창이 크다.
④ 자중이 가볍고 내화성이 크다.

(7) 고강도 콘크리트

① 공극과 물-결합재비가 작아야 한다.
② 단위 시멘트량을 높게 하여 배합한다.
③ 골재는 내구성이 큰 골재를 사용한다.
④ 고성능 감수제를 사용으로 시공연도를 개선한다.

(8) 섬유 보강 콘크리트

① 섬유를 혼합하여 인장, 휨강도 및 충격 강도가 낮고 에너지 흡수능력이 작은 취성적 성질을 개선하기 위해서 인성이나 내 마모성 등을 높인 콘크리트이다.
② 보강용 섬유를 혼입하여 주로 인성, 균열 억제, 내충격성 및 내마모성 등을 높인 콘크리트
③ 콘크리트 속에 짧은 섬유를 고르게 분산시켜 인장강도, 휨강도, 내충격성, 균열에 대한 저항성 등을 좋게 한 콘크리트

(9) 폴리머 콘크리트

① 강도가 크고, 내충격성, 동결융해, 내마모성이 크다.
② 작은 인장강도, 큰 건조수축, 내약품성이 취약하다.

(10) 공장제품

① 콘크리트 제품의 제조에서 양생은 제품의 출하를 빠르게 하기 위해 주로 촉진양생방법이 사용되고 있다.
② 촉진양생방법에는 일반적인 상압증기양생, 오토클레이브양생을 이용한 고온고압양생, 전기양생 등이 있다.

01 콘크리트

과년도 핵심문제

콘크리트

□□□ 12⑤, 16④

01 재료의 강도란 물체에 하중이 작용할 때 그 하중에 저항하는 능력을 말하는데 이때 강도 중 하중 속도 및 작용에 따라 분류되는 강도가 아닌 것은?

① 정적 강도
② 충격 강도
③ 피로 강도
④ 릴렉세이션 강도

|해답| ④
재료 강도
- 하중 재하속도에 및 작용에 정적강도, 충격강도, 피로강도, 크리프강도 등으로 구별된다.
- 릴랙세이션 : 재료에 응력을 준 상태에서 변형을 일정하게 유지하면, 시간이 지남에 따라 응력이 감소하는 현상

□□□ 10⑤, 13⑤

02 워싱턴형 공기량 측정기를 사용하여 공시실의 일정한 압력을 콘크리트에 주었을 때 공기량으로 인하여 공기실의 압력이 떨어지는 것으로부터 공기량을 구하는 방법은?

① 무게법
② 부피법
③ 공기실 압력법
④ 진공법

|해답| ③
공기량 시험법의 종류
- 공기실 압력법, 무게법, 부피법
- 공기실 압력법 : 워싱턴형 공기량 측정기를 사용하며, 보일(Boyle)의 법칙에 의하여 공기실에 일정한 압력을 콘크리트에 주었을 때 공기량으로 인하여 법칙에 저하하는 것으로부터 공기량을 구하는 것이다.

□□□ 10④, 11⑤, 13①④⑤, 14①, 15①, 16①

03 토목재료로서 콘크리트의 일반적인 특징으로 옳지 않은 것은?

① 콘크리트 자체가 무겁다.
② 압축강도와 인장강도가 거의 동일하다.
③ 건조수축에 의한 균열이 생기기 쉽다.
④ 내구성과 내화성이 모두 크다.

|해답| ②
콘크리트 인장강도
- 압축강도에 비해 인장강도가 작다.
- 인장강도는 압축강도의 약 1/10~1/13 정도 이다.

□□□ 14⑤, 15④

04 다음의 토목재료에 대한 설명으로 옳은 것은?

① 시멘트에 물만 넣고 반죽한 것을 모르타르라 한다.
② 시멘트와 잔골재를 물로 비빈 것을 시멘트풀이라 한다.
③ 보통 콘크리트는 전체 부피의 약 30%가 골재이고, 70%는 시멘트풀로 되어 있다.
④ 콘크리트는 시멘트, 잔골재, 굵은골재, 이밖에 혼화재료를 섞어 물로 비벼서 만든 것이다.

|해답| ④
- 시멘트풀 : 시멘트에 물만 넣어 반죽한 것
- 모르타르 : 시멘트 풀에 잔골재를 배합한 것으로 시멘트와 잔골재를 물로 반죽한 것
- 보통 콘크리트는 전체 부피의 약 70%가 골재이고, 30%는 시멘트풀로 되어 있다.

□□□ 10④, 13②

05 콘크리트의 배합설계에서 실제 시험에 의한 호칭강도(f_{cn})와 압축강도의 표준편차(s)를 구했을 때 배합강도는(f_{cr})를 구하는 방법으로 옳은 것은?
(단, $f_{cn} \leq 35\text{MPa}$인 경우)

① $f_{cr} = f_{cn} + 1.34s\,[\text{MPa}]$,
$f_{cr} = (f_{cn} - 3.5) + 2.33s\,[\text{MPa}]$의
두 식으로 구한 값 중 큰 값

② $f_{cr} = f_{cn} + 1.34s\,[\text{MPa}]$,
$f_{cr} = (f_{cn} - 3.5) + 2.33s\,[\text{MPa}]$의
두 식으로 구한 값 중 작은 값

③ $f_{cr} = f_{cn} + 1.34s\,[\text{MPa}]$,
$f_{cr} = 0.9f_{cn} + 2.33s\,[\text{MPa}]$의 두 식으로
구한 값 중 큰 값

④ $f_{cr} = f_{cn} + 1.34s\,[\text{MPa}]$,
$f_{cr} = 0.9f_{cn} + 2.33s\,[\text{MPa}]$의 두 식으로
구한 값 중 작은 값

| 해답 | ①
배합강도 : $f_{cn} \leq 35\text{MPa}$인 경우
• $f_{cr} = f_{cn} + 1.34s\,[\text{MPa}]$
• $f_{cr} = (f_{cn} - 3.5) + 2.33s\,[\text{MPa}]$ ⎤ 두 값 중 큰 값

□□□ 11⑤, 15④

06 조기 강도가 커서 긴급 공사나 한중 콘크리트에 알맞은 시멘트는?

① 알루미나 시멘트
② 팽창 시멘트
③ 플라이 애시 시멘트
④ 고로 슬래그 시멘트

| 해답 | ①
알루미나 시멘트
• 조기 강도가 커서 긴급 공사나 한중 콘크리트에 알맞다.
• 내화학성도 크므로 해수 공사에도 사용할 수 있다.

□□□ 12①, 14④

07 잔골재의 조립률 2.3, 굵은골재의 조립률 6.4을 사용하여 잔골재와 굵은골재를 질량비 1 : 1.5로 혼합하면 이때 혼합된 골재의 조립률은?

① 3.67
② 4.76
③ 5.27
④ 6.12

| 해답 | ②
혼합 조립률
$$f_a = \frac{m}{m+n}f_s + \frac{n}{m+n}f_g$$
$$= \frac{1}{1+1.5} \times 2.3 + \frac{1.5}{1+1.5} \times 6.4 = 4.76$$

□□□ 11①, 15①

08 콘크리트에 AE제를 혼합하는 주목적은?

① 워커빌리티를 증대하기 위해서
② 부피를 증대하기 위해서
③ 부착력을 증대하기 위해서
④ 압축강도를 증대하기 위해서

| 해답 | ①
AE제의 혼합 목적
콘크리트 속에 작은 기포를 고르게 분포시키는 혼화제이다.

□□□ 10①, 12①

09 콘크리트를 배합 설계할 때 물-결합재비를 결정할 때의 고려사항으로 거리가 먼 것은?

① 소요의 강도
② 내구성
③ 수밀성
④ 철근의 종류

| 해답 | ④
물-결합재비(W/B)의 결정
소요의 강도(배합강도), 내구성, 수밀성

□□□ 07, 10①, 12①, 16①④

10 콘크리트용 재료로서 골재가 갖춰야 할 성질에 대한 설명으로 옳지 않은 것은?

① 알맞은 입도를 가질 것
② 깨끗하고 강하며 내구적일 것
③ 연하고 가느다란 석편을 함유할 것
④ 먼지, 흙 등의 유해물이 허용한도 이내일 것

| 해답 | ③

골재가 갖추어야 할 성질
- 연한 석편, 가느다란 석편을 함유하지 않을 것
- 함유하면 낱알을 방해 하므로 워커빌리티가 좋지 않다.

□□□ 11①, 14⑤

11 물- 결합재비가 55%이고, 단위수량이 176kg 이면 단위시멘트량은?

① 96.8kg   ② 144kg
③ 280kg   ④ 320kg

| 해답 | ④

$$C = \frac{단위수량}{물-결합재비} = \frac{176}{0.55} = 320\,\text{kg}$$

□□□ 12④, 14⑤, 15⑤

12 굳지 않은 콘크리트의 반죽 질기를 측정하는데 사용되는 시험은?

① 자르시험   ② 브리넬 시험
③ 비비시험   ④ 로스앤젤레스 시험

| 해답 | ③

- 비비시험
  슬럼프시험으로 측정하기 어려운 된 비빔 콘크리트의 반죽질기에 적용
- 브리넬시험 : 금속 재료의 경도시험이다.
- 로스앤젤레스 시험 : 굵은골재의 닳음 측정용이다.

□□□ 12⑤, 13①

13 숏크리트 시공 및 그라우팅에 의한 지수 공법에 주로 사용되는 혼화제는?

① 발포제   ② 급결제
③ 공기연행제   ④ 고성능 유동화제

| 해답 | ②

급결제
- 시멘트의 응결을 상당히 빠르게 하기 위하여 사용하는 혼화제
- 숏크리트, 그라우트에 의한 지수 공법 등에 사용

□□□ 11①, 12④⑤, 14①

14 시방배합을 현장배합으로 고칠 경우에 고려하여야 할 사항으로 옳지 않은 것은?

① 굵은 골재 중에서 5mm 체를 통과하는 잔골재량
② 잔골재 중 5mm 체에 남는 굵은 골재량
③ 골재의 함수 상태
④ 단위 시멘트량

| 해답 | ④

시방배합을 현장배합으로 변경시 고려할 사항
- 골재의 함수상태
- 잔골재 속의 5mm체에 남는 양
- 굵은 골재 속의 5mm체를 통과하는 양

□□□ 11④⑤, 13①, 14①

15 직경 100mm의 원주형 공시체를 사용한 콘크리트의 압축강도 시험에서 압축하중이 300kN에서 파괴가 진행되었다면 압축강도는?

① 18.8MPa   ② 25.MPa
③ 32.5MPa   ④ 38.2MPa

| 해답 | ④

$$f_c = \frac{P}{A} = \frac{300 \times 10^3}{\frac{\pi \times 100^2}{4}} = 38.2\,\text{MPa}$$

□□□ 13①, 16④

16 콘크리트의 내구성에 영향을 끼치는 요인으로 가장 거리가 먼 것은?

① 동결과 융해
② 거푸집의 종류
③ 물 흐름에 의한 침식
④ 철근의 녹에 의한 균열

| 해답 | ②

콘크리트의 내구성에 영향을 끼치는 요소 동결융해, 기상작용, 물, 산, 염 등에 화학적 침식, 그 밖의 전류에 의한 침식, 철근의 녹에 의한 균열

□□□ 11④, 12⑤, 13②, 14④

17 콘크리트를 친 후 시멘트와 골재알이 가라앉으면서 물이 떠오르는 현상을 무엇이라 하는가?

① 풍화
② 레이턴스
③ 블리딩
④ 경화

| 해답 | ③

블리딩
• 콘크리트를 친 후 시멘트와 골재알이 가라앉으면서 물이 떠오르는 현상
• 블리딩에 의하여 콘크리트의 표면에 떠올라 가라앉는 아주 작은 물질을 레이탄스라 한다.

□□□ 09①, 11①, 12①④, 14⑤, 15④

18 공기연행(AE) 콘크리트의 특징으로 옳지 않은 것은?

① 내구성과 수밀성이 개선된다.
② 워커빌리티가 저하된다.
③ 동결융해에 대한 저항성이 개선된다.
④ 강도가 저하된다.

| 해답 | ②

콘크리트의 워커빌리티와 마무리성이 좋아진다.

□□□ 10⑤, 11④, 12①, 14①⑤

19 콘크리트에 일정하게 하중을 주면 응력의 변화는 없는데도 변형이 시간의 경과함에 따라 커지는 현상은?

① 건조수축
② 크리프
③ 틱소트로피
④ 릴랙세이션

| 해답 | ②

크리프(creep)
콘크리트에 일정한 하중을 계속 주면 응력의 변화는 없는데도 변형이 재령과 함께 점차 변형이 증대되는 성질

□□□ 11⑤, 12④, 16①

20 크리프에 영향을 미치는 요인에 대한 설명으로 옳지 않은 것은?

① 재하 하중이 클수록 크리프 값이 크다.
② 콘크리트 온도가 높을수록 크리프 값이 크다.
③ 고강도 콘크리트일수록 크리프 값이 크다.
④ 콘크리트 재령이 짧고 하중 재하 기간이 길면 크리프 값이 크다.

| 해답 | ③

콘크리트의 품질
고강도의 콘크리트일수록 크리프 변형은 적다.

□□□ 10①, 16④

21 폴리머 콘크리트(폴리머-시멘트 콘크리트)의 성질로 옳은 것은?

① 건조수축이 크다.
② 내마모성이 좋다.
③ 동결융해 저항성이 작다.
④ 방수성, 불투성이 불량하다.

| 해답 | ②

폴리머 콘크리트
• 강도가 크고, 동결융해, 내마모성이 크다.
• 건조수축 작고, 방수성, 내충격성이 좋다.

□□□ 11④, 15①

22 굳지 않은 콘크리트의 성질 중 거푸집에 쉽게 다져 넣을 수 있고 거푸집을 제거하면 천천히 형상이 변하기는 하지만 허물어지거나 재료가 분리되지 않는 성질은?

① 워커빌리티   ② 성형성
③ 피니셔빌리티   ④ 반죽질기

| 해답 | ②
굳지 않은 콘크리트의 성질
- 반죽질기 : 물의 양이 많고 적음
- 워커빌리티 : 작업의 난이성 및 재료의 분리성
- 성형성 : 거푸집에 쉽게 다져 넣을 수 있는 성질
- 피니셔빌리티 : 표면 마무리하기 쉬운 정도

□□□ 11④, 15④

23 수밀 콘크리트를 만드는데 적합하지 않은 것은?

① 단위수량을 되도록 크게 한다.
② 물-결합재비를 되도록 적게 한다.
③ 단위 굵은 골재량을 되도록 크게 한다.
④ AE제를 사용함을 원칙으로 한다.

| 해답 | ①
단위수량을 되도록 적게 한다.

□□□ 11④, 15①

24 공장제품용 콘크리트의 촉진양생방법에 속하는 것은?

① 오토클레이브 양생   ② 수중 양생
③ 살수 양생   ④ 매트 양생

| 해답 | ①
촉진 양생법
증기양생, 오토클레이브 양생, 온수양생, 전기양생, 적외선 양생, 고주파양생

□□□ 12①, 16④

25 경량골재 콘크리트에 대한 설명으로 옳지 않은 것은?

① 경량골재에 포함된 잔 입자(0.008mm체 통과량)는 굵은골재는 1% 이하, 잔골재는 5% 이하이어야 한다.
② 경량골재는 일반적으로 입경이 작을수록 밀도가 커진다.
③ 경량골재의 표준입도는 질량 백분율로 표시한다.
④ 경량골재 콘크리트는 골재의 전부 또는 일부를 경량골재를 사용하여 제조한 기건 단위질량 $2100kg/m^3$ 이상 콘크리트를 말한다.

| 해답 | ④
경량골재 콘크리트는 골재의 전부 또는 일부를 경량골재를 사용하여 제조한 기건 단위질량 $2100kg/m^3$ 미만인 콘크리트를 말한다.

□□□ 11⑤, 15①

26 숏크리트에 대한 설명으로 옳은 것은?

① 컴플셔 혹은 펌프를 이용하여 노즐 위치까지 호스 속으로 운반한 콘크리트를 압축공기에 의해 시공면에 뿜어서 만든 콘크리트
② 미리 거푸집 속에 특정한 입도를 가지는 굵은 골재를 채워놓고 그 간극에 모르타르를 주입하여 제조한 콘크리트
③ 팽창재 또는 팽창 시멘트의 사용에 의해 팽창성이 부여된 콘크리트
④ 부재 혹은 구조물의 치수가 커서 시멘트의 수화열에 의한 온도 상승 및 강하를 고려하여 설계·시공해야 하는 콘크리트

| 해답 | ①
① 숏크리트, ② 프리플레이스트 콘크리트
③ 팽창 콘크리트, ④ 매스 콘크리트

□□□ 13①, 15⑤
27 콘크리트에 대한 설명으로 옳지 않은 것은?

① 공기연행 콘크리트는 철근과의 부착강도가 저하되기 쉽다.
② 레디믹스트 콘크리트는 현장에서 워커빌리티 조절이 어렵다.
③ 한중콘크리트는 시공 시 하루 평균 기온이 영하 4℃ 이하인 경우에 시공한다.
④ 서중콘크리트는 시공 시 하루 평균기온이 영상 25℃를 초과하는 경우에 시공한다.

| 해답 | ③
하루의 평균기온이 4℃ 이하가 예상되는 조건일 때는 콘크리트가 동결할 우려가 있으므로 한중콘크리트로 시공한다.

□□□ 11⑤, 15⑤
28 보통 콘크리트와 비교되는 고강도 콘크리트용 재료에 대한 설명으로 옳은 것은?

① 단위 시멘트량을 작게 하여 배합한다.
② 물-결합재비를 크게 하여 시공한다.
③ 고성능 감수제는 사용하지 않는다.
④ 골재는 내구성이 큰 골재를 사용한다.

| 해답 | ④
• 단위 시멘트량을 높게 하여 배합한다.
• 공극과 물-결합재비가 작아야 한다.
• 고성능 감수제를 사용으로 시공연도를 개선한다.
• 골재는 내구성이 큰 골재를 사용한다.

□□□ 12④, 15⑤
29 블리딩을 작게 하는 방법으로 옳지 않은 것은?

① 분말도가 높은 시멘트를 사용한다.
② 단위 수량을 크게 한다.
③ 감수제를 사용한다.
④ AE제를 사용한다.

| 해답 | ②
블리딩을 적게 하는 방법
• 분말도가 높은 시멘트를 사용한다.
• AE제, 포졸란, 감수제를 사용한다.
• 단위수량을 적게 한다.

□□□ 10⑤, 11④⑤, 15④
30 콘크리트의 시방배합에서 잔골재는 어느 상태를 기준으로 하는가?

① 5mm체를 전부 통과하고 표면건조포화상태인 골재
② 5mm체에 전부 남고 표면건조포화상태인 골재
③ 5mm체를 전부 통과하고 공기중건조상태인 골재
④ 5mm체를 전부 남고 공기중건조상태인 골재

| 해답 | ①
시방배합에서 잔골재
잔골재는 5mm체를 전부 통과하고 표면건조포화상태인 골재

□□□ 13⑤, 14④, 15⑤
31 시멘트의 분말도에 관한 설명으로 옳지 않은 것은?

① 시멘트의 입자가 가늘수록 분말도가 높다.
② 시멘트 입자의 가는 정도를 나타내는 것을 분말도라 한다.
③ 시멘트의 분말도가 높으면 조기강도가 커진다.
④ 시멘트의 분말도가 높으면 균열 및 풍화가 생기지 않는다.

| 해답 | ④
분말도가 높으면
• 풍화하기 쉽고, 건조수축이 커진다.
• 수화 작용이 빨라서 조기강도가 커진다.
• 분말도가 높은 시멘트는 블리딩이 저감된다.

☐☐☐ 10④, 12①

32 콘크리트용 잔골재의 입도에 관한 사항으로 옳지 않은 것은?

① 잔골재는 크고 작은 알이 알맞게 혼합되어 있는 것으로서 입도가 표준 범위 내인가를 확인한다.
② 입도가 잔골재의 표준 입도의 범위를 벗어나는 경우에는 두 종류 이상의 잔골재를 혼합하여 입도를 조정하여 사용한다.
③ 일반적으로 콘크리트용 잔골재의 조립률의 범위는 5.0 이상인 것이 좋다.
④ 조립률은 골재의 입도를 수량적으로 나타내는 한 방법이다.

| 해답 | ③

조립률
• 콘크리트용 잔골재는 2.3~3.1
• 굵은골재는 6~8 정도가 좋다.

☐☐☐ 13②, 15⑤

33 콘크리트의 워커빌리티에 영향을 끼치는 요소로 옳지 않은 것은?

① 시멘트의 분말도가 높을수록 워커빌리티가 좋아진다.
② AE제, 감수제 등의 혼화제를 사용하면 워커빌리티가 좋아진다.
③ 시멘트량에 비해 골재의 양이 많을수록 워커빌리티가 좋아진다.
④ 단위수량이 적으면 유동성이 적어 워커빌리티가 나빠진다.

| 해답 | ③

시멘트
골재의 양보다 단위 시멘트의 양이 많을수록 워커빌리티가 좋아진다.

02 철근 콘크리트

01 철근 콘크리트 구조

1 철근 콘크리트의 특성

(1) 기본 개념

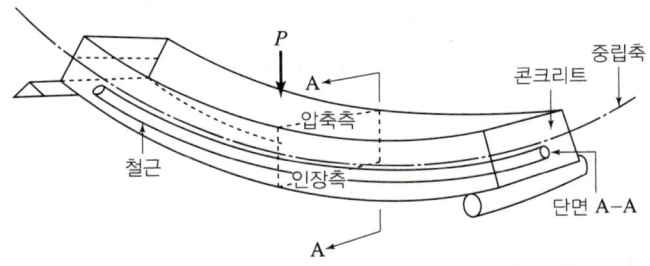

① 콘크리트는 압축력에는 강하지만 인장력에 매우 취약하므로 이 결점을 보완하여 인장력이 작용하는 부분에 철근을 넣어서 철근이 인장력에 저항하도록 한 것이다.
② 압축응력은 압축측 콘크리트가 부담하고, 인장 응력은 인장측 콘크리트가 부담한다.
③ 응력은 중립축에서 0이며 중립축으로부터의 거리에 비례한다.
④ 변형률도 중립축으로부터의 거리에 비례한다.

(2) 철근 콘크리트를 널리 이용하는 이유

① 철근과 콘크리트는 부착이 매우 잘 된다.
② 콘크리트 속에 묻힌 철근은 녹슬지 않는다.
③ 철근과 콘크리트 온도에 대한 열팽창계수가 거의 같다.

(3) 철근콘크리트의 장점

① 내구성, 내화성, 내진성이 우수하다.
② 다른 구조물에 비하여 유지관리비가 적게 든다.
③ 여러 가지 모양과 치수의 구조물을 만들기 쉽다.
④ 각 부재를 일체로 만들 수 있으므로 전체적으로 강성이 큰 구조가 된다.

(4) 철근콘크리트의 단점
① 자중이 크다.
② 검사, 개조 및 보강 등이 어렵다.
③ 균열이 생기기 쉽고, 또 부분적으로 파손되기 쉽다.

(5) 철근의 종류
콘크리트를 보강할 목적으로 콘크리트 속에 묻어 넣는 강봉을 철근이라 한다.
① 이형 철근 : 표면적이 넓을 뿐 아니라 마디가 있어 부착력이 크다.
② 원형 철근 : 돌기가 없는 매끈한 표면으로 된 강봉을 말한다.

(6) 철근의 기호
SD 500, SR 500에서
- S : Steel(강)
- D : deformed(리브, 이형)
- R : round(원형)
- 50, 24 : 항복 강도 또는 0.2% 내력(kgf/mm^2)

$$\underbrace{S}_{Steel(강)}\underbrace{D}_{Deformed(이형)}\underbrace{500}_{항복\ 강도(MPa)} \quad \underbrace{S}_{Steel(강)}\underbrace{D}_{Round(원형)}\underbrace{500}_{항복\ 강도(MPa)}$$

(7) 처짐
① 총처짐=탄성처짐+장기처짐
② 장기처짐=탄성처짐+λ_Δ

$$\lambda_\Delta = \frac{\xi}{+50\rho'}$$

$$\rho' = \frac{A_s'}{bd} : 압축\ 철근비$$

ξ : 시간 경과 계수
3개월 : 1.0
6개월 : 1.2
12개월 : 1.4
5년 이상 : 2.0

▶ 복철근보

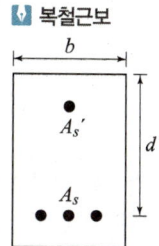

(8) 철근콘크리트의 용어
① 정철근 : 슬래브 또는 보에서 정(+)의 휨모멘트에 의해서 일어나는 인장응력을 받도록 배치한 주철근
② 부철근 : 슬래브 또는 보에서 부(−)의 휨모멘트에 의해서 일어나는 인장응력을 받도록 배치한 주철근

③ 스터럽 : 보의 주철근을 둘러싸고 이에 직각되게 또는 경사지게 배치한 복부 보강근으로서 전단력 및 비틀림 모멘트에 저항하도록 배치한 보강철근

2 강도설계법

구조물의 파괴상태 또는 파괴에 가까운 상태를 기준으로 하여 그 구조물의 사용 기간 중에 예상되는 최대하중에 대하여 구조물의 안전을 적절한 수준으로 확보하려는 설계방법이다.
① 소요강도(U) ≤ 설계강도
② 설계강도(ϕS_n)가 소요강도(U)보다 크게 되도록 단면을 결정하는 설계방법을 강도 설계법이라 한다.

(1) 소요강도(U)

$$U = 1.2D + 1.6L + 0.5S$$

(2) 설계강도(ϕS_n)

설계강도란 부재의 안전을 위하여 공칭강도에 1.0보다 작은 강도감소계수(ϕ)를 곱한 값을 말한다.

(3) 강도감소계수(ϕ)

적용부재		강도감소계수
인장지배단면		0.85
압축지배단면	나선철근 부재	0.70
	띠 철근 부재	0.65
	변화구간단면	0.65(0.70)~0.85
전단력과 비틀림 모멘트		0.75
콘크리트의 지압력 (포스트텐션 정착부나 스트럿-타이 모델은 제외)		0.65
포스트텐션 정착구역		0.85
스트럿-타이 모델	스트럿, 절점부 및 지압부	0.75
	타이	0.85
무근콘크리트의 휨모멘트, 압축력, 전단력, 지압력		0.55

> 최대공칭모멘트
> $M_u = \dfrac{Ul^2}{8}$

(4) 탄성계수

① 철근 콘크리트의 탄성계수

$E_s = 200,000 \text{MPa} = 2 \times 10^5 \text{MPa}$

② 콘크리트의 탄성계수

$E_c = 8,500 \sqrt[3]{f_{cm}}$ (MPa) $f_{cm} = f_{ck} + \Delta f$	Δf 계산
	f_{cm} : 평균 압축강도
	f_{ck} : 설계기준압축강도
	$f_{ck} \leq 40\text{MPa}$: $\Delta f = 4\text{MPa}$
	$40\text{MPa} < f_{ck} < 60\text{MPa}$: 직선 보간
	$60\text{MPa} \leq f_{ck}$: $\Delta f = 6\text{MPa}$

(5) 경량 콘크리트

【경량 콘크리트 계수 λ】

콘크리트의 쪼갬인장강도 (f_{sp})값이 주어진 경우	콘크리트의 쪼갬인장강도 (f_{sp})값이 규정되지 않은 경우	
$\lambda = \dfrac{f_{sp}}{0.56\sqrt{f_{ck}}} \leq 1.0$	전경량콘크리트	$\lambda = 0.75$
	모래경량콘크리트	$\lambda = 0.85$
	보통콘크리트	$\lambda = 1$

(6) 강도설계법의 설계 기본 가정

① 철근 및 콘크리트의 변형률은 중립축으로부터의 거리에 비례한다.
② 휨모멘트 또는 휨모멘트와 축력을 동시에 받는 부재의 콘크리트 압축연단의 극한변형률은 콘크리트의 설계기준압축강도가 40MPa 이하인 경우에는 0.0033으로 가정한다. 40MPa를 초과하는 경우는 매 10MPa의 강도 증가에 대하여 0.0001씩 감소시킨다.
③ 철근의 응력이 설계기준항복강도 f_y 이하일 때 철근의 응력은 E_s를 곱한 값한다. $f_s = \epsilon_s \times E_s$
④ 철근의 변형률이 f_y에 대응하는 변형률보다 큰 경우 철근의 응력은 변형률에 관계없이 f_y로 하여야 한다.
⑤ 콘크리트의 인장강도는 KDS 14 20 60의 규정에 해당하는 경우를 제외하고는 철근 콘크리트 부재 단면의 축강도와 휨(인장)강도 계산에서 무시한다.

> **알아두기**
>
> ▶ 깊이
> $a = \beta_1 c$
> 여기서,
> β_1 : 콘크리트 압축강도에 따라서 변하는 계수
> c : 중립축으로부터 압축측 콘크리트의 거리

⑥ 콘크리트 압축응력의 분포와 콘크리트 변형률 사이의 관계는 직사각형, 사다리꼴, 포물선형 등으로 가정한다. 또는 강도의 예측에서 광범위한 실험의 결과와 실질적으로 일치하는 어떠한 형식으로도 가정할 수 있다.

(7) 깊이 $a = \beta_1 c$

① 단면의 가장자리와 최대 압축변형률이 일어나는 연단부터 $a = \beta_1 c$ 거리에 있고 중립축과 평행한 직선에 의해 이루어지는 등가압축영역에 $\eta(0.85f_{ck})$ 인 콘크리트 응력이 등분포하는 것으로 가정한다.

② 계수 $\eta(0.85f_{ck})$ 와 β_1 는 다음 값을 적용한다.

f_{ck}	≤ 40	50	60	70	80	90
η	1.00	0.97	0.95	0.91	0.87	0.84
β_1	0.80	0.80	0.76	0.74	0.72	0.70

(8) 파괴형태

① 연성파괴 : 철근비가 균형 철근비보다 작을 때, 압축측 콘크리트가 파괴되기 전에 인장철근이 먼저 항복하여 파괴되는 형태
② 취성파괴 : 철근비가 균형 철근비보다 클 때, 보의 파괴가 압축측 콘크리트의 파괴가 시작되는 파괴 형태

연성 파괴	취성 파괴
$\rho_b > \rho$	$\rho_b < \rho$
인장측에서 인장철근이 먼저 항복	압축측에서 콘크리트가 먼저 파괴

3 단철근 직사각형보

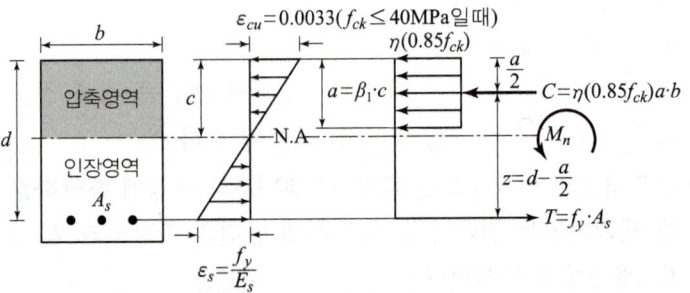

① 압축력 : $C = \eta(0.85f_{ck})a \cdot b$

② 균형보의 중립축의 위치

$$c_b = \frac{0.0033}{0.0033 + \dfrac{f_y}{E_s}} \cdot d = \frac{660}{660 + f_y} \cdot d$$

③ 등가응력 사각형의 깊이 : $a = \dfrac{A_s f_y}{\eta(0.85f_{ck})b}$

④ 중립축의 위치 : $c = \dfrac{a}{\beta_1}$

⑤ 철근비

철근비	균형 철근비
$\rho = \dfrac{A_s}{bd}$	$\rho_b = \dfrac{\eta(0.85f_{ck})\beta_1}{f_y} \dfrac{660}{660 + f_y}$

⑥ 공칭모멘트(공칭휨강도) $M_n = f_y \cdot A_s \cdot \left(d - \dfrac{a}{2}\right)$

⑦ 설계 휨강도 $M_d = \phi M_n$

> **알아두기**
> - M_u : 소요강도
> - M_n : 공칭강도
> - M_d : 설계강도
> - $M_d = \phi M_n \geq M_n$

4 보의 전단 설계

(1) 보의 전단균열

① 전단균열은 처짐으로부터 유효높이 d만큼 떨어진 곳에서 발생한다.

② 휨 모멘트에 의한 휨 균열이 먼저 발생하고, 그 끝에서 45°의 경사 방향으로 전단균열이 발생한다.

(2) 전단철근의 형태

① 부재축에 직각인 스터럽
② 부재축에 직각으로 배치한 용접철망
③ 나선철근, 원형 띠 철근 또는 후프철근

(3) 전단철근

① 전단 철근의 종류
  전단철근은 스터럽과 절곡철근(굽힘 철근)이 있다.
  - 주철근에 45° 또는 그 이상의 경사로 배치하는 스터럽
  - 주철근에 30° 또는 그 이상의 경사로 구부린 굽힘 철근
  - 스터럽과 굽힘철근의 조합

② 스터럽 : 보의 주철근을 둘러싸고 이에 직각되게 또는 경사지게 배치한 철근으로서 전단력 및 비틀림모멘트에 저항하도록 배치한 보강철근

③ 부재축에 직각으로 배치된 전단철근의 간격
- 철근 콘크리트 부재 : $\frac{d}{2}$ 이하
- 프리스트레스트 콘크리트 부재 : 0.75h
- 어느 경우든 600mm 이하여야 한다.

④ 전단철근의 설계기준 항복강도는 500MPa를 초과할 수 없다.

5 철근의 정착 anchorage

- 철근의 양 끝이 콘크리트 속에서 미끄러지거나 빠져 나오지 않도록 콘크리트 속에 충분한 길이로 묻어 주는 것을 정착이라 한다.
- 철근의 정착에는 일반적으로 정착길이에 의한 방법과 표준 갈고리에 의한 방법이 사용되며, 때로는 이 두 가지 방법을 조합하여 사용한다.

(1) 부착 bond
콘크리트에 묻혀 있는 철근이 콘크리트와의 경계면에서 미끄러지지 않도록 저항하는 것을 부착이라 한다.

■ 부착 작용의 3가지 원리
- 시멘트 풀과 철근 표면의 점착 작용
- 콘크리트와 철근 표면의 마찰 작용
- 이형 철근 표면의 요철에 의한 기계적 작용

(2) 인장 이형철근의 정착길이
① 인장이형철근의 기본정착길이는 배근 위치, 철근표면도막 혹은 도막 여부 및 콘크리트의 종류에 따라 보정계수에 의해 구한다.

② 기본정착길이 $l_{db} = \dfrac{0.6\,d_b f_y}{\lambda \sqrt{f_{ck}}}$

③ 정착길이 $l_d = l_{db} \times 보정계수 \geq 300\,\text{mm}$

(3) 압축 이형철근의 정착길이
① 기본정착길이 $l_{db} = \dfrac{0.25\,d_b f_y}{\lambda \sqrt{f_{ck}}} \geq 0.043\,d_b f_y$

② 정착길이 $l_d = l_{db} \times 보정계수(\alpha) \geq 200\,\text{mm}$

③ 압축이형정착길이는 항상 200mm 이상이어야 한다.

【압축이형철근의 기본 정착길이에 대한 보정계수】

철근의 조건	보정계수
해석 결과 요구되는 철근량을 배치한 경우	$\left(\dfrac{\text{소요}A_s}{\text{배근}A_s}\right)$
지름이 6mm 이상이고 나선간격이 100mm 이하인 나선철근 또는 중심간격 100mm 이하로 배치된 D13 띠 철근으로 둘러쌓인 압축이형철근의 기본정착길이에 대한 보정계수는	0.75

(4) 정모멘트 철근의 정착

단순부재에서 정모멘트 철근의 1/3, 연속부재에서 정모멘트 철근의 1/4 이상을 부재의 같은 면을 따라 받침부까지 연장하여야 한다.

6 철근의 이음

(1) 철근의 이음 원칙
① 철근은 잇지 않는 것을 원칙으로 한다.
② 부득이 이어야 할 경우 최대 인장 응력이 작용하는 곳에서는 이음을 하지 않는 것이 좋다.
③ 이음부를 한 단면에 집중시키지 말고, 서로 엇갈리게 하는 것이 좋다.
④ 철근의 이음 방법에는 겹침 이음법, 용접 이음법, 기계적인 이음법 등이 있다.

(2) 인장 이형철근의 겹침이음길이
① 철근의 겹침이음의 길이는 철근의 종류, 철근의 공칭지름, 철근의 설계기준항복 강도, 철근의 양에 따라 달라진다.
② A급 이음 : $1.0l_d$
③ B급 이음 : $1.3l_d$
④ 겹침이음길이는 300mm 이상이어야 한다.

(3) 압축이형철근의 이음
① $f_y \leq 400\,\text{MPa}$인 경우 : $0.072f_yd_b$
② $f_y > 400\,\text{MPa}$인 경우 : $(0.13f_y - 24)d_b$
③ 어느 경우에나 300mm 이상이어야 한다.

(4) 겹침이음 규정

① D35(지름35mm)를 초과하는 철근은 겹침이음을 할 수 없다.
② 휨부재에서 서로 직접 접촉되지 않게 겹침이음된 철근은 횡방향으로 소요 겹침이음길이의 1/5, 또는 150mm 중 작은 값 이상 떨어지지 않아야 한다.

(5) 용접이음과 기계적 이음의 강도 규정

① 용접이음은 용접용 철근을 사용해야 하며, 철근의 설계기준항복강도 f_y의 125% 이상을 발휘할 수 있는 용접이어야 한다.
② 기계적 이음은 철근의 설계기준항복강도 f_y의 125% 이상을 발휘할 수 있는 기계적 이음이어야 한다.

7 표준 갈고리

(1) 주철근의 표준 갈고리

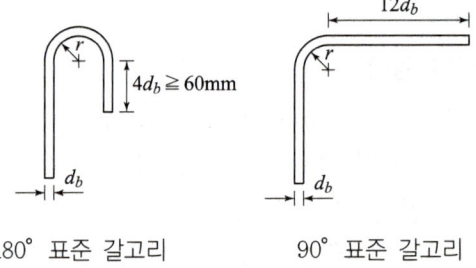

180° 표준 갈고리   90° 표준 갈고리

① 180° 표준갈고리는 구부린 반원 끝에서 $4d_b$ 이상 또한 60mm 이상 더 연장되어야 한다.
② 90° 표준갈고리는 구부린 끝에서 $12d_b$ 이상 더 연장되어야 한다.

> **띠 철근**
> 기둥에서 종방향 철근의 위치를 확보하고 전단력에 저항하도록 정해진 간격으로 배치된 횡방향의 보강 철근

(2) 스터럽과 띠 철근의 표준갈고리

스터럽과 띠 철근의 표준갈고리는 90° 표준갈고리와 135° 표준갈고리로 분류

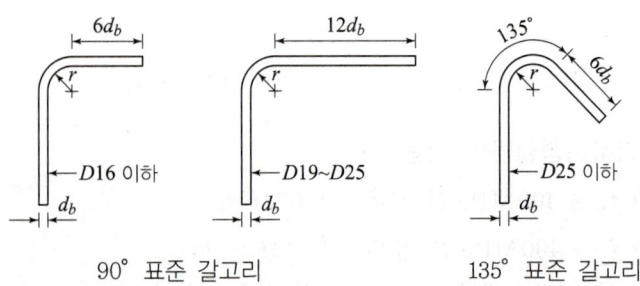

90° 표준 갈고리   135° 표준 갈고리

① 90° 표준 갈고리
- D16 이하인 철근은 90° 구부린 끝에서 $6d_b$ 이상을 더 연장해야 한다.
- D19, D22 및 D25인 철근은 90° 구부린 끝에서 $12d_b$ 이상을 더 연장하여야 한다.

② 135° 표준갈고리
D25 이하의 철근은 구부린 끝에서 $6d_b$ 이상을 더 연장해야 한다.

【철근의 구부림 최소 내면 반지름】

철근의 크기	최소 내면 반지름
D10 ~ D25	$3d_b$
D29 ~ D35	$4d_b$
D38 이상	$5d_b$

③ 스터럽과 띠 철근용 표준갈고리의 내면 반지름은 다음 규정에 따른다.
- D16 이하의 철근을 스터럽과 띠 철근으로 사용할 때, 표준갈고리의 구부림 내면 반지름은 $2d_b$ 이상으로 하여야 한다.
- D19 이상의 철근을 스터럽과 띠 철근으로 사용할 때, 상기 표인 [철근의 구부림 최소 내면 반지름]에 따라야 한다.

④ 스터럽 또는 띠 철근으로 사용되는 용접철망(원형 또는 이형)에 대한 표준갈고리의 구부림 내면 반지름은 지름이 7mm 이상인 이형철선은 $2d_b$, 그 밖의 철선은 d_b 이상으로 하여야 한다. 또한 $4d_b$ 보다 작은 내면 반지름으로 구부리는 경우에는 가장 가까이 위치한 용접 교차점부터 $4d_b$ 이상 떨어져서 철망을 구부려야 한다.

⑤ 구부린 철근을 큰 응력을 받는 곳에 배치하는 경우 내부의 콘크리트가 파쇄되는 것을 방지하기 위해 구부린 내면 반지름을 더 크게 하여야 한다.

(3) 철근 구부리기
① 철근은 상온에서 구부리는 것을 원칙으로 한다.
② 구부리기 위한 철근의 가열은 콘크리트에 손상이 가지 않도록 한다.
③ 콘크리트 속에 일부가 묻혀 있는 철근은 현장에서 임의로 구부리지 않도록 한다.
④ 구부림 작업 중 균열이 발생하면 가열하여 나머지 철근에서 이러한 현상이 발생하지 않도록 한다.

⑤ 보통의 철근은 900~1000℃ 정도에서 가공한 후 급한 냉각을 시키지 않는 경우 재질이 해를 받는 일은 없다.
⑥ 구부린 철근을 큰 응력을 받는 곳에 배치하는 경우에는 구부림 내면 반지름을 더 크게 하여야 한다.
⑦ D16 이하의 스터럽과 띠 철근으로 사용하는 표준 갈고리의 구부림 내면 반지름은 철근 공칭지름의 2배 이상으로 하여야 한다.

8 철근의 배근

(1) 철근의 간격 제한

> **철근의 간격**
> 철근 둘레가 완전히 콘크리트로 둘러싸여 부착력이 잘 발휘하도록 하기 위하여 철근을 일정한 간격으로 배근한다.

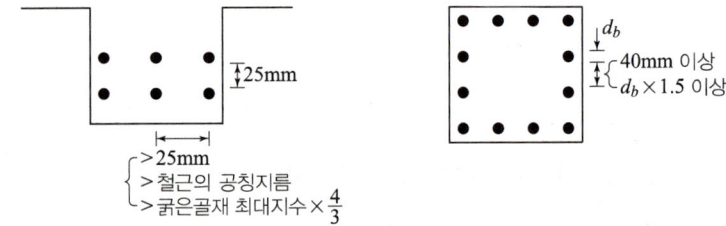

보의 주철근 간격   기둥의 축방향 철근 간격

① 동일 평면에서 평행한 철근 사이의 수평 순간격은 25mm 이상, 철근의 공칭지름 이상으로 하여야 한다.
② 상단과 하단에 2단 이상으로 배치된 경우 상하철근은 동일 연직면 내에 배치되어야 하고, 이때 상하철근의 순간격은 25mm 이상으로 하여야 한다.
③ 나선철근 또는 띠 철근이 배근된 압축부재에서 축방향 철근의 순간격은 40mm 이상, 또한 철근 공칭지름의 1.5배 이상으로 하여야 한다.

(2) 다발철근의 규정

① 2개 이상의 철근을 묶어서 사용하는 다발철근은 이형철근으로, 그 개수는 4개 이하이어야 하며, 이들은 스터럽이나 띠 철근으로 둘러싸여져야 한다.
② 휨부재의 경간 내에서 끝나는 한 다발철근 내의 개개 철근은 $40d_b$ 이상 서로 엇갈리게 끝나야 한다.
③ 다발철근의 간격과 최소 피복두께를 철근지름으로 나타낼 경우, 다발철근의 지름은 등가단면적으로 환산된 한 개의 철근지름으로 보아야 한다.
④ 보에서 D35를 초과하는 철근은 다발로 사용할 수 없다.

■ 최소 철근 간격을 규정하는 이유
- 철근과 철근, 철근과 거푸집 사이로 공극 없이 콘크리트를 쉽게 타설할 수 있도록 하기 위하여
- 철근이 한 위치에 집중됨으로써 전단 또는 수축 균열이 발생하는 것을 방지하기 위하여
- 최소 철근간격을 규정하는데 철근의 공칭지름을 사용하는 것은 모든 철근 규격에 대해 통일된 척도를 제공하기 위해서

9 철근의 최소피복두께

콘크리트의 표면에서 가장 바깥쪽 철근의 표면까지의 최단거리를 피복두께라 한다.

(1) 최소피복두께를 두는 이유
① 철근의 부식을 방지하기 위해
② 내화적인 구조물을 만들기 위해
③ 철근의 부착강도를 높이기 위해
④ 침식이나 염해 또는 화학작용으로부터 철근을 보호하기 위해

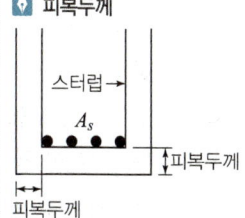
피복두께

(2) 철근의 최소 피복두께를 결정하는 요소
① 콘크리트를 타설하는 조건에 따라
② 사용 철근의 공칭지름에 따라
③ 구조물이 받는 환경조건에 따라

(3) 프리스트레스하지 않는 부재의 현장치기 콘크리트

철근의 외부 조건		최소 피복
수중에서 치는 콘크리트		100mm
흙에 접하여 콘크리트를 친 후 영구히 흙에 묻혀있는 콘크리트		75mm
옥외의 공기나 흙에 직접 접하는 콘크리트	D19 이상의 철근	50mm
	D16 이하의 철근, 지름 16mm 이하의 철근	40mm
옥외의 공기나 흙에 직접 접하지 않는 콘크리트	슬래브, 벽체, 장선 D35 초과하는 철근	40mm
	슬래브, 벽체, 장선 D35 이하인 철근	20mm
	보, 기둥 콘크리트의 설계기준강도가 40MPa 이상이면 규정된 값에서 10mm 저감시킬 수 있다.	40mm
	쉘, 절판부재	20mm

02 철근 콘크리트

과년도 핵심문제

철근 콘크리트 구조

□□□ 04④, 09⑤, 11④, 14④, 15⑤

01 휨 부재에 대하여 강도설계법으로 설계할 때의 가정으로 옳지 않은 것은?

① 철근과 콘크리트 사이의 부착은 완전하다.
② 휨모멘트 또는 휨모멘트와 축력을 동시에 받는 부재의 콘크리트 압축연단의 극한변형률은 콘크리트의 설계기준압축강도가 40MPa 이하인 경우에는 0.0033으로 가정한다.
③ 콘크리트 및 철근의 변형률은 중립축으로부터의 거리에 비례한다.
④ 휨 부재의 극한 상태에서 휨 모멘트를 계산할 때에는 콘크리트의 압축과 인장강도를 모두 고려하여야 한다.

| 해답 | ④
콘크리트의 인장강도는 KDS 14 20 60의 규정에 해당하는 경우를 제외하고는 철근 콘크리트 부재 단면의 축강도와 휨(인장)강도 계산에서 무시한다.

□□□ 12④, 15④⑤

02 철근 콘크리트에서 중립축에 대한 설명으로 옳은 것은?

① 응력이 "0"이다.
② 인장력이 압축력보다 크다.
③ 압축력이 인장력보다 크다.
④ 인장력, 압축력이 모두 최대값을 갖는다.

| 해답 | ①
철근 콘크리트에서 중립축의 응력은 0이다.

□□□ 12④

03 괄호에 들어갈 말이 순서대로 연결된 것은?

「강도 설계법에서는 인장 철근이 설계기준항복강도에 도달함과 동시에 콘크리트의 극한변형률이 (㉮)에 도달할 때, 그 단면이 (㉯)상태에 있다고 본다.」

① ㉮ 0.0022 － ㉯ 최대변형률
② ㉮ 0.0022 － ㉯ 균형변형률
③ ㉮ 0.0032 － ㉯ 최대변형률
④ ㉮ 0.0033 － ㉯ 균형변형률

| 해답 | ④
강도 설계법
인장 철근이 설계기준항복강도 f_y에 도달함과 동시에 콘크리트의 극한변형률이 0.0033에 도달할 때, 그 단면이 균형변형률상태에 있다고 본다.

□□□ 11④⑤, 12⑤, 15④

04 철근 콘크리트의 특징에 대한 설명으로 옳지 않은 것은?

① 구조물의 파괴, 해체가 어렵다.
② 구조물에 균열이 생기기 쉽다.
③ 구조물의 검사 및 개조가 어렵다.
④ 압축력에 약해 철근으로 압축력을 보완하여야 한다.

| 해답 | ④
콘크리트는 압축에는 강하지만 인장에는 매우 약하기 때문에 인장력에 강재를 사용해서 인장력을 보완한 것이다.

05 지간 4m의 캔틸레버보가 보 전체에 걸쳐 고정하중 20kN/m, 활하중 30kN/m의 등분포 하중을 받고 있다. 이 보의 계수휨모멘트는(M_u)는? (단, 고정하중과 활하중에 대한 하중계수는 각각 1.2와 1.6이다.)

① 18kN·m ② 72kN·m
③ 100kN·m ④ 144kN·m

| 해답 | ④

계수휨모멘트 $M_u = \dfrac{Ul^2}{8}$

- $U = 1.2M_D + 1.6M_L$
  $= 1.2 \times 20 + 1.6 \times 30 = 72\text{kN/m}$
- $\therefore M_u = \dfrac{Ul^2}{8} = \dfrac{72 \times 4^2}{8} = 144\text{kN·m}$

---

06 철근 콘크리트의 특징으로 틀린 것은?

① 내구성이 우수하다.
② 검사, 개조 및 파괴 등이 용이하다.
③ 다양한 모양과 치수를 만들 수 있다.
④ 부재를 일체로 만들어 강도를 높일 수 있다.

| 해답 | ②

검사 및 개조, 파괴 등이 어렵다.

---

07 지간 10m인 단순보에 고정하중 40kN/m, 활하중 60kN/m 작용할 때 극한 설계 하중은? (단, 다른 하중은 무시하며 $1.2D+1.6L$을 사용한다.)

① 71kN/m ② 100kN/m
③ 144kN/m ④ 158kN/m

| 해답 | ③

$U = 1.2D + 1.6L$
$\quad = 1.2 \times 40 + 1.6 \times 60 = 144\text{kN/m}$

---

08 철근 콘크리트를 널리 이용하는 이유가 아닌 것은?

① 자중이 크다.
② 철근과 콘크리트가 부착이 매우 잘 된다.
③ 철근과 콘크리트는 온도에 대한 열팽창계수가 거의 같다.
④ 콘크리트 속에 묻힌 철근은 녹이 슬지 않는다.

| 해답 | ①

철근 콘크리트의 단점
자중이 크다.

---

09 일반 콘크리트 휨 부재의 크리프와 건조수축에 의한 추가 장기처짐을 근사식으로 계산할 경우 재하기간 10년에 대한 시간경과계수(ξ)는?

① 1.0 ② 1.2
③ 1.4 ④ 2.0

| 해답 | ④

지속하중에 대한 시간경과계수(ξ)
- 5년 이상 : 2.0
- 12개월 : 1.4
- 6개월 : 1.2
- 3개월 : 1.0

---

10 강도 설계법에서 일반적으로 사용되는 철근의 탄성계수(E_s) 표준값은?

① 150000MPa ② 200000MPa
③ 240000MPa ④ 280000MPa

| 해답 | ②

철근의 탄성계수
$E_s = 200000\text{MPa}$
$\quad = 2 \times 10^5 \text{MPa}$의 값이 표준

□□□ 11①, 13②, 14④

11 구조물의 파괴상태 기준으로 예상되는 최대하중에 대하여 구조물의 안전을 확보하려는 설계방법은?

① 강도설계법 ② 허용응력설계법
③ 한계상태설계법 ④ 전단응력설계법

| 해답 | ①

강도 설계법
- 구조물의 파괴상태 또는 파괴에 가까운 상태를 기준으로 한다.
- 구조물의 사용 기간 중에 예상되는 최대 하중에 대하여 구조물의 안전을 적절한 수준으로 확보하려는 설계방법

□□□ 14①, 15⑤

12 단철근 직사각형보를 강도 설계법으로 해석할 때 최소 철근량 이상으로 인장철근을 배치하는 이유는?

① 처짐을 방지하기 위하여
② 전단파괴를 방지하기 위하여
③ 연성파괴를 방지하기 위하여
④ 취성파괴를 방지하기 위하여

| 해답 | ④

휨부재의 최소 철근량을 규정하고 있는 이유 부재에는 급작스러운 파괴(취성파괴)가 일어날 수 있어 이를 방지하기 위해서 규정

□□□ 11④, 13①, 15④

13 인장지배단면에 대한 강도감소계수는?

① 0.85 ② 0.80
③ 0.75 ④ 0.70

| 해답 | ①

인장지배단면
강도감소계수 $\phi = 0.85$

□□□ 12⑤, 13②, 15②

14 휨 또는 휨과 압축을 동시에 받는 부재의 콘크리트 압축 연단의 극한변형률은 얼마로 가정하는가? (단, $f_{ck} \leq 40\text{MPa}$)

① 0.0022 ② 0.0033
③ 0.0044 ④ 0.0055

| 해답 | ②

휨모멘트 또는 휨모멘트와 축력을 동시에 받는 부재의 콘크리트 압축연단의 극한변형률은 콘크리트의 설계기준압축강도가 40MPa 이하인 경우에는 0.0033으로 가정한다.

강도 설계법

□□□ 10④, 12①⑤, 13②⑤, 15①

15 단철근 직사각형보의 휨 강도 계산 시 등가 직사각형 응력 분포의 깊이를 구하는 식은? (단, f_y : 철근의 항복강도, f_{ck} : 콘크리트의 설계기준강도, A_s : 철근의 단면적, b : 단면의 폭, d : 유효깊이)

① $a = \dfrac{660}{660 + f_y} d$ ② $a = \dfrac{f_y A_s d}{\eta(0.85 f_{ck})}$

③ $a = \dfrac{A_s f_y}{\eta(0.85 f_{ck}) b}$ ④ $a = \dfrac{\eta(0.85 f_{ck}) b}{A_s}$

| 해답 | ③

$C = T$
- 압축력 $C = \eta(0.85 f_{ck}) a b$,
  인장력 $T = f_y A_s$
  $\therefore a = \dfrac{A_s f_y}{\eta(0.85 f_{ck}) b}$

16 그림과 같이 $b=400mm$, $d=400mm$, $A_s=2580mm^2$ 인 단철근 직사각형 보의 중립축 위치 c는? (단, $f_{ck}=28MPa$, $f_y=400MPa$이다.)

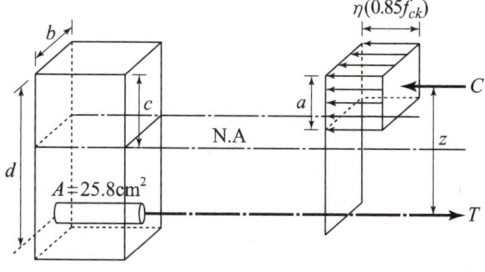

① 108mm ② 136mm
③ 215mm ④ 240mm

|해답| ②

응력도에서 $a=\beta_1 c$
- $f_{ck} \leq 40MPa$ 일 때 $\eta=1.0$, $\beta_1=0.80$
- $a = \dfrac{A_s f_y}{\eta(0.85 f_{ck})b}$
  $= \dfrac{2580 \times 400}{1.0 \times 0.85 \times 28 \times 400} = 108.40mm$
- $\therefore c = \dfrac{a}{\beta_1} = \dfrac{108.40}{0.80} = 136mm$

참고 변형률도 : 균형단면(균형철근량)일 때 중립축 위치

17 단철근 직사각형 보의 높이 $d=300mm$, 폭 $b=200mm$, 철근 단면적 $A_s=1275mm^2$ 일 때, 등가직사각형 응력블록의 깊이 a는? (단, $f_{ck}=20MPa$, $f_y=400MPa$이다.)

① 40mm ② 80mm
③ 120mm ④ 150mm

|해답| ④

$a = \dfrac{A_s f_y}{\eta(0.85 f_{ck})b}$
- $f_{ck} \leq 40MPa$일 때 $\eta=1.0$, $\beta_1=0.80$
- $\therefore a = \dfrac{1275 \times 400}{1.0 \times 0.85 \times 20 \times 200} = 150mm$

18 콘크리트의 등가직사각형 응력블록과 관계된 계수 β_1은 콘크리트의 압축강도의 크기에 따라 달라지는 값이다. 콘크리트의 압축강도가 38MPa일 경우 β_1의 값은?

① 0.65 ② 0.70
③ 0.75 ④ 0.80

|해답| ④

- β_1값
- $f_{ck} \leq 40MPa$일 때 $\beta_1=0.80$

19 철근의 항복으로 시작되는 보의 파괴 형태로 철근이 먼저 항복한 후에 콘크리트가 큰 변형을 일으켜 사전에 붕괴의 조짐을 보이면서 점진적으로 일어나는 파괴는?

① 취성 파괴 ② 연성 파괴
③ 경성 파괴 ④ 강성 파괴

|해답| ②

- 취성파괴 : 균형철근비 $\rho_b <$ 철근비 ρ
- 연성파괴 : 균형철근비 $\rho_b >$ 철근비 ρ

20 폭 $b=300mm$이고 유효높이 $d=500mm$를 가진 단철근 직사각형보가 있다. 이 보의 철근비가 0.01일 때 인장철근량은?

① $1000mm^2$ ② $1500mm^2$
③ $2000mm^2$ ④ $3000mm^2$

|해답| ②

철근비 $\rho = \dfrac{A_s}{bd}$에서
$\therefore A_s = \rho(b \cdot d) = 0.01 \times (300 \times 500)$
$= 1500mm^2$

□□□ 11①, 12④, 14④, 15①

21 단철근 직사각형보에서 철근의 항복강도 $f_y=350\text{MPa}$, 콘크리트의 설계기준압축강도 $f_{ck}=28\text{MPa}$, 단면의 유효깊이 $d=600\text{mm}$일 때 균형 단면에 대한 중립축의 깊이(c)를 강도설계법으로 구한 값은 약 얼마인가?

① 280mm ② 300mm
③ 380mm ④ 392mm

| 해답 | ④

$f_{ck} \leq 40\text{MPa}$일 때
- $c = \dfrac{660}{660+f_y}d$
  $= \dfrac{660}{660+350} \times 600 = 392\text{mm}$

□□□ 10④, 13④⑤, 16④

22 단철근 직사각형보에서 보의 유효폭 $b=300\text{mm}$, 등가직사각형 응력블럭의 깊이 $a=150\text{mm}$, $f_{ck}=28\text{MPa}$일 때 콘크리트의 전 압축력은? (단, 강도 설계법이다.)

① 1080kN ② 1071kN
③ 1134kN ④ 1197kN

| 해답 | ②

압축력
- $C = \eta(0.85f_{ck}) \cdot a \cdot b$
- $f_{ck} \leq 40\text{MPa}$일 때 $\eta=1.0$, $\beta_1=0.80$
  $\therefore C = 1.0 \times 0.85 \times 28 \times 150 \times 300$
  $= 1071000\text{N} = 1071\text{kN}$

□□□ 10⑤

23 휨모멘트를 받는 부재에서 $f_{ck}=30\text{MPa}$, 등가직사각형 응력블록의 깊이 $a=200\text{mm}$일 때, 압축연단에서 중립축까지의 거리 c는?

① 220mm ② 230mm
③ 240mm ④ 250mm

| 해답 | ④

$a=\beta_1 c$에서 $c = \dfrac{a}{\beta_1}$
- $f_{ck} \leq 40\text{MPa}$일 때 $\eta=1.0$, $\beta_1=0.80$
  $\therefore c = \dfrac{a}{\beta_1} = \dfrac{200}{0.80} = 250\text{mm}$

□□□ 10④, 12①④⑤, 13④⑤, 14④⑤, 15⑤, 16④

24 단철근 직사각형보에서 $f_{ck}=24\text{MPa}$, $f_y=300\text{MPa}$일 때, 균형철근비는 약 얼마인가?

① 0.020 ② 0.035
③ 0.037 ④ 0.041

| 해답 | ③

$\rho_b = \dfrac{\eta(0.85f_{ck})\beta_1}{f_y} \times \dfrac{660}{660+f_y}$
- $f_{ck} \leq 40\text{MPa}$일 때 $\eta=1.0$, $\beta_1=0.80$
  $\therefore \rho_b = \dfrac{1.0 \times 0.85 \times 24 \times 0.80}{300} \times \dfrac{660}{660+300}$
  $= 0.037$

□□□ 12⑤

25 유효 깊이 $d=550\text{mm}$, 등가직사각형 깊이 $a=100\text{mm}$, 철근의 단면적은 1500mm^2인 단철근 철근콘크리트 보의 공칭모멘트는? (단, 철근의 항복강도는 400MPa이다.)

① 300kN·m
② 330kN·m
③ 300000000kN·m
④ 330000000kN·m

| 해답 | ①

$M_n = f_y \cdot A_s \cdot \left(d - \dfrac{a}{2}\right)$
$= 400 \times 1500 \times \left(550 - \dfrac{100}{2}\right)$
$= 300000000\text{N}\cdot\text{mm} = 300\text{kN}\cdot\text{m}$

□□□ 10④, 12①⑤, 13④⑤, 14①, 15⑤

26 폭 $b=400\text{mm}$, 유효깊이 $d=500\text{mm}$인 단철근 직사각형보에서 인장철근의 비는? (단, 철근의 단면적 $A_s=4000\text{mm}^2$임)

① 0.02　　② 0.03
③ 0.04　　④ 0.05

|해답| ①
$$\rho = \frac{A_s}{bd} = \frac{4000}{400 \times 500} = 0.02$$

철근의 정착과 이음

□□□ 13⑤, 14⑤

27 보의 주철근을 둘러싸고 이에 직각되게 또는 경사지게 배치한 철근으로서 전단력 및 비틀림모멘트에 저항하도록 배치한 보강 철근을 무엇이라 하는가?

① 덕트　　② 띠 철근
③ 앵커　　④ 스터럽

|해답| ④
스터럽(stirrup)에 대한 설명이다.

□□□ 11④, 16①

28 철근과 콘크리트가 그 경계면에서 미끄러지지 않도록 저항하는 것을 무엇이라 하는가?

① 부착　　② 정착
③ 이음　　④ 스터럽

|해답| ①
부착(bond)
콘크리트에 묻혀있는 철근이 콘크리트와의 경계면에서 미끄러지지 않도록 저항하는 것

□□□ 10⑤, 13⑤

29 인장철근의 겹침이음 길이는 최소 얼마 이상으로 하여야 하는가?

① 200mm　　② 250mm
③ 300mm　　④ 350mm

|해답| ③
인장 이형철근의 정착길이는 항상 300mm 이상이어야 한다.

□□□ 13②, 16①

30 인장 이형철근의 겹침이음에서 A급 이음일 때 이음의 최소길이는? (단, l_d는 인장 이형철근의 정착길이)

① $1.0l_d$ 이상　　② $1.3l_d$ 이상
③ $1.5l_d$ 이상　　④ $2.0l_d$ 이상

|해답| ①
이형철근의 겹침이음길이
- A급 이음 : $1.0l_d$
- B급 이음 : $1.3l_d$

□□□ 12⑤, 15④

31 철근의 이음에 대한 설명으로 옳지 않은 것은?

① 철근은 잇지 않는 것을 원칙으로 한다.
② 부득이 이어야 할 경우 최대 인장 응력이 작용하는 곳에서는 이음을 하지 않는 것이 좋다.
③ 이음부를 한 단면에 집중시켜 같은 부분에서만 잇는 것이 좋다.
④ 철근의 이음 방법에는 겹침 이음법, 용접 이음법, 기계적인 이음법 등이 있다.

|해답| ③
이음부를 한 단면에 집중시키지 말고, 서로 엇갈리게 하는 것이 좋다.

□□□ 14①, 15④⑤

32 D25 철근을 사용한 90° 표준갈고리는 90° 구부린 끝에서 최소 얼마 이상 더 연장하여야 하는가? (단, d_b는 철근의 공칭지름)

① $6d_b$ ② $9d_b$
③ $12d_b$ ④ $15d_b$

| 해답 | ③

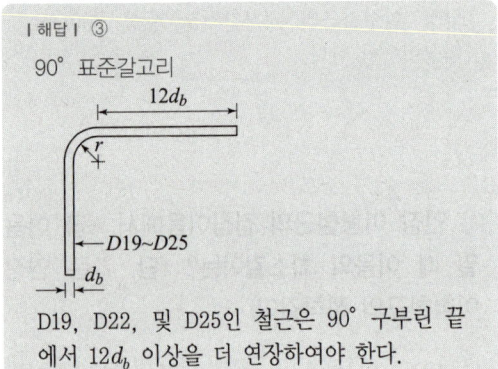

90° 표준갈고리
D19, D22, 및 D25인 철근은 90° 구부린 끝에서 $12d_b$ 이상을 더 연장하여야 한다.

□□□ 12①, 13①

33 용접이음은 철근의 설계기준항복강도 f_y의 몇 % 이상을 발휘할 수 있는 완전용접이어야 하는가?

① 85% ② 100%
③ 125% ④ 150%

| 해답 | ③

용접이음
• 용접용 철근을 사용해야 한다.
• 철근의 설계기준항복강도 f_y의 125% 이상을 발휘할 수 있는 용접이어야 한다.

□□□ 14①, 15①

34 철근의 이음 방법으로 옳지 않은 것은?

① 피복 이음법 ② 겹침 이음법
③ 용접 이음법 ④ 기계적인 이음법

| 해답 | ①

철근의 이음방법
겹침이음, 용접이음, 기계적 이음

□□□ 11⑤, 14④

35 프리스트레스하지 않는 부재의 현장치기 콘크리트 중에서 외부의 공기나 흙에 접하지 않는 콘크리트의 보나 기둥의 최소 피복두께는 얼마 이상이어야 하는가?

① 20mm ② 40mm
③ 50mm ④ 60mm

| 해답 | ②

옥외의 공기나 흙에 직접 접하지 않는 콘크리트

철근의 외부 조건		최소 피복
보, 기둥		40mm
슬래브 벽체	D35 초과	40mm
	D35 이하	20mm

□□□ 05④, 10④, 11①④, 12④, 13④, 16①

36 정철근이나 부철근을 2단 이상으로 배치할 경우에 상하 철근의 최소 순간격은?

① 15mm 이상 ② 25mm 이상
③ 40mm 이상 ④ 50mm 이상

| 해답 | ②

상단과 하단에 2단 이상으로 배치된 경우
• 상하철근은 동일 연직면 내에 배치되어야 한다.
• 상하 철근의 순간격은 25mm 이상으로 하여야 한다.

□□□ 10④, 11⑤, 15①

37 다음 철근 중 원칙적으로 겹침이음을 하여서는 안 되는 철근은?

① D10 철근 ② D16 철근
③ D32 철근 ④ D38 철근

| 해답 | ④

겹침이음
D35를 초과하는 철근은 겹침이음을 할 수 없다.

□□□ 12④, 15①④

38 콘크리트의 피복두께에 대한 정의로 옳은 것은?

① 콘크리트 표면과 그에 가장 멀리 배근된 철근 중심 사이의 콘크리트 두께
② 콘크리트 표면과 그에 가장 가까이 배근된 철근 중심 사이의 콘크리트 두께
③ 콘크리트 표면과 그에 가장 멀리 배근된 철근 표면 사이의 콘크리트 두께
④ 콘크리트 표면과 그에 가장 가까이 배근된 철근 표면 사이의 콘크리트 두께

| 해답 | ④
피복두께
철근 표면으로부터 콘크리트 표면까지(사이)의 최단 거리

□□□ 10①, 14④, 15④

39 철근의 정착 길이를 결정하기 위하여 고려해야 할 조건이 아닌 것은?

① 철근의 지름
② 철근 배근위치
③ 콘크리트 종류
④ 굵은 골재의 최대치수

| 해답 | ④
철근의 정착길이 결정시 고려사항
철근의 종류, 철근의 공칭지름, 철근의 설계기준항복강도, 철근의 양에 따라 달라진다.

□□□ 11①, 12⑤, 13②⑤

40 프리스트레스하지 않는 부재의 현장치기 콘크리트 중 수중에서 치는 콘크리트의 최소 피복두께는?

① 40mm ② 60mm
③ 80mm ④ 100mm

| 해답 | ④
피복두께
수중에서 타설하는 콘크리트 : 100mm

□□□ 05⑤, 14④, 16④

41 D25(공칭지름 25.4mm)의 철근을 180° 표준갈고리로 제작할 때 구부린 반원 끝에서 얼마 이상 더 연장하여야 하는가?

① 25.4mm ② 60.0mm
③ 76.2mm ④ 101.6mm

| 해답 | ④
180° 표준갈고리
구부린 반원 끝에서 $4d_b$ 이상 또한 60mm 이상 더 연장되어야 한다.

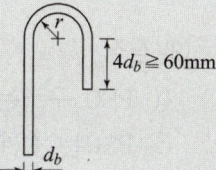

$\therefore 4d_b = 4 \times 25.4 = 101.6mm \geq 60mm$

□□□ 12①④, 14①

42 다음 ( )에 알맞은 것은?

단부에 표준갈고리가 있는 인장 이형철근의 정착길이 l_{dh} 는 기본정착길이 l_{hb}에 적용 가능한 모든 보정계수를 곱하여 구하여야 한다. 다만, 이렇게 구한 정착길이 l_{hb}는 항상 $8d_b$이상, 또한 ( )mm 이상이어야 한다.

① 150 ② 200
③ 250 ④ 300

| 해답 | ①
표준갈고리를 갖는 인장 이형철근의 정착
항상 인장이형철근의 정착길이는 $8d_b$ 이상 또한 150mm 이상이어야 한다.

03 프리스트레스트 콘크리트

01 프리스트레스트 콘크리트 PSC

1 토목 구조물의 원리와 특징

(1) PSC의 원리
① 콘크리트에 일어날 수 있는 인장 응력을 상쇄하기 위하여 미리 계획적으로 압축응력을 준 콘크리트를 프리스트레스트 콘크리트라 한다. 또한 PSC라고도 한다.
② 콘크리트의 어느 단면에서도 인장응력이 생기지 않도록 할 수 있는 원리가 PSC 구조물이 성립하는 이유이다.

(2) 장점
① PSC 구조는 안전성이 높다.
② PSC는 설계 하중이 작용하더라도 균열이 발생하지 않는다.
③ PSC는 RC에 비하여 고강도의 콘크리트와 강재를 사용한다.
④ PSC는 단면을 작게 할 수 있어 지간이 긴 교량에 적당하다.
⑤ 프리스트레싱에 의해 보가 위로 솟아오르기 때문에 고정하중을 받을 때의 처짐도 작다.

(3) 단점
① PSC는 RC보다 내화성에 대하여 불리하다.
② PSC는 강성이 작아서 변형이 크고 진동하기 쉽다.

2 PSC 사용 재료

(1) 프리스트레스트 콘크리트에 사용하는 콘크리트의 성질
① 충분한 습윤양생을 실시한다.
② 골재의 품질에 주의해야 한다.
③ 물-결합재비를 되도록 작게 한다.
④ 콘크리트의 압축강도가 커야한다.
⑤ 건조수축 및 크리프가 작아야 한다.
⑥ 필요한 최소량의 시멘트를 사용한다.

⑦ 사용수량을 가능한 감소시켜야 한다.
⑧ 시공할 때 강력한 진동 다지기를 한다.

(2) 프리스트레스트 콘크리트의 사용 재료

① 고강도 콘크리트 : PSC의 사용 목적을 달성하고 장점을 발휘시키기 위해서는 높은 압축강도의 콘크리트가 필요하다.
② PS 강재
- PS 강선 : 9mm 이하의 강선으로서 원형 PS강선과 이형 PS강선의 두 종류가 있다.
- PS강연선 : 2개의 강선을 꽈배기 모양(S꼬임)으로 꼰 것을 2연선이라 한다.
- PS강봉 : 지름 9.2~32mm 정도의 강봉으로 원형 강봉과 이형 강봉의 두 종류가 있다.

(3) PS 강재의 필요한 성질

① 인장강도가 커야 한다.
② 릴랙세이션이 작아야 한다.
③ 적당한 연성과 인성이 있어야 한다.
④ 응력 부식에 대한 저항성이 커야 한다.

(4) 그 밖의 재료

① 시스(sheath)
포스트 텐션 방식의 PSC 부재에서 긴장재를 수용하기 위하여 미리 콘크리트 속에 뚫어 두는 구멍을 덕트(duct)라 한다. 덕트를 형성하기 위하여 쓰는 관을 시스라 한다.
② 그라우트(grout)
포스트 텐션 방식에서 PS 강재가 녹스는 것을 방지하고, 콘크리트에 부착하기 위해 시스 안에 시멘트 풀 또는 모르타르를 그라우트라 하고, 시스 안에 시멘트 풀이나 모르타르를 주입하는 작업을 그라우팅(grouting)이라 한다.
③ 마찰 감소재
- PS강재와 시스 등이 마찰을 줄이기 위하여 PS 강재에 바르는 재료를 마찰 감소재라 한다.
- PS 강재가 녹스는 것을 방지할 수 있는 것이라야 한다.
- 마찰감소재 : 그리스, 파라핀, 왁스 등이 쓰인다.

> **릴랙세이션(relaxation)**
> PS 강재를 어떤 인장력으로 긴장한 채 그 길이를 일정하게 유지해 주면 시간이 지남에 따라 PS 강재의 인장응력이 감소하는 현상

> **응력부식 (stress corrosion)**
> 높은 응력을 받는 강재는 급속하게 녹스는 일이 있고, 표면에 녹이 보이지 않더라도 조직이 취약해지는 현상

3 프리스트레싱 방법

(1) 프리텐션 방식

PC강재를 긴장한 채로 콘크리트를 친 다음 콘크리트가 충분히 경화한 후에 PS강재의 긴장을 천천히 풀어준다.

(2) 포스트텐션 방식

① 콘크리트가 경화한 후 부재의 한쪽끝에서 PC강재를 정착하고 다른 쪽끝에서 잭으로 PC강재를 인장한다.
② 콘크리트가 경화한 후에 PS강재를 긴장한다.
③ 그라우트를 주입시켜 PS강재를 콘크리트와 부착시킨다.
④ 정착 방법에는 쐐기식과 지압식이 있다.

(3) 프리스트레스트의 도입 및 손실

【프리스트레스의 손실의 원인】

도입시 손실(즉시손실)	도입 후 손실(시간적손실)
• 정착 장치의 활동 • 포스트텐션 긴장재와 덕트 사이의 마찰 • 콘크리트의 탄성변형(수축)	• 콘크리트의 크리프 • 콘크리트의 건조수축 • PS강재의 릴랙세이션

(4) PSC보의 설계를 위한 가정 사항

프리스트레스 도입 직후 및 설계 하중이 작용할 때의 단면 응력은 다음 가정에 따른다.
① 콘크리트는 전단면이 유효하게 작용한다.
② 콘크리트와 PS강재는 탄성 재료로 가정한다.
③ 부재의 길이 방향의 변형률은 중립축으로부터 거리에 비례한다.
④ 부착되어 있는 PS강재 및 철근은 각각 그 위치의 콘크리트의 변형률과 같은 변형률을 일으킨다.

03 프리스트레스트 콘크리트

과년도 핵심문제

프리스트레스트 콘크리트

□□□ 13①②

01 프리스트레스트 콘크리트 보를 설명한 것으로 옳지 않은 것은?

① 고강도의 PC강선이 사용된다.
② 긴 지간의 교량에는 적당하지 않다.
③ 프리스트레스트 콘크리트 보 밑면의 균열을 방지할 수 있다.
④ 프리스트레싱에 의해 보가 위로 솟아오르기 때문에 고정하중을 받을 때의 처짐도 작다.

| 해답 | ②
PSC은 단면을 작게 할 수 있어 지간이 긴 교량에 적당하다.

□□□ 12⑤

02 프리스트레스트 콘크리트보의 설계를 위한 가정 사항이 아닌 것은?

① 콘크리트는 전단면이 유효하게 작용한다.
② 부재의 길이 방향의 변형률은 중립축으로부터 거리에 비례한다.
③ 콘크리트는 소성 재료로 PS강재는 탄성 재료로 가정한다.
④ 부착되어 있는 PS강재 및 철근은 각각 그 위치의 콘크리트의 변형률과 같은 변형률을 일으킨다.

| 해답 | ③
콘크리트와 PS강재는 탄성 재료로 가정한다.

□□□ 12①

03 프리스트레스트 콘크리트(PS)에 사용되는 강재의 종류가 아닌 것은?

① PS 형강 ② PS 강선
③ PS 강봉 ④ PS 강연선

| 해답 | ①
PS 강재의 종류
PS 강선, PS 강연선, PS 강봉

□□□ 14①, 15④

04 포스트 텐션 방식에 있어서 PS강재를 콘크리트와 부착하기 위하여 시스 안에 시멘트풀이나 모르타르를 주입하는 작업을 무엇이라 하는가?

① 앵커 ② 라이닝
③ 록 볼트 ④ 그라우팅

| 해답 | ④
그라우팅(grouting)
시멘트 풀 또는 모르타르를 주입하는 작업

□□□ 13①

05 PS강재나 시스 등의 마찰을 줄이기 위해 사용되는 마찰 감소재가 아닌 것은?

① 왁스 ② 모래
③ 파라핀 ④ 그리스

| 해답 | ②
마찰 감소재
그리스, 파라핀, 왁스 등이 사용되고 있다.

□□□ 14⑤
06 프리스트레스트 콘크리트의 원리에 대한 설명으로 옳은 것은?

① 콘크리트와 철근의 부착이 완전하도록 철근을 소성변형시켜 시공한다.
② 압축 측에 발생하는 균열을 제어하여 단면 손실이 발생되지 않도록 한다.
③ 콘크리트 전단에 걸쳐 변형이 일정하게 발생하도록 미리 인장 응력을 도입한다.
④ 인장 측의 콘크리트에 미리 압축 응력을 주어 일어날 수 있는 인장 응력을 상쇄시킨다.

| 해답 | ④
콘크리트의 어느 단면에서도 인장응력이 생기지 않도록 할 수 있는 원리가 PSC 구조물이 성립하는 이유이다.

□□□ 11④
07 프리스트레스트 콘크리트에 사용하는 콘크리트의 성질과 거리가 먼 것은?

① 압축강도가 커야 한다.
② 건조수축이 작아야 한다.
③ 물 – 결합재비가 커야 한다.
④ 크리프가 작아야 한다.

| 해답 | ③
건조수축 및 크리프가 작아야 하기 때문에 물-결합재비를 되도록 작게 해야 한다.

□□□ 03③, 10①, 11⑤, 12①④, 14⑤, 15①
08 프리스트레스를 도입한 후의 손실 원인이 아닌 것은?

① 콘크리트의 크리프
② 콘크리트의 건조수축
③ 콘크리트의 블리딩
④ PS 강재의 릴랙세이션

| 해답 | ③

프리스트레스의 손실의 원인	
도입시 손실(즉시손실)	도입 후 손실 (시간적 손실)
• 정착 장치의 활동 • 콘크리트의 탄성변형 • 포스트텐션 긴장재와 덕트 사이의 마찰	• 콘크리트의 크리프 • 콘크리트의 건조수축 • PS강재의 릴랙세이션

□□□ 13②
09 PS 강재를 어떤 인장력으로 긴장한 채 그 길이를 일정하게 유지해 주면 시간이 지남에 따라 PS 강재의 인장응력이 감소하는 현상은?

① 프리플렉스   ② 응력 부식
③ 릴랙세이션   ④ 그라우팅

| 해답 | ③
릴랙세이션(relaxation)
PS 강재의 인장응력이 감소하는 현상

□□□ 13①
10 프리스트레스트 콘크리트(PSC)의 특징이 아닌 것은? (단, 철근 콘크리트와 비교)

① 고강도의 콘크리트와 강재를 사용한다.
② 안전성이 낮고 강성이 커서 변형이 작다.
③ 단면을 작게 할 수 있어 지간이 긴 구조물에 적당하다.
④ 설계하중이 작용하더라도 인장측 콘크리트에 균열이 발생하지 않는다.

| 해답 | ②
PSC의 특징
PSC 구조는 안전성이 높지만 RC구조에 비하여 강성이 작아서 변형이 크다.

□□□ 07①, 10⑤, 11④, 13⑤, 14①

11 PS 강재에서 필요한 성질로만 짝지어진 것은?

> ㄱ. 인장 강도가 커야 한다.
> ㄴ. 릴랙세이션이 커야 한다.
> ㄷ. 적당한 연성과 인성이 있어야 한다.
> ㄹ. 응력 부식에 대한 저항성이 커야 한다.

① ㄱ, ㄴ, ㄷ　　② ㄱ, ㄴ, ㄹ
③ ㄴ, ㄷ, ㄹ　　④ ㄱ, ㄷ, ㄹ

| 해답 | ④
PS 강재의 필요한 성질
- 인장강도가 커야 한다.
- 릴랙세이션이 작아야 한다.
- 적당한 연성과 인성이 있어야 한다.
- 응력 부식에 대한 저항성이 커야 한다.

□□□ 12④

12 프리스트레스 도입 직후 및 설계 하중이 작용할 때의 단면 응력에 대한 가정 사항이 아닌 것은?

① 콘크리트는 전단면이 유효하게 작용한다.
② 콘크리트와 PS 강재는 탄성 재료로 가정한다.
③ 부재의 길이 방향의 변형률은 중립축으로부터의 거리에 비례한다.
④ PS강재 및 철근은 각각 그 위치의 콘크리트 변형률은 다르다.

| 해답 | ④
부착되어 있는 PS강재 및 철근은 각각 그 위치의 콘크리트 변형률과 같은 변형률을 일으킨다.

□□□ 12⑤

13 프리스트레스트 콘크리트의 포스트 텐션 공법에 대한 설명으로 옳지 않은 것은?

① PS강재를 긴장한 후에 콘크리트를 타설한다.
② 콘크리트가 경화한 후에 PS강재를 긴장한다.
③ 그라우트를 주입시켜 PS강재를 콘크리트와 부착시킨다.
④ 정착 방법에는 쐐기식과 지압식이 있다.

| 해답 | ①
프리텐션 공법
PS강재를 긴장한 후에 콘크리트를 타설한다.

□□□ 07①, 10⑤, 11④, 13⑤, 14④

14 프리스트레스(PS) 강재에 필요한 성질이 아닌 것은?

① 인장강도가 커야 한다.
② 릴랙세이션(relaxation)이 커야 한다.
③ 적당한 연성과 인성이 있어야 한다.
④ 응력 부식에 대한 저항성이 커야 한다.

| 해답 | ②
릴랙세이션(relaxation)이 작아야 한다.

□□□ 11①

15 높은 응력을 받는 강재는 급속하게 녹스는 일이 있고, 표면에 녹이 보이지 않더라도 조직이 취약해지는 현상은?

① 취성　　② 응력 부식
③ 틱소트로피　　④ 릴랙세이션

| 해답 | ②
응력부식(stress corrosion)
높은 응력을 받는 강재는 급속하게 녹스는 일이 있고, 표면에 녹이 보이지 않더라도 조직이 취약해지는 현상

□□□ 13⑤

16 프리스트레스트 콘크리트 부재에서 긴장재를 수용하기 위하여 미리 콘크리트 속에 넣어 두는 구멍을 형성하기 위하여 사용하는 관은?

① 시스(sheath) ② 정착 장치
③ 덕트(duct) ④ 암거

| 해답 | ①

시스(sheath)
- PSC 부재에서 긴장재를 수용하기 위하여 미리 콘크리트 속에 뚫어 두는 구멍을 덕트(duct)라 한다.
- 덕트를 형성하기 위하여 쓰는 관

□□□ 03③, 10①, 11⑤, 12①④, 14⑤, 15①

17 프리스트레스를 도입한 후의 손실 원인이 아닌 것은?

① 콘크리트의 크리프
② 콘크리트의 건조수축
③ 콘크리트의 블리딩
④ PS 강재의 릴랙세이션

| 해답 | ③

프리스트레스의 손실의 원인

도입시 손실 (즉시손실)	도입 후 손실 (시간적손실)
• 정착 장치의 활동 • 콘크리트의 탄성변형 • 포스트텐션 긴장재와 덕트 사이의 마찰	• 콘크리트의 크리프 • 콘크리트의 건조수축 • PS강재의 릴랙세이션

□□□ 03③, 10①, 12①

18 프리스트레스의 손실 원인 중 프리스트레스를 도입할 때의 손실에 해당 하는 것은?

① 콘크리트의 크리프
② 콘크리트의 건조수축
③ PS 강재의 릴랙세이션
④ 마찰에 의한 손실

| 해답 | ④

프리스트레스의 손실의 원인

도입시 손실 (즉시손실)	도입 후 손실 (시간적손실)
• 정착 장치의 활동 • 콘크리트의 탄성변형 • 포스트텐션 긴장재와 덕트 사이의 마찰	• 콘크리트의 크리프 • 콘크리트의 건조수축 • PS강재의 릴랙세이션

| memo |

04 강구조

01 강구조

1 강구조의 특징

(1) 구조 재료로서의 강재의 장점
① 재료의 균질성을 가지고 있다.
② 부재를 개수하거나 보강하기 쉽다.
③ 다양한 형상과 치수를 가진 구조로 만들 수 있다.
④ 다른 재료에 비해 단위 면적에 대한 강도가 크다.
⑤ 재료의 세기, 즉 강도가 콘크리트에 비해 월등히 크다.
⑥ 강구조물을 공장에서 사전 조립이 가능하여 공사기간을 단축할 수 있다.

(2) 구조 재료로서의 강재의 단점
① 반복하중에 의한 피로가 발생하기 쉽다.
② 차량 통행에 의하여 소음이 발생하기 쉽다.
③ 대부분의 강재는 부식되기 쉽다.(내식성이 없다)
④ 강재의 연결 부위를 완전한 강절 연결로 하기 어려워 구조 해석이 복잡하다.

2 강재의 종류

(1) 구조용 강재의 종류
① 일반 구조용 압연 강재 : 압연 강재의 대부분을 차지
② 용접 구조용 압연 강재 : 용접성이 좋도록 만든 강재
③ 내후성 열간 압연 강재 : 녹슬기 쉬운 단점을 개선한 강재

(2) 그 밖의 강재
① 강관 : 강관 트러스 등 토목 구조물에 많이 쓰인다.
② 이음용 강재 : 마찰 접합용 고장력 6가 볼트, 평와셔 볼트
③ 주단조품 : 교량의 받침부에 이용되는 경우가 많다.

알아두기

▶ **피로파괴**
(fatigue failure)
강구조물에서 강재에 반복하중이 지속적으로 작용하는 경우에 허용응력 이하의 작은 하중에서도 파괴되는 현상

▶ **SS 400 강재**
SS(steel structure)재 가운데서 인장 강도의 최소값이 400MPa인 것을 뜻한다. 인장 강도가 500MPa 미만인 강재를 연강이라 하며, 그 이상의 강도를 가지는 강재를 고장력 강이라고 한다.

▶ **SS 400의 의미**
• S : steel(강)
• M : marine(선박용)
• 400 : 인장 강도(MPa)

3 부재의 연결

(1) 강구조 부재의 연결
① 해로운 응력 집중이 생기지 않도록 한다.
② 부재의 연결은 경제적이고 시공이 쉬워야 한다.
③ 주요 부재의 연결 강도는 부재의 전 강도의 75% 이상이어야 한다.
④ 응력의 전달이 확실하고 가능한 한 편심이 생기지 않도록 연결한다.

(2) 강재의 이음
① 용접이음, 고장력 볼트 이음, 리벳이음 등이 있다.
② 작업장소에 따라 공장이음과 현장이음이 있다.
③ 공장에서는 용접이음법, 현장에서는 고장력볼트 이음이 널리 사용되고 있다.

(3) 용접 이음법
① 필릿 용접(fillet welding)
  겹치기 이음 또는 T이음에 주로 사용되는 용접으로 용접할 모재를 겹쳐서 그 둘레를 용접하거나 2개의 모재를 T형으로 하여 모재 구석에 용착 금속을 채우는 용접
② 홈 용접(groove welding) : 용접하려는 모재에 홈을 파서 용접하는 것이다.

(4) 용접이음의 특징
① 접합부의 강성이 크다.
② 시공 중에 소음이 없다.
③ 인장측에 리벳 구멍에 의한 단면 손실이 없다.
④ 리벳 접합 방식에 비하여 강재를 절약할 수 있다.

(5) 용접부의 명칭
① 목두께
  • 용접부에서 응력을 전달하는 데 유효한 두께
  • 필릿용접의 유효목두께는 모살치수의 0.7배로 한다.
    $a = 0.7S$

② 유효길이 : 이론상의 목두께를 가지는 용접부의 길이

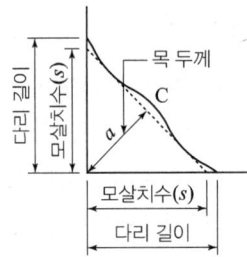

③ 용접부의 응력

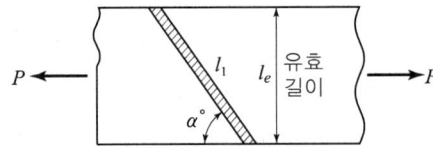

$$f = \frac{P}{A} = \frac{P}{\sum a \cdot l_e}$$

여기서, P : 이음의 설계에 쓰이는 외력(N)
a : 용접 목의 두께(mm)
l_e : 용접의 유효길이(mm)

(6) 고장력 볼트 이음법

인장에 의한 리벳의 단점을 극복하고 충격하중이나 진동하중을 받는 강교의 연결재로서 구조용 강재를 체결하는 데에 가장 많이 사용된다.

① 고장력 볼트 이음의 종류
- 마찰이음 : 편재 사이에 일어나는 마찰에 의해 응력을 전달
- 지압이음 : 볼트구멍과 벽사이의 지압에 의한 저항
- 인장이음 : 볼트의 축방향에 외력의 작용에 의한 저항

② 고장력 볼트의 구멍지름

고장력 볼트의 지름(mm)	볼트구멍의 지름(mm)
$d \leq 27$	$d + 2.0$
$d > 27$	$d + 3.0$

③ 볼트의 구멍지름

고장력 볼트의 지름(mm)	볼트구멍의 지름(mm)
모든 볼트	$d + 0.5$

4 판형교 plate girder bridge

지간이 길거나 하중이 큰 경우에 공장제품인 I형강으로는 단면이 부족하여 강판을 용접이음하여 대형 판부재를 제작하여 사용하여 판형교라 한다.

(1) 강 구조에서 판형교의 특징
① 전단력은 주로 복부판으로 저항한다.
② 일반적으로 주형의 단면은 휨모멘트에 대하여 안전하도록 설계한다.
③ 풍 하중이나 지진 하중 등의 수평력에 저항하기 위하여 주형의 하부에 수평 브레이싱을 설치한다.
④ 주형의 횡단면에 대한 비틀림을 방지하기 위해 경사 방향으로 교차하여 사용하는 부재를 수직 브레이싱이라 한다.

(2) 판형교에서 용접 판형의 특징
① 접합부의 강성이 크다.
② 시공 중에 비교적 소음이 적다.
③ 용접에 대한 검사를 철저히 해야 한다.
④ 용접시공에 대한 철저한 검사가 필요하다.
⑤ 인장측에 리벳 구멍에 의한 단면 손실이 없다.
⑥ 10~20%의 강재를 절약할 수 있으며 자중을 줄일 수 있다

5 트러스교

부재의 길이에 비하여 단면이 작은 부재를 삼각형으로 이어서 만든 뼈대로서, 보의 작용을 하도록 한 구조이다.

(1) 트러스교의 특징
① 재료가 절약된다.
② 비교적 계산이 간단하다.
③ 구조적으로 상당히 긴 지간에 유리하게 쓰인다.
④ 부재를 삼각형의 뼈대로 만든 것으로 보의 작용을 한다.
⑤ 수직 또는 수평 브레이싱을 설치하여 횡압에 저항토록 한다.

(2) 부재의 배열에 의한 분류

① K 트러스
- 겉보기에 좋지 않으므로 주트러스로서 잘 사용하지 않는다.
- 주로 가로 브레이싱으로 사용되는 형식이다.

② 프랫(pratt) 트러스 : 강교에 널리 사용되는 형식이다.

③ 하우(howe) 트러스 : 사재의 방향이 프랫 트러스와 반대 방향이다.

④ 워런(warren) 트러스 : 상현재의 장주로서의 길이를 절반으로 줄이는 이점이 있으므로 많이 쓰이고 있다.

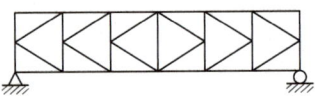

K 트러스

과년도 핵심문제

04 강구조

강구조

☐☐☐ 02④, 12①④⑤, 13②, 14④⑤, 15①, 16①④

01 구조 재료로서의 강재의 특징에 대한 설명으로 옳지 않은 것은?

① 균질성을 가지고 있다.
② 관리가 잘 된 강재는 내구성이 우수하다.
③ 다양한 형상과 치수를 가진 구조로 만들 수 있다.
④ 다른 재료에 비해 단위 면적에 대한 강도가 작다.

| 해답 | ④

다른 재료에 비해 단위 면적에 대한 강도가 크다.

☐☐☐ 11⑤, 15④

02 겹치기 이음 또는 T이음에 주로 사용되는 용접으로 용접할 모재를 겹쳐서 그 둘레를 용접하거나 2개의 모재를 T형으로 하여 모재 구속에 용착 금속을 채우는 용접은?

① 홈 용접(Groove Welding)
② 필릿 용접(Fillet Welding)
③ 슬롯 용접(Slot Welding)
④ 플러그 용접(Plog Welding)

| 해답 | ②

- 필릿용접 : 용접할 부재를 직각으로 겹쳐진 (ㄴ, ㅜ 형태) 코너부분을 용접하는 방법
- 홈 용접 : 용접하려는 모재에 홈을 파서 용접하는 것이다.

☐☐☐ 12⑤

03 강 구조의 판형교에 대한 설명으로 옳은 것은?

① 전단력은 주로 복부판으로 저항한다.
② 일반적으로 주형의 단면은 휨모멘트에 대하여 고려하지 않아도 된다.
③ 풍화중이나 지진 하중 등의 수평력에 저항하기 위하여 주형의 하부에 수직 브레이싱을 설치한다.
④ 주형의 횡단면에 대한 비틀림을 방지하기 위해 경사 방향으로 교차하여 사용하는 부재를 스터럽이라 한다.

| 해답 | ①

- 일반적으로 주형의 단면은 휨모멘트에 대하여 안전하도록 설계한다.
- 풍 하중이나 지진 하중 등의 수평력에 저항하기 위하여 주형의 하부에 수평 브레이싱을 설치한다.
- 주형의 횡단면에 대한 비틀림을 방지하기 위해 경사 방향으로 교차하여 사용하는 부재를 수직 브레이싱이라 한다.

☐☐☐ 12④, 14⑤

04 강구조물에서 강재에 반복하중이 지속적으로 작용하는 경우에 허용응력 이하의 작은 하중에서도 파괴되는 현상을 무엇이라 하는가?

① 취성파괴   ② 피로파괴
③ 연성파괴   ④ 극한파괴

| 해답 | ②

이러한 현상을 피로파괴(fatigue failure)라 한다.

□□□ 11⑤, 13②, 14⑤

05 강교에서 주구조가 축방향 인장 및 압축 부재로 조합된 형식의 교량으로 비교적 계산이 간단하고, 구조적으로 상당한 긴 지간에 유리하게 쓰이는 것은?

① 판형교 ② 트러스교
③ 라멘교 ④ 사장교

| 해답 | ②
트러스교의 특징
• 비교적 계산이 간단하고 구조적으로 상당히 긴 지간이 유리하게 쓰인다.
• 부재의 길이에 비하여 단면이 작은 부재를 삼각형으로 이어서 만든 뼈대로서, 보의 작용을 하도록 한 구조이다.

□□□ 13⑤

06 강 구조의 판형교에 용접 판형이 주로 사용되는데 용접 판형의 특징으로 옳지 않은 것은?

① 용접시공에 대한 철저한 검사가 필요하다.
② 인장측에 단면 손실이 발생한다.
③ 시공 중에 비교적 소음이 적다.
④ 접합부의 강성이 크다.

| 해답 | ②
인장측에 리벳 구멍에 의한 단면 손실이 없다.

□□□ 12①

07 강재의 용접 이음 방법이 아닌 것은?

① 아크 용접법 ② 리벳 용접법
③ 가스용접법 ④ 특수 용접법

| 해답 | ②
강재의 용접 이음 방법
아크 용접법(전기 용접법), 가스 용접법, 특수 용접법

□□□ 02④, 12①④⑤, 13②, 14④⑤, 15①, 16①

08 콘크리트구조와 비교할 때, 강구조에 대한 설명으로 옳지 않은 것은?

① 공사기간이 긴 것이 단점이다.
② 부재의 치수를 작게 할 수 있다.
③ 콘크리트에 비하여 균질성을 가지고 있다.
④ 지간이 긴 교량을 축조하는 데에 유리하다.

| 해답 | ①
강구조물을 공장에서 사전 조립이 가능하여 공사기간을 단축할 수 있다.

□□□ 10⑤, 13①

09 용접이음의 특징에 대한 설명으로 옳지 않은 것은?

① 접합부의 강성이 작다.
② 시공 중에 소음이 없다.
③ 인장측에 리벳 구멍에 의한 단면 손실이 없다.
④ 리벳 접합 방식에 비하여 강재를 절약할 수 있다.

| 해답 | ①
접합부의 강성이 크다.

□□□ 02④, 12①④⑤, 13②, 14④⑤, 15①, 16①

10 콘크리트구조와 비교할 때, 강구조에 대한 설명으로 옳지 않은 것은?

① 공사기간이 긴 것이 단점이다.
② 부재의 치수를 작게 할 수 있다.
③ 콘크리트에 비하여 균질성을 가지고 있다.
④ 지간이 긴 교량을 축조하는 데에 유리하다.

| 해답 | ①
강구조물을 공장에서 사전 조립이 가능하여 공사기간을 단축할 수 있다.

□□□ 10①, 15⑤

11 트러스의 종류 중 주트러스로서는 잘 쓰이지 않으나, 가로 브레이싱에 주로 사용되는 형식은?

① K 트러스
② 프랫(pratt) 트러스
③ 하우(howe) 트러스
④ 워런(warren) 트러스

| 해답 | ①
K트러스
• 겉보기에 좋지 않으므로 주 트러스로서는 잘 쓰이지 않는다.
• 가로 브레이싱으로 주로 쓰인다.

□□□ 12④, 14⑤

12 콘크리트가 반복하중을 받는 경우가 정적 하중을 받는 경우보다 낮은 응력에서 파괴되는 현상이 발생하는데, 이러한 현상을 무엇이라 하는가?

① 인장파괴   ② 압축파괴
③ 취성파괴   ④ 피로파괴

| 해답 | ④
이러한 현상을 피로파괴(fatigue failure)라 한다.

□□□ 02④, 12①④⑤, 13②, 14④

13 강 구조의 장점이 아닌 것은?

① 강도가 매우 크다.
② 균질성을 가지고 있다.
③ 부재를 개수하거나 보강하기 쉽다.
④ 차량 통행으로 인한 소음 발생이 적다.

| 해답 | ④
차량 통행에 의하여 소음이 발생하기 쉽다.

□□□ 13⑤

14 구조 재료로서의 강재의 장점이 아닌 것은?

① 내식성이 우수하다.
② 균질성을 가지고 있다.
③ 내구성이 우수하다.
④ 강도가 크고 자중이 작다.

| 해답 | ①
강재의 단점
• 대부분의 강재는 부식되기 쉽다.(내식성이 없다)
• 정기적으로 도장을 해야 한다.

□□□ 10⑤, 13①

15 용접이음의 특징에 대한 설명으로 옳지 않은 것은?

① 접합부의 강성이 작다.
② 시공 중에 소음이 없다.
③ 인장측에 리벳 구멍에 의한 단면 손실이 없다.
④ 리벳 접합 방식에 비하여 강재를 절약할 수 있다.

| 해답 | ①
접합부의 강성이 크다.

□□□ 11①

16 강재에서 볼트 구멍을 뺀 폭에 판 두께를 곱한 것을 무엇이라 하는가?

① 너트의 단면적
② 인장재의 총단면적
③ 인장재의 순단면적
④ 고장력 볼트의 단면적

| 해답 | ③
인장재의 순단면적
볼트 구멍을 뺀 폭에 판 두께를 곱한 것

☐☐☐ 11⑤

17 〈보기〉의 특징이 설명하고 있는 교량 형식은?

【 보 기 】
㉠ 부재를 삼각형의 뼈대로 만든 것으로 보의 작용을 한다.
㉡ 수직 또는 수평 브레이싱을 설치하여 횡압에 저항토록 한다.
㉢ 부재와 부재의 연결점을 격점이라 한다.

① 단순교   ② 아치교
③ 트러스교   ④ 판형교

| 해답 | ③
트러스교의 특징
• 비교적 계산이 간단하고 구조적으로 상당히 긴 지간이 유리하게 쓰인다.
• 부재의 길이에 비하여 단면이 작은 부재를 삼각형으로 이어서 만든 뼈대로서, 보의 작용을 하도록 한 구조이다.

☐☐☐ 13②

18 부재의 길이에 비하여 단면이 작은 부재를 삼각형으로 이어서 만든 뼈대로서, 보의 작용을 하도록 한 구조로 된 교량 형식은?

① 판형교   ② 트러스교
③ 사장교   ④ 게르버교

| 해답 | ②
트러스교
• 단면이 작은 부재를 삼각형으로 이어서 만든 뼈대로 된 구조
• 상부구조의 주체로 보 대신에 트러스를 사용한 교량

☐☐☐ 02④, 12①④⑤, 13②, 14④⑤, 15①

19 강구조의 특징에 대한 설명으로 옳은 것은?

① 콘크리트에 비해 균일성이 없다.
② 콘크리트에 비해 부재의 치수가 크게 된다.
③ 콘크리트에 비해 공사기간 단축이 용이하다.
④ 재료의 세기, 즉 강도가 콘크리트에 비해 월등히 작다.

| 해답 | ③
• 콘크리트에 비해 균일성이 있다.
• 콘크리트에 비해 부재의 치수가 작다.
• 재료의 세기, 즉 강도가 콘크리트에 비해 월등히 크다.

CHAPTER 4 토목일반

01 토목 구조물설계
02 기둥
03 슬래브
04 확대기초와 옹벽

01 토목 구조물설계

01 토목 구조물설계

1 토목 구조물의 개요

(1) 우리나라 토목구조물의 역사

세 기	특 징
기원전 1~2세기	• 로마 문명 중심으로 아치교가 발달 • 프랑스 가르교
9~10세기	• 르네상스와 기술발전에 따른 미적, 구조적 변화 • 영국의 런던교, 프랑스의 아비뇽교
11~18세기	• 주철의 사용과 산업 혁명, 로만 시멘트 개발 • 팔라리오에 의한 트러스 구조의 발명
19~20세기 초	• 재료 및 신기술의 발전과 사회 환경의 변화로 장대교 출현 • 영국의 조지프 애습딘이 포틀랜드 시멘트의 개발 • 미국의 금문교, 시드니의 하버교

① 기원전 1~2세기 : 로마 문명 중심으로 아치교가 발달(프랑스의 가르교)
② 9~10세기 : 르네상스와 기술발전에 따른 미적, 구조적 변화
③ 11~18세기 : 주철의 사용과 산업 혁명
④ 19~20세기 초 : 재료 및 신기술의 발전과 사회 환경의 변화로 장대교 출현

(2) 토목 구조물의 특징

① 일반적으로 규모가 크다.
② 건설에 많은 비용과 시간이 소요된다.
③ 대부분이 공공의 목적으로 건설된다. 즉 사회의 감시와 비판을 받는다.
④ 구조물의 수명, 즉 공용 기간이 길다.
⑤ 대부분 자연 환경 속에 놓인다.
⑥ 다량 생산이 아니다. 즉 동일한 조건의 동일한 구조물을 2번 이상 건설하는 일이 없다.

(3) 토목 구조물의 종류

① 콘크리트 구조 : 콘크리트를 주재료로 한 구조를 콘크리트 구조라 한다.
- 철근 콘크리트 구조(RC) : 콘크리트 속에 철근을 배치하여 양자가 입체가 되어 외력을 받게 한 구조를 철근 콘크리트 구조라 한다.
- 프리스트레스트 콘크리트 구조(PSC) : 외력에 의하여 일어나는 불리한 응력을 상쇄할 수 있도록 미리 인위적으로 내력을 준 콘크리트를 프리스트레스트 콘크리트 구조라 한다.

② 강 구조
- 강재로 이루어지는 구조를 강 구조 또는 철골 구조라 한다.
- 콘크리트보다 강도가 크고, 부재의 치수를 작게 할 수 있어 긴 지간의 교량을 축조하는데 유리하다.

③ 합성 구조 : 강재의 보 위에 철근 콘크리트 슬래브를 이어쳐서 양자가 일체로 작용하도록 한 구조

■ 합성형 구조의 특징
- 역학적으로 유리하다.
- 판형의 높이도 낮아져서 경제적인 구조가 된다.
- 비합성의 강형보다도 상부 플랜지의 단면적이 감소된다.
- 비합성의 경우보다도 품질이 좋은 콘크리트를 사용한다.
- 슬래브 콘크리트의 크리프 및 건조수축에 대해 검토해야 한다.

(4) 구조물 설계시 고려하여야 할 사항

① 타당성 : 먼저 구조물을 건설해야 할 타당성을 조사
② 사용성 : 구조물은 사용하기 편리하고 기능적이며 사용자에게 불안감을 주면 안 된다.
③ 내구성 : 구조상의 결함이나 손상을 발생시키지 않고 장기간 사용할 수 있어야 한다.
④ 경제성 : 건설이 용이하고 건설비와 유지관리비가 최소화 되어야 한다.
⑤ 미관 : 주변 경관과 조화가 잘 이루어져야 한다.

2 교량의 구성

교량(bridge)은 하천, 계곡, 해협 등에 가설하여 교통소통을 위한 구조물

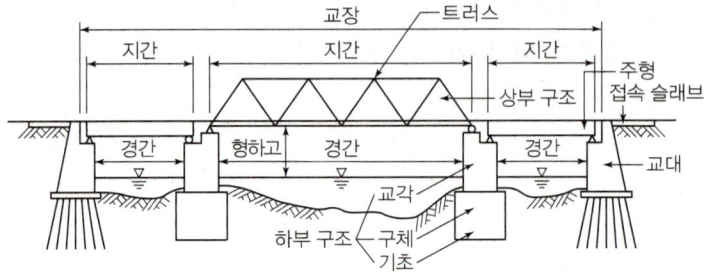

【교량의 구성】

상부 구조		하부 구조	
교량의 주체가 되는 부분으로서 교통의 하중을 직접 받쳐 주는 부분		상부 구조로부터의 하중을 지반에 전달해 주는 부분	
바닥판	포장, 슬래브	교각, 교대	상부의 하중을 지반에 전달하는 역할
바닥틀	세로보, 가로보	기초	지반의 조건에 따라 말뚝 기초 또는 우물통 기초가 사용
주형, 주트러스	트러스		

① 바닥판 : 상부 구조로서 사람이나 차량 등을 직접 받쳐주는 포장 및 슬래브 부분을 뜻한다.
② 바닥틀 : 상부 구조로서 바닥판에 실리는 하중을 받쳐서 주형에 전달해주는 부분을 뜻한다.
③ 주형 : 바닥틀로부터의 하중이나 자중을 안전하게 받쳐서 하부 구조에 전달하는 부분

3 교량의 종류

사용 재료	콘크리트교, 강교, 목교, 석교
사용 용도	도로교, 철도교, 육교, 오버브리지(과도교, 과선교), 육교, 고가교
통로의 위치	상로교, 중로교, 하로교, 2층교
주형의 구조형식	단순교, 연속교, 아치교, 라멘교, 현수교, 사장교
평면 형상	직교, 사교, 곡선교

(1) 통로의 위치에 따른 분류
① 상로교 : 통로가 주형의 위쪽에 있는 교량
② 중로교 : 통로가 주형의 중앙에 있는 교량
③ 하로교 : 통로가 주형의 아래에 있는 교량
④ 2층교 : 통로가 2층으로 된 교량

(2) 주형의 구조 형식에 따른 분류
① 단순교 : 주형 또는 주트러스와 양 끝이 단순 지지된 교량, 한쪽은 힌지, 다른 쪽은 이동 지점 지지
② 연속교 : 주형 또는 주트러스를 3개 이상의 지점으로 지지하여 2경간 이상에 걸쳐 연속시킨 교량
③ 아치교 : 상부 구조의 주체가 아치로 된 교량. 계곡이나 지간이 긴 곳에 적당하며, 미관이 좋다.
④ 라멘교 : 보와 기둥의 접합부를 일체가 되도록 결합한 것을 주형으로 사용한 교량
⑤ 현수교 : 양안에 주탑을 세우고 그 사이에 케이블을 걸어, 여기에 보강한 또는 보강 트러스를 매단 형식의 교량
⑥ 사장교
 • 서해대교와 같이 교각 위에 탑을 세우고 주탑과 경사로 배치된 케이블로 주형을 고정시키는 형식의 교량
 • 교각 위에 탑을 세우고, 탑에서 경사진 케이블로 주형을 잡아당기는 형식의 교량

(3) 교량의 용도에 따른 분류
① 철도교 : 철도 선로를 통하기 위한 교량
② 육교 : 계곡, 저지대 등의 물이 없는 곳에 가설된 교량
③ 수로교 : 수도 또는 관개 용수 등의 물을 통과시키기 위한 교량
④ 고가교 : 원활한 교통 소통을 위해 평지위의 상당한 구간에 가설된 교량

(4) 아치교의 종류
① 외적 부정정 아치 : 힌지 없는 아치교, 2활절 아치교
② 정정 아치 : 3활절 아치, 3활절 스팬드럴 브레이스트 아치교
③ 내적 부정정 아치 : 타이드 아치교, 로제교, 랭거교, 랭거 트러스교

> 알아두기

(5) 등급에 따른 분류
① 1등교 : 표준 트럭 하중 DB-24(DL-24)
② 2등교 : 표준 트럭 하중 DB-18(DL-18)
③ 3등교 : 표준 트럭 하중 DB-13.5(DL-13.5)

4 토목구조물의 하중

■ 설계 하중의 종류

주하중	고정 하중, 활 하중, 충격 하중
부하중	풍 하중, 온도 변화의 영향, 지진 하중
특수 하중	설 하중, 원심 하중, 제동 하중, 지점 이동의 영향, 가설 하중, 충돌 하중

(1) 주하중
교량에 장기적으로 작용하는 하중으로 설계에 있어서 반드시 생각해야 할 하중
① 고정 하중 : 구조물이 만들어 지면서부터 지나게 되는 하중으로 자중, 토압, 수압
② 활 하중 : 교량을 통행하는 사람이나 자동차 등의 이동하중

(2) 부하중
때에 따라 작용하는 2차적인 하중으로 하중의 조합에 있어서 반드시 고려해야 할 하중

(3) 특수하중
교량의 종류, 구조 형식, 가설 지점의 상황 등에 따라 특별히 고려해야 할 하중
① 원심 하중 : 교면상 1.8m의 높이에서 작용하는 것으로 한다.
② 제동 하중 : 차량이 급히 정거할 때의 제동 하중은 자중이 매우 가벼운 상부 구조 등의 특별한 경우에 대한 설계에만 적용한다.

【표준 트럭 하중】

교량의 등급	하중	총중량 W(kN)	전륜하중 0.1W(kN)	후륜하중 0.4W(kN)
1등급	DB-24	432	24	96
2등급	DB-18	324	18	72
3등급	DB-13.5	243	13.5	54

01 토목 구조물설계

과년도 핵심문제

토목 구조물설계

□□□ 12⑤, 16④
01 교량의 상부 구조에 해당하지 않는 것은?

① 슬래브 ② 트러스
③ 교대 ④ 보

| 해답 | ③
- 상부 구조 : 바닥판, 바닥틀, 주형 또는 주 트러스, 받침
- 하부 구조 : 교대, 교각 및 기초(말뚝기초 및 우물통 기초)

□□□ 11⑤, 13④, 14④, 16①④
02 사용 재료에 따른 토목 구조물의 분류 방법이 아닌 것은?

① 강 구조 ② 연속 구조
③ 콘크리트 구조 ④ 합성 구조

| 해답 | ②
사용재료에 따른 토목 구조물의 종류
콘크리트 구조(철근콘크리트, 프리스트레스트 콘크리트), 강 구조, 합성 구조

□□□ 11①
03 교량의 분리 중 통로의 위치에 따른 분류가 아닌 것은?

① 사장교 ② 상로교
③ 중로교 ④ 하로교

| 해답 | ①
통로의 위치에 따른 분류 : 상로교, 중로교, 하로교, 2층교

□□□ 11⑤
04 토목 구조물의 종류에 대한 설명 중 틀린 것은?

① 철근 콘크리트 구조물이란 콘크리트 속에 철근을 배치하여 양자가 일체가 되도록 한 RC구조로 된 구조물을 말한다.
② 프리스트레스트콘크리트 구조물이란 외력에 의한 응력을 상쇄할 수 있도록 미리 인위적으로 내력을 준 PSC구조로 된 구조물을 말한다.
③ 강 구조물은 강재로 이루어져 콘크리트보다 강도가 크고, 부재의 치수를 작게 할 수 있어 긴 지간의 교량을 축조하는데 유리하다.
④ 무근 콘크리트구조란 철근이 없이 강재의 보 위에 콘크리트 슬래브를 이어 쳐서 양자가 일체로 작용하도록 한 것을 말한다.

| 해답 | ④
합성 구조
철근이 없이 강재의 보 위에 철근 콘크리트 슬래브를 이어쳐서 양자가 일체로 작용하도록 한 것

□□□ 11④, 12④, 13②, 14①
05 토목 구조물의 특징이 아닌 것은?

① 공공기간이 짧다.
② 다량생산이 아니다.
③ 일반적으로 규모가 크다.
④ 대부분 자연환경 속에 놓인다.

| 해답 | ①
구조물의 수명, 즉 공용 기간이 길다.

□□□ 10①, 13①

06 콘크리트를 주재료로 하고 철근을 보강 재료로 하여 만든 구조를 무엇이라 하는가?

① 합성 콘크리트 구조
② 무근 콘크리트 구조
③ 철근 콘크리트 구조
④ 프리스트레스트 콘크리트 구조

| 해답 | ③

철근 콘크리트 구조
콘크리트 속에 철근을 배치하여 양자가 일체가 되어 외력을 받게 한 구조

□□□ 10⑤, 12⑤, 16①

07 교량을 중심으로 세계 토목 구조물의 역사를 보면 재료 및 신기술의 발전과 사회 환경의 변화로 장대교량이 출현한 시기는?

① 기원 전 1~2세기
② 9~10세기
③ 11~18세기
④ 19~20세기

| 해답 | ④

19~20세기 초
재료 및 신기술의 발전과 사회 환경의 변화로 장대교 출현

□□□ 10⑤

08 도로교 설계 기준에서 표시되는 DB는 어떤 하중인가?

① 표준 고정 하중
② 표준 차선 하중
③ 표준 트럭 하중
④ 표준 이동 하중

| 해답 | ③

표준 트럭 하중
• DB 하중이라 한다.
• 차선 하중은 DL 하중이라 한다.

□□□ 05⑤, 07⑤, 10①⑤, 12①, 16④

09 토목구조물의 특징에 속하지 않는 것은?

① 건설에 많은 비용과 시간이 소요된다.
② 공공의 목적으로 건설되기 때문에 사회의 감시와 비판을 받게 된다.
③ 구조물의 공용 기간이 길어 장래를 예측하여 설계하고 건설해야 한다.
④ 주로 다량 생산 체계로 건설된다.

| 해답 | ④

대량산이 아니다.
동일한 조건의 동일한 구조물을 두 번 이상 건설하는 일이 없다.

□□□ 12①, 14⑤

10 다음 중 역사적인 토목 구조물로서 가장 오래된 교량은?

① 미국의 금문교 ② 영국의 런던교
③ 프랑스의 아비뇽교 ④ 프랑스의 가르교

| 해답 | ④

세계토목구조물의 역사
• 1~2세기 : 프랑스의 가르교
• 9~10세기 : 영국의 런던교, 프랑스의 아비뇽교
• 19~20세기 : 미국의 금문교

□□□ 13①

11 설계에 있어 고려하는 하중의 종류 중 변동하는 하중에 해당되는 것은?

① 고정하중 ② 설하중
③ 수평토압 ④ 수직토압

| 해답 | ②

설하중
주하중에 해당되는 특수 하중으로 설계 계산할 때 설하중을 고려한다.

□□□ 11④

12 강재로 이루어지는 구조를 강 구조라 하는데 이 구조에 대한 설명으로 옳지 않은 것은?

① 부재의 치수를 작게 할 수 있다.
② 공사 기간이 긴 것이 단점이다.
③ 콘크리트에 비하여 균질성을 가지고 있다.
④ 지간이 긴 교량을 축조하는 데에 유리하다.

| 해답 | ②
콘크리트에 비해 재료의 품질관리가 쉽고 공사기간이 단축된다.

□□□ 11⑤, 12①

13 강재의 보위에 철근 콘크리트 슬래브를 이어 쳐서 양자가 일체하도록 된 구조는?

① 철근 콘크리트 구조
② 콘크리트 구조
③ 강 구조
④ 합성 구조

| 해답 | ④
합성 구조
철근이 없이 강재의 보 위에 철근 콘크리트 슬래브를 이어쳐서 양자가 일체로 작용하도록 한 것

□□□ 02, 13⑤, 16④

14 아치교에 대한 설명으로 옳지 않은 것은?

① 미관이 아름답다.
② 계곡이나 지간이 긴 곳에도 적당하다.
③ 상부 구조의 주체가 아치(arch)로 된 교량을 말한다.
④ 우리나라의 대표적인 아치교는 거가대교이다.

| 해답 | ④
우리나라의 대표적인 아치교는 한강대교(타이드아치교)이다.

□□□ 08⑤, 10①

15 양안에 주탑을 세우고 그 사이에 케이블을 걸어, 여기에 보강형 또는 보강 트러스를 매단 형식의 교량은?

① 아치교   ② 현수교
③ 연속교   ④ 라멘교

| 해답 | ②
현수교
양안에 주탑을 세우고 그 사이에 케이블을 걸어, 여기에 보강한 또는 보강 트러스를 매단 형식의 교량

□□□ 10④, 13①⑤, 16①

16 서해 대교와 같이 교각 위에 주탑을 세우고 주탑과 경사로 배치된 케이블로 주형을 고정시키는 형식의 교량은?

① 현수교   ② 라멘교
③ 연속교   ④ 사장교

| 해답 | ④
사장교
• 교각 위에 탑을 세우고 주탑과 경사로 배치된 케이블로 주형을 고정시키는 형식의 교량이다.
• 서해대교는 대표적인 사장교이다.

□□□ 13⑤

17 교량을 통행하는 자동차와 같은 이동 하중을 무슨 하중이라 하는가?

① 충격 하중   ② 설하중
③ 활하중   ④ 고정 하중

| 해답 | ③
활하중
교량을 통행하는 사람이나 자동차 등의 이동 하중을 말한다.

□□□ 11⑤
18 교량에 작용하는 주하중에 속하는 것은?
(단, 도로교설계기준에 따른다)

① 활 하중　　② 풍 하중
③ 지진의 영향　④ 온도 변화의 영향

| 해답 | ①

하중의 종류

구 분	하중의 종류
주하중	고정 하중, 활 하중, 충격 하중
부하중	풍 하중, 온도 변화의 영향, 지진 하중

□□□ 10⑤
19 자동차의 원심 하중 설계시 원심 하중은 노면의 얼마의 높이에서 작용하는 것으로 계산하는가?

① 500mm　　② 800mm
③ 1500mm　　④ 1800mm

| 해답 | ④
원심하중은 교면상 1800mm의 높이에서 수평 방향으로 작용하는 것으로 본다.

□□□ 14⑤
20 교량의 종류 중 사용 재료에 따른 분류가 아닌 것은?

① 목교　　② 강교
③ 도로교　④ 콘크리트교

| 해답 | ③

교량의 분류

사용 재료	철근 콘크리트교, 강교, 목교, 석교
사용 용도	도로교, 철도교, 육교, 고가교

□□□ 11①
21 교량의 종류별 구조 형식을 설명한 것으로 틀린 것은?

① 아치교는 상부구조의 주체가 곡선으로 된 교량으로 계곡이나 지간이 긴 곳에 적당하다.
② 라멘교는 보와 기둥의 접합부를 일체가 되도록 결합한 것을 주형으로 이용한 교량이다.
③ 연속교는 주형 또는 주트러스를 3개 이상의 지점으로 지지하여 2경간 이상에 걸친 교량이다.
④ 사장교는 주형 또는 주트러스와 양 끝이 단순 지지된 교량으로 한 쪽은 힌지, 다른 쪽은 이동 지점으로 지지 되어 있다.

| 해답 | ④
- 단순교는 주형 또는 주트러스와 양 끝이 단순 지지된 교량으로 한 쪽은 힌지, 다른 쪽은 이동 지점으로 지지 되어 있다.
- 사장교 : 교각 위에 탑을 세우고, 탑에서 경사진 케이블로 주형을 잡아당기는 형식의 교량

□□□ 13②
22 토목 구조물 설계에서 일반적으로 주하중으로 분류되지 않은 것은?

① 토압　　② 수압
③ 지진　　④ 자중

| 해답 | ③
부하중
풍 하중, 온도 변화의 영향, 지진 하중

| memo |

02 기둥

01 기둥 column

1 기둥의 기본 개념

(1) 기둥의 정의
① 축방향 압축과 휨을 받는 구조물로서, 부재의 높이가 부재단면의 최소 치수의 3배 이상인 것을 기둥이라 한다.
② 지붕, 바닥 등의 상부 하중을 받아서 토대 및 기초에 전달하고 벽체의 골격을 이루는 수직 구조체

(2) 기둥의 형식 3가지 종류

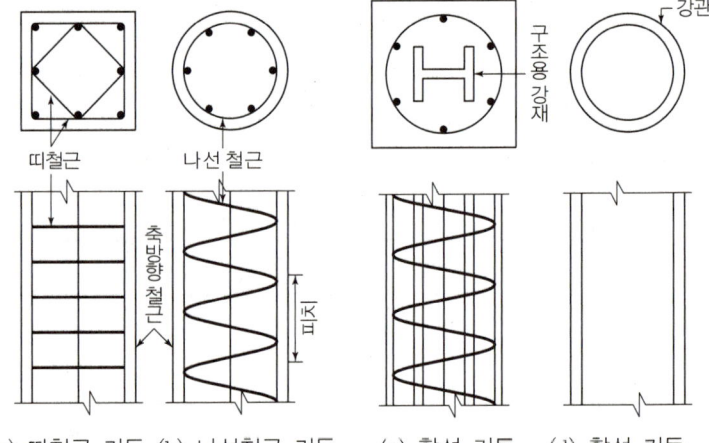

(a) 띠철근 기둥 (b) 나선철근 기둥 (c) 합성 기둥 (d) 합성 기둥

① 띠철근 기둥 (tied reinforced column)
축방향 철근에 직교하여 적당한 간격으로 철근을 감아 주근을 보장하고, 좌굴을 방지하도록 하는 기둥
② 나선철근 기둥(spiral reinforced column)
축방향 철근을 나선철근으로 촘촘히 둘러 감은 기둥
③ 합성 기둥(composite column)
구조용 강재나 강관을 축방향으로 보강한 기둥

> **알아두기**
>
> ◆ **좌굴(bucking)**
> 지지조건에 따라 기둥이 휘어져 변형되는 현상을 좌굴이라 한다.

2 압축부재의 철근 규정

(1) 압축부재의 철근량 제한
① 비합성 압축부재의 축방향 주철근 단면적은 전체 단면적 A_g의 0.01배 이상, 0.08배 이하로 하여야 한다. 축방향 주철근이 겹침이음 되는 경우의 철근비는 0.04를 초과하지 않도록 하여야 한다.
② 압축부재의 축방향 주철근의 최소 개수

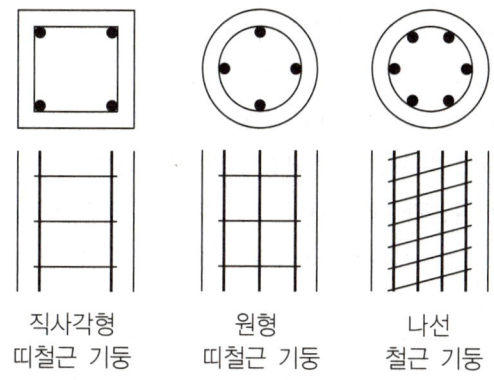

직사각형 띠철근 기둥   원형 띠철근 기둥   나선철근 기둥

- 직사각형이나 원형띠철근으로 둘러싸인 경우 4개
- 삼각형 띠철근으로 둘러싸인 경우는 3개
- 나선철근으로 둘러싸인 철근의 경우는 6개

(2) 축방향 철근
① 축방향 주철근의 철근비는 1~8%이다.
② 축방향 철근은 철근 공칭 지름의 1.5배 이상의 간격으로 배치한다.
③ 축방향 철근의 순간격은 나설철근과 띠철근 기둥에서 40mm 이상으로 배치한다.

(3) 압축부재에 사용되는 나선철근 규정
① 현장치기 콘크리트 공사에서 나선철근 지름은 10mm 이상으로 하여야 한다.
② 나선철근의 순간격은 25mm 이상, 75mm 이하이어야 한다.
③ 나선철근의 정착은 나선철근의 끝에서 추가로 1.5회전만큼 더 확보하여야 한다.
- 축방향 철근은 6개 이상, 철근비는 1%~8%이어야 한다.
- 나선철근 기둥에 사용하는 콘크리트의 설계기준강도는 21MPa 이상이어야 한다.
- 나선철근의 설계기준항복강도(f_{yt})는 700MPa 이하로 하여야 한다.
- 설계기준항복강도가 400MPa을 초과하는 경우는 겹침이음을 할 수 없다.

④ 나선철근비(ρ_s)

$\rho_s = 0.45\left(\dfrac{A_g}{A_{ch}} - 1\right)\dfrac{f_{ck}}{f_{yt}}$ 이상이어야 한다.

(4) 압축부재에 사용되는 띠철근의 규정
① 축방향 부재의 주철근의 최소개수는 직사각형이나 원형 띠철근 내부의 철근의 경우 4개, 삼각형 띠철근의 경우 3개로 하여야 한다.
② 축방향 주철근이 겹침 이음되는 경우의 철근비는 0.04를 초과하지 않도록 한다.
③ 축방향 철근의 철근비는 1%~8%이어야 한다.
④ D32 이하의 축방향 철근은 D10 이상의 띠철근으로, D35 이상의 축방향 철근과 다발철근은 D13 이상의 띠철근으로 둘러싸야 한다. 띠철근 대신 등가단면적의 이형철선 또는 용접철망을 사용할 수 있다.
⑤ 띠철근의 수직 간격은
- 축방향 철근지름의 16배 이하
- 띠철근이나 철선지름의 48배 이하
- 기둥단면의 최소치수 이하

⑥ 기초판 또는 슬래브의 윗면에 연결되는 압축부재의 첫 번째 띠철근 간격은 다른 띠철근 간격의 1/2 이하로 이어야 한다.

■ 기둥 구조세목 비교

구 분		띠철근 기둥	나선철근 기둥
압축부재	철근비	1~8%	1~8%
	개수	• 직사각형, 원형 단면 : 4개 이상 • 삼각형 단면 : 3개	6개 이상
	간격	• 40mm 이상, 150mm 이하 • 철근지름의 1.5배 이상	띠철근 기둥과 동일

띠철근 및 나선철근	직경	• 축철근이 D32 이하일 때
		  : D10 이상
		• 축철근이 D35 이상일 때
		  : D13 이상
			10mm 이상

	간격	• 축방향 철근지름의 16배 이하 • 띠철근 지름의 48배 이하 • 기둥단면의 최소치수 이하	25mm 이상 75mm 이하

(5) 최소 철근 간격을 규정하는 이유

① 철근과 철근, 철근과 거푸집 사이로 공극없이 콘크리트를 쉽게 타설 할 수 있도록 하기 위하여
② 철근이 한 위치에 집중됨으로써 전단 또는 수축 균열이 발생하는 것을 방지하기 위하여
③ 최소 철근간격을 규정하는데 철근의 공칭지름을 사용하는 것은 모든 철근 규격에 대해 통일된 척도를 제공하기 위해서

(6) 오일러의 장주 공식

$$P_{cr} = \frac{n\pi^2 EI}{l^2} = \frac{n\pi^2 EI}{(kl)^2}$$

> **알아두기**
> - P_{cr} : 좌굴하중
> - EI : 압축부재의 휨강성
> - kl : 유효길이

구분	1단고정 타단자유	양단힌지	1단고정 타단힌지	양단고정
양단지지상태	l	l	l	l
유효길이계수(k)	2	1	0.7	0.5
좌굴 계수(n)	$\frac{1}{4}$	1	2	4
좌굴 길이(kl)	$2l$	l	$\frac{1}{\sqrt{2}}l$	$\frac{1}{\sqrt{4}}l$

02 기둥

과년도 핵심문제

기둥

□□□ 15④

01 토목 구조물의 기능에 대한 설명으로 옳은 것은?

① 기초 : 슬래브를 지지하며 작용하는 하중을 기둥이나 교각에 전달한다.
② 슬래브 : 기둥, 교각 등에 작용하는 상부 구조물의 하중을 지반에 전달한다.
③ 보 : 구조물에 작용하는 직접 하중을 받아 지지하는 슬래브에 하중을 전달한다.
④ 기둥 : 보를 지지하고, 보를 통하여 전달된 하중이나 고정하중을 기초에 전달한다.

| 해답 | ④
- 보 : 슬래브를 지지하며 작용하는 하중을 기둥이나 교각에 전달한다.
- 슬래브 : 구조물에 작용하는 직접 하중을 받아 지지하는 보에 하중을 전달한다.
- 기둥 : 보를 지지하고, 보를 통하여 전달된 하중이나 고정하중을 기초에 전달한다.
- 확대기초 : 기둥, 교각 등에 작용하는 상부 구조물의 하중을 지반에 전달한다.

□□□ 12④, 14④, 16④

02 철근 콘크리트 기둥을 크게 세 가지 형식으로 분류할 때, 이에 해당되지 않는 것은?

① 합성 기둥   ② 원형 기둥
③ 띠철근 기둥 ④ 나선철근 기둥

| 해답 | ②
철근 콘크리트 기둥의 3가지 형식 : 띠철근 기둥, 나선철근 기둥, 합성 기둥

□□□ 11④, 14⑤

03 기둥의 철근배근에 대한 설명으로 옳지 않은 것은?

① 축방향 주철근의 철근비는 1~8%이다.
② 축방향 철근의 순간격을 25mm 이상으로 배치한다.
③ 나선철근의 순간격은 25mm 이상, 75mm 이하이어야 한다.
④ 축방향 철근은 철근 공칭 지름의 1.5배 이상의 간격으로 배치한다.

| 해답 | ②
축방향 철근의 순간격
나선철근과 띠철근 기둥에서 40mm 이상으로 배치한다.

□□□ 10⑤, 14⑤

04 기둥의 지지 조건에서 양 끝이 고정되어 있는 기둥의 전체 길이가 L일 때 유효길이는?

① $0.5L$ ② $0.7L$
③ $1.0L$ ④ $2.0L$

| 해답 | ①
유효길이 $= K \cdot L$

양단 지지상태	유효길이
양단고정	$0.5L$
1단 힌지 타단 고정	$0.7L$
양단 힌지	$1.0L$
1단 자유 타단 고정	$2.0L$

□□□ 11④, 15⑤

05 기둥과 같이 압축력을 받는 부재가 압축력에 의해 휘거나 파괴되는 현상을 무엇이라 하는가?

① 피로 ② 좌굴
③ 연화 ④ 쇄굴

| 해답 | ②
좌굴
기둥이 휘어져 파괴되는 현상

□□□ 15①④

08 축방향 철근에 직교하여 적당한 간격으로 철근을 감아 주근을 보강하고, 좌굴을 방지하도록 하는 기둥은?

① 합성 기둥 ② 띠철근 기둥
③ 나선철근 기둥 ④ 프리스트레스 기둥

| 해답 | ②
띠철근 기둥
축방향 철근의 위치를 확보하고 좌굴을 방지하기 위하여 축방향 철근을 가로 방향으로 묶어 주는 역할

□□□ 10④, 11⑤, 12①

06 축방향 압축을 받는 부재로서 높이가 단면 최소 치수의 몇 배 이상이 되어야 기둥이라 하는가?

① 2배 ② 3배
③ 4배 ④ 5배

| 해답 | ②
기둥
축방향 압축과 휨을 받는 부재로서 높이가 단면 최소 치수의 3배 이상인 것

□□□ 11⑤, 12④

09 압축부재의 띠철근 수직간격 결정시 검토하여야 할 조건으로 옳은 것은?

① 300mm 이하
② 축방향 철근 지름의 16배 이하
③ 띠철근 지름의 32배 이하
④ 기둥 단면 최소 치수의 1/2 이하

| 해답 | ②
압축부재에 사용하는 띠철근 수직간격
• 축방향 철근지름의 16배 이하
• 띠철근이나 철선지름의 48배 이하
• 기둥 단면의 최소 치수이하

□□□ 10①

07 철근 콘크리트 기둥 중 그림과 같은 형식은 어떤 기둥의 단면을 표시한 것인가?

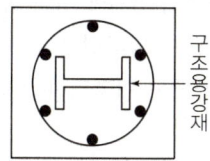

① 합성 기둥 ② 띠철근 기둥
③ 콘크리트 기둥 ④ 나선철근 기둥

| 해답 | ①
합성기둥(composite column)
구조용 강재나 강관을 축방향으로 보강한 기둥

□□□ 15⑤

10 축방향 철근을 나선철근으로 촘촘히 둘러 감은 기둥은?

① 합성기둥 ② 띠철근 기둥
③ 나선철근기둥 ④ 프리스트레스 기둥

| 해답 | ③
나선철근 기둥
축방향 철근을 나선철근으로 촘촘히 둘러 감은 기둥

□□□ 13①, 15⑤

11 압축부재의 축방향 주철근이 나선철근으로 둘러싸인 경우에 주철근의 최소 개수는?

① 6개 ② 8개
③ 9개 ④ 10개

| 해답 | ①

압축부재의 축방향 주철근 최수 개수
• 사각형이나 원형띠철근으로 둘러싸인 경우 4개
• 삼각형 띠철근으로 둘러싸인 경우는 3개
• 나선철근으로 둘러싸인 철근의 경우는 6개

□□□ 10⑤, 16①

12 현장치기 콘크리트 공사에서 압축부재에 사용되는 나설철근의 지름은 최소 얼마 이상이어야 하는가?

① 25mm 이상 ② 20mm 이상
③ 15mm 이상 ④ 10mm 이상

| 해답 | ④

압축부재에 사용되는 나선철근 규정
현장치기 콘크리트 공사에서 나선철근 지름은 10mm 이상으로 하여야 한다.

□□□ 11⑤

13 보의 받침부와 기둥의 접합부나 라멘의 접합부 모서리 내에서 응력전달이 원활하도록 단면을 크게 한 부분을 무엇이라 하는가?

① 덮개 ② 플랜지
③ 복부 ④ 헌치

| 해답 | ④

헌치(haunch)
지지하는 부재와의 접합부에서 응력집중의 완화와 지지부의 보강을 목적으로 단면을 크게 한 부분

□□□ 12⑤

14 기둥에서 종방향 철근의 위치를 확보하고 전단력에 저항하도록 정해진 간격으로 배치된 횡방향의 보강 철근을 무엇이라 하는가?

① 주 철근 ② 절곡 철근
③ 인장 철근 ④ 띠철근

| 해답 | ④

띠철근(tie bar)의 정의 이다.

□□□ 05④, 10①, 13⑤, 15④

15 나선철근의 정착은 나선철근의 끝에서 추가로 최소 몇 회전만큼 더 확보하여야 하는가?

① 1.0회전 ② 1.5회전
③ 2.0회전 ④ 2.5회전

| 해답 | ②

나선철근의 정착을 위해 나선철근의 끝에서 1.5회전 만큼 더 연장해야 한다.

□□□ 13①, 16①

16 기둥에 관한 설명으로 옳지 않은 것은?

① 지붕, 바닥 등의 상부 하중을 받아서 토대 및 기초에 전달하고 벽체의 골격을 이루는 수식 구조체이다.
② 단주인가 장주인가에 따라 동일한 단면이라도 그 강도가 달라진다.
③ 순수한 축방향 압축력만을 받는 일은 거의 없다.
④ 기둥의 강도는 단면의 모양과 밀접한 연관이 있고, 기둥 길이와는 무관하다.

| 해답 | ④

• 기둥의 강도는 길이의 영향을 크게 받는다.
• 단주인가 장주인가에 따라 동일한 단면이라도 그 강도는 달라진다.

□□□ 10⑤, 14④

17 압축부재에 사용되는 나선철근의 순간격 기준으로 옳은 것은?

① 25mm 이상, 55mm 이하
② 25mm 이상, 75mm 이하
③ 55mm 이상, 75mm 이하
④ 55mm 이상, 90mm 이하

| 해답 | ②
압축부재에 사용되는 나선철근의 순간격 25mm 이상, 75mm 이하

□□□ 11①, 16①

18 철근 콘크리트 기둥을 분류할 때 구조용 강재나 강관을 축방향으로 보강한 기둥은?

① 복합 기둥
② 합성 기둥
③ 띠철근 기둥
④ 나선철근 기둥

| 해답 | ②
합성 기둥
구조용 강재나 강관을 축방향으로 보강한 기둥

□□□ 16③

19 기둥에서 띠철근에 대한 설명으로 옳지 않은 것은?

① 횡방향의 보강 철근이다.
② 종방향 철근의 위치를 확보한다.
③ 전단력에 저항하도록 정해진 간격으로 배치한다.
④ 띠철근은 D15 이상의 철근을 사용하여야 한다.

| 해답 | ④
띠철근은 D16 이상의 철근을 사용하여야 한다.

□□□ 16③

20 그림과 같은 기둥에서 유효좌굴길이가 가장 긴 것부터 순서대로 나열한 것은?

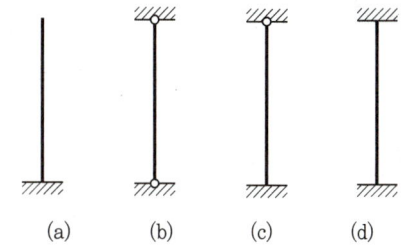

(a) (b) (c) (d)

① (a)-(b)-(c)-(d)
② (a)-(c)-(b)-(d)
③ (d)-(c)-(b)-(a)
④ (d)-(c)-(a)-(b)

| 해답 | ①
유효길이 계수 K가 클수록 유효좌굴길이가 길다.

일단고정 타단자유	$n=\frac{1}{4}$	$K=2.0$
양단힌지	$n=1$	$K=1.0$
일단힌지 타단고정	$n=2$	$K=\frac{1}{\sqrt{2}}$
양단고정	$n=4$	$K=\frac{1}{\sqrt{4}}$

□□□ 14①

21 띠철근 기둥에서 축방향 철근의 순간격은 최소 몇 mm 이상이어야 하는가?

① 40mm
② 60mm
③ 80mm
④ 100mm

| 해답 | ①
띠철근 기둥에서 철근의 순간격
• 40mm 이상, 150mm 이하
• 철근 지름의 1.5배 이상
• 굵은 골재 최대 치수의 4/3배 이상

03 슬래브

01 슬래브

1 슬래브의 종류

슬래브는 지지조건에 따라 1방향 슬래브와 2방향 슬래브로 분류된다.

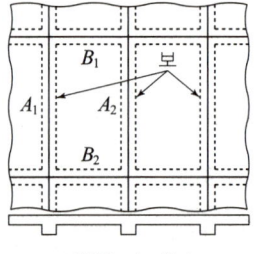 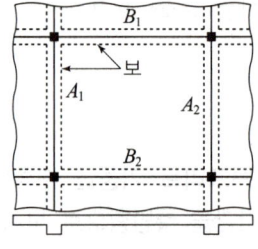

1방향 슬래브   2방향 슬래브

- 1방향 슬래브 : 슬래브에 놓이는 하중이 지간이 긴 A1보와 A2보에 의해 지지되는 슬래브이다.
- 2방향 슬래브 : 서로 마주보는 A1보와 A2보 및 B1보와 B2보로 서로 지간의 길이가 비슷하다.

(1) 슬래브의 조건

① 두께에 비해 폭이 넓은 판 모양의 구조물을 슬래브(slab)라 한다.
② 도로교에서 직접 하중을 받는 바닥판이나 건물의 각 층마다의 바닥판을 모두 슬래브이다.
③ 대부분의 슬래브는 차량이나 사람 등과 같은 활하중을 직접 받는 구조물로서 열화나 손상이 가장 빈번하게 발생할 수 있는 구조

(2) 1방향 슬래브

① 1방향 슬래브의 두께는 최소 100mm 이상으로 하여야 한다.
② 1방향 슬래브의 위험단면에서 주철근의 간격
- 슬래브의 정모멘트 철근 및 부모멘트 철근의 중심간격은 위험단면에서는 슬래브 두께의 2배 이하이어야 하고, 또한 300mm 이하로 하여야 한다.
- 기타의 단면에서는 슬래브 두께의 3배 이하이어야 하고, 또한 450mm 이하로 하여야 한다.

알아두기

슬래브의 형태
- 사각형
- 사다리꼴
- 다각형
- 원형슬래브

③ 4변에 의해 지지되는 슬래브 중에서 단변에 대한 장변의 비가 2배를 넘으면 1방향 슬래브로 해석한다.

(3) 2방향 슬래브
① 위험단면의 철근 간격은 슬래브 두께의 2배 이하, 300mm 이하이어야 한다.
② 2방향 슬래브는 주철근의 배치가 서로 직각으로 만나도록 되어 있다.
③ 2방향 슬래브의 해석 및 설계 방법
- 횡하중을 받는 구조물의 해석에 있어서 휨모멘트 크기는 실제 횡변형 크기에 비례한다.
- 슬래브 시스템이 횡하중을 받는 경우 그 해석 결과는 연직하중의 결과와 조합하여야 한다.
- 슬래브 시스템은 평형 조건과 기하학적 적합 조건을 만족시킬 수 있으면 어떠한 방법으로도 설계할 수 있다.
- 횡방향 변위가 발생하는 골조의 횡방향력 해석을 위해 골조 부재의 강성을 계산할 때 철근과 균열의 영향을 고려한다.

2 배력철근

(1) 정(+)철근 또는 부(−)철근에 직각 또는 직각에 가까운 방향으로 배치한 보조철근을 배력철근이라 한다.

(2) 배력철근을 배치하는 이유
① 균열의 폭을 감소시키기 위해
② 응력을 고르게 분포시키기 위하여
③ 주철근의 간격을 유지시키기 위하여
④ 콘크리트의 건조수축이나 온도변화에 의한 수축을 감소시키기 위해

(3) 수축·온도철근
① 슬래브에서 휨철근이 1방향으로만 배치되는 경우, 이 휨 철근에 직각방향으로 수축·온도철근을 배치하여야 한다.

② 1방향 철근 콘크리트 슬래브
- 수축·온도철근으로 배치되는 이형철근의 최소 철근비는 0.0014 이상이어야 한다.
- 1방향 슬래브의 수축·온도철근의 간격은 슬래브 두께의 5배 이하, 또한 450mm 이하로 한다.
- 수축·온도철근은 설계기준항복강도 f_y를 발휘할 수 있도록 정착되어야 한다.

【T형보의 유효폭】

대칭 T형보의 유효폭	반 T형보의 유효폭
유효폭 b_e, t_f, b_w	유효폭 b_e, t_f, b_w
• (양쪽으로 각각 내민 플랜지 두께의 8배씩 : $16t_f$)$+b_w$ • 양쪽의 슬래브의 중심 간 거리 • 보의 경간(L)의 1/4	• (한쪽으로 내민 플랜지 두께의 $6t_f$)$+b_w$ • (인접보와의 내측거리의 1/2)$+b_w$ • (보의 경간의 1/12)$+b_w$
* 상기 값 중 가장 작은 값	* 상기 값 중 가장 작은 값

03 슬래브

과년도 핵심문제

슬래브

□□□ 12⑤, 14①, 16④

01 슬래브에 대한 설명으로 옳지 않은 것은?

① 슬래브는 두께에 비하여 폭이 넓은 판모양의 구조물이다.
② 주철근의 구조에 따라 크게 1방향 슬래브, 2방향 슬래브로 구별할 수 있다.
③ 2방향 슬래브는 주철근의 배치가 서로 직각으로 만나도록 되어 있다.
④ 4변에 의해 지지되는 슬래브 중에서 단변에 대한 장변의 비가 4배를 넘으면 2방향 슬래브로 해석한다.

| 해답 | ④
4변에 의해 지지되는 슬래브 중에서 단변에 대한 장변의 비가 4배를 넘으면 1방향 슬래브로 해석한다.

□□□ 12①, 14④

02 다음에서 설명하는 구조물은?

• 두께에 비하여 폭이 넓은 판 모양의 구조물
• 도로교에서 직접 하중을 받는 바닥판
• 건물의 각 층마다의 바닥판

① 보　　　　　② 기둥
③ 슬래브　　　④ 확대기초

| 해답 | ③
슬래브의 조건
• 두께에 비해 폭이 넓은 판 모양의 구조물
• 도로교에서 직접 하중을 받는 바닥판
• 건물의 각층마다의 바닥판

□□□ 11④

03 그림과 같이 슬래브에 놓이는 하중이 지간이 긴 A1 보와 A2 보에 의해 지지되는 구조는?

① 1방향 슬래브
② 2방향 슬래브
③ 3방향 슬래브
④ 4방향 슬래브

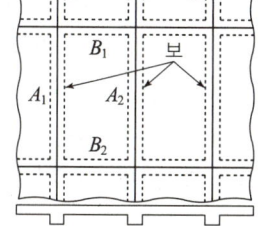

| 해답 | ①
1방향 슬래브
슬래브에 놓이는 하중이 지간이 긴 A1보와 A2보에 의해 지지되는 슬래브이다.

□□□ 07①, 11⑤, 12①, 15④, 16①④

04 1방향 슬래브의 최소 두께는 얼마인가?

① 100mm　　　② 200mm
③ 300mm　　　④ 400mm

| 해답 | ①
1방향 슬래브
최소 두께는 100mm 이상으로 규정하고 있다.

□□□ 10⑤, 11①④, 12⑤, 14①

05 하중을 분포시키거나 균열을 제어할 목적으로 주철근과 직각에 가까운 방향으로 배치한 보조 철근은?

① 띠철근　　　② 원형철근
③ 배력철근　　④ 나선철근

| 해답 | ③
배력철근(distributing)의 정의이다.

CHAPTER 04 · 토목일반 **1-175**

□□□ 12⑤

06 1방향 철근콘크리트 슬래브에 휨철근에 직각방향으로 배근되는 수축·온도철근에 관한 설명으로 옳지 않은 것은?

① 수축·온도철근으로 배치되는 이형철근의 최소 철근비는 0.0014이다.
② 수축·온도철근의 간격은 슬래브 두께의 5배 이하로 하여야 한다.
③ 수축·온도철근의 최대 간격은 500mm 이하로 하여야 한다.
④ 수축·온도철근은 설계기준항복강도를 발휘할 수 있도록 정착되어야 한다.

| 해답 | ③
1방향 슬래브의 수축·온도철근의 간격
슬래브 두께의 5배 이하, 또한 450mm 이하로 한다.

□□□ 15①

07 슬래브와 보를 일체로 된 T형보에서 유효폭 b의 결정과 관련이 없는 값은? (단, 여기서 b_w = 복부의 폭)

① (양쪽으로 각각 내민 플랜지 두께의 8배씩) $+ b_w$
② 양쪽 슬래브의 중심 간 거리
③ 보의 경간의 $\frac{1}{4}$
④ $\left(\text{보의 경간의 }\frac{1}{12}\right) + b_w$

| 해답 | ④
대칭 T형보의 유효폭은 다음 값 중 가장 작은 값
• $16t_f + b_w$
• 양쪽의 슬래브의 중심 간 거리
• 보의 경간(L)의 1/4

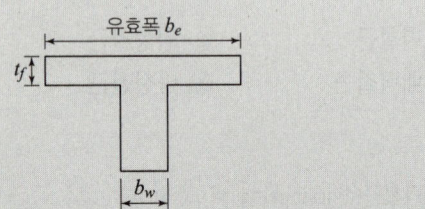

□□□ 10④, 11⑤, 12④, 13⑤

08 슬래브의 배력 철근에 관한 사항으로 옳지 않은 것은?

① 배력철근을 배치하는 이유는 가해지는 응력을 고르게 분포시키기 위해서이다.
② 정철근 또는 부철근으로 힘을 받는 주철근이다.
③ 배력철근은 주철근의 간격을 유지시켜 준다.
④ 배력철근은 콘크리트의 건조수축이나 온도 변화에 의한 수축을 감소시켜 준다.

| 해답 | ②
정(+)철근 또는 부(−)철근에 직각 또는 직각에 가까운 방향으로 배치한 보조 철근

□□□ 06⑤, 10①, 16④

09 두께 120mm의 슬래브를 설계하고자 한다. 최대 정모멘트가 발생하는 위험단면에서 주철근의 중심 간격은 얼마 이하이어야 하는가?

① 140mm 이하   ② 240mm 이하
③ 340mm 이하   ④ 440mm 이하

| 해답 | ②
1방향 슬래브의 위험단면에서 주철근의 간격
• 슬래브 두께의 2배 이하 또한 300mm 이하로 하여야 한다.
  ∴ $2 \times 120 = 240$mm 이하

□□□ 08⑤, 11①, 16①

10 슬래브를 1방향 슬래브와 2방향 슬래브로 구분하는 기준과 가장 관계가 깊은 것은?

① 설치위치(높이)   ② 슬래브의 두께
③ 부철근의 구조   ④ 지지하는 경계조건

| 해답 | ④
슬래브
지지하는 경계조건에 따라 1방향 슬래브와 2방향 슬래브로 구별한다.

□□□ 06④, 10①, 12⑤, 13①, 14⑤, 15①

11 슬래브에서 정모멘트 철근 및 부모멘트 철근의 중심 간격에 대한 기준과 관련이 없는 것은?

① 위험단면에서는 슬래브 두께의 2배 이하
② 위험단면에서는 200mm 이하
③ 위험단면 외의 기타 단면에서는 슬래브 두께의 3배 이하
④ 위험단면 외의 기타 단면에서는 450mm 이하

| 해답 | ②
1방향 슬래브의 주철근의 간격
- 위험단면의 경우 슬래브 두께의 2배 이하, 300mm 이하
- 기타의 단면은 슬래브 두께의 3배 이하, 450mm 이하

□□□ 06④, 10①, 12⑤, 13①, 14⑤, 16①

12 2방향 슬래브의 위험단면에서 철근 간격은 슬래브 두께의 2배 이하, 또한 몇 mm 이하로 하여야 하는가?

① 100   ② 200
③ 300   ④ 400

| 해답 | ③
2방향 슬래브
위험단면의 철근 간격은 슬래브 두께의 2배 이하, 300mm 이하이어야 한다.

□□□ 12④, 15⑤

13 두께에 비하여 폭이 넓은 판 모양의 구조물로 지지 조건에 의한 주철근 구조에 따라 2가지로 구분되는 것은?

① 확대기초   ② 슬래브
③ 기둥   ④ 옹벽

| 해답 | ②
슬래브
- 두께에 비하여 폭이 넓은 판 모양의 구조물
- 지지하는 경계조건에 따라 1방향 슬래브와 2방향슬래브로 구별한다.

□□□ 06④, 10①, 12⑤, 13①, 14⑤

14 1방향 슬래브의 위험단면에서 정모멘트 철근 및 부모멘트 철근의 중심 간격에 대한 기준으로 옳은 것은?

① 슬래브두께의 2배 이하, 또한 300mm 이하
② 슬래브두께의 2배 이하, 또한 400mm 이하
③ 슬래브두께의 3배 이하, 또한 300mm 이하
④ 슬래브두께의 3배 이하, 또한 400mm 이하

| 해답 | ①
1방향 슬래브의 주철근의 간격
위험단면의 경우 슬래브 두께의 2배 이하, 300mm 이하

04 확대기초와 옹벽

01 확대기초와 옹벽

1 확대기초 footing foundation

- 기둥, 교대, 교각, 벽 등에 작용하는 상부 구조물의 하중을 지반에 안전하게 전달하기 위하여 설치하는 구조물을 확대기초라 한다.
- 확대기초의 종류

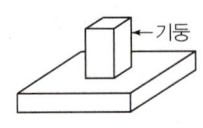
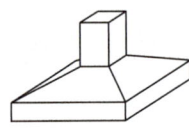
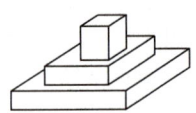

(a) 독립 확대기초   (b) 경사 확대기초   (c) 계단식 확대기초

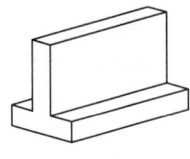
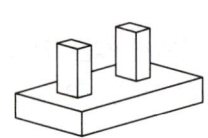

(d) 벽 확대기초   (e) 연결 확대기초   (f) 말뚝 기초

(1) 독립 확대기초
① 1개의 기둥에 전달되는 하중을 1개의 기초가 단독으로 받도록 되어 있는 확대기초를 독립 확대기초라 한다.
② 독립 확대기초에는 경사 확대기초와 계단식 확대기초도 포함된다.
③ 독립 확대기초에서 허용 지지력

$$q_a = \frac{P}{A}$$

여기서, P : 수직하중, A : 확대기초의 최소면적

(2) 벽 확대기초
벽으로부터 전달되는 하중을 분포시키기 위하여 연속적으로 만들어진 확대기초

(3) 연결 확대기초
2개 이상의 기둥을 1개의 확대기초로 받치도록 만든 기초

> **알아두기**
>
> **확대기초판**
> 상부 수직하중을 하부 지반에 분산시키기 위해 저면을 확대시킨 철근콘크리트판

2 옹벽 retainting wall

비탈면에서 흙이 무너져 내려오는 것을 방지하기 위해 설치하는 구조물

(1) 옹벽의 종류
① 중력식 옹벽 : 무근 콘크리트로 만들어지며, 자중에 의하여 안정을 유지한다.
② 캔틸레버 옹벽 : 철근 콘크리트로 만들어지며 역 T형 옹벽이라 한다.
③ 뒷부벽식 옹벽 : 캔틸레버 옹벽의 뒷면에 일정한 간격의 부벽을 설치하여 보강한 옹벽으로 높이가 7.5m를 넘는 경우에 사용하면 경제적이다.
④ 앞부벽식 옹벽 : 캔틸레버 옹벽의 전면에 일정한 간격의 부벽을 설치하여 보강한 옹벽

(2) 옹벽의 안정 조건
① 전도에 대한 안정
- 전도에 대한 저항휨모멘트는 횡토압에 의한 전도모멘트의 2.0배 이상이어야 한다.
- 안전율 $F_s = \dfrac{M_r}{M_o} \geq 2.0$

  여기서, 저항 모멘트 $M_r = \sum V \cdot x$
  전도 모멘트 $M_o = \sum H \cdot y$

② 활동에 대한 안정
활동에 대한 저항력은 옹벽에 작용하는 수평력의 1.5배 이상이어야 한다.
$F_s = \dfrac{H_r}{H} \geq 1.5$

③ 침하에 대한 안정
기초지반에 작용하는 지반반력이 지반의 허용지지력을 넘지 않도록 해야 한다.
최대지반반력($q_{\max}$) ≤ 지반의 허용지지력(q_a)

과년도 핵심문제

04 확대기초와 옹벽

확대기초

☐☐☐ 13⑤

01 확대기초의 종류가 아닌 것은?

① 독립 확대기초 ② 경사 확대기초
③ 계단식 확대기초 ④ 우물통 확대기초

| 해답 | ④
확대기초의 종류
독립확대기초, 경사확대기초, 계단식 확대기초, 벽확대기초, 연결확대기초, 말뚝기초

☐☐☐ 12⑤, 15⑤

02 2개 이상의 기둥을 1개의 확대기초로 지지하도록 만든 기초는?

① 경사 확대기초 ② 연결 확대기초
③ 독립 확대기초 ④ 계단식 확대기초

| 해답 | ②
연결 확대기초
2개 이상의 기둥을 1개의 확대기초로 받치도록 만든 기초

☐☐☐ 11④, 12①, 16①

03 벽으로부터 전달되는 하중을 분포시키기 위하여 연속적으로 만들어진 확대기초는?

① 말뚝기초 ② 벽 확대기초
③ 연결확대기초 ④ 독립확대기초

| 해답 | ②
벽 확대기초
벽으로부터 전달되는 하중을 분포시키기 위하여 연속적으로 만들어진 확대기초

☐☐☐ 15④

04 독립 확대기초의 크기가 $3m \times 4m$ 이고 하중의 크기가 600kN 일 때 이 기초에 발생하는 지지력의 크기는?

① $30kN/m^2$ ② $50kN/m^2$
③ $100kN/m^2$ ④ $150kN/m^2$

| 해답 | ②
$$q_a = \frac{P}{A} = \frac{600}{3 \times 4} = 50\,kN/m^2$$

☐☐☐ 11④, 12④, 13⑤, 14⑤

05 독립 확대기초의 크기가 $2m \times 3m$이고 허용 지지력이 $100kN/m^2$일 때, 이 기초가 받을 수 있는 하중의 크기는?

① 100kN ② 250kN
③ 500kN ④ 600kN

| 해답 | ④
$q_a = \frac{P}{A}$ 에서
$$\therefore P = q_a \cdot A = 100 \times 2 \times 3 = 600\,kN$$

☐☐☐ 10⑤, 11①, 14①, 15①

06 자중을 포함한 수직 하중 200kN를 받는 독립 확대기초에서 허용 지지력이 $5kN/m^2$일 때, 확대기초의 필요한 최소 면적은?

① $5m^2$ ② $20m^2$
③ $30m^2$ ④ $40m^2$

| 해답 | ④
$q_a = \frac{P}{A}$ 에서 $A = \frac{200}{5} = 40\,m^2$

□□□ 11⑤, 13②, 14④

07 기둥, 교대, 교각, 벽 등에 작용하는 상부 구조물의 하중을 지반에 안전하게 전달하기 위하여 설치하는 구조물은?

① 노상 ② 암거
③ 노반 ④ 확대기초

| 해답 | ④
확대기초
기둥, 교대, 교각, 벽 등에 작용하는 상부 구조물의 하중을 지반에 안전하게 전달하기 위하여 설치하는 구조물

□□□ 05⑤, 10①, 11①, 14①

08 한 개의 기둥에 전달되는 하중을 한 개의 기초가 단독으로 받도록 되어있는 확대기초는?

① 말뚝 기초 ② 벽 확대기초
③ 군 말뚝 기초 ④ 독립 확대기초

| 해답 | ④
독립 확대기초
1개의 기둥에 전달되는 하중을 1개의 기초가 단독으로 받도록 되어 있는 확대기초

□□□ 05⑤, 10①, 11①, 14①⑤

09 그림은 어느 형식의 확대기초를 표시한 것인가?

① 말뚝 확대기초
② 경사 확대기초
③ 연결 확대기초
④ 독립 확대기초

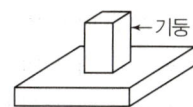

| 해답 | ④
독립 확대기초
1개의 기둥에 전달되는 하중을 1개의 기초가 단독으로 받도록 되어 있는 확대기초

□□□ 10⑤, 11①, 14①

10 자중을 포함하여 $P=2700\text{kN}$인 수직 하중을 받는 독립 확대기초에서 허용 지지력 $q_a=300\text{kN/m}^2$일 때, 경제적인 기초의 한 변의 길이는? (단, 기초는 정사각형임)

① 2m ② 3m
③ 4m ④ 5m

| 해답 | ③

$q_a = \dfrac{P}{A}$ 에서

• $300 = \dfrac{2700}{A}$

• $A = \dfrac{2700}{300} = 9\text{m}^2$ ∴ $b = 3\text{m}$

참고 SOLVE 이용

□□□ 12⑤, 15⑤

11 상부 수직 하중을 하부 지반에 분산시키기 위해 저면을 확대시킨 철근 콘크리트판은?

① 비내력벽 ② 슬래브판
③ 확대기초판 ④ 플랫 플레이트

| 해답 | ③
확대기초판(spread footing)
상부 수직하중을 하부 지반에 분산시키기 위해 저면을 확대시킨 철근콘크리트판

□□□ 13②

12 그림과 같은 기초를 무엇이라 하는가?

① 독립 확대기초
② 경사 확대기초
③ 벽 확대기초
④ 연결 확대기초

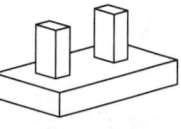

| 해답 | ④
연결 확대기초
2개 이상의 기둥을 1개의 확대기초로 받치도록 만든 기초

□□□ 11⑤

13 그림 중 경사 확대기초는 어느 것인가?

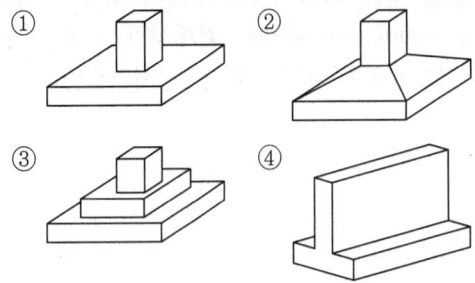

| 해답 | ②
① 독립확대기초 ② 경사확대기초
③ 계단식 확대기초 ④ 벽확대기초

옹벽

□□□ 13①

14 그림과 같은 옹벽에 수평력 20kN, 수직력 40kN이 작용하고 있다. 전도에 대한 안전율은? (단, 기초 좌측 하단('0'점)을 기준으로 한다.)

① 1.3
② 2.0
③ 3.0
④ 4.0

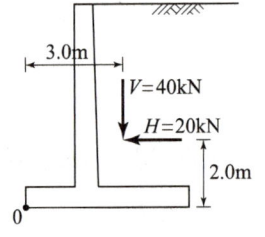

| 해답 | ③

안전율 $F_s = \dfrac{M_r}{M_o}$

• $M_r = \sum V \cdot x = 40 \times 3 = 120\,kN$
• $M_o = \sum H \cdot y = 20 \times 2 = 40\,kN$

∴ $F_s = \dfrac{120}{40} = 3.0$

□□□ 05④, 06⑤, 13⑤, 16①

15 옹벽의 종류가 아닌 것은?

① 뒷부벽식 옹벽   ② 중력식 옹벽
③ 캔틸레버 옹벽   ④ 독립식 옹벽

| 해답 | ④
옹벽의 종류
중력식 옹벽, 캔킬레버 옹벽, 뒷부벽식 옹벽, 앞부벽식 옹벽, L형 옹벽, 역 T형 옹벽, 반 중력식 옹벽

□□□ 15①

16 옹벽의 역할에 대한 설명으로 옳은 것은?

① 도로의 측구 역할을 한다.
② 교량의 받침대 역할을 한다.
③ 물을 흐르는 역할을 한다.
④ 비탈면에서 흙이 무너져 내려오는 것을 방지하는 역할을 한다.

| 해답 | ④
옹벽(retaining wall)
비탈면에서 흙이 무너져 내려오는 것을 방지하기 위해 설치하는 구조물

□□□ 03, 07, 09④, 13①, 16①④

17 옹벽은 외력에 대하여 안정성을 검토하는데, 그 대상이 아닌 것은?

① 전도에 대한 안정
② 활동에 대한 안정
③ 침하에 대한 안정
④ 간격에 대한 안정

| 해답 | ④
옹벽의 안정 조건
전도에 대한 안정, 활동에 대한 안정, 침하에 대한 안정

□□□ 10①

18 옹벽의 활동에 대한 저항력은 옹벽에 작용하는 수평력의 최소 몇 배 이상이 되도록 하여야 하는가?

① 1.0배
② 1.5배
③ 2.0배
④ 2.5배

| 해답 | ②
옹벽의 안정조건
• 활동에 대한 안전율 : 1.5배 이상
• 전도에 대한 안전율 : 2.0배 이상

□□□ 10⑤

19 옹벽의 종류와 설명이 바르게 연결된 것은?

① 뒷부벽식 옹벽 : 통상 무근 콘크리트로 만든다.
② 캔틸레버 옹벽 : 철근 콘크리트로 만들어지며 역 T형 옹벽이라 한다.
③ 중력식 옹벽 : 통상 높이가 6m 이상의 옹벽에 주로 쓰인다.
④ 앞부벽식 옹벽 : 옹벽 높이가 7.5m를 넘는 경우는 비경제적이다.

| 해답 | ②
• 뒷부벽식 옹벽 : 캔틸레버 옹벽의 뒷면에 일정한 간격의 부벽을 설치하여 보강한 옹벽으로 높이가 7.5m를 넘는 경우에 사용하면 경제적이다.
• 중력식 옹벽 : 무근 콘크리트로 만들어지며, 자중에 의하여 안정을 유지한다.
• 앞부벽식 옹벽 : 캔틸레버 옹벽의 전면에 일정한 간격의 부벽을 설치하여 보강한 옹벽

□□□ 07, 13①, 16④

20 보통 무근 콘크리트로 만들어지며 자중에 의하여 안정을 유지하는 옹벽의 형태는?

① 중력식 옹벽
② L형 옹벽
③ 캔틸레버 옹벽
④ 뒷부벽식 옹벽

| 해답 | ①
중력식 옹벽
무근 콘크리트로 만들어지며, 자중에 의하여 안정을 유지한다.

| memo |

PART 2

CBT 대비
과년도 기출문제

01 2010년 제1회
02 2011년 제5회
03 2012년 제1회
04 2012년 제4회
05 2012년 제5회
06 2013년 제1회
07 2013년 제4회
08 2013년 제5회
09 2014년 제1회
10 2014년 제4회
11 2014년 제5회
12 2015년 제1회
13 2015년 제4회
14 2015년 제5회
15 2016년 제1회
16 2016년 제4회

국가기술자격 CBT 필기시험문제

2010년도 기능사 제1회 필기시험

종 목	시험시간	배 점	테스트 결과(개수)		
전산응용토목제도기능사	1시간	60	1회	2회	3회

□□□ 07, 10①, 12①, 16①④

01 콘크리트용 골재가 갖추어야 할 성질에 대한 설명으로 옳지 않은 것은?

① 알맞은 입도를 가질 것
② 깨끗하고 강하며 내구적일 것
③ 연하고 가느다란 석편을 함유할 것
④ 먼지, 흙, 유기불순물 등의 유해물이 허용한도 이내일 것

해설

01 골재가 갖추어야 할 성질
- 연한 석편, 가느다란 석편을 함유하지 않을 것
- 함유하면 낱알을 방해 하므로 워커빌리티가 좋지 않다.

□□□ 10①

02 콘크리트를 연속으로 칠 경우 콜드 조인트가 생기지 않도록 하기 위하여 사용할 수 있는 혼화제는?

① 지연제　　② 급결제
③ 발포제　　④ 촉진제

02 지연제
콘크리트를 연속적으로 칠 때 콜드 조인트가 생기지 않도록 할 경우 사용된다.

□□□ 10①

03 철근 콘크리트 보에서 사용하는 전단철근에 해당되지 않는 것은?

① 주철근에 45° 또는 그 이상의 경사로 배치하는 스터럽
② 주철근에 60°의 각도로 설치된 스터럽
③ 주철근에 30° 또는 그 이상의 경사로 구부린 굽힘철근
④ 스터럽과 굽힘철근의 조합

03 전단철근의 형태
- 주철근에 45° 또는 그 이상의 경사로 배치하는 스터럽
- 주철근에 30° 또는 그 이상의 경사로 구부린 굽힘철근
- 스터럽과 굽힘철근의 조합

□□□ 10①

04 철근 구조물에서 철근의 최소 피복두께를 결정하는 요소로 가장 거리가 먼 것은?

① 콘크리트를 타설하는 조건에 따라
② 거푸집의 종류에 따라
③ 사용 철근의 공칭지름에 따라
④ 구조물이 받는 환경조건에 따라

04 철근의 최소 피복두께를 결정하는 요소
- 콘크리트를 타설하는 조건에 따라
- 사용 철근의 공칭지름에 따라
- 구조물이 받는 환경조건에 따라

정답 01 ③　02 ①　03 ②　04 ②

☐☐☐ 07⑤, 10①, 16④

05 철근의 항복으로 시작되는 보의 파괴는 사전에 붕괴의 징조를 알리며 점진적으로 일어난다. 이러한 파괴 형태를 무엇이라 하는가?

① 연성파괴
② 항복파괴
③ 취성파괴
④ 피로파괴

05 연성파괴
철근이 항복한 후에 상당한 연성을 나타내기 때문에 파괴가 갑작스럽게 일어나지 않고 서서히 일어난다.

☐☐☐ 10①

06 철근 크기에 따른 180° 표준 갈고리의 구부림 최소 반지름으로 옳지 않은 것은? (d_d는 철근의 공칭지름)

① D10 : $2d_d$
② D25 : $3d_d$
③ D35 : $4d_d$
④ D38 : $5d_d$

06 구부림의 최소 내면 반지름

철근의 크기	최소 내면 반지름
D10~D25	$3d_b$
D29~D35	$4d_b$
D38 이상	$5d_b$

☐☐☐ 10⑤, 13⑤

07 콘크리트 구조물의 이음에 관한 설명으로 옳지 않은 것은?

① 설계에 정해진 이음의 위치와 구조는 지켜야 한다.
② 신축이음은 양쪽의 구조물 혹은 부재가 구속되지 않는 구조이어야 한다.
③ 시공이음은 될 수 있는 대로 전단력이 큰 위치에 설치한다.
④ 신축이음에서는 필요에 따라 이음재, 지수판 등을 설치할 수 있다.

07 시공이음
시공이음은 될 수 있는 대로 전단력이 작은 위치에 설치한다.

☐☐☐ 06④, 10①, 12⑤, 13①, 14⑤, 15①, 16④

08 두께 140mm의 슬래브를 설계하고자 한다. 최대 정모멘트가 발생하는 위험단면에서 주철근의 중심 간격은 얼마 이하이어야 하는가?

① 280mm 이하
② 320mm 이하
③ 360mm 이하
④ 400mm 이하

08 2방향 슬래브의 위험단면에서 주철근의 간격
슬래브 두께의 2배 이하 또한 300mm 이하로 하여야 한다.
∴ 140×2=280mm 이하이거나 300mm 이하

☐☐☐ 10①, 14④, 15④

09 철근의 겹침이음 길이를 결정하기 위한 요소 중 옳지 않은 것은?

① 철근의 종류
② 철근의 재질
③ 철근의 공칭지름
④ 철근의 설계기준항복강도

09 철근의 겹침이음의 길이
철근의 종류, 철근의 공칭지름, 철근의 설계기준항복강도, 철근의 양에 따라 달라진다.

정답 05 ① 06 ① 07 ③ 08 ① 09 ②

□□□ 07①, 10④

10 콘크리트 속에 일부가 매립된 철근은 책임 기술자의 승인 하에 구부림 작업을 해야 한다. 현장에서 철근을 구부리기 위한 작업 방법으로 옳지 않은 것은?

① 가급적 상온에서 실시한다.
② 구부리기 위한 철근의 가열은 콘크리트에 손상이 가지 않도록 한다.
③ 구부림 작업 중 균열이 발생하면 가열하여 나머지 철근에서 이러한 현상이 발생하지 않도록 한다.
④ 800℃ 정도까지 가열된 철근은 냉각수 등을 사용하여 급속히 냉각하도록 한다.

10 구부림 작업
- 가열된 철근은 300℃로 온도가 하강할 때까지 인위적으로 냉각시켜서는 안 된다.
- 구부림 작업 중 구부림 또는 파손이 발생하면 최대 800℃까지 가열하여 나머지 철근에서 이러한 현상이 발생하지 않도록 해야 한다.

□□□ 10①

11 철근 콘크리트 구조에 대한 설명으로 옳지 않은 것은?

① 콘크리트의 압축강도가 인장강도에 비해 약한 결점을 철근을 배치하여 보강한 것이다.
② 콘크리트 속에 묻힌 철근은 녹이 슬지 않아 널리 사용된다.
③ 이형 철근은 표면적이 넓을 뿐 아니라 마디가 있어 부착력이 크다.
④ 각 부재를 일체로 만들 수 있어 전체적으로 강성이 큰 구조가 된다.

11 철근콘크리트 구조
콘크리트는 인장에 약한 콘크리트의 결점을 보완하기 위해 콘크리트는 압축을, 인장은 철근이 부담하는 구조이다.

□□□ 05⑤, 07⑤, 10①⑤, 12①, 16④

12 토목 구조물의 특징이 아닌 것은?

① 일반적으로 대규모이다.
② 다량 생산 구조물이다.
③ 구조물의 수명, 즉 공용 기간이 길다.
④ 대부분이 공공의 목적으로 건설된다.

12
다량 생산이 아니다.
- 동일한 조건의 동일한 구조물을 두 번 이상 건설하는 일이 없다.

□□□ 10①④, 12①④⑤, 13④⑤, 14④⑤, 15⑤, 16④

13 단철근 직사각형보에서 $f_{ck}=24\text{MPa}$, $f_y=300\text{MPa}$일 때 균형철근비는?

① 0.020　　② 0.035
③ 0.037　　④ 0.041

13 균형철근비
$$\rho_b = \frac{\eta(0.85f_{ck})\beta_1}{f_y} \times \frac{660}{660+f_y}$$
- $f_{ck} \leq 40\text{MPa}$일 때
$\eta=1.0$, $\beta_1=0.80$
$$\therefore \rho_b = \frac{1.0 \times (0.85 \times 24) \times 0.80}{300}$$
$$\times \frac{660}{660+300} = 0.037$$

정답 10 ④　11 ①　12 ②　13 ③

□□□ 10①, 12①

14 콘크리트를 배합 설계할 때 물-결합재비를 결정할 때의 고려사항으로 거리가 먼 것은?

① 압축 강도
② 단위 시멘트량
③ 내구성
④ 수밀성

해설

14 물결합재비(W/B)의 결정
소요의 강도(배합강도), 내구성, 수밀성

□□□ 10①, 16④

15 폴리머 콘크리트(폴리머-시멘트 콘크리트)의 성질로 옳지 않은 것은?

① 강도가 크다.
② 건조수축이 작다.
③ 내충격성이 좋다.
④ 내마모성이 작다.

15 폴리머 콘크리트
- 강도가 크고, 동결융해, 내마모성이 크다.
- 건조수축 작고, 방수성, 내충격성이 좋다.

□□□ 05④, 10①, 15④

16 압축부재에 사용되는 나선철근의 정착은 나선철근의 끝에서 추가로 몇 회전만큼 더 확보하여야 하는가?

① 1.0회전
② 1.5회전
③ 2.0회전
④ 2.5회전

16 나선철근의 정착
나선철근의 정착을 위해 나선철근의 끝에서 1.5회전 만큼 더 연장해야 한다.

□□□ 10①, 15⑤

17 트러스의 종류 중 주트러스로서는 잘 쓰이지 않으나, 가로 브레이싱에 주로 사용되는 형식은?

① K 트러스
② 프랫(pratt) 트러스
③ 하우(howe) 트러스
④ 워런(warren) 트러스

17 K트러스
- 겉보기에 좋지 않으므로 주 트러스로서는 잘 쓰이지 않는다.
- 가로 브레이싱으로 주로 쓰인다.

□□□ 10①

18 압축부재의 철근량 제한 사항으로 옳지 않은 것은?

① 철근비의 범위는 10~18%이어야 한다.
② 나선철근은 수직 간격재를 사용하여 단단하고 곧게 조립한다.
③ 축방향 주철근이 겹침 이음되는 경우의 철근비는 0.04를 초과하지 않도록 한다.
④ 압축 부재에서는 철근을 사각형 또는 원형 띠 철근으로 둘러쌀 때에는 최소한 4개의 주철근이 요구된다.

18
압축부재의 철근비는 1~8% 범위이다.

정답 14 ② 15 ④ 16 ② 17 ① 18 ①

□□□ 10①, 11④

19 콘크리트 속에 철근을 배치하여 양자가 일체가 되어 외력을 받게 한 구조는?

① 철근 콘크리트 구조 ② 무근 콘크리트 구조
③ 프리스트레스트 구조 ④ 합성 구조

19 철근 콘크리트 구조
• 콘크리트 속에 철근을 배치하여 양자가 일체가 되어 외력을 받게 한 구조
• 줄여서 RC구조라 한다.

□□□ 06④, 10①, 12⑤, 13①, 14⑤, 15①④, 16④

20 1방향 슬래브에서 정모멘트 철근 및 부모멘트 철근의 중심 간격에 대한 위험단면에서의 기준으로 옳은 것은?

① 슬래브 두께의 2배 이하, 300mm 이하
② 슬래브 두께의 2배 이하, 400mm 이하
③ 슬래브 두께의 3배 이하, 300mm 이하
④ 슬래브 두께의 3배 이하, 400mm 이하

20 1방향 슬래브의 주철근의 간격
위험단면의 경우 슬래브 두께의 2배 이하, 300mm 이하

□□□ 10①, 13②

21 다음 교량 중 건설 시기가 가장 빠른 것은? (단, 개·보수 및 복구 등을 제외한 최초의 완공을 기준으로 한다.)

① 인천 대교 ② 원효 대교
③ 한강 철교 ④ 영종 대교

21 교량 건설 순

교량	건설시기
한강철교	1900년
원효대교	1981년
영종대교	2000년
인천대교	2009년

□□□ 08⑤, 10①

22 양안에 주탑을 세우고 그 사이에 케이블을 걸어, 여기에 보강형 또는 보강 트러스를 매단 형식의 교량은?

① 아치교 ② 현수교
③ 연속교 ④ 라멘교

22 현수교
양안에 주탑을 세우고 그 사이에 케이블을 걸어, 여기에 보강한 또는 보강 트러스를 매단 형식의 교량

□□□ 05⑤, 10①, 11①, 14⑤

23 다음 그림은 어느 형식의 확대기초를 표시한 것인가?

① 독립 확대기초
② 경사 확대기초
③ 연결 확대기초
④ 말뚝 확대기초

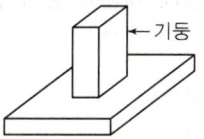

23 독립 확대기초
1개의 기둥에 전달되는 하중을 1개의 기초가 단독으로 받도록 되어 있는 확대기초

정답 19 ① 20 ① 21 ③ 22 ② 23 ①

□□□ 10①, 16①

24 철근 콘크리트 기둥 중 그림과 같은 형식은 어떤 기둥의 단면을 표시한 것인가?

① 합성 기둥
② 띠 철근 기둥
③ 콘크리트 기둥
④ 나선철근 기둥

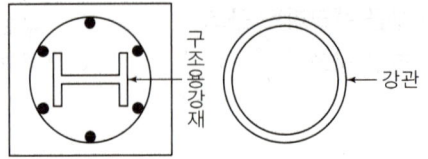

해 설

24 합성기둥(composite column) 구조용 강재나 강관을 축방향으로 보강한 기둥

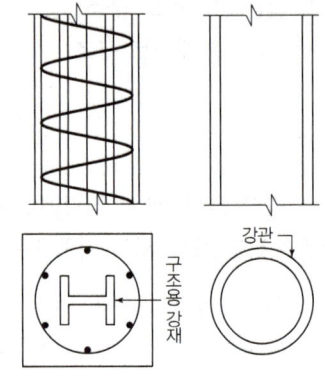

□□□ 03③, 10①, 11⑤, 12①④, 14⑤, 15①

25 프리스트레스의 손실 원인 중 프리스트레스를 도입할 때의 손실에 해당하는 것은?

① 콘크리트의 크리프
② 콘크리트의 건조수축
③ PS 강재의 릴랙세이션
④ 마찰에 의한 손실

25 프리스트레스의 손실의 원인

도입시 손실	도입 후 손실
• 정착 장치의 활동 • 콘크리트의 탄성변형 • 포스트텐션 긴장재와 덕트의 마찰	• 콘크리트의 크리프 • 콘크리트의 건조 수축 • PS강재의 릴랙세이션

□□□ 10①

26 자동차가 교량 위를 달리다가 갑자기 정지 했을 때의 손실에 해당하는 것은?

① 풍 하중
② 제동 하중
③ 충격 하중
④ 고정 하중

26 제동 하중(특수 하중)
• 차량이 급히 정거할 때의 제동 하중은 자중이 매우 가벼운 상부 구조 등의 특별한 경우에 대한 설계에만 적용한다.
• 교면상 1.8m의 높이에서 작용하는 것으로 한다.
• DB하중의 10%를 적용한다.

□□□ 10①

27 철근 콘크리트가 건설 재료로 널리 이용되는 이유가 아닌 것은?

① 균열이 생기지 않는다.
② 철근과 콘크리트의 온도에 대한 열팽창계수가 거의 같다.
③ 철근과 콘크리트의 부착이 매우 잘된다.
④ 콘크리트 속에 묻힌 철근은 녹이 슬지 않는다.

27
균열이 생기기 쉽고, 또 부분적으로 파손되기 쉽다.

□□□ 10①

28 교량을 강도 설계법으로 설계하고자 할 때, 설계 계산에 앞서 결정하여야 할 사항이 아닌 것은?

① 사용성 검토
② 응력의 결정
③ 재료의 선정
④ 하중의 결정

28 설계계산에 앞서 먼저 결정할 사항
• 재료의 선정, 응력의 결정, 하중의 결정, 부재 단면의 가정, 단면의 결정
• 사용성의 검토 : 결정된 단면이 사용 목적에 맞는가를 검토한다.

정답 24 ① 25 ④ 26 ② 27 ① 28 ①

□□□ 09⑤, 10①, 16④

29 옹벽의 활동에 대한 저항력은 옹벽에 작용하는 수평력의 최소 몇 배 이상이 되도록 하여야 하는가?

① 1.0배　　② 1.5배
③ 2.0배　　④ 2.5배

29 옹벽의 안정조건
- 활동에 대한 안전율 : 1.5배 이상
- 전도에 대한 안전율 : 2.0배 이상

□□□ 10①

30 내적 부정정 아치(arch)에 해당되지 않는 것은?

① 랭거교　　② 로제교
③ 타이드 아치교　　④ 3활절 아치교

30 내적 부정정 아치
- 타이드 아치교, 로제교, 랭거교, 랭거 트러스교
- 정정 아치 : 3활절 아치, 3활절 스팬드럴 브레이스트 아치교

□□□ 10①

31 치수선에 대한 설명으로 옳지 않은 것은?

① 치수선은 표시할 치수의 방향에 평행하게 긋는다.
② 일반적으로 불가피한 경우가 아닐 때에는 치수선은 다른 치수선과 서로 교차하지 않도록 한다.
③ 대칭인 물체의 치수선은 중심선에서 약간 연장하여 긋고, 연장선의 끝에는 화살표를 붙여 표시한다.
④ 협소하여 화살표를 붙일 여백이 없을 때에는 치수선을 치수보조선 바깥쪽에 긋고 내측을 향하여 화살표를 붙인다.

31 치수선
대칭인 물체의 치수선은 중심선에서 약간 연장하여 긋고, 치수선의 중심쪽 끝에는 화살표를 붙이지 않는다.

□□□ 10①, 15①

32 철근의 치수와 배치를 나타낸 도면은?

① 일반도　　② 구조 일반도
③ 배근도　　④ 외관도

32 배근도
철근의 치수와 배치를 나타낸 그림 또는 도면을 말한다.

□□□ 10①④, 11④, 14①⑤

33 도면에 대한 설명으로 옳지 않은 것은?

① 큰 도면을 접을 때에는 A4의 크기로 접는다.
② A3 도면의 크기는 A2 도면의 절반 크기이다.
③ A계열에서 가장 큰 도면의 호칭은 A0이다.
④ A4의 크기는 B4보다 크다.

33
A4(210×297mm)의 크기는 B4(257×364mm)의 크기보다 작다.

정답 29 ② 30 ④ 31 ③ 32 ③ 33 ④

□□□ 10①, 11④⑤, 13④⑤

34 투상선이 모든 투상면에 대하여 수직으로 투상되는 것은?

① 정 투상법
② 투시 투상도법
③ 사 투상법
④ 축측 투상도법

34 정 투상법
투상선이 투상면에 대하여 수직으로 투상되는 것

□□□ 10①, 12①, 13④

35 다음 중 CAD프로그램으로 그려진 도면이 컴퓨터에 "파일명.확장자" 형식으로 저장될 때, 확장자로 옳은 것은?

① dwg
② doc
③ jpg
④ hwp

35 CAD시스템의 저장
파일형식은 기본적으로 dwg라는 파일 형식으로 저장된다.

□□□ 08④, 10①, 15⑤, 16④

36 단면의 경계면 표시 중 지반면(흙)을 나타내는 것은?

36 단면의 경계면 표시
① 지반면(흙)
② 모래
③ 잡석
④ 수준면(물)

□□□ 10①, 13①④

37 치수에 대한 설명으로 옳지 않은 것은?

① 치수는 계산하지 않고서도 알 수 있게 표기한다.
② 치수는 모양 및 위치를 가장 명확하게 표시하며 중복은 피한다.
③ 치수의 단위는 mm를 원칙으로 하며 단위 기호는 쓰지 않는다.
④ 부분 치수의 합계 또는 전체의 치수는 개개의 부분 치수 안쪽에 기입한다.

37 치수
부분 치수의 합계 또는 전체의 치수는 순차적으로 개개의 부분 치수 바깥쪽에 기입한다.

□□□ 04, 08④, 10①

38 보기와 같은 철근 이음 방법은?

① 철근 용접 이음
② 철근 갈고리 이음
③ 철근의 평면 이음
④ 철근의 기계적 이음

38 철근 이음 방법
• 철근의 용접 이음
• 철근의 기계적 이음

정답 34 ① 35 ① 36 ① 37 ④ 38 ①

39 치수 표기에서 특별한 명시가 없으면 무엇으로 표시하는가?

① 가상 치수
② 재료 치수
③ 재단 치수
④ 마무리 치수

39 마무리 치수
치수는 특별히 명시하지 않으면 마무리 치수로 표시한다.

40 국제 및 국가별 표준규격 명칭과 기호 연결이 옳지 않은 것은?

① 국제 표준화 기구 – ISO
② 영국 규격 – DIN
③ 프랑스 규격 – NF
④ 일본 규격 – JIS

40
영국 규격 : BS

41 단면도의 절단면을 해칭할 때 사용되는 선의 종류는?

① 가는 파선
② 가는 실선
③ 가는 1점 쇄선
④ 가는 2점 쇄선

41 해칭
- 단면도의 절단면을 나타내는 선
- 가는 실선으로 규칙적으로 빗금을 그은 선

42 강구조물의 도면배치에 대한 주의 사항으로 옳지 않은 것은?

① 강구조물은 길더라도 몇 가지의 단면으로 절단하여 표현하여서는 안된다.
② 제작, 가설을 고려하여 부분적으로 제작 단위마다 상세도를 작성한다.
③ 소재나 부재가 잘 나타나도록 각각 독립하여 도면을 그려도 된다.
④ 도면이 잘 보이도록 하기 위해 절단선과 지시선의 방향을 표시하는 것이 좋다.

42 강구조물의 도면 배치
강구조물은 너무 길고 넓어 많은 공간을 차지하므로 몇 가지의 단면으로 절단하여 표현한다.

43 컴퓨터를 구성하는 주요 장치에서 데이터를 처리, 제어하는 기능을 수행하는 장치는?

① 기억장치
② 입력장치
③ 출력장치
④ 중앙처리장치

43 중앙처리 장치
- 컴퓨터를 제어하고 데이터를 처리하는 장치
- 제어장치와 연산장치로 구성되어 있다.

정답 39 ④ 40 ② 41 ② 42 ① 43 ④

□□□ 10①
44 구조도에서 표시하기 어려운 특정한 부분을 상세하게 나타낸 도면은?

① 일반도
② 투시도
③ 상세도
④ 설명도

44 상세도
구조도에서 표시하는 것이 곤란한 부분의 형상, 치수, 기구 등을 상세하게 표시하는 도면

□□□ 05, 08④, 10①, 14①
45 다음 단면의 표시방법 중 모래를 나타낸 것은?

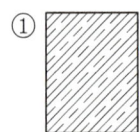

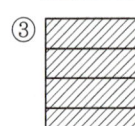

45 재료의 표시 방법
① 인조석
② 콘크리트
③ 벽돌
④ 모래

□□□ 03, 04, 06, 10①
46 도면의 종류에서 복사도가 아닌 것은?

① 기본도
② 청사진
③ 백사진
④ 마이크로 사진

46 복사도의 종류
청사진, 백사진, 마이크로 사진(전자복사도)

□□□ 07⑤, 10①, 14①
47 도면을 철하지 않을 경우 A3 도면 윤곽선의 여백 치수의 최소값은 얼마로 하는 것이 좋은가?

① 25mm
② 20mm
③ 10mm
④ 5mm

47 도면의 윤곽 치수

크기와 호칭	A0	A1	A2	A3	A4
철하지 않을 때	20	20	10	10	10
철할 때	25	25	25	25	25

□□□ 10①
48 도로 설계제도에서 평면도를 그릴 때 평탄한 전답으로 별다른 지물이 없을 경우에 일반적으로 노선 중심선 좌우를 중심으로 표시하는 거리 범위로 가장 적당한 것은?

① 1~5m
② 10~20
③ 30~40m
④ 100~200m

48
평면도에는 노선 중심선 좌우 약 100m, 지형 및 지물을 표시하지만 평탄한 전답으로 별다른 지물이 없을 때에는 좌우 30~40m 정도면 된다.

정답 44 ③ 45 ④ 46 ① 47 ③ 48 ③

☐☐☐ 10①

49 콘크리트 구조물 도면에서 구조도의 표준 축척으로 가장 적합하지 않은 것은?

① 1 : 30
② 1 : 40
③ 1 : 50
④ 1 : 150

☐☐☐ 10①

50 문자 크기에 대한 설명으로 옳은 것은?

① 문자의 높이로 나타낸다.
② 제도 통칙에서는 규정하지 않는다.
③ 축척에 따라 반드시 같은 크기로 한다.
④ 일반 치수문자는 9 ~ 18mm를 사용한다.

☐☐☐ 10①

51 정 투상도에 의한 제3각법으로 도면을 그릴 때 도면 위치는?

① 정면도를 중심으로 평면도가 위에, 우측면도는 평면도의 왼쪽에 위치한다.
② 정면도를 중심으로 평면도가 위에, 우측면도는 정면도의 오른쪽에 위치한다.
③ 정면도를 중심으로 평면도가 아래에, 우측면도는 정면도의 오른쪽에 위치한다.
④ 정면도를 중심으로 평면도가 아래에, 우측면도는 정면도의 왼쪽에 위치한다.

☐☐☐ 07①, 10①, 13④

52 다음 중 강(鋼) 재료의 단면 표시로 옳은 것은?

①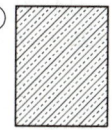
②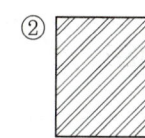
③
④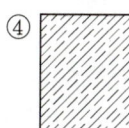

해 설

49 구조도의 표준 축척
1/20, 1/30, 1/40, 1/50

50 문자의 크기
• 문자의 크기는 문자의 높이로 나타낸다.
• 제도의 통칙에서는 크기 및 모양을 규정하고 있다.
• 도면의 크기나 축척의 정도에 따라 문자의 크기를 달리 한다.
• 일반 치수문자는 3.15 ~ 6.3mm를 사용한다.

51 정투상도
• 제3각법

| 평면도 | |
| 정면도 | 우측면도 |

• 제1각법

| 우측면도 | 정면도 |
| | 평면도 |

52 재료의 단면 경계 표시
① 아스팔트
② 강철
③ 놋쇠
④ 구리

정답 49 ④ 50 ① 51 ② 52 ②

□□□ 10①

53 CAD작업에서 좌표의 원점으로부터 좌표값 x, y의 값을 입력하는 좌표는?

① 절대 좌표　② 상대 좌표
③ 극 좌표　④ 원 좌표

53 절대좌표
좌표의 원점으로부터 x, y축의 이동한 거리를 입력

□□□ 10①

54 경사가 있는 L형 옹벽 벽체에서 도면에 1:0.02로 표시할 수 있는 경우는?

① 연직거리 1m일 때 수평거리 2mm인 경사
② 연직거리 4m일 때 수평거리 2mm인 경사
③ 연직거리 1m일 때 수평거리 40mm인 경사
④ 연직거리 4m일 때 수평거리 80mm인 경사

54
• 연직거리 : 수평거리
　= 1 : n = 1 : 0.02
• 연직거리가 4m일 때 수평거리
　$D = 0.02 \times 4 = 0.08m = 80mm$

□□□ 03, 07, 08⑤, 10①, 12①

55 KS의 부문별 기호 중 토건을 나타내는 분류 기호는?

① KS A　② KS B
③ KS D　④ KS F

55 KS의 부문별 기호

분류 기호	KS F	KS A	KS B	KS D
부문	토건	기본	기계	금속

□□□ 10①④, 12④⑤, 15④, 16①④

56 나무의 절단면을 바르게 표시한 것은?

①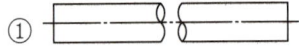
②
③
④

56 단면의 형태에 따른 절단면 표시
① 환봉
② 각봉
③ 파이프
④ 나무

□□□ 10①, 11①, 13④, 15①④

57 아래 그림과 같은 강관의 치수 표시 방법으로 옳은 것은?
(단, B : 내측 지름, t : 축방향 길이)

① 이형 $DA-L$
② $\phi A \times t - L$
③ $\square A \times B - L$
④ $B \times A \times t - L$

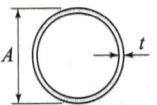

57 강관의 치수
• 환강의 이형 : 이형 $DA-L$
• 강관의 치수 표시 : $\phi A \times t - L$
• 평강의 치수 표시 : $\square A \times B - L$
• 등변 ㄱ형강 : $LA \times B \times t - L$

정답 53 ① 54 ④ 55 ④ 56 ④ 57 ②

□□□ 07①, 10①, 11⑤, 14④

58 주어진 각(∠AOB)를 2등분할 때 가장 먼저 해야 할 일은?

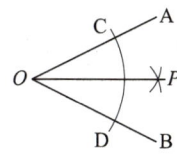

① A와 P를 연결한다.
② O점과 P점을 연결한다.
③ O점에서 임의의 원을 그려 C와 D점을 구한다.
④ C, D점에서 임의의 반지름으로 원호를 그려 P점을 찾는다.

해 설

58 주어진 각을 2등분 하기
• 점 O을 중심으로 임의의 반지름으로 원호를 그려 선 A, B와 만나는 점을 C, D라 한다.
• 점 C, D를 각각 중심으로 하는 반지름으로 원호를 그려 만나는 점을 P라 한다.
• 점 O와 점 P를 직선으로 연결한다. 직선 OP는 ∠AOB의 2등분선이 된다.

□□□ 02, 07①, 10①, 13⑤

59 입면도를 쓰지 않고 수평면으로부터 높이의 수치를 평면도에 기호로 주기하여 나타내는 투상법은?

① 정투상법
② 사투상법
③ 축측 투상법
④ 표고 투상법

59 표고 투상법

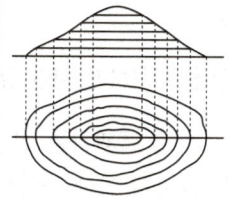

□□□ 10①

60 도로의 제도에서 종단 측량의 결과 No.0의 지반고가 105.35m이고 오름 경사가 1.0%일 때 수평거리 40m 지점의 계획고는?

① 105.35m
② 105.51m
③ 105.67m
④ 105.75m

60 계획고
• 수평 : 수직
  $= 100 : 1.0$
  $= 40 : x$
  ∴ $x = 0.40$m
• 수평거리 40m 지점의 계획고
  $= 105.35 + 0.40 = 105.75$m

정답 58 ③ 59 ④ 60 ④

국가기술자격 CBT 필기시험문제

2011년도 기능사 제5회 필기시험

종 목	시험시간	배 점	테스트 결과(개수)		
전산응용토목제도기능사	1시간	60	1회	2회	3회

해 설

□□□ 11④⑤, 13①, 14①

01 직경 150mm의 원주형 공시체를 사용한 콘크리트의 압축강도 시험에서 압축하중이 225kN에서 파괴가 진행되었다면 압축강도는 얼마인가?

① 2.5MPa
② 12.7MPa
③ 27.1MPa
④ 40.0MPa

01 압축강도
$$f_c = \frac{P}{A} = \frac{225 \times 1000}{\frac{\pi \times 150^2}{4}} = 12.7 \text{MPa}$$

□□□ 11⑤

02 다발철근을 사용하기 위한 규정으로 옳지 않은 것은?

① 보에서 D35를 초과하는 철근은 다발로 사용할 수 없다.
② 이형철근을 4개 이하로 사용하여야 한다.
③ 다발철근은 스터럽이나 띠 철근으로 둘러싸여져야 한다.
④ 정착길이는 다발철근이 아닌 경우보다 감소시킨다.

02 다발철근의 정착길이
- 개별철근의 지름에 기초를 두어 20% 또는 33% 증가시킨다.
- 보에서 D35를 초과하는 철근은 다발로 사용할 수 없다.

□□□ 11⑤, 12①

03 압축부재에 사용되는 띠 철근의 수직간격을 결정하기 위하여 고려하여야 할 사항으로 옳지 않은 것은?

① 축방향 철근지름의 16배 이하
② 띠 철근 지름의 48배 이하
③ 기둥 단면의 최소 치수 이하
④ 축방향 철근간격의 5배 이하

03 압축부재에 사용되는 띠 철근의 수직간격
- 축방향 철근지름의 16배 이하
- 띠 철근이나 철선지름의 48배 이하
- 기둥 단면의 최소 치수 이하

□□□ 11⑤

04 보의 주철근을 둘러싸고 이에 직각되게 또는 경사지게 배치한 복부보강근으로서 전단력 및 비틀림모멘트에 저항하도록 배치한 보강철근을 무엇이라 하는가?

① 덕트
② 띠 철근
③ 앵커
④ 스터럽

04 스터럽(stirrup)
보의 주철근을 둘러싸고 이에 직각되게 또는 경사지게 배치한 복부보강근으로서 전단력 및 비틀림모멘트에 저항하도록 배치한 보강철근

정답 01 ② 02 ④ 03 ④ 04 ④

해 설

05 철근의 재질을 손상시키지 않을 한도 내에서 D38 철근을 구부릴 수 있는 최소 내면 반지름은?

① 철근 공칭지름의 3배
② 철근 공칭지름의 4배
③ 철근 공칭지름의 5배
④ 철근 공칭지름의 6배

05 최소 구부림 내면 반지름

철근의 지름	내면 반지름
D10~D25	$3d_b$
D29~D35	$4d_b$
D38 이상	$5d_b$

06 옥외의 공기나 흙에 직접 접하지 않는 콘크리트 보, 기둥에서 철근의 최소 피복두께는?

① 20mm
② 40mm
③ 60mm
④ 80mm

06 옥외의 공기나 흙에 직접 접하지 않는 콘크리트

철근의 외부 조건		최소 피복
보, 기둥		40mm
슬래브 벽체	D35 초과	40mm
	D35 이하	20mm

07 콘크리트의 강도가 30MPa인 보에서 등가 직사각형 응력블록의 깊이($\alpha = \beta_1 c$)를 구하기 위한 계수 β_1은?

① 0.87
② 0.85
③ 0.80
④ 0.65

07
- β_1 값
- $f_{ck} \leq 40$MPa일 때 $\beta_1 = 0.80$

08 그림은 비교적 지간이 긴 직사각형의 단면형상을 가지는 콘크리트 보의 단면 휨응력 분포를 나타낸 것이다. 이에 대한 설명으로 옳지 않은 것은?

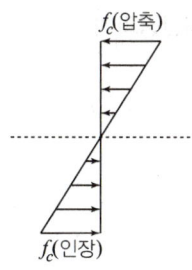

휨응력도

① 응력은 중립축에서 0이며 거리에 반비례한다.
② 변형율은 중립축으로부터 거리에 비례한다.
③ 보에 작용하고 있는 하중이 작은 경우이다.
④ 인장응력이 콘크리트의 인장파괴의 한도를 넘지 않을 때 발생한다.

08 휨응력도
응력은 중립축에서 0이며, 중립축으로부터의 거리에 비례한다.

정답 05 ③ 06 ② 07 ③ 08 ①

□□□ 10⑤, 11④⑤, 15④

09 시방 배합에서 사용되는 골재의 밀도는 어떤 상태를 기준으로 하는가?

① 절대 건조 포화 상태
② 공기 중 건조 상태
③ 표면 건조포화 상태
④ 습윤 상태

09 시방배합의 골재밀도 기준
시방배합에서 사용하는 골재의 밀도는 표면건조포화상태의 밀도를 기준으로 한다.

□□□ 11⑤

10 콘크리트의 건조수축에 미치는 영향으로 틀린 것은?

① 단위수량이 클수록 건조수축이 크다.
② 흡수량이 많은 골재를 사용하면 건조수축은 감소한다.
③ 습도가 낮을수록 건조수축은 크다.
④ 온도가 높을수록 건조수축은 크다.

10
흡수량이 많은 골재를 사용하면 건조수축이 크다.

□□□ 11⑤

11 정착길이에 대한 설명으로 옳지 않은 것은?

① 정착길이는 철근의 공칭지름과 관계있다.
② 피복두께가 크면 정착길이도 길어진다.
③ 인장 이형철근의 정착길이는 300mm 이상이어야 한다.
④ 압축 이형철근의 정착길이는 200mm 이상이어야 한다.

11 정착길이
• 철근의 공칭지름, 피복과 철근의 간격과 관계가 있다.
• 철근에 대한 콘크리트 덮개가 크고, 또 철근의 간격이 크면 정착 길이는 짧아진다.

□□□ 11⑤, 15⑤

12 일반 콘크리트의 휨부재의 크리프와 건조수축에 의한 추가 장기처짐을 근사식으로 계산할 경우 재하기간 5년 이상에 대한 시간경과계수(ξ)는?

① 1.0
② 1.2
③ 1.4
④ 2.0

12 시간경과계수(ξ)

시간	ξ
5년 이상	2.0
12개월	1.4
6개월	1.2
3개월	1.0

□□□ 11⑤

13 유효깊이가 600mm인 철근콘크리트 부재에서 부재축에 직각으로 배치된 전단철근의 간격으로 옳은 것은?

① 300mm
② 600mm
③ 750mm
④ 900mm

13 부재축에 직각으로 배치된 전단철근의 간격
• 철근 콘크리트 부재 : $\frac{d}{2}$ 이하
• 프리스트레스트 콘크리트 부재 : $0.75h$
• 어느 경우든 600mm 이하여야 한다.

정답 09 ③ 10 ② 11 ② 12 ④ 13 ②

□□□ 10④, 11⑤

14 다음 철근 중 원칙적으로 겹침이음을 하여서는 안 되는 철근은?

① D10 철근 ② D16 철근
③ D32 철근 ④ D38 철근

14 겹침이음
D35를 초과하는 철근은 겹침이음을 할 수 없다.

□□□ 11⑤, 15④

15 조기 강도가 커서 긴급 공사한 한중 콘크리트에 알맞은 시멘트는?

① 알루미나 시멘트 ② 팽창 시멘트
③ 플라이 애시 시멘트 ④ 고로 슬래그 시멘트

15 알루미나 시멘트
- 조기 강도가 커서 긴급 공사나 한중 콘크리트에 알맞다.
- 내화학성도 크므로 해수 공사에도 사용할 수 있다.

□□□ 11⑤

16 보의 받침부와 기둥의 접합부나 라멘의 접합부 모서리 내에서 응력 전달이 원활하도록 단면을 크게 한 부분을 무엇이라 하는가?

① 덮개 ② 플랜지
③ 복부 ④ 헌치

16 헌치(haunch)
지지하는 부재와의 접합부에서 응력 집중의 완화와 지지부의 보강을 목적으로 단면을 크게 한 부분

□□□ 11⑤, 12⑤, 13①, 14⑤

17 지간 12m인 단순보에 고정하중이 40kN/m, 활하중이 60kN/m 작용할 때 극한 설계 하중은? (단, 다른 하중은 무시하며, 1.4D+1.6L을 사용한다)

① 132kN/m ② 142kN/m
③ 152kN/m ④ 162kN/m

17 극한 설계 하중
$U = 1.4D + 1.6L$
$= 1.4 \times 40 + 1.6 \times 60$
$= 152 \text{kN/m}$

□□□ 11⑤, 15①

18 숏크리트에 대한 설명으로 옳은 것은?

① 컴플셔 혹은 펌프를 이용하여 노즐 위치까지 호스 속으로 운반한 콘크리트를 압축공기에 의해 시공기면에 뿜어서 만든 콘크리트
② 미리 거푸집 속에 특정한 입도를 가지는 굵은 골재를 채워놓고 그 간극에 모르타르를 주입하여 제조한 콘크리트
③ 팽창재 또는 팽창 시멘트의 사용에 의해 팽창성이 부여된 콘크리트
④ 부재 혹은 구조물의 치수가 커서 시멘트의 수화열에 의한 온도 상승 및 강하를 고려하여 설계·시공해야 하는 콘크리트

18
① 숏크리트
② 프리플레이스트 콘크리트
③ 팽창 콘크리트
④ 매스 콘크리트

□□□ 11⑤, 15⑤

19 보통 강도 콘크리트와 비교하여 고강도 콘크리트용 재료에 대한 설명으로 옳은 것은?

① 단위 시멘트량을 낮게 하여 배합한다.
② 물-결합재비를 높게 하여 시공한다.
③ 고성능 감수제를 사용하지 않는다.
④ 골재는 내구성이 큰 골재를 사용한다.

해설

19 고강도 콘크리트용 재료
• 단위 시멘트량을 높게 하여 배합한다.
• 공극과 물-결합재비가 작아야 한다.
• 고성능 감수제를 사용으로 시공연도를 개선한다.
• 골재는 내구성이 큰 골재를 사용한다.

□□□ 10④, 11⑤, 13①④⑤, 14①, 15①, 16①④

20 토목 재료로서의 콘크리트 특징으로 옳지 않은 것은?

① 콘크리트 자체의 무게가 가볍다.
② 압축 강도와 내구성이 크다.
③ 재료의 운반과 시공이 쉽다.
④ 압축 강도에 비해 인장 강도가 크다.

20 콘크리트 인장강도
• 압축강도에 비해 인장강도가 작다.
• 인장강도는 압축강도의 약 1/10~1/13 정도이다.

□□□ 11⑤, 13②, 14④

21 기둥, 교대, 교각, 벽 등에 작용하는 상부 구조물의 하중을 지반에 안전하게 전달하기 위하여 설치하는 구조물은?

① 노상
② 암거
③ 노반
④ 확대기초

21
확대기초(footing foundation)에 대한 설명이다.

□□□ 11⑤, 12①④, 13①②⑤, 14④⑤

22 교량에 작용하는 주하중에 속하는 것은? (단, 도로교설계기준에 따른다)

① 활 하중
② 풍 하중
③ 지진의 영향
④ 온도 변화의 영향

22 하중의 종류

주하중	고정 하중, 활 하중, 충격 하중
부하중	풍 하중, 온도 변화의 영향, 지진 하중

□□□ 11⑤, 12④, 16①

23 크리프에 영향을 미치는 요인 중 옳지 않은 것은?

① 재하 하중이 클수록 커진다.
② 콘크리트 온도가 높을수록 크리프 값이 커진다.
③ 고강도 콘크리트일수록 크리프 값이 크다.
④ 하중 재하시 콘크리트 재령이 짧고 하중 재하 기간이 길면 커진다.

23 콘크리트의 품질
고강도의 콘크리트일수록 크리프 변형은 적다.

정답 19 ④ 20 ④ 21 ④ 22 ① 23 ③

□□□ 10④, 11⑤, 12④, 13⑤, 15①
24 슬래브에서 배력철근을 설치하는 이유로 옳지 않은 것은?

① 균열을 집중시켜 유지보수를 쉽게 하기 위하여
② 응력을 고르게 분포시키기 위하여
③ 주철근의 간격을 유지시키기 위하여
④ 온도 변화에 의한 수축을 감소시키기 위하여

해설

24 배력철근
균열의 폭을 감소시키기 위해 배력철근을 설치

□□□ 11⑤, 12①, 14①
25 기둥에 대한 설명으로 옳은 것은?

① 축방향 압축을 받는 부재로서 높이가 단면 최소 치수의 1배 이상인 것을 말한다.
② 축방향 압축을 받는 부재로서 높이가 단면 최소 치수의 2배 이상인 것을 말한다.
③ 축방향 압축을 받는 부재로서 높이가 단면 최소 치수의 3배 이상인 것을 말한다.
④ 축방향 압축을 받는 부재로서 높이가 단면 최소 치수의 4배 이상인 것을 말한다.

25 기둥
축방향 압축과 휨을 받는 부재로서 높이가 단면 최소 치수의 3배 이상인 것

□□□ 11④⑤, 12⑤, 15④
26 철근 콘크리트에서 철근의 용도에 대한 설명으로 옳은 것은?

① 콘크리트의 인장력을 보강한다.
② 콘크리트의 균열을 유도한다.
③ 검사와 개조를 쉽게 할 수 있다.
④ 콘크리트의 모양을 다양하게 제작할 수 있다.

26
콘크리트는 압축에는 강하지만 인장에는 매우 약하기 때문에 인장력에 철근을 사용해서 인장력을 보완한 것이다.

□□□ 11⑤, 15④
27 겹치기 이음 또는 T이음에 주로 사용되는 용접으로 용접할 모재를 겹쳐서 그 둘레를 용접하거나 2개의 모재를 T형으로 하여 모재 구석에 용착 금속을 채우는 용접은?

① 홈 용접(Groove Welding)
② 필릿 용접(Fillet Welding)
③ 슬롯 용접(Slot Welding)
④ 플러그 용접(Plug Welding)

27
• 필릿 용접 : 용접할 부재를 직각으로 겹쳐진(ㄴ, ㅜ 형태) 코너부분을 용접하는 방법
• 홈 용접 : 용접하려는 모재에 홈을 파서 용접하는 것이다.

정답 24 ① 25 ③ 26 ① 27 ②

☐☐☐ 11⑤

28 철근 콘크리트에 사용하는 굳은 콘크리트의 성질 가운데 가장 중요한 것으로 일반적인 콘크리트의 강도를 의미하는 것은?

① 휨 강도
② 인장 강도
③ 압축 강도
④ 전단 강도

해 설

28 압축강도
- 콘크리트의 강도라 하면 압축강도를 말한다.
- 콘크리트의 압축강도는 재령 28일의 강도를 설계기준강도로 한다.

☐☐☐ 11⑤, 14④

29 그림 중 경사 확대기초는 어느 것인가?

①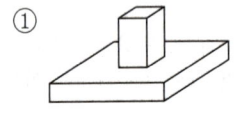
②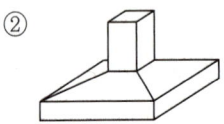
③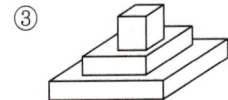
④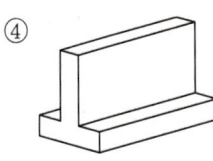

29
① 독립 확대기초
② 경사 확대기초
③ 계단식 확대기초
④ 벽 확대기초

☐☐☐ 03③, 10①, 11⑤, 12①④, 14⑤, 15①

30 긴장재에 준 인장응력은 여러 가지 원인에 의하여 감소하는데 다음 중 프리스트레스를 도입한 후의 손실 원인에 해당하는 것은?

① 콘크리트의 크리프
② 콘크리트의 탄성변형
③ 마찰에 의한 손실
④ PS강재의 활동 또는 정착장치의 변형

30 프리스트레스의 손실의 원인

도입시 손실	도입 후 손실
• 정착 장치의 활동 • 콘크리트의 탄성변형 • 포스트텐션 긴장재와 덕트의 마찰	• 콘크리트의 크리프 • 콘크리트의 건조수축 • PS강재의 릴랙세이션

☐☐☐ 11⑤, 13④, 14⑤, 15④

31 〈보기〉의 특징이 설명하고 있는 교량 형식은?

【보 기】
㉠ 부재를 삼각형의 뼈대로 만든 것으로 보의 작용을 한다.
㉡ 수직 또는 수평 브레이싱을 설치하여 횡압에 저항토록 한다.
㉢ 부재와 부재의 연결점을 격점이라 한다.

① 단순교
② 아치교
③ 트러스교
④ 판형교

31 트러스교의 특징
- 비교적 계산이 간단하고 구조적으로 상당히 긴 지간이 유리하게 쓰인다.
- 부재의 길이에 비하여 단면이 작은 부재를 삼각형으로 이어서 만든 뼈대로서, 보의 작용을 하도록 한 구조이다.

정답 28 ③ 29 ② 30 ① 31 ③

□□□ 07①, 11⑤, 12①, 15④, 16①④

32 1방향 슬래브의 최소 두께는 얼마 이상으로 하여야 하는가? (단, 콘크리트구조설계기준에 따른다)

① 100mm   ② 200mm
③ 300mm   ④ 400mm

해설

32 1방향 슬래브
최소 두께는 100mm 이상으로 규정하고 있다.

□□□ 11⑤, 13④, 14④, 16①④

33 사용 재료에 따른 토목 구조물의 분류 방법이 아닌 것은?

① 강 구조   ② 연속 구조
③ 콘크리트 구조   ④ 합성 구조

33 사용 재료에 따른 분류
콘크리트 구조(철근 콘크리트구조, 프리스트레스트 콘크리트 구조), 강구조, 합성 구조

□□□ 11⑤

34 토목 구조물의 종류에 대한 설명 중 틀린 것은?

① 철근 콘크리트 구조물이란 콘크리트 속에 철근을 배치하여 양자가 일체가 되도록 한 RC구조로 된 구조물을 말한다.
② 프리스트레스트콘크리트 구조물이란 외력에 의한 응력을 상쇄할 수 있도록 미리 인위적으로 내력을 준 PSC구조로 된 구조물을 말한다.
③ 강 구조물은 강재로 이루어져 콘크리트보다 강도가 크고, 부재의 치수를 작게 할 수 있어 긴 지간의 교량을 축조하는데 유리하다.
④ 무근 콘크리트구조란 철근이 없이 강재의 보 위에 콘크리트 슬래브를 이어쳐서 양자가 일체로 작용하도록 한 것을 말한다.

34 합성 구조
철근이 없이 강재의 보 위에 철근 콘크리트 슬래브를 이어쳐서 양자가 일체로 작용하도록 한 것

□□□ 11⑤

35 철근 콘크리트(RC)와 비교한 프리스트레스트 콘크리트(PSC)의 특징으로 옳지 않은 것은?

① PSC는 단면을 작게 할 수 있어 지간이 긴 교량에 적당하다.
② PSC는 변형이 크고 진동하기 쉽다.
③ PSC는 RC보다 내화성에 대하여 유리하다.
④ PSC는 설계 하중이 작용하더라도 균열이 발생하지 않는다.

35
고강도 강재는 높은 온도에 접하면 갑자기 강도가 감소하므로 내화성에 대하여 불리하다.

정답 32 ① 33 ② 34 ④ 35 ③

□□□ 11⑤

36 철근의 치수와 배치를 나타낸 도면은?

① 일반도
② 구조 일반도
③ 배근도
④ 외관도

□□□ 03, 05, 09④, 11⑤, 15⑤

37 대칭인 도형은 중심선에서 한쪽은 외형도를 그리고 그 반대쪽은 무엇을 표시하는가?

① 정면도
② 평면도
③ 측면도
④ 단면도

□□□ 11⑤, 14④

38 다음 철근 표시법에 대한 설명으로 옳은 것은?

@125 C.T.C

① 철근의 개수가 125개
② 철근의 굵기가 125mm
③ 철근의 길이가 125mm
④ 철근의 간격이 125mm

□□□ 11④⑤, 13①⑤, 15①

39 그림은 어떤 재료의 단면을 표시하는가?

① 수면
② 암반면
③ 지반면
④ 콘크리트면

□□□ 11⑤, 14⑤

40 CAD 작업에서 도면층(layer)에 대한 설명으로 옳은 것은?

① 도면의 크기를 설정해 놓은 것이다.
② 축척에 따른 도면의 모습을 보여주는 자료이다.
③ 도면의 위치를 설정해 놓은 것이다.
④ 투명한 여러 장의 도면을 겹쳐 놓은 효과를 준다.

해 설

36 구조도(배근도)
- 콘크리트 구조물의 표시 도면
- 콘크리트 내부의 구조 주체를 도면에 표시한 것
- 일반적으로 배근도라 하며, 철근의 치수와 배치를 나타낸 도면

37 대칭인 도형
대칭적인 것은 중심선의 한쪽을 외형도, 반대쪽을 단면도로 표시하는 것을 원칙으로 한다.

38 @125 C.T.C
철근과 철근의 중심 간격이 125mm를 의미한다.

39
지반면(흙)을 표시 방법이다.

40 도면층(layer)
- 투명한 여러 장의 도면을 겹쳐 놓은 효과를 준다.
- 도면을 몇 개의 층으로 나누어 그리거나 편집할 수 있는 기능

정답 36 ③ 37 ④ 38 ④ 39 ③ 40 ④

☐☐☐ 11⑤, 13④

41 도면에서 옹벽 벽체의 기울기가 1 : 0.02이었다면 수직 거리 4500mm에 대한 수평 거리는?

① 22.5mm
② 45mm
③ 90mm
④ 180mm

41
- 연직거리 : 수평거리
  $= 1 : n = 1 : 0.02$
- 연직거리가 4500mm일 때 수평거리
  $D = 0.02 \times 4500 = 90\text{mm}$

☐☐☐ 11⑤, 15⑤

42 도면을 인쇄할 때 프린터의 해상도를 나타내는 단위는?

① Byte
② LPM
③ DPI
④ COM

42 프린터의 해상도
DPI(Dots Per Inch)는 1인치(inch)에 인쇄되는 도트수(Dots/inch)

☐☐☐ 11⑤, 15①

43 다양한 응용분야에서 정밀하고 능률적인 설계 제도 작업을 할 수 있도록 지원하는 소프트웨어는?

① CAD
② CAI
③ Excel
④ Access

43 CAD
모든 분야에서 정밀하고 능률적으로 설계 제도 작업에서부터 군사 및 과학에 이르기까지 가장 광범위하게 적용되고 있는 소프트웨어이다.

☐☐☐ 11⑤, 13⑤, 15①

44 긴 부재의 절단면 표시 중 환봉의 절단면 표시로 옳은 것은?

①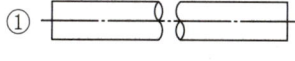
②
③
④

44 단면의 형태에 따른 절단면 표시
① 환봉
② 파이프
③ 각봉
④ 나무

☐☐☐ 07①, 10①, 11⑤, 14④

45 주어진 각(∠AOB)을 2등분할 때 다음 중 두 번째로 해야 할 작업은?

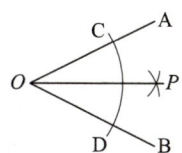

① A와 P를 연결한다.
② O점과 P점을 연결한다.
③ O점에서 임의의 원을 그려 C와 D점을 구한다.
④ C, D점에서 임의의 반지름으로 원호를 그려 P점을 찾는다.

45 주어진 각(∠AOB)을 2등분
① 점 O을 중심으로 임의의 반지름으로 원호를 그린다. 이 때, 선 A, B와 만나는 점을 C, D라 한다.
② 점 C, D를 각각 중심으로 하고 임의의 반지름으로 원호를 그려 만나는 점을 P라 한다.
③ 점 O와 점 P를 직선으로 연결한다. 직선 OP는 ∠AOB의 2등분선이 된다.

정답 41 ③ 42 ③ 43 ① 44 ① 45 ④

☐☐☐ 11①⑤, 13①, 15①④

46 도면 관리상 필요한 사항과 도면의 내용에 관한 사항을 모아서 기입하기 위해 주로 오른쪽 아래 구석의 안쪽에 설치하는 것은?

① 외곽선
② 부품표
③ 표제란
④ 설명도

해 설

46 표제란
- 도면번호, 도면 이름, 척도, 투상법, 도면 작성일, 제도자 이름 등 필요한 사항을 모아서 기입한다.
- 정상적인 방향에서 보았을 때 도면의 오른쪽 아래 구석에 있어야 한다.

☐☐☐ 11⑤

47 도로 설계 제도에 있어서 굴곡부에 표시되는 기호 중 곡선 종점에 대한 표시로 옳은 것은?

① R
② B.C
③ I.P
④ E.C

47 굴곡부 노선
- 먼저 교점(I.P)의 위치를 정하고 교각(I)을 각도기로 정확히 측정한다.
- 교점(I.P)에서 접선길이(T.L)와 동등하게 시곡점(B.C) 및 종곡점(E.C)를 취한다.

☐☐☐ 11⑤

48 KS 제도 통칙에서 치수와 치수선에 대한 설명으로 틀린 것은?

① 치수선은 표시할 치수의 방향에 평행하게 긋는다.
② 치수의 단위는 mm를 원칙으로 하고 단위기호는 쓰지 않는다.
③ 치수는 모양 및 위치를 가장 명확하게 표시하며 중복을 피한다.
④ 치수선은 될 수 있는 대로 물체를 표시하는 도면의 내부에 긋는다.

48
치수선은 될 수 있는 대로 물체를 표시하는 도면의 외부에 긋는다.

☐☐☐ 10①, 11④⑤, 13④⑤

49 물체의 투상 방법 중 투상면에 대하여 투상선이 수직으로 물체를 투상하는 방법은?

① 정투상법
② 등각투상법
③ 사투상법
④ 전개도법

49 정투상법
투상선이 투상면에 대하여 수직으로 투상되는 투상법

☐☐☐ 11⑤, 14⑤

50 재료 단면 표시 중 모르타르를 표시하는 기호는?

①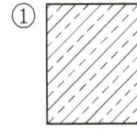
②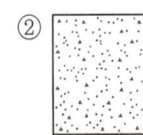
③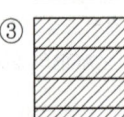
④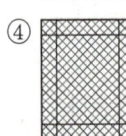

50 재료의 단면 표시
① 자연석(석재)
② 모르타르
③ 벽돌
④ 블록

정답 46 ③ 47 ④ 48 ④ 49 ① 50 ②

□□□ 10⑤, 11⑤, 15④

51 그림에서와 같이 주사위를 바라보았을 때 우측면도를 바르게 표현한 것은? (단, 투상법은 제3각법이며, 물체의 모서리 부분의 표현은 무시한다.)

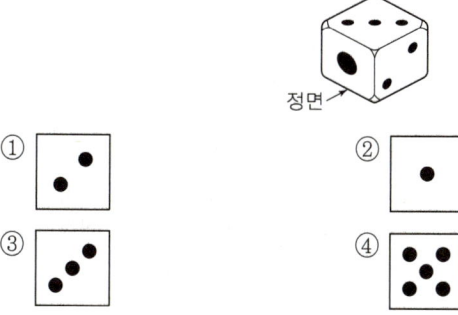

51 제3각법

평면도

정면도   우측면도

∴ ① 우측면도
　② 정면도
　③ 평면도

□□□ 11⑤

52 치수 수치의 기입 방법으로 옳지 않은 것은?

① 치수 수치는 충분한 크기의 글자로 도면에 기입한다.
② 치수 수치는 도면상에서 다른 선에 의해 겹치거나 교차되거나 분리된다.
③ 치수 수치는 치수선에 평행하게 기입한다.
④ 치수 수치는 되도록 치수선의 중앙의 위쪽에 치수선으로부터 조금 띄어 기입한다.

52 치수 수치
도면상에서 다른 선에 의해 겹치거나 교차되거나 분리되지 않게 기입한다.

□□□ 11⑤, 15④

53 도면이 구비하여야 할 일반적인 기본 요건으로 옳은 것은?

① 분야별 각기 독자적인 표현 체계를 가져야 한다.
② 기술의 국제 교류의 입장에서 국제성을 가져야 한다.
③ 기호의 다양성과 제작자의 특성을 잘 반영하여야 한다.
④ 대상물의 임의성을 부여하여야 한다.

53 도면의 기본 요건
도면은 명료함과 자세함을 지킬 수 있는 최소 크기의 용지를 사용하여 기호의 다양성과 제작자의 특성을 잘 반영하여야 한다.

□□□ 11⑤, 12①, 14④, 15④, 16④

54 한 도면에서 두 종류 이상의 선이 같은 장소에 겹치게 될 때 우선 순위로 옳은 것은?

ㄱ. 숨은선　ㄴ. 중심선　ㄷ. 외형선　ㄹ. 절단선

① ㄹ－ㄱ－ㄷ－ㄴ
② ㄷ－ㄱ－ㄹ－ㄴ
③ ㄱ－ㄴ－ㄷ－ㄹ
④ ㄷ－ㄱ－ㄴ－ㄹ

54 선의 우선 순위
1. 외형선
2. 숨은선
3. 절단선
4. 중심선
5. 무게 중심선

정답　51 ①　52 ②　53 ②　54 ②

□□□ 08④, 10④, 11⑤, 12⑤, 13①, 14④, 15④

55 제도 통칙에서 제도 용지의 세로와 가로의 비로 옳은 것은?

① $1 : \sqrt{2}$
② $1 : 1.5$
③ $1 : \sqrt{3}$
④ $1 : 2$

55 제도 용지
제도 용지의 세로(폭 a)과 가로(길이 b)의 비는 $1 : \sqrt{2}$ 이다.

□□□ 03, 08①, 11⑤, 12①, 14④, 16①

56 지름 16mm인 이형철근의 표시방법으로 옳은 것은?

① A16
② D16
③ φ16
④ @16

56
• φ16 : 지름 16mm의 원형 철근
• D16 : 지름 16mm의 이형 철근 (일반 철근)

□□□ 10①④, 11①⑤, 13④

57 도면을 접을 때에 기준이 되는 크기는?

① A3
② A4
③ A5
④ A6

57
도면을 접을 때에는 A4(210×297mm) 크기로 접어야 한다.

□□□ 09①, 11⑤, 12④, 13④, 16④

58 주로 중심선이나 물체 또는 도형의 대칭선으로 사용되는 선은?

① 가는 실선
② 파선
③ 가는 2점 쇄선
④ 가는 1점 쇄선

58 가는 1점 쇄선
• 중심선, 기준선, 피치선에 사용되는 선
• 주로 도형의 중심을 나타내며 도형의 대칭선으로 사용

□□□ 11⑤, 12④, 13①, 15①, 16④

59 각 모서리가 직각으로 만나는 물체의 모서리를 세 축으로 하여 투상도를 그려 입체의 모양을 투상도 하나로 나타낼 수 있는 투상법은?

① 정 투상법
② 표고 투상법
③ 투시 투상법
④ 축측 투상법

59 축측 투상도
각 모서리가 직각으로 만나는 세 모서리를 좌표축으로 하여 하나의 투상도에 정면, 평면, 측면이 입체적으로 하나로 나타내는 투상법

□□□ 10④, 11⑤, 13①, 15④

60 콘크리트 구조물 제도에서 구조물 전체의 개략적인 모양을 표시한 도면은?

① 일반도
② 구조도
③ 상세도
④ 구조 일반도

60 콘크리트 구조물의 일반도
구조물 전체의 개략적인 모양을 표시하는 도면

정답 55 ① 56 ② 57 ② 58 ④ 59 ④ 60 ①

국가기술자격 CBT 필기시험문제

2012년도 기능사 제1회 필기시험

종 목	시험시간	배 점	테스트 결과(개수)		
전산응용토목제도기능사	1시간	60	1회	2회	3회

□□□ 07, 10①, 12①, 16①④

01 콘크리트용 골재가 갖추어야 할 성질에 대한 설명으로 옳지 않은 것은?

① 알맞은 입도를 가질 것
② 깨끗하고 강하며 내구적일 것
③ 연하고 가느다란 석편을 다량 함유하고 있을 것
④ 먼지, 흙, 유기불순물 등의 유해물이 허용한도 이내일 것

해 설

01 골재가 갖추어야 할 성질
• 연한 석편, 가느다란 석편을 함유하지 않을 것
• 함유하면 낱알을 방해 하므로 워커빌리티가 좋지 않다.

□□□ 10④, 12①

02 콘크리트용 잔골재의 입도에 관한 사항으로 옳지 않은 것은?

① 잔골재는 크고 작은 알이 알맞게 혼합되어 있는 것으로서 입도가 표준 범위 내인가를 확인한다.
② 입도가 잔골재의 표준 입도의 범위를 벗어나는 경우에는 두 종류 이상의 잔골재를 혼합하여 입도를 조정하여 사용한다.
③ 일반적으로 콘크리트용 잔골재의 조립률의 범위는 5.0 이상인 것이 좋다.
④ 조립률은 골재의 입도를 수량적으로 나타내는 한 방법이다.

02 조립률
• 콘크리트용 잔골재는 2.3~3.1
• 굵은골재는 6~8 정도가 좋다.

□□□ 12①

03 철근 콘크리트 보의 휨부재에 대한 강도 설계법 기본 가정이 아닌 것은?

① 콘크리트의 변형률은 중립축으로부터의 거리에 비례한다.
② 철근의 변형률과 같은 위치의 콘크리트 변형률은 같다.
③ 휨모멘트 또는 휨모멘트와 축력을 동시에 받는 부재의 콘크리트 압축연단의 극한변형률은 콘크리트의 설계기준압축강도가 40MPa 이하인 경우에는 0.0033으로 가정한다.
④ 모든 철근의 탄성계수는 $E_S = 1.0 \times 10^5$MPa이다.

03
모든 철근의 탄성계수는
$E_S = 2.0 \times 10^5$MPa이다.

정답 01 ③ 02 ③ 03 ④

□□□ 12①, 13①
04 철근을 용접에 의한 이음을 하는 경우, 이 때, 이음부가 철근의 설계기준 항복강도의 얼마 이상을 발휘할 수 있는 완전용접이어야 하는가?

① 85%
② 95%
③ 115%
④ 125%

04 용접이음
- 용접용 철근을 사용해야 한다.
- 철근의 설계기준항복강도 f_y의 125% 이상을 발휘할 수 있는 용접이어야 한다.

□□□ 12①, 13⑤
05 균형철근보에 관한 설명으로 옳지 않은 것은?

① 취성파괴 방지를 위해 철근 사용량을 규제하는 것이다.
② 균형 철근비보다 철근을 많이 넣은 과다 철근보는 연성파괴가 일어나도록 한다.
③ 균형철근비를 사용한 보를 균형보(평형보)라고 하며, 이 보의 단면을 균형 단면(평형단면)이라고 한다.
④ 균형 철근비는 철근이 항복함과 동시에 콘크리트의 압축 변형률이 0.0033에 도달할 때의 철근비를 뜻한다.

05 취성파괴
철근비가 균형 철근비보다 클 때, 보의 파괴가 압축측 콘크리트의 파쇄로 시작되는 파괴 형태

□□□ 12①, 14④
06 잔골재의 조립률 2.3, 굵은골재의 조립률 6.7을 사용하여 잔골재와 굵은골재를 질량비 1:1.5로 혼합하면 이때 혼합된 골재의 조립률은?

① 3.67
② 4.94
③ 5.27
④ 6.12

06 혼합 조립률
$$f_a = \frac{m}{m+n}f_s + \frac{n}{m+n}f_g$$
$$= \frac{1}{1+1.5} \times 2.3 + \frac{1.5}{1+1.5} \times 6.7$$
$$= 4.94$$

□□□ 12①, 16④
07 경량골재 콘크리트에 대한 설명으로 옳지 않은 것은?

① 경량골재에 포함된 잔 입자(0.008mm체 통과량)는 굵은골재는 1% 이하, 잔골재는 5% 이하이어야 한다.
② 경량골재는 일반적으로 입경이 작을수록 밀도가 커진다.
③ 경량골재의 표준입도는 질량 백분율로 표시한다.
④ 경량골재 콘크리트는 골재의 전부 또는 일부를 경량골재를 사용하여 제조한 기건 단위용적질량 2100kg/m³ 이상 콘크리트를 말한다.

07
경량골재 콘크리트는 골재의 전부 또는 일부를 경량골재를 사용하여 제조한 기건 단위용적질량 2100kg/m³ 미만인 콘크리트를 말한다.

정답 04 ④ 05 ② 06 ② 07 ④

□□□ 12①④, 14①

08 표준 갈고리를 갖는 인장이형철근의 정착길이는 항상 얼마 이상이어야 하는가?

① 150mm 이상
② 250mm 이상
③ 350mm 이상
④ 450mm 이상

해설

08
인장이형철근의 정착길이는 $8d_b$ 이상 또한 150mm 이상이어야 한다.

□□□ 10⑤, 11④, 12①, 14①⑤, 15①, 16①

09 콘크리트에 일정하게 하중을 주면 응력의 변화는 없는데도 변형이 시간이 경과함에 따라 커지는 현상은?

① 건조수축
② 크리프
③ 틱소트로피
④ 릴랙세이션

09 크리프(creep)
콘크리트에 일정한 하중을 계속 주면 응력의 변화는 없는데도 변형이 재령과 함께 점차 변형이 증대되는 성질

□□□ 12①, 13①, 15⑤

10 D16 이하의 철근을 사용하여 현장 타설한 콘크리트의 경우 흙에 접하거나 옥외공기에 직접 노출되는 콘크리트 부재의 최소 피복두께는?

① 20mm
② 40mm
③ 50mm
④ 60mm

10 흙에 접하거나 옥외의 공기에 직접 노출되는 콘크리트

철근의 외부 조건	최소 피복
D19 이상의 철근	50mm
D16 이하의 철근	40mm

□□□ 10④, 12①⑤, 13④⑤, 15①④

11 강도설계법에서 단철근은 직사각형의 등가 직사각형의 응력분포의 깊이(a)를 구하는 공식은? (단, A_s : 인장철근량, f_y : 철근의 설계기준항복강도, f_{ck} : 콘크리트의 설계기준강도, b : 단면의 폭, η : 콘크리트 등가직사각형 압축응력블록의 크기)

① $a = \dfrac{A_s f_y b}{\eta(0.85 f_{ck})}$
② $a = \dfrac{\eta(0.85 f_{ck}) b}{A_s f_y}$
③ $a = \dfrac{A_s f_y}{\eta(0.85 f_{ck}) b}$
④ $a = \dfrac{\eta(0.85 f_{ck}) b}{A_s}$

11 $C = T$
- 압축력 $C = \eta(0.85 f_{ck}) ab$
- 인장력 $T = f_y A_s$
∴ $a = \dfrac{A_s f_y}{\eta(0.85 f_{ck}) b}$

□□□ 12①, 14⑤

12 D16 이하의 스터럽이나 띠 철근에서 철근을 구부리는 내면 반지름은 철근 공칭지름(d_b)의 몇 배 이상으로 하여야 하는가?

① 1배
② 2배
③ 3배
④ 4배

12
D16 이하의 철근을 스터럽과 띠 철근으로 사용할 때 표준 갈고리 구부림 내면 반지름은 $2d_b$ 이상으로 하여야 한다.

정답 08 ① 09 ② 10 ② 11 ③ 12 ②

□□□ 10①, 12①

13 콘크리트를 배합 설계할 때 물-결합재 비를 결정할 때의 고려사항으로 거리가 먼 것은?

① 소요의 강도　　② 내구성
③ 수밀성　　　　④ 철근의 종류

해설

13 물결합재비(W/B)의 결정
소요의 강도(배합강도), 내구성, 수밀성

□□□ 09①, 11①, 12①④, 14⑤, 15④

14 AE 콘크리트의 특징에 대한 설명으로 틀린 것은?

① 내구성 및 수밀성이 증대된다.
② 워커빌리티가 개선된다.
③ 동결 융해에 대한 저항성이 개선된다.
④ 철근과의 부착 강도가 증대된다.

14
철근과의 부착 강도가 떨어진다.

□□□ 11④, 12①, 13④, 14⑤

15 6kN/m의 등분포하중을 받는 지간 4m의 철근콘크리트 켄틸레버 보가 있다. 이 보의 작용모멘트는? (단, 하중계수는 작용하지 않는다.)

① 12kN·m　　② 24kN·m
③ 36kN·m　　④ 48kN·m

15
$$M_u = \frac{w_u L^2}{8}$$
$$= \frac{6 \times 4^2}{2} = 48 \text{kN} \cdot \text{m}$$

□□□ 11⑤, 12①⑤, 14①, 15①④

16 콘크리트의 등가 직사각형 응력분포 식에서 β_1은 콘크리트의 압축강도의 크기에 달라지는 값이다. 콘크리트의 압축강도가 35MPa 일 경우 인 경우 β_1의 값은?

① 0.80　　② 0.82
③ 0.85　　④ 0.87

16 계수 $\eta(0.85f_{ck})$와 β_1 값

f_{ck}	≤40	50	60	70	80
η	1.00	0.97	0.95	0.91	0.87
β_1	0.80	0.80	0.76	0.74	0.72

∴ $f_{ck} \leq 40$MPa일 때 $\beta_1 = 0.80$

□□□ 12①④

17 압축을 받는 부재의 모든 축방향 철근은 띠 철근으로 둘러싸야 하는데 띠 철근의 수직간격은 띠 철근이나 철선지름의 몇 배 이하로 하여야 하는가?

① 16배　　② 32배
③ 48배　　④ 64배

17 압축부재에 사용하는 띠 철근 수직간격
• 축방향 철근지름의 16배 이하
• 띠 철근이나 철선지름의 48배 이하
• 기둥 단면의 최소 치수 이하

정답 13 ④　14 ④　15 ④　16 ①　17 ③

□□□ 10④, 12①⑤, 13②⑤, 14①

18 그림과 같이 $b=28\text{cm}$, $d=50\text{cm}$, $A_s=3-\text{D}25=15.20\text{cm}^2$인 단철근 직사각형 보의 철근비는? (단, $f_{ck}=280\text{MPa}$, $f_y=420\text{MPa}$이다.)

① 0.01
② 0.14
③ 0.92
④ 1.42

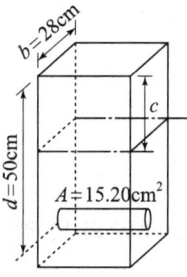

18 철근비
$$\rho = \frac{A_s}{bd} = \frac{15.20}{28 \times 50} = 0.01$$

□□□ 12①, 13②⑤, 16④

19 동일평면에서 평행한 철근사이의 수평 순간격은 최소 몇 mm 이상이어야 하는가?

① 15mm 이상
② 20mm 이상
③ 25mm 이상
④ 30mm 이상

19 동일 평면에서 간격제한
• 평행한 철근 사이의 수평 순간격은 25mm 이상
• 철근의 공칭지름 이상

□□□ 10④, 12①⑤, 13②⑤, 15①

20 철근콘크리트 강도 설계법에서 단철근 직사각형 보에 대한 균형 철근비(ρ_b)를 구하는 식은? (단, f_{ck} : 콘크리트설계기준강도(MPa), f_y : 철근의 설계기준강도(MPa), β_1 : 계수)

① $\dfrac{\eta(0.75f_{ck})\beta_1}{f_y} \cdot \dfrac{660}{660+f_y}$
② $\dfrac{\eta(0.80f_{ck})\beta_1}{f_y} \cdot \dfrac{660}{660+f_y}$
③ $\dfrac{\eta(0.85f_{ck})\beta_1}{f_y} \cdot \dfrac{660}{660+f_y}$
④ $\dfrac{\eta(0.90f_{ck})\beta_1}{f_y} \cdot \dfrac{660}{660+f_y}$

20 균형철근비
$$\rho_b = \frac{\eta(0.85f_{ck})\beta_1}{f_y} \cdot \frac{660}{660+f_y}$$

□□□ 12①, 14④

21 다음에서 설명하는 구조물은?

- 두께에 비하여 폭이 넓은 판 모양의 구조물
- 도로교에서 직접 하중을 받는 바닥판
- 건물의 각 층마다의 바닥판

① 보
② 기둥
③ 슬래브
④ 확대기초

21 슬래브의 조건
• 두께에 비해 폭이 넓은 판 모양의 구조물
• 도로교에서 직접 하중을 받는 바닥판
• 건물의 각층마다의 바닥판

정답 18 ① 19 ③ 20 ③ 21 ③

□□□ 09④, 11⑤, 12①

22 강재의 보 위에 철근 콘크리트 슬래브를 이어 쳐서 양자가 일체하도록 된 구조는?

① 철근 콘크리트 구조
② 콘크리트 구조
③ 강 구조
④ 합성 구조

22 합성 구조
철근이 없이 강재의 보 위에 철근 콘크리트 슬래브를 이어쳐서 양자가 일체로 작용하도록 한 것

□□□ 10④, 11⑤, 12①, 14①

23 축방향 압축을 받는 부재로서 높이가 단면 최소 치수의 몇 배 이상이 되어야 기둥이라 하는가?

① 2배
② 3배
③ 4배
④ 5배

23 기둥
축방향 압축과 휨을 받는 부재로서 높이가 단면 최소 치수의 3배 이상인 것

□□□ 12①

24 띠 철근 기둥의 축방향 철근 단면적에 최소 한도를 두는 이유로 옳지 않은 것은?

① 예상외의 휨에 대비할 필요가 있다.
② 콘크리트의 크리프를 감소시키는데 효과가 있다.
③ 콘크리트의 건조수축의 영향을 증가시키는데 효과가 있다.
④ 콘크리트의 부분적 결함을 철근으로 보충하기 위해서 있다.

24
콘크리트의 크리프 및 건조수축으로 인한 영향을 줄인다.

□□□ 03③, 10①, 11⑤, 12①④, 14⑤, 15①

25 프리스트레스를 도입한 후의 손실 원인이 아닌 것은?

① 콘크리트의 크리프
② 콘크리트의 건조수축
③ 콘크리트의 블리딩
④ PS 강재의 릴랙세이션

25 프리스트레스의 손실의 원인

도입시 손실 (즉시손실)	도입 후 손실 (시간적손실)
• 정착 장치의 활동 • 포스트텐션 긴장재와 덕트 사이의 마찰 • 콘크리트의 탄성변형	• 콘크리트의 크리프 • 콘크리트의 건조수축 • PS강재의 릴랙세이션

□□□ 05⑤, 07⑤, 10①⑤, 12①, 16④

26 토목 구조물의 특징으로 가장 적합한 것은?

① 다량 생산을 할 수 있다.
② 대부분은 개인적인 목적으로 건설된다.
③ 건설에 비용과 시간이 적게 소요된다.
④ 구조물의 수명, 즉 공용 기간이 길다.

26 다량 생산이 아니다.
동일한 조건의 동일한 구조물을 두 번 이상 건설하는 일이 없다.

정답 22 ④ 23 ② 24 ③ 25 ③ 26 ④

□□□ 11④, 12①④, 13⑤, 14⑤, 16①④

27 직사각형 독립 확대기초의 크기가 2m×3m이고, 허용 지지력이 250kN/m²일 때 이 기초가 받을 수 있는 최대 하중의 크기는 얼마인가?

① 500N
② 1000kN
③ 1500kN
④ 100kN

27
$q_a = \dfrac{P}{A}$ 에서
$\therefore P = q_a \cdot A = 250 \times 2 \times 3 = 1500 \text{kN}$

□□□ 12①

28 강재의 용접 이음 방법이 아닌 것은?

① 아크 용접법
② 리벳 용접법
③ 가스 용접법
④ 특수 용접법

28 용접법
아크 용접법, 가스 용접법, 특수 용접법

□□□ 11④, 12①, 16①

29 벽으로부터 전달되는 하중을 분포시키기 위하여 연속적으로 만들어진 확대기초는?

① 독립 확대기초
② 벽 확대기초
③ 연결 확대기초
④ 말뚝 기초

29 벽 확대기초
벽으로부터 전달되는 하중을 분포시키기 위하여 연속적으로 만들어진 확대기초

□□□ 02④, 12①④⑤, 13②, 14④⑤, 15①, 16①④

30 구조 재료로서 강재의 단점으로 옳은 것은?

① 재료의 균질성이 떨어진다.
② 부재를 개수하거나 보강하기 어렵다.
③ 차량 통행에 의하여 소음이 발생하기 쉽다.
④ 강 구조물을 사전 제작하여 조립이 힘들다.

30 강재의 장·단점
• 재료의 균질성을 가지고 있다.
• 부재를 개수하거나 보강하기 쉽다.
• 차량 통행에 의하여 소음이 발생하기 쉽다.
• 강 구조물은 공장에서 사전 조립이 가능하다.

□□□ 12①, 14①⑤, 16④

31 철근 콘크리트(RC)의 특징이 아닌 것은?

① 내구성이 우수하다.
② 개조, 파괴가 쉽다.
③ 유지 관리비가 적게 든다.
④ 여러 가지 모양과 크기의 구조물을 만들기 쉽다.

31
검사, 개조 및 보강 등이 어렵다.

정답 27 ③ 28 ② 29 ② 30 ③ 31 ②

□□□ 12①, 14⑤

32 다음 중 역사적인 토목 구조물로서 가장 오래된 교량은?

① 미국의 금문교 ② 영국의 런던교
③ 프랑스의 아비뇽교 ④ 프랑스의 가르교

□□□ 12①

33 프리스트레스트 콘크리트(PS)에 사용되는 강재의 종류가 아닌 것은?

① PS 형강 ② PS 강선
③ PS 강봉 ④ PS 강연선

□□□ 11⑤, 12①④, 13①②⑤, 14④⑤

34 교량의 설계 하중에서 주하중이 아닌 것은?

① 설 하중 ② 활 하중
③ 고정 하중 ④ 충격 하중

□□□ 07①, 11⑤, 12①, 15④, 16①④

35 1방향 슬래브의 최소 두께는 얼마 이상 이어야 하는가?

① 70mm ② 80mm
③ 90mm ④ 100mm

□□□ 12①

36 그림은 컴퓨터 중앙처리 장치를 도식화한 것이다. (A)부분에 해당하는 장치는?

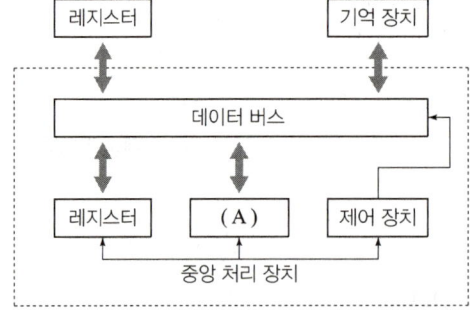

① 저장 장치 ② 연산 장치
③ 처리 장치 ④ 수합 장치

해 설

32 세계토목구조물의 역사
- 1~2세기 : 프랑스의 가르교
- 9~10세기 : 영국의 런던교, 프랑스의 아비뇽교
- 19~20세기 : 미국의 금문교

33 PS 강재의 종류
PS 강선, PS 강연선, PS 강봉

34 하중의 종류

주하중	고정 하중, 활 하중, 충격 하중
부하중	풍 하중, 온도 변화의 영향, 지진 하중
특수 하중	설 하중, 원심하중, 제동하중, 지점 이동의 영향 가설 하중, 충돌 하중

35 1방향 슬래브
최소 두께는 100mm 이상으로 규정하고 있다.

36 중앙처리장치의 구성
- 기억 기능을 담당하는 레지스터
- 연산 기능을 담당하는 연산 장치
- 제어기능을 담당하는 제어장치

정답 32 ④ 33 ① 34 ① 35 ④ 36 ②

해 설

□□□ 12①

37 도면을 철하고자 할 때 어떤 쪽으로 철함을 원칙으로 하는가?

① 위쪽　　② 아래쪽
③ 왼쪽　　④ 오른쪽

37 도면을 철하고자 할 때
- 왼쪽을 철함을 원칙으로 한다.
- 철하는 쪽에 25mm 이상 여백을 둔다.

□□□ 10⑤, 12①

38 사 투상도에서 물체를 입체적으로 나타내기 위해 수평선에 대하여 주는 경사각으로 주로 사용되지 않는 각은?

① 30°　　② 45°
③ 60°　　④ 75°

38 사 투상도
물체를 입체적으로 나타내기 위해 수평선에 대하여 30°, 45°, 60° 경사각을 주어 삼각자를 쓰기에 편리한 각도로 한다.

□□□ 10④, 12①, 14⑤

39 그림은 무엇을 작도하기 위한 것인가?

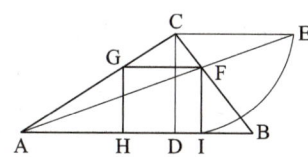

① 사각형에 외접하는 최소 삼각형
② 사각형에 외접하는 최대 정삼각형
③ 삼각형에 내접하는 최대 정사각형
④ 삼각형에 내접하는 최소 직사각형

39 삼각형에 내접하는 최대 정사각형
- 삼각형 ABC의 꼭지점 C에서 변 AB에 그은 수선과의 교점을 D라 한다.
- 점C에서 반지름 CD로 그은 원호와 점C를 지나고 변 AB에 평행한 선과의 교점을 E를 구한다.
- 점A와 E를 이은 선과 변 BC와의 교점 F를 구한다.
- 점 F에서 변 AB에 내린 수선의 발 I, 또 변 AB에 평행선과 AC와의 교점 G, 점 G에서 변 AB에 내린 수선의 발을 H라 한다.
- 점 F, G, H, I를 이으면 최대 정사각형이 된다.

□□□ 10①, 12①

40 치수표기에서 특별한 명시가 없으면 무엇으로 표시하는가?

① 가상 치수　　② 재료 치수
③ 재단 치수　　④ 마무리 치수

40
치수는 특별히 명시하지 않으면 마무리 치수로 표시한다.

□□□ 12①

41 치수선에 대한 설명으로 옳은 것은?

① 치수선은 표시할 치수의 방향에 평행하게 그린다.
② 치수선은 물체를 표시하는 도면의 내부에 그린다.
③ 여러개의 치수선을 평행하게 그을 때 간격은 가급적 다양하게 한다.
④ 치수선은 가급적 서로 교차하게 그린다.

41
- 치수선은 물체를 표시하는 도면의 외부에 그린다.
- 여러개의 치수선을 평행하게 그을 때 간격은 동일하게 그린다.
- 치수선은 가급적 서로 교차하지 않도록 그린다.

정답 37 ③　38 ④　39 ③　40 ④　41 ①

□□□ 04, 08①, 10④, 12①

42 철근의 표시 방법에 대한 설명으로 옳은 것은?

> 24@200=4800

① 전장 4800m를 24m로 200등분
② 전장 4800mm를 200mm로 24등분
③ 전장 4800m를 200m 간격으로 24등분
④ 전장 4800mm를 24m 간격으로 200등분

□□□ 12①, 13①

43 정투상법에서 제3각법에 대한 설명으로 옳지 않은 것은?

① 평면도는 정면도 아래에 그린다.
② 우측면도는 정면도 우측에 그린다.
③ 제3면각 안에 물체를 놓고 투상하는 방법이다.
④ 각 면에 보이는 물체는 보이는 면과 같은 면에 나타낸다.

□□□ 03, 08①, 11⑤, 12①, 14④, 16①

44 콘크리트 구조물 제도에서 지름 16mm 일반 이형 철근의 표시법으로 옳은 것은?

① R16
② φ16
③ D16
④ H16

□□□ 10⑤, 12①

45 자갈을 나타내는 재료 단면의 경계 표시는?

① (빗금)
② (수준면 기호)
③ (암반면)
④ (자갈)

□□□ 10⑤, 11⑤, 12①, 14③

46 도로설계제도에서 굴곡부 노선의 제도에 사용되는 기호 중 곡선시점을 나타내는 것은?

① I.P
② E.C
③ T.L
④ B.C

해 설

42
24@200=4800
- 전장 4800mm를 200mm로 24등분

43 제3각법
정면도를 중심으로 하여 평면도는 정면도 위에, 우측면도는 정면도 우측

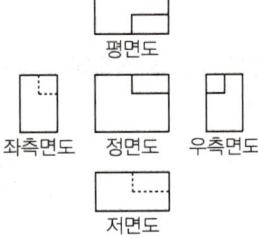

44 철근의 표시법
- R16 : 반지름 22mm의 원
- φ16 : 지름 16mm의 원형 철근
- D16 : 지름 16mm의 이형 철근(일반 철근)
- H16 : 지름 16mm의 이형 철근(고강도 철근)

45 재료 단면의 경계 표시
① 지반면(흙)
② 수준면(물)
③ 암반면(바위)
④ 자갈

46 굴곡부 노선
- 먼저 교점(I.P)의 위치를 정하고 교각(I)을 각도기로 정확히 측정한다.
- 교점(I.P)에서 접선길이(T.L)와 동등하게 곡선시점(B.C) 및 곡선종점(E.C)를 취한다.

정답 42 ② 43 ① 44 ③ 45 ④ 46 ④

□□□ 08①, 12①, 15①

47 삼각 스케일에 표시된 축척이 아닌 것은?

① 1 : 10
② 1 : 200
③ 1 : 300
④ 1 : 600

47 삼각 스케일
1면에 1m의 1/100, 1/200, 1/300, 1/400, 1/500, 1/600에 해당하는 여섯가지의 축척 눈금이 새겨져 있다.

□□□ 12①, 13⑤

48 다음 선의 종류 중 가장 굵게 그려져야 하는 선은?

① 중심선
② 윤곽선
③ 파단선
④ 치수선

48 윤곽선
도면의 크기에 따라 굵은 실선 0.5mm 이상으로 그린다.

□□□ 04③, 11⑤, 12①, 14④, 15④, 16④

49 한 도면에서 두 종류 이상의 선이 같은 장소에 겹치게 될 때 순서로 옳은 것은?

① 숨은선 → 외형선 → 절단선 → 중심선
② 외형선 → 숨은선 → 절단선 → 중심선
③ 중심선 → 외형선 → 절단선 → 숨은선
④ 숨은선 → 중심선 → 절단선 → 외형선

49 선의 우선 순위

1	외형선
2	숨은선
3	절단선
4	중심선
5	무게중심선

□□□ 12①

50 치수의 기입 방법에 대한 설명으로 틀린 것은?

① 협소한 구간에서의 치수 기입은 필요에 따라 생략해도 된다.
② 경사의 방향을 표시할 필요가 있을 때에는 하향 경사쪽으로 화살표를 붙인다.
③ 원의 지름을 표시하는 치수선은 기준선 또는 중심선에 일치하지 않게 한다.
④ 작은 원의 지름은 인출선을 써서 표시할 수 있다.

50 협소한 구간의 치수 기입
협소한 구간이 연속될 때에는 치수선의 위쪽과 아래쪽에 번갈아 치수를 기입할 수 있다.

□□□ 12①

51 척도에 대한 설명으로 옳지 않은 것은?

① 현척은 1 : 1을 의미한다.
② 척도의 종류는 축척, 현척, 배척이 있다.
③ 척도는 물체의 실제 크기와 도면에서의 크기 비율을 말한다.
④ 1 : 2는 2배로 크게 그린 배척을 의미한다.

51 척도(scale)
• 도면에서의 크기(A) : 물체의 실제 크기(B)=1 : n
∴ n값이 클수록 작게 그려지는 척도이다.

정답 47 ① 48 ② 49 ② 50 ① 51 ④

☐☐☐ 10④, 12①, 14⑤

52 그림과 같은 재료 단면의 경계 표시가 나타내는 것은?

① 흙
② 호박돌
③ 바위
④ 잡석

☐☐☐ 12①, 13④

53 CAD 작업 파일의 확장자로 옳은 것은?

① TXT   ② DWG
③ HWP   ④ JPG

☐☐☐ 12①, 14⑤, 15④

54 도면을 표현형식에 따라 분류할 때 구조물의 구조 계산에 사용되는 선도로 교량의 골조를 나타내는 도면은?

① 일반도   ② 배근도
③ 구조선도   ④ 상세도

☐☐☐ 12①

55 다음 중 자연석의 단면 표시로 옳은 것은?

①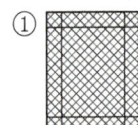
②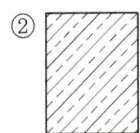
③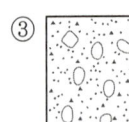
④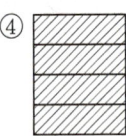

☐☐☐ 12①, 15④

56 다음 장치 중 입력장치가 아닌 것은?

① 터치패드   ② 스캐너
③ 태블릿   ④ 플롯터

해 설

52
- 호박돌 단면 경계 표시이다.
- 흙
- 암반면(바위)
- 잡석

53 CAD시스템의 저장
파일형식은 기본적으로 dwg라는 파일 형식으로 저장된다.

54 표현형식에 따른 분류
- 일반도 : 구조물의 평면도, 입면도, 단면도 등에 의해서 그 형식과 일반 구조를 나타내는 도면
- 외관도 : 대상물의 외형과 최소한의 필요한 치수를 나타낸 도면
- 구조선도 : 교량 등의 골조를 나타내고, 구조 계산에 사용하는 선도로 뼈대 그림

55 재료의 단면 경계 표시
① 블록
② 자연석(석재)
③ 콘크리트
④ 벽돌

56 CAD시스템의 입출력장치
- 입력 장치 : 키보드, 마우스, 라이트 펜, 디지타이저, 태블릿
- 출력장치 : 모니터, 프린터, 플롯터

정답 52 ② 53 ② 54 ③ 55 ② 56 ④

☐☐☐ 12①

57 도면 작도시 유의 사항으로 틀린 설명은?

① 도면은 KS 토목제도 통칙에 따라 정확하게 그려야 한다.
② 도면의 안정감을 위해 치수선의 간격을 도면마다 다르게 하며, 화살표의 표시도 다양하게 한다.
③ 도면에는 불필요한 사항은 기입하지 않는다.
④ 글씨는 명확하고 띄어쓰기에 맞게 쓴다.

해설

57
치수선의 간격은 도면마다 동일하게 그리며, 화살표의 표시도 동일하게 한다.

☐☐☐ 03, 07, 08⑤, 10①⑤, 11③, 12①, 13①④

58 KS의 부문별 기호 중 토목 건축 부문의 기호는?

① KS C
② KS D
③ KS E
④ KS F

58 KS의 부문별 기호

KS F	토건
KS D	금속
KS C	전기
KS E	광산

☐☐☐ 10⑤, 12①, 15④

59 어떤 재료의 치수가 2－H 300×200×9×12×1000로 표시되었을 때 플랜지두께는?

① 2mm
② 9mm
③ 12mm
④ 200mm

59 H형강 : H H×A×t_1×t_2－L
• 2－H 300×200×9×12×1000
• H형강 2본, 높이 300, 폭 200, 복부판두께 9, 플렌지두께 12, 길이 1000
∴ 플랜지 두께 t_2 =12mm

☐☐☐ 12①, 16④

60 물체를 투상면에 대하여 한쪽으로 경사지게 투상하여 입체적으로 나타낸 것은?

① 투시 투상도
② 사 투상도
③ 등각 투상도
④ 축측 투상도

60 사 투상도
• 물체의 상징인 정면 모양이 실제로 표시되며 한쪽으로 경사지게 투상하여 입체적으로 나타내는 투상도
• 물체를 입체적으로 나타내기 위해 수평선에 대하여 30°, 45°, 60° 경사각을 주어 삼각자를 쓰기에 편리한 각도로 한다.

정답 57 ② 58 ④ 59 ③ 60 ②

국가기술자격 CBT 필기시험문제

2012년도 기능사 제4회 필기시험

종 목	시험시간	배 점	테스트 결과(개수)		
전산응용토목제도기능사	1시간	60	1회	2회	3회

해 설

□□□ 11①, 12④, 14④, 15①

01 단철근 직사각형 보에서 철근의 항복강도 $f_y=300$MPa, $d=600$mm일 때 중립축의 깊이(c)를 강도 설계법으로 구한 값은? (단, 균형파괴 되며, $f_{ck}=24$MPa)

① 200mm ② 300mm
③ 413mm ④ 600mm

01 $f_{ck} \leq 40$MPa일 때
$c = \dfrac{660}{660+f_y}d$
$= \dfrac{660}{660+300} \times 600 = 413$mm

□□□ 12④, 14⑤, 15④

02 단철근 직사각형 보에서 단면이 평형 단면일 경우 중립축의 위치 결정에서 사용하는 철근의 탄성계수는?

① 2000MPa ② 20000MPa
③ 200000MPa ④ 2000000MPa

02 철근의 탄성계수
$E_s = 200000$MPa
$= 2 \times 10^5$MPa의 값이 표준

□□□ 12④, 13②

03 철근 D29~D35의 경우에 180° 표준 갈고리의 구부림 최소 내면 반지름은? (단, d_b : 철근의 공칭지름)

① $2d_b$ ② $3d_b$
③ $4d_b$ ④ $5d_b$

03 표준 갈고리의 최소 반지름

철근의 지름	최소 반지름
D10~D25	$3d_b$
D29~D35	$4d_b$
D38 이상	$5d_b$

□□□ 11①, 12④⑤, 14①

04 시방배합과 현장배합에 대한 설명으로 옳지 않은 것은?

① 시방배합에서 골재의 함수상태는 표면건조포화상태를 기준으로 한다.
② 시방배합에서 굵은 골재와 잔골재를 구분하는 기준은 5mm체이다.
③ 시방배합을 현장배합으로 고치는 경우 골재의 표면수량과 입도는 제외한다.
④ 시방배합을 현장배합으로 고치는 경우 혼화제를 희석시킨 희석수량 등을 고려하여야 한다.

04 시방배합을 현장배합으로 변경 시 고려할 사항
- 골재의 함수상태
- 잔골재 속의 5mm체에 남는 양
- 굵은 골재 속의 5mm체를 통과하는 양

정답 01 ③ 02 ③ 03 ③ 04 ③

09①, 11①, 12①④, 14⑤, 15⑤, 16④

05 굳지 않은 콘크리트에 AE제를 사용하여 연행공기를 발생시켰다. 이 AE공기의 특징으로 옳은 것은?

① 콘크리트의 유동성을 저하시킨다.
② 콘크리트의 온도가 낮을수록 AE공기가 잘 소실된다.
③ 경화 후 동결융해에 대한 저항성이 증대된다.
④ 기포의 직경이 클수록 잘 소실되지 않는다.

05 AE공기의 특징
- 기상작용에 대한 내구성과 수밀성이 좋다.
- 경화 후 동결융해에 대한 저항성이 증대된다.
- 콘크리트의 워커빌리티와 마무리성이 좋아진다.

12④

06 D35를 초과하는 철근의 이음에 대한 설명 중 옳은 것은?

① 겹침 이음을 해야 한다.
② 일반적으로 갈고리를 하여 이음 한다.
③ 용접이음을 해서는 안 된다.
④ 이음부가 철근의 설계기준항복강도의 125% 이상을 발휘할 수 있어야 한다.

06 용접이음의 규정
- D35mm를 초과하는 철근은 겹침 이음을 해서는 안된다.
- D35mm를 초과하는 철근은 용접에 의한 맞댐 이음을 한다.
- 맞댐이음시 이음부가 철근의 설계기준항복강도의 125% 이상의 인장력을 발휘할 수 있어야 한다.

12④

07 경량 골재 콘크리트의 특징으로 옳지 않은 것은?

① 자중이 크다.
② 내화성이 크다.
③ 열전도율이 작다.
④ 탄성계수가 작다.

07 경량 콘크리트의 특징
- 열전도율이 작다.
- 강도와 탄성계수가 작다.
- 건조수축과 팽창이 크다.
- 자중이 가볍고 내화성이 크다.

10⑤, 12④, 15①④, 16①④

08 콘크리트 표면과 그에 가장 가까이 배치된 철근 표면 사이에 최단거리를 무엇이라 하는가?

① 피복두께
② 철근의 간격
③ 콘크리트 여유
④ 철근의 두께

08 피복두께
철근 표면으로부터 콘크리트 표면까지의 최단 거리

12④

09 하루 평균기온이 몇 ℃를 초과할 경우에 서중 콘크리트로서 시공하는가?

① 20℃
② 25℃
③ 30℃
④ 35℃

09
하루 평균기온이 25℃를 초과하는 경우 서중콘크리트로 시공한다.

정답 05 ③ 06 ④ 07 ① 08 ① 09 ②

□□□ 12④, 15⑤

10 굳지 않은 콘크리트의 반죽 질기를 측정하는데 사용되는 시험은?

① 자르 시험
② 브리넬 시험
③ 비비 시험
④ 로스앤젤레스 시험

□□□ 05④, 10④, 11①④, 12④, 13④, 16①

11 상단과 하단에 2단 이상으로 배치된 철근에 대한 설명으로 옳은 것은?

① 순간격을 25mm 이상으로 하고 상하 철근을 동일 연직면 내에 두어야 한다.
② 순간격은 20mm 이상으로 하고 상하 철근을 서로 엇갈리게 배치한다.
③ 순간격은 25mm 이상으로 하고 상하 철근을 서로 엇갈리게 배치한다.
④ 순간격은 20mm 이상으로 하고 상하 철근을 동일 연직면 내에 두어야 한다.

□□□ 12④

12 지간이 l인 단순보에서 등분포하중 w를 받고 있을 때 최대휨모멘트는?

① $\dfrac{wl^2}{2}$
② $\dfrac{wl^2}{4}$
③ $\dfrac{wl^2}{8}$
④ $\dfrac{wl^2}{16}$

□□□ 12④

13 괄호에 들어갈 말이 순서대로 연결된 것은?

> 「강도 설계법에서는 인장 철근이 설계기준항복강도에 도달함과 동시에 콘크리트의 극한변형률이 (①)에 도달할 때, 그 단면이 (②)상태에 있다고 본다.」

① ① 0.0023 - ② 최대변형률
② ① 0.0023 - ② 균형변형률
③ ① 0.0033 - ② 최대변형률
④ ① 0.0033 - ② 균형변형률

해 설

10
• 비비시험
슬럼프시험으로 측정하기 어려운 된 비빔 콘크리트의 반죽질기에 적용
• 브리넬시험 : 금속 재료의 경도시험용
• 로스앤젤레스 시험 : 굵은골재의 닳음 측정용

11 상단과 하단에 2단 이상으로 배치된 경우
• 상하철근은 동일 연직면 내에 배치되어야 한다.
• 상하 철근의 순간격은 25mm 이상으로 하여야 한다.

12 등분포하중을 받는 단순보

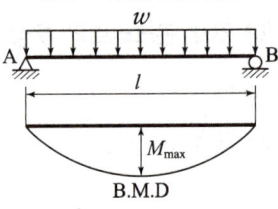

$R_A = \dfrac{wl}{2}$

∴ $M_{\max}$
$= \dfrac{wl}{2} \times \dfrac{l}{2} - w \times \dfrac{l}{2} \times \dfrac{l}{2} \times \dfrac{1}{2}$
$= \dfrac{wl^2}{4} - \dfrac{wl^2}{8} = \dfrac{wl^2}{8}$

13 강도 설계법
인장 철근이 설계기준항복강도 f_y에 도달함과 동시에 콘크리트의 극한변형률이 0.0033에 도달할 때, 그 단면이 균형변형률상태에 있다고 본다.

정답 10 ③ 11 ① 12 ③ 13 ④

해 설

□□□ 11⑤, 12④, 16①

14 콘크리트의 크리프에 대한 설명으로 틀린 것은?

① 물 – 결합재비가 적을수록 크리프는 감소한다.
② 단위 시멘트량이 적을수록 크리프는 감소한다.
③ 주위의 습도가 높을수록 크리프는 감소한다.
④ 주위의 온도가 높을수록 크리프는 감소한다.

14 콘크리트 온도
주위의 온도가 높을수록 크리프는 증가한다.

□□□ 12①④, 14①

15 인장 철근 1개의 지름이 30mm이고, 표준 갈고리를 가지는 인장 철근의 기본 정착길이가 300mm라면 표준 갈고리를 가지는 이형 인장 철근의 정착길이는? (단, 보정계수는 0.8이다.)

① 150mm ② 180mm
③ 210mm ④ 240mm

15
- 표준 갈고리를 갖는 인장이형철근의 정착길이는 $8d_b$ 이상 또한 150mm 이상이어야 한다.
- $l_d = 8d_b = 8 \times 30 = 240$mm
∴ $l_d = l_{db} \times$ 보정계수
$= 300 \times 0.8 = 240$mm

□□□ 12④, 14④⑤, 15⑤

16 $b = 250$mm, $d = 460$mm인 직사각형 보에서 균형철근비는? (단, 철근의 항복강도는 420MPa, 콘크리트의 설계기준강도는 28MPa 이다.)

① 0.0277 ② 0.0250
③ 0.0214 ④ 0.0176

16 균형철근비
- $\rho_b = \dfrac{\eta(0.85f_{ck})\beta_1}{f_y} \dfrac{660}{660+f_y}$
- $f_{ck} \leq 40$MPa일 때 $\eta = 1.0$, $\beta_1 = 0.80$
∴ $\rho_b = \dfrac{1.0 \times 0.85 \times 28 \times 0.80}{420}$
$\times \dfrac{660}{660+420} = 0.0277$

□□□ 11⑤, 12①④

17 압축부재의 띠 철근 수직간격 결정시 검토하여야 할 조건으로 옳은 것은?

① 300mm 이하
② 축방향 철근 지름의 16배 이하
③ 띠 철근 지름의 32배 이하
④ 기둥 단면 최소 치수의 1/2 이하

17 압축부재에 사용하는 띠 철근 수직간격
- 축방향 철근지름의 16배 이하
- 띠 철근이나 철선지름의 48배 이하
- 기둥 단면의 최소 치수 이하

□□□ 12④

18 재료의 강도가 크고, 콘크리트에 비하여 부재의 치수를 작게 할 수 있어 지간이 긴 교량을 축조하는데 유리한 토목 구조물의 구조는?

① 강 구조 ② 석 구조
③ 목 구조 ④ 흙 구조

18
강구조에 대한 설명이다.

정답 14 ④ 15 ④ 16 ① 17 ② 18 ①

□□□ 12④, 15⑤

19 블리딩을 적게 하는 방법으로 옳지 않은 것은?

① 분말도가 높은 시멘트를 사용한다.
② 단위 수량을 크게 한다.
③ AE제를 사용한다.
④ 감수제를 사용한다.

해설

19 블리딩을 적게 하는 방법
• 분말도가 높은 시멘트를 사용한다.
• AE제, 포졸라나, 감수제를 사용한다.
• 단위수량을 적게 한다.

□□□ 12④

20 압축 이형 철근의 정착길이 l_d는 기본정착길이에 적용 가능한 모든 보정계수를 곱하여 구하여야 한다. 이 때 구한 정착길이 l_d는 항상 얼마 이상이어야 하는가?

① 150mm ② 200mm
③ 250mm ④ 300mm

20 압축이형철근의 정착
• 정착길이
 l_d = 기본정착길이(l_{db})×보정계수
• 항상 정착길이 l_d는 200mm 이상이어야 한다.

□□□ 12④, 15④⑤

21 경간이 긴 단철근 직사각형 콘크리트보에 크기가 작은 하중이 작용할 경우 균열이 발생하지 않았다면 이에 대한 설명으로 옳지 않은 것은?

① 압축 응력은 압축측 콘크리트가 부담한다.
② 휘기 전에 평면인 단면은 변형 후에도 평면을 유지한다.
③ 응력은 중립축에서 최대이며 거리에 반비례한다.
④ 변형률은 중립축으로부터의 거리에 비례한다.

21
응력은 중립축에서 0이며, 중립축으로부터의 거리에 비례한다.

□□□ 11④, 12④, 13⑤, 14⑤, 16①④

22 독립 확대기초의 크기가 2m×3m이고 허용 지지력이 20kN/m²일 때, 이 기초가 받을 수 있는 하중의 크기는?

① 90kN   ② 120kN
③ 150kN ④ 180kN

22
$q_a = \dfrac{P}{A}$ 에서
∴ $P = q_a \cdot A = 20 \times 2 \times 3 = 120$ kN

□□□ 12④, 14④, 16④

23 철근 콘크리트 기둥의 형식이 아닌 것은?

① 띠 철근 기둥   ② 나선철근 기둥
③ 합성 기둥   ④ 곡선 기둥

23 철근 콘크리트 기둥 형식 3가지
띠 철근 기둥, 나선철근 기둥, 합성기둥

정답 19 ② 20 ② 21 ③ 22 ② 23 ④

12 ④

24 프리스트레스 도입 직후 및 설계 하중이 작용할 때의 단면 응력에 대한 가정 사항이 아닌 것은?

① 콘크리트는 전단면이 유효하게 작용한다.
② 콘크리트와 PS 강재는 탄성 재료로 가정한다.
③ 부재의 길이 방향의 변형률은 중립축으로부터의 거리에 비례한다.
④ PS강재 및 철근은 각각 그 위치의 콘크리트 변형률은 다르다.

24
부착되어 있는 PS강재 및 철근은 각각 그 위치의 콘크리트 변형률과 같은 변형률을 일으킨다.

10 ④, 11 ⑤, 12 ④, 13 ⑤, 15 ①

25 1방향 슬래브에서 배력철근을 배치하는 이유가 아닌 것은?

① 주철근의 간격 유지
② 균열을 특정한 위치로 집중
③ 온도 변화에 의한 수축 감소
④ 고른 응력의 분포

25
균열의 폭을 감소시키는데 유리하다.

11 ⑤, 12 ① ④, 13 ① ② ⑤, 14 ④ ⑤

26 도로교 설계에서 하중을 주하중, 부하중, 주하중에 상당하는 특수하중, 부하중에 상당하는 특수하중으로 구분할 때, 부하중에 해당하는 것은?

① 활 하중
② 풍 하중
③ 고정 하중
④ 충격 하중

26 하중의 종류

주하중	고정 하중, 활 하중, 충격 하중
부하중	풍 하중, 온도 변화의 영향, 지진 하중
특수 하중	설 하중, 원심 하중, 제동 하중, 지점 이동의 영향 가설 하중, 충돌 하중

02 ④, 12 ① ④ ⑤, 13 ②, 14 ④ ⑤, 15 ①, 16 ① ④

27 구조물 재료에서 강재의 특징으로 옳지 않은 것은?

① 균질성을 가지고 있다.
② 부재를 개수하거나 보강하기 쉽다.
③ 차량 통행 등에 의한 소음이 거의 없다.
④ 시공이 간편하여 공사 기간을 줄일 수 있다.

27 강재의 장·단점
• 재료의 균질성을 가지고 있다.
• 부재를 개수하거나 보강하기 쉽다.
• 차량 통행에 의하여 소음이 발생하기 쉽다.
• 강 구조물은 공장에서 사전 조립이 가능하다.

12 ④

28 다음 중 가장 최근에 건설된 국내 교량은?

① 서해 대교
② 양화 대교
③ 한강 철교
④ 남해 대교

28 건설된 년도 순

1982년	양화대교
1900년	한강철교
1972년	남해대교
2000년	서해대교

정답 24 ④ 25 ② 26 ② 27 ③ 28 ①

□□□ 12④

29 프리스트레스 콘크리트 교량의 가설 방법으로 교대 후방의 작업장에서 교량 상부 구조를 세그먼트로 제작하고 교축 방향으로 밀어내어 연속적으로 제작하는 방법은?

① PSM(precast segmental method)
② MSS(movable scaffolding system)
③ FSM(full staging method)
④ ILM(incremental launching method)

□□□ 03③, 10①, 11⑤, 12①④, 14⑤, 15①

30 프리스트레스의 손실의 원인 중 도입할 때의 손실원인으로 옳은 것은?

① 마찰에 의한 손실
② 콘크리트의 크리프
③ 콘크리트의 건조수축
④ PS 강재의 릴랙세이션

□□□ 12④, 14⑤

31 강구조물에서 강재에 반복하중이 지속적으로 작용하는 경우에 허용응력 이하의 작은 하중에서도 파괴되는 현상을 무엇이라 하는가?

① 취성파괴
② 피로파괴
③ 연성파괴
④ 극한파괴

□□□ 11④, 12④, 13④, 14①⑤, 15④, 16①

32 토목 구조물의 공통적인 특징이 아닌 것은?

① 건설에 많은 비용과 시간이 소요된다.
② 대부분 자연환경 속에 놓인다.
③ 공공의 목적으로 건설된다.
④ 다량 생산을 전제로 한다.

□□□ 12④, 15⑤

33 두께에 비하여 폭이 넓은 판 모양의 구조물로 지지 조건에 의한 주철근 구조에 따라 2가지로 구분되는 것은?

① 옹벽
② 기둥
③ 슬래브
④ 확대기초

해 설

29 ILM(압출공법)
콘크리트의 교량 가설공법인 ILM(압출공법)에 대한 설명이다.

30 프리스트레스의 손실 원인

도입시 손실 (즉시손실)	도입 후 손실 (시간적손실)
• 정착 장치의 활동	• 콘크리트의 크리프
• 콘크리트의 탄성변형	• 콘크리트의 건조수축
• 포스트텐션 긴장재와 덕트 사이의 마찰	• PS강재의 릴랙세이션

31
이러한 현상을 피로파괴(fatigue failure)라 한다.

32
• 다량의 생산이 아니다.
• 동일한 조건의 구조물을 두 번 이상 건설하는 일은 없다.

33 슬래브
• 두께에 비하여 폭이 넓은 판 모양의 구조물
• 지지하는 경계조건에 따라 1방향슬래브와 2방향슬래브로 구별한다.

정답 29 ④ 30 ① 31 ② 32 ④ 33 ③

34 다음 중 한 개의 기둥에 전달되는 하중을 한 개의 기초가 단독으로 받도록 되어 있는 기초는?

① 경사 확대기초
② 벽 확대기초
③ 연결 확대기초
④ 전면 기초

34 경사 확대기초

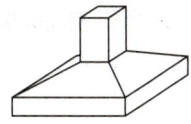

35 콘크리트 속에 묻혀있는 철근과 콘크리트의 경계면에서 미끄러지지 않도록 저항하는 것을 부착이라 한다. 이러한 부착 작용의 3가지 원리에 해당하지 않는 것은?

① 시멘트 풀과 철근 표면의 점착 작용
② 콘크리트와 철근 표면의 마찰 작용
③ 이형 철근 표면의 요철에 의한 기계적 작용
④ 원형 철근 표면의 요철에 의한 기계적 작용

35 부착작용의 3가지 원리
- 시멘트풀과 철근 표면의 점착 작용
- 콘크리트와 철근 표면의 마찰 작용
- 이형철근 표면의 요철(凹凸)에 의한 기계적 작용

36 문자의 크기를 나타낼 때 무엇을 기준으로 하는가?

① 모양
② 굵기
③ 높이
④ 서체

36 문자의 크기
문자의 높이로 나타낸다.

37 그림과 같이 길이가 L인 I형강의 치수 표시로 가장 적합한 것은?

① I H−B×L×t
② I L−B×H×t
③ I B×L×H×t
④ I H×B×t−L

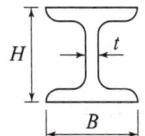

37 I 형강
- I H×B×t−L
- 단면 모양(I), 높이(H), 너비(B), 두께(t), 길이(L)

38 테두리선, 표제란 등 도면 설정값을 미리 저장하고 있는 파일과 그 확장자가 옳은 것은?

① CAD 파일 − DXF
② 템플릿 파일 − DWT
③ 문자 파일 − HWP
④ 그림 파일 − DWG

38 Template, 확장자 : *DWT
템플릿 파일은 표제란, 테두리선, 치수 및 문자 유형, 선 종류 등의 도면 설정값 등을 미리 저장해 놓은 파일이다.

정답 34 ① 35 ④ 36 ③ 37 ④ 38 ②

□□□ 12④

39 도면의 분류에서 구조도에 표시하는 것이 곤란한 특정 부분의 형상, 치수, 기구 등을 자세하게 표시하는 도면은?

① 일반도
② 구조도
③ 상세도
④ 제작도

39 도면의 내용에 따른 분류 상세도 구조도에 표시하는 것이 곤란한 특정 부분의 형상, 치수, 철근 종류 등을 상세하게 표시하는 도면이다.

□□□ 12④

40 단면의 경계 표시 중 지반면(흙)을 나타내는 것은?

①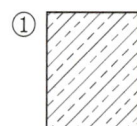
②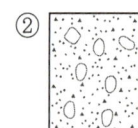
③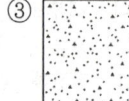
④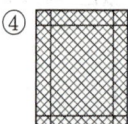

40 단면의 경계 표시
① 지반면(흙)
② 모래
③ 잡석
④ 수준면(물)

□□□ 02, 08①, 10④⑤, 12④, 16①④

41 정 투상법에서 제1각법의 순서로 옳은 것은?

① 눈 → 물체 → 투상면
② 눈 → 투상면 → 물체
③ 물체 → 눈 → 투상면
④ 물체 → 투상면 → 눈

41 정 투상도
• 제1각법 : 눈 → 물체 → 투상면
• 제3각법 : 눈 → 투상면 → 물체

□□□ 12④

42 도면을 CAD 좌표가 그려져 있는 판 위에 놓고 위치와 정보를 컴퓨터에 직접 입력하는 장치는?

① 키보드(keyboard)
② 스캐너(scanner)
③ 디지타이저(digitizer)
④ 프로젝터(projector)

42 디지타이저(digitizer)
종이에 그려져 있는 차트, 도형, 도면 등을 좌표가 그려져 있는 판 위에 대고 각각의 위치를 입력하여 컴퓨터 내부로 입력하는 장치로 CAD/CAM 시스템에서 사용한다.

□□□ 12④

43 건설 재료의 단면표시 중 모르타르를 나타내는 것은?

43 재료의 단면 표시
① 자연석(석재)
② 콘크리트
③ 모르타르
④ 블록

정답 39 ③ 40 ① 41 ① 42 ③ 43 ③

해 설

44 철근의 기계적 이음을 표시하는 기호는?

① ———•——— 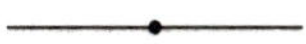
② ———▭——— 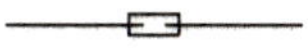
③ ———／——— 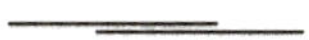
④ ———⇄———

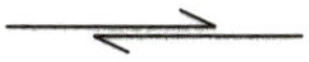

44 철근의 이음
① 철근의 용접이음
② 철근의 기계적이음
④ 갈고리가 있을 때 이음

45 도형의 중심을 나타내는 중심선, 위치 결정의 근거임을 나타내는 기준선 등에 사용되는 선의 종류는?

① 1점 쇄선
② 2점 쇄선
③ 파선
④ 가는 실선

45 1점 쇄선
- 중심선, 기준선, 피치선에 사용되는 선
- 주로 도형의 중심을 나타내며 도형의 대칭선으로 사용

46 CAD 명령어를 실행하는 방법이 아닌 것은?

① 마우스 포인트로 아이콘을 클릭한다.
② 명령(Command) 창에 직접 명령어를 입력한다.
③ 풀다운 명령어에서 해당 명령어를 찾아 클릭한다.
④ 검색창에 명령어를 직접 입력한다.

46 CAD 명령을 실행시키는 방법
- 마우스 포인트로 아이콘을 클릭한다.
- 명령(Command)창에 직접 입력한다.
- 풀다운 메뉴에서 해당 명령어를 찾아 클릭한다.
- 단축 메뉴를 이용한다.

47 도면의 치수 표기 방법에 대한 설명으로 옳은 것은?

① 치수 단위는 cm를 원칙으로 하며, 단위 기호는 표기하지 않는다.
② 치수선이 세로일 때 치수를 치수선 오른쪽에 표시한다.
③ 좁은 공간에서는 인출선을 사용하여 치수를 표시할 수 있다.
④ 치수는 선이 교차하는 곳에 표기한다.

47 치수 표기 방법
- 치수 단위는 mm를 원칙으로 하고, 단위 기호는 쓰지 않는다.
- 치수선이 세로일 때 치수를 치수선 왼쪽에 표시한다.
- 좁은 공간에서는 인출선을 사용하여 치수를 표시할 수 있다.
- 치수는 치수선이 교차하는 곳에는 가급적 기입하지 않는다.

48 그림과 같은 재료 단면의 경계 표시로 옳은 것은?

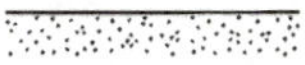

① 지반면(흙)
② 호박돌
③ 잡석
④ 모래

48 재료 단면 표시
모래의 경계표시이다.

정답 44 ② 45 ① 46 ④ 47 ③ 48 ④

□□□ 12④

49 국제 및 국가 규격 명칭 중 한국 산업 규격은?

① NF   ② ISO
③ DIN ④ KS

해 설

49 한국 산업 규격
Korean Industrial Standards ; KS

□□□ 12④⑤

50 문자의 선 굵기는 한글자, 숫자 및 영자는 문자 크기의 호칭에 대하여 얼마로 하는 것이 좋은가?

① 1/2   ② 1/5
③ 1/7   ④ 1/9

50
도면에서 문자의 크기는 글자 높이의 1/9로 하는 것이 적당하다.

□□□ 10⑤, 12④

51 정 투상도에서 표시되지 않은 도면은?

① 측면도 ② 저면도
③ 상세도 ④ 정면도

51 정 투상도
물체를 정 투상법으로 나타낼 때에는 정면도, 평면도, 측면도, 저면도 등으로 나타낸다.

□□□ 11⑤, 12④, 13①, 15①, 16④

52 각 모서리가 직각으로 만나는 물체는 모서리를 세 축으로 하여 투상도를 그리면 입체의 모양을 하나로 나타낼 수 있는데 이러한 투상법은?

① 정 투상법   ② 사 투상법
③ 축측 투상법 ④ 표고 투상법

52 축측 투상도
각 모서리가 직각으로 만나는 세 모서리를 좌표축으로 하여 하나의 투상도에 정면, 평면, 측면이 입체적으로 하나로 나타내는 투상법

□□□ 12④

53 "치수나 각종 기호 및 지시사항을 기입하기 위하여 도형에서 수평선으로부터 60° 경사지게 빼낸 선"과 같은 종류의 선을 보기에서 골라 알맞게 짝지어진 것은?

【보 기】

㉠ 외형선 ㉡ 숨은선 ㉢ 해칭선 ㉣ 치수선 ㉤ 파선

① ㉠, ㉡   ② ㉡, ㉢
③ ㉢, ㉣   ④ ㉣, ㉤

53
• 지시선은 수평선에서 60° 정도 기울여서 직선으로 긋고, 지시되는 쪽 끝에 화살표를 붙인 가는실선이다.
• 해칭선과 치수선은 가는 실선이고, 외형선은 굵은 실선, 파선은 숨은선이다.

정답 49 ④ 50 ④ 51 ③ 52 ③ 53 ③

54 투상도에서 물체 모양과 특징을 가장 잘 나타낼 수 있는 면은 어느 도면으로 선정하는 것이 좋은가?

① 정면도
② 평면도
③ 배면도
④ 측면도

54 투시도의 정면도 배치
- 정면도는 그 물체의 모양과 특징을 가장 잘 나타낼 수 있는 면을 선정한다.
- 동물, 자동차, 비행기는 그 모양의 측면을 정면도로 선정하여야 특징이 잘 나타난다.

55 KS 토목제도 통칙에서 척도의 비가 1 : 1보다 작은 척도를 무엇이라 하는가?

① 현척
② 배척
③ 축척
④ 소척

55 척도의 종류
- 축척 : 물체의 실제보다 축소(1 : 2)
- 현척 : 물체의 실제와 같은 크기 (1 : 1)
- 배척 : 물체의 실제보다 확대(2 : 1)

56 각봉의 절단면을 바르게 표시한 것은?

①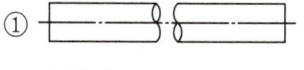
②
③
④

56 단면의 형태에 따른 절단면 표시
① 환봉
② 각봉
③ 파이프
④ 나무

57 도면의 크기 중 A4 크기의 2배가 되는 도면은?

① A5
② A3
③ B4
④ B3

57 도면 A3와 A4의 크기

크기	a×b
A3	297×420
A4	210×297

∴ A3는 A4의 2배가 된다.

58 치수와 치수선에 대한 설명으로 틀린 것은?

① 치수는 특별히 표시하지 않으면 마무리 치수로 표시 한다.
② 치수선의 단말 기호(화살표)를 치수 보조선의 안쪽에 그릴 수 없는 경우에는 생략한다.
③ 치수선은 표시할 치수의 방향에 평행하게 긋는다.
④ 치수선은 물체를 표시하는 도면의 외부에 긋는다.

58 치수선의 단말 기호(화살표)
치수 보조선의 안쪽에 그릴 수 없는 경우에는 치수선을 치수 보조선 바깥쪽에 긋고 안쪽을 향하여 화살표를 붙인다.

□□□ 11④, 12④, 14④, 15④
59 도로 종단면도의 기재 사항이 아닌 것은?

① 지반고 ② 계획고
③ 추가 거리 ④ 도로의 폭

□□□ 12④
60 철근의 표시법에서 철근과 철근 사이의 간격이 400mm임을 바르게 나타낸 것은?

① D400 ② ϕ400
③ @400 C.T.C ④ 5@80=400

해 설

59 종단면도에 기입사항
곡선, 측점, 거리 및 추가거리, 지반고, 계획고, 땅깎기 및 흙쌓기, 경사 등의 기입란을 만들고 종단측량 결과를 차례로 기입한다.

60 철근의 표시법
- D400 : 지름 400mm의 이형철근
- ϕ400 : 지름 400mm의 원형철근
- @400 C.T.C : 철근과 철근의 간격이 400mm
- 5@80=400 : 전장 400mm를 80mm로 5분등

정답 59 ④ 60 ③

국가기술자격 CBT 필기시험문제

2012년도 기능사 제5회 필기시험

종 목	시험시간	배 점	테스트 결과(개수)		
전산응용토목제도기능사	1시간	60	1회	2회	3회

☐☐☐ 12⑤, 15④

01 철근의 이음에 대한 설명으로 옳지 않은 것은?

① 철근은 잇지 않는 것을 원칙으로 한다.
② 부득이 이어야 할 경우 최대 인장 응력이 작용하는 곳에서는 이음을 하지 않는 것이 좋다.
③ 이음부를 한 단면에 집중시켜 같은 부분에서만 잇는 것이 좋다.
④ 철근의 이음 방법에는 겹침 이음법, 용접 이음법, 기계적인 이음법 등이 있다.

01
이음부를 한 단면에 집중시키지 말고, 서로 엇갈리게 하는 것이 좋다.

☐☐☐ 11⑤, 12①⑤, 14①, 15①④

02 휨모멘트를 받는 부재에서 $f_{ck}=30$MPa일 때, 등가직사각형 응력블록의 깊이 a를 구하기 위한 계수 β_1의 크기는?

① 0.80
② 0.83
③ 0.84
④ 0.85

02 계수 $\eta(0.85f_{ck})$와 β_1 값

f_{ck}	≤40	50	60	70	80
η	1.00	0.97	0.95	0.91	0.87
β_1	0.80	0.80	0.76	0.74	0.72

∴ $f_{ck} \leq 40$MPa일 때 $\beta_1 = 0.80$

☐☐☐ 12⑤

03 유효 깊이 $d=550$mm, 등가직사각형 깊이 $a=100$mm, 철근의 단면적은 1500mm²인 단철근 철근콘크리트 보의 공칭모멘트는? (단, 철근의 항복강도는 400MPa이다.)

① 300kN·m
② 330kN·m
③ 300000000kN·m
④ 330000000kN·m

03 보의 공칭모멘트
$$M_n = f_y \cdot A_s \cdot \left(d - \frac{a}{2}\right)$$
$$= 400 \times 1500 \times \left(550 - \frac{100}{2}\right)$$
$$= 300000000 \text{N} \cdot \text{mm}$$
$$= 300 \text{kN} \cdot \text{m}$$
(∵ $1\text{kN} \cdot \text{m} = 10^6 \text{N} \cdot \text{mm}$)

☐☐☐ 12⑤, 13②

04 철근콘크리트 보를 설계할 때 극한강도에서 압축 최대 변형율은 얼마로 가정하는가? (단, $f_{ck}=30$MPa)

① 0.0011
② 0.0015
③ 0.0022
④ 0.0033

04 설계가정
휨모멘트 또는 휨모멘트와 축력을 동시에 받는 부재의 콘크리트 압축연단의 극한변형률은 콘크리트의 설계기준압축강도가 40MPa 이하인 경우에는 0.0033으로 가정한다.

정답 01 ③ 02 ① 03 ① 04 ④

□□□ 12⑤, 16①

05 보강용 섬유를 혼입하여 주로 인성, 균열 억제, 내충격성 및 내마모성 등을 높인 콘크리트는?

① 고강도 콘크리트
② 섬유보강 콘크리트
③ 폴리머 시멘트 콘크리트
④ 프리플레이스트 콘크리트

해설

05 섬유보강콘크리트
보강용 섬유를 혼입하여 주로 인성, 균열 억제, 내충격성 및 내 마모성 등을 높인 콘크리트

□□□ 10⑤, 11①④, 12⑤, 14①

06 하중을 분포시키거나 균열을 제어할 목적으로 주철근과 직각에 가까운 방향으로 배치한 보조철근은?

① 배력철근
② 굽힘철근
③ 비틀림철근
④ 조립용철근

06
배력철근(distributing)의 정의이다.

□□□ 12④⑤

07 유효 높이 $d=450mm$인 단 철근 직사각형 보에 압축을 받는 이형철근의 기본 정착길이가 400mm라면 압축 이형 철근의 정착 길이는? (단, 보정 계수는 0.75이다.)

① 250mm
② 300mm
③ 350mm
④ 400mm

07 압축이형철근의 정착
• 정착길이 l_d = 기본정착길이(l_{db}) × 보정계수
$\therefore l_d = 400 \times 0.75 = 300mm$
$\geq 200mm$
• 항상 정착길이 l_d 는 200mm 이상이어야 한다.

□□□ 11①, 12④⑤, 14①

08 콘크리트의 시방 배합을 현장 배합으로 수정할 때 고려(보정)하여야 하는 것으로 짝지어진 것은?

① 골재의 비중 및 잔골재율
② 골재의 비중 및 표면수량
③ 골재의 입도 및 잔골재율
④ 골재의 입도 및 표면수량

08 시방배합을 현장배합 변경시 고려할 사항
현장 골재(골재의 입도, 골재의 표면수량)의 상태
• 골재의 표면수량
• 잔골재 속의 5mm체에 남는 양 굵은 골재 속의 5mm체를 통과하는 양

□□□ 12⑤

09 철근을 일정한 간격으로 배근하는 이유로 옳은 것은?

① 철근이 부식되지 않게 하기 위하여
② 철근과 콘크리트가 부착력을 잘 발휘하도록 하기 위하여
③ 철근의 응력이 다른 철근으로 잘 전달되도록 하기 위하여
④ 철근의 양쪽 끝이 콘크리트 속에서 미끄러지거나 빠져나오지 않도록 하기 위하여

09 철근의 간격
철근 둘레가 완전히 콘크리트로 둘러싸여 부착력이 잘 발휘하도록 하기 위하여 철근을 일정한 간격으로 배근한다.

정답 05 ② 06 ① 07 ② 08 ④ 09 ②

□□□ 06④, 10①, 12⑤, 13①, 14⑤, 15①

10 1방향 철근콘크리트 슬래브에 휨철근에 직각방향으로 배근되는 수축·온도철근에 관한 설명으로 옳지 않은 것은?

① 수축·온도철근으로 배치되는 이형철근의 최소 철근비는 0.0014이다.
② 수축·온도철근의 간격은 슬래브 두께의 5배 이하로 하여야 한다.
③ 수축·온도철근의 최대 간격은 500mm 이하로 하여야 한다.
④ 수축·온도철근은 설계기준항복강도를 발휘할 수 있도록 정착되어야 한다.

10 1방향 슬래브의 수축·온도철근의 간격
슬래브 두께의 5배 이하,
또한 450mm 이하로 한다.

□□□ 10④, 11④, 12①⑤, 13④⑤, 14①, 15⑤

11 폭 $b=400\text{mm}$, 유효깊이 $d=500\text{mm}$인 단철근 직사각형보에서 인장철근비는? (단, 철근의 단면적 $A_s=4000\text{mm}^2$)

① 0.02   ② 0.03
③ 0.04   ④ 0.05

11 철근비
$$\rho = \frac{A_s}{bd} = \frac{4000}{400 \times 500} = 0.02$$

□□□ 12⑤, 16④

12 재료의 강도란 물체에 하중이 작용할 때 그 하중에 저항하는 능력을 말하는데 이때 강도 중 하중 속도 및 작용에 따라 분류되는 강도가 아닌 것은?

① 정적 강도   ② 충격 강도
③ 피로 강도   ④ 릴랙세이션 강도

12 재료 강도
• 하중 재하속도에 및 작용에 정적강도, 충격강도, 피로강도, 크리프강도 등으로 구별된다.
• 릴랙세이션 : 재료에 응력을 준 상태에서 변형을 일정하게 유지하면, 시간이 지남에 따라 응력이 감소하는 현상

□□□ 09①, 11④, 12⑤, 13④, 14④, 16①④

13 굳지 않은 콘크리트의 작업 후 재료 분리 현상으로 시멘트와 골재가 가라앉으면서 물이 올라와 콘크리트표면에 떠오르는 현상은?

① 블리딩   ② 크리프
③ 레이턴스   ④ 워커빌리티

13 블리딩
• 콘크리트를 친 후 시멘트와 골재알이 가라앉으면서 물이 떠오르는 현상
• 블리딩에 의하여 콘크리트의 표면에 떠올라 가라 앉는 아주 작은 물질을 레이탄스라 한다.

□□□ 11①, 12⑤, 13②

14 현장치기 콘크리트에서 수중에서 타설하는 콘크리트의 최소 피복두께는?

① 120mm   ② 100mm
③ 80mm   ④ 60mm

14 피복두께
수중에서 타설하는 콘크리트 : 100mm

10 ③ 11 ① 12 ④ 13 ① 14 ②

□□□ 12⑤

15 휨을 받는 철근콘크리트 보에 대한 설명으로 틀린 것은?

① 콘크리트는 인장강도에는 강하나 압축강도에는 약하다.
② 철근의 탄성계수는 2.0×10^5 MPa을 표준으로 한다.
③ 철근과 콘크리트의 변형률은 중립축으로부터 거리에 비례한다.
④ 철근은 압축력보다는 주로 인장력에 저항한다.

해설

15
콘크리트는 압축강도에는 강하나 인장강도에는 약하다.

□□□ 11⑤, 12⑤, 13①, 14⑤

16 지간 25m인 단순보에 고정하중 200kN/m, 활하중 150kN/m이 작용하고 있다. 강도설계법으로 설계할 때 보에 작용하는 극한 하중은? (단, 하중계수는 콘크리트구조설계기준(2012)에 따른다.)

① 400kN/m
② 480kN/m
③ 560kN/m
④ 640kN/m

16 극한하중
$U = 1.2D + 1.6L$
$= 1.2 \times 200 + 1.6 \times 150 = 480$ kN/m

□□□ 12⑤, 13①, 16①

17 시멘트의 응결을 빠르게 하기 위한 것으로서 숏크리트, 그라우트에 의한 지수 공법 등에 사용되는 혼화제는?

① 급결제
② 촉진제
③ 지연제
④ 발포제

17 급결제
• 시멘트의 응결을 상당히 빠르게 하기 위하여 사용하는 혼화제
• 숏크리트, 그라우트에 의한 지수 공법 등에 사용

□□□ 12⑤

18 스터럽과 띠 철근의 135° 표준 갈고리는 구부린 끝에서 최소 얼마 이상 연장되어야 하는가? (단, D25 이하의 철근이고, d_b는 철근의 공칭지름이다.)

① $2d_b$ 이상
② $4d_b$ 이상
③ $6d_b$ 이상
④ $8d_b$ 이상

18 135° 표준 갈고리
D25 이하의 철근은 구부린 끝에서 $6d_b$ 이상 더 연장해야 한다.

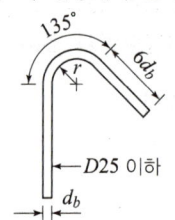

□□□ 12⑤

19 콘크리트용으로 사용하는 부순돌(쇄석)의 특징으로 옳지 않은 것은?

① 시멘트와 부착이 좋다.
② 수밀성, 내구성 등은 약간 저하된다.
③ 보통 콘크리트보다 단위수량이 10% 정도 많이 요구 된다.
④ 부순돌은 강자갈과 달리 거친 표면 조직과 풍화암이 섞여 있지 않다.

19 부순돌
강자갈과 달리 거친 표면 조직과 풍화암이 섞여 있기 쉽다.

정답 15 ① 16 ② 17 ① 18 ③ 19 ④

□□□ 12⑤, 14①

20 골재알이 공기 중 건조 상태에서 표면 건조 포화 상태로 되기까지 흡수 하는 물의 양을 무엇이라 하는가?

① 함수량
② 흡수량
③ 유효 흡수량
④ 표면수량

20 유효 흡수량
표면건조 포화상태-공기 중 건조 상태

□□□ 12⑤

21 토목 구조물의 종류에서 합성 구조에 대한 설명으로 옳은 것은?

① 외력에 의한 불리한 응력을 상쇄할 수 있도록 미리 인위적인 내력을 준 콘크리트 구조
② 강재로 이루어진 구조로 부재의 치수를 작게 할 수 있으며 공사 기간이 단축되는 등의 장점이 있는 구조
③ 강재의 보 위에 철근 콘크리트 슬래브를 이어 쳐서 양자가 일체로 작용하도록 하는 구조
④ 콘크리트 속에 철근을 배치하여 양자가 일체가 되어 외력을 받게 한 구조

21
① 프리스트레스트 콘크리트 구조
② 강 구조
③ 합성 구조
④ 철근콘크리트 구조

□□□ 06④, 10①, 12⑤, 13①, 14⑤

22 위험 단면에서 1방향 슬래브의 정모멘트 철근 및 부모멘트 철근의 중심 간격은?

① 슬래브 두께의 2배 이하, 또는 200mm 이하
② 슬래브 두께의 2배 이하, 또는 300mm 이하
③ 슬래브 두께의 4배 이하, 또는 400mm 이하
④ 슬래브 두께의 4배 이하, 또는 500mm 이하

22 1방향 슬래브의 주철근의 간격
위험단면의 경우 슬래브 두께의 2배 이하, 300mm 이하

□□□ 12⑤, 16④

23 슬래브에 대한 설명으로 옳지 않은 것은?

① 슬래브는 두께에 비하여 폭이 넓은 판모양의 구조물이다.
② 2방향 슬래브는 주철근의 배치가 서로 직각으로 만나도록 되어 있다.
③ 주철근의 구조에 따라 크게 1방향 슬래브, 2방향 슬래브로 구별할 수 있다.
④ 4변에 의해 지지되는 슬래브 중에서 단변에 대한 장변의 비가 4배를 넘으면 2방향 슬래브로 해석한다.

23
4변에 의해 지지되는 슬래브 중에서 단변에 대한 장변의 비가 2배를 넘으면 1방향 슬래브로 해석한다.

정답 20 ③ 21 ③ 22 ② 23 ④

□□□ 12⑤, 15⑤

24 2개 이상의 기둥을 1개의 확대기초로 지지하도록 만든 기초는?

① 경사 확대기초 ② 독립 확대기초
③ 연결 확대기초 ④ 계단식 확대기초

24 연결 확대기초
2개 이상의 기둥을 1개의 확대기초로 받치도록 만든 기초

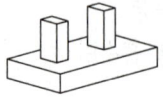

□□□ 11④⑤, 12⑤, 13⑤, 15④⑤, 16④

25 철근 콘크리트가 건설 재료로서 널리 사용되는 이유가 아닌 것은?

① 철근과 콘크리트는 부착이 매우 잘된다.
② 철근과 콘크리트의 항복응력이 거의 같다.
③ 콘크리트 속에 묻힌 철근은 녹이 슬지 않는다.
④ 철근과 콘크리트는 온도에 대한 열팽창계수가 거의 같다.

25
철근 항복강도가 콘크리트의 항복강도보다 크다.

□□□ 12⑤

26 프리스트레스트 콘크리트의 포스트 텐션 공법에 대한 설명으로 옳지 않은 것은?

① PS강재를 긴장한 후에 콘크리트를 타설한다.
② 콘크리트가 경화한 후에 PS강재를 긴장한다.
③ 그라우트를 주입시켜 PS강재를 콘크리트와 부착시킨다.
④ 정착 방법에는 쐐기식과 지압식이 있다.

26 프리텐션 공법
PS강재를 긴장한 후에 콘크리트를 타설한다.

□□□ 12⑤

27 프리스트레스트 콘크리트보의 설계를 위한 가정 사항이 아닌 것은?

① 콘크리트는 전단면이 유효하게 작용한다.
② 부재의 길이 방향의 변형률은 중립축으로부터 거리에 비례한다.
③ 콘크리트는 소성 재료로 PS강재는 탄성 재료로 가정한다.
④ 부착되어 있는 PS강재 및 철근은 각각 그 위치의 콘크리트의 변형률과 같은 변형률을 일으킨다.

27 PSC의 가정
콘크리트와 PS강재는 탄성 재료로 가정한다.

□□□ 10⑤, 12⑤, 16①

28 교량을 중심으로 세계 토목 구조물의 역사를 보면 재료 및 신기술의 발전과 사회 환경의 변화로 장대교량이 출현한 시기는?

① 기원 전 1~2세기 ② 9~10세기
③ 11~18세기 ④ 19~20세기

28 19~20세기 초
재료 및 신기술의 발전과 사회 환경의 변화로 포틀랜드 시멘트가 개발되어 장대교량이 출현

정답 24 ③ 25 ② 26 ① 27 ③ 28 ④

□□□ 12⑤, 15⑤

29 상부 수직 하중을 하부 지반에 분산시키기 위해 저면을 확대시킨 철근 콘크리트판은?

① 확대기초판 ② 플랫 플레이트
③ 슬래브판 ④ 비내력벽

해설

29 확대기초판
상부 수직하중을 하부 지반에 분산시키기 위해 저면을 확대시킨 철근 콘크리트판

□□□ 11④⑤, 12⑤, 15④

30 철근 콘크리트의 특징에 대한 설명으로 옳지 않은 것은?

① 내구성, 내화성, 내진성이 우수하다.
② 균열 발생이 없고, 검사 및 개조, 해체 등이 쉽다.
③ 여러 가지 모양과 치수의 구조물을 만들기 쉽다.
④ 다른 구조물에 비하여 유지 관리비가 적게 든다.

30 철근 콘크리트의 특징
균열이 생기기 쉽고, 검사 및 개조, 보강 등이 어렵다.

□□□ 12⑤

31 강 구조의 판형교에 대한 설명으로 옳은 것은?

① 전단력은 주로 복부판으로 저항한다.
② 일반적으로 주형의 단면은 휨모멘트에 대하여 고려하지 않아도 된다.
③ 풍 하중이나 지진 하중 등의 수평력에 저항하기 위하여 주형의 하부에 수직 브레이싱을 설치한다.
④ 주형의 횡단면에 대한 비틀림을 방지하기 위해 경사 방향으로 교차하여 사용하는 부재를 스터럽이라 한다.

31 강 구조의 판형교
• 일반적으로 주형의 단면은 휨모멘트에 대하여 안전하도록 설계한다.
• 풍 하중이나 지진 하중 등의 수평력에 저항하기 위하여 주형의 하부에 수평 브레이싱을 설치한다.
• 주형의 횡단면에 대한 비틀림을 방지하기 위해 경사 방향으로 교차하여 사용하는 부재를 수직 브레이싱이라 한다.

□□□ 11⑤, 12①④⑤, 13②, 14①

32 교량 설계에서 하중을 주하중, 부하중, 주하중에 상당하는 특수하중, 부하중에 상당하는 특수하중으로 구분할 때 주하중이 아닌 것은?

① 풍 하중 ② 활 하중
③ 고정 하중 ④ 충격 하중

32 하중의 종류

주하중	고정 하중, 활 하중, 충격 하중
부하중	풍 하중, 온도 변화의 영향, 지진 하중
특수 하중	설 하중, 원심 하중, 제동 하중, 지점 이동의 영향 가설 하중, 충돌 하중

□□□ 12⑤

33 기둥에서 종방향 철근의 위치를 확보하고 전단력에 저항하도록 정해진 간격으로 배치된 횡방향의 보강 철근을 무엇이라 하는가?

① 주 철근 ② 절곡 철근
③ 인장 철근 ④ 띠 철근

33
띠 철근(tie bar)의 정의이다.

□□□ 12⑤, 16④

34 교량을 상부 구조와 하부 구조로 구분할 때 하부 구조에 해당하는 것은?

① 바닥판
② 바닥틀
③ 주트러스
④ 교각

34
• 상부 구조 : 바닥판(슬래브), 바닥틀, 주형 또는 주트러스, 받침
• 하부 구조 : 교대, 교각 및 기초(말뚝기초 및 우물통 기초)

□□□ 02④, 12①④⑤, 13④, 14④⑤, 15①, 16①④

35 구조 재료로서 강재의 단점이 아닌 것은?

① 정기적인 도장이 필요하다.
② 지간이 짧은 곳에서만 사용이 가능하다.
③ 반복 하중에 의한 피로가 발생되기 쉽다.
④ 연결 부위로 인한 구조 해석이 복잡할 수 있다.

35
긴 지간의 교량, 고층건물 등에 유효하게 쓰인다.

□□□ 09①, 12④⑤, 15①④

36 문자의 선 굵기는 한글자, 숫자 및 영자일 때 문자 크기의 호칭에 대하여 얼마로 하는 것이 바람직한가?

① 1/3
② 1/6
③ 1/9
④ 1/12

36
글자의 굵기는 한글, 숫자 및 로마자의 경우에는 1/9로 하는 것이 적당하다.

□□□ 12⑤

37 배근도의 치수가 7@250=1750으로 표시되었을 때 이에 따른 설명으로 옳은 것은?

① 철근의 길이가 250mm이다.
② 배열된 철근의 개수는 알 수 없다.
③ 철근과 다음 철근의 간격이 1750mm이다.
④ 철근을 250mm 간격으로 7등분하여 배열하였다.

37
7@250=1750
전체길이 1750mm를 250mm간격으로 7등분하여 배열

□□□ 12⑤

38 선의 종류와 용도에 대한 설명으로 옳지 않은 것은?

① 외형선은 굵은 실선으로 긋는다.
② 치수선은 가는 실선으로 긋는다.
③ 숨은선은 파선으로 긋는다.
④ 윤곽선는 1점 쇄선으로 긋는다.

38 윤곽선
도면의 크기에 따라 0.5mm 이상의 굵은 실선으로 그린다.

정답 34 ④ 35 ② 36 ③ 37 ④ 38 ④

39 도로 설계에 대한 순서가 옳은 것은?

> ㉮ 그 지방의 지형도에 의해 도면에서 가장 경제적인 노선을 계획한다.
> ㉯ 평면 측량을 하여 노선의 종단면도, 횡단면도 및 평면도를 작성한다.
> ㉰ 노선의 중심선을 따라 종단 측량 및 횡단 측량을 한다.
> ㉱ 도로 공사에 필요한 토공의 수량이나 도로부지 등을 구한다.

① ㉮ - ㉯ - ㉰ - ㉱
② ㉮ - ㉰ - ㉯ - ㉱
③ ㉯ - ㉮ - ㉰ - ㉱
④ ㉯ - ㉰ - ㉮ - ㉱

해설

39 ㉮ - ㉰ - ㉯ - ㉱

40 컴퓨터를 사용하여 제도 작업을 할 때의 특징과 가장 거리가 먼 것은?

① 신속성
② 정확성
③ 응용성
④ 도덕성

40 컴퓨터를 사용하여 제도 작업의 특징
신속성, 정확성 그리고 응용성을 가지고 있다.

41 재료단면의 경계표시 중 지반면(흙)을 나타낸 것은?

① ② ③ ④

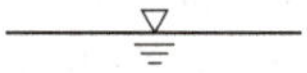

41 재료단면의 경계표시
① 지반면(흙)
② 모래
③ 자갈
④ 수준면(물)

42 그림과 같은 재료의 단면 중 벽돌에 대한 표시로 옳은 것은?

① ② ③ ④

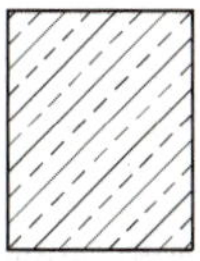

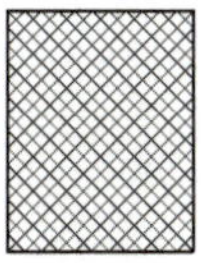

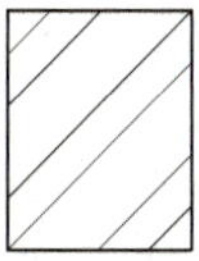

42 재료 단면의 표시
① 자연석(석재)
② 아스팔트
③ 납
④ 벽돌

정답 39 ② 40 ④ 41 ① 42 ④

□□□ 12⑤, 16④

43 그림이 나타내고 있는 것은?

① 목재
② 석재
③ 강재
④ 콘크리트

43
재료 단면의 목재를 표시

□□□ 12⑤

44 물체를 평행으로 투상하여 표현하는 투상도가 아닌 것은?

① 정 투상도
② 사 투상도
③ 투시 투상도
④ 표고 투상도

44 투상법의 종류
• 평행 투상 : 정 투상도, 축측 투상도, 표고 투상도, 사 투상도
• 중심투상 : 투시 투상도

□□□ 10①, 12⑤, 15⑤

45 국제 및 국가별 표준규격 명칭과 기호 연결이 옳지 않은 것은?

① 국제 표준화 기구 : ISO
② 영국 규격 : DIN
③ 프랑스 규격 : NF
④ 일본 규격 : JIS

45
• 영국 규격 : BS
• 독일 규격 : DIN

□□□ 12⑤, 14①

46 도면에 그려야 할 내용의 영역을 명확하게 하고, 제도 용지의 가장 자리에 생기는 손상으로 기재 사항을 해치지 않도록 하기 위하여 표시하는 것은?

① 비교눈금
② 윤곽선
③ 중심마크
④ 중심선

46 윤곽선
• 윤곽선이 있는 도면은 윤곽선이 없는 도면에 비하여 안정되어 보인다.
• 도면의 크기에 따라 0.5mm 이상의 굵은 실선으로 그린다.

□□□ 12⑤

47 도면의 치수기입 원칙이 아닌 것은?

① 치수는 계산할 필요가 없도록 기입해야 한다.
② 치수는 될 수 있는 대로 주 투상도에 기입해야 한다.
③ 정확성을 위하여 반복적으로 중복해서 치수기입을 해야 한다.
④ 길이와 크기, 자세 및 위치를 명확하게 표시해야 한다.

47
도면은 간단하고 중복을 피한다.

정답 43 ① 44 ③ 45 ② 46 ② 47 ③

해 설

□□□ 11④, 12⑤, 13④⑤

48 협소한 부분의 치수를 기입하기 위하여 사용하는 것은?

① 인출선　　　　　② 기준선
③ 중심선　　　　　④ 외형선

48 인출선
- 협소한 구간에서 치수를 기입하기 위하여 사용
- 가로에 대하여 직각 또는 45°의 직선을 긋고 치수선의 위쪽에 치수를 표시

□□□ 12⑤

49 투시 투상도의 종류 중 인접한 두 면이 각각 화면과 기면에 평행한 때의 것은?

① 평행 투시도　　　② 유각 투시도
③ 경사 투시도　　　④ 정사 투시도

49 투시 투상도의 표현방법
- 평행 투시도 : 인접한 두 면이 각각 화면과 기면에 평행한 때의 투시도
- 유각 투시도 : 인접한 두 면 가운데 밑면은 기면에 평행하고 다른면은 화면에 경사진 투시도
- 경사 투시도 : 인접한 두 면이 모두 기면과 화면에 기울어진 투시도

□□□ 08④, 10④, 11⑤, 12⑤, 13①, 14④, 15④

50 제도용지의 세로와 가로의 비로 옳은 것은?

① 1 : 1　　　　　② 1 : 2
③ $1 : \sqrt{2}$　　　　　④ $1 : \sqrt{3}$

50
제도 용지의 폭(a)과 길이(b)의 비는 $1 : \sqrt{2}$ 이다.

□□□ 12⑤

51 행과 열로 구성되어 각 셀의 값을 계산하도록 도와주는 프로그램은?

① 컴파일러　　　　② 스프레드시트
③ 프레젠테이션　　　④ 워드 프로세서

51 스프레드시트(spread sheet)
컴퓨터의 기억 장소를 하나의 커다란 종이로 생각하여 행과 열로 그려진 화면상의 도표 위에서 각종 계산 및 자료관리, 그래픽 등이 가능하도록 한 프로그램이다.

□□□ 12⑤, 13④, 14①, 15④

52 KS에서 원칙으로 하는 정 투상도 그리기 방법은?

① 제 1각법　　　　② 제 3각법
③ 제 5각법　　　　④ 다각법

52
KS에서는 도면을 작성할 때 제3각법을 사용하는 것을 원칙으로 하고 있다.

□□□ 12⑤

53 컴퓨터 연산 장치의 구성 요소로 옳지 않은 것은?

① 누산기(accumulator)
② 가산기(adder)
③ 명령 레지스터(instruction register)
④ 상태 레지스터(status register)

53 연산장치의 구성
누산기, 가산기, 상태 레지스터, 데이터 레지스터

정답　48 ①　49 ①　50 ③　51 ②　52 ②
　　　53 ③

□□□ 09①, 12⑤

54 토목제도에 통용되는 일반적인 설명으로 옳은 것은?

① 축척은 도면마다 기입할 필요가 없다.
② 글자는 명확하게 써야 하며, 문장은 세로로 위쪽부터 쓰는 것이 원칙이다
③ 도면은 될 수 있는 대로 실선으로 표시하고, 파선으로 표시함을 피한다.
④ 대칭이 되는 도면은 중심선의 양쪽 모두를 단면도로 표시한다.

□□□ 12⑤

55 토목제도를 목적과 내용에 따라 분류한 것으로 옳은 것은?

① 설계도 : 중요한 치수, 기능, 사용되는 재료를 표시한 도면
② 계획도 : 설계도를 기준으로 작업 제작에 이용되는 도면
③ 구조도 : 구조물과 관련 있는 지형 및 지질을 표시한 도면
④ 일반도 : 구조도에 표시하기 곤란한 부분의 형상, 치수를 표시한 도면

□□□ 10④, 12⑤

56 도면을 철하기 위해 표제란에서 가장 떨어진 왼쪽 끝에 두는 구멍 뚫기의 여유를 설치할 때 최소 나비는?

① 5mm   ② 10mm
③ 15mm   ④ 20mm

□□□ 12⑤, 15④

57 보기의 입체도에서 화살표 방향을 정면으로 할 때 평면도를 바르게 표현한 것은?

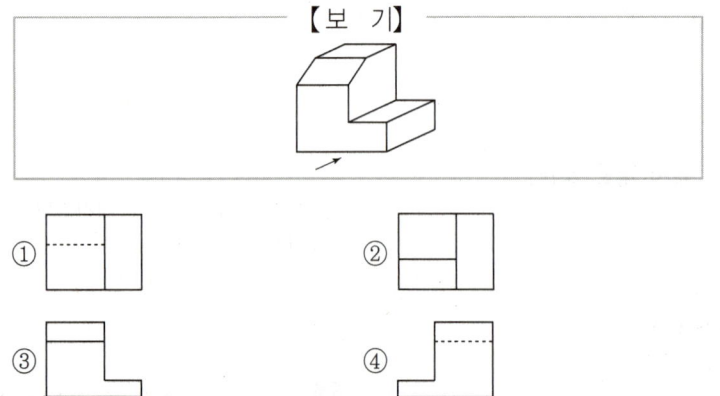

해 설

54 토목제도의 통칙
• 축척은 도면 마다 기입한다.
• 글자는 명확하게 써야 하며, 문장은 가로로 왼쪽부터 쓰는 것이 원칙이다.
• 도면은 될 수 있는 대로 실선으로 표시하고, 파선으로 표시함을 피한다.
• 대칭이 되는 도면은 중심선의 한쪽을 외형도, 반대쪽을 단면도로 표시한다.

55
• 계획도 : 구체적인 설계를 하기 전에 계획자의 의도를 명시
• 구조도 : 구조물의 구조를 나타내는 도면
• 일반도 : 구조물의 평면도, 입면도, 단면도 등에 의해서 그 형식과 일반 구조를 나타내는 도면
• 상세도 : 구조도에 표시하기 곤란한 부분의 형상, 치수를 표시한 도면

56
• 도면을 철하기 위한 구멍 뚫기의 여유를 설치해도 좋다.
• 여유는 최소 나비는 20mm(윤곽선 포함)로 표제란에서 가장 떨어진 왼쪽 끝에 둔다.

57 제3각법의 투상

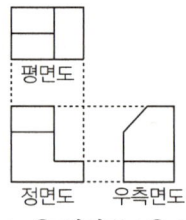

∴ ② 평면도 ③ 정면도

정답 54 ③ 55 ① 56 ④ 57 ②

□□□ 11④, 12⑤, 13⑤, 14①⑤, 15④, 16①

58 그림과 같은 축도기호가 나타내고 있는 것으로 옳은 것은?

① 등고선
② 성토
③ 절토
④ 과수원

□□□ 12⑤

59 다음 중 콘크리트 구조물에 대한 상세도 축척의 표준으로 가장 적당한 것은?

① 1 : 5
② 1 : 50
③ 1 : 100
④ 1 : 200

□□□ 10①④, 12④⑤, 15④, 16①④

60 단면 형상에 따른 절단면 표시에 관한 내용으로 파이프를 나타내는 그림은?

①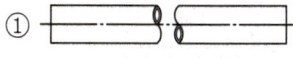
②
③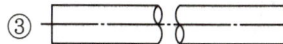
④

해 설

58 평면도에서의 경사면 표시

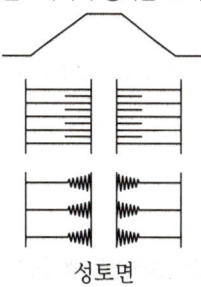

성토면

59 상세도
1/1, 1/2, 1/5, 1/10, 1/20

60 단면의 형태에 따른 절단면 표시
① 파이프
② 나무
③ 환봉
④ 각봉

정답 58 ② 59 ① 60 ①

국가기술자격 CBT 필기시험문제

2013년도 기능사 제1회 필기시험

종 목	시험시간	배 점	테스트 결과(개수)		
전산응용토목제도기능사	1시간	60	1회	2회	3회

해 설

□□□ 13①, 15⑤
01 한중 콘크리트에 관한 설명으로 옳지 않은 것은?

① 한중콘크리트를 시공하여야 하는 기상조건의 기준은 하루의 평균 기온 0℃ 이하가 예상되는 조건이다.
② 타설할 때의 콘크리트 온도는 5℃~20℃의 범위에서 정한다.
③ 재료를 가열할 경우, 물 또는 골재를 가열하는 것으로 하며, 시멘트는 어떠한 경우라도 직접 가열할 수 없다.
④ 시공시 특히 응결경화 초기에 동결시키지 않도록 주의하여야 한다.

01
하루 평균 기온이 4℃ 이하가 예상되는 조건일 때는 콘크리트가 동결할 우려가 있으므로 한중콘크리트로 시공한다.

□□□ 13①
02 D22 이형철근으로 스터럽의 90° 표준 갈고리를 제작할 때, 90° 구부린 끝에서 최소 얼마 이상 더 연장하여야 하는가?
(단, d_b는 철근의 지름이다.)

① $6d_b$
② $9d_b$
③ $12d_b$
④ $15d_b$

02 90° 표준 갈고리

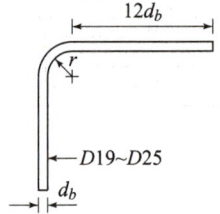

□□□ 13①
03 잔골재의 조립률이 시방배합의 기준표보다 0.1 만큼 크다면 잔골재율(S/a)을 어떻게 보정하는가?

① 1% 작게 한다.
② 1% 크게 한다.
③ 0.5% 작게 한다.
④ 0.5% 크게 한다.

03 잔골재율 보정 방법

• 잔골재의 조립률이 0.1 만큼 클 때마다	↑
• 잔골재율(S/a)은 0.5 만큼 크게 한다.	↑

□□□ 11④⑤, 13①, 14①
04 직경 100mm의 원주형 공시체를 사용한 콘크리트의 압축강도 시험에서 압축하중이 200kN에서 파괴가 진행되었다면 압축강도는?

① 2.5MPa
② 10.2MPa
③ 20.0MPa
④ 25.5MPa

04 압축강도
$$f_c = \frac{P}{A} = \frac{200 \times 10^3}{\frac{\pi \times 100^2}{4}} = 25.5 \text{MPa}$$

정답 01 ① 02 ③ 03 ④ 04 ④

□□□ 11④, 13①

05 그림과 같이 $b=400\text{mm}$, $d=400\text{mm}$, $A_s=2580\text{mm}^2$ 인 단철근 직사각형 보의 중립축 위치 c는? (단, $f_{ck}=28\text{MPa}$, $f_y=400\text{MPa}$ 이다.)

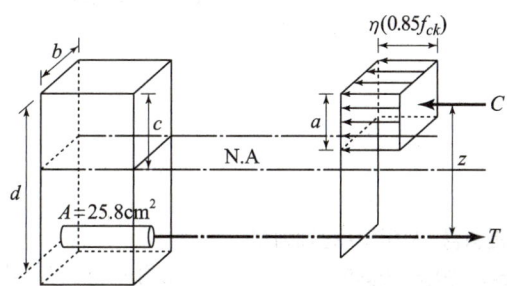

① 108mm ② 136mm
③ 215mm ④ 240mm

해설

05 응력도에서 $a=\beta_1 c$
- $f_{ck} \leq 40\text{MPa}$일 때
  $\eta=1.0$, $\beta_1=0.80$
- $a = \dfrac{A_s f_y}{\eta(0.85 f_{ck})b}$
  $= \dfrac{2580 \times 400}{1.0 \times 0.85 \times 28 \times 400}$
  $= 108.40\text{mm}$
$\therefore c = \dfrac{a}{\beta_1} = \dfrac{108.40}{0.80} = 136\text{mm}$

□□□ 11④, 13①, 15⑤

06 그림과 같은 단철근 직사각형 보의 철근비가 0.025일 때, 철근량 A_s는?

① 1000mm^2
② 1500mm^2
③ 2000mm^2
④ 2500mm^2

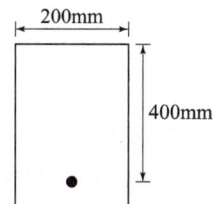

06 철근량
$A_s = \rho \times A$
$= 0.025 \times (200 \times 400)$
$= 2000\text{mm}^2$

□□□ 13①, 16④

07 콘크리트의 내구성에 영향을 끼치는 요인으로 가장 거리가 먼 것은?

① 동결과 융해 ② 거푸집의 종류
③ 물 흐름에 의한 침식 ④ 철근의 녹에 의한 균열

07 콘크리트의 내구성에 영향을 끼치는 요소
동결융해, 기상작용, 물, 산, 염 등에 의한 화학적 침식, 그 밖의 전류에 의한 침식, 철근의 녹에 의한 균열

□□□ 13①

08 표준 갈고리를 갖는 인장 이형철근의 정착에서 아래와 같은 경우에 기본정착길이 l_{hb}에 대한 보정계수는?

> D35 이하 180° 갈고리 철근에서 정착길이 구간을 $3d_b$ 이하 간격으로 띠 철근 또는 스터럽이 정착되는 철근을 수직으로 둘러싼 경우

① 0.70 ② 0.75
③ 0.80 ④ 0.85

08 띠 철근 또는 스터럽의 보정계수값
- D35 이하 90° 갈고리 철근에서 : 0.80
- D35 이하 180° 갈고리 철근에서 : 0.80

정답 05 ② 06 ③ 07 ② 08 ③

□□□ 10④, 11⑤, 13①④⑤, 14①, 15①, 16①④
09 토목재료로서 콘크리트의 일반적인 특징으로 옳지 않은 것은?

① 콘크리트 자체가 무겁다.
② 건조수축에 의한 균열이 생기기 쉽다.
③ 압축강도와 인장강도가 동일하다.
④ 내구성과 내화성이 모두 크다.

09 콘크리트 인장강도
- 압축강도에 비해 인장강도가 작다.
- 인장강도는 압축강도의 약 1/10∼1/13 정도이다.

□□□ 13①
10 콘크리트 압축응력의 분포와 콘크리트 변형률 사이의 관계에서 등가직사각형의 응력블록에 대한 설명으로 옳지 않은 것은?

① 압축응력의 분포와 변형률 사이의 관계를 직사각형으로 가정한다.
② 콘크리트의 평균 응력으로 $\eta(0.85f_{ck})$를 사용한다.
③ 응력은 너비 b와 깊이 a에 의해 만들어지는 보의 단면에 작용하는 것으로 가정한다.
④ 응력의 식 $a = \beta_1 \cdot c$에서 c는 인장철근에서부터 압축측 콘크리트 상단까지의 거리이다.

10
c : 중립축으로부터 압축측 콘크리트 상단까지의 거리

□□□ 13①
11 철근 콘크리트 구조물에서 보가 극한 상태에 이르게 되면 구조물 자체는 파괴되거나 파괴에 가까운 상태가 된다. 실제의 구조물에서 이와 같은 파괴가 일어나지 않게 하기 위해 공칭강도에 무엇을 곱하여 사용 하는가?

① 강도감소계수 ② 응력
③ 변형률 ④ 온도보정계수

11 강도감소계수
부재의 설계강도(ϕS_n)란 이 구조기준에서 규정에 따라 계산한 공칭강도(S_n)에 1.0보다 작은 강도감도계수(ϕ)를 곱한 값을 말한다.

12 주철근의 표준 갈고리
- 180° 갈고리

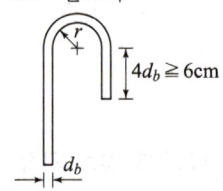

- 90° 갈고리

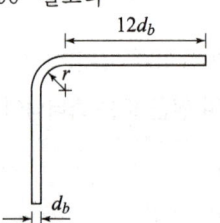

□□□ 13①
12 주철근의 표준 갈고리로 옳게 짝지어진 것은?

① 45° 표준 갈고리와 90° 표준 갈고리
② 60° 표준 갈고리와 120° 표준 갈고리
③ 90° 표준 갈고리와 180° 표준 갈고리
④ 90° 표준 갈고리와 135° 표준 갈고리

정답 09 ③ 10 ④ 11 ① 12 ③

□□□ 12⑤, 13①, 16①

13 숏크리트 시공 및 그라우팅에 의한 지수공법에 주로 사용되는 혼화제는?

① 발포제
② 급결제
③ 공기연행제
④ 고성능 유동화제

해 설

13 급결제
- 시멘트의 응결을 상당히 빠르게 하기 위한 혼화제
- 숏크리트, 그라우트에 의한 지수 공법 등에 사용

□□□ 13①

14 잔골재, 자갈 또는 부순 모래, 부순 자갈, 여러 가지 슬래그 골재 등을 사용하여 만든 단위질량이 2300kg/m^3 전후의 콘크리트를 무엇이라 하는가?

① 일반 콘크리트
② 수밀 콘크리트
③ 경량골재 콘크리트
④ 폴리머 시멘트 콘크리트

14 단위질량에 의한 콘크리트 분류
- 일반콘크리트 : $2300 \sim 2359 \text{kg/m}^2$
- 철근콘크리트 : $2400 \sim 2500 \text{kg/m}^2$
- 경량콘크리트 : $1500 \sim 1900 \text{kg/m}^2$

□□□ 06④, 10①, 12⑤, 13①, 14③, 15①

15 두께 120mm의 슬래브를 설계하고자 한다. 최대 정모멘트가 발생하는 위험단면에서 주철근의 중심 간격은 얼마 이하이어야 하는가?

① 140mm 이하
② 240mm 이하
③ 340mm 이하
④ 440mm 이하

15 1방향 슬래브의 위험단면에서 주철근의 간격
- 슬래브 두께의 2배 이하 또한 300mm 이하로 하여야 한다.
∴ 120×2=240mm ≤ 300mm 이하

□□□ 13①, 15⑤

16 압축부재에서 사각형 띠 철근으로 둘러싸인 주철근의 최소 개수는?

① 4개
② 9개
③ 16개
④ 25개

16 압축부재의 축방향 주철근 최수 개수
- 사각형이나 원형 띠 철근으로 둘러싸인 경우 4개
- 삼각형 띠 철근으로 둘러싸인 경우는 3개
- 나선철근으로 둘러싸인 철근의 경우는 6개

□□□ 13①, 16①

17 기둥에 관한 설명으로 옳지 않은 것은?

① 지붕, 바닥 등의 상부 하중을 받아서 토대 및 기초에 전달하고 벽체의 골격을 이루는 수직 구조체이다.
② 단주인가 장주인가에 따라 동일한 단면이라도 그 강도가 달라진다.
③ 순수한 축방향 압축력만을 받는 일은 거의 없다.
④ 기둥의 강도는 단면의 모양과 밀접한 연관이 있고, 기둥 길이와는 무관하다.

17
기둥의 강도는 길이의 영향을 크게 받는다.

정답 13 ② 14 ① 15 ② 16 ① 17 ④

□□□ 12①, 13①

18 용접이음은 철근의 설계기준항복강도 f_y의 몇 % 이상을 발휘할 수 있는 완전용접이어야 하는가?

① 85% ② 100%
③ 125% ④ 150%

해 설

18 용접이음
• 용접용 철근을 사용해야 한다.
• 철근의 설계기준항복강도 f_y의 125% 이상을 발휘할 수 있는 용접이어야 한다.

□□□ 13①, 15④

19 지간 4m의 단순보가 고정하중 20kN/m과 활하중 30kN/m를 받고 있다. 이 보를 설계하는데 필요한 최대공칭모멘트는? (단, 고정하중과 활하중에 대한 하중계수는 각각 1.2와 1.6이며, 이 보는 인장지배 단면으로 본다.)

① 72kN·m ② 122kN·m
③ 144kN·m ④ 169kN·m

19 최대공칭모멘트
$$M_u = \frac{Ul^2}{8}$$
• $U = 1.2D + 1.6L$
 $= 1.2 \times 20 + 1.6 \times 30 = 72\text{kN/m}$
∴ $M_u = \frac{72 \times 4^2}{8} = 144\text{kN·m}$

□□□ 12①, 13①, 15⑤

20 프리스트레스하지 않은 부재의 현장치기콘크리트에서 흙에 접하거나 외부의 공기에 노출되는 콘크리트로서 D19 이상의 철근인 경우 최소 피복 두께는?

① 40mm ② 50mm
③ 60mm ④ 80mm

20 흙에 접하거나 옥외의 공기에 직접 노출되는 콘크리트

철근 조건	최소 피복
D19 이상	50mm
D16 이하	40mm

□□□ 13①

21 철근 콘크리트 구조물의 설계 방법이 아닌 것은?

① 강도 설계법 ② 허용응력 설계법
③ 한계상태 설계법 ④ 하중강도 설계법

21 설계방법의 발전
허용응력 설계법 → 강도설계법 → 한계상태 설계법

□□□ 13①

22 콘크리트를 주재료로 하고 철근을 보강 재료로 하여 만든 구조를 무엇이라 하는가?

① 합성 콘크리트 구조
② 무근 콘크리트 구조
③ 철근 콘크리트 구조
④ 프리스트레스트 콘크리트 구조

22 철근 콘크리트 구조
콘크리트 속에 철근을 배치하여 양자가 일체가 되어 외력을 받게 한 구조

정답 18 ③ 19 ③ 20 ② 21 ④ 22 ③

□□□ 06④, 10①, 12⑤, 13①, 14⑤, 16①

23 2방향 슬래브의 위험단면에서 철근 간격은 슬래브 두께의 2배 이하 또한 몇 mm 이하이어야 하는가?

① 100mm   ② 200mm
③ 300mm   ④ 400mm

23 2방향 슬래브
위험단면의 철근 간격은 슬래브 두께의 2배 이하, 300mm 이하이어야 한다.

□□□ 11④⑤, 12⑤, 13①, 15④⑤, 16④

24 철근 콘크리트가 성립하는 이유(조건)로 옳지 않은 것은?

① 콘크리트 속에 묻힌 철근은 녹이 슬지 않는다.
② 철근과 콘크리트는 부착이 매우 잘 된다.
③ 철근과 콘크리트는 온도에 대한 열팽창 계수가 거의 같다.
④ 철근과 콘크리트는 인장 강도가 거의 같다.

24
철근은 인장강도에 강하고 콘크리트는 압축에 강하다.

□□□ 13①

25 그림과 같은 옹벽에 수평력 20kN, 수직력 40kN이 작용하고 있다. 전도에 대한 안전율은? (단, 기초 좌측 하단('0'점)을 기준으로 한다.)

① 1.3
② 2.0
③ 3.0
④ 4.0

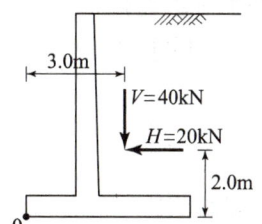

25 안전율

$$F_s = \frac{M_r}{M_o}$$

- $M_r = \Sigma V \cdot x = 40 \times 3 = 120 \text{kN}$
- $M_o = \Sigma H \cdot y = 20 \times 2 = 40 \text{kN}$

$$\therefore F_s = \frac{120}{40} = 3.0$$

□□□ 13①④⑤, 16①

26 프리스트레스트 콘크리트(PSC)의 특징이 아닌 것은?
(단, 철근 콘크리트와 비교)

① 고강도의 콘크리트와 강재를 사용한다.
② 안전성이 낮고 강성이 커서 변형이 작다.
③ 단면을 작게 할 수 있어 지간이 긴 구조물에 적당하다.
④ 설계하중이 작용하더라도 인장측 콘크리트에 균열이 발생하지 않는다.

26 PSC의 특징
PSC 구조는 안전성이 높지만 RC 구조에 비하여 강성이 작아서 변형이 크다.

□□□ 13①

27 PS강재나 시스 등의 마찰을 줄이기 위해 사용되는 마찰 감소재가 아닌 것은?

① 왁스   ② 모래
③ 파라핀 ④ 그리스

27 마찰 감소재
그리스, 파라핀, 왁스 등이 사용되고 있다.

정답 23 ③ 24 ④ 25 ③ 26 ② 27 ②

□□□ 10④, 13①⑤, 16①④

28 주탑과 경사로 배치되어 있는 인장 케이블 및 바닥판으로 구성되어 있으며, 바닥판은 주탑에 연결되어 있는 와이어 케이블로 지지되어 있는 형태의 교량은?

① 사장교 ② 라멘교
③ 아치교 ④ 현수교

28 사장교
서해대교와 같이 교각 위에 탑을 세우고 주탑과 경사로 배치된 케이블로 주형을 고정시키는 형식의 교량

□□□ 11⑤, 12①④, 13①②⑤, 14④⑤

29 설계에 있어 고려하는 하중의 종류 중 변동하는 하중에 해당되는 것은?

① 고정하중 ② 설하중
③ 수평토압 ④ 수직토압

29 설하중
주하중에 해당되는 특수 하중으로 설계 계산 할 때 설하중을 고려한다.

□□□ 03, 07, 09④, 13①, 16①④

30 외력에 대한 옹벽의 안정 조건이 아닌 것은?

① 활동에 대한 안정 ② 침하에 대한 안정
③ 전도에 대한 안정 ④ 전단력에 대한 안정

30 옹벽의 안정 조건
전도에 대한 안정, 활동에 대한 안정, 침하에 대한 안정

□□□ 10⑤, 13①

31 용접이음의 특징에 대한 설명으로 옳지 않은 것은?

① 접합부의 강성이 작다.
② 시공 중에 소음이 없다.
③ 인장측에 리벳 구멍에 의한 단면 손실이 없다.
④ 리벳 접합 방식에 비하여 강재를 절약할 수 있다.

31
접합부의 강성이 크다.

□□□ 13①

32 터널의 설계에 고려사항으로 옳지 않은 것은?

① 통풍이 양호한 곳
② 지반 조건이 양호한 곳
③ 터널 내 곡선의 반지름은 짧은 것
④ 시공할 때나 완성 후의 배수를 고려할 것

32
터널 내 곡선의 반지름은 큰 곡선으로 한다.

정답 28 ① 29 ② 30 ④ 31 ① 32 ③

□□□ 13①, 15①
33 강도 설계법에서 인장지배단면을 받는 부재의 강도감소계수값은?
① 0.65
② 0.75
③ 0.85
④ 0.95

33 지배단면에 따른 강도감소계수(ϕ)

지배단면	ϕ
압축지배	0.65
변화구간	0.65~0.85
인장지배	0.85

□□□ 07, 13①, 16④
34 보통 무근 콘크리트로 만들어지며 자중에 의하여 안정을 유지하는 옹벽의 형태를 무엇이라 하는가?
① 중력식 옹벽
② L형 옹벽
③ 캔틸레버 옹벽
④ 뒷부벽식 옹벽

34 중력식 옹벽
무근 콘크리트로 만들어지며, 자중에 의하여 안정을 유지한다.

□□□ 13①
35 구조 재료로서 강재의 특징에 대한 설명으로 옳지 않은 것은?
① 균질성을 가지고 있다.
② 관리가 잘 된 강재는 내구성이 우수하다.
③ 다양한 형상과 치수를 가진 구조로 만들 수 있다.
④ 다른 재료에 비해 단위 면적에 대한 강도가 작다.

35
강재는 다른 재료에 비해서 단위 면적에 대한 강도가 매우 크다.

□□□ 10⑤, 11③, 12①, 13①④
36 한국 산업 표준 중에서 토건 기호는?
① KS A
② KS C
③ KS F
④ KS M

36 KS의 부문별 기호

KS F	토 건
KS A	기 본
KS M	화 학
KS C	전 기

□□□ 13①
37 재료의 단면 표시 중 벽돌을 나타내는 것은?

①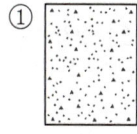
②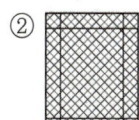
③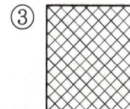
④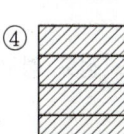

37 재료 단면의 표시
① 모르타르
② 블록
④ 벽돌

정답 33 ③ 34 ① 35 ④ 36 ③ 37 ④

38 구조용 재료의 단면표시 그림 중에서 자연석을 표시한 것은?

① 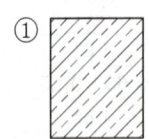 ②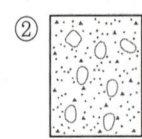
③ 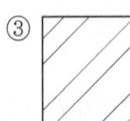 ④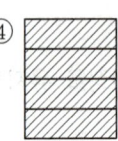

38 재료 단면의 표시
① 자연석(석재)
② 콘크리트
③ 납
④ 벽돌

39 그림과 같은 양면 접시머리 공장 리벳의 바른 표시는?

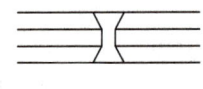

① ⊙ ② ⊗
③ ○ ④ ⊗

39 공장 리벳의 접시(마무리) 평면기호

40 주기억 장치에 주로 사용되며 전원이 차단되면 기억된 내용이 모두 지워지는 기억장치는?

① ROM   ② RAM
③ USB   ④ CD-ROM

40 RAM
- 정보를 자유롭게 읽고 쓸 수 있는 주기억 장치이다.
- 휘발성의 특징을 가지고 있어 전원이 차단되면 기억된 내용이 모두 지워진다.

41 용도에 따른 선의 명칭으로 옳은 것은?

① 가는 선   ② 굵은 선
③ 중심선   ④ 아주 굵은 선

41
- 굵기에 따른 종류 : 가는 선, 굵은 선, 아주 굵은 선
- 용도에 따른 분류 : 중심선(가는 1점 쇄선), 치수선, 치수보조선 등

42 토목제도에서 한글 서체는 수직 또는 오른쪽으로 어느 정도 경사지게 쓰는 것이 원칙인가?

① 10°   ② 15°
③ 20°   ④ 30°

42
한글 서체는 고딕체로 하고, 수직 또는 오른쪽 15° 오른쪽으로 경사지게 쓴다.

정답 38 ① 39 ④ 40 ② 41 ③ 42 ②

43 컴퓨터 입력 장치에서 문서, 그림, 사진 등을 이미지 형태로 입력하는 장치는?

① 광펜 ② 스캐너
③ 태블릿 ④ 조이스틱

43
- 스캐너 : 그림이나 사진, 문서 등을 이미지 형태로 입력하는 장치
- 태블릿 : 디지타이저와 유사한 입력장치

44 일반적인 제도 규격용지의 폭과 길이의 비로 옳은 것은?

① $1:1$ ② $1:\sqrt{2}$
③ $1:\sqrt{3}$ ④ $1:4$

44
제도 용지의 세로(폭 a)과 가로(길이 b)의 비는 $1:\sqrt{2}$ 이다.

45 투상법에서 제3각법에 대한 설명으로 옳지 않은 것은?

① 정면도 아래에 배면도가 있다.
② 정면도 위에 평면도가 있다.
③ 정면도 좌측에 좌측면도가 있다.
④ 제3면각 안에 물체를 놓고 투상하는 방법이다.

45 제3각법

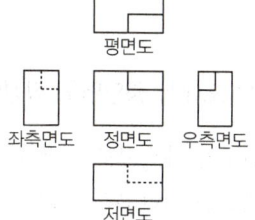

∴ 정면도를 중심으로 평면도가 위에 우측면도는 정면도의 오른쪽에 위치한다.

46 구조물 설계 제도에서 도면의 작도 순서로 가장 알맞은 것은?

ⓐ 일반도 ⓑ 단면도
ⓒ 주철근 조립도 ⓓ 철근상세도
ⓔ 각부 배근도

① ⓑ→ⓒ→ⓓ→ⓔ→ⓐ
② ⓑ→ⓔ→ⓐ→ⓒ→ⓓ
③ ⓐ→ⓔ→ⓓ→ⓑ→ⓒ
④ ⓐ→ⓒ→ⓑ→ⓔ→ⓓ

46 도면의 작도순서
단면도→각부 배근도→일반도→주철근 조립도→철근 상세도

47 직육면체의 직각으로 만나는 3개의 모서리가 모두 120°를 이루는 투상도는?

① 정 투상도 ② 등각 투상도
③ 부등각 투상도 ④ 사 투상도

47 등각 투상도
직육면체의 등각 투상도에서 직각으로 만나는 3개의 모서리는 각각 120°이다.

정답 43 ② 44 ② 45 ① 46 ② 47 ②

48 제도에 일반적으로 사용되는 축척으로 가장 거리가 먼 것은?

① $\dfrac{1}{2}$
② $\dfrac{1}{3}$
③ $\dfrac{1}{5}$
④ $\dfrac{1}{10}$

해설 48 제도의 축척
$\dfrac{1}{2}, \dfrac{1}{5}, \dfrac{1}{10}, \dfrac{1}{15}, \dfrac{1}{20}, \dfrac{1}{25}, \dfrac{1}{50}, \dfrac{1}{100}$

49 구조물 전체의 개략적인 모양을 표시하는 도면으로 구조물 주위의 지형지물을 표시하여 지형과 구조물과의 연관성을 명확하게 표현하는 도면은?

① 일반도
② 구조도
③ 측량도
④ 설명도

해설 49 콘크리트 구조물의 일반도
구조물 전체의 개략적인 모양을 표시하는 도면

50 측량제도에서 종단면도 작성에 관한 설명으로 옳지 않은 것은?

① 지반고가 계획고보다 클 때에는 흙쌓기가 된다.
② 기준선은 지반고와 계획고 이하가 되도록 한다.
③ No.4+9.8는 No.4에서 9.8m 지점의 +말뚝을 표시한 것이다.
④ 지반고란에는 야장에서 각 중심 말뚝의 표고를 기재한다.

해설 50 땅깎기 및 흙쌓기
• 땅깎기(절토):
 (지반고) > (계획고)
• 흙쌓기(성토):
 (지반고) < (계획고)
 ∴ 지반고가 계획고보다 클 때에는 흙깎기가 된다.

51 표제란에 기입할 사항이 아닌 것은?

① 도면 번호
② 도면 명칭
③ 도면치수
④ 기업체명

해설 51 표제란
• 도면의 관리에 필요한 사항과 도면의 내용에 대한 사항을 모아서 기입
• 도면 번호, 도면 명칭, 기업체명, 책임자 서명, 도면 작성 일자, 축척 등을 기입

52 치수와 치수선에 대한 설명으로 옳지 않은 것은?

① 치수는 특별히 명시하지 않으면 마무리 치수(완성 치수)로 표시한다.
② 치수선은 표시할 치수의 방향에 평행하게 긋는다.
③ 치수는 계산하지 않고서도 알 수 있게 표기한다.
④ 치수의 단위는 mm을 원칙으로 하고, 치수 뒤에 단위를 써서 표시한다.

해설 52
치수의 단위는 mm을 원칙으로 하고, 단위 기호는 쓰지 않는다.

정답 48 ② 49 ① 50 ① 51 ③ 52 ④

해설

53 NS
그림의 형태가 치수와 비례하지 않을 때에는 치수 밑에 밑줄을 긋거나, 비례가 아님 또는 NS(not to scale) 등의 문자를 기입하여야 한다.

55 해칭(hatching)
- 단면도의 절단면을 나타내는 선
- 가는 실선으로 규칙적으로 빗금을 그은 선
- 해칭선은 중심선 또는 단면도의 주된 외형선에 대하여 45°의 가는 실선을 같은 간격으로 긋는다.

56
지반면(흙)을 표시 방법이다.

---

53 척도에 관한 설명으로 옳지 않은 것은?

① 현척은 실제 크기를 의미한다.
② 배척은 실제보다 큰 크기를 의미한다.
③ 축척은 실제보다 작은 크기를 의미한다.
④ 그림의 크기가 치수와 비례하지 않으면 NP를 기입한다.

54 판형재 중 각 강(鋼)의 치수 표시방법은?

① $\phi A-L$
② $\square A-L$
③ $DA-L$
④ $\square A \times B \times t - L$

해설

종류	단면모양	표시방법
각강	(정사각형, A×A)	$\square A-L$
환강	(원형)	보통 $\phi A-L$ 이형 $DA-L$
각강관	(사각관, A×B×t)	$\square A \times B \times t - L$

55 구조물 제도에서 물체의 절단면을 표현하는 것으로 중심선에 대하여 45° 경사지게 일정한 간격으로 긋는 것은?

① 파선
② 스머징
③ 해칭
④ 스프릿

56 그림은 어떠한 재료 단면의 경계를 나타낸 것인가?

① 지반면
② 자갈면
③ 암반면
④ 모래면

정답 53 ④ 54 ② 55 ③ 56 ①

해 설

57 CAD 작업의 특징으로 옳지 않은 것은?

① 설계 기간의 단축으로 생산성을 향상시킨다.
② 도면분석, 수정, 제작이 수작업에 비하여 더 정확하고 빠르다.
③ 컴퓨터 화면을 통하여 대화방식으로 도면을 입·출력할 수 있다.
④ 설계 도면을 여러 사람이 동시 작업이 불가능하여, 표준화 작업에 어려움이 있다.

57 CAD 작업의 특징
심벌과 축척을 표준화하여 방대한 도면을 다중 작업해도 표준화를 이룰 수 있다.

58 국가 규격 명칭과 규격 기호가 바르게 표시된 것은?

① 일본 규격 – JKS
② 미국 규격 – USTM
③ 스위스 규격 – JIS
④ 국제 표준화 기구 – ISO

58 국제 및 국가별 표준 규격명

국가별 명칭	기 호
일본 규격	JIS
미국 규격	ANSI
스위스 규격	SNV
국제 표준화 기구	ISO

59 치수 기입에서 치수 보조 기호에 대한 설명으로 옳지 않은 것은?

① 정사각형의 변 : □
② 반지름 : R
③ 지름 : D
④ 판의 두께 : t

59 작은 원의 지름
숫자 앞에 ϕ붙여서 지름임을 나타낸다.

60 도형의 표시방법에서 투상도에 대한 설명으로 옳지 않은 것은?

① 물체의 오른쪽과 왼쪽이 같을 때에는 우측면도만 그린다.
② 정면도와 평면도만 보아도 그 물체를 알 수 있을 때에는 측면도를 생략해도 된다.
③ 물체의 길이가 길 때, 정면도와 평면도만으로 표시할 수 있을 경우에는 측면도를 생략한다.
④ 물체에 따라 정면도 하나로 그 형태의 모든 것을 나타낼 수 있을 때에도 다른 투상도를 모두 그려야 한다.

60 투상도의 선정
물체에 따라 정면도 하나로 그 형태의 모든 것을 나타낼 수 있을 때에는 다른 투상도는 그리지 않는다.

정답 57 ④ 58 ④ 59 ③ 60 ④

국가기술자격 CBT 필기시험문제

2013년도 기능사 제4회 필기시험

종 목	시험시간	배 점	테스트 결과(개수)		
전산응용토목제도기능사	1시간	60	1회	2회	3회

해 설

☐☐☐ 10④, 12①⑤, 13④⑤, 15①④

01 폭이 500mm인 철근콘크리트 보가 있다. 콘크리트의 압축강도가 27MPa, 철근의 항복강도가 400MPa, 사용된 철근량이 2295mm²일 때, 이 보가 등가 응력사각형의 깊이(a)는?

① 20mm ② 40mm
③ 60mm ④ 80mm

01
$$a = \frac{A_s f_y}{\eta(0.85 f_{ck})b}$$
• $f_{ck} \leq 40$MPa일 때
 $\eta = 1.0$, $\beta_1 = 0.80$
∴ $a = \dfrac{2295 \times 400}{1.0 \times 0.85 \times 27 \times 500}$
   $= 80$mm

☐☐☐ 12④, 13④

02 철근 D29~D35의 경우에 180° 표준 갈고리의 구부림 최소 내면 반지름은? (단, d_b : 철근의 공칭지름)

① $2d_b$ ② $3d_b$
③ $4d_b$ ④ $6d_b$

02
180° 표준 갈고리와 90° 표준 갈고리의 구부리는 최소 내면 반지름

철근의 지름	최소 반지름
D10~D25	$3d_b$
D29~D35	$4d_b$
D38 이상	$5d_b$

☐☐☐ 10④, 11①, 12④, 13④

03 단면의 폭 $b=400$mm, 유효깊이 $d=600$mm인 단철근 직사각형 보에 D22의 정철근을 2단으로 배치할 경우 그 연직 순간격은 얼마 이상으로 하여야 하는가?

① 25mm 이상 ② 35mm 이상
③ 40mm 이상 ④ 50mm 이상

03 상단과 하단에 2단 이상으로 배치된 경우
• 상하철근은 동일 연직면 내에 배치되어야 한다.
• 상하 철근의 순간격은 25mm 이상으로 하여야 한다.

☐☐☐ 13④, 15⑤

04 콘크리트의 워커빌리티에 영향을 미치는 요소에 대한 설명으로 옳지 않은 것은?

① 시멘트의 분말도가 높을수록 워커빌리티가 좋아진다.
② AE제, 감수제 등의 혼화제를 사용하면 워커빌리티가 좋아진다.
③ 시멘트량에 비해 골재의 양이 많을수록 워커빌리티가 좋아진다.
④ 단위수량이 적으면 유동성이 적어 워커빌리티가 나빠진다.

04 시멘트
골재의 양보다 단위 시멘트의 양이 많을수록 워커빌리티가 좋아진다.

정답 01 ④ 02 ③ 03 ① 04 ③

□□□ 11④, 12①, 13④, 14⑤

05 6kN/m의 등분포하중을 받는 지간 4m의 철근콘크리트 단순보가 있다. 이 보의 최대휨모멘트는? (단, 하중계수는 적용하지 않는다.)

① 12kN·m
② 24kN·m
③ 36kN·m
④ 48kN·m

05
$$M_{\max} = \frac{w_u l^2}{8} = \frac{6 \times 4^2}{8} = 12\text{kN}\cdot\text{m}$$

□□□ 10④, 13④⑤, 16④

06 단철근 직사각형보에서 $b=300$mm, $a=150$mm, $f_{ck}=28$MPa 일 때 콘크리트의 전압축력은? (단, 강도 설계법임)

① 1080kN
② 1071kN
③ 1134kN
④ 1197kN

06
압축력 $C = \eta(0.85f_{ck})ab$
• $f_{ck} \leq 40$MPa일 때
 $\eta = 1.0$, $\beta_1 = 0.80$
∴ $C = 1.0 \times 0.85 \times 28 \times 150 \times 300$
    $= 1071000\text{N} = 1071\text{kN}$

□□□ 11①, 12⑤, 13④⑤, 14⑤

07 프리스트레스하지 않는 부재의 현장치기콘크리트 중 수중에서 치는 콘크리트의 최소 피복두께는?

① 40mm
② 60mm
③ 80mm
④ 100mm

07 프리스트레스하지 않는 부재의 현장치기 콘크리트

철근의 외부 조건	최소 피복
수중에서 치는 콘크리트	100mm
흙에 접하여 콘크리트를 친 후 영구히 흙에 묻혀있는 콘크리트	75mm

□□□ 12①, 13④⑤

08 다음 ( )에 알맞은 수치는?

> 동일 평면에서 평행한 철근 사이의 수평 순간격은 (   )mm 이상, 철근이 공칭지름 이상으로 하여야 한다.

① 25
② 35
③ 45
④ 55

08 동일 평면에서 평행한 철근 사이의 수평 순간격
• 25mm 이상
• 철근의 공칭지름 이상

□□□ 13④

09 인장 이형 철근 및 이형 철선의 정착 길이는 기본 정착 길이에 보정계수 (α, β, λ)를 곱하여 구할 수 있다. 이 때 보정계수에 영향을 주는 인자가 아닌 것은?

① 철근의 겹침 이음
② 철근 배치 위치
③ 철근 도막 여부
④ 콘크리트의 종류

09 보정계수에 주는 영향 인자
배근위치, 철근 표면, 도막 여부, 철근의 종류 등에 따라 보정계수를 구한다.

정답 05 ① 06 ② 07 ④ 08 ① 09 ①

□□□ 13④

10 혼화제의 일종으로, 시멘트 분말을 분산시켜서 콘크리트의 워커빌리티를 얻기에 필요한 단위수량을 감소시키는 것을 주목적으로 한 재료는?

① 급결제 ② 감수제
③ 촉진제 ④ 보수제

10 감수제
- 시멘트의 입자를 분산시켜 콘크리트의 단위 수량을 감소시키는 혼화제
- 시멘트 분산제라 한다.

□□□ 10④, 11⑤, 13①④⑤, 14①, 15①, 16①④

11 토목재료로서 콘크리트의 일반적인 특징으로 옳지 않은 것은?

① 경화하는데 시간이 걸리기 때문에 시공일수가 길어진다.
② 내구성, 내화성, 내진성이 우수하다.
③ 경화시에 건조, 수축에 의한 균열이 발생하기 쉽다.
④ 인장강도에 비해 압축강도가 매우 작다.

11 콘크리트 인장강도
- 압축강도에 비해 인장강도가 작다.
- 인장강도는 압축강도의 약 1/10 ~1/13 정도이다.

□□□ 13④, 16①

12 인장력을 받는 이형 철근의 A급 겹침 이음 길이로 옳은 것은? (단, l_d : 정착길이)

① $1.0l_d$ 이상 ② $1.3l_d$ 이상
③ $1.5l_d$ 이상 ④ $2.0l_d$ 이상

12 이형철근의 겹침이음길이
- A급 이음 : $1.0l_d$
- B급 이음 : $1.3l_d$

□□□ 10④, 13④

13 콘크리트의 배합설계에서 실제 시험에 의한 호칭강도(f_{cn})와 압축강도의 표준편차(s)를 구했을 때 배합강도는(f_{cr})를 구하는 방법으로 옳은 것은? (단, $f_{cn} \leq 35\text{MPa}$인 경우)

① $f_{cr} = f_{cn} + 1.34s\,[\text{MPa}]$, $f_{cr} = (f_{cn} - 3.5) + 2.33s\,[\text{MPa}]$의 두 식으로 구한 값 중 큰 값
② $f_{cr} = f_{cn} + 1.34s\,[\text{MPa}]$, $f_{cr} = (f_{cn} - 3.5) + 2.33s\,[\text{MPa}]$의 두 식으로 구한 값 중 작은 값
③ $f_{cr} = f_{cn} + 1.34s\,[\text{MPa}]$, $f_{cr} = 0.9f_{cn} + 2.33s\,[\text{MPa}]$의 두 식으로 구한 값 중 큰 값
④ $f_{cr} = f_{cn} + 1.34s\,[\text{MPa}]$, $f_{cr} = 0.9f_{cn} + 2.33s\,[\text{MPa}]$의 두 식으로 구한 값 중 작은 값

13 배합강도
- $f_{cn} \leq 35\text{MPa}$인 경우
- $f_{cr} = f_{cn} + 1.34s\,[\text{MPa}]$
- $f_{cr} = (f_{cn} - 3.5) + 2.33s\,[\text{MPa}]$
  두 값 중 큰 값

정답 10 ② 11 ④ 12 ① 13 ①

□□□ 11⑤, 13④, 15①

14 컴프셔 혹은 펌프를 이용하여 노즐 위치까지 호스 속으로 운반한 콘크리트를 압축공기에 의해 시공면에 뿜어서 만든 콘크리트는?

① 진공 콘크리트 ② 유동화 콘크리트
③ 펌프 콘크리트 ④ 숏크리트

□□□ 13④

15 그림과 같은 기초를 무엇이라 하는가?

① 독립 확대기초
② 경사 확대기초
③ 벽 확대기초
④ 연결 확대기초

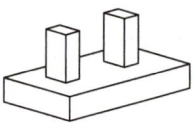

□□□ 13④

16 굵은 골재의 최대 치수는 질량비로 몇 % 이상을 통과시키는 체 가운데에서 가장 작은 치수의 체눈을 체의 호칭치수로 나타낸 것인가?

① 80% ② 85%
③ 90% ④ 95%

□□□ 09①, 11④, 12⑤, 13④, 14④, 16①

17 콘크리트를 친 후 시멘트와 골재알이 가라앉으면서 물이 올라와 콘크리트의 표면에 떠오르는 현상은?

① 슬럼프   ② 워커빌리티
③ 레이턴스 ④ 블리딩

□□□ 13④, 14④

18 구조물의 파괴 상태 또는 파괴에 가까운 상태를 기준으로 하여 그 구조물의 사용 기간 중에 예상되는 최대 하중에 대하여 구조물의 안전을 적절한 수준으로 확보하려는 설계방법으로 하중 계수와 강도 감소 계수를 적용하는 설계법은?

① 강도 설계법   ② 허용 응력 설계법
③ 한계 상태 설계법 ④ 안전율 설계법

해 설

14 숏크리트
압축공기를 이용하여 콘크리트나 모르타르 재료를 시공면에 뿜어 붙여서 만든 콘크리트

15 연결 확대기초
2개 이상의 기둥을 1개의 확대기초로 받치도록 만든 기초

16 굵은 골재의 최대치수
질량비로 90% 이상을 통과시키는 체 중에서 최소 치수의 체눈을 호칭치수로 나타낸다.

17 블리딩
• 콘크리트를 친 후 시멘트와 골재알이 가라앉으면서 물이 떠오르는 현상
• 블리딩에 의하여 콘크리트의 표면에 떠올라 가라앉는 아주 작은 물질을 레이턴스라 한다.

18 강도 설계법
• 구조물의 파괴상태 또는 파괴에 가까운 상태를 기준으로 한다.
• 구조물의 사용 기간 중에 예상되는 최대 하중에 대하여 구조물의 안전을 적절한 수준으로 확보하려는 설계방법

정답 14 ④ 15 ④ 16 ③ 17 ④ 18 ①

□□□ 13④

19 수밀 콘크리트의 배합에서 물-결합재(시멘트)비는 얼마 이하를 표준으로 하는가?

① 40%   ② 50%
③ 60%   ④ 70%

19 수밀 콘크리트
물-결합재비는 50% 이하를 표준으로 한다.

□□□ 10④, 11④, 12①⑤, 13④⑤, 14①, 15⑤

20 폭 $b=300\text{mm}$, 유효깊이 $d=400\text{mm}$, 철근의 단면적 $A_s=3000\text{mm}^2$인 단철근 직사각형 보의 철근비는?

① 0.005   ② 0.015
③ 0.025   ④ 0.035

20 철근비
$$\rho = \frac{A_s}{bd} = \frac{3000}{300 \times 400} = 0.025$$

□□□ 13④

21 중심 축하중을 받는 장주의 좌굴 하중(P_c)은?
(단, EI : 압축부재의 휨강성, kl_u : 유효길이)

① $P_c = \dfrac{\pi^2 EI}{(kl_u)^2}$ ② $P_c = \dfrac{(EI)^2}{\pi^2(kl_u)}$

③ $P_c = \dfrac{\pi^2 kl_u}{(EI)^2}$ ④ $P_c = \dfrac{kl_u}{\pi^2(EI)^2}$

21 장주의 좌굴하중
$$P_c = \frac{\pi^2 EI}{(kl_u)^2} = \frac{\pi^2 EI}{l_u^2}$$

□□□ 12⑤, 13④

22 휨 또는 휨과 압축을 동시에 받는 부재의 콘크리트 압축 연단의 극한변형률은 얼마로 가정하는가? (단, $f_{ck} \leq 40\text{MPa}$)

① 0.0022   ② 0.0033
③ 0.0044   ④ 0.0055

22 설계가정
휨모멘트 또는 휨모멘트와 축력을 동시에 받는 부재의 콘크리트 압축연단의 극한변형률은 콘크리트의 설계기준압축강도가 40MPa 이하인 경우에는 0.0033으로 가정한다.

□□□ 11⑤, 13④, 14⑤, 15④

23 부재의 길이에 비하여 단면이 작은 부재를 삼각형으로 이어서 만든 뼈대로서, 보의 작용을 하도록 한 구조로 된 교량 형식은?

① 판형교   ② 트러스교
③ 사장교   ④ 게르버교

23 트러스교
• 단면이 작은 부재를 삼각형으로 이어서 만든 뼈대로 된 구조
• 상부구조의 주체로 보 대신에 트러스를 사용한 교량
• 비교적 계산이 간단하고 구조적으로 상당히 긴 지간이 유리하게 쓰인다.

정답 19 ② 20 ③ 21 ① 22 ② 23 ②

□□□ 11⑤, 13④, 14④, 16①④

24 사용 재료에 따른 토목 구조물의 종류가 아닌 것은?

① 콘크리트 구조 ② 판상형 구조
③ 합성 구조 ④ 강 구조

24 사용 재료에 따른 분류
콘크리트 구조(철근 콘크리트 구조, 프리스트레스트 콘크리트 구조), 강구조, 합성 구조

□□□ 11⑤, 12①④, 13①④⑤, 14④⑤

25 토목 구조물 설계에서 일반적으로 주하중으로 분류되지 않은 것은?

① 토압 ② 수압
③ 지진 ④ 자중

25 부하중
풍 하중, 온도 변화의 영향, 지진 하중

□□□ 10①, 13④

26 다음 교량 중 건설 시기가 가장 최근의 것은? (단, 개·보수 및 복구 등을 제외한 최초의 준공을 기준으로 한다.)

① 인천 대교 ② 원효 대교
③ 한강 철교 ④ 영종 대교

26 교량 건설 순

교량	건설시기
한강철교	1900년
원효대교	1981년
영종대교	2000년
인천대교	2009년

□□□ 13④

27 PS 강재를 어떤 인장력으로 긴장한 채 그 길이를 일정하게 유지해 주면 시간이 지남에 따라 PS 강재의 인장응력이 감소하는 현상은?

① 프리플렉스 ② 응력 부식
③ 릴랙세이션 ④ 그라우팅

27 릴랙세이션(relaxation)
PS 강재의 인장응력이 감소하는 현상

□□□ 13④

28 콘크리트에 철근을 보강하는 가장 큰 이유는?

① 압축력 보강 ② 인장력 보강
③ 전단력 보강 ④ 비틀림 보강

28 철근 콘크리트
철근은 인장력에 강하고 콘크리트는 압축력에 강하므로 이에 인장력에 약한 콘크리트를 보강하기 위하여 철근을 보강한 것

□□□ 13④

29 교량을 설계한 경우 슬래브교의 최소 두께는 얼마 이상인가? (단, 도로교설계기준에 따른다.)

① 150mm ② 200mm
③ 250mm ④ 300mm

29
슬래브교의 최소두께는 250mm로 한다.

정답 24 ② 25 ③ 26 ① 27 ③ 28 ②
29 ③

□□□ 11⑤, 13④, 14④

30 기둥, 교각에 작용하는 상부 구조물의 하중을 지반에 안전하게 전달하기 위하여 설치하는 구조물은?

① 기둥
② 옹벽
③ 슬래브
④ 확대기초

해설

30
확대기초(footing foundation)에 대한 설명이다.

□□□ 11④, 12④, 13④, 14①⑤, 15④, 16①

31 토목 구조물의 특징이 아닌 것은?

① 대부분 공공의 목적으로 건설 된다.
② 구조물의 수명이 짧다.
③ 대부분 자연 환경 속에 놓인다.
④ 다량 생산이 아니다.

31
구조물의 수명, 즉 공용 기간이 길다.

□□□ 02④, 12①④⑤, 13④, 14④⑤, 15①, 16①④

32 일반적인 강 구조의 특징이 아닌 것은?

① 반복하중에 의한 피로가 발생하기 쉽다.
② 균질성이 우수하다.
③ 차량 통행으로 인한 소음이 적다.
④ 부재를 개수하거나 보강하기 쉽다.

32
차량 통행에 의하여 소음이 발생하기 쉽다.

□□□ 13④

33 보의 해석에서 회전이 자유롭고 1방향으로만 이동되는 이동 지점에 나타나는 반력수는?

① 1개
② 2개
③ 3개
④ 4개

33 지점의 반력수

종류	반력수
이동지점	수직반력
회전지점	수직반력 수평반력
고정지점	수직반력 수평반력 모멘트반력

□□□ 13①④⑤, 16①

34 프리스트레스트 콘크리트 보를 설명한 것으로 옳지 않은 것은?

① 고강도의 PC강선이 사용된다.
② 긴 지간의 교량에는 적당하지 않다.
③ 프리스트레스트 콘크리트 보 밑면의 균열을 방지할 수 있다.
④ 프리스트레싱에 의해 보가 위로 솟아오르기 때문에 고정하중을 받을 때의 처짐도 작다.

34
PSC은 단면을 작게 할 수 있어 지간이 긴 교량에 적당하다.

정답 30 ④ 31 ② 32 ③ 33 ① 34 ②

□□□ 11①, 13④, 16①, 24③

35 그림의 정면도와 우측면도를 보고 추측할 수 있는 물체의 모양으로 짝지어진 것은?

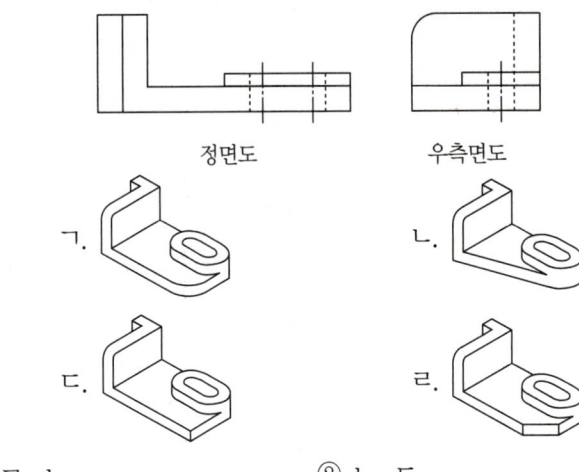

① ㄱ, ㄴ
② ㄴ, ㄷ
③ ㄷ, ㄹ
④ ㄱ, ㄷ

35
물체의 정면도(ㄱ)와 우측면도(ㄷ)이다.

□□□ 10①, 11④⑤, 13④⑤

36 투상선이 투상면에 대하여 수직으로 투상되는 투영법은?

① 사투상법
② 정투상법
③ 중심투상법
④ 평행투사법

36 정투상법
투상선이 투상면에 대하여 수직으로 투상되는 투상법

□□□ 11④, 12⑤, 13④⑤, 16①

37 치수, 가공법, 주의 사항 등을 넣기 위하여 가로에 대하여 45°의 직선을 긋고 문자 또는 숫자를 기입하는 선은?

① 중심선
② 치수선
③ 인출선
④ 치수 보조선

37 인출선
치수, 가공법, 주의 사항 등을 기입하기 위해 사용하는 인출선은 가로에 대하여 직각 또는 45°의 직선을 긋고 치수선의 위쪽에 치수를 표시

□□□ 09①, 11①, 13①④, 14①, 15④

38 도면에 사용되는 글자에 대한 설명 중 옳지 않은 것은?

① 글자의 크기는 높이로 나타낸다.
② 숫자는 아라비아 숫자를 원칙으로 한다.
③ 문장은 가로 왼쪽부터 쓰는 것을 원칙으로 한다.
④ 일반적으로 글자는 수직 또는 수직에서 35° 오른쪽으로 경사지게 쓴다.

38
한글 서체는 고딕체로 하고, 수직 또는 오른쪽 15° 오른쪽으로 경사지게 쓴다.

정답 35 ④ 36 ② 37 ③ 38 ④

39 판형재의 치수표시에서 강관의 표시방법으로 옳은 것은?

① $\phi A \times t$
② $D \times t$
③ $\phi D \times t$
④ $A \times t$

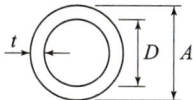

39 판형재의 치수 표시
• 강관 : $\phi A \times t - L$
• 환강 : 이형 $D\ A - L$
• 평강 : □ $A \times B - L$
• 등변 ㄱ형강 : $L\ A \times B \times t - L$

40 표제란에 대한 설명으로 옳은 것은?

① 도면 제작에 필요한 지침을 기록한다.
② 범례는 표제란 안에 반드시 기입해야 한다.
③ 도면명은 표제란에 기입하지 않는다.
④ 도면 번호, 작성자명, 작성일자 등에 관한 사항을 기입한다.

40 표제란
• 도면번호, 도면 이름, 척도, 투상법, 도면 작성일, 제도자 이름 등 필요한 사항을 모아서 기입한다.
• 정상적인 방향에서 보았을 때 도면의 오른쪽 아래 구석에 있어야 한다.

41 제도에 사용하는 정투상법은 몇 각법에 따라 도면을 작성하는 것을 원칙으로 하는가?

① 다각법
② 제2각법
③ 제3각법
④ 제4각법

41 KS에서는 제3각법에 따라 도면을 작성하는 것을 원칙으로 하고 있다.

42 콘크리트 구조물 제도에서 구조물의 모양치수가 모두 표현되어 있고, 거푸집을 제작할 수 있는 도면은?

① 일반도
② 구조 일반도
③ 구조도
④ 외관도

42 콘크리트 구조물 도면의 종류
• 일반도 : 구조물 전체의 개략적인 모양을 표시하는 도면
• 구조 일반도 : 구조물의 모양 치수를 모두 표시한 도면에 의해 거푸집을 제작할 수 있다.
• 구조도 : 콘크리트 내부의 구조 주체를 도면에 표시한 도면
• 상세도 : 구조도의 일부를 취하여 큰 축척으로 표시한 도면

43 그림은 어떤 구조물 재료의 단면을 나타낸 것인가?

① 점토
② 석재
③ 콘크리트
④ 주철

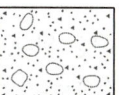

43 콘크리트 재료의 단면을 표시하는 방법이다.

정답 39 ① 40 ④ 41 ③ 42 ② 43 ③

□□□ 11①, 13④

44 그림과 같은 절토면의 경사 표시가 바르게 된 것은?

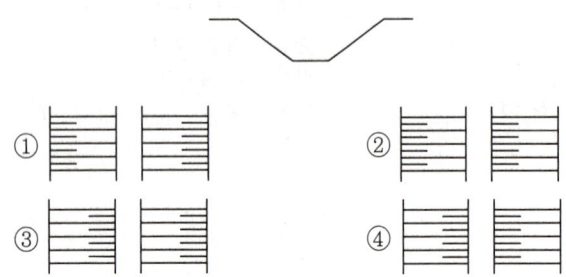

□□□ 13④

45 물체의 앞이나 뒤에 화면을 놓은 것으로 생각하고, 시점에서 물체를 본 시선과 그 화면이 만나는 각 점을 연결하여 물체를 그리는 투상법은?

① 투시도법　　② 사투상법
③ 정투상법　　④ 표고 투상법

□□□ 10④, 13④, 15①

46 도면의 작도 방법으로 옳지 않은 것은?

① 도면은 간단히 하고, 중복을 피한다.
② 도면은 될 수 있는 대로 파선으로 표시한다.
③ 대칭되는 도면은 중심선의 한쪽은 외형도를 반대쪽은 단면도로 표시하는 것을 원칙으로 한다.
④ 경사면을 가진 구조물에서 그 경사면의 모양을 표시하기 위하여 경사면 부분만 보조도를 넣는다.

□□□ 13④

47 컴퓨터의 레지스터(register)에 대한 설명으로 바른 것은?

① 명령을 해독하고 산술논리연산이나 데이터 처리를 실행하는 장치이다.
② 주 기억 장치로 ROM과 DRAM이 있다.
③ 보조 기억 장치로 자기 디스크, 하드 디스크 등이 해당 된다.
④ 극히 소량의 데이터나 처리 중인 중간 결과를 일시적으로 기억해 두는 고속의 전용 영역이다.

해 설

44 흙깎기면(절토)

45 투시도법
멀고 가까운 거리감을 느낄 수 있도록 하나의 시점과 물체의 각 점을 방사선으로 이어서 그리는 방법

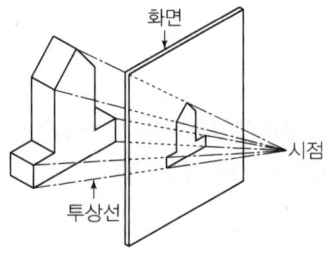

46 작도 통칙
보이는 부분은 실선으로 표시하고, 숨겨진 부분은 파선으로 표시한다.

47
■ 레지스터
• 중앙처리장치(CPU) 안에 있는 고속의 일시기억장치로서, 극히 소량의 데이터나 처리 중인 중간 결과를 임시로 저장하는 역할
■ 기억장치에 주기억장치와 보조 기억장치가 있다.

정답 44 ① 45 ① 46 ② 47 ④

□□□ 10①, 11⑤, 13④

48 옹벽의 벽체 높이가 4500mm, 벽체의 기울기가 1 : 0.02일 때, 수평거리는 몇 mm인가?

① 20
② 45
③ 90
④ 180

48
- 연직거리 : 수평거리
  $H : D = 1 : n = 1 : 0.02$
- 연직거리가 4500mm일 때 수평거리
  $D = n \cdot H = 0.02 \times 4500 = 90\text{mm}$

□□□ 07①, 10①, 13④

49 강(鋼) 재료의 단면 표시로 옳은 것은?

①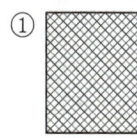
②
③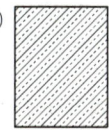
④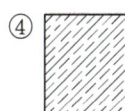

49 재료의 단면 경계 표시
① 아스팔트
② 강철
③ 놋쇠
④ 구리

□□□ 09④, 12①, 13④

50 다음 중 같은 크기의 물체를 도면에 그릴 때 가장 작게 그려지는 척도는?

① 1 : 2
② 1 : 3
③ 2 : 1
④ 3 : 1

50 척도
- 도면에서의 크기(A) : 물체의 실제 크기(B) = 1 : n
  ∴ n값이 클수록 작게 그려지는 척도이다.

□□□ 08⑤, 09⑤, 10①⑤, 11①, 13④⑤

51 국제 표준화 기구를 나타내는 표준 규격 기호는?

① ANS
② JIS
③ ISO
④ DIN

51 국가별 표준 규격 기호

국 별	기호
국제 표준화 기구	ISO
미국 규격	ANSI
영국 규격	DIS
일본 규격	JIS

□□□ 11①, 13④

52 도로 설계를 할 때 평면도에 대한 설명으로 옳지 않은 것은?

① 평면도의 기점은 일반적으로 왼쪽에 둔다.
② 축척이 1/1000인 경우 등고선은 5m 마다 기입한다.
③ 노선 중심선 좌우 약 100m 정도의 지형 및 지물을 표시한다.
④ 산악이나 구릉부의 지형은 등고선을 기입하지 않는다.

52
산악이나 구릉부의 지형은 등고선을 기입하여 표시한다.

48 ③ 49 ② 50 ② 51 ③ 52 ④

□□□ 13④
53 단면이 정사각형임을 표시할 때에 그 한 변의 길이를 표시하는 숫자 앞에 붙이는 기호는?

① □ ② ϕ
③ D ④ R

해 설

53 치수 보조 기호
- 정사각형[□]
- 지름[ϕ]
- 반지름[R]

□□□ 09④, 10⑤, 11③, 12①, 13①④
54 KS의 부분별 분류기호 중 KS F에 수록된 내용은?

① 기본 ② 기계
③ 요업 ④ 건설

54 KS의 부문별 기호

KS F	건설
KS A	기본
KS B	기계
KS L	요업

□□□ 09①, 11⑤, 12④, 13④, 16④
55 구조물 작도에서 중심선으로 사용하는 선의 종류는?

① 나선형 실선 ② 지그재그 파선
③ 가는 1점 쇄선 ④ 굵은 파선

55 가는 1점 쇄선
- 중심선, 기준선, 피치선에 사용되는 선
- 주로 도형의 중심을 나타내며 도형의 대칭선으로 사용

□□□ 12①, 13④
56 다음 중 CAD프로그램으로 그려진 도면이 컴퓨터에 "파일명.확장자" 형식으로 저장될 때, 확장자로 옳은 것은?

① dwg ② doc
③ jpg ④ hwp

56 CAD시스템의 저장
파일형식은 기본적으로 dwg라는 파일 형식으로 저장된다.

□□□ 10⑤, 13④
57 도로 설계에서 종단면도를 작성할 때에 기입할 사항에 대한 설명으로 옳지 않은 것은?

① 지반고는 야장의 각 중심말뚝에 대한 표고를 기재한다.
② 기준선은 반드시 지반고와 계획고 이상이 되도록 한다.
③ 추가 거리는 각 측점의 기점(No.0)에서부터 합산한 거리를 기입한다.
④ 측점은 20m마다 박은 중심 말뚝의 위치를 왼쪽에서 오른쪽으로 No.0, No.1, …의 순으로 기입한다.

57
기준선은 반드시 지반고와 계획고 이하가 되도록 한다.

정답 53 ① 54 ④ 55 ③ 56 ① 57 ②

□□□ 10①, 13④

58 치수에 대한 설명으로 옳지 않은 것은?

① 치수는 될 수 있는 대로 주 투상도에 기입해야 한다.
② 치수는 모양 및 위치를 가장 명확하게 표시하며 중복은 피한다.
③ 치수의 단위는 mm를 원칙으로 하며 단위 기호는 쓰지 않는다.
④ 부분 치수의 합계 또는 전체의 치수는 개개의 부분 치수 안쪽에 기입한다.

□□□ 10①④, 11①⑤, 13④

59 큰 도면을 접을 때, 기준이 되는 크기는?

① A0
② A1
③ A3
④ A4

□□□ 13④

60 다음 중 토목 캐드작업에서 간격 띄우기 명령은?

① offset
② trim
③ extend
④ rotate

해 설

58
부분 치수의 합계 또는 전체의 치수는 순차적으로 개개의 부분 치수 바깥쪽에 기입한다.

59
큰 도면을 접을 때에는 A4(210× ×297mm)의 크기로 접는 것을 원칙으로 한다.

60 캐드 작업에서 명령어

명령어	해석
offset	간격띄우기
trim	자르기
extend	연장하기
rotate	회전하기

정답 58 ④ 59 ④ 60 ①

국가기술자격 CBT 필기시험문제

2013년도 기능사 제5회 필기시험

종 목	시험시간	배 점	테스트 결과(개수)		
전산응용토목제도기능사	1시간	60	1회	2회	3회

해 설

□□□ 10④, 11⑤, 13①④⑤, 14①, 15①, 16①④

01 토목재료로서 갖는 콘크리트의 특징에 대한 설명으로 옳지 않은 것은?

① 재료의 운반과 시공이 비교적 쉽다.
② 인장강도에 비해 압축강도가 작다.
③ 콘크리트 자체의 무게가 무겁다.
④ 건조수축에 의해 균열이 생기기 쉽다.

01 콘크리트 인장강도
• 압축강도에 비해 인장강도가 작다.
• 인장강도는 압축강도의 약 1/10 ~1/13 정도 이다.

□□□ 13⑤

02 골재의 표면수는 없고 골재알 속의 빈틈이 물로 차 있는 골재의 함수 상태를 무엇이라 하는가?

① 절대 건조 포화 상태
② 공기 중 건조 상태
③ 표면 건조 포화 상태
④ 습윤 상태

02 표면건조포화상태
• 골재 알 속의 빈틈이 물로 차 있고 표면에 물기가 없는 상태
• 표면건조포화상태=습윤상태-표면수

□□□ 13①④⑤, 16①

03 프리스트레스트 콘크리트의 특징으로 옳지 않은 것은?

① 내화성에 대하여 불리하다.
② 변형이 작아 진동하지 않는다.
③ 고강도의 콘크리트와 강재를 사용한다.
④ 지간을 길게 할 수 있다.

03 프리스트레스트 콘크리트
• 단면을 작게 할 수 있어, 지간이 긴 교량에 적당하다.
• 강성이 작아서 변형이 크고 진동하기 쉽다.

□□□ 10④, 12①⑤, 13④⑤, 15①④

04 휨모멘트를 받는 부재에서 f_{ck}=29MPa이고, 압축연단에서 중립축까지의 거리 c는 100mm일 때, 등가직사각형 응력블록의 깊이 a의 크기는?

① 80.0mm
② 83.6mm
③ 84.3mm
④ 85.0mm

04
응력도에서 $a = \beta_1 c$
• $f_{ck} \leq 40$MPa일 때
 $\eta = 1.0$, $\beta_1 = 0.80$
∴ $a = 0.80 \times 100 = 80$mm

정답 01 ② 02 ③ 03 ② 04 ①

☐☐☐ 12⑤, 13⑤

05 표준 갈고리를 가지는 인장 이형철근의 보정계수가 0.8이고 기본 정착길이가 600mm이었다면 이 철근의 정착 길이는?

① 360mm ② 420mm
③ 480mm ④ 540mm

05 이형철근의 정착길이
l_d = 기본 정착 길이(l_{db}) × 보정 계수
$= 600 × 0.8 = 480mm$

☐☐☐ 12①, 13②⑤

06 철근 콘크리트 보의 동일 평면에서 평행한 주철근의 수평 순간격 기준은?

① 25mm 이상, 또한 철근의 공칭지름 이상
② 35mm 이상, 또한 철근의 공칭지름 이상
③ 45mm 이상, 또한 철근의 공칭지름 이상
④ 55mm 이상, 또한 철근의 공칭지름 이상

06 동일 평면에서 간격제한
- 평행한 철근 사이의 수평 순간격은 25mm 이상
- 철근의 공칭지름 이상

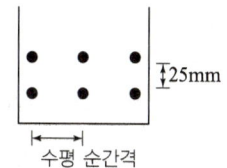

☐☐☐ 10⑤, 13⑤

07 인장철근의 겹침이음 길이는 최소 얼마 이상으로 하여야 하는가?

① 200mm ② 250mm
③ 300mm ④ 350mm

07
인장 이형철근의 정착길이는 항상 300mm 이상이어야 한다.

☐☐☐ 10④, 13②⑤

08 $b = 400mm$, $a = 100mm$인 단철근 직사각형보에서 $f_{ck} = 30MPa$일 때 콘크리트의 전압축력을 강도설계법으로 구한 값은?
(단, b : 부재의 폭, f_{ck} : 콘크리트설계기준강도, a : 콘크리트의 등가 직사각형 응력 분포의 깊이)

① 1020kN ② 920kN
③ 950kN   ④ 850kN

08 전압축력
$C = \eta(0.85 f_{ck})ab$
- $f_{ck} \leq 40MPa$일 때
  $\eta = 1.0$, $\beta_1 = 0.80$
$\therefore C = 1.0 × 0.85 × 30 × 100 × 400$
$= 1020000N = 1020kN$

☐☐☐ 10④, 12①⑤, 13④⑤, 14①④

09 $b = 300mm$, $d = 450mm$, $A_s = 1520mm^2$인 단철근 직사각형보의 철근비는?

① 0.023 ② 0.019
③ 0.015 ④ 0.011

09 철근비
$\rho = \dfrac{A_s}{bd}$
$= \dfrac{1520}{300 × 450} = 0.011$

정답 05 ③ 06 ① 07 ③ 08 ① 09 ④

해 설

□□□ 11①, 13⑤

10 철근 콘크리트용 표준 갈고리에 대한 설명으로 옳지 않은 것은?

① 주철근 표준 갈고리는 180° 표준 갈고리와 90° 표준 갈고리로 분류된다.
② 스터럽과 띠 철근의 표준 갈고리는 90° 표준 갈고리와 180° 표준 갈고리로 분류된다.
③ 주철근의 180° 표준 갈고리는 180° 구부린 반원 끝에서 $4d_b$ 이상, 또한 60mm 이상 더 연장되어야 한다.
④ 주철근의 90° 표준 갈고리는 90° 구부린 끝에서 $12d_b$ 이상 더 연장되어야 한다.

10 표준 갈고리
• 주철근의 표준 갈고리 : 180°(반원형)갈고리, 90°(직각)갈고리

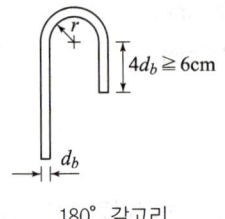

180° 갈고리

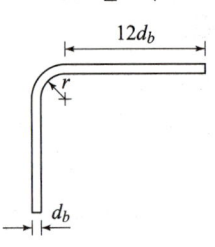

90° 갈고리

• 스터럽과 띠 철근의 표준 갈고리 : 90°(직각)갈고리, 135°(예각) 표준 갈고리

□□□ 10①, 13⑤

11 콘크리트 구조물의 이음에 관한 설명으로 옳지 않은 것은?

① 설계에 정해진 이음의 위치와 구조는 지켜야 한다.
② 시공이음은 될 수 있는 대로 전단력이 큰 위치에 설치한다.
③ 신축이음에서는 필요에 따라 이음재, 지수판 등을 설치할 수 있다.
④ 신축이음은 양쪽의 구조물 혹은 부재가 구속되지 않는 구조이어야 한다.

11
시공이음은 될 수 있는 대로 전단력이 작은 위치에 설치한다.

□□□ 11①, 12⑤, 13④⑤, 14⑤

12 다음 현장치기 콘크리트 중 피복두께를 가장 크게 해야 하는 것은?

① 흙에 접하여 콘크리트를 친 후 영구히 흙에 묻혀 있는 콘크리트
② 옥외의 공기나 흙에 직접 노출되는 콘크리트
③ 옥외의 공기에 직접 노출되는 콘크리트
④ 수중에 치는 콘크리트

12 최소피복가 가장 큰 곳
수중에서 타설하는 콘크리트 : 100mm

□□□ 13⑤

13 한중콘크리트 시공과 서중콘크리트 시공의 기준이 되는 하루 평균 기온으로 알맞게 짝지어진 것은?

① 한중 0℃ − 서중 30℃
② 한중 0℃ − 서중 25℃
③ 한중 4℃ − 서중 30℃
④ 한중 4℃ − 서중 25℃

13 시공시 평균기온

한중 콘크리트	4℃
서중 콘크리트	25℃

정답 10 ② 11 ② 12 ④ 13 ④

14 철근 콘크리트 구조물에서 최소 철근 간격의 제한 규정이 필요한 이유와 가장 거리가 먼 것은?

① 콘크리트 타설을 용이하게 하기 위하여
② 철근의 부식을 방지하기 위하여
③ 철근과 철근 사이의 공극을 방지하기 위하여
④ 전단 및 수축 균열을 방지하기 위하여

해설 14 최소 철근간격을 규정하는 이유
- 콘크리트 타설을 용이하게 하기 위하여
- 철근과 철근 사이의 공극을 방지하기 위하여
- 전단 및 수축 균열을 방지하기 위하여

15 철근 콘크리트 휨부재의 강도설계법에 대한 기본 가정으로 옳지 않은 것은?

① 콘크리트와 철근의 변형률은 중립축으로부터 거리에 비례한다고 가정한다.
② 항복강도 f_y 이하에서 철근의 응력은 그 변형률의 E_s 배로 본다.
③ 콘크리트 인장연단의 변형률은 0.03으로 가정한다.
④ 철근과 콘크리트의 부착이 완벽한 것으로 가정한다.

해설 15
휨모멘트 또는 휨모멘트와 축력을 동시에 받는 부재의 콘크리트 압축연단의 극한변형률은 콘크리트의 설계기준압축강도가 40MPa 이하인 경우에는 0.0033으로 가정한다.

16 워싱턴형 공기량 측정기를 사용하여 공기실의 일정한 압력을 콘크리트에 주었을 때 공기량으로 인하여 공기실의 압력이 떨어지는 것으로부터 공기량을 구하는 방법은?

① 무게법
② 부피법
③ 공기실 압력법
④ 진공법

해설 16 공기량 시험법의 종류
- 공기실 압력법, 무게법, 부피법
- 공기실 압력법 : 워싱턴형 공기량 측정기를 사용

17 단철근 직사각형보에서 철근비가 커서 보의 파괴가 압축측 콘크리트의 파쇄로 시작될 경우는 사전 징조 없이 갑자기 파괴가 된다. 이러한 파괴를 무엇이라 하는가?

① 피로파괴
② 전단파괴
③ 취성파괴
④ 연성파괴

해설 17 취성파괴
철근비가 균형 철근비보다 클 때, 보의 파괴가 압축측 콘크리트의 파쇄로 시작되는 파괴 형태

정답 14 ② 15 ③ 16 ③ 17 ③

□□□ 13⑤, 14④, 15⑤

18 시멘트의 분말도에 대한 설명으로 옳은 것은?

① 시멘트 입자의 가는 정도를 나타내는 것을 분말도라 한다.
② 시멘트의 분말도가 높으면 수화 작용이 빨라서 조기강도가 작아진다.
③ 시멘트의 분말도가 높으면 풍화하기 쉽고, 건조수축이 작아진다.
④ 시멘트의 오토클레이브 시험 방법에 의하여 분말도를 구한다.

해 설

18 ■분말도가 높으면
• 수화 작용이 빨라서 조기강도가 커진다.
• 풍화하기 쉽고, 건조수축이 커진다.
■ 시멘트 분말도 시험은 블레인 공기 투과장치를 사용한다.

□□□ 13⑤

19 콘크리트의 물-결합재비의 설명으로 옳은 것은?

① 물-결합재비가 크면 압축강도가 작다.
② 물-결합재비가 크면 수밀성이 크다.
③ 물-결합재비가 크면 워커빌리티가 나빠진다.
④ 물-결합재비가 크면 내구성이 크다.

19 물-결합재비가 크면
• 수밀성이 작다.
• 내구성이 작다.
• 압축강도가 작다.
• 워커빌리티가 좋아진다.

□□□ 13⑤, 14⑤

20 보의 주철근을 둘러싸고 이에 직각되게 또는 경사지게 배치한 복부 보강근으로서 전단력 및 비틀림 모멘트에 저항하도록 배치한 보강철근은?

① 정철근   ② 스터럽
③ 부철근   ④ 배력철근

20 스터럽(stirrup)
보의 주철근을 둘러싸고 이에 직각되게 또는 경사지게 배치한 복부 보강근으로서 전단력 및 비틀림모멘트에 저항하도록 배치한 보강철근

□□□ 08①, 13⑤

21 프리스트레스트 콘크리트 부재에서 긴장재를 수용하기 위하여 미리 콘크리트 속에 넣어 두는 구멍을 형성하기 위하여 사용하는 관은?

① 시스(sheath)   ② 정착 장치
③ 덕트(duct)   ④ 암거

21 시스
• PSC 부재에서 긴장재를 수용하기 위하여 미리 콘크리트 속에 뚫어 두는 구멍을 덕트라 한다.
• 덕트를 형성하기 위하여 쓰는 관

□□□ 11④, 12④, 13⑤, 14⑤, 16①④

22 독립 확대기초의 크기가 2m×3m이고 허용 지지력이 100kN/m² 일 때, 이 기초가 받을 수 있는 하중의 크기는?

① 100kN   ② 250kN
③ 500kN   ④ 600kN

22
$q_a = \dfrac{P}{A}$ 에서
∴ $P = q_a \cdot A = 100 \times 2 \times 3 = 600\,kN$

정답 18 ① 19 ① 20 ② 21 ① 22 ④

□□□ 05④, 06⑤, 13⑤, 16①

23 옹벽의 종류가 아닌 것은?

① 중력식 옹벽 ② 전도식 옹벽
③ 캔틸레버 옹벽 ④ 뒷 부벽식 옹벽

23 옹벽의 종류
중력식 옹벽, 캔틸레버 옹벽, 뒷부벽식 옹벽, 앞부벽식 옹벽, L형 옹벽, 역 T형 옹벽, 반중력식 옹벽

□□□ 13⑤

24 철근 콘크리트 단순보의 지간 중앙 단면에서 철근을 배치할 때, 가장 적당한 위치는?

① A
② B
③ C
④ D

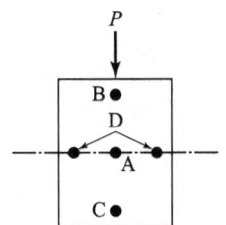

24
철근 콘크리트 보에서는 인장측의 콘크리트를 무시하므로 콘크리트의 인장측에 철근을 배치한다.

□□□ 10④, 11⑤, 12④, 13⑤, 15①

25 슬래브의 배력철근에 관한 사항으로 옳지 않은 것은?

① 배력철근을 배치하는 이유는 가해지는 응력을 고르게 분포시키기 위해서이다.
② 정철근 또는 부철근으로 힘을 받는 주철근이다.
③ 배력철근은 주철근의 간격을 유지시켜 준다.
④ 배력철근은 콘크리트의 건조수축이나 온도 변화에 의한 수축을 감소시켜 준다.

25 배력철근을 배치하는 이유
• 응력을 고르게 분포시키기 위해서
• 주철근의 간격을 유지시켜 준다.
• 균열을 분포시키는 데 유효하다.
• 콘크리트의 건조수축이나 온도 변화에 의한 수축을 감소시킨다.
• 정(+)철근 또는 부(-)철근에 직각 또는 직각에 가까운 방향으로 배치한 보조 철근

□□□ 07①, 09④, 10⑤, 11④, 13⑤, 14①④

26 PS 강재의 필요한 성질이 아닌 것은?

① 인장강도가 커야 한다.
② 릴랙세이션이 커야 한다.
③ 적당한 연성과 인성이 있어야 한다.
④ 응력 부식에 대한 저항성이 커야한다.

26 PS 강재의 필요한 성질
• 인장강도가 커야 한다.
• 릴랙세이션이 작아야 한다.
• 적당한 연성과 인성이 있어야 한다.
• 응력 부식에 대한 저항성이 커야 한다.

□□□ 13⑤, 15④

27 교량을 통행하는 자동차와 같은 이동 하중을 무슨 하중이라 하는가?

① 충격 하중 ② 설하중
③ 활하중 ④ 고정 하중

27 활하중
교량을 통행하는 사람이나 자동차 등의 이동 하중을 말한다.

정답 23 ② 24 ③ 25 ② 26 ② 27 ③

□□□ 13⑤
28 확대기초의 종류가 아닌 것은?

① 독립 확대기초 ② 경사 확대기초
③ 계단식 확대기초 ④ 우물통 확대기초

28 확대기초의 종류
독립 확대기초, 경사 확대기초, 계단식 확대기초, 벽 확대기초, 연결 확대기초, 말뚝기초

□□□ 13⑤
29 고대 토목 구조물의 특징과 가장 거리가 먼 것은?

① 흙과 나무로 토목 구조물을 만들었다.
② 국가 산업을 발전시키기 위하여 다량 생산의 토목 구조물을 만들었다.
③ 농경지를 보호하기 위하여 토목 구조물을 만들었다.
④ 치산치수를 하기 위하여 토목 구조물을 만들었다.

29 고려 시대 토목 구조물
고려의 건국과 더불어 도성이 축조되고, 다양한 형태의 다리가 건설되었다.

□□□ 10④, 13①⑤, 16①④
30 서해 대교와 같이 교각 위에 주탑을 세우고 주탑과 경사로 배치된 케이블로 주형을 고정시키는 형식의 교량은?

① 현수교 ② 라멘교
③ 연속교 ④ 사장교

30 사장교
- 교각 위에 탑을 세우고 주탑과 경사로 배치된 케이블로 주형을 고정시키는 형식의 교량이다.
- 서해대교는 대표적인 사장교이다.

□□□ 11④⑤, 12⑤, 13⑤, 15④⑤, 16④
31 철근 콘크리트가 구조 재료로 널리 이용되는 이유로 틀린 것은?

① 철근과 콘크리트의 부착력이 좋다.
② 콘크리트 속의 철근은 녹이 슬지 않는다.
③ 철근과 콘크리트의 탄성계수가 거의 같다.
④ 철근과 콘크리트의 온도에 대한 열팽창계수가 거의 같다.

31 탄성계수
- 철근의 탄성계수는 콘크리트의 탄성계수의 n배이다.
- 탄성계수 $n = \dfrac{E_s}{E_c}$

□□□ 13⑤, 16④
32 아치교에 대한 설명으로 옳지 않은 것은?

① 미관이 아름답다.
② 계곡이나 지간이 긴 곳에도 적당하다.
③ 상부 구조의 주체가 아치(arch)로 된 교량을 말한다.
④ 우리나라의 대표적인 아치교는 거가대교이다.

32
우리나라의 대표적인 아치교는 한강대교(타이드아치교)이다.

정답 28 ④ 29 ② 30 ④ 31 ③ 32 ④

□□□ 05④, 10①, 13⑤, 15④

33 압축 부재의 횡철근에서 나선철근의 정착은 나선철근의 끝에서 얼마만큼을 더 추가로 확보하여야 되는가?

① 1.5 회전　　② 2.0 회전
③ 2.5 회전　　④ 3.0 회전

33 나선철근의 정착
정착을 위해 나선철근의 끝에서 추가로 1.5회전 만큼 더 확보하여야 한다.

□□□ 13⑤

34 강 구조의 판형교에 용접 판형이 주로 사용되는데 용접 판형의 특징으로 옳지 않은 것은?

① 용접시공에 대한 철저한 검사가 필요하다.
② 인장측에 단면 손실이 발생한다.
③ 시공 중에 비교적 소음이 적다.
④ 접합부의 강성이 크다.

34
인장측에 리벳 구멍에 의한 단면 손실이 없다.

□□□ 13⑤

35 구조 재료로서의 강재의 장점이 아닌 것은?

① 내식성이 우수하다.
② 균질성을 가지고 있다.
③ 내구성이 우수하다.
④ 강도가 크고 자중이 작다.

35 강재의 단점
• 대부분의 강재는 부식되기 쉽다. (내식성이 없다)
• 정기적으로 도장을 해야 한다.

□□□ 10①, 11④⑤, 13④⑤

36 투상선이 모든 투상면에 대하여 수직으로 투상되는 것은?

① 정 투상법　　② 투시 투상도법
③ 사 투상법　　④ 축측 투상도법

36 정 투상법
투상선이 투상면에 대하여 수직으로 투상되는 투상법

□□□ 11④⑤, 13①⑤, 15①

37 재료 단면의 경계 표시는 무엇을 나타내는가?

① 암반면
② 지반면
③ 일반면
④ 수면

37
지반면(흙)을 표시 방법이다.

정답　33 ①　34 ②　35 ①　36 ①　37 ②

□□□ 10⑤, 11③, 13⑤, 15①④, 16④

38 제도용지 A2의 규격으로 옳은 것은? (단, 단위 mm)

① 841 × 1189 ② 515 × 728
③ 420 × 594 ④ 210 × 297

해설

38 제도 용지의 규격

A0	841×1189
A1	594×841
A2	420×594
A3	297×420
A4	210×297

□□□ 13⑤

39 강 구조물의 도면 종류 중 강 구조물 전체의 계획이나 형식 및 구조의 대략을 표시하는 도면은?

① 구조도 ② 일반도
③ 상세도 ④ 재료도

39 강구조물의 일반도
강 구조물 전체의 계획이나 형식 및 구조의 대략을 표시하는 도면

□□□ 11⑤, 13⑤, 15①

40 부재의 형상 중 환봉을 나타낸 것은?

40 단면의 형태에 따른 절단면 표시
① 각봉
② 환봉
④ 나무

□□□ 13⑤

41 캐드의 이용효과로 거리가 먼 것은?

① 품질이 향상된다. ② 표현력이 증대된다.
③ 제품이 표준화 된다. ④ 경영이 둔화 된다.

41 캐드(CAD)의 이용 효과
생산성 효과, 품질 향상, 표현력 증대, 표준화 달성, 정보화 구축, 경영의 효율화와 합리화

□□□ 12①, 13⑤

42 다음 중 도면에서 가장 굵은 선이 사용되는 것은?

① 중심선 ② 절단선
③ 해칭선 ④ 외형선

42 윤곽선
도면의 크기에 따라 굵기 0.5mm 이상의 실선으로 그린다.

□□□ 03④, 04④, 06⑤, 07④, 11①, 13⑤, 14①, 15④, 16①④

43 "물체의 실제 치수"에 대한 "도면에 표시한 대상물"의 비를 의미하는 용어는?

① 척도 ② 도면
③ 연각선 ④ 표제란

43 척도의 표시방법
A : B
A → 물체의 실제 크기
B → 도면에서의 크기

정답 38 ③ 39 ② 40 ② 41 ④ 42 ④
43 ①

□□□ 13⑤

44 하나의 그림으로 정육면체 세 면 중의 한 면만을 중점적으로 엄밀, 정확하게 표시할 수 있는 특징을 갖는 투상법은?

① 제1각법
② 투시법
③ 사 투상법
④ 정 투상법

44 사 투상도
물체를 왼쪽으로 돌려 물체의 옆면 모서리는 수평선과 평행하게, 옆면 모서리는 수평선과 임의의 각도로 하여 그린 투상도를 말한다.

□□□ 04④, 09①, 13①⑤

45 컴퓨터 기억장치 중 기억된 자료를 읽고 쓰기는 가능하나 전원이 끊어지면 기억된 내용이 지워지는 장치는?

① ROM
② RAM
③ 하드디스크
④ 자기 디스크

45 RAM
주기억장치로 정보를 자유롭게 읽고 쓸 수는 이지만 휘발성의 특징을 가지고 있어 전원이 끊어지면 기억된 내용이 모두 지워진다.

□□□ 13⑤

46 치수와 치수선의 기입 방법에 대한 설명 중 옳지 않은 것은?

① 치수는 특별히 명시하지 않으면 마무리 치수로 표시한다.
② 치수선은 표시할 치수의 방향에 평행하게 긋는다.
③ 치수선은 될 수 있는 대로 물체를 표시하는 도면의 내부에 긋는다.
④ 치수선에는 분명한 단말 기호(화살표 또는 사선)를 표시한다.

46
치수선은 될 수 있는 대로 물체를 표시하는 도면의 외부에 긋는다.

□□□ 10⑤, 13⑤

47 도면 작업에서 원의 반지름을 표시할 때 숫자 앞에 사용하는 기호는?

① ϕ
② D
③ R
④ $\triangle$

47 치수 보조 기호

명칭	기호
원의 지름	ϕ
원의 반지름	R

□□□ 13⑤, 14⑤

48 그림과 같이 수평면으로부터 높이 수치를 주기하는 투상법은?

① 정투상법
② 사투상법
③ 축측 투상법
④ 표고 투상법

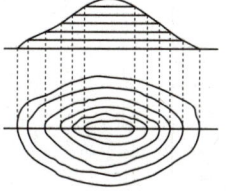

48 표고 투상법
입면도를 쓰지 않고 수평면으로부터 높이의 수치를 평면도에 기호로 주기하여 나타내는 방법

44 ③ 45 ② 46 ③ 47 ③ 48 ④

□□□ 13⑤

49 전체 길이 5000mm를 200mm 간격으로 25등분하여 철근을 배치할 때 표시법으로 옳은 것은?

① 200@25 = 5000
② @200 C.T.C
③ L = 5000 N = 25
④ 25@200 = 5000

49
- 25@200=5000
- @200 C.T.C : 철근과 철근의 중심 간격 200mm

□□□ 13⑤

50 도면의 윤곽 및 윤곽선에 대한 설명으로 옳지 않은 것은?

① 도면을 철하기 위한 여유는 윤곽을 포함하여 최소 30mm로 한다.
② 도면이 A0, A1일 때 윤곽의 나비는 최소 20mm로 한다.
③ 도면의 A3, A4일 때 윤곽의 나비는 최소 10mm로 한다.
④ 윤곽선은 최소 0.5mm 이상 두께의 실선으로 그린다.

[해설] 도면의 윤곽 치수

크기와 호칭	A0	A1	A2	A3	A4
a×b	841×1189	594×841	420×594	297×420	210×297
철하지 않을 때	20	20	10	10	10
철할 때	25	25	25	25	25

□□□ 08⑤, 09⑤, 10①⑤, 11①, 13④⑤

51 국제 표준화 기구의 표준 규격 기호는?

① ISO
② JIS
③ NASA
④ DIN

51 국가별 표준 규격 기호

국 별	기호
국제 표준화 기구	ISO
일본 규격	JIS
미국 규격	ANSI
독일 규격	DIN

□□□ 10⑤, 13⑤

52 구조용 재료의 단면 중 강(鋼)을 나타내는 것은?

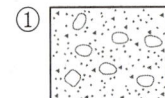 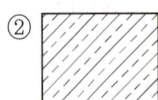

52 재료의 단면 표시
① 콘크리트
② 자연석
③ 강철
④ 목재

정답 49 ④ 50 ① 51 ① 52 ③

□□□ 11④, 12⑤, 13④⑤, 16①
53 인출선을 사용하여 기입하는 내용과 거리가 먼 것은?

① 치수 ② 가공법
③ 주의 사항 ④ 도면 번호

□□□ 11①, 13⑤
54 선이나 원주 등을 같은 길이로 분할할 수 있는 제도 용구는?

① 형판 ② 컴퍼스
③ 운형자 ④ 디바이더

□□□ 13⑤
55 CAD작업에서 가장 최근에 입력한 점을 기준으로 하여 위치를 결정하는 좌표계는?

① 절대 좌표계 ② 상대 좌표계
③ 표준 좌표계 ④ 사용자 좌표계

□□□ 11①④, 13⑤, 15①
56 그림과 같은 구조용 재료의 단면 표시에 해당되는 것은?

① 아스팔트
② 모르타르
③ 콘크리트
④ 벽돌

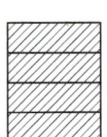

□□□ 13⑤, 15①
57 도로 설계 제도의 평면도에서 도로 기점의 일반적인 위치는?

① 왼쪽 ② 오른쪽
③ 위쪽 ④ 아래쪽

□□□ 10④, 13⑤
58 도면 작성에서 보이지 않는 부분을 표시하는 선은?

① 파선 ② 가는 실선
③ 굵은 실선 ④ 일점 쇄선

해 설

53 인출선
치수, 가공법, 주의 사항 등을 기입하기 위해 사용하는 인출선은 가로에 대하여 직각 또는 45°의 직선을 긋고 치수선의 위쪽에 치수를 표시

54 디바이더
• 치수를 자의 눈금에서 잰 후 제도 용지 위에 옮김
• 선, 원주 등을 같은 길이로 분할하는 데 사용

55 상대 좌표계
• 원점에서부터 도면을 그리기 시작하는 것이 아니라 임의 점에서부터 도면을 그리기 시작한다.
• 가장 최근에 입력한 점을 기준으로 하여 좌표를 시작한다.

56
콘크리트재의 벽돌 단면 표시이다.

57 평면도
축척은 $\frac{1}{500} \sim \frac{1}{2000}$로 하고, 도로 기점은 왼쪽에 두도록 한다.

58
보이는 부분은 실선으로 하고, 숨겨진 부분은 파선으로 한다.

정답 53 ④ 54 ④ 55 ② 56 ④ 57 ①
58 ①

☐☐☐ 08⑤, 10⑤, 13⑤

59 도면 작성에서 가는 선 : 굵은 선의 굵기 비율로 옳은 것은?

① 1 : 1.5
② 1 : 2
③ 1 : 2.5
④ 1 : 3

59 굵기에 따른 선의 종류

선의 종류	굵기 비율
가는 선	1
굵은 선	2
아주 굵은 선	4

☐☐☐ 11④, 12⑤, 13⑤, 14①⑤, 15④, 16①

60 그림은 평면도상에서 어떤 지형의 절단면 상태를 나타낸 것인가?

① 절토면
② 성토면
③ 수준면
④ 물매면

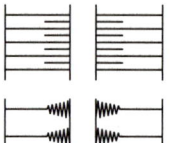

60 성토면

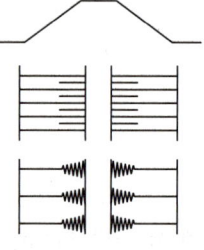

정답 59 ② 60 ②

국가기술자격 CBT 필기시험문제

2014년도 기능사 제1회 필기시험

종 목	시험시간	배 점	테스트 결과(개수)		
전산응용토목제도기능사	1시간	60	1회	2회	3회

01 골재의 전부 또는 일부를 인공경량골재를 써서 만든 콘크리트로서 기건 단위질량이 1400~2000kg/m³인 콘크리트는?

① 유동화 콘크리트 ② 경량골재 콘크리트
③ 폴리머 콘크리트 ④ 프리플레이스 콘크리트

해설

01 경량골재 콘크리트
인공경량골재를 사용하여 만든 단위용적 질량 1700kg/m³ 이하의 콘크리트를 말한다.

02 다음 ( )에 알맞은 것은?

> 단부에 표준 갈고리가 있는 인장 이형철근의 정착길이 l_{dh}는 기본정착길이 l_{hb}에 적용 가능한 모든 보정계수를 곱하여 구하여야 한다. 다만, 이렇게 구한 정착길이 l_{hb}는 항상 $8d_b$ 이상, 또한 ( )mm 이상이어야 한다.

① 150 ② 200
③ 250 ④ 300

02 표준 갈고리를 갖는 인장 이형철근의 정착
항상 인장이형철근의 정착길이는 $8d_b$ 이상 또한 150mm 이상이어야 한다.

03 옥외의 공기가 흙에 직접 접하지 않는 철근 콘크리트 슬래브의 경우 D35 이하의 철근을 사용하였다면 최소 피복두께는?

① 20mm ② 30mm
③ 40mm ④ 50mm

03 옥외의 공기나 흙에 직접 접하지 않는 콘크리트

슬래브, 벽체	최소피복
D35 초과	40mm
D35 이하	20mm

04 단철근 직사각형 보에서 철근 콘크리트 휨부재의 최소 철근량을 규정하고 있는 이유는?

① 부재의 부착강도를 높이기 위하여
② 부재의 경제적인 단면 설계를 위하여
③ 부재의 급작스러운 파괴를 방지하기 위하여
④ 부재의 재료를 절약하기 위하여

04 휨부재의 최소 철근량을 규정하고 있는 이유
부재에는 급작스러운 파괴(취성파괴)가 일어날 수 있어 이를 방지하기 위해서 규정

정답 01 ② 02 ① 03 ① 04 ③

해 설

05 시방배합을 현장배합으로 고칠 경우에 고려하여야 할 사항으로 옳지 않은 것은?

① 굵은 골재 중에서 5mm 체를 통과하는 잔골재량
② 잔골재 중 5mm 체에 남는 굵은 골재량
③ 골재의 함수 상태
④ 단위 시멘트량

05 시방배합을 현장배합으로 변경 시 고려할 사항
- 골재의 함수상태
- 잔골재 속의 5mm체에 남는 양
- 굵은 골재 속의 5mm체를 통과하는 양

06 철근 콘크리트 보의 배근에 있어서 주철근의 이음 장소로 옳은 것은? (단, d : 보의 연단에서 철근까지의 깊이)

① 보의 중앙
② 지점에서 d/4인 곳
③ 이음하기에 가장 편리한 곳
④ 인장력이 가장 작게 발생하는 곳

06 보에서 인장력이 가장 작은 곳에 주철근을 배근한다.

07 90° 표준 갈고리를 가지는 주철근은 구부린 끝에서 얼마 더 연장되어야 하는가? (단, d_b는 철근의 공칭지름이다.)

① $4d_b$
② $6d_b$
③ $9d_b$
④ $12d_b$

07 주철근의 90° 표준 갈고리

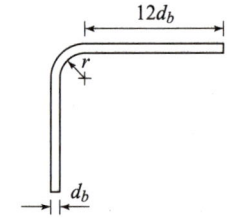

90° 구부린 끝에서 $12d_b$ 이상 더 연장해야 한다.

08 강도 설계법에서 $a = \beta_1 c$식 중 콘크리트의 설계기준강도(f_{ck})가 30MPa일 때 β_1값은? (단, a = 등가 직사각형 응력분포의 깊이, c = 압축연단에서 중립축까지의 거리)

① 0.85
② 0.80
③ 0.75
④ 0.70

08 계수 $\eta(0.85f_{ck})$와 β_1 값

f_{ck}	≤40	50	60	70	80
η	1.00	0.97	0.95	0.91	0.87
β_1	0.80	0.80	0.76	0.74	0.72

∴ $f_{ck} \leq 40$MPa일 때 $\beta_1 = 0.80$

09 직경 100mm의 원주형 공시체를 사용한 콘크리트의 압축강도 시험에서 압축하중이 300kN에서 파괴가 진행되었다면 압축강도는?

① 18.8MPa
② 25.0MPa
③ 32.5MPa
④ 38.2MPa

09 압축강도
$$f_c = \frac{P}{A} = \frac{300 \times 10^3}{\frac{\pi \times 100^2}{4}} = 38.2 \text{MPa}$$

정답 05 ④ 06 ④ 07 ④ 08 ② 09 ④

해 설

□□□ 14①, 15④

10 띠 철근 기둥에서 축방향 철근의 순간격은 최소 몇 mm 이상이어야 하는가?

① 40mm   ② 60mm
③ 80mm   ④ 100mm

10 띠 철근(나선철근) 기둥 축방향 철근의 순간격은 40mm 이상, 철근 공칭지름의 1.5배 이상

□□□ 14①

11 마주 보는 두 변으로만 지지되는 슬래브를 무엇이라 하는가?

① 1방향 슬래브   ② 2방향 슬래브
③ 3방향 슬래브   ④ 4방향 슬래브

11 슬래브 구분
- 1방향 슬래브 : 주철근을 1방향으로만 배치하는 슬래브로 2변에 지지된다.
- 2방향 슬래브 : 주철근을 2방향으로만 배치하는 슬래브로 4변에 지지된다.

□□□ 14①

12 정지된 보의 설계에서 정역학적 균형 방정식의 조건으로 옳은 것은? (단, 수평력 H, 수직력 V, 모멘트 M이다.)

① $\Sigma H = 0$, $\Sigma V = 0$, $\Sigma M = 0$
② $\Sigma H = 0$, $\Sigma V = 1$, $\Sigma M = 1$
③ $\Sigma H = 1$, $\Sigma V = 1$, $\Sigma M = 0$
④ $\Sigma H = 1$, $\Sigma V = 1$, $\Sigma M = 1$

12 힘의 평형 조건
$\Sigma H = 0$, $\Sigma V = 0$, $\Sigma M = 0$

□□□ 12⑤, 14①

13 골재알이 공기 중 건조 상태에서 표면 건조 포화 상태로 되기까지 흡수하는 물의 양을 무엇이라고 하는가?

① 함수량   ② 흡수량
③ 유효흡수량   ④ 표면수량

13
- 유효 흡수량 = 표면건조 포화상태 − 공기중 건조상태
- 흡수량 = 표면건조포화상태 − 절대건조상태
- 함수량 = 습윤상태 − 절대건조상태
- 표면수량 = 습윤상태 − 표면건조포화상태

□□□ 10④, 12①⑤, 13④⑤, 14①④

14 폭 $b = 400$mm, 유효깊이 $d = 500$mm인 단철근 직사각형보에서 인장철근의 비는? (단, 철근의 단면적 $A_s = 4{,}000$mm^{2}임)

① 0.02   ② 0.03
③ 0.04   ④ 0.05

14 인장철근의 비
$\rho = \dfrac{A_s}{bd} = \dfrac{4000}{400 \times 500} = 0.02$

정답 10 ① 11 ① 12 ① 13 ③ 14 ①

해 설

15 콘크리트의 압축강도에 영향을 미치는 요인에 대한 설명으로 틀린 것은?

① 적당한 온도와 수분으로 양생하면 강도가 높아진다.
② 물-결합재비가 높을수록 강도가 높다.
③ 좋은 재료를 사용할수록 강도가 높아진다.
④ 재령기간이 길수록 강도가 높아진다.

15 물-결합재비가 높을수록 강도가 낮아진다.

16 철근콘크리트 휨부재에 철근을 배치할 때 철근을 묶어서 다발로 사용하는 경우에 대한 설명으로 틀린 것은?

① 휨부재의 경간 내에서 끝나는 한 다발철근 내의 개개 철근은 $40d_b$ 이상 서로 엇갈리게 끝나야 한다.
② 반드시 이형철근이라야 하며, 묶는 개수는 최대 5개 이하이어야 한다.
③ D35를 초과하는 철근은 보에서 다발로 사용할 수 없다.
④ 다발철근은 스터럽이나 띠 철근으로 둘러싸여져야 한다.

16 다발철근은 이형철근으로 그 개수는 4개 이하이어야 한다.

17 토목 재료로서의 콘크리트 특징으로 옳지 않은 것은?

① 콘크리트는 자체의 무게가 무겁다.
② 재료의 운반과 시공이 비교적 어렵다.
③ 건조수축에 의해 균열이 생기기 쉽다.
④ 압축강도에 비해 인장강도가 작다.

17 재료의 운반과 시공이 비교적 쉽다.

18 PS 강재에서 필요한 성질로만 짝지어진 것은?

> ㄱ. 인장 강도가 커야 한다.
> ㄴ. 릴랙세이션이 커야 한다.
> ㄷ. 적당한 연성과 인성이 있어야 한다.
> ㄹ. 응력 부식에 대한 저항성이 커야 한다.

① ㄱ, ㄴ, ㄷ
② ㄱ, ㄴ, ㄹ
③ ㄴ, ㄷ, ㄹ
④ ㄱ, ㄷ, ㄹ

18 PS 강재의 필요한 성질
- 인장강도가 커야 한다.
- 릴랙세이션이 작아야 한다.
- 적당한 연성과 인성이 있어야 한다.
- 응력 부식에 대한 저항성이 커야 한다.

정답 15 ② 16 ② 17 ② 18 ④

19 철근의 이음방법이 아닌 것은?

① 용접 이음 ② 겹침 이음
③ 신축 이음 ④ 기계적 이음

해설

19 철근의 이음방법
겹침이음, 용접이음, 기계적 이음

20 비례한도 이상의 응력에서도 하중을 제거하면 변형이 거의 처음 상태로 돌아가는데, 이때의 한도를 칭하는 용어는?

① 상항복점 ② 극한강도
③ 탄성한도 ④ 소성한도

20 탄성한도
- 영구 변형을 일으키지 않는 한도의 응력
- 비례한도 이상의 응력에서도 하중을 제거하면 변형이 거의 처음 상태로 돌아가는 한도

21 단철근 직사각형 보의 공칭 휨 강도가 320kN·m로 계산되었다. 강도설계시 이 보에 대한 설계강도는?

① 256kN·m ② 272kN·m
③ 320kN·m ④ 384kN·m

21 설계 휨강도
- $M_d = \phi M_n$
- 휨부재의 강도 감소 계수 $\phi = 0.85$
∴ $M_n = 0.85 \times 320 = 272 \, kN \cdot m$

22 포스트 텐션 방식에서 PS 강재가 녹스는 것을 방지하고, 콘크리트에 부착시키기 위해 시스 안에 시멘트 풀 또는 모르타르를 주입하는 작업을 무엇이라고 하는가?

① 그라우팅 ② 덕트
③ 프레시네 ④ 디비다그

22 그라우팅(grouting)
시멘트 풀 또는 모르타르를 주입하는 작업

23 자중을 포함하여 $P = 2700kN$인 수직 하중을 받는 독립 확대기초에서 허용 지지력 $q_a = 300kN/m^2$일 때, 경제적인 기초의 한 변의 길이는? (단, 기초는 정사각형임)

① 2m ② 3m
③ 4m ④ 5m

23
$q_a = \dfrac{P}{A}$ 에서
- $300 = \dfrac{2700}{A}$
- $A = \dfrac{2700}{300} = 9 m^2$
∴ $b = 3m$

참고 SOLVE 사용

정답 19 ③ 20 ③ 21 ② 22 ① 23 ②

□□□ 08⑤, 14①

24 하천, 계곡, 해협 등에 가설하여 교통 소통을 위한 통로를 지지하도록 한 구조물을 무엇이라 하는가?

① 교량 ② 옹벽
③ 기둥 ④ 슬래브

24 교량(bridge)
하천, 계곡, 해협 등에 가설하여 교통 소통을 위한 구조물

□□□ 10⑤, 11④, 12①, 14①⑤, 15①, 16①

25 콘크리트 구조물에 일정한 힘을 가한 상태에서 힘은 변화하지 않는데 시간이 지나면서 점차 변형이 증가되는 성질을 무엇이라 하는가?

① 탄성 ② 크랙
③ 소성 ④ 크리프

25 크리프(creep)
콘크리트에 일정한 하중을 계속 주면 응력의 변화는 없는데도 변형이 재령과 함께 점차 변형이 증대되는 성질

□□□ 05⑤, 10①, 11①, 14①⑤

26 한 개의 기둥에 전달되는 하중을 한 개의 기초가 단독으로 받도록 되어있는 확대기초는?

① 말뚝 기초 ② 벽 확대기초
③ 군 말뚝 기초 ④ 독립 확대기초

26 독립 확대기초
1개의 기둥에 전달되는 하중을 1개의 기초가 단독으로 받도록 되어있는 확대기초

□□□ 12①, 14①⑤, 16④

27 철근 콘크리트의 장점이 아닌 것은?

① 내구성, 내화성, 내진성이 크다.
② 다른 구조에 비하여 유지 관리비가 많이 든다.
③ 여러 가지 모양과 치수의 구조물을 만들 수 있다.
④ 각 부재를 일체로 만들 수 있으므로, 전체적으로 강성이 큰 구조가 된다.

27
다른 구조물에 비하여 유지 관리비가 적게 든다.

□□□ 14①

28 강 구조에 사용하는 강재의 종류에 있어서 녹슬기 쉬운 강재의 단점을 개선한 강재는?

① 일반 구조용 압연 강재 ② 내후성 열간 압연 강재
③ 용접 구조용 압연 강재 ④ 이음용 강재

28 구조용 강재의 종류
- 일반 구조용 압연 강재 : 압연 강재의 대부분을 차지
- 용접 구조용 압연 강재 : 용접성이 좋도록 만든 강재
- 내후성 열간 압연 강재 : 녹슬기 쉬운 단점을 개선한 강재

정답 24 ① 25 ④ 26 ④ 27 ② 28 ②

□□□ 10⑤, 11①④, 12⑤, 14①

29 하중을 분포시키거나 균열을 제어할 목적으로 주철근과 직각에 가까운 방향으로 배치한 보조 철근은?

① 띠 철근
② 원형철근
③ 배력철근
④ 나선철근

29
배력철근(distributing)의 정의이다.

□□□ 11④, 12④, 13④, 14①⑤, 15④, 16①

30 토목 구조물의 특징이 아닌 것은?

① 공공기간이 짧다.
② 다량생산이 아니다.
③ 일반적으로 규모가 크다.
④ 대부분 자연환경 속에 놓인다.

30
구조물의 수명, 즉 공용 기간이 길다.

□□□ 14①

31 철근의 기호 표시가 SD 50이라고 할 때, "50"이 의미하는 것은?

① 인장 강도
② 압축 강도
③ 항복 강도
④ 파괴 강도

31
• SD : 이형철근
• 50 : 항복강도

□□□ 11⑤, 12①④⑤, 13②, 14①

32 교량에 작용하는 주하중은?

① 활 하중
② 풍 하중
③ 원심 하중
④ 충돌 하중

32 하중의 종류

주하중	고정 하중, 활 하중, 충격 하중
부하중	풍 하중, 온도 변화의 영향, 지진 하중
특수 하중	설 하중, 원심 하중, 제동 하중, 지점 이동의 영향 가설 하중, 충돌 하중

□□□ 11⑤, 12①, 14①

33 콘크리트 구조 기준의 기둥에 대한 정의로 옳은 것은?

① 벽체에 널말뚝이나 부벽이 연결되어 있지 않고 저판 및 벽체만으로 토압을 받도록 설계된 구조체
② 외력에 의하여 발생하는 응력을 소정의 한도까지 상쇄할 수 있도록 미리 압축력을 작용시킨 구조체
③ 지붕, 바닥 등의 상부 하중을 받아서 토대 및 기초에 전달하고 벽체의 골격을 이루는 수직 구조체
④ 축력을 받지 않거나 축력의 영향을 무시할 수 있을 정도의 축력을 받는 구조체

33 기둥(column)
지붕, 바닥 등의 상부 하중을 받아서 토대 및 기초에 전달하고 벽체의 골격을 이루는 구조체

정답 29 ③ 30 ① 31 ③ 32 ① 33 ③

□□□ 14①

34 강 구조의 특징 중 구조 재료로서의 강재의 장점이 아닌 것은?

① 강 구조물은 공장에서 사전 조립이 가능하다.
② 다양한 형상과 치수를 가진 구조로 만들 수 있다.
③ 내구성이 우수하여 관리가 잘된 강재는 거의 무한히 사용할 수 있다.
④ 반복 하중에 대하여 피로가 발생하기 쉬우며, 그에 따라 강도 감소가 일어날 수 있다.

해설

34 강재의 단점
반복 하중에 의한 피로가 발생하기 쉬우며, 그에 따라 강도의 감소 또는 파괴가 일어날 수 있다.

□□□ 14①

35 캔틸레버식 역 T형 옹벽의 주철근을 가장 잘 배근한 것은?

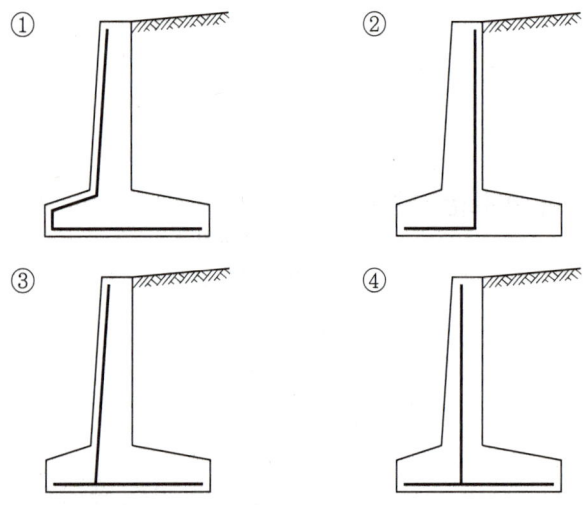

35 캔틸레버 옹벽의 주철근 배근

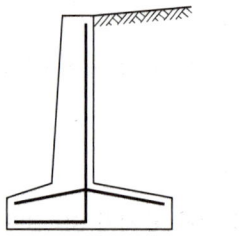

• 인장을 받는 면에 주철근을 배근한다.
• 인장을 받는 면 : 옹벽의 후면, 앞굽판의 저면, 뒷굽판의 상면

□□□ 11④, 12⑤, 13⑤, 14①⑤, 15④, 16①

36 그림은 어떤 상태의 지면을 나타낸 것인가?

① 수준면
② 지반면
③ 흙깎기면
④ 흙쌓기면

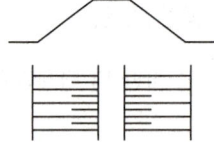

36 성토면(흙쌓기면)

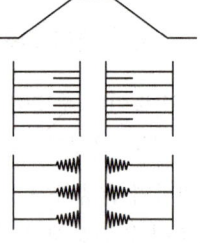

□□□ 11①, 14①

37 컴퓨터 운영체제가 아닌 것은?

① 유닉스(unix)   ② 리눅스(linux)
③ 윈도우즈(windows) ④ 엑세스(access)

37 컴퓨터의 운영체제(OS)의 종류
윈도(Windows), 유닉스(UNIX), 리눅스(Linux), 맥OS, OS/2

정답 34 ④ 35 ② 36 ④ 37 ④

□□□ 05, 08④, 10①, 14①
38 건설 재료 단면의 표시방법 중 모래를 나타낸 것은?

① //////
② ××××
③ (나무뿌리 모양)
④ ······

38 재료의 단면 경계 표시
① 지반면(흙)
② 잡석
③ 암반면(바위)
④ 모래

□□□ 14①
39 치수 기입 방법에 대한 설명으로 옳은 것은?

① 치수 보조선과 치수선은 서로 교차하도록 한다.
② 치수 보조선은 각각의 치수선보다 약간 길게 끌어내어 그린다.
③ 원의 지름을 표시하는 치수는 숫자 앞에 R을 붙여서 지름을 나타낸다.
④ 치수 보조선은 치수를 기입하는 형상에 대해 평행하게 그린다.

39
• 치수 보조선과 치수선은 서로 교차하지 않도록 한다.
• 원의 지름을 표시하는 치수는 숫자 앞에 ϕ을 붙여서 지름을 나타낸다.
• 치수 보조선은 치수를 기입하는 형상에 대해 직각되게 그린다.

□□□ 14①
40 선의 종류 중에서 치수선, 해칭선, 지시선 등으로 사용되는 선은?

① 가는실선
② 파선
③ 일점쇄선
④ 이점쇄선

40 가는 실선의 용도
치수선, 치수보조선, 지시선, 해칭선

□□□ 12④, 14①
41 골재의 단면 표시 중 그림은 어떤 단면을 나타낸 것인가?

① 호박돌
② 사질토
③ 모래
④ 자갈

41 재료 단면 표시
사질토의 경계 표시이다.

□□□ 11①, 13①④, 14①, 15④
42 제도에 사용하는 문자에 대한 설명으로 옳지 않은 것은?

① 영자는 주로 로마자 대문자를 쓴다.
② 숫자는 아라비아 숫자를 쓴다.
③ 서체는 한 가지를 사용하며 혼용하지 않는다.
④ 글자는 수직 또는 25° 정도 오른쪽으로 경사지게 쓴다.

42
한글 서체는 고딕체로 하고, 수직 또는 오른쪽 15° 오른쪽으로 경사지게 쓴다.

정답 38 ④ 39 ② 40 ① 41 ② 42 ④

□□□ 14①

43 그림과 같은 종단면도에서 측점간의 거리는 20m, 측점의 지반고는 No.0에서 100m, No.1에서 106m이고, 계획선의 경사가 3%일 때 No.1의 계획고는? (단, No.0의 계획고는 100m이다.)

① 100.6m
② 101.3m
③ 103.5m
④ 105.6m

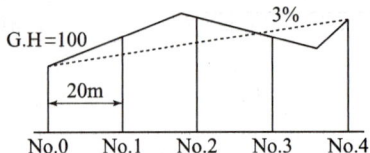

43
계획고 = 지반고 + $\dfrac{경사}{100}$ × 거리

No.1 계획고
$= 100 + \dfrac{3}{100} \times 20 = 100.6\text{m}$

□□□ 14①

44 도면을 사용 목적, 내용, 작성 방법 등에 따라 분류할 때 사용목적에 따른 분류에 속하는 것은?

① 부품도
② 계획도
③ 공정도
④ 스케치도

44 목적에 따른 분류
계획도, 설계도, 제작도, 시공도

□□□ 14①④

45 토목제도 작업에서 도면 치수의 단위는?

① mm
② cm
③ m
④ km

45
치수의 단위는 mm을 원칙으로 하고, 단위 기호는 쓰지 않는다.

□□□ 05, 07⑤, 09⑤, 14①

46 그림은 어느 재료 단면의 경계를 표시한 것인가?

① 흙
② 물
③ 암반
④ 잡석

46
수준면(물)을 표시한 것이다.

□□□ 14①

47 CAD 작업의 특징으로 옳지 않은 것은?

① 도면의 출력과 시간 단축이 어렵다.
② 도면의 관리, 보관이 편리하다.
③ 도면의 분석, 제작이 정확하다.
④ 도면의 수정, 보완이 편리하다.

47
도면의 출력과 시간 단축으로 생산성이 향상시킨다.

정답 43 ① 44 ② 45 ① 46 ② 47 ①

□□□ 14①

48 컴퓨터에 사용되는 용어인 「버스」에 대한 설명으로 옳은 것은?

① 컴퓨터 내부에서 발생한 데이터가 이동하는 연결 통로
② 아날로그 신호와 디지털 신호를 서로 바꾸어 주는 장치
③ 컴퓨터가 통신망에 접속할 수 있도록 설치한 접속 카드
④ 종이에 표시한 마크를 광학적으로 판독하여 입력하는 장치

해 설

48 버스
- 컴퓨터 내부에서 발생된 데이터가 이동하는 통로
- 확장 슬롯과 중앙 처리 장치 간의 데이터의 연결 통로

□□□ 10④, 14①

49 투상법은 보는 방법과 그리는 방법에 따라 여러 가지 종류가 있는데, 투상법의 종류가 아닌 것은?

① 정 투상법
② 등변 투상법
③ 등각 투상법
④ 사 투상법

49 투상법의 종류
- 정투상법 : 제3각법, 제1각법
- 표고 투상도
- 특수 투상법 : 축측 투상법(등각 투상도, 부등각 투상도), 사 투상도
- 투시도법

□□□ 10①④, 11④, 14①⑤

50 도면을 접어서 보관할 때 기본적인 도면의 크기는?

① A1
② A2
③ A3
④ A4

50
도면을 접을 때에는 A4(210×297mm)의 크기로 접는 것을 원칙으로 한다.

□□□ 14①

51 철근 표시법에 따른 설명으로 옳은 것은?

① ⓐφ13 : 철근 기호(분류 번호) ⓐ의 지름 13mm의 이형철근(일반철근)
② ⓑD16 : 철근 기호(분류 번호) ⓑ의 지름 16mm의 원형 철근
③ ⓒH16 : 철근 기호(분류 번호) ⓒ의 지름 16mm의 이형 철근(고강도 철근)
④ 24@150=3600 : 전장 3600mm를 24mm로 150등분

51 철근 표시법
- ⓐφ13 : 철근 기호(분류 번호) ⓐ의 지름 13mm의 원형철근
- ⓑD16 : 철근 기호(분류 번호) ⓑ의 지름 16mm의 이형철근(일반철근)
- 24@150=3600 : 전장 3600mm를 150mm로 24등분

□□□ 12⑤, 14①

52 도면에 그려야 할 내용의 영역을 명확하게 하고, 제도용지의 가장자리에 생기는 손상으로 기재 사항을 해치지 않도록 하기 위하여 그리는 선은?

① 윤곽선
② 외형선
③ 치수선
④ 중심선

52 윤곽선
- 윤곽선이 있는 도면은 윤곽선이 없는 도면에 비하여 안정되어 보인다.
- 도면의 크기에 따라 0.5mm 이상의 굵은 실선으로 그린다.

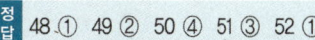

□□□ 14①

53 제도 통칙에서 그림의 모양이 치수에 비례하지 않아 착각될 우려가 있을 때 사용되는 문자 기입 방법은?

① AS　　　② NS
③ KS　　　④ PS

53 NS(not to scale)
그림의 형태가 치수와 비례하지 않을 때에는 치수 밑에 밑줄을 긋거나, 비례가 아님 또는 NS 등의 문자를 기입하여야 한다.

□□□ 09④, 13①, 14①⑤

54 구조물 설계를 위한 일반적인 도면의 작도순서로 옳은 것은?

① 단면도 - 일반도 - 철근 상세도 - 주철근 조립도 - 배근도
② 단면도 - 일반도 - 배근도 - 철근 상세도 - 주철근 조립도
③ 단면도 - 배근도 - 일반도 - 주철근 조립도 - 철근 상세도
④ 단면도 - 배근도 - 철근 상세도 - 주철근 조립도 - 일반도

54 도면의 작도순서
단면도 → 각부 배근도 → 일반도 → 주철근 조립도 → 철근 상세도

□□□ 07④, 11①, 13⑤, 14①, 15④, 16①④

55 척도에서 물체의 실제 크기보다 확대하여 그리는 것은?

① 축척　　　② 현척
③ 배척　　　④ 실척

55 척도의 종류
• 축척 : 물체의 실제보다 축소하여 그림
• 현척 : 물체의 실제와 같은 크기로 그림
• 배척 : 물체의 실제보다 확대하여 그림

□□□ 11④, 14①④, 15①

56 건설 재료에서 콘크리트를 나타내는 단면 표시는?

① 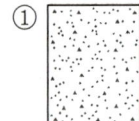　　②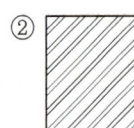

③ 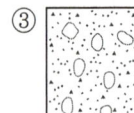　　④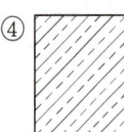

56 재료 단면 표시
① 모르타르
② 강철
③ 콘크리트
④ 자연석(석재)

□□□ 12⑤, 13④, 14①, 15④

57 정 투상도는 어떠한 방법으로 그리는 것을 원칙으로 하는가?

① 제1각법　　　② 제2각법
③ 제3각법　　　④ 제4각법

57
KS에서는 제3각법에 따라 도면을 작성하는 것을 원칙으로 하고 있다.

정답　53 ②　54 ③　55 ③　56 ③　57 ③

□□□ 10④, 14①

58 직선의 길이를 측정하지 않고 선분 AB를 5등분하는 그림이다. 두 번째에 해당하는 작업은?

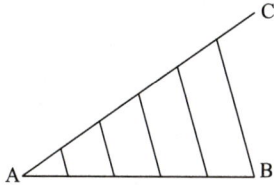

① 평행선 긋기
② 임의의 선분(AC)긋기
③ 선분 AC를 임의의 길이로 5등분
④ 선분 AB를 임의의 길이로 다섯 개 나누기

□□□ 07⑤, 10①, 14①

59 도면을 철하지 않을 경우 A3 도면 윤곽선의 최소 여백 치수로 알맞은 것은?

① 25mm　　② 20mm
③ 10mm　　④ 5mm

□□□ 14①

60 굵은 실선의 용도로 알맞은 것은?

① 외형선　　② 치수선
③ 대칭선　　④ 중심선

해 설

58 선분 AB의 5등분

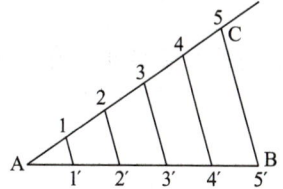

1. 선분 AB의 한 끝 A에서 임의의 방향으로 선분 AC를 긋는다.
2. 선분 AC를 임의의 길이로 5등분하여 점 1, 2, 3, 4, 5를 잡는다.
3. 끝점 5와 B를 잇고 선분 AC상의 각 점에서 선분 5 B에 평행선을 그어 선분 AB와 만나는 점 1′, 2′, 3′, 4′은 선분 AB를 5등분하는 선이다.

59
도면을 철하지 않을 경우 A3 도면 윤곽선의 최소 여백 치수 10mm

60 선의 용도
• 굵은 실선 : 외형선
• 가는 실선 : 치수선, 지시선, 해칭선
• 가는 1점 쇄선 : 중심선, 기준선, 피치선

정답 58 ③　59 ③　60 ①

국가기술자격 CBT 필기시험문제

2014년도 기능사 제4회 필기시험

종 목	시험시간	배 점	테스트 결과(개수)		
전산응용토목제도기능사	1시간	60	1회	2회	3회

해 설

□□□ 05⑤, 14④

01 D25(공칭지름 25.4mm)의 철근을 180° 표준 갈고리로 제작할 때 구부린 반원 끝에서 얼마 이상 더 연장하여야 하는가?

① 25.4mm ② 60.0mm
③ 76.2mm ④ 101.6mm

01 180° 표준 갈고리

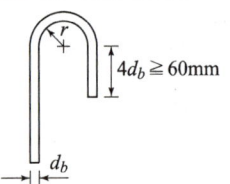

∴ $4d_b = 4 \times 25.4 = 101.6mm$
  $\geq 60mm$

□□□ 13④, 14④

02 구조물의 파괴상태 기준으로 예상되는 최대하중에 대하여 구조물의 안전을 확보하려는 설계방법은?

① 강도설계법 ② 허용응력설계법
③ 한계상태설계법 ④ 전단응력설계법

02 강도 설계법
- 구조물의 파괴상태 또는 파괴에 가까운 상태를 기준으로 한다.
- 구조물의 사용 기간 중에 예상되는 최대 하중에 대하여 구조물의 안전을 적절한 수준으로 확보하려는 설계방법

□□□ 14④

03 철근비가 균형철근비보다 클 때, 보의 파괴가 압축측 콘크리트의 파쇄로 시작하는 파괴 형태는?

① 취성파괴 ② 연성파괴
③ 경성파괴 ④ 강성파괴

03 보의 휨파괴

취성파괴	연성파괴
$\rho_b < \rho$	$\rho_b > \rho$
압축측에서 콘크리트가 먼저 파괴	인장측에서 인장철근이 먼저 항복

□□□ 14④

04 철근배치에서 간격 제한에 대한 설명으로 옳은 것은?

① 동일 평면에서 평행한 철근 사이의 수평 순간격은 20mm 이하로 하여야 한다.
② 벽체 또는 슬래브에서 휨 주철근의 간격은 벽체나 슬래브 두께의 4배 이상으로 하여야 한다.
③ 상단과 하단에 2단 이상으로 배치된 경우 상하 철근은 동일 단면 내에서 서로 지그재그로 배치하여야 한다.
④ 나선철근 또는 띠 철근이 배근된 압축부재에서 축방향 철근의 순간격은 40mm 이상으로 하여야 한다.

04
- 동일 평면에서 평행한 철근 사이의 수평 순간격은 25mm 이상
- 벽체 또는 슬래브에서 휨 주철근의 간격은 벽체나 슬래브 두께의 3배 이하
- 상단과 하단에 2단 이상으로 배치된 경우 상하 철근은 동일 연직면 내에서 배치

정답 01 ④ 02 ① 03 ① 04 ④

05 압축이형철근의 기본정착길이를 구하는 식은? (단, f_y : 철근의 설계기준 항복강도, d_b : 철근의 공칭지름, f_{ck} : 콘크리트의 설계기준 압축강도, λ : 경량 콘크리트계수)

① $\dfrac{0.15\,d_b f_y}{\lambda\sqrt{f_{ck}}}$ ② $\dfrac{0.25\,d_b f_y}{\lambda\sqrt{f_{ck}}}$

③ $\dfrac{0.30\,d_b f_y}{\lambda\sqrt{f_{ck}}}$ ④ $\dfrac{0.45\,d_b f_y}{\lambda\sqrt{f_{ck}}}$

해설 05 압축 이형철근의 기본정착 길이
$$l_{db} = \dfrac{0.25\,d_b f_y}{\lambda\sqrt{f_{ck}}} \geq 0.043 d_b f_y$$
- 압축이형정착길이는 항상 200mm 이상이어야 한다.

06 철근의 겹침이음 길이를 결정하기 위한 요소와 거리가 먼 것은?

① 철근의 길이 ② 철근의 종류
③ 철근의 공칭지름 ④ 철근의 설계기준항복강도

해설 06 철근의 겹침이음의 길이
철근의 종류, 철근의 공칭지름, 철근의 설계기준항복강도, 철근의 양에 따라 달라진다.

07 압축부재에 사용되는 나선철근의 순간격 기준으로 옳은 것은?

① 25mm 이상, 55mm 이하
② 25mm 이상, 75mm 이하
③ 55mm 이상, 75mm 이하
④ 55mm 이상, 90mm 이하

해설 07 압축부재에 사용되는 나선철근의 순간격
- 25mm 이상, 75mm 이하

08 시멘트의 분말도에 관한 설명으로 옳지 않은 것은?

① 시멘트의 분말도란 단위질량(g)당 표면적을 말한다.
② 분말도가 클수록 블리딩이 증가한다.
③ 분말도가 클수록 건조수축이 크다.
④ 분말도가 크면 풍화하기 쉽다.

해설 08 분말도가 높으면
- 풍화하기 쉽고, 건조수축이 커진다.
- 수화 작용이 빨라서 조기강도가 커진다.
- 분말도가 높은 시멘트는 블리딩이 저감된다.

09 1900년에 건설된 우리나라 근대식 교량의 시초로 볼 수 있는 것은?

① 진천 농교 ② 한강 철교
③ 부산 영도교 ④ 서울 광진교

해설 09 한강철교
1900년에 한강 철교를 시작으로 우리나라 근대식 교량의 역사가 시작되었다.

정답 05 ② 06 ① 07 ② 08 ② 09 ②

□□□ 10①, 14④

10 철근콘크리트 부재의 경우에 사용할 수 있는 전단철근의 형태가 아닌 것은?

① 주인장 철근에 30° 이상의 각도로 구부린 굽힘철근
② 주인장 철근에 45° 이상의 각도로 설치되는 스터럽
③ 스터럽과 굽힘철근의 조합
④ 주인장 철근과 나란한 용접철망

해설

10 철근콘크리트 부재에 사용하는 전단철근 형태
• 주인장 철근에 45° 이상의 각도로 설치되는 스터럽
• 주인장 철근에 30° 이상의 각도로 구부린 굽힘철근
• 스터럽과 굽힘철근의 조합

□□□ 04④, 09⑤, 11④, 14④

11 철근 콘크리트 보의 휨부재에 대한 강도설계법의 기본 가정이 아닌 것은?

① 콘크리트의 변형률은 중립축으로부터 거리에 비례한다.
② 철근의 변형률은 중립축으로부터 거리에 비례한다.
③ 단면설계시 콘크리트의 응력은 등가직사각형 분포로 가정한다.
④ 단면설계시 콘크리트의 인장강도를 고려한다.

11
콘크리트의 인장강도는 KDS 14 20 60의 규정에 해당하는 경우를 제외하고는 철근 콘크리트 부재 단면의 축강도와 휨(인장)강도 계산에서 무시한다.

□□□ 14④

12 시멘트, 잔골재, 물 및 필요에 따라 첨가하는 혼화재료를 구성재료로 하여, 이들을 비벼서 만든 것, 또는 경화된 것을 무엇이라 하는가?

① 시멘트 풀
② 모르타르
③ 무근콘크리트
④ 철근콘크리트

12
• 시멘트풀 : 시멘트에 물만 넣어 반죽한 것
• 모르타르 : 시멘트 풀에 잔골재를 배합한 것으로 시멘트와 잔골재를 물로 반죽한 것

□□□ 10④, 12①④⑤, 13②⑤, 14④⑤, 15⑤

13 철근콘크리트 강도설계법에서 단철근 직사각형 보에 대한 균형철근비(ρ_b)를 구하는 식은? (단, f_{ck} : 콘크리트의 설계기준강도(MPa), f_y : 철근의 설계기준 항복강도(MPa), η : 콘크리트 등가 직사각형 압축응력블록의 나타내는 계수, β_1 : 계수)

① $\rho_b = \dfrac{\eta(0.75f_{ck})\beta_1}{f_y} \dfrac{660}{660+f_y}$

② $\rho_b = \dfrac{\eta(0.80f_{ck})\beta_1}{f_y} \dfrac{660}{660+f_y}$

③ $\rho_b = \dfrac{\eta(0.85f_{ck})\beta_1}{f_y} \dfrac{660}{660+f_y}$

④ $\rho_b = \dfrac{\eta(0.95f_{ck})\beta_1}{f_y} \dfrac{660}{660+f_y}$

13 균형철근비
$\rho_b = \dfrac{\eta(0.85f_{ck})\beta_1}{f_y} \dfrac{660}{660+f_y}$

정답 10 ④ 11 ④ 12 ② 13 ③

□□□ 11①, 12④, 14④, 15①

14 단철근 직사각형보에서 철근의 항복강도 $f_y = 350$MPa, 콘크리트의 설계기준압축강도 $f_{ck} = 28$MPa, 단면의 유효깊이 $d = 600$mm일 때 균형 단면에 대한 중립축의 깊이(c)를 강도설계법으로 구한 값은 약 얼마인가?

① 280mm
② 300mm
③ 380mm
④ 392mm

해설

14
$f_{ck} \leq 40$MPa일 때
- $c = \dfrac{660}{660 + f_y} d$
  $= \dfrac{660}{660 + 350} \times 600 = 392$mm

□□□ 09①, 11④, 12⑤, 13④, 14④, 16①④

15 콘크리트를 친 후 시멘트와 골재알이 가라 앉으면서 물이 떠오르는 현상을 무엇이라 하는가?

① 풍화
② 레이턴스
③ 블리딩
④ 경화

15 블리딩
- 콘크리트를 친 후 시멘트와 골재알이 가라앉으면서 물이 떠오르는 현상
- 블리딩에 의하여 콘크리트의 표면에 떠올라 가라 앉는 아주 작은 물질을 레이턴스라 한다.

□□□ 14④

16 포틀랜드 시멘트의 종류로 옳지 않은 것은?

① 포틀랜드 플라이 애시 시멘트
② 중용열 포틀랜드 시멘트
③ 조강 포틀랜드 시멘트
④ 저열 포틀랜드 시멘트

16 포틀랜드 시멘트의 종류
- 보통 포틀랜드 시멘트(1종)
- 중용열 포틀랜드 시멘트(2종)
- 조강 포틀랜드 시멘트(3종)
- 저열 포틀랜드 시멘트(4종)
- 내황산염 포틀랜드 시멘트(5종)
- 백색 포틀랜드 시멘트(KSL5204)

□□□ 14④

17 콘크리트 강도는 일반적으로 표준양생을 실시한 콘크리트 공시체의 재령 며칠의 시험값을 기준으로 하는가?

① 10일
② 14일
③ 20일
④ 28일

17
콘크리트의 압축강도는 재령 28일의 강도를 설계기준 강도로 하고 있다.

□□□ 12①, 14④

18 잔골재의 조립률 2.3, 굵은골재의 조립률 6.4을 사용하여 잔골재와 굵은골재를 질량비 1 : 1.5로 혼합하면 이때 혼합된 골재의 조립률은?

① 3.67
② 4.76
③ 5.27
④ 6.12

18 혼합 조립률
$f_a = \dfrac{m}{m+n} f_s + \dfrac{n}{m+n} f_g$
$= \dfrac{1}{1+1.5} \times 2.3 + \dfrac{1.5}{1+1.5} \times 6.4$
$= 4.76$

정답 14 ④ 15 ③ 16 ① 17 ④ 18 ②

□□□ 11⑤, 14④

19 프리스트레스하지 않는 부재의 현장치기콘크리트 중에서 외부의 공기나 흙에 접하지 않는 콘크리트의 보나 기둥의 최소 피복 두께는 얼마 이상이어야 하는가?

① 20mm ② 40mm
③ 50mm ④ 60mm

해설

19 옥외의 공기나 흙에 직접 접하지 않는 콘크리트

철근의 외부 조건		최소 피복
보, 기둥		40mm
슬래브	D35 초과	40mm
벽체	D35 이하	20mm

□□□ 14④

20 배합설계의 기본원칙으로 옳지 않은 것은?

① 단위량은 질량배합을 원칙으로 한다.
② 작업이 가능한 범위에서 단위수량이 최소가 되도록 한다.
③ 작업이 가능한 범위에서 굵은 골재 최대치수가 작게 한다.
④ 강도와 내구성이 확보되도록 한다.

20
작업이 가능한 범위에서 굵은 골재 최대치수가 큰 골재를 사용하는 것이 좋다.

□□□ 09④, 14④

21 콘크리트의 동해방지를 위한 대책으로 가장 효과적인 것은?

① 밀도가 작은 경량골재 콘크리트로 시공한다.
② 물-결합재비를 크게 하여 시공한다.
③ AE 콘크리트로 시공한다.
④ 흡수율이 큰 골재를 사용하여 시공한다.

21 콘크리트의 동해방지 대책
AE제를 사용하여 적당량의 공기를 연행시킨다.

□□□ 11⑤, 13②, 14④

22 기둥, 교대, 교각, 벽 등에 작용하는 상부 구조물의 하중을 지반에 안전하게 전달하기 위하여 설치하는 구조물은?

① 노상 ② 암거
③ 노반 ④ 확대기초

22 확대기초
기둥, 교대, 교각, 벽 등에 작용하는 상부 구조물의 하중을 지반에 안전하게 전달하기 위하여 설치하는 구조물

□□□ 14④

23 강구조 부재 연결에 대한 설명으로 옳지 않은 것은?

① 부재의 연결은 경제적이고 시공이 쉬워야 한다.
② 해로운 응력 집중이 생기지 않도록 한다.
③ 주요 부재의 연결 강도는 모재의 전 강도의 60% 이상이어야 한다.
④ 응력의 전달이 확실하고 가능한 한 편심이 생기지 않도록 연결한다.

23 부재의 연결
주요 부재의 연결 강도는 부재의 전 강도의 75% 이상이어야 한다.

정답 19 ② 20 ③ 21 ③ 22 ④ 23 ③

□□□ 12①, 14④

24 다음에서 설명하는 구조물은?

- 두께에 비하여 폭이 넓은 판 모양의 구조물
- 도로교에서 직접 하중을 받는 바닥판
- 건물의 각 층마다의 바닥판

① 보 ② 기둥
③ 슬래브 ④ 확대기초

해 설

24 슬래브의 조건
- 두께에 비해 폭이 넓은 판 모양의 구조물
- 도로교에서 직접 하중을 받는 바닥판
- 건물의 각층마다의 바닥판

□□□ 10④, 12①⑤, 13④⑤, 14①④

25 단철근 직사각형 보에서 단면폭 300mm, 유효 깊이가 500mm이고, 철근량(A_s)는 4100mm²일 때의 철근비는?

① 0.027 ② 0.035
③ 0.053 ④ 0.062

25 철근비
$$\rho = \frac{A_s}{bd}$$
$$= \frac{4100}{300 \times 500} = 0.027$$

□□□ 14④

26 2방향 슬래브의 해석 및 설계 방법으로 옳지 않은 것은?

① 횡하중을 받는 구조물의 해석에 있어서 휨모멘트 크기는 실제 횡변형 크기에 반비례한다.
② 슬래브 시스템이 횡하중을 받는 경우 그 해석 결과는 연직하중의 결과와 조합하여야 한다.
③ 슬래브 시스템은 평형 조건과 기하학적 적합 조건을 만족시킬 수 있으면 어떠한 방법으로도 설계할 수 있다.
④ 횡방향 변위가 발생하는 골조의 횡방향력 해석을 위해 골조 부재의 강성을 계산할 때 철근과 균열의 영향을 고려한다.

26
횡하중을 받는 구조물의 해석에 있어서 휨모멘트 크기는 실제 횡변형 크기에 비례한다.

□□□ 14④

27 철근콘크리트(RC) 구조물의 특징이 아닌 것은?

① 철근과 콘크리트는 부착력이 매우 크다.
② 콘크리트 속에 묻힌 철근은 부식되지 않는다.
③ 철근과 콘크리트는 온도변화에 대한 열팽창 계수가 비슷하다.
④ 철근은 압축응력이 크고, 콘크리트는 인장응력이 크다.

27
철근은 인장응력이 크고, 콘크리트는 압축응력이 크다.

정답 24 ③ 25 ① 26 ① 27 ④

□□□ 11⑤, 13④, 14④, 16①④
28 콘크리트를 주재료로 한 콘크리트 구조에 속하지 않는 것은?

① 강 구조
② 무근 콘크리트 구조
③ 철근 콘크리트 구조
④ 프리스트레스 콘크리트 구조

해 설

28 사용 재료에 따른 분류
콘크리트 구조(철근 콘크리트구조, 프리스트레스 콘크리트 구조), 강 구조, 합성 구조

□□□ 12④, 14④, 16④
29 일반적인 기둥의 종류가 아닌 것은?

① 띠 철근 기둥   ② 나선철근 기둥
③ 강도 기둥   ④ 합성 기둥

29 기둥의 종류
띠 철근 기둥, 나선철근 기둥, 합성 기둥

□□□ 14④
30 프리스트레스트 콘크리트의 사용 재료로 볼 수 없는 것은?

① 고강도 콘크리트   ② 고강도 강봉
③ 고강도 강선   ④ 고압축 철근

30 PSC의 사용 재료
고강도의 콘크리트, 고강도의 강선, 고강도의 강봉

□□□ 02④, 12①④⑤, 13④, 14④⑤, 15①, 16①④
31 강 구조의 장점이 아닌 것은?

① 강도가 매우 크다.
② 균질성을 가지고 있다.
③ 부재를 개수하거나 보강하기 쉽다.
④ 차량 통행으로 인한 소음 발생이 적다.

31
차량 통행에 의하여 소음이 발생하기 쉽다.

□□□ 11⑤, 14④
32 그림 중 경사 확대기초를 나타내고 있는 것은?

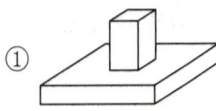 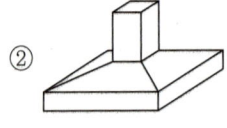
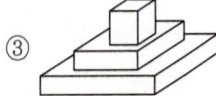 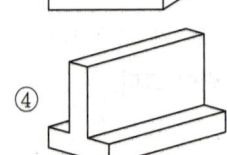

32
① 독립 확대기초
② 경사 확대기초
③ 계단식 확대기초
④ 벽 확대기초

정답 28 ② 29 ③ 30 ④ 31 ④ 32 ②

33 보의 배근도에서 주철근과 연결하여 스터럽 철근을 배근하는 이유는?

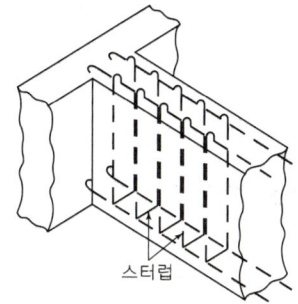

스터럽

① 압축응력을 크게 작용하기 위하여
② 철근의 이동을 자유롭게 하기 위하여
③ 보의 철근량 균형을 맞추기 위하여
④ 보의 전단 균열을 방지하기 위하여

34 토목 구조물 설계에 사용하는 특수 하중에 속하지 않는 것은?

① 설 하중
② 풍 하중
③ 충돌 하중
④ 원심 하중

35 프리스트레스(PS) 강재에 필요한 성질이 아닌 것은?

① 인장강도가 커야 한다.
② 릴랙세이션(relaxation)이 커야 한다.
③ 적당한 연성과 인성이 있어야 한다.
④ 응력 부식에 대한 저항성이 커야 한다.

36 치수 기입 중 SR40이 의미하는 것은?

① 반지름 40mm인 원
② 반지름 40mm인 구
③ 한변이 40mm인 정사각형
④ 한변이 40mm인 정삼각형

해설

33 스터럽(stirrup)
보의 전단 균열을 방지하기 위하여 스터럽을 배근한다.

34 하중의 종류

주하중	고정 하중, 활 하중, 충격 하중
부하중	풍 하중, 온도 변화의 영향, 지진 하중
특수 하중	설 하중, 원심 하중, 제동 하중, 지점 이동의 영향 가설 하중, 충돌 하중

35
릴랙세이션(relaxation)이 적어야 한다.

36 구면기호 S
• SR : 구의 반지름 치수의 수치 앞에 붙인다.
∴ SR40 : 반지름 40mm인 구
• Sφ : 구의 지름 기호

정답 33 ④ 34 ② 35 ② 36 ②

□□□ 03, 08①, 11⑤, 12①, 14④, 16①

37 지름 16mm인 이형철근의 표시방법으로 옳은 것은?

① A16　　　　　② D16
③ ∅16　　　　　④ @16

해설

37
- D16 : 지름 16mm의 이형 철근
- ∅16 : 지름 16mm의 원형 철근

□□□ 14④

38 토목제도에 사용하는 문자에 대한 설명으로 옳지 않은 것은?

① 한자의 서체는 KS A 0202에 준하는 것이 좋다.
② 영자는 주로 로마자의 소문자를 사용한다.
③ 숫자는 주로 아라비아 숫자를 사용한다.
④ 한글자의 서체는 활자체에 준하는 것이 좋다.

38
영자는 주로 로마자의 대문자를 사용한다.

□□□ 07①, 10①, 11⑤, 14④

39 주어진 각(∠AOB)을 2등분할 때 작업순서로 알맞은 것은?

ㄱ. O점과 P점을 연결한다.
ㄴ. O점에서 임의의 원을 그려 C와 D점을 구한다.
ㄷ. D점에서 임의의 반지름으로 원호를 그려 P점을 찾는다.

① ㄱ – ㄴ – ㄷ
② ㄱ – ㄷ – ㄴ
③ ㄴ – ㄱ – ㄷ
④ ㄴ – ㄷ – ㄱ

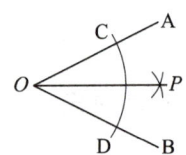

39 주어진 각을 2등분 하기
1. 점 O을 중심으로 임의의 반지름으로 원호를 그려 선A, B와 만나는 점을 C, D라 한다.
2. 점 C, D를 각각 중심으로 하는 반지름으로 원호를 그려 만나는 점을 P라 한다.
3. 점 O와 점 P를 직선으로 연결한다. 직선 OP는 ∠AOB의 2등분선이 된다.

□□□ 14④

40 철근의 갈고리 형태가 아닌 것은?

① 원형 갈고리　　② 직각 갈고리
③ 예각 갈고리　　④ 둔각 갈고리

40 철근의 갈고리 형태
원형 갈고리, 직각 갈고리, 예각 갈고리, 갈고리 정면

□□□ 14④

41 철근의 용접 이음을 표시하는 기호는?

① 　　　②
③ 　　　④

41
① 철근의 용접 이음
② 철근의 기계적 이음

정답 37 ②　38 ②　39 ④　40 ④　41 ①

42 다음의 도면에 대한 설명 중 옳은 것으로 짝지어진 것은?

> ㄱ. 물체의 실체 크기와 도면에서의 크기가 같은 경우 "NS"로 표기한다.
> ㄴ. 도면에서 실물보다 축소하여 그린 것을 배척이라 한다.
> ㄷ. 도면번호, 도면이름 척도, 투상법 등을 기입하는 곳을 표제란이라 한다.
> ㄹ. 척도 표시는 표제란에 기입하는 것을 원칙으로 하나 표제란이 없는 경우 도명이나 품번의 가까운 곳에 기입한다.

① ㄱ, ㄴ
② ㄱ, ㄷ
③ ㄴ, ㄷ
④ ㄷ, ㄹ

해설 42
- 그림의 형태가 치수와 비례하지 않을 때에는 치수 밑에 밑줄을 긋거나, 비례가 아님 또는 NS(not to scale) 등의 문자를 기입하여야 한다.
- 배척 : 실물보다 확대하여 그린 배척
- 축척 : 실물보다 축소하여 그린 축척

43 재료 단면의 경계 표시 중 암반면을 나타내는 것은?

해설 43 재료 단면 표시
① 지반면(흙)
② 수준면(물)
③ 암반면(바위)
④ 잡석

44 도로 설계의 종단면도에 일반적으로 기입되는 사항이 아닌 것은?

① 계획고
② 횡단면적
③ 지반고
④ 측점

해설 44 종단면도에 기입사항
곡선, 측점, 거리 및 추가거리, 지반고, 계획고, 땅깎기 및 흙쌓기, 경사 등의 기입란을 만들고 종단측량 결과를 차례로 기입한다.

45 컴퓨터의 처리 시간 단위에서 10^{-12}초를 뜻하는 것은?

① 밀리초(ms)
② 마이크로초(μs)
③ 나노초(ns)
④ 피코초(ps)

해설 45 컴퓨터의 처리 속도
- ms(millisecond) : 10^{-3}초
- μs(microsecond) : 10^{-6}초
- nu(nonosecond) : 10^{-9}초
- ps(picosecond) : 10^{-12}초

46 제도 통칙에서 제도 용지의 세로와 가로의 비로 옳은 것은?

① $1 : \sqrt{2}$
② $1 : 1.5$
③ $1 : \sqrt{3}$
④ $1 : 2$

해설 46
제도 용지의 세로와 가로의 비는 $1 : \sqrt{2}$ 이다.

정답 42 ④ 43 ③ 44 ② 45 ④ 46 ①

□□□ 11④, 14④, 15①⑤, 16①

47 멀고 가까운 거리감을 느낄 수 있도록 하나의 시점과 물체의 각 점을 방사선으로 이어서 그리는 투상도법은?

① 투시도법
② 사 투상도
③ 등각 투상도
④ 부등각 투상도

47 투시도법
멀고 가까운 거리감(원근감)을 느낄 수 있도록 하나의 시점과 물체의 각 점을 방사선으로 이어서 그리는 방법

□□□ 14④

48 선의 접속 및 교차에 대한 제도 방법으로 옳지 않은 것은?

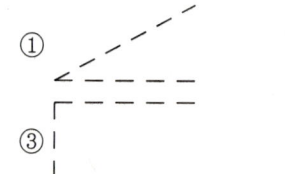
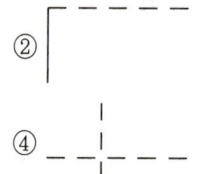

48
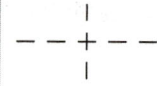

□□□ 11④, 14④

49 다음 중 도면 작도시 유의 사항으로 틀린 것은?

① 구조물의 외형선, 철근 표시선 등 선의 구분을 명확히 한다.
② 화살표시는 도면 내에서 다양한 모양을 선택하여 사용한다.
③ 도면은 가능한 간단하게 그리며 중복을 피한다.
④ 도면에는 오류가 없도록 한다.

49
화살표시는 도면 내에서 동일한 모양을 선택하여 사용한다.

□□□ 11②, 14④

50 그림과 같이 나타내는 정 투상법은

① 제1각법
② 제2각법
③ 제3각법
④ 제4각법

	평면도	
	정면도	우측면도

50 제3각법
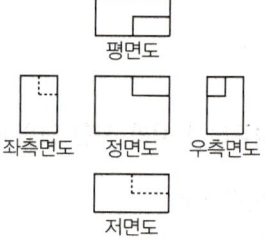
평면도
좌측면도 정면도 우측면도
저면도

□□□ 12⑤, 13④, 14④

51 다음 그림은 어떤 재료의 단면 표시인가?

① 블록
② 아스팔트
③ 벽돌
④ 사질토

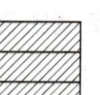

51
벽돌 단면을 표시한다.

정답 47 ① 48 ④ 49 ② 50 ③ 51 ③

52 내부의 보이지 않는 부분을 나타낼 때 물체를 절단하여 내부 모양을 나타낸 도면은?

① 단면도 ② 전개도
③ 투상도 ④ 입체도

52 단면도
가는 실선으로 규칙적으로 빗금을 그은 선으로 단면도의 절단면을 나타낸다.

53 건설재료 중 콘크리트의 단면 표시로 옳은 것은?

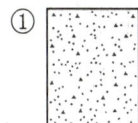 ①　　　　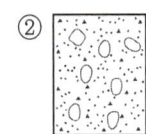 ②

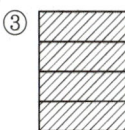 ③　　　　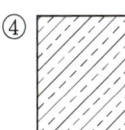 ④

53 재료 단면의 표시
① 모르타르
② 콘크리트
③ 벽돌
④ 자연석

54 본 설계에 필요한 도면에 대한 설명으로 옳은 것은?

① 일반도 : 주요 구조 부분의 단면 치수, 그것에 작용하는 외력 및 단면의 응력도 등을 나타낸 도면으로서, 필요에 따라 작성한다.
② 응력도 : 상세한 설계에 따라 확정된 모든 요소의 치수를 기입한 도면이다.
③ 구조 상세도 : 제작이나 시공을 할 수 있도록 구조를 상세하게 나타낸 도면이다.
④ 가설 계획도 : 투시도법 등에 의하여 그려진 구조물의 도면이므로 미관을 고려하여 형식을 결정할 경우에 이용된다.

54
- 일반도 : 상세한 설계에 따라 확정된 모든 요소의 치수를 기입하는 것
- 응력도 : 주요 구조 부분의 단면 치수, 그것에 작용하는 외력 및 단면의 응력도 등을 나타낸 도면
- 가설 계획도 : 구조물을 설계할 때에 산정된 가설 및 시공법의 계획도로서, 요점을 필요에 따라 그린 것이다.

55 척도를 나타내는 방법으로 옳은 것은?

① (제도용지의 치수) : (실제의 치수)
② (도면에서의 치수) : (실제의 치수)
③ (실제의 치수) : (제도용지의 치수)
④ (실제의 치수) : (도면에서의 치수)

55 척도의 표시방법
A : B = (도면에서의 크기) : (물체의 실제 크기)

□□□ 04③, 11⑤, 12①, 14③, 15④, 16④

56 한 도면에서 두 종류 이상의 선이 같은 장소에 겹칠 때 가장 우선이 되는 선은?

① 중심선 ② 절단선
③ 외형선 ④ 숨은선

해 설

56 선의 우선 순위

1	외형선
2	숨은선
3	절단선
4	중심선
5	무게 중심선

□□□ 14①④

57 토목제도에서 도면치수의 기본적인 단위는?

① mm ② cm
③ m   ④ km

57
치수의 단위는 mm를 원칙으로 하고, 단위 기호는 쓰지 않는다.

□□□ 14④

58 철근 상세도에 표시된 기호 중 「C.T.C」가 의미하는 것은?

① center to center ② count to count
③ control to control ④ close to close

58 C.T.C(center to center)
철근과 철근 사이의 간격

□□□ 14④

59 다음 중 컴퓨터의 보조기억장치에 해당되지 않는 것은?

① HD   ② CD
③ RAM ④ USB

59
• 주기억 장치 : ROM, RAM
• 보조기억장치 : 하드 디스크(HD), 플래시 메모리(USB), 광디스크(CD-ROM)

□□□ 14④

60 CAD 시스템을 도입하였을 때 얻어지는 효과가 아닌 것은?

① 도면의 표준화 ② 작업의 효율화
③ 표현력 증대   ④ 제품 원가의 증대

60
설계 기법의 표준화로 제품 원가의 감소

정답 56 ③ 57 ① 58 ① 59 ③ 60 ④

국가기술자격 CBT 필기시험문제

2014년도 기능사 제5회 필기시험

종 목	시험시간	배 점	테스트 결과(개수)		
전산응용토목제도기능사	1시간	60	1회	2회	3회

해 설

01 철근의 구부리기에 관한 설명으로 옳지 않은 것은?

① 모든 철근은 가열해서 구부리는 것을 원칙으로 한다.
② D38 이상의 철근은 구부림 내면반지름을 철근지름의 5배 이상으로 하여야 한다.
③ 콘크리트 속에 일부가 묻혀 있는 철근은 현장에서 구부리지 않는 것이 원칙이다.
④ 큰 응력을 받는 곳에서 철근을 구부릴 때에는 구부림 내면반지름을 더욱 크게 하는 것이 좋다.

01
- 철근은 상온에서 구부리는 것을 원칙으로 한다.
- 철근의 가열은 콘크리트에 손상이 가지 않도록 시행되어야 한다.

02 교량의 종류 중 사용 재료에 따른 분류가 아닌 것은?

① 목교
② 강교
③ 도로교
④ 콘크리트교

02
- 사용 재료에 따른 분류
  - 철근콘크리트교, 강교, 목교, 석교
- 사용 용도에 따른 분류
  - 도로교, 철도교, 육교, 고가교

03 지간 10m인 철근콘크리트보에 등분포하중이 작용할 때 최대 허용하중은? (단, 보의 설계모멘트가 20kN·m이고, 하중계수와 강도감소계수는 고려하지 않는다)

① 1.0kN/m
② 1.6kN/m
③ 2.0kN/m
④ 2.4kN/m

03
$M_u = \dfrac{w_u L^2}{8}$ 에서
$20 = \dfrac{w_u \times 10^2}{8}$
∴ 최대하중 $w_u = 1.6\text{kN/m}$

참고 SOLVE 사용

04 기둥의 철근배근에 대한 설명으로 옳지 않은 것은?

① 축방향 주철근의 철근비는 1~8%이다.
② 축방향 철근의 순간격을 25mm 이상으로 배치한다.
③ 나선철근의 순간격은 25mm 이상, 75mm 이하이어야 한다.
④ 축방향 철근은 철근 공칭 지름의 1.5배 이상의 간격으로 배치한다.

04
축방향 철근의 순간격을 40mm 이상으로 배치한다.

정답 01 ① 02 ③ 03 ② 04 ②

□□□ 11⑤, 12⑤, 13①, 14⑤

05 지간 10m인 단순보에 고정하중 40kN/m, 활하중 60kN/m 작용할 때 극한 설계 하중은? (단, 다른 하중은 무시하며 $1.2D+1.6L$을 사용한다.)

① 71kN/m　② 100kN/m
③ 144kN/m　④ 158kN/m

해 설

05 극한 설계하중
$U = 1.2D + 1.6L$
$= 1.2 \times 40 + 1.6 \times 60 = 144 \text{kN/m}$

□□□ 14⑤

06 다음의 토목재료에 대한 설명으로 옳은 것은?

① 시멘트에 물만 넣고 반죽한 것을 모르타르라 한다.
② 시멘트와 잔골재를 물로 비빈 것을 시멘트풀이라 한다.
③ 보통 콘크리트는 전체 부피의 약 30%가 골재이고, 70%는 시멘트풀로 되어 있다.
④ 콘크리트는 시멘트, 잔골재, 굵은골재, 이 밖에 혼화재료를 섞어 물로 비벼서 만든 것이다.

06
- 시멘트풀 : 시멘트에 물만 넣어 반죽한 것
- 모르타르 : 시멘트 풀에 잔골재를 배합한 것으로 시멘트와 잔골재를 물로 반죽한 것
- 보통 콘크리트는 전체 부피의 약 70%가 골재이고, 30%는 시멘트풀로 되어 있다.

□□□ 14⑤

07 철근 콘크리트 구조에 대한 설명으로 옳지 않은 것은?

① 콘크리트의 인장강도가 압축강도에 비해 약한 결점을 철근을 배치하여 보강한 것이다.
② 철근과 콘크리트는 온도에 대한 열팽창계수가 거의 같다.
③ 원형 철근은 표면적이 넓을 뿐 아니라 마디가 있어 부착력이 크다.
④ 각 부재를 일체로 만들 수 있어 전체적으로 강성이 큰 구조가 된다.

07 이형 철근
표면적이 넓을 뿐 아니라 마디가 있어 부착력이 크다.

□□□ 14⑤

08 철근콘크리트 설계에서 철근 배치원칙에 대한 설명으로 옳지 않은 것은?

① 철근조립을 위해 교차되는 철근은 용접되어야 한다.
② 철근, 긴장재 및 덕트는 콘크리트 치기 전에 시공이 편리하도록 배치한다.
③ 철근, 긴장재 및 덕트는 허용오차 이내에서 규정된 위치에 배치하여야 한다.
④ 철근이 설계된 도면상의 배치 위치에서 공칭지름(d_b) 이상 벗어나야 할 경우에는 책임기술자의 승인을 받아야 한다.

08
철근 조립을 위해 교차되는 철근은 용접할 수 없다. 다만 책임기술자가 승인한 경우는 용접할 수 있다.

정답 05 ③　06 ④　07 ③　08 ①

09 콘크리트에 일정하게 하중을 주면 응력의 변화는 없는데도 변형이 시간이 경과함에 따라 커지는 현상은?

① 건조수축
② 크리프
③ 틱소트로피
④ 릴랙세이션

해설 09 크리프(creep)
콘크리트에 일정한 하중을 계속 주면 응력의 변화는 없는데도 변형이 재령과 함께 점차 변형이 증대되는 성질

10 단철근 직사각형보의 강도설계법에서 콘크리트의 강도 $f_{ck}=28\text{MPa}$, 철근의 항복강도 $f_y=400\text{MPa}$, $d=800\text{mm}$일 때 균형단면에서의 중립축 길이(c)는?

① 272mm
② 320mm
③ 498mm
④ 680mm

해설 10
$f_{ck} \leq 400\text{MPa}$일 때
$c = \dfrac{660}{660+f_y}d$
$= \dfrac{660}{660+400} \times 800 = 498\text{mm}$

11 보의 주철근을 둘러싸고 이에 직각되게 또는 경사지게 배치한 철근으로서 전단력 및 비틀림모멘트에 저항하도록 배치한 보강철근을 무엇이라 하는가?

① 덕트
② 띠 철근
③ 앵커
④ 스터럽

해설 11
스터럽(stirrup)에 대한 설명이다.

12 굳지 않은 콘크리트의 반죽질기를 측정하는 방법으로 옳은 것은?

① 공기량 시험
② 삼축압축 시험
③ 슬럼프 시험
④ 브리넬 시험

해설 12
- 슬럼프시험 : 콘크리트의 반죽질기 측정에 사용
- 공기량 시험 : 공기량을 측정하는 시험.
- 브리넬시험 : 금속 재료의 경도 시험
- 삼축압축시험 : 흙의 토질시험

13 한중콘크리트에 대한 설명으로 옳지 않은 것은?

① 하루의 평균기온이 4℃ 이하가 되는 기상조건 하에서는 한중콘크리트로서 시공한다.
② 콘크리트의 온도는 타설할 때 5~20℃를 원칙으로 한다.
③ 재료의 가열이 필요할 때에는 시멘트를 직접 가열하는 것이 열용량이 크기 때문에 유리하다.
④ AE콘크리트를 사용하는 것을 원칙으로 한다.

해설 13
온도가 높은 시멘트와 물을 접촉시키면 급결하여 콘크리트에 나쁜 영향을 줄 우려가 있으므로 시멘트를 직접 가열해서는 안된다.

정답 09 ② 10 ③ 11 ④ 12 ③ 13 ③

□□□ 12①, 14⑤

14 D16 이하의 스터럽과 띠 철근의 표준 갈고리에서 구부림 내면 반지름은 철근지름의 최소 몇 배 이상이어야 하는가?

① 2배
② 3배
③ 4배
④ 5배

해설

14 D16 이하의 스터럽이나 띠 철근 철근을 구부리는 내면반지름은 철근공칭지름(d_b)의 $2d_b$ 이상으로 하여야 한다.

□□□ 14⑤

15 바닷물을 콘크리트용 배합수로 사용하고자 할 때 철근의 부식에 가장 많이 관여하는 이온은?

① Cl^-
② Mg_2^+
③ SO_{42}^-
④ CO_{32}^-

15 콘크리트용 배합수
바닷물을 사용할 때 염소 이온량(Cl^-)은 $0.3kg/m^3$ 이하

□□□ 14⑤

16 철근의 설계기준 항복강도 f_y가 400MPa을 초과하는 경우 압축이형철근의 최대 겹침이음길이에 관한 식으로 옳은 것은?
(단, d_b : 철근의 공칭지름[mm])

① $(0.013f_y - 24)d_b$
② $(0.13f_y - 24)d_b$
③ $(0.0013f_y - 24)d_b$
④ $(0.13f_y - 24)f_y$

16 압축이형철근의 이음
• $f_y \leq 400\,MPa$일 때 $0.072f_y d_b$
• $f_y > 400\,MPa$일 때 $(0.13f_y - 24)d_b$

□□□ 11①, 12⑤, 13④⑤, 14⑤

17 현장치기 콘크리트 중 최소피복두께를 가장 크게 하여야 하는 경우는?

① 수중에서 치는 콘크리트
② 옥외의 공기나 흙에 직접 접하지 않는 콘크리트
③ 흙에 접하거나 옥외의 공기에 직접 노출되는 콘크리트
④ 흙에 접하여 콘크리트를 친 후 영구히 흙에 묻혀 있는 콘크리트

17
수중에서 타설하는 콘크리트 : 100mm

□□□ 09①, 11①, 12①④, 14⑤, 15④

18 AE 콘크리트의 특징으로 옳지 않은 것은?

① 수밀성이 좋다.
② 워커빌리티가 좋다.
③ 동결융해에 대한 저항성이 크다.
④ 공기량에 비례하여 압축강도가 커진다.

18
공기량에 비례하여 압축강도가 작아진다.

정답 14 ① 15 ① 16 ② 17 ① 18 ④

□□□ 12④, 14⑤

19 콘크리트가 반복하중을 받는 경우가 정적하중을 받는 경우보다 낮은 응력에서 파괴되는 현상이 발생하는데, 이러한 현상을 무엇이라 하는가?

① 인장파괴
② 압축파괴
③ 취성파괴
④ 피로파괴

19
이러한 현상을 피로파괴(fatigue failure)라 한다.

□□□ 10④, 12①④⑤, 13④⑤, 14④⑤, 15⑤, 16④

20 단철근 직사각형보에서 $f_{ck}=27\text{MPa}$, $f_y=400\text{MPa}$일 때 균형철근비는?

① 0.0296
② 0.0250
③ 0.0214
④ 0.0176

20
$f_{ck} \leq 40\text{MPa}$일 때
$\eta = 1.0$, $\beta_1 = 0.80$
$$\rho_b = \frac{\eta(0.85 f_{ck} \cdot \beta_1)}{f_y} \times \frac{660}{660+f_y}$$
$$= \frac{1.0 \times 0.85 \times 28 \times 0.80}{400} \times \frac{660}{660+400}$$
$$= 0.0296$$

□□□ 11①, 14⑤, 15①

21 물−결합재비가 55%이고, 단위수량이 176kg이면 단위시멘트량은?

① 96.8kg
② 144kg
③ 280kg
④ 320kg

21 단위 시멘트
$$C = \frac{\text{단위수량}}{\text{물−결합재비}}$$
$$= \frac{176}{\frac{55}{100}} = 320\text{kg}$$

□□□ 06④, 10①, 12⑤, 13①, 14⑤, 15①④

22 1방향 슬래브의 위험단면에서 정모멘트 철근 및 부모멘트 철근의 중심 간격에 대한 기준으로 옳은 것은?

① 슬래브두께의 2배 이하, 또한 300mm 이하
② 슬래브두께의 2배 이하, 또한 400mm 이하
③ 슬래브두께의 3배 이하, 또한 300mm 이하
④ 슬래브두께의 3배 이하, 또한 400mm 이하

22 1방향 슬래브의 주철근의 간격 위험단면의 경우 슬래브 두께의 2배 이하, 300mm 이하

□□□ 11④, 12④, 13④, 14①⑤, 15④, 16①

23 토목 구조물의 일반적인 특징이 아닌 것은?

① 공용 기간이 짧다.
② 일반적으로 규모가 크다.
③ 대부분이 공공의 목적으로 건설된다.
④ 대부분 자연 환경 속에 놓인다.

23
구조물의 수명, 즉 공용 기간이 길다.

정답 19 ④ 20 ① 21 ④ 22 ① 23 ①

24 슬래브의 배력철근에 대한 설명에서 옳지 않은 것은?

① 균열을 제어하는 효과가 있다.
② 배력철근은 주철근의 간격을 유지시켜 준다.
③ 유지관리를 위하여 응력을 한 방향으로 집중시키는 역할을 한다.
④ 주 철근의 직각 또는 직각에 가까운 방향으로 배치한 보조 철근을 말한다.

25 프리스트레스트 콘크리트의 원리에 대한 설명으로 옳은 것은?

① 콘크리트와 철근의 부착이 완전하도록 철근을 소성변형시켜 시공한다.
② 압축 측에 발생하는 균열을 제어하여 단면 손실이 발생되지 않도록 한다.
③ 콘크리트 전단에 걸쳐 변형이 일정하게 발생하도록 미리 인장 응력을 도입한다.
④ 인장 측의 콘크리트에 미리 압축 응력을 주어 일어날 수 있는 인장 응력을 상쇄시킨다.

26 그림은 어느 형식의 확대기초를 표시한 것인가?

① 말뚝 확대기초
② 경사 확대기초
③ 연결 확대기초
④ 독립 확대기초

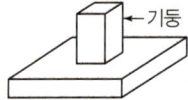

27 독립확대기초에서 정사각형인 기초의 크기가 2m×2m이고 허용지지력이 160kN/m² 일 때, 이 기초가 받을 수 있는 하중의 크기는?

① 40kN
② 160kN
③ 320kN
④ 640kN

해 설

24 배력철근
- 응력을 고르게 분포시키기 위하여 배치
- 정(+)철근 또는 부(−)철근에 직각 또는 직각에 가까운 방향으로 배치한 보조 철근

25
콘크리트의 어느 단면에서도 인장 응력이 생기지 않도록 할 수 있는 원리가 PSC 구조물이 성립하는 이유이다.

26 독립 확대기초
1개의 기둥에 전달되는 하중을 1개의 기초가 단독으로 받도록 되어 있는 확대기초

27
$q_a = \dfrac{P}{A}$ 에서
∴ $P = q_a \cdot A = 160 \times 2 \times 2 = 640\,\text{kN}$

정답 24 ③ 25 ④ 26 ④ 27 ④

03③, 10①, 11⑤, 12①④, 14⑤, 15①

28 프리스트레스를 도입한 후의 손실 요인 아닌 것은?

① 콘크리트의 크리프
② 콘크리트의 건조수축
③ 콘크리트의 탄성변형
④ PS강재의 릴랙세이션

10⑤, 14⑤

29 기둥의 지지 조건에서 양 끝이 고정되어 있는 기둥의 전체 길이가 L일 때 유효길이는?

① 0.5L
② 0.7L
③ 1.0L
④ 2.0L

12④, 14⑤, 15④

30 콘크리트구조기준에 사용되는 철근의 탄성계수(E_s)는?

① $E_s = 200$MPa
② $E_s = 2000$MPa
③ $E_s = 20000$MPa
④ $E_s = 200000$MPa

11⑤, 13④, 14⑤, 15④

31 강교에서 주구조가 축방향 인장 및 압축부재로 조합된 형식의 교량으로 비교적 계산이 간단하고, 구조적으로 상당한 긴 지간에 유리하게 쓰이는 것은?

① 판형교
② 트러스교
③ 라멘교
④ 사장교

12①, 14⑤, 15①

32 다음 교량 중 가장 오래된 것은?

① 영국의 런던교
② 미국의 금문교
③ 프랑스의 가르교
④ 일본의 아카시 대교

해 설

28 프리스트레스의 손실의 원인

도입시 손실 (즉시손실)	도입 후 손실 (시간적손실)
• 정착 장치의 활동	• 콘크리트의 크리프
• 콘크리트의 탄성변형	• 콘크리트의 건조수축
• 포스트텐션 긴장재와 덕트 사이의 마찰	• PS강재의 릴랙세이션

29 유효길이 = $K \cdot L$

양단 지지상태	유효길이
양단고정	0.5L
1단힌지 타단 고정	0.7L
양단힌지	1.0L
1단자유 타단 고정	2.0L

30 철근의 탄성계수

$E_s = 200000$MPa
$= 2 \times 10^5$MPa의 값이 표준

31 트러스교의 특징
• 비교적 계산이 간단하고 구조적으로 상당히 긴 지간이 유리하게 쓰인다.
• 부재의 길이에 비하여 단면이 작은 부재를 삼각형으로 이어서 만든 뼈대로서, 보의 작용을 하도록 한 구조이다.

32 세계토목구조물의 역사
• 1~2세기 : 프랑스의 가르교
• 9~10세기 : 영국의 런던교, 프랑스의 아비뇽교
• 19~20세기 : 미국의 금문교
• 1988년 완성 : 일본의 아카시 대교

정답 28 ③ 29 ① 30 ④ 31 ② 32 ③

□□□ 12①, 14①⑤, 16④

33 철근 콘크리트의 장점에 대한 설명으로 옳지 않은 것은?

① 균열 발생의 우려가 없다.
② 각 부재를 일체로 만들 수 있다.
③ 내구성, 내화성, 내진성이 우수하다.
④ 여러 가지 모양의 치수와 구조물을 만들 수 있다.

33
균열이 생기기 쉽고, 또 부분적으로 파손되기 쉽다.

□□□ 02④, 12①④⑤, 13④, 14④⑤, 15①, 16①④

34 강구조의 단점이 아닌 것은?

① 부식이 쉽다.
② 재료의 균질성을 확보하기 어렵다.
③ 차량 통행에 의한 소음이 발생하기 쉽다.
④ 반복 하중에 의한 재료의 피로가 발생할 수 있다.

34 강구조의 장점
재료의 균질성을 가지고 있다.

□□□ 11⑤, 12①④, 13①④⑤, 14④⑤

35 도로교의 설계 하중을 주하중, 부하중, 주하중에 상당하는 특수하중, 부하중에 상당하는 특수하중으로 구분할 때 주하중에 해당되는 것은?

① 설 하중
② 활 하중
③ 풍 하중
④ 원심 하중

35 하중의 종류

주하중	고정 하중, 활 하중, 충격 하중
부하중	풍 하중, 온도 변화의 영향, 지진 하중
특수 하중	설 하중, 원심 하중, 제동 하중, 지점 이동의 영향 가설 하중, 충돌 하중

□□□ 14⑤

36 강 구조물의 도면 배치에 대한 설명으로 옳지 않은 것은?

① 강 구조물은 너무 길고 넓어 많은 공간을 차지하기에 몇 가지 단면으로 절단하여 표현할 수 있다.
② 제작이나 가설을 고려하여 부분적으로 제작 단위마다 상세도를 작성한다.
③ 평면도, 측면도, 단면도 등을 소재나 부재가 잘 나타나도록 각각 독립하여 그려도 된다.
④ 절단선과 지시선의 방향을 붙이지 않는 것이 도면 판독에 유리하다.

36
도면을 잘 보이도록 하기 위해서 절단선과 지시선의 방향을 표시하는 것이 좋다.

정답 33 ① 34 ② 35 ② 36 ④

37 CAD작업에서 도면층(layer)에 대한 설명으로 옳은 것은?

① 도면의 크기를 설정해 놓은 것이다.
② 도면의 위치를 설정해 놓은 것이다.
③ 축척에 따른 도면의 모습을 보여주는 자료이다.
④ 투명한 여러 장의 도면을 겹쳐 놓은 효과를 준다.

37 도면층(layer)
- 투명한 여러 장의 도면을 겹쳐 놓은 효과를 준다.
- 도면을 몇 개의 층으로 나누어 그리거나 편집할 수 있는 기능

38 그림과 같은 재료 단면의 경계 표시가 나타내는 것은?

① 흙
② 호박돌
③ 바위
④ 잡석

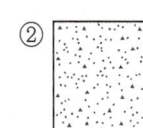

38
- 호박돌 단면 경계 표시이다.
- 흙
- 암반면(바위)
- 잡석

39 재료 단면 표시 중 모르타르를 표시하는 기호는?

① 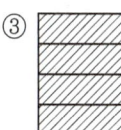   ②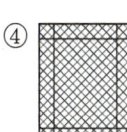

③   ④

39 재료 단면의 표시
① 자연석(석재)
② 모르타르
③ 벽돌
④ 블록

40 형재의 일반적인 치수 표시 방법으로 옳은 것은?

① 수량, 형재 기호, 모양 치수×길이 순으로 기입하고, 필요에 따라 재질을 기입한다.
② 모양 치수, 형재 기호, 길이×수량 순으로 기입하고, 필요에 따라 재질을 기입한다.
③ 수량, 모양 치수, 길이×형재 기호 순으로 기입하고, 필요에 따라 재질을 기입한다.
④ 모양 치수, 형재 기호, 수량×길이 순으로 기입하고, 필요에 따라 재질을 기입한다.

40 형재의 일반적인 치수 표시 방법
- 수량, 형재 기호, 모양 치수×길이 순으로 기입한다.
- 필요에 따라 재질을 기입한다.

정답 37 ④ 38 ② 39 ② 40 ①

□□□ 11①, 14⑤
41 재료 단면의 경계 표시 중 잡석을 나타낸 그림은?

① ▨ ② ✕✕✕✕
③ ░░░ ④ ▨

□□□ 10⑤, 14⑤
42 한국산업표준(KS)에서 "기본"에 대한 분류기호는?

① KS A ② KS B
③ KS C ④ KS F

□□□ 11④, 12⑤, 13⑤, 14①⑤, 15④, 16①
43 평면도에 그림이 나타내고 있는 지형은?

① 지반면
② 암반면
③ 성토면
④ 절토면

□□□ 10①④, 11④, 14①⑤
44 도면에 대한 설명으로 옳지 않은 것은?

① 큰 도면을 접을 때에는 A4의 크기로 접는다.
② A3도면의 크기는 A2도면의 절반 크기이다.
③ A계열에서 가장 큰 도면의 호칭은 A0이다.
④ A4의 크기는 B4보다 크다.

□□□ 14⑤, 15④
45 컴퓨터의 주기억 장치와 중앙 처리 장치 사이에 실행 속도를 높이기 위해 사용되는 장치는?

① 캐시 기억 장치 ② 가상 기억 장치
③ 자기코어 기억장치 ④ 하드디스크 기억 장치

해　설

41 재료 단면의 표시
① 지반면(흙)
② 잡석
③ 모래
④ 일반면

42 KS의 부문별 기호

KS F	토건
KS A	기본
KS B	기계
KS C	전기

43 성토면

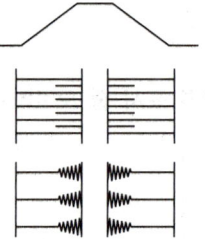

44 도면의 크기
- A4(210×297mm)
- B4(257×364mm)

45 캐시 메모리(cache memory)
중앙처리장치와 주기억장치 사이에서 실행 속도를 높이기 위해 제작된 고속의 특수 기억장치이다.

정답 41 ② 42 ① 43 ③ 44 ④ 45 ①

46 실선의 일반적인 용도와 가장 거리가 먼 것은?

① 움직이는 부분의 궤적 중심을 나타내는 선
② 보이는 물체의 윤곽을 나타내는 선
③ 지시선, 인출선 및 기입선
④ 치수선, 치수보조선

46 중심선
- 가는 일점 쇄선
- 중심이 이동한 중심 궤적을 나타내는 선

47 도면 종류 중 작성 방법에 따른 분류에 속하지 않는 것은?

① 연필도 ② 먹물제도
③ 복사도 ④ 착색도

47 작성 방법에 따른 분류
연필제도, 먹물제도, 착색도

48 토목제도에서 현의 길이를 바르게 표시한 것은?

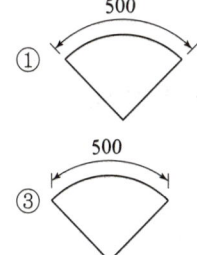
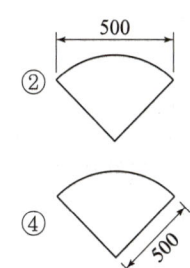

48
① 호의 길이
② 현의 길이
③ 호의 길이

49 시스템 소프트웨어(system software)가 아닌 것은?

① 운영체제 ② 언어 프로그램
③ CAD 프로그램 ④ 유틸리티 프로그램

49 시스템 소프트웨어의 구성
운영체제, 언어 번역기, 유틸리티 프로그램 등이 있다.

50 도면을 표현 형식에 따라 분류할 때 구조물의 구조 계산에 사용되는 선도로 교량의 골조를 나타내는 도면은?

① 일반도 ② 배근도
③ 구조선도 ④ 상세도

50 표현형식에 따른 분류
- 일반도 : 구조물의 평면도, 입면도, 단면도 등에 의해서 그 형식과 일반 구조를 나타내는 도면
- 외관도 : 대상물의 외형과 최소한의 필요한 치수를 나타낸 도면
- 구조선도 : 교량 등의 골조를 나타내고, 구조 계산에 사용하는 선도로 뼈대 그림

정답 46 ① 47 ③ 48 ② 49 ③ 50 ③

□□□ 02, 07①, 10①, 13⑤, 14⑤
51 그림과 같은 투상법을 무엇이라 하는가?

① 정투상법
② 사투상법
③ 표고 투상법
④ 축측 투상법

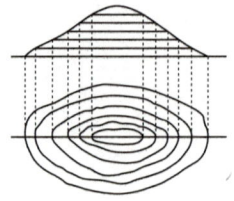

해   설

51 표고 투상법
입면도를 쓰지 않고 수평면으로부터 높이의 수치를 평면도에 기호로 주기하여 나타내는 방법

□□□ 14⑤
52 그림은 정 투상도의 어떤 투상 방법인가?

우측면도	정면도
	평면도

① 제1각법   ② 제2각법
③ 제3각법   ④ 제4각법

52 제1각법

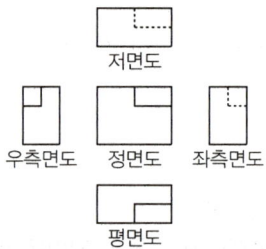

□□□ 14⑤
53 아래의 내용은 어떤 투상법에 대한 설명인가?

> 정면도를 기준으로 하여 좌우, 상하에서 본 모양을 본 위치에 그리게 되므로 도면을 보고 물체를 이해하기가 쉽다.

① 제1각법   ② 제3각법
③ 제4각법   ④ 투시도법

53
제3각법에 대한 설명이다.

□□□ 10④, 12①, 14⑤
54 그림은 무엇을 작도하기 위한 것인가?

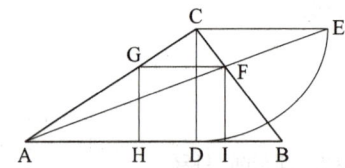

① 사각형에 외접하는 최소 삼각형
② 사각형에 외접하는 최대 정삼각형
③ 삼각형에 내접하는 최대 직사각형
④ 삼각형에 내접하는 최대 정사각형

54 삼각형에 내접하는 최대 정사각형
1. 삼각형 ABC의 꼭지점 C에서 변 AB에 그은 수선과의 교점을 D라 한다.
2. 점C에서 반지름 CD로 그은 원호와 점C를 지나고 변 AB에 평행한 선과의 교점을 E를 구한다.
3. 점A와 E를 이은 선과 변 BC와의 교점 F를 구한다.
4. 점 F에서 변 AB에 내린 수선의 발 I, 또 변 AB에 평행선과 AC와의 교점 G, 점 G에서 변 AB에 내린 수선의 발을 H라 한다.
5. 점 F, G, H, I를 이으면 최대 정사각형이 된다.

정답 51 ③ 52 ① 53 ② 54 ④

□□□ 10⑤, 14⑤

55 도로 평면도에서 선형 요소의 교점을 표시하는 기호는?

① B.C ② E.C
③ I.P ④ T.L

해 설

55 굴곡부 노선
- 먼저 교점(I.P)의 위치를 정하고 교각(I)을 각도기로 정확히 측정한다.
- 교점(I.P)에서 접선길이(T.L)와 동등하게 곡선시점(B.C) 및 곡선종점(E.C)를 취한다.

□□□ 08⑤, 09①, 14⑤

56 그림에서 치수기입 방법이 옳지 않은 것은?

① A
② B
③ C
④ D

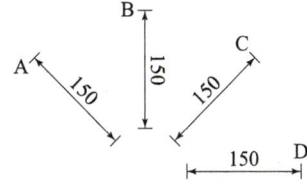

56
치수선 B 부분은 좌측에 기입한다.

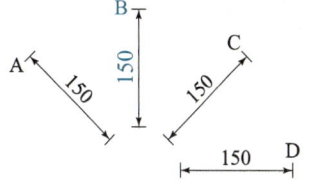

□□□ 09①, 11①, 14⑤

57 그림은 어떤 건설 재료의 단면 표시인가?

① 석재
② 목재
③ 강
④ 콘크리트

57
건설재료인 석재(자연석)의 단면 표시

□□□ 09④, 13①, 14⑤

58 도면의 일반적인 작성 순서로 가장 적합한 것은?

① 단면도 → 배근도 → 주철근 조립도 → 철근상세도
② 배근도 → 철근상세도 → 단면도 → 주철근 조립도
③ 단면도 → 주철근 조립도 → 배근도 → 철근상세도
④ 배근도 → 주철근 조립도 → 단면도 → 철근상세도

58 도면의 작도순서
단면도 → 각부 배근도 → 일반도 → 주철근 조립도 → 철근 상세도

□□□ 14⑤

59 철하지 않는 A1 용지의 바람직한 최소 윤곽의 나비는?

① 5mm ② 10mm
③ 15mm ④ 20mm

59 도면을 철하지 않을 때 최소 윤곽의 나비
- 도면 A0, A1 : 20mm
- 도면 A2, A3, A4 : 10mm

정답 55 ③ 56 ② 57 ① 58 ① 59 ④

□□□ 14⑤

60 선과 선이 서로 교차할 때 표시법으로 옳지 않은 것은?

① 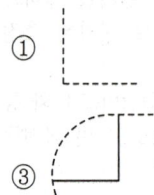   ②

③ 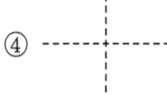   ④ ┼

해 설

60
점선과 실선이 만나야 한다.

정답 60 ②

국가기술자격 CBT 필기시험문제

2015년도 기능사 제1회 필기시험

종 목	시험시간	배 점	테스트 결과(개수)		
전산응용토목제도기능사	1시간	60	1회	2회	3회

□□□ 15①
01 철근과 콘크리트 사이의 부착에 영향을 주는 주요 원리로 옳지 않은 것은?

① 콘크리트와 철근 표면의 마찰 작용
② 시멘트풀과 철근 표면의 점착 작용
③ 이형 철근 표면의 요철에 의한 기계적 작용
④ 거푸집에 의한 압축 작용

01 부착작용의 세 가지 원리
• 시멘트풀과 철근 표면의 점착 작용
• 콘크리트와 철근 표면의 마찰 작용
• 이형 철근 표면의 요철에 의한 기계적 작용

□□□ 15①
02 공장제품용 콘크리트의 촉진양생방법에 속하는 것은?

① 오토클레이브 양생
② 수중 양생
③ 살수 양생
④ 매트 양생

02 촉진 양생법
증기양생, 오토클레이브 양생, 온수양생, 전기양생, 적외선 양생, 고주파양생

□□□ 15①
03 수축 및 온도철근의 간격은 1방향 철근콘크리트 슬래브 두께의 최대 몇 배 이하로 하여야 하는가?

① 2배 ② 3배
③ 4배 ④ 5배

03
1방향 슬래브의 수축·온도철근의 간격은 슬래브 두께의 5배 이하, 또한 450mm 이하로 한다.

□□□ 15①
04 슬래브와 보를 일체로 친 T형보에서 유효폭 b의 결정과 관련이 없는 값은? (단, 여기서 b_w =복부의 폭)

① (양쪽으로 각각 내민 플랜지 두께의 8배씩)$+b_w$
② 양쪽 슬래브의 중심 간 거리
③ 보의 경간의 $\frac{1}{4}$
④ $\left(\text{보의 경간의 } \frac{1}{12}\right)+b_w$

04 대칭 T형보의 유효폭은 다음 값 중 가장 작은 값
• (양쪽으로 각각 내민 플랜지 두께의 8배씩 : $16t_f$)$+b_w$
• 양쪽의 슬래브의 중심 간 거리
• 보의 경간(L)의 1/4

정답 01 ④ 02 ① 03 ④ 04 ④

□□□ 13①, 15①

05 강도 설계법에 있어 강도감소계수 ϕ의 값으로 옳게 연결된 것은?

① 인장지배단면 : 0.75
② 압축지배단면으로 나선철근으로 보강된 철근콘크리트 부재 : 0.7
③ 전단력과 비틀림모멘트 : 0.85
④ 포스트텐션 정착구역 : 0.65

05 강도감소계수 ϕ
- 인장지배단면 : 0.85
- 압축지배단면으로 나선철근으로 보강된 철근콘크리트 부재 : 0.70
- 전단력과 비틀림모멘트 : 0.75
- 포스트텐션 정착구역 : 0.85

□□□ 10④, 12①⑤, 13④⑤, 15①④

06 단철근 직사각형보의 휨 강도 계산 시 등가 직사각형 응력 분포의 깊이를 구하는 식은? (단, f_y : 철근의 항복강도, f_{ck} : 콘크리트의 설계기준강도, A_s : 철근의 단면적, b : 단면의 폭, d : 유효깊이)

① $a = \dfrac{660}{660+f_y}d$
② $a = \dfrac{f_y A_s d}{\eta(0.85 f_{ck})}$
③ $a = \dfrac{A_s f_y}{\eta(0.85 f_{ck})b}$
④ $a = \dfrac{\eta(0.85 f_{ck})b}{A_s}$

06 $C = T$
- 압축력 $C = \eta(0.85 f_{ck})ab$
- 인장력 $T = f_y A_s$
$\therefore a = \dfrac{A_s f_y}{\eta(0.85 f_{ck})b}$

□□□ 11⑤, 12①⑤, 14①, 15①④

07 콘크리트의 강도가 35MPa인 보에서 등가 직사각형 응력블록의 깊이($a = \beta_1 c$)를 구하기 위한 계수 β_1은?

① 0.65
② 0.75
③ 0.80
④ 0.85

07 계수 $\eta(0.85 f_{ck})$와 β_1 값

f_{ck}	≤40	50	60	70	80
η	1.00	0.97	0.95	0.91	0.87
β_1	0.80	0.80	0.76	0.74	0.72

$\therefore f_{ck} \leq 40$MPa일 때 $\beta_1 = 0.80$

□□□ 15①

08 지간이 l인 캔틸레버 보에서 등분포하중 w를 받고 있을 때 최대 휨모멘트는?

① $\dfrac{wl^2}{2}$
② $\dfrac{wl^2}{4}$
③ $\dfrac{wl^2}{8}$
④ $\dfrac{wl^2}{16}$

08 최대휨모멘트

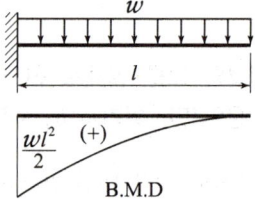

$M_{\max} = wl \times \dfrac{l}{2} = \dfrac{wl^2}{2}$

정답 05 ② 06 ③ 07 ③ 08 ①

□□□ 11①, 15①
09 콘크리트에 AE제를 혼합하는 주목적은?

① 워커빌리티를 증대하기 위해서
② 부피를 증대하기 위해서
③ 부착력을 증대하기 위해서
④ 압축강도를 증대하기 위해서

해 설

09 AE제의 혼합 목적
콘크리트 속에 작은 기포를 고르게 분포시키는 혼화제이다.

□□□ 10⑤, 12④, 15①④, 16①④
10 철근의 피복두께에 관한 설명으로 옳지 않은 것은?

① 최 외측 철근의 중심으로부터 콘크리트 표면까지의 최단거리이다.
② 철근의 부식을 방지할 수 있도록 충분한 두께가 필요하다.
③ 내화 구조로 만들기 위하여 소요 피복 두께를 확보한다.
④ 철근과 콘크리트의 부착력을 확보한다.

10 피복두께
철근 표면으로부터 콘크리트 표면까지(사이)의 최단 거리

□□□ 13①, 15①
11 철근의 표준 갈고리로 옳지 않은 것은?

① 주철근의 90° 표준 갈고리
② 주철근의 180° 표준 갈고리
③ 스터럽과 띠 철근의 135° 표준 갈고리
④ 스터럽과 띠 철근의 360° 표준 갈고리

11 표준 갈고리의 종류
• 주철근의 표준 갈고리 : 180°(반원형)갈고리, 90°(직각)갈고리
• 스터럽과 띠 철근의 표준 갈고리 : 90°(직각)갈고리, 135°(예각) 표준 갈고리

□□□ 11①, 12④, 15①
12 철근의 항복강도(f_y)가 420MPa, 콘크리트의 설계기준압축강도(f_{ck})가 28MPa, 유효깊이(d)가 400mm인 단철근 직사각형보의 중립축 위치(c)는? (단, 강도설계법에 의하고, 균형파괴 되며, $E_s = 2 \times 10^5$ MPa)

① 200.0mm
② 230.0mm
③ 235.3mm
④ 244.3mm

12
$f_{ck} \leq 40$MPa일 때
$c = \dfrac{660}{660 + f_y} d$
$= \dfrac{660}{660 + 420} \times 400 = 244.4$mm

□□□ 11①, 15①
13 다음 중 인장을 받는 곳에 겹침이음을 할 수 있는 철근은?

① D25
② D38
③ D41
④ D51

13
D35를 초과하는 철근은 겹침이음을 할 수 없다.

정답 09 ① 10 ① 11 ④ 12 ④ 13 ①

□□□ 06④, 10①, 12⑤, 13①, 14⑤, 15①④

14 슬래브에서 정모멘트 철근 및 부모멘트 철근의 중심 간격에 대한 기준과 관련이 없는 것은?

① 위험단면에서는 슬래브 두께의 2배 이하
② 위험단면에서는 200mm 이하
③ 위험단면 외의 기타 단면에서는 슬래브 두께의 3배 이하
④ 위험단면 외의 기타 단면에서는 450mm 이하

해설

14 1방향 슬래브의 주철근의 간격
- 위험단면의 경우 슬래브 두께의 2배 이하, 300mm 이하
- 기타의 단면은 슬래브 두께의 3배 이하, 450mm 이하

□□□ 11①, 14⑤, 15①

15 물-결합재비가 55%이고, 단위 수량이 176kg이면 단위 시멘트량은?

① 79kg
② 97kg
③ 320kg
④ 391kg

15 단위 시멘트량

$$C = \frac{\text{단위수량}}{\text{물-결합재비}} = \frac{176}{\frac{55}{100}} = 320\text{kg}$$

□□□ 11④, 15①

16 굳지 않은 콘크리트의 성질 중 거푸집에 쉽게 다져 넣을 수 있고 거푸집을 제거하면 천천히 형상이 변하기는 하지만 허물어지거나 재료가 분리되지 않는 성질은?

① 워커빌리티
② 성형성
③ 피니셔빌리티
④ 반죽질기

16 굳지 않은 콘크리트의 성질
- 반죽질기 : 물의 양이 많고 적음
- 워커빌리티 : 작업의 난이성 및 재료의 분리성
- 성형성 : 거푸집에 쉽게 다져 넣을 수 있는 성질
- 피니셔빌리티 : 표면 마무리하기 쉬운 정도

□□□ 15①

17 내화학 약품성이 좋아 해수, 공장폐수, 하수 등에 접하는 콘크리트에 적합한 시멘트는?

① 중용열 포틀랜드 시멘트
② 조강 포틀랜드 시멘트
③ 고로 슬래그 시멘트
④ 팽창 시멘트

17 고로 슬래그 시멘트
- 내화학 약품성이 좋으므로 해수, 공장 폐수, 하수 등에 좋다.
- 수화열이 적고, 장기강도가 크며, 내화학성이 크다.

□□□ 10④, 11⑤, 13①④⑤, 14①, 15①, 16①④

18 토목재료로서 콘크리트의 일반적인 특징으로 옳지 않은 것은?

① 콘크리트 자체가 무겁다.
② 압축강도와 인장강도가 거의 동일하다.
③ 건조수축에 의한 균열이 생기기 쉽다.
④ 내구성과 내화성이 모두 크다.

18 콘크리트 인장강도
- 압축강도에 비해 인장강도가 작다.
- 인장강도는 압축강도의 약 1/10 ~ 1/13 정도이다.

정답 14 ② 15 ③ 16 ② 17 ③ 18 ②

□□□ 10⑤, 11④, 12①, 14①⑤, 15①, 16①

19 콘크리트에 일정하게 하중이 작용하면 응력의 변화가 없는데도 변형이 증가하는 성질은?

① 피로파괴
② 블리딩
③ 릴랙세이션
④ 크리프

해 설

19 크리프(creep)
콘크리트에 일정한 하중을 계속 주면 응력의 변화는 없는데도 변형이 재령과 함께 점차 변형이 증대되는 성질

□□□ 11⑤, 15①

20 숏크리트에 대한 설명으로 옳은 것은?

① 컴플셔 혹은 펌프를 이용하여 노즐 위치까지 호스 속으로 운반한 콘크리트를 압축공기에 의해 시공면에 뿜어서 만든 콘크리트
② 미리 거푸집 속에 특정한 입도를 가지는 굵은 골재를 채워놓고 그 간극에 모르타르를 주입하여 제조한 콘크리트
③ 팽창재 또는 팽창 시멘트의 사용에 의해 팽창성이 부여된 콘크리트
④ 부재 혹은 구조물의 치수가 커서 시멘트의 수화열에 의한 온도 상승 및 강하를 고려하여 설계·시공해야 하는 콘크리트

20
① 숏크리트
② 프리플레이스트 콘크리트
③ 팽창 콘크리트
④ 매스 콘크리트

□□□ 15①

21 차량이나 사람 등과 같은 활하중을 직접 받는 구조물로서 열화나 손상이 가장 빈번하게 발생할 수 있는 구조 요소는?

① 보
② 기둥
③ 옹벽
④ 슬래브

21 슬래브
• 두께에 비하여 폭이 넓은 판 모양의 구조물
• 대부분의 슬래브는 차량이나 사람 등과 같은 활하중을 직접 받는 구조물
• 열화나 손상이 가장 빈번하게 발생할 수 있는 구조

□□□ 14①, 15①

22 철근의 이음 방법으로 옳지 않은 것은?

① 피복 이음법
② 겹침 이음법
③ 용접 이음법
④ 기계적인 이음법

22 철근의 이음방법
• 겹침이음
• 철근의 용접이음
  (─────●─────)
• 철근의 기계적 이음
  (───[▭]───)

□□□ 10④, 11⑤, 12④, 13⑤, 15①

23 슬래브에서 배력철근을 설치하는 이유로 옳지 않은 것은?

① 균열을 집중시켜 유지보수를 쉽게 하기 위하여
② 응력을 고르게 분포시키기 위하여
③ 주철근의 간격을 유지시키기 위하여
④ 온도 변화에 의한 수축을 감소시키기 위하여

23
균열의 폭을 감소시키기 위해 배력철근을 설치

정답 19 ④ 20 ① 21 ④ 22 ① 23 ①

□□□ 15①

24 교량 설계시 고려하여야 할 사항 중 내구성에 대한 설명으로 옳은 것은?

① 주변 경관과 조화가 잘 이루어져야 한다.
② 건설이 용이하고 건설비와 유지관리비가 최소화 되어야 한다.
③ 구조상의 결함이나 손상을 발생시키지 않고 장기간 사용할 수 있어야 한다.
④ 구조물은 사용하기 편리하고 기능적이며 사용자에게 불안감을 주면 안 된다.

해설

24
① 미관
② 경제성
③ 내구성
④ 사용성

□□□ 15①

25 보통 콘크리트의 설계기준압축강도(f_{ck})가 21MPa인 콘크리트의 탄성계수(E_c)는? (단, 콘크리트의 설계 기준 강도 $f_{ck} = 8500\sqrt[3]{f_{cu}}$ MPa)

① 약 22000MPa
② 약 25000MPa
③ 약 28000MPa
④ 약 31000MPa

25
$f_{ck} = 8500\sqrt[3]{f_{cu}}$ MPa
• $f_{cm} = f_{ck} + \Delta f = 21 + 4 = 25$ MPa
■ Δf 계산
$f_{ck} = 21$ MPa이면 $\Delta f = 4$ MPa
∴ $E_c = 8500\sqrt[3]{25}$
    $= 25,000$ MPa

□□□ 15①

26 프리스트레스트 콘크리트를 철근 콘크리트와 비교할 때 특징으로 옳지 않은 것은?

① 고정 하중을 받을 때에 처짐이 작다.
② 고강도의 콘크리트 및 강재를 사용한다.
③ 단면을 작게 할 수 있어, 긴 교량이나 큰 하중을 받는 구조물이 적당하다.
④ 프리스트레스트 콘크리트 구조물은 높은 온도에 강도의 변화가 없으므로, 내화성에 대하여 유리하다.

26 프리스트레스트 콘크리트
고강도 강재는 높은 온도에 접하면 갑자기 강도가 감소하므로 내화성에 불리하다.

□□□ 03③, 10①, 11⑤, 12①④, 14⑤, 15①

27 프리스트레스를 도입한 후의 손실 원인이 아닌 것은?

① 콘크리트의 크리프
② 콘크리트의 건조수축
③ 콘크리트의 블리딩
④ PS 강재의 릴랙세이션

27 프리스트레스의 손실의 원인

도입시 손실	도입 후 손실
• 정착 장치의 활동	• 콘크리트의 크리프
• 콘크리트의 탄성 변형	• 콘크리트의 건조수축
• 포스트텐션 긴장재와 덕트 사이의 마찰	• PS강재의 릴랙세이션

정답 24 ③ 25 ② 26 ④ 27 ③

□□□ 15①

28 옹벽의 역할에 대한 설명으로 옳은 것은?

① 도로의 측구 역할을 한다.
② 교량의 받침대 역할을 한다.
③ 물을 흐르는 역할을 한다.
④ 비탈면에서 흙이 무너져 내려오는 것을 방지하는 역할을 한다.

28 옹벽(retaining wall)
비탈면에서 흙이 무너져 내려오는 것을 방지하기 위해 설치하는 구조물

□□□ 15①

29 합성형 구조의 특징이 아닌 것은?

① 역학적으로 유리하다.
② 상부 플랜지의 단면적이 감소된다.
③ 품질이 좋은 콘크리트를 사용한다.
④ 슬래브 콘크리트의 크리프 및 건조수축에 대한 검토가 불필요 하다.

29
슬래브 콘크리트의 크리프 및 건조수축에 대해 검토해야 한다.

□□□ 02④, 12①④⑤, 13②, 14④⑤, 15①, 16①

30 강구조에 관한 설명으로 옳지 않은 것은?

① 구조용 강재의 재료는 균질성을 갖는다.
② 다양한 형상의 구조물을 만들 수 있으나 개보수 및 보강이 어렵다.
③ 강재의 이음에는 용접 이음, 고장력 볼트 이음, 리벳 이음 등이 있다.
④ 강구조에 쓰이는 강은 탄소 함유량이 0.04%~2.0%로 유연하고 연성이 풍부하다.

30
• 다양한 형상의 구조물을 만들 수 있다.
• 부재를 개보수하거나 보강하기 쉽다.

□□□ 15①④

31 그림과 같은 기둥의 종류는?

① 강재 합성 기둥
② 띠 철근 기둥
③ 강관 합성 기둥
④ 나선철근 기둥

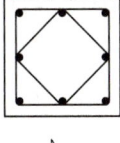

31 띠 철근 기둥
축방향 철근의 위치를 확보하고 좌굴을 방지하기 위하여 축방향 철근을 가로 방향으로 묶어 주는 역할

정답 28 ④ 29 ④ 30 ② 31 ②

□□□ 10⑤, 11①, 14③, 15①

32 자중을 포함한 수직 하중 200kN를 받는 독립 확대기초에서 허용지지력이 5kN/m²일 때, 확대기초의 필요한 최소 면적은?

① 5m²
② 20m²
③ 30m²
④ 40m²

해설 32
$q_a = \dfrac{P}{A}$ 에서
$A = \dfrac{200}{5} = 40\,\text{m}^2$

□□□ 02④, 12①④⑤, 13④, 14④⑤, 15①, 16①④

33 강구조의 특징에 대한 설명으로 옳은 것은?

① 콘크리트에 비해 균일성이 없다.
② 콘크리트에 비해 부재의 치수가 크게 된다.
③ 콘크리트에 비해 공사기간 단축이 용이하다.
④ 재료의 세기, 즉 강도가 콘크리트에 비해 월등히 작다.

해설 33
- 콘크리트에 비해 균일성이 있다.
- 콘크리트에 비해 부재의 치수가 작다.
- 재료의 세기, 즉 강도가 콘크리트에 비해 월등히 크다.

□□□ 15①

34 로마 문명 중심으로 아치교가 발달한 시기는?

① 기원전 1~2세기
② 9~10세기
③ 11~18세기
④ 19~20세기

해설 34 기원제 1~2세기
로마 문명 중심으로 아치교가 발달
(프랑스의 가르교)

□□□ 15①

35 비합성 강형 교량과 비교하였을 때 교량에서 널리 쓰이는 합성구조인 강RC 합성형 교량의 특징이 아닌 것은?

① 판형의 높이가 높아진다.
② 상부 플랜지의 단면적이 감소된다.
③ 품질이 좋은 콘크리트를 사용하여야 한다.
④ 슬래브 콘크리트의 크리프 및 건조수축에 대한 검토가 필요하다.

해설 35
판형의 높이가 낮아진다.

□□□ 11④⑤, 13①⑤, 15①

36 그림은 어떤 재료의 단면을 표시하는가?

① 수면
② 암반면
③ 지반면(흙)
④ 콘크리트면

해설 36
지반면(흙)을 표시하는 방법이다.

정답 32 ④ 33 ③ 34 ① 35 ① 36 ③

37 제도에서 2점 쇄선으로 표시하는 것은?

① 숨은선 ② 기준선
③ 피치선 ④ 가상선

38 하나의 그림으로 정육면체의 세 면을 같은 정도로 표시할 수 있는 투상법은?

① 유각 투시도법 ② 부등각 투상도법
③ 등각 투상도법 ④ 경사 투시도법

39 치수 보조선에 대한 설명 중 옳지 않은 것은?

① 치수 보조선은 치수선을 넘어서 약간 길게 끌어내어 그린다.
② 치수 보조선은 치수선과 항상 직각이 되도록 그어야 한다.
③ 불가피한 경우가 아닐 때에는, 치수 보조선과 치수선이 다른 선과 교차하지 않게 한다.
④ 부품의 중심선이나 외형선은 치수선으로 사용해서는 안되며 치수 보조선으로는 사용할 수 없다.

40 치수기입을 할 때 지름을 표시하는 기호로 옳은 것은?

① R ② □
③ SR ④ ϕ

41 그림과 같은 모양의 I 형강 2개에 대한 기입방법으로 옳은 것은? (단, 축방향 길이는 2000이며, 단위는 mm이다.)

① $2-I\ 10\times60\times30-2000$
② $2-I\ 60\times30\times10-2000$
③ $I-2\ 10\times60\times30-2000$
④ $I-2\ 10\times30\times60-2000$

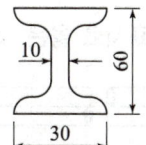

해설

37 2점쇄선의 용도
- 가상선, 무게 중심선
- 가공 부분을 이동하는 특정 위치 또는 이동한계의 위치를 나타낸다.

38 등각 투상도법
- 하나의 그림으로 정육면체의 세 면을 같은 정도로 표시할 수 있는 투상법
- 직육면체의 등각 투상도에서 직각으로 만나는 3개의 모서리는 각각 120°이다.

39 치수 보조선이 외형선과 접근하기 때문에 선의 구별이 어려울 때에는 치수선과 적당한 각도(될 수 있는 대로 60° 방향)를 가지게 한다.

40 치수 보조 기호

명칭	기호
원의 지름	ϕ
원의 반지름	R
구의 반지름	SR
정사각형 기호	□

41 I 형강 2개
- $2-IH\times B\times t-L$
- $2-I\ 60\times30\times10-2000$

정답 37 ④ 38 ③ 39 ② 40 ④ 41 ②

☐☐☐ 11④, 14④, 15①, 16①

42 멀고 가까운 거리감을 느낄 수 있도록 하나의 시점과 물체의 각 점을 방사선으로 이어서 그리는 도법은?

① 투시도법
② 구조 투상도법
③ 부등각 투상법
④ 축측 투상도법

☐☐☐ 10①, 15①

43 철근의 치수와 배치를 나타낸 도면은?

① 일반도
② 구조 일반도
③ 배근도
④ 외관도

☐☐☐ 10⑤, 11③, 13⑤, 15①④, 16④

44 제도 용지에서 A3의 크기는 몇 mm인가?

① 254×385
② 268×398
③ 274×412
④ 297×420

☐☐☐ 11⑤, 15①

45 다양한 응용분야에서 정밀하고 능률적인 설계 제도 작업을 할 수 있도록 지원하는 소프트웨어는?

① CAD
② CAI
③ Excel
④ Access

☐☐☐ 08①, 12①, 15①

46 삼각 스케일에 표시된 축척이 아닌 것은?

① 1 : 100
② 1 : 300
③ 1 : 500
④ 1 : 700

☐☐☐ 11⑤, 13⑤, 15①

47 긴 부재의 절단면 표시 중 환봉의 절단면 표시로 옳은 것은?

①
②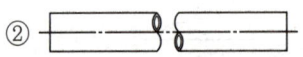
③
④

해 설

42 투시도법
멀고 가까운 거리감(원근감)을 느낄 수 있도록 하나의 시점과 물체의 각 점을 방사선으로 이어서 그리는 방법

43 배근도
철근의 치수와 배치를 나타낸 그림 또는 도면을 말한다.

44 제도 용지의 규격

A1	594×841
A2	420×594
A3	297×420
A4	210×297

45 CAD
모든 분야에서 정밀하고 능률적으로 설계 제도 작업에서부터 군사 및 과학에 이르기까지 가장 광범위하게 적용되고 있는 소프트웨어이다.

46 삼각 스케일
1면에 1m의 1/100, 1/200, 1/300, 1/400, 1/500, 1/600에 해당하는 여섯가지의 축척 눈금이 새겨져 있다.

47 단면의 형태에 따른 절단면 표시
① 각봉
② 파이프
③ 환봉
④ 나무

정답 42 ① 43 ③ 44 ④ 45 ① 46 ④
47 ③

48 기억장치 중 기억된 내용을 읽을 수만 있는 것으로 비휘발성의 특징을 가지고 있는 기억장치는?

① RAM ② ROM
③ 하드디스크 ④ 자기디스크

48 ROM
기억된 내용을 읽을 수만 있는 기억장치로 비휘발성의 특징을 가지고 있다.

49 그림에서 헌치 철근을 나타낸 것은?

① A
② B
③ C
④ D

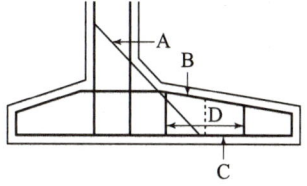

49
- A : 헌치 철근
- D : 스페이서 철근

50 다음 중 콘크리트를 표시하는 기호는?

① 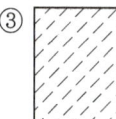   ②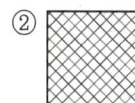

③ 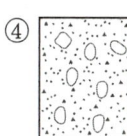   ④

50 재료 단면의 표시
① 강철
③ 사질토
④ 콘크리트

51 도면에서 반드시 그려야 할 사항으로 도면의 번호, 도면 이름, 척도, 투상법 등을 기입하는 것은?

① 표제란 ② 윤곽선
③ 중심마크 ④ 재단마크

51 표제란
- 도면의 관리에 필요한 사항과 도면의 내용에 대한 사항을 모아서 기입
- 도면 번호, 도면 명칭, 기업체명, 책임자 서명, 도면 작성 일자, 축척 등을 기입

52 구조물의 평면도, 입면도, 단면도 등에 의해서 그 형식과 일반 구조를 나타내는 도면은?

① 정면도 ② 일반도
③ 조립도 ④ 공정도

52 표현형식에 따른 분류
일반도 : 구조물의 평면도, 입면도, 단면도 등에 의해서 그 형식과 일반 구조를 나타내는 도면

정답 48 ② 49 ① 50 ④ 51 ① 52 ②

□□□ 02, 09④, 15①

53 그림과 같이 투상하는 방법은?

① 제1각법
② 제2각법
③ 제3각법
④ 제4각법

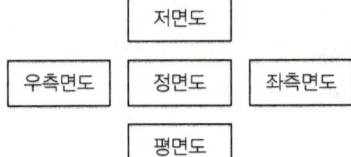

□□□ 15①

54 컴퓨터 처리시간이 느린 것부터 순서대로 배열된 것은?

① $1\mu s \rightarrow 1ms \rightarrow 1ns \rightarrow 1ps$
② $1ms \rightarrow 1\mu s \rightarrow 1ns \rightarrow 1ps$
③ $1ns \rightarrow 1ms \rightarrow 1\mu s \rightarrow 1ps$
④ $1ps \rightarrow 1ms \rightarrow 1ns \rightarrow 1\mu s$

□□□ 10①, 11①, 13④, 15①④

55 아래 그림과 같은 강관의 치수 표시 방법으로 옳은 것은?
(단, B : 내측지름, L : 축방향길이)

① 보통 $\phi A - L$
② $\phi A \times t - L$
③ $\square A \times B - L$
④ $B \times A \times L - t$

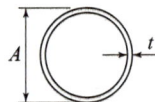

□□□ 15①

56 투상도에 대한 설명으로 옳은 것은?

① 어느 면을 정면도로 정하든 물체를 이해하는데 별 차이가 없다.
② 측면도는 그 물체의 모양과 특징을 잘 나타낼 수 있는 면을 선정한다.
③ 정면도와 평면도만 보아도 그 물체를 알 수 있을 때에는 측면도를 생략할 수 있다.
④ 동물, 자동차, 비행기는 그 모양의 측면을 평면도로 설정 하는 것이 좋다.

해 설

53 제1각법

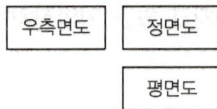

54 컴퓨터의 처리 속도
- ms(millisecond) : 10^{-3}초
- μs(microsecond) : 10^{-6}초
- ns(nonosecond) : 10^{-9}초
- ps(picosecond) : 10^{-12}초

55 판형재의 치수 표시
- 강관 : $\phi A \times t - L$
- 환강 : 이형 $DA - L$
- 평강 : $\square A \times B - L$
- 등변 ㄱ형강 : $LA \times B \times t - L$

56 투상도의 선정
- 정면도는 대상물의 모양이나 특징을 가장 잘 나타낼 수 있는 면을 정면도를 선정한다.
- 정면도와 평면도만 보아도 그 물체를 알 수 있을 때에는 측면도를 생략할 수 있다.
- 정면도는 그 물체의 모양과 특징을 잘 나타낼 수 있는 면을 선정한다.
- 동물, 자동차, 비행기는 그 모양의 측면을 정면도로 설정 하는 것이 좋다.

정답 53 ① 54 ② 55 ② 56 ③

□□□ 10⑤, 12④⑤, 15①④
57 문자에 대한 설명으로 옳지 않은 것은?

① 숫자에는 아라비아 숫자가 주로 쓰인다.
② 한글의 서체는 활자체에 준하는 것이 좋다.
③ 문자의 크기는 문자의 폭으로 나타낸다.
④ 도면에 사용되는 문자로는 한글, 숫자, 로마자 등이 있다.

해 설

57
문자의 크기는 원칙적으로 높이를 표준으로 한다.

□□□ 10④, 13④, 15①
58 도면의 작도에 대한 설명으로 옳지 않은 것은?

① 도면은 간단히 하고 중복을 피한다.
② 대칭일 때는 중심선의 한쪽에 외형도, 반대쪽은 단면도를 표시한다.
③ 경사면을 가진 구조물의 표시는 경사면 부분만의 보조도를 넣는다.
④ 보이는 부분은 굵은 실선으로 하고, 숨겨진 부분은 가는 실선으로 하여 구분한다.

58 작도 통칙
보이는 부분은 실선으로 표시하고, 숨겨진 부분은 파선으로 표시한다.

□□□ 13⑤, 15①
59 도로 설계 제도에 대한 설명으로 옳지 않은 것은?

① 평면도의 축척은 1/100~1/200으로 하고 기점을 오른쪽에 둔다.
② 종단면도의 가로축척과 세로축척은 축척을 달리 하며 일반적으로 세로축척을 크게 한다.
③ 횡단면도는 기점을 정한 후에 각 중심 말뚝의 위치를 정하고, 횡단 측량의 결과를 중심 말뚝의 좌우에 취하여 지반선을 그린다.
④ 횡단면도의 계획선은 종단면도에서 각 측점의 땅깎기 높이 또는 흙쌓기 높이로 설정한다.

59 평면도
축척은 $\frac{1}{500} \sim \frac{1}{2000}$로 하고, 도로 기점은 왼쪽에 두도록 한다.

□□□ 11①④, 13⑤, 15①
60 건설 재료의 단면 중 어떤 단면 표시인가?

① 강철
② 유리
③ 잡석
④ 벽돌

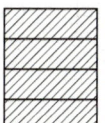

60
콘크리트재의 벽돌 표시이다.

정답 57 ③ 58 ④ 59 ① 60 ④

국가기술자격 CBT 필기시험문제

2015년도 기능사 제4회 필기시험

종 목	시험시간	배 점	테스트 결과(개수)		
전산응용토목제도기능사	1시간	60	1회	2회	3회

해 설

□□□ 05④, 10①, 13⑤, 15④

01 나선철근의 정착은 나선철근의 끝에서 추가로 최소 몇 회전만큼 더 확보하여야 하는가?

① 1.0회전　　② 1.5회전
③ 2.0회전　　④ 2.5회전

01
나선철근의 정착을 위해 나선철근의 끝에서 1.5회전 만큼 더 연장해야 한다.

□□□ 11⑤, 12①⑤, 14①, 15④

02 콘크리트의 등가직사각형 응력블록과 관계된 계수 β_1은 콘크리트의 압축강도의 크기에 따라 달라지는 값이다. 콘크리트의 압축강도가 38MPa일 경우 β_1의 값은?

① 0.65　　② 0.70
③ 0.75　　④ 0.80

02 계수 $\eta(0.85f_{ck})$와 β_1 값

f_{ck}	≤40	50	60	70	80
η	1.00	0.97	0.95	0.91	0.87
β_1	0.80	0.80	0.76	0.74	0.72

∴ $f_{ck} \leq 40$MPa일 때 $\beta_1 = 0.80$

□□□ 15④

03 콘크리트의 각종 강도 중 크기가 가장 큰 것은?
(단, 콘크리트는 보통 강도의 콘크리트에 한한다.)

① 부착강도　　② 휨강도
③ 압축강도　　④ 인장강도

03 압축강도
• 인장강도는 압축강도의 약 1/10~1/13 정도이다.
• 휨강도는 압축강도의 1/5~1/8 정도이다.

□□□ 15④

04 괄호에 들어갈 말이 순서대로 연결된 것은?

> 부재의 (㉠)에 강도감소계수를 곱하면 (㉡)가 되며, 이 (㉡)는 계수하중에 의한 (㉢)보다 크거나 같아야 한다.

① 소요강도 - 설계강도 - 공칭강도
② 설계강도 - 소요강도 - 공칭강도
③ 공칭강도 - 설계강도 - 소요강도
④ 설계강도 - 공칭강도 - 소요강도

04 $\phi S_n \geq U$
부재의 공칭강도(S_n)에 강도감소계수(ϕ)를 곱하면 설계강도(ϕS_n)가 되며, 이 설계강도(ϕS_n)는 계수하중에 의한 소요강도(U)보다 크거나 같아야 한다.

정답 01 ② 02 ④ 03 ③ 04 ③

□□□ 12④, 15④⑤

05 철근 콘크리트 구조물을 설계할 때 집중하중 P를 받는 길이 L인 직사각형 보의 중립축에서의 휨 응력 크기는 몇 MPa로 가정하는가?

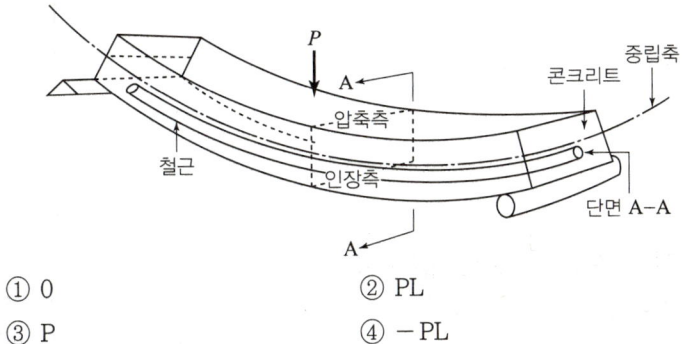

① 0
② PL
③ P
④ −PL

해설

05 직사각형 보
보의 상단에는 압축응력 작용, 보의 하단에는 인장응력 작용, 중립축에서 휨응력은 0이다.

□□□ 10④, 12①⑤, 13④⑤, 15①④

06 단철근 직사각형 보의 높이 $d=300$mm, 폭 $b=200$mm, 철근 단면적 $A_s=1275$mm²일 때, 등가직사각형 응력블록의 깊이 a는? (단, $f_{ck}=20$MPa, $f_y=400$MPa이다.)

① 40mm
② 80mm
③ 120mm
④ 150mm

06
$$a = \frac{A_s f_y}{\eta(0.85 f_{ck})b}$$
- $f_{ck} \leq 40$MPa일 때
 $\eta=1.0$, $\beta_1=0.80$
$$\therefore a = \frac{1275 \times 400}{1.0 \times 0.85 \times 20 \times 200}$$
$$= 150\,mm$$

□□□ 14①, 15④⑤

07 주철근에서 90° 표준 갈고리는 구부린 끝에서 철근지름의 최소 몇 배 이상 연장되어야 하는가?

① 10배
② 12배
③ 15배
④ 20배

07 주철근의 90° 표준 갈고리

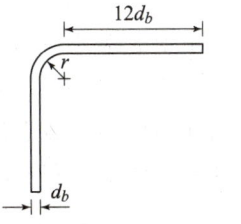

• 90° 구부린 끝에서 $12d_b$ 이상 더 연장해야 한다.

□□□ 15④

08 콘크리트에 대한 설명으로 옳은 것은?

① 시멘트, 잔골재, 굵은 골재, 이 밖에 혼화재료를 섞어 물로 비벼서 만든 것이다.
② 시멘트에 물만 넣어 반죽한 것이다.
③ 시멘트와 잔골재를 물로 비벼서 만든 것이다.
④ 시멘트와 굵은골재를 섞어 물로 비벼서 만든 것이다.

08 콘크리트
모르타르에 굵은 골재를 배합한 것으로 시멘트와 잔골재, 굵은 골재, 혼화재료를 물로 비벼서 만든 것

정답 05 ① 06 ④ 07 ② 08 ①

□□□ 11④, 15④
09 수밀 콘크리트를 만드는데 적합하지 않은 것은?

① 단위수량을 되도록 크게 한다.
② 물- 결합재비를 되도록 적게 한다.
③ 단위 굵은 골재량을 되도록 크게 한다.
④ AE제를 사용함을 원칙으로 한다.

해설
09 단위수량을 되도록 적게 한다.

□□□ 15④
10 균형 변형률 상태에 있는 단철근 직사각형보에서 균형 철근비가 0.0251일 때 압축연단 콘크리트의 변형률은?

① 0.0022
② 0.0033
③ 0.0044
④ 0.0055

10 휨모멘트 또는 휨모멘트와 축력을 동시에 받는 부재의 콘크리트 압축연단의 극한변형률은 콘크리트의 설계기준압축강도가 40MPa 이하인 경우에는 0.0033으로 가정한다.

□□□ 11⑤, 15④
11 조기 강도가 커서 긴급 공사나 한중 콘크리트에 알맞은 시멘트는?

① 알루미나 시멘트
② 팽창 시멘트
③ 플라이 애시 시멘트
④ 고로 슬래그 시멘트

11 알루미나 시멘트
• 조기 강도가 커서 긴급 공사나 한중 콘크리트에 알맞다.
• 내화학성도 크므로 해수 공사에도 사용할 수 있다.

□□□ 10⑤, 11④⑤, 15④
12 콘크리트의 시방배합에서 잔골재는 어느 상태를 기준으로 하는가?

① 5mm체를 전부 통과하고 표면건조포화상태인 골재
② 5mm체를 전부 통과하고 공기중건조상태인 골재
③ 5mm체에 전부 남고 표면건조포화상태인 골재
④ 5mm체에 전부 남고 공기중건조상태인 골재

12 시방배합에서 잔골재
잔골재는 5mm체를 전부 통과하고 표면건조포화상태인 골재

□□□ 14①, 15④
13 450mm×450mm의 띠 철근 압축부재에 축방향 철근으로 D25(공칭지름 25.4mm)를 사용하고 굵은 골재의 최대치수가 25mm일 때 이 기둥에 대한 축방향 철근의 순간격은 최소 얼마 이상이어야 하는가?

① 25mm 이상
② 30mm 이상
③ 35mm 이상
④ 40mm 이상

13 띠 철근(나선철근) 기둥
축방향 철근의 순간격은 40mm 이상, 철근 공칭지름의 1.5배 이상 : 25.4×1.5=38.1mm 이상
∴ 축방향 철근의 순간격 최소 40mm 이상

정답 09 ① 10 ② 11 ① 12 ① 13 ④

13 ①, 15 ④

14 지간 4m의 캔틸레버보가 보 전체에 걸쳐 고정하중 20kN/m, 활하중 30kN/m의 등분포 하중을 받고 있다. 이 보의 계수휨모멘트는 (M_u)는?(단, 고정하중과 활하중에 대한 하중계수는 각각 1.2와 1.6이다.)

① 18kN·m
② 72kN·m
③ 100kN·m
④ 144kN·m

14 계수휨모멘트

$M_u = \dfrac{Ul^2}{8}$

- $U = 1.2M_D + 1.6M_L$
  $= 1.2 \times 20 + 1.6 \times 30 = 72\,\text{kN/m}$

∴ $M_u = \dfrac{Ul^2}{8}$
$= \dfrac{72 \times 4^2}{8} = 144\,\text{kN·m}$

10 ⑤, 12 ④, 15 ①④, 16 ①④

15 콘크리트의 피복두께에 대한 정의로 옳은 것은?

① 콘크리트 표면과 그에 가장 멀리 배근된 철근 중심 사이의 콘크리트 두께
② 콘크리트 표면과 그에 가장 가까이 배근된 철근 중심 사이의 콘크리트 두께
③ 콘크리트 표면과 그에 가장 멀리 배근된 철근 표면 사이의 콘크리트 두께
④ 콘크리트 표면과 그에 가장 가까이 배근된 철근 표면 사이의 콘크리트 두께

15 피복두께
철근 표면으로부터 콘크리트 표면까지(사이)의 최단 거리

12 ⑤, 15 ④

16 철근의 이음에 대한 설명으로 옳은 것은?

① 철근은 항상 이어서 사용해야 한다.
② 철근의 이음부는 최대 인장력 발생지점에 설치한다.
③ 철근의 이음은 한 단면에 집중시키는 것이 유리하다.
④ 철근의 이음에는 겹침이음, 용접이음 또는 기계적 이음 등이 있다.

16
- 철근은 잇지 않는 것을 원칙으로 한다.
- 최대응력이 작용하는 곳에서는 이음을 하지 않는다.
- 이음부를 한 단면에 집중시키지 않고 서로 엇갈리게 두는 것이 좋다.
- 철근의 이음방법은 겹침이음, 용접이음, 기계적 이음 등이 있다.

09 ①, 11 ①, 12 ①④, 14 ⑤, 15 ④

17 공기연행(AE) 콘크리트의 특징으로 옳지 않은 것은?

① 내구성과 수밀성이 개선된다.
② 워커빌리티가 저하된다.
③ 동결융해에 대한 저항성이 개선된다.
④ 강도가 저하된다.

17 공기연행(AE)의 특징
콘크리트의 워커빌리티와 마무리성이 좋아진다.

정답 14 ④ 15 ④ 16 ④ 17 ②

| | 해 설 |

□□□ 10①, 14④, 15④

18 철근의 정착 길이를 결정하기 위하여 고려해야 할 조건이 아닌 것은?

① 철근의 지름
② 철근 배근위치
③ 콘크리트 종류
④ 굵은 골재의 최대치수

18 철근의 정착길이 결정시 고려사항 철근의 종류, 철근의 공칭지름, 철근의 설계기준항복강도, 철근의 양에 따라 달라진다.

□□□ 12④, 14⑤, 15④

19 강도 설계법에서 일반적으로 사용되는 철근의 탄성계수(E_s) 표준값은?

① 150000MPa
② 200000MPa
③ 240000MPa
④ 280000MPa

19 철근의 탄성계수
$E_s = 200000 \text{MPa}$
$= 2 \times 10^5 \text{MPa}$의 값이 표준

□□□ 11④, 12④, 13④, 14①⑤, 15④, 16①

20 토목 구조물의 일반적인 특징이 아닌 것은?

① 다량으로 생산한다.
② 구조물의 수명이 길다.
③ 구조물의 규모가 크다.
④ 건설에 많은 시간과 비용이 든다.

20
• 다량의 생산이 아니다.
• 동일한 조건의 구조물을 두 번 이상 건설하는 일은 없다.

□□□ 15④

21 다음 시멘트 중에서 수화열이 적고, 해수에 대한 저항성이 커서 댐이나 방파제 공사에 적합한 것은?

① 조강포틀랜드 시멘트
② 플라이 애시 시멘트
③ 알루미나 시멘트
④ 팽창 시멘트

21 플라이 애시 시멘트의 특징
• 수화열이 적고, 장기강도가 크다.
• 해수에 대한 저항성이 커서 댐 및 방파제 공사 등에 사용한다.

□□□ 11⑤, 15④

22 겹치기 이음 또는 T이음에 주로 사용되는 용접으로 용접할 모재를 겹쳐서 그 둘레를 용접하거나 2개의 모재를 T형으로 하여 모재 구속에 용착 금속을 채우는 용접은?

① 홈 용접(Groove Welding)
② 필릿 용접(Fillet Welding)
③ 슬롯 용접(Slot Welding)
④ 플러그 용접(Plog Welding)

22
• 필릿용접 : 용접할 부재를 직각으로 겹쳐진 (ㄴ, ㅜ 형태) 코너부분을 용접하는 방법
• 홈 용접 : 용접하려는 모재에 홈을 파서 용접하는 것이다.

정답 18 ④ 19 ② 20 ① 21 ② 22 ②

□□□ 06④, 10①, 12⑤, 13①, 14⑤, 15①④

23 1방향 슬래브의 최대 휨 모멘트가 일어나는 단면에서 정철근 및 부철근의 중심 간격으로 옳은 것은?

① 슬래브 두께의 2배 이하이어야 하고, 또한 200mm 이하로 하여야 한다.
② 슬래브 두께의 2배 이하이어야 하고, 또한 300mm 이하로 하여야 한다.
③ 슬래브 두께의 3배 이하이어야 하고, 또한 200mm 이하로 하여야 한다.
④ 슬래브 두께의 3배 이하이어야 하고, 또한 300mm 이하로 하여야 한다.

해설

23 1방향 슬래브의 주철근 간격 슬래브 두께의 2배 이하이어야 하고, 또한 300mm 이하로 하여야 한다.

□□□ 13①, 15④

24 인장지배단면에 대한 강도감소계수는?

① 0.85　② 0.80
③ 0.75　④ 0.70

24 인장지배단면
강도감소계수 $\phi = 0.85$

□□□ 15④

25 독립 확대기초의 크기가 3m×4m이고 하중의 크기가 600kN일 때 이 기초에 발생하는 지지력의 크기는?

① 30kN/m^2　② 50kN/m^2
③ 100kN/m^2　④ 150kN/m^2

25 허용 지지력
$$q_a = \frac{P}{A} = \frac{600}{3 \times 4} = 50\text{kN/m}^2$$

□□□ 15④

26 콘크리트에 일어날 수 있는 인장 응력을 상쇄하기 위하여 계획적으로 압축 응력을 준 콘크리트를 무엇이라 하는가?

① 강 구조물　② 합성 구조물
③ 철근 콘크리트　④ 프리스트레스 콘크리트

26 프리스트레스트 콘크리트 구조 외력에 의하여 일어나는 불리한 응력을 상쇄할 수 있도록 미리 인위적으로 내력을 준 콘크리트

□□□ 15④

27 옹벽에 작용하는 수평력 1000kN에 대하여 옹벽의 활동에 대한 안정을 확보하기 위한 최소 저항력은?

① 500kN　② 1000kN
③ 1500kN　④ 2000kN

27 활동에 대한 안전율
옹벽에 작용하는 수평력의 1.5배 이상
∴ $1000 \times 1.5 = 1500\text{kN}$

정답 23 ② 24 ① 25 ② 26 ④ 27 ③

□□□ 07①, 11⑤, 12①, 15④, 16①④

28 1방향 슬래브의 최소 두께는 얼마 이상으로 하여야 하는가? (단, 콘크리트구조기준에 따른다.)

① 100mm ② 200mm
③ 300mm ④ 400mm

해 설

28 1방향 슬래브
최소 두께는 100mm 이상으로 규정하고 있다.

□□□ 14①, 15④

29 포스트 텐션 방식에 있어서 PS강재를 콘크리트와 부착하기 위하여 시스 안에 시멘트풀이나 모르타르를 주입하는 작업을 무엇이라 하는가?

① 앵커 ② 라이닝
③ 록 볼트 ④ 그라우팅

29 그라우팅(grouting)
시멘트 풀 또는 모르타르를 주입하는 작업

□□□ 11④⑤, 12⑤, 13⑤, 15④⑤, 16④

30 철근 콘크리트를 널리 이용하는 이유가 아닌 것은?

① 검사 및 개조, 해체가 매우 쉽다.
② 철근과 콘크리트는 부착이 매우 잘된다.
③ 콘크리트 속에 묻힌 철근은 녹이 슬지 않는다.
④ 철근과 콘크리트는 온도에 대한 열팽창 계수가 거의 같다.

30
검사, 개조 및 보강 등이 어렵다.

□□□ 13⑤, 15④

31 활하중에 해당하는 것은?

① 자동차 하중 ② 구조물의 자중
③ 토압 ④ 수압

31 활하중
교량을 통행하는 사람이나 자동차 등의 이동 하중을 말한다.

□□□ 11⑤, 13②, 14⑤, 15④

32 〈보기〉의 특징이 설명하고 있는 교량 형식은?

【보 기】
㉠ 부재를 삼각형의 뼈대로 만든 것으로 보의 작용을 한다.
㉡ 수직 또는 수평 브레이싱을 설치하여 횡압에 저항토록 한다.
㉢ 부재와 부재의 연결점을 격점이라 한다.

① 단순교 ② 아치교
③ 트러스교 ④ 판형교

32 트러스교의 특징
• 비교적 계산이 간단하고 구조적으로 상당히 긴 지간이 유리하게 쓰인다.
• 부재의 길이에 비하여 단면이 작은 부재를 삼각형으로 이어서 만든 뼈대로서, 보의 작용을 하도록 한 구조이다.

정답 28 ① 29 ④ 30 ① 31 ① 32 ③

해 설

33 축방향 철근에 직교하여 적당한 간격으로 철근을 감아 주근을 보장하고, 좌굴을 방지하도록 하는 기둥은?

① 합성 기둥
② 띠 철근 기둥
③ 나선철근 기둥
④ 프리스트레스 기둥

33 띠 철근 기둥
축방향 철근의 위치를 확보하고 좌굴을 방지하기 위하여 축방향 철근을 가로 방향으로 묶어 주는 역할

34 토목 구조물의 기능에 대한 설명으로 옳은 것은?

① 기초 : 슬래브를 지지하며 작용하는 하중을 기둥이나 교각에 전달한다.
② 슬래브 : 기둥, 교각 등에 작용하는 상부 구조물의 하중을 지반에 전달한다.
③ 보 : 구조물에 작용하는 직접 하중을 받아 지지하는 슬래브에 하중을 전달한다.
④ 기둥 : 보를 지지하고, 보를 통하여 전달된 하중이나 고정하중을 기초에 전달한다.

34
- 보 : 슬래브를 지지하며 작용하는 하중을 기둥이나 교각에 전달한다.
- 슬래브 : 구조물에 작용하는 직접 하중을 받아 지지하는 보에 하중을 전달한다.
- 기둥 : 보를 지지하고, 보를 통하여 전달된 하중이나 고정하중을 기초에 전달한다.
- 확대기초 : 기둥, 교각 등에 작용하는 상부 구조물의 하중을 지반에 전달한다.

35 교량의 분류 방법과 교량의 연결이 옳은 것은?

① 사용 재료에 따른 분류 – 연속교
② 사용 용도에 따른 분류 – 콘크리트교
③ 통로의 위치에 따른 분류 – 중로교
④ 주형의 구조 형식에 따른 분류 – 고가교

35 교량의 분류

사용 재료	콘크리트교, 강교, 목교, 석교
사용 용도	도로교, 철도교, 육교, 오버브리지(과도교, 과선교), 육교, 고가교
통로의 위치	상로교, 중로교, 하로교, 2층교
평면 형상	직교, 사교, 곡선교

36 정투상법 중 제3각법에 대한 설명으로 옳지 않은 것은?

① 눈→투상면→물체 순서로 놓는다.
② 제3면각 안에 물체를 놓고 투상하는 방법이다.
③ 투상선이 투상면에 대하여 수직으로 투상한다.
④ 정면도을 기준으로 하여 좌우, 상하에서 본 모양을 반대 위치에 그린다.

36 제3각법
정면도를 기준으로 하여 좌우, 상하에서 본 모양을 본 위치에 그리게 되므로 도면을 보고 물체를 이해하기 쉽다.

정답 33 ② 34 ④ 35 ③ 36 ④

37 다음 그림과 같은 물체를 제3각법으로 나타낼 때 평면도는?

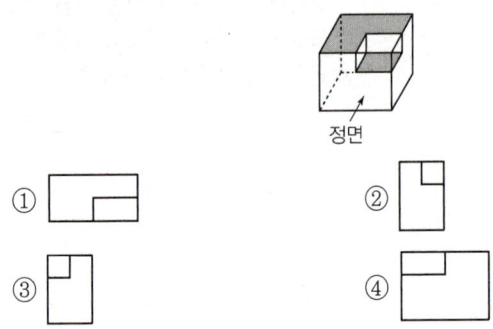

37 제3각법

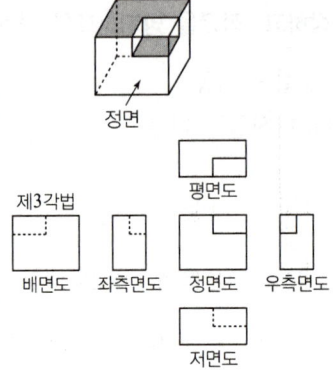

∴ ① 평면도 ③ 우측면도

38 치수 기입의 원칙에 어긋나는 것은?

① 치수의 중복 기입은 피해야 한다.
② 치수는 계산할 필요가 없도록 기입해야 한다.
③ 주 투상도에는 가능한 치수 기입을 생략하여야 한다.
④ 도면에 길이의 크기와 자세 및 위치를 명확하게 표시해야 한다.

38 치수 기입의 원칙
치수는 될 수 있는 대로 주 투상도에 기입해야 한다.

39 도면이 구비하여야 할 일반적인 기본 요건으로 옳은 것은?

① 분야별 각기 독자적인 표현 체계를 가져야 한다.
② 기술의 국제 교류의 입장에서 국제성을 가져야 한다.
③ 기호의 다양성과 제작자의 특성을 잘 반영하여야 한다.
④ 대상물의 임의성을 부여하여야 한다.

39
도면은 기술의 국제 교류의 입장에서 국제성을 가져야 한다.

40 치수선에 대한 설명으로 옳지 않은 것은?

① 치수선은 표시할 치수의 방향에 평행하게 긋는다.
② 치수선은 가는 파선을 사용하여 긋는다.
③ 일반적으로 불가피한 경우가 아닐 때에는 치수선은 다른 치수선과 서로 교차하지 않도록 한다.
④ 협소하여 화살표를 붙일 여백이 없을 때에는 치수선을 치수보조선 바깥쪽에 긋고 내측을 향하여 화살표를 붙인다.

40
치수선은 0.2mm 이하의 가는 실선을 사용하여 긋는다.

정답 37 ① 38 ③ 39 ② 40 ②

41 건설 재료의 단면 표시 중 잡석을 나타낸 것은?

① 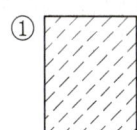 ②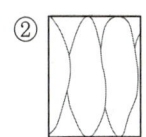

③ 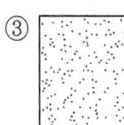 ④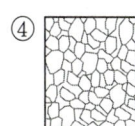

41
① 사질토
② 잡석
③ 모래
④ 깬돌

42 도로 설계에서 종단 측량 결과로서 종단면도에 기입할 사항이 아닌 것은?

① 면적 ② 거리
③ 지반고 ④ 계획고

42 종단면도에 기입사항
곡선, 측점, 거리 및 추가거리, 지반고, 계획고, 땅깎기 및 흙쌓기, 경사 등의 기입란을 만들고 종단 측량 결과를 차례로 기입한다.

43 다음 중 블록의 단면 표시로 옳은 것은?

① 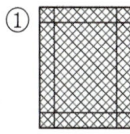 ②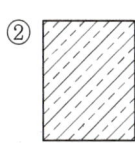

③ 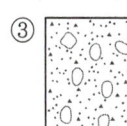 ④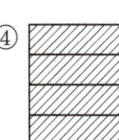

43
① 블록
② 자연석(석재)
③ 콘크리트
④ 벽돌

44 치수 기입 등에 대한 설명으로 옳지 않은 것은?

① 치수선에는 분명한 단말 기호(화살표)를 표시한다.
② 치수 보조선은 대응하는 물리적 길이에 수직으로 그리는 것이 좋다.
③ 치수 수치는 도면의 위 또는 왼쪽으로 읽을 수 있도록 표시하여야 한다.
④ 일반적으로 치수 보조선과 치수선이 다른 선과 교차하지 않도록 한다.

44 치수의 기입
• 치수를 기입할 때는 치수선의 위쪽에 쓰는 것을 원칙으로 한다.
• 치수선이 세로일 때는 치수선의 왼쪽에 쓴다.

정답 41 ② 42 ① 43 ① 44 ③

□□□ 15④

45 투상도에서 물체 모양과 특징을 가장 잘 나타낼 수 있는 면은 어느 도면으로 선정하는 것이 좋은가?

① 정면도　　② 평면도
③ 배면도　　④ 측면도

45 투상도의 선정
• 정면도는 그 물체의 모양과 특징을 가장 잘 나타낼 수 있는 면을 선정한다.
• 동물, 자동차, 비행기는 그 모양의 측면을 정면도로 선정하여야 특징이 잘 나타난다.

□□□ 10①④, 12④⑤, 15④, 16①④

46 각봉의 절단면을 바르게 표시한 것은?

① 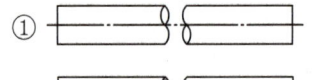　②
③ 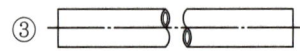　④

46 단면의 형태에 따른 절단면 표시
① 환봉
② 나무
③ 파이프
④ 각봉

□□□ 11①, 13⑤, 15④

47 토목 CAD의 이용효과에 대한 설명으로 옳지 않은 것은?

① 모듈화된 표준도면을 사용할 수 있다.
② 도면의 수정이 용이하다.
③ 입체적 표현이 불가능 하나, 표현 방법이 다양하다.
④ 다중작업(multi-tasking)이 가능하다.

47
입체적 표현이 가능하며 표현 방법이 증대된다.

□□□ 12①, 15④

48 CAD 시스템의 입력장치가 아닌 것은?

① 마우스　　② 디지타이저
③ 키보드　　④ 플로터

48 CAD시스템의 입출력장치
• 입력 장치 : 키보드, 마우스, 라이트 펜, 디지타이저, 태블릿
• 출력장치 : 모니터, 프린터, 플로터

□□□ 15④

49 도면의 작성 방법에 대한 설명으로 틀린 것은?

① 단면도는 실선으로 주어진 치수대로 정확히 그린다.
② 단면도에 배근될 철근 수량을 정확히 하고, 철근 간격이 벗어나지 않도록 한다.
③ 단면도에 표시된 철근 단면은 원형으로 내부를 칠하지 않는 것이 원칙이다.
④ 철근 치수 및 철근기호를 표시하고, 누락되지 않도록 한다.

49 철근의 단면
철근의 단면은 지름에 따라 원형으로 칠해서 표시한다.

정답　45 ①　46 ④　47 ③　48 ④　49 ③

□□□ 12⑤, 13④, 14①, 15④

50 한국 산업 표준(KS)에서 원칙으로 하는 정 투상도 그리기 방법은?

① 제1각법　　② 제3각법
③ 제5각법　　④ 다각법

해설

50
KS에서는 제3각법에 따라 도면을 작성하는 것을 원칙으로 하고 있다.

□□□ 14⑤, 15④

51 중앙처리장치와 주기억장치 사이에서 실행속도를 높이기 위해 사용되는 접근속도가 빠른 기억장치는?

① 캐시 메모리(Cache Memory)　② DRAM(Dynamic RAM)
③ SRAM(Static RAM)　④ ROM(Read Only Memory)

51 캐시 메모리
중앙처리장치와 주기억장치 사이에서 실행 속도를 높이기 위해 제작된 고속의 특수 기억장치이다.

□□□ 04③, 11⑤, 12①, 14④, 15④, 16④

52 한 도면에서 두 종류 이상의 선이 같은 장소에 겹치게 될 때 우선 순위로 옳은 것은?

　㉠ 숨은선　㉡ 중심선　㉢ 외형선　㉣ 절단선

① ㉣－㉠－㉢－㉡
② ㉢－㉠－㉣－㉡
③ ㉠－㉡－㉢－㉣
④ ㉢－㉠－㉡－㉣

52 선의 우선 순위

1	외형선
2	숨은선
3	절단선
4	중심선
5	무게 중심선

□□□ 07④, 11①, 13⑤, 14①, 15④, 16①④

53 척도의 종류에 해당되지 않는 것은?

① 배척　　② 축척
③ 현척　　④ 외척

53 척도의 종류
• 축척 : 물체의 실제보다 축소
• 현척 : 물체의 실제와 같은 크기
• 배척 : 물체의 실제보다 확대

□□□ 15④

54 보기의 철강 재료 기호 표시에서 재질을 나타내는 기호 등을 표시하는 부분은?

【보 기】
KS D 3503　S　S　330
　㉠　　㉡ ㉢　㉣

① ㉠　　② ㉡
③ ㉢　　④ ㉣

54 구조용 압연재
㉠ KS D 3503 : KS 분류 번호
㉡ S : 강(steel)
㉢ S : 일반 구조용 압연강재
㉣ 330 : 최저 인장 강도

정답　50 ②　51 ①　52 ②　53 ④　54 ②

□□□ 12①, 15④
55 어떤 재료의 치수가 2-H 300×200×9×12×1000로 표시되었을 때 플랜지 두께는?

① 300mm
② 200mm
③ 12mm
④ 9mm

해설

55 H형강 : H H×A×t_1×t_2-L
- 2-H 300×200×9×12×1000
- H형강 2본, 높이 300, 폭 200, 복부판두께 9, 플랜지두께 12, 길이 1000
∴ 플랜지 두께 t_2 = 12mm

□□□ 15④
56 건설재료 단면의 경계 표시 기호 중에서 지반면(흙)을 나타낸 것은?

① ▨
② ▨
③ ▨
④ ▨

56
① 모래
② 일반도
③ 호박돌
④ 지반면(흙)

□□□ 15④
57 한국 산업 표준과 국제 표준화 기구의 기호가 순서대로 연결된 것은?

① ISO - ASTM
② KS - ISO
③ KS - ASTM
④ ISO - JIN

57
KS(한국 산업 표준)-ISO(국제표준화기구)

□□□ 07①, 10④⑤, 15④, 16④
58 대상물의 보이지 않는 부분의 모양을 표시하는 선은?

① 굵은 실선
② 가는 실선
③ 1점 쇄선
④ 파선

58 파선 : 숨은선
대상물의 보이지 않는 부분의 모양을 표시

□□□ 09①, 12④⑤, 15④
59 제도 통칙에서 한글, 숫자 및 영자에 해당하는 문자의 선 굵기는 문자 크기의 호칭에 대하여 얼마로 하는 것이 바람직한가?

① 1/2
② 1/5
③ 1/9
④ 1/13

59
글자의 굵기는 한글, 숫자 및 로마자의 경우에는 1/9로 하는 것이 적당하다.

□□□ 12①, 14⑤, 15④
60 표현 형식에 따라 분류한 도면으로 볼 수 없는 것은?

① 일반도
② 외관도
③ 시공도
④ 구조선도

60 표현 형식에 따른 분류
일반도, 외관도, 구조선도

정답 55 ③ 56 ④ 57 ② 58 ④ 59 ③ 60 ③

국가기술자격 CBT 필기시험문제

2015년도 기능사 제5회 필기시험

종 목	시험시간	배 점	테스트 결과(개수)		
전산응용토목제도기능사	1시간	60	1회	2회	3회

해 설

☐☐☐ 10④, 11④, 12⑤, 13④⑤, 14①, 15⑤

01 단철근 직사각형보에서 단면의 폭이 400mm, 유효깊이가 500mm, 인장 철근량이 1500mm²일 때 인장 철근의 철근비는?

① 0.0075
② 0.08
③ 0.075
④ 0.01

01 철근비

$$\rho = \frac{A_s}{bd}$$

$$= \frac{1500}{400 \times 500} = 0.0075$$

☐☐☐ 13①, 15⑤

02 콘크리트에 대한 설명으로 옳지 않은 것은?

① 공기연행 콘크리트는 철근과의 부착강도가 저하되기 쉽다.
② 레디믹스트 콘크리트는 현장에서 워커빌리티 조절이 어렵다.
③ 한중콘크리트는 시공 시 하루 평균 기온이 영하 4℃ 이하인 경우에 시공한다.
④ 서중콘크리트는 시공 시 하루 평균기온이 영상 25℃를 초과하는 경우에 시공한다.

02 하루의 평균기온이 4℃ 이하가 예상되는 조건일 때는 콘크리트가 동결할 우려가 있으므로 한중콘크리트로 시공한다.

☐☐☐ 11⑤, 15⑤

03 보통 콘크리트와 비교되는 고강도 콘크리트용 재료에 대한 설명으로 옳은 것은?

① 단위 시멘트량을 작게 하여 배합한다.
② 물-결합재비를 크게 하여 시공한다.
③ 고성능 감수제는 사용하지 않는다.
④ 골재는 내구성이 큰 골재를 사용한다.

03
- 단위 시멘트량을 높게 하여 배합한다.
- 공극과 물-결합재비가 작아야 한다.
- 고성능 감수제를 사용으로 시공연도를 개선한다.
- 골재는 내구성이 큰 골재를 사용한다.

☐☐☐ 12①, 13①, 15⑤

04 현장치기 콘크리트에서 흙에 접하거나 옥외의 공기에 직접 노출되는 D16 이하의 철근의 최소 피복두께는?

① 40mm
② 50mm
③ 60mm
④ 70mm

04 흙에 접하거나 옥외의 공기에 직접 노출되는 콘크리트

철근 조건	최소 피복
D19 이상	50mm
D16 이하	40mm

정답 01 ① 02 ③ 03 ④ 04 ①

□□□ 13①, 15⑤

05 압축부재의 축방향 주철근이 나선철근으로 둘러싸인 경우에 주철근의 최소 개수는?

① 6개 ② 8개
③ 9개 ④ 10개

해설

05 압축부재의 축방향 주철근 최소 개수
- 사각형이나 원형 띠 철근으로 둘러싸인 경우 4개
- 삼각형 띠 철근으로 둘러싸인 경우는 3개
- 나선철근으로 둘러싸인 철근의 경우는 6개

□□□ 14①, 15⑤

06 단철근 직사각형 보에서 철근 콘크리트 휨부재의 최소 철근량을 규정하고 있는 이유는?

① 부재의 부착강도를 높이기 위하여
② 부재의 경제적인 단면 설계를 위하여
③ 부재의 급작스러운 파괴를 방지하기 위하여
④ 부재의 재료를 절약하기 위하여

06 휨부재의 최소 철근량을 규정하고 있는 이유
부재에는 급작스러운 파괴가 일어날 수 있어 이를 방지하기 위해서 규정

□□□ 15⑤

07 철근의 배치에서 간격 제한에 대한 기준으로 반칸에 알맞은 것은?

> 나선철근 또는 띠 철근이 배근된 압축부재에서 축방향 철근의 순간격은 (　) 이상, 또한 (　)의 1.5배 이상으로 하여야 한다.

① 25mm - 철근 공칭 지름
② 40mm - 철근 공칭 지름
③ 25mm - 굵은 골재의 최대 공칭 치수
④ 40mm - 굵은 골재의 최대 공칭 치수

07 나선철근 또는 띠 철근이 배근된 압축부재
- 축방향 철근의 순간격은 25mm 이상
- 철근의 공칭지름 1.5배 이상

□□□ 15⑤

08 2개 이상의 철근을 묶어서 사용하는 다발철근의 사용방법으로 옳지 않은 것은?

① 다발철근의 지름은 등가단면적으로 환산된 한 개의 철근지름으로 보아야 한다.
② 다발철근으로 사용하는 철근의 개수는 4개 이하이어야 한다.
③ 스터럽이나 띠 철근으로 둘러싸야 한다.
④ 보에서 D25를 초과하는 철근은 다발로 사용할 수 없다.

08 보에서 D35를 초과하는 철근은 다발로 사용할 수 없다.

정답 05 ① 06 ③ 07 ① 08 ④

☐☐☐ 04④, 09⑤, 11④, 14④, 15⑤

09 휨 부재에 대하여 강도설계법으로 설계할 때의 가정으로 옳지 않은 것은?

① 철근과 콘크리트 사이의 부착은 완전하다.
② 휨모멘트 또는 휨모멘트와 축력을 동시에 받는 부재의 콘크리트 압축연단의 극한변형률은 콘크리트의 설계기준압축강도가 40MPa 이하인 경우에는 0.0033으로 가정한다.
③ 콘크리트 및 철근의 변형률은 중립축으로부터의 거리에 비례한다.
④ 휨 부재의 극한 상태에서 휨 모멘트를 계산할 때에는 콘크리트의 압축과 인장강도를 모두 고려하여야 한다.

09
콘크리트의 인장강도는 KDS 14 20 60의 규정에 해당하는 경우를 제외하고는 철근 콘크리트 부재 단면의 축강도와 휨(인장)강도 계산에서 무시한다.

☐☐☐ 13⑤, 14④, 15⑤

10 시멘트의 분말도에 관한 설명으로 옳지 않은 것은?

① 시멘트의 입자가 가늘수록 분말도가 높다.
② 시멘트 입자의 가는 정도를 나타내는 것을 분말도라 한다.
③ 시멘트의 분말도가 높으면 조기강도가 커진다.
④ 시멘트의 분말도가 높으면 균열 및 풍화가 생기지 않는다.

10 분말도가 높으면
• 풍화하기 쉽고, 건조수축이 커진다.
• 수화 작용이 빨라서 조기강도가 커진다.
• 분말도가 높은 시멘트는 블리딩이 저감된다.

☐☐☐ 11⑤, 15⑤

11 일반 콘크리트 휨 부재의 크리프와 건조수축에 의한 추가 장기처짐을 근사식으로 계산할 경우 재하기간 10년에 대한 시간경과계수(ξ)는?

① 1.0 ② 1.2
③ 1.4 ④ 2.0

11 시간경과계수(ξ)

재하기간	ξ
5년 이상	2.0
12개월	1.4
6개월	1.2
3개월	1.0

☐☐☐ 15⑤

12 시방배합과 현장배합에 대한 설명으로 옳지 않은 것은?

① 시방배합에서 골재의 함수상태는 표면건조포화상태를 기준으로 한다.
② 시방배합에서 굵은골재와 잔골재를 구분하는 기준은 10mm체이다.
③ 시방배합을 현장배합으로 고치는 경우 골재의 표면수량과 입도를 고려한다.
④ 시방배합을 현장배합으로 고치는 경우 혼화제를 희석시킨 희석수량 등을 고려하여야 한다.

12
• 시방배합에서 굵은골재와 잔골재를 구분하는 기준은 5mm체이다.
• 혼화제를 녹이는데 사용하는 물이나 혼화재를 물게하는데 사용하는 물은 단위 수량의 일부로 보아야 한다.

정답 09 ④ 10 ④ 11 ④ 12 ②

□□□ 12④, 14④⑤, 15⑤

13 강도설계법으로 단철근 직사각형 보를 설계할 때, 콘크리트의 설계강도가 21MPa, 철근의 항복강도가 240MPa인 경우 균형 철근비는? (단, 계수 β_1은 0.80이다)

① 0.041　　　　　② 0.044
③ 0.052　　　　　④ 0.056

□□□ 15⑤

14 철근기호의 SD 300에서 300의 의미는?

① 철근의 단면적　　② 철근의 항복강도
③ 철근의 연신율　　④ 철근의 공칭지름

□□□ 12④, 15⑤

15 굳지 않은 콘크리트의 반죽 질기를 측정하는데 사용되는 시험은?

① 자르시험　　　　② 브리넬 시험
③ 비비시험　　　　④ 로스앤젤레스 시험

□□□ 14①, 15⑤

16 단철근 직사각형보를 강도 설계법으로 해석할 때 최소 철근량 이상으로 인장철근을 배치하는 이유는?

① 처짐을 방지하기 위하여
② 전단파괴를 방지하기 위하여
③ 연성파괴를 방지하기 위하여
④ 취성파괴를 방지하기 위하여

□□□ 14①, 15④⑤

17 D25 철근을 사용한 90° 표준 갈고리는 90° 구부린 끝에서 최소 얼마 이상 더 연장하여야 하는가? (단, d_b는 철근의 공칭지름)

① $6d_b$　　　　　② $9d_b$
③ $12d_b$　　　　　④ $15d_b$

해 설

13 균형철근비

$$\rho_b = \frac{\eta(0.85f_{ck})\beta_1}{f_y} \times \frac{660}{660+f_y}$$

- $f_{ck} \leq 40\text{MPa}$일 때
  $\eta = 1.0, \beta_1 = 0.80$

$$\rho_b = \frac{1.0 \times 0.85 \times 21 \times 0.80}{240}$$
$$\times \frac{660}{660+240} = 0.044$$

14 SD 300
- SD : 이형철근의 기호
- 300 : 철근의 항복강도

15
- 비비시험
  슬럼프시험으로 측정하기 어려운 된 비빔 콘크리트의 반죽질기에 적용
- 브리넬시험 : 금속 재료의 경도시험이다.
- 로스앤젤레스 시험 : 굵은골재의 닳음 측정용이다.

16 휨부재의 최소 철근량을 규정하고 있는 이유
부재에는 급작스러운 파괴(취성파괴)가 일어날 수 있어 이를 방지하기 위해서 규정

17 90° 표준 갈고리

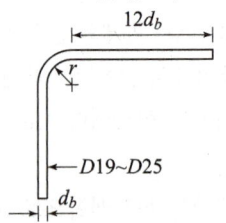

D19, D22, 및 D25인 철근은 90° 구부린 끝에서 $12d_b$ 이상을 더 연장하여야 한다.

정답　13 ②　14 ②　15 ③　16 ④　17 ③

해 설

□□□ 13②, 15⑤
18 콘크리트의 워커빌리티에 영향을 끼치는 요소로 옳지 않은 것은?

① 시멘트의 분말도가 높을수록 워커빌리티가 좋아진다.
② AE제, 감수제 등의 혼화제를 사용하면 워커빌리티가 좋아진다.
③ 시멘트량에 비해 골재의 양이 많을수록 워커빌리티가 좋아진다.
④ 단위수량이 적으면 유동성이 적어 워커빌리티가 나빠진다.

18 시멘트
골재의 양보다 단위 시멘트의 양이 많을수록 워커빌리티가 좋아진다.

□□□ 15⑤
19 인장을 받는 이형철근 정착에서 전경량콘크리트의 f_{sp}(쪼갬인장강도)가 주어지지 않은 경우 보정계수 값은?

① 0.75
② 0.8
③ 0.85
④ 1.2

19 경량콘크리트계수 λ
■ f_{sp}값이 규정되어 있지 않은 경우
• λ = 0.75 : 전경량콘크리트
• λ = 0.85 : 모래경량콘크리트

□□□ 12④, 15⑤
20 블리딩을 작게 하는 방법으로 옳지 않은 것은?

① 분말도가 높은 시멘트를 사용한다.
② 단위 수량을 크게 한다.
③ 감수제를 사용한다.
④ AE제를 사용한다.

20 블리딩을 적게 하는 방법
• 분말도가 높은 시멘트를 사용한다.
• AE제, 포졸라나, 감수제를 사용한다.
• 단위수량을 적게 한다.

□□□ 15⑤
21 토목 구조물을 설계할 때 고려해야 할 사항과 거리가 먼 것은?

① 구조의 안전성
② 사용의 편리성
③ 건설의 경제성
④ 재료의 다양성

21 토목설계의 기본 개념 시 고려할 사항
구조의 안전성, 사용성(편리성), 내구성, 경제성

□□□ 10①, 11④⑤, 12⑤, 13⑤, 15④⑤, 16④
22 철근 콘크리트를 널리 이용하는 이유가 아닌 것은?

① 자중이 크다.
② 철근과 콘크리트가 부착이 매우 잘 된다.
③ 철근과 콘크리트는 온도에 대한 열팽창계수가 거의 같다.
④ 콘크리트 속에 묻힌 철근은 녹이 슬지 않는다.

22 철근 콘크리트를 널리 이용하는 이유
• 철근과 콘크리트는 부착이 매우 잘 된다.
• 콘크리트 속에 묻힌 철근은 녹슬지 않는다.
• 철근과 콘크리트 온도에 대한 열팽창계수가 거의 같다.

정답 18 ③ 19 ① 20 ② 21 ④ 22 ①

☐☐☐ 15⑤

23 프리스트레스트 콘크리트 부재 제작 방법 중 콘크리트를 타설, 경화한 후에 긴장재를 넣고 긴장하는 방법은?

① 프리캐스트 방식 ② 포스트텐션 방식
③ 프리텐션 방식 ④ 롱라인 방식

해설 23 포스트텐션 방법
콘크리트가 경화한 후 부재의 한쪽 끝에서 PC강재를 정착하고 다른 쪽 끝에서 잭으로 PC강재를 인장한다.

☐☐☐ 15⑤

24 도로교를 설계할 때 하중의 종류를 크게 지속하는 하중과 변동하는 하중으로 구분할 때, 지속하는 하중에 해당되는 것은?

① 충격 ② 풍 하중
③ 제동 하중 ④ 프리스트레스힘

해설 24
- 지속 하중 : 고정 하중, 프리스트레스힘(P.S), 토압
- 변동 하중 : 활 하중, 충격 하중, 풍 하중, 제동 하중, 충돌 하중

☐☐☐ 12⑤, 15⑤

25 상부 수직 하중을 하부 지반에 분산시키기 위해 저면을 확대시킨 철근 콘크리트판은?

① 비내력벽 ② 슬래브판
③ 확대기초판 ④ 플랫 플레이트

해설 25 확대기초판(spread footing)
상부 수직하중을 하부 지반에 분산시키기 위해 저면을 확대시킨 철근 콘크리트판

☐☐☐ 11④, 13①, 15⑤

26 폭 $b=300\text{mm}$이고 유효높이 $d=500\text{mm}$를 가진 단철근 직사각형 보가 있다. 이 보의 철근비가 0.01일 때 인장철근량은?

① 1000mm^2 ② 1500mm^2
③ 2000mm^2 ④ 3000mm^2

해설 26 철근비
$\rho = \dfrac{A_s}{bd}$ 에서
$\therefore A_s = \rho(b \cdot d)$
$= 0.01 \times (300 \times 500)$
$= 1500\text{mm}^2$

☐☐☐ 15⑤

27 교량의 구성을 바닥판, 바닥틀, 교각, 교대, 기초등으로 구분할 때, 바닥틀에 대한 설명으로 옳은 것은?

① 상부 구조로서 사람이나 차량 등을 직접 받쳐주는 포장 및 슬래브 부분을 뜻한다.
② 상부 구조로서 바닥판에 실리는 하중을 받쳐서 주형에 전달해주는 부분을 뜻한다.
③ 하부 구조로서 상부 구조에서 전달되는 하중을 기초로 전해주는 부분을 뜻한다.
④ 하부 구조로서 상부 구조에서 전달되는 하중을 지반으로 전해주는 부분을 뜻한다.

해설 27
① 바닥판
② 바닥틀
④ 하부구조

정답 23 ② 24 ④ 25 ③ 26 ② 27 ②

	해 설

☐☐☐ 12⑤, 15⑤

28 2개 이상의 기둥을 1개의 확대기초로 지지하도록 만든 기초는?

① 경사 확대기초 ② 연결 확대기초
③ 독립 확대기초 ④ 계단식 확대기초

28 연결 확대기초
2개 이상의 기둥을 1개의 확대기초로 받치도록 만든 기초

☐☐☐ 15⑤

29 트러스의 종류 중 주트러스로는 잘 쓰이지 않으나, 가로 브레이싱에 주로 사용되는 형식은?

① K트러스 ② 프랫(pratt) 트러스
③ 하우(howe) 트러스 ④ 워런(warren) 트러스

29 K트러스
겉보기에 좋지 않으므로 주트러스로서는 잘 쓰이지 않으나 가로 브레이싱으로 주로 쓰인다.

☐☐☐ 11④, 15⑤

30 기둥과 같이 압축력을 받는 부재가 압축력에 의해 휘거나 파괴되는 현상을 무엇이라 하는가?

① 피로 ② 좌굴
③ 연화 ④ 쇄굴

30 좌굴
기둥이 휘어져 파괴되는 현상

☐☐☐ 15⑤

31 어떤 토목 구조물에 대한 특성을 설명한 것인가?

- 보의 고정 하중에 의한 처짐이 작다.
- 높은 온도에 접하면 강도가 감소한다.
- 고강도의 콘크리트와 강재를 사용한다.
- 인장측 콘크리트의 균열 발생을 억제할 수 있다.
- 단면을 작게 할 수 있어, 지간이 긴 교량에 적당하다.

① H형강 구조 ② 무근 콘크리트
③ 철근 콘크리트 ④ 프리스트레스트 콘크리트

31
프리스트레스트 콘크리트(PSC)의 특성에 대한 설명이다.

☐☐☐ 12④, 15⑤

32 두께에 비하여 폭이 넓은 판 모양의 구조물로지지 조건에 의한 주철근 구조에 따라 2가지로 구분되는 것은?

① 확대기초 ② 슬래브
③ 기둥 ④ 옹벽

32 슬래브
- 두께에 비하여 폭이 넓은 판 모양의 구조물
- 지지하는 경계조건에 따라 1방향 슬래브와 2방향슬래브로 구별한다.

정답 28 ② 29 ① 30 ② 31 ④ 32 ②

□□□ 15⑤
33 구조 재료로서 강재의 특징이 아닌 것은?

① 구조 해석이 단순하다.
② 부재를 개수하거나 보강하기 쉽다.
③ 다양한 형상과 치수를 가진 구조로 만들 수 있다.
④ 긴 지간의 교량, 고층 건물에 유효하게 쓰인다.

□□□ 12④, 15④⑤
34 철근 콘크리트에서 중립축에 대한 설명으로 옳은 것은?

① 응력이 "0"이다.
② 인장력이 압축력보다 크다.
③ 압축력이 인장력보다 크다.
④ 인장력, 압축력이 모두 최대값을 갖는다.

□□□ 15⑤
35 축방향 철근을 나선철근으로 촘촘히 둘러 감은 기둥은?

① 합성 기둥
② 띠 철근 기둥
③ 나선철근 기둥
④ 프리스트레스 기둥

□□□ 08①, 09①, 15⑤, 24③
36 실제 거리가 120m인 옹벽을 축척 1:1200의 도면에 그릴 때 도면상의 길이는?

① 12mm
② 100mm
③ 10000mm
④ 120000mm

□□□ 10④, 15⑤
37 파선(숨은선)의 사용 방법으로 옳은 것은?

① 단면도의 절단면을 나타낸다.
② 물체의 보이지 않는 부분을 표시하는 선이다.
③ 대상물의 보이는 부분의 겉모양을 표시한다.
④ 부분 생략 또는 부분 단면의 경계를 표시한다.

해 설

33 강재의 특징
강재의 연결 부위를 완전한 강절 연결로 하기 어려워 구조 해석이 복잡하다.

34
철근 콘크리트에서 중립축의 응력은 0이다.

35 나선철근 기둥
축방향 철근을 나선철근으로 촘촘히 둘러 감은 기둥

36 도면상의 길이
$l = \dfrac{1}{1200} \times 120$
$= 0.1\text{m} = 100\text{mm}$

37 파선 : 숨은선
대상물의 보이지 않는 부분의 모양을 표시

정답 33 ① 34 ① 35 ③ 36 ② 37 ②

□□□ 11①, 13①④, 14①, 15⑤

38 문자에 대한 토목제도 통칙으로 옳지 않은 것은?

① 문자의 크기는 높이에 따라 표시한다.
② 숫자는 주로 아라비아 숫자를 사용한다.
③ 글자는 필기체로 쓰고 수직 또는 30° 오른쪽으로 경사지게 쓴다.
④ 영자는 주로 로마자의 대문자를 사용하나 기호, 그 밖에 특별히 필요한 경우에는 소문자를 사용해도 좋다.

해 설

38
한글 서체는 고딕체로 하고, 수직 또는 15° 오른쪽으로 경사지게 쓴다.

□□□ 11①⑤, 13①, 15⑤

39 도면의 표제란에 기입하지 않아도 되는 것은?

① 축척
② 도면명
③ 산출물량
④ 도면번호

39 표제란
• 도면의 관리에 필요한 사항과 도면의 내용에 대한 사항을 모아서 기입
• 도면 번호, 도면 명칭, 기업체명, 책임자 서명, 도면 작성 일자, 축척 등을 기입

□□□ 12⑤, 15⑤

40 보기의 입체도에서 화살표 방향을 정면으로 할 때 평면도를 바르게 표현한 것은?

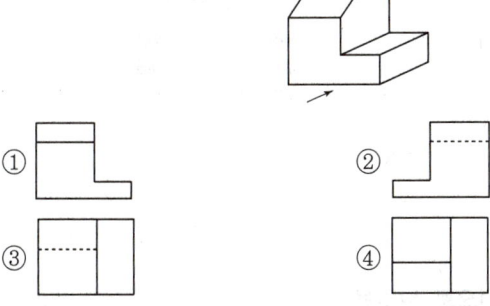

40 제3각법의 투상

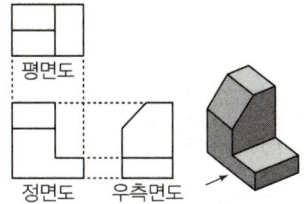

□□□ 15⑤

41 골재의 단면 표시 중 잡석을 나타내는 것은?

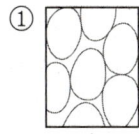 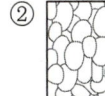

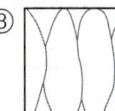 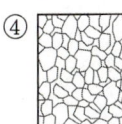

41 골재의 단면 표시
① 호박돌
② 자갈
③ 잡석
④ 깬돌

정답 38 ③ 39 ③ 40 ④ 41 ③

□□□ 15⑤

42 제도 용지 중 A0도면의 치수는 몇 mm인가?

① 841×1189 ② 594×841
③ 420×594 ④ 297×420

해	설

42 도면의 치수

크기	$a \times b$
A0	841×1189
A1	594×841
A2	420×594
A3	297×420
A4	210×297

□□□ 10①, 11①, 13④, 15①⑤

43 판형재의 치수표시에서 강관의 표시방법으로 옳은 것은?

① $\phi A \times t$
② $D \times t$
③ $\phi D \times t$
④ $A \times t$

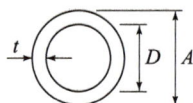

43 판형재의 치수 표시
- 강관 : $\phi\ A \times t - L$
- 환강 : 이형 $D\ A - L$
- 평강 : □ $A \times B - L$
- 등변 ㄱ형강 : $L\ A \times B \times t - L$

□□□ 11④, 12⑤, 13⑤, 14①⑤, 15⑤, 16①

44 그림과 같은 절토면의 경사 표시가 바르게 된 것은?

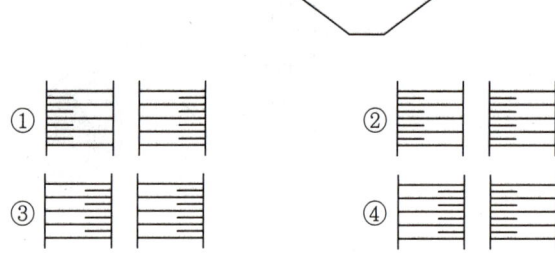

44 절토면

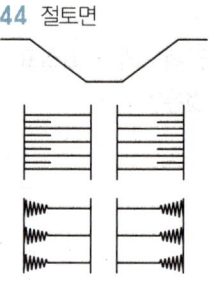

□□□ 11④, 15⑤

45 다음 중 그림을 그리는 영역을 한정하기 위한 윤곽선으로 알맞은 것은?

① 0.3mm 굵기의 실선
② 0.5mm 굵기의 파선
③ 0.7mm 굵기의 실선
④ 0.9mm 굵기의 파선

45 그림을 그리는 영역을 한정하기 위한 윤곽선
0.5mm 굵기 이상의 실선으로 그린다.

□□□ 10④, 11⑤, 15⑤

46 콘크리트 구조물 제도에서 구조물 전체의 개략적인 모양을 표시한 도면은?

① 단면도 ② 구조도
③ 상세도 ④ 일반도

46 콘크리트 구조물의 일반도
구조물 전체의 개략적인 모양을 표시하는 도면

정답 42 ① 43 ① 44 ① 45 ③ 46 ④

47 KS 토목제도 통칙에서 척도의 비가 1 : 1보다 작은 척도를 무엇이라 하는가?

① 현척
② 배척
③ 축척
④ 소척

48 그림에서와 같이 주사위를 바라보았을 때 우측면도를 바르게 표현한 것은? (단, 투상법은 제3각법이며, 물체의 모서리 부분의 표현은 무시한다.)

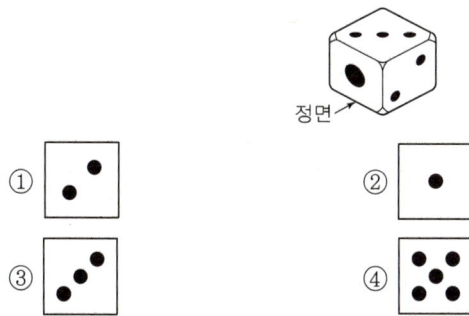

해 설

47 척도의 종류
- 축척 : 물체의 실제보다 축소 (1 : 2)
- 현척 : 물체의 실제와 같은 크기 (1 : 1)
- 배척 : 물체의 실제보다 확대 (2 : 1)

48 제3각법

평면도

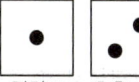
정면도 우측면도

∴ ① 우측면도
  ② 정면도
  ③ 평면도

49 구조물 설계에서 도면 작도 방법에 대한 기본사항으로 옳지 않은 것은?

① 단면도는 실선으로 주어진 치수대로 정확히 그린다.
② 철근 치수 및 기호를 표시하고 누락되지 않도록 주의한다.
③ 단면도에 배근될 철근 수량과 간격을 정확하게 그린다.
④ 일반적으로 일반도를 먼저 그리고 단면도를 가장 나중에 그리는 것이 편하다.

49 도면의 작도 방법
도면의 작도 순서는 단면도를 먼저 그리고, 그 단면도에 의한 각부 배근도(일반도, 철근 상세도 등)를 완성한다.

50 투시도에서 물체가 기면에 평행으로 무한히 멀리 있을 때 수평선 위의 한 점으로 모이게 되는 점은?

① 시점
② 소점
③ 정점
④ 대점

50 소점(V.P)
물체가 기면에 평행으로 무한히 멀리 있을 때 수평선 위의 한 점에 모이게 되는 점

47 ③ 48 ① 49 ④ 50 ②

□□□ 15⑤
51 네트워크 보안을 강화하는 방법으로 옳지 않은 것은?

① 해킹
② 암호화
③ 방화벽 설치
④ 인트라넷 구축

□□□ 10④, 15⑤
52 하천 측량 제도에 포함되지 않는 것은?

① 평면도
② 상세도
③ 종단면도
④ 횡단면도

□□□ 08④, 10①, 15⑤, 16④
53 재료단면의 경계표시 중 지반면(흙)을 나타낸 것은?

① ///// (빗금)
② ····· (점)
③ 돌모양
④ ▽ (수준면)

□□□ 15⑤
54 캐드 명령어 '@20,30'의 의미는?

① 이전 점에서부터 Y축 방향으로 20, X축 방향으로 30 만큼 이동된다는 의미
② 이전 점에서부터 X축 방향으로 20, Y축 방향으로 30만큼 이동된다는 의미
③ 원점에서부터 Y축 방향으로 20, X축 방향으로 30만큼 이동된다는 의미
④ 원점에서부터 X축 방향으로 20, Y축 방향으로 30만큼 이동된다는 의미

□□□ 11⑤, 15⑤
55 대칭인 도형은 중심선에서 한쪽은 외형도를 그리고 그 반대쪽은 무엇을 표시하는가?

① 정면도
② 평면도
③ 측면도
④ 단면도

해설

51 해킹
- 다른 시스템에 불법적으로 접근하여 피해를 입히는 행위
- 인터넷을 통하여 정보를 공유하고 교류하는 긍정적인 효과와는 달리 정보사회의 역기능

52 하천의 측량 제도
평면도, 종단면도 및 횡단면도가 있다.

53
① 지반면(흙)
② 모래
③ 호박돌
④ 수준면(물)

54 '@20,30' 의미
- 상대좌표계
- 이전 점에서부터 X축 방향으로 20, Y축 방향으로 30만큼 이동된다.

55
대칭되는 도면은 중심선의 한쪽은 외형도를 반대쪽은 단면도로 표시하는 것을 원칙으로 한다.

정답 51 ① 52 ② 53 ① 54 ② 55 ④

□□□ 10①, 15⑤, 16①

56 단면도의 절단면에 가는 실선으로 규칙적으로 나열한 선은?

① 해칭선 ② 절단선
③ 피치선 ④ 파단선

□□□ 11④, 14④, 15①⑤

57 투상도법에서 원근감이 나타나는 것은?

① 표고 투상법 ② 정투상법
③ 사투상법 ④ 투시도법

□□□ 10①, 12⑤, 15⑤

58 국제 및 국가별 표준규격 명칭과 기호 연결이 옳지 않은 것은?

① 국제 표준화기구 – ISO ② 영국 규격 – DIN
③ 프랑스규격 – NF ④ 일본규격 – JIS

□□□ 11⑤, 15⑤

59 모니터의 해상도를 나타내는 단위는?

① Point ② RGB
③ TFT ④ DPI

□□□ 08④, 09①, 10④, 11⑤, 12⑤, 13①, 14④, 15⑤

60 제도 용지의 폭과 길이의 비는 얼마인가?

① $1 : \sqrt{5}$ ② $1 : \sqrt{3}$
③ $1 : \sqrt{2}$ ④ $1 : 1$

해 설

56 해칭선
- 단면도의 절단된 부분을 표시하는데 이용
- 가는 실선을 규칙적으로 빗금을 그은 선

57 투시도법
멀고 가까운 거리감(원근감)을 느낄 수 있도록 하나의 시점과 물체의 각 점을 방사선으로 이어서 그리는 방법

58
- 영국 규격 : BS
- 독일 규격 – DIN

59 DPI(Dots Per Inch)
- 1인치(inch)에 인쇄되는 도트수 (Dots/inch)
- 컴퓨터의 모니터, 플로터 등의 문자나 도형의 해상도를 나타내는 단위

60
제도 용지의 세로(폭 a)과 가로(길이 b)의 비는 $1 : \sqrt{2}$ 이다.

정답 56 ① 57 ④ 58 ② 59 ④ 60 ③

국가기술자격 CBT 필기시험문제

2016년도 기능사 제1회 필기시험

종 목	시험시간	배 점	테스트 결과(개수)		
전산응용토목제도기능사	1시간	60	1회	2회	3회

해 설

☐☐☐ 16①

01 다음의 시멘트 중 상대적으로 수화열이 높은 것은?

① 중용열 포틀랜드 시멘트
② 조강 포틀랜드 시멘트
③ 플라이 애시 시멘트
④ 고로 시멘트

01 조강 포틀랜드 시멘트
수화열이 높으므로 한중 콘크리트에 알맞으며, 조기에 강도를 필요로 하는 공사, 긴급공사 등에 사용된다.

☐☐☐ 16①

02 압축부재에 사용되는 띠 철근에 관한 기준으로 ( )에 알맞은 것은?

> 기초판 또는 슬래브의 윗면에 연결되는 압축부재의 첫 번째 띠 철근 간격은 다른 띠 철근 간격의 ( ) 이하로 하여야 한다.

① 1/2
② 1/3
③ 1/4
④ 1/5

02 기초판 또는 슬래브의 윗면에 연결되는 압축부재
첫 번째 띠 철근 간격은 다른 띠 철근 간격의 1/2 이하로 하여야 한다.

☐☐☐ 12⑤, 16①

03 보강용 섬유를 혼입하여 주로 인성, 균열 억제, 내충격성 및 내마모성 등을 높인 콘크리트는?

① 고강도 콘크리트
② 섬유보강 콘크리트
③ 폴리머 시멘트 콘크리트
④ 프리플레이스트 콘크리트

03 섬유보강콘크리트
보강용 섬유를 혼입하여 주로 인성, 균열 억제, 내충격성 및 내마모성 등을 높인 콘크리트

☐☐☐ 07, 10①, 12①, 16①④

04 일반 콘크리트용 골재가 갖추어야 할 성질로 옳지 않은 것은?

① 알맞은 입도를 가질 것
② 깨끗하고 강하며 내구적일 것
③ 연하고 가느다란 석편을 함유할 것
④ 먼지, 흙, 염화물 등의 유해량을 함유하지 않을 것

04 골재가 갖추어야 할 성질
• 연한 석편, 가느다란 석편을 함유하지 않을 것
• 함유하면 낱알을 방해 하므로 워커빌리티가 좋지 않다.

정답 01 ② 02 ① 03 ② 04 ③

해 설

05 유효 깊이 $d=450mm$인 캔틸레버에서 D29의 인장 철근이 배치되어 있을 경우 표준 갈고리의 최소 내면 반지름은?

① 58mm
② 87mm
③ 116mm
④ 145mm

05 최소 구부림 내면 반지름

철근의 지름	최소 내면 반지름
D10~D25	$3d_b$
D29~D35	$4d_b$
D38 이상	$5d_b$

∴ $4d_b = 4 \times 29 = 116mm$

06 현장치기 콘크리트 공사에서 압축부재에 사용되는 나선철근의 지름은 최소 얼마 이상이어야 하는가?

① 25mm 이상
② 20mm 이상
③ 15mm 이상
④ 10mm 이상

06 압축부재에 사용되는 나선철근 규정
현장치기 콘크리트 공사에서 나선철근 지름은 10mm 이상으로 하여야 한다.

07 철근콘크리트에서 콘크리트의 피복두께에 대한 설명으로 옳은 것은?

① 철근의 가장 바깥면과 콘크리트의 표면까지의 최단거리이다.
② 철근의 가장 바깥면과 콘크리트의 표면까지의 최장거리이다.
③ 철근의 중심과 콘크리트 표면까지의 최단거리이다.
④ 철근의 중심과 콘크리트 표면까지의 최장거리이다.

07 피복두께
철근 표면으로부터 콘크리트 표면까지(사이)의 최단 거리

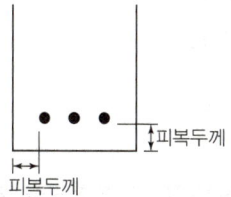

08 굳지 않은 콘크리트의 작업 후 재료 분리 현상으로 시멘트와 골재가 가라앉으면서 물이 올라와 콘크리트 표면에 떠오르는 현상은?

① 크리프
② 블리딩
③ 레이턴스
④ 워커빌리티

08 블리딩
콘크리트를 친 후 시멘트와 골재알이 가라앉으면서 물이 떠오르는 현상

09 토목 재료 요소의 콘크리트 특징으로 옳지 않은 것은?

① 콘크리트 자체의 무게가 무겁다.
② 압축강도와 내구성이 크다.
③ 재료의 운반과 시공이 쉽다.
④ 압축강도에 비해 인장강도가 크다.

09 콘크리트 인장강도
- 압축강도에 비해 인장강도가 작다.
- 인장강도는 압축강도의 약 1/10~1/13 정도 이다.

정답 05 ③ 06 ④ 07 ① 08 ② 09 ④

□□□ 16①

10 일반적으로 철근의 정착길이는 철근의 어떤 응력에 기초를 둔 것인가?

① 평균부착응력
② 평균굽힘응력
③ 평균전단응력
④ 평균허용응력

10 정착길이 개념
철근의 묻힘길이에 대하여 얻을 수 있는 평균 부착응력에 기초를 두고 있다.

□□□ 10⑤, 11④, 12①, 14①⑤, 16①

11 콘크리트에 일정하게 하중을 계속 주면, 응력의 변화는 없는데도 변형이 재령과 함께 커지는 현상은?

① 워커빌리티
② 백태현상
③ 슬럼프
④ 크리프

11 크리프(creep)
콘크리트에 일정한 하중을 계속 주면 응력의 변화는 없는데도 변형이 재령과 함께 점차 변형이 증대되는 성질

□□□ 16①

12 심한 침식 또는 염해를 받을 가능성이 있는 경우에 프리캐스트콘크리트 벽체, 슬래브의 최소 피복두께는?

① 60mm
② 50mm
③ 40mm
④ 30mm

12 특수환경 노출된 콘크리트 피복두께

벽체 및 슬래브 피복두께	
현장치기 콘크리트	50mm
프리캐스트 콘크리트	40mm

□□□ 05④, 10④, 11①④, 12④, 13④, 16①

13 정철근이나 부철근을 2단 이상으로 배치할 경우에 상하 철근의 최소 순간격은?

① 15mm 이상
② 25mm 이상
③ 40mm 이상
④ 50mm 이상

13 상단과 하단에 2단 이상으로 배치된 경우
• 상하철근은 동일 연직면 내에 배치되어야 한다.
• 상하 철근의 순간격은 25mm 이상으로 하여야 한다.

□□□ 16①

14 그림과 같이 부정정 구조물에 정정힌지를 넣어 정정구조물로 만든 보의 명칭은?

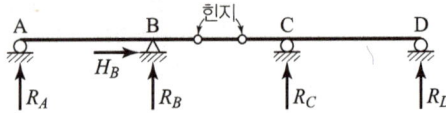

① 캔틸레버보
② 내민보
③ 게르버보
④ 부정정보

14 게르버보
부정정 연속보에 부정정 차수만큼의 힌지(활절)을 넣어 정정보로 만들어서 힘의 평형 방정식 3개만으로도 구조해석을 할 수 있는 보

정답 10 ① 11 ④ 12 ③ 13 ② 14 ③

□□□ 12⑤, 13①, 16①

15 숏크리트 시공 및 그라우팅에 의한 지수공법에 주로 사용되는 혼화제는?

① 발포제
② 급결제
③ 공기연행제
④ 고성능 유동화제

해 설

15 급결제
- 시멘트의 응결을 상당히 빠르게 하기 위하여 사용하는 혼화제
- 숏크리트, 그라우트에 의한 지수 공법 등에 사용

□□□ 11⑤, 13④, 14④, 16①④

16 토목 구조물을 주요 재료에 따라 구분할 때 그 분류와 거리가 먼 것은?

① 강 구조
② 골조 구조
③ 합성 구조
④ 콘크리트 구조

16 사용 재료에 따른 분류
콘크리트 구조(철근 콘크리트구조, 프리스트레스 콘크리트 구조), 강 구조, 합성 구조

□□□ 10⑤, 12⑤, 16①

17 재료 및 신기술의 발전과 사회 환경의 변화로 포틀랜드 시멘트가 개발되고 장대교량이 출현한 시기는?

① 기원전 1~2세기
② 9~10세기
③ 11~18세기
④ 19~20세기

17 19~20세기 초
재료 및 신기술의 발전과 사회 환경의 변화로 포틀랜드 시멘트가 개발되어 장대교량이 출현

□□□ 08⑤, 11①, 16①

18 슬래브를 1방향 슬래브와 2방향 슬래브로 구분하는 기준과 가장 관계가 깊은 것은?

① 설치위치(높이)
② 슬래브의 두께
③ 부철근의 구조
④ 지지하는 경계조건

18 슬래브
지지하는 경계조건에 따라 1방향 슬래브와 2방향 슬래브로 구별한다.

□□□ 13①, 16①

19 기둥에 관한 설명으로 옳지 않은 것은?

① 지붕, 바닥 등의 상부 하중을 받아서 토대 및 기초에 전달하고 벽체의 골격을 이루는 수직 구조체이다.
② 기둥의 강도는 단면의 모양과 밀접한 연관이 있고, 기둥 길이와는 무관하다.
③ 단주인가 장주인가에 따라 동일한 단면이라도 그 강도가 달라진다.
④ 순수한 축방향 압축력만을 받는 일은 거의 없다.

19
기둥의 강도는 길이의 영향을 크게 받는다.

정답 15 ② 16 ② 17 ④ 18 ④ 19 ③

해 설

□□□ 16①

20 포스트텐션 정착부 설계에 있어서 최대 프리스트레싱 강재의 긴장력에 대하여 적용하는 하중계수는?

① 0.8
② 1.0
③ 1.2
④ 1.4

20 하중계수
포스트텐션 정착부 설계에 있어서 최대 프리스트레싱 강재의 긴장력에 대하여 하중계수 1.2를 적용

□□□ 05④, 06⑤, 13⑤, 16①

21 옹벽의 종류가 아닌 것은?

① 뒷부벽식 옹벽
② 중력식 옹벽
③ 캔틸레버 옹벽
④ 독립식 옹벽

21 옹벽의 종류
중력식 옹벽, 캔틸레버 옹벽, 뒷부벽식 옹벽, 앞부벽식 옹벽 L형 옹벽, 역 T형 옹벽, 반중력식 옹벽

□□□ 16①

22 외력(P)이 작용하는 철근콘크리트 단순보에 대한 설명으로 옳은 것은?

① 콘크리트의 인장응력은 압축응력보다 더 크다.
② 중립축 아래쪽에 있는 철근은 압축응력을 담당한다.
③ 철근과 콘크리트는 온도에 대한 열팽창 계수가 거의 같다.
④ 압축측 콘크리트는 외력(P)에 의해 인장응력이 작용한다.

22
- 콘크리트의 압축응력은 인장응력보다 더 크다.
- 중립축 아래쪽에 있는 철근은 인장응력을 담당한다.
- 압축측 콘크리트는 외력(P)에 의해 압축응력이 작용한다.

□□□ 07①, 11⑤, 12①, 15④, 16①④

23 철근 콘크리트의 1방향 슬래브의 최소두께는 얼마 이상으로 규정하고 있는가?

① 40mm
② 60mm
③ 80mm
④ 100mm

23 1방향 슬래브
최소 두께는 100mm 이상으로 규정하고 있다.

□□□ 16①

24 압축부재에 사용되는 나선철근에 대한 기준으로 옳지 않은 것은?

① 나선철근의 이음은 겹침이음, 기계적이음으로 하며, 용접이음을 사용해서는 안된다.
② 나선철근의 순간격은 25mm 이상, 75mm, 이하이어야 한다.
③ 나선철근의 겹침이음은 이형철근의 경우 공칭지름의 48배 이상이며, 최소 300mm 이상으로 한다.
④ 정착은 나선철근의 끝에서 추가로 1.5회전반큼 더 확보하여야 한다.

24 나선철근의 이음
기계적이음, 용접이음을 사용한다.

정답 20 ③ 21 ④ 22 ③ 23 ④ 24 ①

해설

25 교량의 구조에 대한 설명으로 옳지 않은 것은?

① 상부구조 가운데 사람이나 차량 등을 직접 받쳐주는 포장 및 슬래브 부분을 바닥판이라 한다.
② 바닥틀로부터의 하중이나 자중을 안전하게 받쳐서 하부구조에 전달하는 부분을 주형이라 한다.
③ 바닥판에 실리는 하중을 받쳐서 주형에 전달해 주는 부분을 바닥틀이라 한다.
④ 바닥틀은 상부구조와 하부구조로 이루어진다.

25
교량은 상부 구조와 하부 구조로 구성된다.

26 옹벽의 설계시에 안정 조건에 해당되지 않는 것은?

① 전도 ② 투수
③ 침하 ④ 활동

26 옹벽의 안정 조건
전도에 대한 안정, 활동에 대한 안정, 침하에 대한 안정

27 인장 이형철근의 겹침이음에서 A급 이음일 때 이음의 최소길이는? (단, l_d는 인장 이형철근의 정착길이)

① $1.0l_d$ 이상 ② $1.3l_d$ 이상
③ $1.5l_d$ 이상 ④ $2.0l_d$ 이상

27 이형철근의 겹침이음길이
• A급 이음 : $1.0l_d$
• B급 이음 : $1.3l_d$

28 서해 대교와 같이 교각 위해 주탑을 세우고 주탑과 경사로 배치된 케이블로 주형을 고정시키는 형식의 교량은?

① 현수교 ② 라멘교
③ 연속교 ④ 사장교

28 사장교
• 교각 위에 탑을 세우고 주탑과 경사로 배치된 케이블로 주형을 고정시키는 형식의 교량이다.
• 서해대교는 대표적인 사장교이다.

29 철근과 콘크리트가 그 경계면에서 미끄러지지 않도록 저항하는 것을 무엇이라 하는가?

① 부착 ② 정착
③ 이음 ④ 스터럽

29 부착(bond)
콘크리트에 묻혀있는 철근이 콘크리트와의 경계면에서 미끄러지지 않도록 저항하는 것

정답 25 ④ 26 ② 27 ① 28 ④ 29 ①

□□□ 11⑤, 12④, 16①

30 크리프에 영향을 미치는 요인에 대한 설명으로 옳지 않은 것은?

① 재하 하중이 클수록 크리프 값이 크다.
② 콘크리트 온도가 높을수록 크리프 값이 크다.
③ 고강도 콘크리트일수록 크리프 값이 크다.
④ 콘크리트 재령이 짧고 하중 재하 기간이 길면 크리프 값이 크다.

해설 30 콘크리트의 품질
고강도의 콘크리트일수록 크리프 변형은 적다.

□□□ 13①④⑤, 16①

31 철근 콘크리트(RC)와 비교할 때, 프리스트레스트 콘크리트(PSC)의 특징이 아닌 것은?

① PSC는 안정성이 떨어진다.
② PSC는 변형이 크고 진동하기 쉽다.
③ PSC는 지간이 긴 교량이나 큰 하중을 받는 구조물에 사용된다.
④ PSC는 설계하중이 작용하더라도 인장측에 균열이 발생하지 않는다.

해설 31 PSC 구조는 안전성이 높다.

□□□ 09⑤, 11①, 16①

32 주형 혹은 주트러스를 3개 이상의 지점으로 지지하여 2경간 이상에 걸쳐 연속시킨 교량의 구조 형식은?

① 단순교
② 라멘교
③ 연속교
④ 아치교

해설 32 연속교
주형 또는 주트러스를 3개 이상의 지점으로 지지하여 2경간이상에 걸쳐 연속시킨 교량

□□□ 11④, 12①, 16①

33 벽으로부터 전달되는 하중을 분포시키기 위하여 연속적으로 만들어진 확대기초는?

① 말뚝기초
② 벽 확대기초
③ 연결 확대기초
④ 독립 확대기초

해설 33 벽 확대기초
벽으로부터 전달되는 하중을 분포시키기 위하여 연속적으로 만들어진 확대기초

□□□ 11①, 12①, 16①

34 우리나라의 콘크리트구조기준에서는 철근콘크리트 구조물의 설계법으로 어떤 방법을 주로 사용하는가?

① 소성 설계법
② 강도 설계법
③ 허용응력 설계법
④ 사용성 설계법

해설 34 콘크리트 구조물의 설계는 강도설계법을 적용하는 것을 원칙으로 한다.

정답 30 ③ 31 ① 32 ③ 33 ② 34 ②

35 2방향 슬래브의 위험단면에서 철근 간격은 슬래브 두께의 2배 이하, 또한 몇 mm 이하로 하여야 하는가?

① 100　　② 200
③ 300　　④ 400

해설 35 2방향 슬래브
위험단면의 철근 간격은 슬래브 두께의 2배 이하, 300mm 이하이어야 한다.

36 지간(L)이 6m인 단순보의 중앙에 집중하중(P) 120kN이 작용할 때 최대 휨모멘트는(M)?

① 120kN·m　　② 180kN·m
③ 360kN·m　　④ 720kN·m

해설 36 단순보

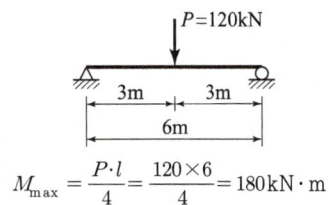

$$M_{\max} = \frac{P \cdot l}{4} = \frac{120 \times 6}{4} = 180\text{kN} \cdot \text{m}$$

37 철근 콘크리트 기둥을 분류할 때 구조용 강재나 강관을 축방향으로 보강한 기둥은?

① 띠 철근 기둥　　② 합성 기둥
③ 나선철근 기둥　　④ 복합 기둥

해설 37 기둥의 형식 3가지
- 띠 철근 기둥 : 축방향 철근을 적당한 간격의 띠 철근으로 둘러 감은 기둥
- 나선철근 기둥 : 축방향 철근을 나선철근으로 촘촘히 둘러 감은 기둥
- 합성 기둥 : 구조용 강재나 강관을 축방향으로 보강한 기둥

38 콘크리트구조와 비교할 때, 강구조에 대한 설명으로 옳지 않은 것은?

① 공사기간이 긴 것이 단점이다.
② 부재의 치수를 작게 할 수 있다.
③ 콘크리트에 비하여 균질성을 가지고 있다.
④ 지간이 긴 교량을 축조하는 데에 유리하다.

해설 38 강구조
강구조물을 공장에서 사전 조립이 가능하여 공사기간을 단축할 수 있다.

39 고대 토목 구조물의 특징과 가장 거리가 먼 것은?

① 흙과 나무로 토목 구조물을 만들었다.
② 국가 산업을 발전시키기 위하여 다량 생산의 토목구조물을 만들었다.
③ 농경지를 보호하기 위하여 토목 구조물을 만들었다.
④ 치산치수를 하기 위하여 토목구조를 만들었다.

해설 39
다량 생산이 아니다.
즉, 동일한 조건의 동일한 구조물을 2번 이상 건설하는 일이 없다.

정답 35 ③　36 ②　37 ②　38 ①　39 ②

☐☐☐ 11④, 12④, 13⑤, 14⑤, 16①④

40 직사각형 독립 확대기초의 크기가 4m×5m이고 허용지지력이 200kN/m² 일 때 이 기초가 받을 수 있는 최대 하중의 크기는?

① 800kN
② 1000kN
③ 3000kN
④ 4000kN

해설

40 $q_a = \dfrac{P}{A}$ 에서

∴ $P = q_a \cdot A = 200 \times 4 \times 5 = 4000\,\text{kN}$

☐☐☐ 16①

41 구조물의 보이는 부분의 겉모양을 표시할 때 사용하는 선은?

① 파선
② 굵은 실선
③ 가는 실선
④ 1점쇄선

41 굵은 실선
- 용도 : 외형선
- 대상물의 보이는 부분의 겉모양을 표시하는 데 사용

☐☐☐ 16①

42 하천 공사 계획의 기본도가 되는 도면은?

① 평면도
② 종단면도
③ 횡단면도
④ 하저 경사도

42 하천공사 계획의 기본도
평면도는 개수, 그 밖의 하천 공사 계획의 기본도가 되는 것이다.

☐☐☐ 14①④, 16①

43 도면 제도를 위한 치수 기입 방법으로 옳지 않은 것은?

① 치수의 단위는 m를 원칙으로 한다.
② 각도의 단위는 도(°), 분(′), 초(″)를 사용한다.
③ 완성된 도면에는 치수를 기입하여야 한다.
④ 치수 기입 요소는 치수선, 치수보조선, 치수등을 포함한다.

43
치수의 단위는 mm를 원칙으로 한다.

☐☐☐ 10①④, 12④⑤, 15④, 16①④

44 건설재료의 단면형태에 따른 절단면 표시 중 각봉을 나타내고 있는 것은?

①
②
③
④

44 단면의 형태에 따른 절단면 표시
① 환봉
② 나무
③ 각봉
④ 파이프

정답 40 ④ 41 ② 42 ① 43 ① 44 ③

□□□ 16①

45 도면의 분류 방법을 용도에 따른 분류와 내용에 따른 분류로 크게 나눌 때, 내용에 따른 분류 방법에 해당되는 것은?

① 계획도 ② 설계도
③ 구조도 ④ 시공도

45
- 내용에 따른 분류 : 구조도, 배근도, 실측도
- 용도에 따른 분류 : 계획도, 설계도, 제작도, 시공도

□□□ 02, 08①, 10④⑤, 12④, 16①④

46 물체를 '눈 → 투상면 → 물체'의 순서로 놓은 정투상법은?

① 제1각법 ② 제2각법
③ 제3각법 ④ 제4각법

46 정투상법
- 제 3각법 : 눈 → 투상면 → 물체
- 제 1각법 : 눈 → 물체 → 투상면

□□□ 07④, 11①, 13⑤, 14①, 15④, 16①④

47 제도의 척도에 해당하지 않는 것은?

① 배척 ② 현척
③ 상척 ④ 축척

47 척도의 종류
- 축척 : 물체의 실제보다 축소
- 현척 : 물체의 실제와 같은 크기
- 배척 : 물체의 실제보다 확대

□□□ 16①

48 철근의 표시법에서 철근의 갈고리가 앞으로 또는 뒤로 가려져 있을 때에 갈고리가 없는 철근과 구별하기 위해 표현하는 방법으로 옳은 것은?

①    ②

③ 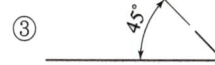   ④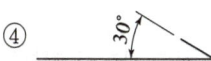

48
갈고리가 없는 철근과 구별하기 위해서 갈고리 정면과 같이 30° 기울게 하여 가늘고 짧게 직선을 긋는다.

□□□ 12①, 16①

49 석재의 단면 표시 중 자연석을 나타내는 것은?

① 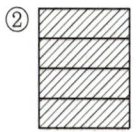   ②

③   ④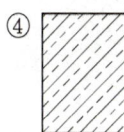

49
① 인조석
② 벽돌
③ 블록
④ 자연석(석재)

정답 45 ③ 46 ③ 47 ③ 48 ④ 49 ④

□□□ 11①, 13④, 16①, 24③

50 그림의 정면도와 우측면도를 보고 추측할 수 있는 물체의 모양으로 짝지어진 것은?

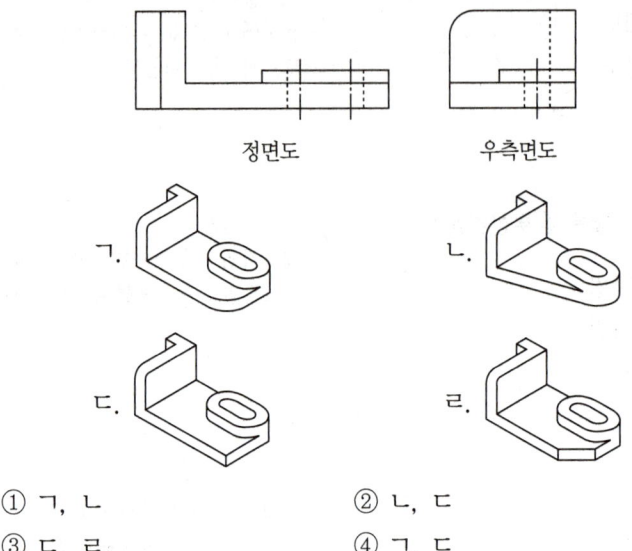

① ㄱ, ㄴ
② ㄴ, ㄷ
③ ㄷ, ㄹ
④ ㄱ, ㄷ

□□□ 10①⑤, 16①

51 강 구조물의 도면에 대한 설명으로 옳지 않은 것은?

① 제작이나 가설을 고려하여 부분적으로 제작단위마다 상세도를 작성한다.
② 평면도, 측면도, 단면도 등을 소재나 부재가 잘 나타나도록 각각 독립하여 그린다.
③ 도면을 잘 보이도록 하기 위해서 절단선과 지시선의 방향을 표시하는 것이 좋다.
④ 강 구조물이 너무 길고 넓어 많은 공간을 차지해도 반드시 전부를 표현한다.

□□□ 11④, 12⑤, 13⑤, 14①⑤, 16①

52 그림이 나타내고 있는 지형의 표현으로 옳은 것은?

① 절토면
② 성토면
③ 수준면
④ 유수면

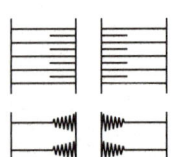

해 설

50
물체의 정면도(ㄱ)와 우측면도(ㄷ)이다.

51
강구조물은 너무 길고 넓어 많은 공간을 차지하므로 몇 가지의 단면으로 절단하여 표현한다.

52 성토면

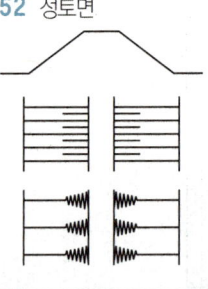

정답 50 ④ 51 ④ 52 ②

□□□ 16①

53 CAD 시스템에서 키보드로 도면 작업을 수행할 수 있는 영역은?

① 명령 영역
② 내림메뉴 영역
③ 도구막대 영역
④ 고정 아이콘 메뉴 영역

53 명령 영역
- 키보드로 명령창에 직접 입력한다.
- 사용할 명령어나 선택 항목을 키보드로 입력하는 영역

□□□ 11④, 12⑤, 13④⑤, 16①

54 인출선을 사용하여 기입하는 내용과 거리가 먼 것은?

① 치수
② 가공법
③ 주의 사항
④ 도면번호

54 인출선
치수, 가공법, 주의 사항 등을 기입하기 위해 사용하는 인출선은 가로에 대하여 직각 또는 45°의 직선을 긋고 치수선의 위쪽에 치수를 표시

□□□ 03, 08①, 11⑤, 12①, 14④, 16①

55 철근 표시에서 'D16'이 의미하는 것은?

① 지름 16mm인 원형 철근
② 지름 16mm인 이형 철근
③ 반지름 16mm인 이형철근
④ 반지름 16mm인 고강도 철근

55 철근의 표시
- D16 : 지름 16mm의 이형 철근
- ϕ16 : 지름 16mm의 원형 철근

□□□ 11⑤, 12①, 15④, 16①

56 트레이스도를 그릴 때 일반적으로 가장 먼저 그려야 할 것은?

① 숨은선
② 외형선
③ 절단선
④ 치수선

56 선의 우선 순위

1	외형선
2	숨은선
3	절단선
4	중심선

□□□ 10①, 15⑤, 16①

57 단면도의 절단면을 해칭할 때 사용되는 선의 종류는?

① 가는 파선
② 가는 실선
③ 가는 1점 쇄선
④ 가는 2점 쇄선

57 해칭
단면을 표시하는 경우나 강 구조에 있어서 연결판의 측면 또는 충전재의 측면을 표시하는 때 사용되는 것으로 가는 실선을 사용한다.

□□□ 11④, 14④, 15①⑤, 16①

58 투상선이 모든 투상면에 대하여 수직으로 투상되는 것은?

① 투시 투상법
② 축측 투상법
③ 정투상법
④ 사투상법

58 정투상법
투상선이 모든 투상면에 대하여 수직으로 투상하는 방법

정답 53 ① 54 ④ 55 ② 56 ② 57 ②
58 ③

□□□ 09⑤, 10④, 11④, 14④, 15①⑤, 16①

59 멀고 가까운 거리감을 느낄 수 있도록 하나의 시점과 물체의 각 점을 방사선 상으로 이어서 그리는 도법으로 구조물의 조감도에 많이 쓰이는 투상법은?

① 투시도법 ② 사투상법
③ 정투상법 ④ 축측 투상법

□□□ 09④, 13①, 16①

60 판형재 중 각 강(鋼)의 치수 표시방법은?

① $\phi A - L$ ② $\Box A - L$
③ $DA - L$ ④ $\Box A \times B \times t - L$

해 설

59 투시도법
멀고 가까운 거리감(원근감)을 느낄 수 있도록 하나의 시점과 물체의 각 점을 방사선으로 이어서 그리는 방법

60 치수 표기방법

종류	각 강
단면 모양	$A \Box A$
표시 방법	□A-L

정답 59 ① 60 ②

국가기술자격 CBT 필기시험문제

2016년도 기능사 제4회 필기시험

종 목	시험시간	배 점	테스트 결과(개수)		
전산응용토목제도기능사	1시간	60	1회	2회	3회

☐☐☐ 16④

01 D13 철근의 180° 표준 갈고리에서 구부림의 최소 내면 반지름은 약 얼마인가?

① 39mm ② 52mm
③ 65mm ④ 78mm

해설

01 최소 구부림 내면 반지름

철근의 지름	최소 반지름
D10~D25	$3d_b$
D29~D35	$4d_b$
D38 이상	$5d_b$

∴ $3d_b = 3 \times 13 = 39$mm

☐☐☐ 06⑤, 10①, 16④

02 두께 120mm의 슬래브를 설계하고자 한다. 최대 정모멘트가 발생하는 위험단면에서 주철근의 중심 간격은 얼마 이하이어야 하는가?

① 140mm 이하 ② 240mm 이하
③ 340mm 이하 ④ 440mm 이하

02 1방향 슬래브의 위험단면에서 주철근의 간격
- 슬래브 두께의 2배 이하 또한 300mm 이하로 하여야 한다.
∴ $2 \times 120 = 240$mm 이하

☐☐☐ 09①, 11①, 12①④, 14⑤, 15④, 16④

03 굳지 않은 콘크리트에 AE제를 사용하여 연행 공기를 발생시켰다. 이 AE공기의 특징으로 옳은 것은?

① 콘크리트의 유동성을 저하시킨다.
② 경화 후 동결융해에 대한 저항성이 증대된다.
③ 기포와 직경이 클수록 잘 소실되지 않는다.
④ 콘크리트의 온도가 낮을수록 AE공기가 잘 소실된다.

03 AE공기의 특징
- 기상작용에 대한 내구성과 수밀성이 좋다.
- 경화 후 동결융해에 대한 저항성이 증대된다.
- 콘크리트의 워커빌리티와 마무리성이 좋아진다.

☐☐☐ 10④, 11⑤, 13①④⑤, 14①, 15①, 16①④

04 토목재료로서 콘크리트의 일반적인 특징으로 옳지 않은 것은?

① 건조수축에 의한 균열이 생기기 쉽다.
② 압축강도와 인장강도가 동일하다.
③ 내구성과 내화성이 강재에 비해 높다.
④ 균열이 생기기 쉽고 부분적으로 파손되기 쉽다.

04 콘크리트 인장강도
- 압축강도에 비해 인장강도가 작다.
- 인장강도는 압축강도의 약 1/10~1/13 정도이다.

정답 01 ① 02 ② 03 ② 04 ②

□□□ 11④, 16④
05 프리스트레스하는 부재의 현장치기 콘크리트에서 흙에 접하여 콘크리트를 친 후 영구히 흙에 묻혀 있는 콘크리트의 최소 피복두께는?

① 75mm
② 90mm
③ 100mm
④ 110mm

05
흙에 접하여 콘크리트를 친 후에 영구히 흙에 묻혀 있는 콘크리트
: 75mm

□□□ 12①, 13②⑤, 16④
06 동일 평면에서 평행한 철근 사이의 수평 순간격은 최소 몇 mm 이상으로 하여야 하는가?

① 15mm 이상
② 20mm 이상
③ 25mm 이상
④ 30mm 이상

06 동일 평면에서 간격제한
- 평행한 철근 사이의 수평 순간격은 25mm 이상
- 철근의 공칭지름 이상

□□□ 10⑤, 12④, 15①④, 16①④
07 콘크리트 표면과 그에 가장 가까이 배치된 철근 표면 사이의 최단 거리를 무엇이라 하는가?

① 피복두께
② 철근 간격
③ 콘크리트 여유
④ 유효두께

07 피복두께
철근 표면으로부터 콘크리트 표면까지(사이)의 최단 거리

□□□ 10①, 16④
08 폴리머 콘크리트(폴리머-시멘트 콘크리트)의 성질로 옳은 것은?

① 건조수축이 크다.
② 내마모성이 좋다.
③ 동결융해 저항성이 작다.
④ 방수성, 불투성이 불량하다.

08 폴리머 콘크리트
- 강도가 크고, 동결융해, 내마모성이 크다.
- 건조수축 작고, 방수성, 내충격성이 좋다.

□□□ 07, 10①, 12①, 16①④
09 콘크리트용 재료로서 골재가 갖춰야 할 성질에 대한 설명으로 옳지 않은 것은?

① 알맞은 입도를 가질 것
② 깨끗하고 강하며 내구적일 것
③ 연하고 가느다란 석편을 함유할 것
④ 먼지, 흙 등의 유해물이 허용한도 이내일 것

09 콘크리트용 골재가 갖추어야 할 성질
- 알맞는 입도를 가질 것
- 깨끗하고, 강하며, 내구적일 것
- 연한 석편, 가느다란 석편을 함유하지 않을 것
- 먼지, 흙, 유기 불순물, 염화물 등의 유해량을 함유하지 않을 것

정답 05 ① 06 ③ 07 ① 08 ② 09 ③

□□□ 13①, 16④

10 콘크리트의 내구성에 영향을 끼치는 요인으로 가장 거리가 먼 것은?

① 동결과 융해
② 거푸집의 종류
③ 물 흐름에 의한 침식
④ 철근의 녹에 의한 균열

10 콘크리트의 내구성에 영향을 끼치는 요소
동결융해, 기상작용, 물, 산, 염 등에 화학적 침식, 그 밖의 전류에 의한 침식, 철근의 녹에 의한 균열

□□□ 16④

11 경량골재 콘크리트에 대한 설명으로 옳지 않은 것은?

① 경량골재에 포함된 잔 입자(0.008mm체 통과량)는 굵은골재는 1% 이하, 잔골재는 5% 이하이어야 한다.
② 경량골재는 일반적으로 입경이 작을수록 밀도가 커진다.
③ 경량골재의 표준입도는 질량 백분율로 표시한다.
④ 경량골재 콘크리트는 골재의 전부 또는 일부를 경량골재를 사용하여 제조한 기건 단위질량 2100kg/m³ 이상 콘크리트를 말한다.

11
경량골재 콘크리트는 골재의 전부 또는 일부를 경량골재를 사용하여 제조한 기건 단위질량 2100kg/m³ 미만인 콘크리트를 말한다.

□□□ 12⑤, 16④

12 재료의 강도란 물체에 하중이 작용할 때 그 하중에 저항하는 능력을 말하는데, 이때 강도 중 하중 속도 및 작용에 따라 분류되는 강도가 아닌 것은?

① 정적 강도
② 충격 강도
③ 피로 강도
④ 릴랙세이션 강도

12 재료 강도
• 하중 재하속도에 및 작용에 정적강도, 충격강도, 피로강도, 크리프강도 등으로 구별된다.
• 릴랙세이션 : 재료에 응력을 준 상태에서 변형을 일정하게 유지하면, 시간이 지남에 따라 응력이 감소하는 현상

□□□ 16④

13 소요철근량과 배근철근량이 같은 구간에서 인장력을 받는 이형철근의 정착길이가 600mm라고 할 때 겹침이음의 길이는?

① 600mm
② 660mm
③ 720mm
④ 780mm

13 이형철근의 겹침이음길이
• 소요철근량과 배근철근량이 같은 구간은 B급 이음
• B급 이음 : $1.3 l_d$
∴ $1.3 l_d = 1.3 \times 600 = 780 mm$

□□□ 09①, 11④, 12⑤, 13④, 14④, 16①④

14 콘크리트를 친 후 시멘트와 골재알이 가라앉으면서 물이 떠오르는 현상은?

① 블리딩
② 레이턴스
③ 풍화
④ 경화

14 블리딩
콘크리트를 친 후 시멘트와 골재알이 가라앉으면서 물이 떠오르는 현상

정답 10 ② 11 ④ 12 ④ 13 ④ 14 ①

□□□ 09①, 16④

15 이형철근을 인장철근으로 사용하는 A급 이음일 경우 겹침이음의 최소 길이는? (단, 인장철근의 정착길이는 280mm이다.)

① 360mm
② 330mm
③ 300mm
④ 280mm

15 인장 이형철근의 겹침이음 길이
인장력을 받는 이형철근 및 이형철선의 겹침이음 길이는 A급, B급으로 분류하며, 항상 300mm 이상이어야 한다.

□□□ 11⑤, 13④, 14④, 16①④

16 사용 재료에 따른 토목 구조물의 분류 방법이 아닌 것은?

① 강 구조
② 연속 구조
③ 콘크리트 구조
④ 합성 구조

16 사용재료에 따른 토목 구조물의 종류
콘크리트 구조(철근콘크리트, 프리스트레스트 콘크리트), 강구조, 합성구조

□□□ 16④

17 슬래브의 형태가 아닌 것은?

① 사각형
② 말뚝형
③ 사다리꼴
④ 다각형

17 슬래브의 형태에 따른 분류
사각형, 사다리꼴, 다각형, 원형슬래브

□□□ 16④

18 보기에서 프리스트레스트 콘크리트의 공통적인 특징에 해당되는 설명을 모두 고른 것은?

> ㄱ. 설계 하중이 작용하더라도 균열이 발생하지 않는다.
> ㄴ. 철근 콘크리트 부재에 비하여 단면을 작게 할 수 있다.
> ㄷ. 철근 콘크리트 구조보다 안전성이 높다.
> ㄹ. 철근 콘크리트 보다 내화성이 약하다.
> ㅁ. 철근 콘크리트 보다 강성이 작다.

① ㄱ, ㄹ, ㅁ
② ㄱ, ㄴ, ㄹ, ㅁ
③ ㄱ, ㄴ, ㄷ, ㄹ
④ ㄱ, ㄴ, ㄷ, ㄹ, ㅁ

18 PSC의 특징
ㄱ, ㄴ, ㄷ, ㄹ, ㅁ

□□□ 11④, 12①④, 13⑤, 14⑤, 16①④

19 확대기초의 크기가 3m×2m이고, 허용 지지력이 500kN/m²일 때 이 기초가 받을 수 있는 최대 하중은?

① 1000kN
② 1800kN
③ 2100kN
④ 3000kN

19
$q_a = \dfrac{P}{A}$ 에서
$\therefore P = q_a \cdot A = 500 \times 3 \times 2 = 3000 \text{kN}$

정답 15 ③ 16 ② 17 ② 18 ④ 19 ④

해 설

20 일반적인 강 구조의 특징이 아닌 것은?

① 균질성이 우수하다.
② 부재를 개수하거나 보강하기 쉽다.
③ 차량 통행으로 인한 소음이 적다.
④ 반복하중에 의한 피로가 발생하기 쉽다.

20
차량 통행에 의하여 소음이 발생하기 쉽다.

21 철근 콘크리트 기둥을 크게 세 가지 형식으로 분류할 때, 이에 해당되지 않는 것은?

① 합성 기둥
② 원형 기둥
③ 띠 철근 기둥
④ 나선철근 기둥

21 기둥의 3가지 형식
띠 철근 기둥, 나선철근 기둥, 합성 기둥

22 단철근 직사각형보에서 보의 유효폭 $b=300$mm, 등가직사각형 응력블럭의 깊이 $a=150$mm, $f_{ck}=28$MPa일 때 콘크리트의 전 압축력은? (단, 강도 설계법이다.)

① 1080kN
② 1071kN
③ 1134kN
④ 1197kN

22 압축력
- $C = \eta(0.85f_{ck}) \cdot a \cdot b$
- $f_{ck} \leq 40$MPa일 때
  $\eta = 1.0, \ \beta_1 = 0.80$
  $\therefore C = 1.0 \times 0.85 \times 28 \times 150 \times 300$
  $= 1071000\text{N} = 1071\text{kN}$

23 보통 무근 콘크리트로 만들어지며 자중에 의하여 안정을 유지하는 옹벽의 형태는?

① 중력식 옹벽
② L형 옹벽
③ 캔틸레버 옹벽
④ 뒷부벽식 옹벽

23 중력식 옹벽
무근 콘크리트로 만들어지며, 자중에 의하여 안정을 유지한다.

24 철근 콘크리트가 건설 재료로서 널리 사용되게 된 이유로 옳지 않은 것은?

① 철근과 콘크리트는 부착이 매우 잘 된다.
② 콘크리트 속에 묻힌 철근은 녹이 슬지 않는다.
③ 철근은 압축력에 강하고 콘크리트는 인장력에 강하다.
④ 철근과 콘크리트는 온도에 대한 열팽창계수가 거의 같다.

24
철근은 인장력에 강하고 콘크리트는 압축력에 강하다.

정답 20 ③ 21 ② 22 ② 23 ① 24 ③

25 기둥에서 띠 철근에 대한 설명으로 옳지 않은 것은?

① 횡방향의 보강 철근이다.
② 종방향 철근의 위치를 확보한다.
③ 전단력에 저항하도록 정해진 간격으로 배치한다.
④ 띠 철근은 D15 이상의 철근을 사용하여야 한다.

해설 25 D32 이하의 축방향 철근은 D10 이상의 띠 철근으로 둘러싸야 한다.

26 구조 재료로서의 강재의 특징에 대한 설명으로 옳지 않은 것은?

① 균질성을 가지고 있다.
② 관리가 잘 된 강재는 내구성이 우수하다.
③ 다양한 형상과 치수를 가진 구조로 만들 수 있다.
④ 다른 재료에 비해 단위 면적에 대한 강도가 작다.

해설 26 구조 재료로서의 강재의 장점
• 재료의 균질성을 가지고 있다.
• 부재를 개수하거나 보강하기 쉽다.
• 다양한 형상과 치수를 가진 구조로 만들 수 있다.
• 다른 재료에 비해 단위 면적에 대한 강도가 크다.
• 재료의 세기, 즉 강도가 콘크리트에 비해 월등히 크다.
• 강구조물을 공장에서 사전 조립이 가능하여 공사기간을 단축할 수 있다.

27 주탑을 기준으로 경사방향의 케이블에 의해 지지되는 교량의 형식은?

① 사장교   ② 아치교
③ 트러스교 ④ 라멘교

해설 27 사장교
• 교각 위에 탑을 세우고 주탑과 경사로 배치된 케이블로 주형을 고정시키는 형식의 교량이다.
• 서해대교는 대표적인 사장교이다.

28 토목구조물의 특징에 속하지 않는 것은?

① 건설에 많은 비용과 시간이 소요된다.
② 공공의 목적으로 건설되기 때문에 사회의 감시와 비판을 받게 된다.
③ 구조물의 공용 기간이 길어 장래를 예측하여 설계하고 건설해야 한다.
④ 주로 다량 생산 체계로 건설된다.

해설 28 다량 생산이 아니다.
동일한 조건의 동일한 구조물을 두 번 이상 건설하는 일이 없다.

29 철근의 항복으로 시작되는 보의 파괴 형태로 철근이 먼저 항복한 후에 콘크리트가 큰 변형을 일으켜 사전에 붕괴의 조짐을 보이면서 점진적으로 일어나는 파괴는?

① 취성 파괴   ② 연성 파괴
③ 경성 파괴   ④ 강성 파괴

해설 29 연성파괴
철근이 항복한 후에 상당한 연성을 나타내기 때문에 파괴가 갑작스럽게 일어나지 않고 서서히 일어난다.

정답 25 ④ 26 ④ 27 ① 28 ④ 29 ②

☐☐☐ 03④, 07①, 09④, 13①, 16①④

30 옹벽은 외력에 대하여 안정성을 검토하는데, 그 대상이 아닌 것은?

① 전도에 대한 안정
② 활동에 대한 안정
③ 침하에 대한 안정
④ 간격에 대한 안정

☐☐☐ 16④

31 보를 강도 설계법에 의해 설계할 때, 균형변형률 상태를 바르게 설명한 것은?

① 압축 콘크리트의 응력은 f_{ck}이고, 인장철근이 설계기준항복강도에 대응하는 변형률에 도달할 때
② 압축 콘크리트가 가정된 극한변형률에 도달하고, 인장철근이 설계기준항복강도에 대응하는 변형률에 도달할 때
③ 압축 콘크리트의 변형률은 0.001이고, 인장철근이 설계기준항복강도에 대응하는 변형률에 도달할 때
④ 압축측 콘크리트의 응력은 $0.85f_{ck}$이고, 인장철근이 설계기준항복강도에 대응하는 변형률에 도달할 때

☐☐☐ 16④

32 그림과 같은 기둥에서 유효좌굴길이가 가장 긴 것부터 순서대로 나열한 것은?

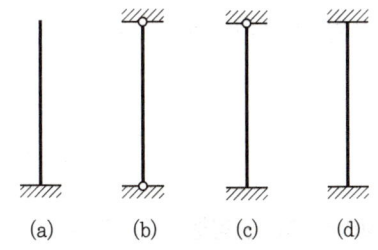

① (a)-(b)-(c)-(d)
② (a)-(c)-(b)-(d)
③ (d)-(c)-(b)-(a)
④ (d)-(c)-(a)-(b)

☐☐☐ 07①, 11⑤, 12①, 15④, 16①④

33 1방향 슬래브의 최소 두께는 얼마인가?

① 100mm
② 200mm
③ 300mm
④ 400mm

해 설

30 옹벽의 안정 조건
전도에 대한 안정, 활동에 대한 안정, 침하에 대한 안정

31 균형변형률 상태
인장철근이 설계기준항복강도에 대응하는 변형률에 도달하고 동시에 압축 콘크리트가 가정된 극한변형률에 도달할 때, 그 단면이 균형변형률 상태에 있다고 본다.

32 유효길이

양단고정	0.5*l*
일단고정일단힌지	0.7*l*
양단힌지	1.0*l*
일단고정 일단자유	2.0*l*

33 1방향 슬래브
최소 두께는 100mm 이상으로 규정하고 있다.

정답 30 ④ 31 ② 32 ① 33 ①

□□□ 02④, 05④, 13⑤, 16④
34 아치교에 대한 설명으로 옳지 않은 것은?

① 미관이 아름답다.
② 계곡이나 지간이 긴 곳에도 적당하다.
③ 상부 구조의 주체가 아치(arch)로 된 교량을 말한다.
④ 우리나라의 대표적인 아치교는 거가대교이다.

34
우리나라의 대표적인 아치교는 한강 대교(타이드아치교)이다.

□□□ 12①, 14①⑤, 16④
35 철근 콘크리트의 특징으로 틀린 것은?

① 내구성이 우수하다.
② 검사, 개조 및 파괴 등이 용이하다.
③ 다양한 모양과 치수를 만들 수 있다.
④ 부재를 일체로 만들어 강도를 높일 수 있다.

35 철근 콘크리트의 특징
• 유지관리비가 적게 든다.
• 검사, 개조 및 보강 등이 어렵다.
• 내구성, 내화성, 내진성이 우수하다.
• 여러 가지 모양과 치수의 구조물을 만들기 쉽다.

□□□ 12⑤, 14①, 16④
36 슬래브에 대한 설명으로 옳지 않은 것은?

① 슬래브는 두께에 비하여 폭이 넓은 판모양의 구조물이다.
② 주철근의 구조에 따라 크게 1방향 슬래브, 2방향 슬래브로 구별할 수 있다.
③ 2방향 슬래브는 주철근의 배치가 서로 직각으로 만나도록 되어 있다.
④ 4변에 의해 지지되는 슬래브 중에서 단변에 대한 장변의 비가 4배를 넘으면 2방향 슬래브로 해석한다.

36
4변에 의해 지지되는 슬래브 중에서 단변에 대한 장변의 비가 4배를 넘으면 1방향 슬래브로 해석한다.

□□□ 10①④, 12①④⑤, 13④⑤, 14④⑤, 15⑤, 16④
37 단철근 직사각형보에서 $f_{ck}=24$MPa, $f_y=300$MPa일 때, 균형철근비는 약 얼마인가?

① 0.020   ② 0.035
③ 0.037   ④ 0.041

37 균형철근비
$$\rho_b = \frac{\eta(0.85f_{ck})\beta_1}{f_y} \times \frac{660}{660+f_y}$$
• $f_{ck} \leq 40$MPa일 때
$\eta=1.0, \ \beta_1=0.80$
$\therefore \rho_b = \frac{1.0\times 0.85\times 24\times 0.80}{300}$
$\times \frac{660}{660+300} = 0.037$

□□□ 10①, 16④
38 옹벽의 전도에 대한 안전율은 최소 얼마 이상이어야 하는가?

① 1   ② 2
③ 3   ④ 4

38 옹벽의 안정조건
• 활동에 대한 안전율 : 1.5배 이상
• 전도에 대한 안전율 : 2.0배 이상

정답 34 ④ 35 ② 36 ④ 37 ③ 38 ②

□□□ 12⑤, 16④

39 프리스트레스트 콘크리트의 포스트 텐션 공법에 대한 설명으로 옳지 않은 것은?

① PS강재를 긴장한 후에 콘크리트를 타설한다.
② 콘크리트가 경화한 후에 PS강재를 긴장한다.
③ 그라우트를 주입시켜 PS강재를 콘크리트와 부착시킨다.
④ 정착 방법에는 쐐기식과 지압식이 있다.

39 프리텐션 공법
PS강재를 긴장한 채로 콘크리트를 타설한 후, 콘크리트가 충분히 경화한 후에 PS강재의 긴장을 천천히 풀어준다.

□□□ 12⑤, 16④

40 교량의 상부 구조에 해당하지 않는 것은?

① 슬래브　　② 트러스
③ 교대　　　④ 보

40
- 상부 구조 : 바닥판, 바닥틀, 주형 또는 주트러스, 받침
- 하부 구조 : 교대, 교각 및 기초(말뚝기초 및 우물통 기초)

□□□ 16④

41 치수 보조선에 대한 설명으로 옳지 않은 것은?

① 대응하는 물리적 길이에 수직으로 그리는 것이 좋다.
② 치수선과 직각이 되게 하여 치수선의 위치보다 약간 짧게 긋는다.
③ 한 중심선에서 다른 중심선까지의 거리를 나타낼 때 중심선을 치수 보조선으로 사용할 수 있다.
④ 치수를 도형 안에 기입할 때 외형선을 치수 보조선으로 사용할 수 있다.

41 치수보조선
가는 실선으로 치수선에 직각으로 긋고, 치수선보다 2~3mm 연장하여 긋는다.

□□□ 02, 08①, 10④⑤, 12④, 16①④

42 정투상법에서 제1각법의 순서로 옳은 것은?

① 눈→물체→투상면　　② 눈→투상면→물체
③ 물체→눈→투상면　　④ 물체→투상면→눈

42 정투상법
- 제1각법 : 눈 → 물체 → 투상면
- 제3각법 : 눈 → 투상면 → 물체

□□□ 08④, 10①, 12⑤, 15⑤, 16④

43 단면의 경계 표시 중 지반면(흙)을 나타내는 것은?

43 재료의 경계 표시
① 지반면(흙)
② 모래
③ 잡석
④ 수준면(물)

정답 39 ① 40 ③ 41 ② 42 ① 43 ①

□□□ 09①, 11⑤, 12④, 13①, 15①, 16④

44 정면, 평면, 측면을 하나의 투상도에서 동시에 볼 수 있도록 3개의 모서리가 각각 120°를 이루게 그리는 도법은?

① 경사 투상도 ② 유각 투상도
③ 등각 투상도 ④ 평행 투상도

44 등각 투상도
• 정면, 평면, 측면을 하나의 투상도에서 동시에 볼 수 있다.
• 직육면체의 등각 투상도에서 직각으로 만나는 3개의 모서리는 각각 120°를 이룬다.

□□□ 10①④, 12④⑤, 15④, 16①④

45 단면 형상에 따른 절단면 표시에 관한 내용으로 파이프를 나타내는 그림은?

① 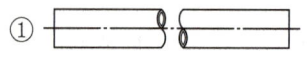 ②
③ 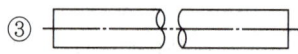 ④

45 단면의 형태에 따른 절단면 표시
① 파이프
② 나무
③ 환봉
④ 각봉

□□□ 16④

46 CAD 프로그램을 이용하여 도면을 출력할 때 유의 사항과 가장 거리가 먼 것은?

① 주어진 축척에 맞게 출력 한다.
② 출력한 용지 사이즈를 확인 한다.
③ 도면 출력 방향이 가로인지 세로인지를 선택한다.
④ 이전 플롯을 사용하여 출력의 오류를 막는다.

46
플롯영역은 한계, 범위, 윈도우 등을 선택하여 원하는 도면이 출력되도록 하여 오류를 막는다.

□□□ 07④, 11①, 13⑤, 14①, 15④, 16①④

47 1 : 1보다 큰 척도를 의미하는 것은?

① 실척 ② 축척
③ 현척 ④ 배척

47 척도의 종류
• 축척 : 물체의 실제보다 축소
• 현척 : 물체의 실제와 같은 크기
• 배척 : 물체의 실제보다 확대

□□□ 04③, 11⑤, 12①, 14④, 15④, 16④

48 도면에서 두 종류 이상의 선이 같은 장소에 서로 겹칠 때 우선순위로 옳은 것은?

① 외형선→숨은선→절단선→중심선
② 외형선→숨은선→중심선→절단선
③ 절단선→숨은선→중심선→외형선
④ 절단선→외형선→중심선→숨은선

48 선의 우선 순위

1	외형선
2	숨은선
3	절단선
4	중심선

정답 44 ③ 45 ① 46 ④ 47 ④ 48 ①

□□□ 12⑤, 16④

49 구체적인 설계를 하기 전에 계획자의 의도를 제시하기 위하여 그려지는 도면은?

① 설계도 ② 계획도
③ 제작도 ④ 시공도

□□□ 09④, 16④

50 도로 설계 제도에서 평면 곡선부에 기입하는 것은?

① 교각 ② 토량
③ 지반고 ④ 계획고

□□□ 12④, 16④

51 도면의 치수 표기 방법에 대한 설명으로 옳은 것은?

① 치수 단위는 cm를 원칙으로 하며, 단위 기호는 표기하지 않는다.
② 치수선이 세로일 때 치수를 치수선 오른쪽에 표시한다.
③ 좁은 공간에서는 인출선을 사용하여 치수를 표시할 수 있다.
④ 치수는 선이 교차하는 곳에 표기한다.

□□□ 12⑤, 16④

52 건설재료에서 아래의 그림이 나타내는 것은?

① 유리
② 석재
③ 목재
④ 점토

□□□ 13①, 16④

53 그림과 같은 양면 접시머리 공장 리벳의 표시로 옳은 것은?

① ⊙
② ⊗
③ ○
④ ⊗

해 설

49 용도에 따른 분류
• 계획도, 설계도, 제작도, 시공도
• 계획도 : 구체적인 설계를 하기 전에 계획자의 의도를 명시하기 위하여 그리는 도면

50 평면 곡선부에 기입사항
굴곡부를 그리려면 먼저 교점(I.P)의 위치를 정하고 교각(I)을 각도기로 정확히 측정하고 방향선을 긋는다.

51 치수 표기 방법
• 치수 단위는 mm를 원칙으로 하며, 단위 기호는 표기하지 않는다.
• 치수선이 세로일 때 치수를 치수선 왼쪽에 표시한다.
• 좁은 공간에서는 인출선을 사용하여 치수를 표시할 수 있다.
• 치수는 치수선이 교차하는 곳에는 가급적 기입하지 않는다.

52 재료 단면 표시
목재의 경계표시이다.

53 공장 리벳의 접시(마무리) 평면 기호

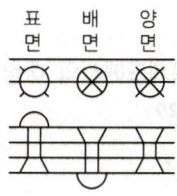

정답 49 ② 50 ① 51 ③ 52 ③ 53 ④

□□□ 12①, 16④

54 물체를 투상면에 대하여 한쪽으로 경사지게 투상하여 입체적으로 나타낸 것은?

① 투시 투상도
② 사 투상도
③ 등각 투상도
④ 축측 투상도

54 사 투상도
- 물체의 상징인 정면 모양이 실제로 표시되며 한쪽으로 경사지게 투상하여 입체적으로 나타내는 투상도
- 물체를 입체적으로 나타내기 위해 수평선에 대하여 30°, 45°, 60° 경사각을 주어 삼각자를 쓰기에 편리한 각도로 한다.

□□□ 08⑤, 10⑤, 11③, 13⑤, 15①④, 16④

55 토목설계 도면의 A3 용지 크기를 바르게 나타낸 것은?

① 841 × 594mm
② 594 × 420mm
③ 420 × 297mm
④ 297 × 210mm

55 도면의 크기

A0	841×1189
A1	594×841
A2	420×594
A3	297×420
A4	210×297

□□□ 16④

56 단면도의 작성에 대한 설명으로 옳지 않은 것은?

① 단면도는 실선으로 주어진 치수대로 정확히 작도한다.
② 단면도는 보통 철근 기호는 생략하는 것을 원칙으로 한다.
③ 단면도에 배근될 철근 수량이 정확해야 한다.
④ 단면도에 표시된 철근 간격이 벗어나지 않도록 해야 한다.

56
단면도에서 철근 기호는 생략하지 않는 것을 원칙으로 한다.

□□□ 16④

57 구조용 재료의 단면표시 그림 중에서 인조석을 표시한 것은?

①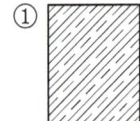
②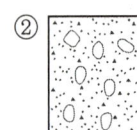
③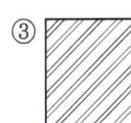
④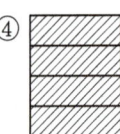

57
① 인조석
② 콘크리트
③ 강철
④ 벽돌

□□□ 07⑤, 09①, 11⑤, 12④, 13④, 16④

58 토목제도에서의 대칭인 물체나 원형인 물체의 중심선으로 사용되는 선은?

① 파선
② 1점 쇄선
③ 2점 쇄선
④ 나선형 실선

58 중심선
- 가는 1점 쇄선
- 대칭의 중심을 표시하는 데 사용

정답 54 ② 55 ③ 56 ② 57 ① 58 ②

□□□ 12⑤, 16④

49 구체적인 설계를 하기 전에 계획자의 의도를 제시하기 위하여 그려지는 도면은?

① 설계도　　　② 계획도
③ 제작도　　　④ 시공도

49 용도에 따른 분류
- 계획도, 설계도, 제작도, 시공도
- 계획도 : 구체적인 설계를 하기 전에 계획자의 의도를 명시하기 위하여 그리는 도면

□□□ 09④, 16④

50 도로 설계 제도에서 평면 곡선부에 기입하는 것은?

① 교각　　　② 토량
③ 지반고　　　④ 계획고

50 평면 곡선부에 기입사항
굴곡부를 그리려면 먼저 교점(I.P)의 위치를 정하고 교각(I)을 각도기로 정확히 측정하고 방향선을 긋는다.

□□□ 12④, 16④

51 도면의 치수 표기 방법에 대한 설명으로 옳은 것은?

① 치수 단위는 cm를 원칙으로 하며, 단위 기호는 표기하지 않는다.
② 치수선이 세로일 때 치수를 치수선 오른쪽에 표시한다.
③ 좁은 공간에서는 인출선을 사용하여 치수를 표시할 수 있다.
④ 치수는 선이 교차하는 곳에 표기한다.

51 치수 표기 방법
- 치수 단위는 mm를 원칙으로 하며, 단위 기호는 표기하지 않는다.
- 치수선이 세로일 때 치수를 치수선 왼쪽에 표시한다.
- 좁은 공간에서는 인출선을 사용하여 치수를 표시할 수 있다.
- 치수는 치수선이 교차하는 곳에는 가급적 기입하지 않는다.

□□□ 12⑤, 16④

52 건설재료에서 아래의 그림이 나타내는 것은?

① 유리
② 석재
③ 목재
④ 점토

52 재료 단면 표시
목재의 경계표시이다.

□□□ 13①, 16④

53 그림과 같은 양면 접시머리 공장 리벳의 표시로 옳은 것은?

① ⊗ (with dot)
② ⊗
③ ○
④ ⊗ (larger)

53 공장 리벳의 접시(마무리) 평면 기호

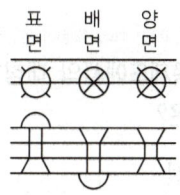

정답　49 ②　50 ①　51 ③　52 ③　53 ④

□□□ 12①, 16④

54 물체를 투상면에 대하여 한쪽으로 경사지게 투상하여 입체적으로 나타낸 것은?

① 투시 투상도 ② 사 투상도
③ 등각 투상도 ④ 축측 투상도

□□□ 08⑤, 10⑤, 11③, 13⑤, 15①④, 16④

55 토목설계 도면의 A3 용지 크기를 바르게 나타낸 것은?

① 841 × 594mm ② 594 × 420mm
③ 420 × 297mm ④ 297 × 210mm

□□□ 16④

56 단면도의 작성에 대한 설명으로 옳지 않은 것은?

① 단면도는 실선으로 주어진 치수대로 정확히 작도한다.
② 단면도는 보통 철근 기호는 생략하는 것을 원칙으로 한다.
③ 단면도에 배근될 철근 수량이 정확해야 한다.
④ 단면도에 표시된 철근 간격이 벗어나지 않도록 해야 한다.

□□□ 16④

57 구조용 재료의 단면표시 그림 중에서 인조석을 표시한 것은?

①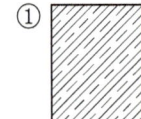
②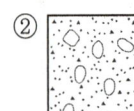
③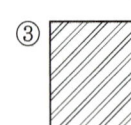
④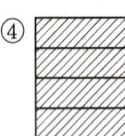

□□□ 07⑤, 09①, 11⑤, 12④, 13④, 16④

58 토목제도에서의 대칭인 물체나 원형인 물체의 중심선으로 사용되는 선은?

① 파선 ② 1점 쇄선
③ 2점 쇄선 ④ 나선형 실선

해설

54 사 투상도
- 물체의 상징인 정면 모양이 실제로 표시되며 한쪽으로 경사지게 투상하여 입체적으로 나타내는 투상도
- 물체를 입체적으로 나타내기 위해 수평선에 대하여 30°, 45°, 60° 경사각을 주어 삼각자를 쓰기에 편리한 각도로 한다.

55 도면의 크기

A0	841×1189
A1	594×841
A2	420×594
A3	297×420
A4	210×297

56
단면도에서 철근 기호는 생략하지 않는 것을 원칙으로 한다.

57
① 인조석
② 콘크리트
③ 강철
④ 벽돌

58 중심선
- 가는 1점 쇄선
- 대칭의 중심을 표시하는 데 사용

정답 54 ② 55 ③ 56 ② 57 ① 58 ②

59 철근의 갈고리를 표시하는 각도로 적합하지 않은 것은?

① 90°　　② 45°
③ 30°　　④ 10°

해설 59 철근의 갈고리의 각도 표시
직각 갈고리(90°), 예각 갈고리(45°), 갈고리 정면(30°)

60 선의 종류 중 보이지 않는 부분의 모양을 표시할 때 사용하는 선은?

① 일점쇄선　　② 이점쇄선
③ 파선　　　 ④ 실선

해설 60 파선 : 숨은선
대상물의 보이지 않는 부분의 모양을 표시

정답 59 ④　60 ③

| memo |

PART 3

CBT 대비
복원 기출문제

- 01 2017년 제1회
- 02 2018년 제1회
- 03 2019년 제1회
- 04 2020년 제1회
- 05 2021년 제1회
- 06 2022년 제1회
- 07 2023년 제1회
- 08 2024년 제1회
- 09 2025년 제1회

【복원 기출문제 CBT 따라하기】
홈페이지(www.bestbook.co.kr)에서 일부 기출문제를 CBT 모의 TEST로 체험하실 수 있습니다.

- 2017년 제3회
- 2018년 제3회
- 2019년 제3회
- 2020년 제3회
- 2021년 제3회
- 2022년 제3회
- 2023년 제3회
- 2024년 제3회
- 2025년 제3회

전산응용토목제도기능사 연습용 답안카드

전산응용토목제도기능사 연습용 답안카드

전산응용토목제도기능사 연습용 답안카드

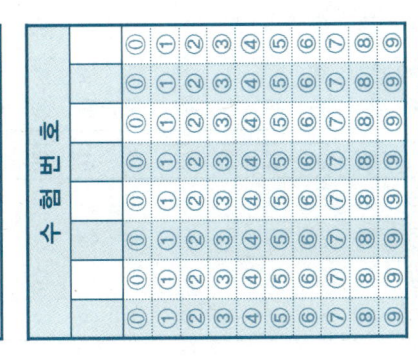

전산응용토목제도기능사 연습용 답안카드

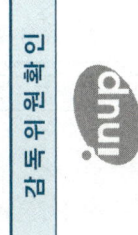

전산응용토목제도기능사 연습용 답안카드

국가기술자격 CBT 필기시험문제

2017년도 기능사 제1회 필기시험

종 목	시험시간	배 점	테스트 결과(개수)		
전산응용토목제도기능사	1시간	60	1회	2회	3회

□□□ 07, 10①, 12①, 16①④, 17①

01 콘크리트용 골재가 갖추어야 할 성질에 대한 설명으로 옳지 않은 것은?

① 알맞은 입도를 가질 것
② 깨끗하고 강하며 내구적일 것
③ 연하고 가느다란 석편을 함유할 것
④ 먼지, 흙, 유기불순물 등의 유해물이 허용한도 이내일 것

해 설

01 골재가 갖추어야 할 성질
- 연한 석편, 가느다란 석편을 함유하지 않을 것
- 함유하면 낱알을 방해 하므로 워커빌리티가 좋지 않다.

□□□ 06④, 10①, 12⑤, 13①, 14⑤, 15①④, 16④, 17①

02 1방향 슬래브에서 정모멘트 철근 및 부모멘트 철근의 중심 간격에 대한 위험단면에서의 기준으로 옳은 것은?

① 슬래브 두께의 2배 이하, 300mm 이하
② 슬래브 두께의 2배 이하, 400mm 이하
③ 슬래브 두께의 3배 이하, 300mm 이하
④ 슬래브 두께의 3배 이하, 400mm 이하

02 1방향 슬래브의 주철근의 간격
위험단면의 경우 슬래브 두께의 2배 이하, 300mm 이하

□□□ 10①, 17①

03 철근 콘크리트 보에서 사용하는 전단철근에 해당되지 않는 것은?

① 주철근에 45° 또는 그 이상의 경사로 배치하는 스터럽
② 주철근에 60°의 각도로 설치된 스터럽
③ 주철근에 30° 또는 그 이상의 경사로 구부린 굽힘철근
④ 스터럽과 굽힘철근의 조합

03 전단철근의 형태
- 주철근에 45° 또는 그 이상의 경사로 배치하는 스터럽
- 주철근에 30° 또는 그 이상의 경사로 구부린 굽힘철근
- 스터럽과 굽힘철근의 조합

□□□ 07⑤, 10①, 16④, 17①

04 철근의 항복으로 시작되는 보의 파괴는 사전에 붕괴의 징조를 알리며 점진적으로 일어난다. 이러한 파괴 형태를 무엇이라 하는가?

① 연성파괴   ② 항복파괴
③ 취성파괴   ④ 피로파괴

04 연성파괴
철근이 항복한 후에 상당한 연성을 나타내기 때문에 파괴가 갑작스럽게 일어나지 않고 서서히 일어난다.

정답 01 ③ 02 ① 03 ② 04 ①

	해 설

□□□ 10①, 17①

05 철근 구조물에서 철근의 최소 피복두께를 결정하는 요소로 가장 거리가 먼 것은?

① 콘크리트를 타설하는 조건에 따라
② 거푸집의 종류에 따라
③ 사용 철근의 공칭지름에 따라
④ 구조물이 받는 환경조건에 따라

05 철근의 최소 피복두께를 결정하는 요소
• 콘크리트를 타설하는 조건에 따라
• 사용 철근의 공칭지름에 따라
• 구조물이 받는 환경조건에 따라

□□□ 10①, 17①

06 철근 크기에 따른 180° 표준 갈고리의 구부림 최소 반지름으로 옳지 않은 것은? (d_d는 철근의 공칭지름)

① D10 : $2d_d$
② D25 : $3d_d$
③ D35 : $4d_d$
④ D38 : $5d_d$

06 구부림의 최소 내면 반지름

철근의 크기	최소 내면 반지름
D10~D25	$3d_b$
D29~D35	$4d_b$
D38 이상	$5d_b$

□□□ 10①, 17①

07 콘크리트를 연속으로 칠 경우 콜드 조인트가 생기지 않도록 하기 위하여 사용할 수 있는 혼화제는?

① 지연제
② 급결제
③ 발포제
④ 촉진제

07 지연제
콘크리트를 연속적으로 칠 때 콜드 조인트가 생기지 않도록 할 경우 사용된다.

□□□ 10①, 13⑤, 17①

08 콘크리트 구조물의 이음에 관한 설명으로 옳지 않은 것은?

① 설계에 정해진 이음의 위치와 구조는 지켜야 한다.
② 신축이음은 양쪽의 구조물 혹은 부재가 구속되지 않는 구조이어야 한다.
③ 시공이음은 될 수 있는 대로 전단력이 큰 위치에 설치한다.
④ 신축이음에서는 필요에 따라 이음재, 지수판 등을 설치할 수 있다.

08 콘크리트 구조물의 이음
시공이음은 될 수 있는 대로 전단력이 작은 위치에 설치한다.

□□□ 10①, 12①, 17①

09 콘크리트를 배합 설계할 때 물-결합재비를 결정할 때의 고려사항으로 거리가 먼 것은?

① 압축강도
② 단위 시멘트량
③ 내구성
④ 수밀성

09 물-결합재비(W/B)의 결정
소요의 강도(배합강도), 내구성, 수밀성

정답 05 ② 06 ① 07 ① 08 ③ 09 ②

☐☐☐ 14⑤, 17①

10 철근의 구부리기에 관한 설명으로 옳지 않은 것은?

① 모든 철근은 가열해서 구부리는 것을 원칙으로 한다.
② D38 이상의 철근은 구부림 내면반지름을 철근지름의 5배 이상으로 하여야 한다.
③ 콘크리트 속에 일부가 묻혀 있는 철근은 현장에서 구부리지 않는 것이 원칙이다.
④ 큰 응력을 받는 곳에서 철근을 구부릴 때에는 구부림 내면반지름을 더욱 크게 하는 것이 좋다.

해설

10
- 철근은 상온에서 구부리는 것을 원칙으로 한다.
- 철근의 가열은 콘크리트에 손상이 가지 않도록 시행되어야 한다.

☐☐☐ 11④, 17①

11 압축부재의 철근 배치 및 철근 상세에 관한 설명으로 옳지 않은 것은?

① 축방향 주철근 단면적은 전체 단면적의 1~8%로 하여야 한다.
② 띠 철근의 수직간격은 축방향 철근지름의 16배 이하, 띠 철근 지름의 48배 이하, 또한 기둥단면의 최소 개수는 삼각형으로 둘러싸인 경우 4개로 하여야 한다.
③ 띠 철근 기둥에서 축방향 철근의 순간격은 40mm 이상, 또한 철근 공칭지름의 1.5배 이상으로 하여야 한다.
④ 압축부재의 축방향 주철근의 최소 개수는 삼각형으로 둘러싸인 경우 4개로 하여야 한다.

11 압축부재의 축방향 주철근 최소 개수
- 삼각형 띠 철근으로 둘러싸인 경우는 3개
- 사각형이나 원형 띠 철근으로 둘러싸인 경우 4개
- 나선철근으로 둘러싸인 철근의 경우는 6개

☐☐☐ 10①, 17①

12 트러스의 종류 중 주트러스로서는 잘 쓰이지 않으나, 가로 브레이싱에 주로 사용되는 형식은?

① K 트러스
② 프랫(pratt) 트러스
③ 하우(howe) 트러스
④ 워런(warren) 트러스

12 K트러스
- 겉보기에 좋지 않으므로 주 트러스로서는 잘 쓰이지 않는다.
- 가로 브레이싱으로 주로 쓰인다.

☐☐☐ 10①, 13②, 17①

13 다음 교량 중 건설 시기가 가장 빠른 것은? (단, 개·보수 및 복구 등을 제외한 최초의 완공을 기준으로 한다.)

① 인천 대교
② 원효 대교
③ 한강 철교
④ 영종 대교

13 교량 건설시기

교량	건설시기
한강철교	1900년
원효대교	1981년
영종대교	2000년
인천대교	2009년

정답 10 ① 11 ④ 12 ① 13 ③

□□□ 10①, 16④, 17①

14 폴리머 콘크리트(폴리머–시멘트 콘크리트)의 성질로 옳지 않은 것은?

① 강도가 크다. ② 건조수축이 작다.
③ 내충격성이 좋다. ④ 내마모성이 작다.

14 폴리머 콘크리트
• 강도가 크고, 동결융해, 내마모성이 크다.
• 건조수축 작고, 방수성, 내충격성이 좋다.

□□□ 10①, 17①

15 철근 콘크리트 구조에 대한 설명으로 옳지 않은 것은?

① 콘크리트의 압축강도가 인장강도에 비해 약한 결점을 철근을 배치하여 보강한 것이다.
② 콘크리트 속에 묻힌 철근은 녹이 슬지 않아 널리 사용된다.
③ 이형 철근은 표면적이 넓을 뿐 아니라 마디가 있어 부착력이 크다.
④ 각 부재를 일체로 만들 수 있어 전체적으로 강성이 큰 구조가 된다.

15 철근콘크리트 구조
콘크리트는 인장에 약한 콘크리트의 결점을 보완하기 위해 콘크리트는 압축을, 인장은 철근이 부담하는 구조이다.

□□□ 05④, 10①, 15④, 17①

16 압축부재에 사용되는 나선철근의 정착은 나선철근의 끝에서 추가로 몇 회전만큼 더 확보하여야 하는가?

① 1.0회전 ② 1.5회전
③ 2.0회전 ④ 2.5회전

16
나선철근의 정착을 위해 나선철근의 끝에서 1.5회전만큼 더 연장해야 한다.

□□□ 06④, 10①, 12⑤, 13①, 14⑤, 15①, 16④, 17①

17 두께 140mm의 슬래브를 설계하고자 한다. 최대 정모멘트가 발생하는 위험단면에서 주철근의 중심 간격은 얼마 이하이어야 하는가?

① 280mm 이하 ② 320mm 이하
③ 360mm 이하 ④ 400mm 이하

17 2방향 슬래브의 위험단면에서 주철근의 간격
슬래브 두께의 2배 이하
또한 300mm 이하로 하여야 한다.
∴ 140×2=280mm 이하이거나 300mm 이하

□□□ 10①, 16①, 17①

18 철근 콘크리트 기둥 중 그림과 같은 형식은 어떤 기둥의 단면을 표시한 것인가?

① 합성 기둥
② 띠 철근 기둥
③ 콘크리트 기둥
④ 나선철근 기둥

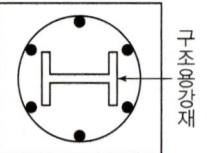

18 합성기둥(composite column)
구조용 강재나 강관을 축방향으로 보강한 기둥

정답 14 ④ 15 ① 16 ② 17 ① 18 ①

□□□ 08⑤, 10①, 17①

19 양안에 주탑을 세우고 그 사이에 케이블을 걸어, 여기에 보강형 또는 보강 트러스를 매단 형식의 교량은?

① 아치교 ② 현수교
③ 연속교 ④ 라멘교

해설

19 현수교
양안에 주탑을 세우고 그 사이에 케이블을 걸어, 여기에 보강한 또는 보강 트러스를 매단 형식의 교량

□□□ 10①, 17①

20 교량을 강도 설계법으로 설계하고자 할 때, 설계 계산에 앞서 결정하여야 할 사항이 아닌 것은?

① 사용성 검토 ② 응력의 결정
③ 재료의 선정 ④ 하중의 결정

20 설계계산에 앞서 먼저 결정할 사항
• 재료의 선정, 응력의 결정, 하중의 결정, 부재 단면의 가정, 단면의 결정
• 사용성의 검토 : 결정된 단면이 사용 목적에 맞는가를 검토한다.

□□□ 10①, 16④, 17①

21 옹벽의 활동에 대한 저항력은 옹벽에 작용하는 수평력의 최소 몇 배 이상이 되도록 하여야 하는가?

① 1.0배 ② 1.5배
③ 2.0배 ④ 2.5배

21 옹벽의 안정조건
• 활동에 대한 안전율 : 1.5배 이상
• 전도에 대한 안전율 : 2.0배 이상

□□□ 12⑤, 16④, 17①

22 교량의 상부 구조에 해당하지 않는 것은?

① 슬래브 ② 트러스
③ 교대 ④ 보

22 교량의 구조
• 상부 구조 : 바닥판, 바닥틀, 주형 또는 주트러스, 받침
• 하부 구조 : 교대, 교각 및 기초(말뚝기초 및 우물통 기초)

□□□ 10①, 17①

23 내적 부정정 아치(arch)에 해당되지 않는 것은?

① 랭거교 ② 로제교
③ 타이드 아치교 ④ 3활절 아치교

23
• 내적 부정정 아치 : 타이드 아치교, 로제교, 랭거교, 랭거 트러스교
• 정정 아치 : 3활절 아치, 3활절 스팬드럴 브레이스트 아치교

□□□ 12⑤, 17①

24 기둥에서 종방향 철근의 위치를 확보하고 전단력에 저항하도록 정해진 간격으로 배치된 횡방향의 보강 철근을 무엇이라 하는가?

① 주 철근 ② 절곡 철근
③ 인장 철근 ④ 띠 철근

24 띠 철근(tie bar)의 정의이다.

정답 19 ② 20 ① 21 ② 22 ③ 23 ④ 24 ④

| 해 설 |

□□□ 10①, 11④⑤, 12⑤, 13⑤, 15④, 17①

25 철근 콘크리트를 널리 이용하는 이유가 아닌 것은?

① 검사 및 개조, 해체가 매우 쉽다.
② 철근과 콘크리트는 부착이 매우 잘된다.
③ 콘크리트 속에 묻힌 철근은 녹이 슬지 않는다.
④ 철근과 콘크리트는 온도에 대한 열팽창 계수가 거의 같다.

25
검사, 개조 및 보강 등이 어렵다.

□□□ 05⑤, 10①, 11①, 14①⑤, 17①

26 다음 그림은 어느 형식의 확대기초를 표시한 것인가?

① 독립 확대기초
② 경사 확대기초
③ 연결 확대기초
④ 말뚝 확대기초

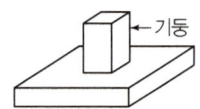

26 독립 확대기초
1개의 기둥에 전달되는 하중을 1개의 기초가 단독으로 받도록 되어 있는 확대기초

□□□ 09⑤, 14①, 17①

27 나선철근과 띠 철근 기둥에서 축방향 철근의 순간격은 최소 얼마 이상인가?

① 40mm 이상
② 50mm 이상
③ 60mm 이상
④ 70mm 이상

27 띠 철근(나선철근) 기둥
• 축방향 철근의 순간격은 40mm 이상
• 철근 공칭지름의 1.5배 이상

□□□ 05⑤, 07⑤, 10①⑤, 12①, 16④, 17①

28 토목 구조물의 특징이 아닌 것은?

① 일반적으로 대규모이다.
② 다량 생산 구조물이다.
③ 구조물의 수명, 즉 공용 기간이 길다.
④ 대부분이 공공의 목적으로 건설된다.

28 토목구조물의 특징
다량 생산이 아니다.
동일한 조건의 동일한 구조물을 두 번 이상 건설하는 일이 없다.

□□□ 08①, 10④, 12①⑤, 13②⑤, 14①, 15⑤, 17①

29 폭 $b=300$mm이고, 유효깊이 $d=500$m인 단면을 가진 단철근 직사각형 보를 설계하고자 할 때, 이 보의 철근비는? (단, 철근의 단면적 $A_s=3000$mm²이다.)

① 0.01
② 0.02
③ 0.03
④ 0.04

29 철근비
$\rho = \dfrac{A_s}{bd} = \dfrac{3000}{300 \times 500} = 0.02$

정답 25 ① 26 ① 27 ① 28 ② 29 ②

□□□ 11⑤, 15⑤, 17①

30 일반 콘크리트 휨 부재의 크리프와 건조수축에 의한 추가 장기처짐을 근사식으로 계산할 경우 재하기간 10년에 대한 시간경과계수(ξ)는?

① 1.0
② 1.2
③ 1.4
④ 2.0

해설

30 지속하중에 대한 시간경과계수(ξ)
- 5년 이상 : 2.0
- 12개월 : 1.4
- 6개월 : 1.2
- 3개월 : 1.0

□□□ 10①, 11④, 17①

31 콘크리트 속에 철근을 배치하여 양자가 일체가 되어 외력을 받게 한 구조는?

① 철근 콘크리트 구조
② 무근 콘크리트 구조
③ 프리스트레스트 구조
④ 합성 구조

31 철근 콘크리트 구조
- 콘크리트 속에 철근을 배치하여 양자가 일체가 되어 외력을 받게 한 구조
- 줄여서 RC구조라 한다.

□□□ 13②, 14④, 17①

32 구조물의 파괴상태 기준으로 예상되는 최대하중에 대하여 구조물의 안전을 확보하려는 설계방법은?

① 강도설계법
② 허용응력설계법
③ 한계상태설계법
④ 전단응력설계법

32 강도 설계법
- 구조물의 파괴상태 또는 파괴에 가까운 상태를 기준으로 한다.
- 구조물의 사용 기간 중에 예상되는 최대 하중에 대하여 구조물의 안전을 적절한 수준으로 확보하려는 설계방법

□□□ 09⑤, 17①

33 교량에 사용한 강재의 이음에 있어서 일반적으로 많이 사용하는 용접법은?

① 가스 용접법
② 특수 용접법
③ 일반 용접법
④ 금속 아크 용접법

33
교량에서는 일반적으로 금속 아크 용접법을 사용한다.

□□□ 10①, 17①

34 자동차가 교량 위를 달리다가 갑자기 정지 했을 때의 손실에 해당하는 것은?

① 풍 하중
② 제동 하중
③ 충격 하중
④ 고정 하중

34 제동 하중(특수 하중)
- 차량이 급히 정거할 때의 제동 하중은 자중이 매우 가벼운 상부 구조 등의 특별한 경우에 대한 설계에만 적용한다.
- 교면상 1.8m의 높이에서 작용하는 것으로 한다.
- DB하중의 10%를 적용한다.

정답 30 ④ 31 ① 32 ① 33 ④ 34 ②

□□□ 08①, 13⑤, 17①

35 프리스트레스트 콘크리트 부재에서 긴장재를 수용하기 위하여 미리 콘크리트 속에 넣어 두는 구멍을 형성하기 위하여 사용하는 관은?

① 시스(sheath) ② 정착 장치
③ 덕트(duct) ④ 암거

35 시스(sheath)
- PSC 부재에서 긴장재를 수용하기 위하여 미리 콘크리트 속에 뚫어 두는 구멍을 덕트(duct)라 한다.
- 덕트를 형성하기 위하여 쓰는 관

□□□ 03③, 10①, 11⑤, 12①④, 14⑤, 15①, 17①

36 프리스트레스의 손실 원인 중 프리스트레스를 도입할 때의 손실에 해당 하는 것은?

① 콘크리트의 크리프 ② 콘크리트의 건조수축
③ PS 강재의 릴랙세이션 ④ 마찰에 의한 손실

36 프리스트레스의 손실의 원인

도입시 손실 (즉시손실)	도입 후 손실 (시간적 손실)
• 정착 장치의 활동 • 콘크리트의 탄성변형 • 포스트텐션 긴장재와 덕트의 마찰	• 콘크리트의 크리프 • 콘크리트의 건조수축 • PS강재의 릴랙세이션

□□□ 08④, 15⑤, 17①

37 철근 콘크리트 부재에 이형 철근으로 2종인 SD 300을 사용 한다고 하면, SD 300에서 300의 의미는?

① 철근의 단면적 ② 철근의 공칭지름
③ 철근의 연신율 ④ 철근의 항복강도

37 SD 300
- SD : 이형철근의 기호
- 300MPa : 철근의 항복강도

□□□ 10①, 14④, 15④, 17①

38 철근의 겹침이음 길이를 결정하기 위한 요소 중 옳지 않은 것은?

① 철근의 종류 ② 철근의 재질
③ 철근의 공칭지름 ④ 철근의 설계기준항복강도

38 철근의 겹침이음의 길이
철근의 종류, 철근의 공칭지름, 철근의 설계기준항복강도, 철근의 양에 따라 달라진다.

□□□ 15④, 17①

39 콘크리트의 각종 강도 중 크기가 가장 큰 것은? (단, 콘크리트는 보통 강도의 콘크리트에 한한다.)

① 부착강도 ② 휨강도
③ 압축강도 ④ 인장강도

39 압축강도
- 인장강도는 압축강도의 약 1/10~1/13 정도이다.
- 휨강도는 압축강도의 1/5~1/8 정도이다.

□□□ 13①, 17①

40 PS강재나 시스 등의 마찰을 줄이기 위해 사용되는 마찰 감소재가 아닌 것은?

① 왁스 ② 모래
③ 파라핀 ④ 그리스

40 마찰 감소재
그리스, 파라핀, 왁스 등이 사용되고 있다.

정답 35 ① 36 ④ 37 ④ 38 ② 39 ③ 40 ②

토목제도

□□□ 08④, 10①, 15⑤, 17①
41 단면의 경계면 표시 중 지반면(흙)을 나타내는 것은?

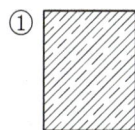

41
① 지반면(흙)
② 모래
③ 잡석
④ 수준면(물)

□□□ 05, 08④, 10①, 14①, 17①
42 다음 단면의 표시방법 중 모래를 나타낸 것은?

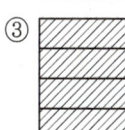 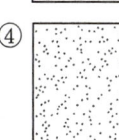

42
① 인조석
② 콘크리트
③ 벽돌
④ 모래

□□□ 10①, 11④⑤, 13④⑤, 17①
43 투상선이 모든 투상면에 대하여 수직으로 투상되는 것은?

① 정 투상법
② 투시 투상도법
③ 사 투상법
④ 축측 투상도법

43 정 투상법
투상선이 투상면에 대하여 수직으로 투상되는 것

□□□ 03, 04, 06, 10①, 17①
44 도면의 종류에서 복사도가 아닌 것은?

① 기본도
② 청사진
③ 백사진
④ 마이크로 사진

44 복사도의 종류
청사진, 백사진, 마이크로 사진(전자 복사도)

□□□ 10①, 15①, 17①
45 철근의 치수와 배치를 나타낸 도면은?

① 일반도
② 구조 일반도
③ 배근도
④ 외관도

45 배근도
철근의 치수와 배치를 나타낸 그림 또는 도면을 말한다.

정답 41 ① 42 ④ 43 ① 44 ① 45 ③

□□□ 10①⑤, 16①, 17①
46 강구조물의 도면배치에 대한 주의 사항으로 옳지 않은 것은?

① 강구조물은 길더라도 몇 가지의 단면으로 절단하여 표현하여서는 안된다.
② 제작, 가설을 고려하여 부분적으로 제작 단위마다 상세도를 작성한다.
③ 소재나 부재가 잘 나타나도록 각각 독립하여 도면을 그려도 된다.
④ 도면이 잘 보이도록 하기 위해 절단선과 지시선의 방향을 표시하는 것이 좋다.

해설

46 강구조물은 너무 길고 넓어 많은 공간을 차지하므로 몇 가지의 단면으로 절단하여 표현한다.

□□□ 04, 08④, 10①, 17①
47 보기와 같은 철근 이음 방법은?

① 철근 용접 이음
② 철근 갈고리 이음
③ 철근의 평면 이음
④ 철근의 기계적 이음

47 철근의 용접이음을 기호로 표시한 것

□□□ 10①, 17①
48 컴퓨터를 구성하는 주요 장치에서 데이터를 처리, 제어하는 기능을 수행하는 장치는?

① 기억장치
② 입력장치
③ 출력장치
④ 중앙처리장치

48 중앙처리 장치
• 컴퓨터를 제어하고 데이터를 처리하는 장치
• 제어장치와 연산장치로 구성되어 있다.

□□□ 03④, 08⑤, 09⑤, 10⑤, 11③, 12①, 13①, 17①
49 한국 산업 표준 중에서 토건 기호는?

① KS A
② KS C
③ KS F
④ KS M

49 KS의 부문별 기호

KS A	기본
KS C	전기
KS M	화학
KS F	토건

□□□ 13④, 17①
50 다음 중 토목 캐드작업에서 간격 띄우기 명령은?

① offset
② trim
③ extend
④ rotate

50 캐드 작업에서 명령어

명령어	해석
offset	간격띄우기
trim	자르기
extend	연장하기
rotate	회전하기

정답 46 ① 47 ① 48 ④ 49 ③ 50 ①

□□□ 10④, 14①, 17①

51 직선의 길이를 측정하지 않고 선분 AB를 5등분하는 그림이다. 두 번째에 해당하는 작업은?

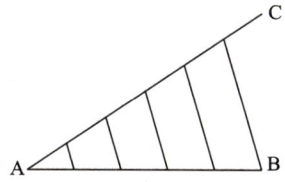

① 평행선 긋기
② 임의의 선분(AC)긋기
③ 선분 AC를 임의의 길이로 5등분
④ 선분 AB를 임의의 길이로 다섯 개 나누기

[해설] 선분 AB의 5등분

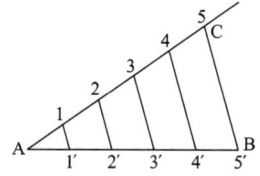

1. 선분 AB의 한 끝 A에서 임의의 방향으로 선분 AC를 긋는다.
2. 선분 AC를 임의의 길이로 5등분하여 점 1, 2, 3, 4, 5를 잡는다.
3. 끝점 5와 B를 잇고 선분 AC상의 각 점에서 선분 5 B에 평행선을 그어 선분 AB와 만나는 점 1′, 2′, 3′, 4′은 선분 AB를 5등분하는 선이다.

□□□ 10①, 17①

52 도로의 제도에서 종단 측량의 결과 No.0의 지반고가 105.35m이고 오름 경사가 1.0%일 때 수평거리 40m 지점의 계획고는?

① 105.35m
② 105.51m
③ 105.67m
④ 105.75m

52
- 수평 : 수직 = 100 : 1.0 = 40 : x
  ∴ x = 0.40m
- 수평거리 40m 지점의 계획고
  = 105.35 + 0.40
  = 105.75m

□□□ 02, 07①, 10①, 13⑤, 14⑤, 17①

53 그림과 같이 수평면으로부터 높이 수치를 주기하는 투상법은?

① 정 투상법
② 사 투상법
③ 축측 투상법
④ 표고 투상법

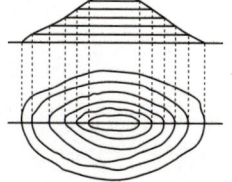

53 표고 투상법
입면도를 쓰지 않고 수평면으로부터 높이의 수치를 평면도에 기호로 주기하여 나타내는 방법

정답 51 ③ 52 ④ 53 ④

□□□ 10①, 12⑤, 15⑤, 17①

54 국제 및 국가별 표준규격 명칭과 기호 연결이 옳지 않은 것은?

① 국제 표준화 기구 – ISO
② 영국 규격 – DIN
③ 프랑스 규격 – NF
④ 일본 규격 – JIS

54
영국 규격 : BS

□□□ 07①, 10①, 13④, 17①

55 다음 중 강(鋼) 재료의 단면 표시로 옳은 것은?

① 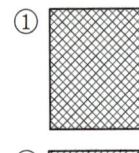 ②
③  ④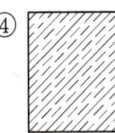

55 재료의 단면 경계 표시
① 아스팔트
② 강철
③ 놋쇠
④ 구리

□□□ 10①, 13①④, 17①

56 치수에 대한 설명으로 옳지 않은 것은?

① 치수는 계산하지 않고서도 알 수 있게 표기한다.
② 치수는 모양 및 위치를 가장 명확하게 표시하며 중복은 피한다.
③ 치수의 단위는 mm를 원칙으로 하며 단위 기호는 쓰지 않는다.
④ 부분 치수의 합계 또는 전체의 치수는 개개의 부분 치수 안쪽에 기입한다.

56
부분 치수의 합계 또는 전체의 치수는 순차적으로 개개의 부분 치수 바깥쪽에 기입한다.

□□□ 10①④, 12④⑤, 15④, 16①④, 17①

57 나무의 절단면을 바르게 표시한 것은?

①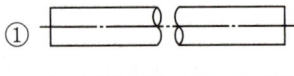
②
③
④

57 단면의 형태에 따른 절단면 표시
① 환봉
② 각봉
③ 파이프
④ 나무

정답 54 ② 55 ② 56 ④ 57 ④

☐☐☐ 10①, 15⑤, 16①, 17①

58 단면도의 절단면을 해칭할 때 사용되는 선의 종류는?

① 가는 파선
② 가는 실선
③ 가는 1점 쇄선
④ 가는 2점 쇄선

☐☐☐ 10①, 17①

59 경사가 있는 L형 옹벽 벽체에서 도면에 1 : 0.02로 표시할 수 있는 경우는?

① 연직거리 1m일 때 수평거리 2mm인 경사
② 연직거리 4m일 때 수평거리 2mm인 경사
③ 연직거리 1m일 때 수평거리 40mm인 경사
④ 연직거리 4m일 때 수평거리 80mm인 경사

☐☐☐ 07⑤, 10①, 14①, 17①

60 도면을 철하지 않을 경우 A3도면 윤곽선의 여백 치수의 최소값은 얼마로 하는 것이 좋은가?

① 25mm
② 20mm
③ 10mm
④ 5mm

해 설

58 해칭
- 단면도의 절단면을 나타내는 선
- 가는 실선으로 규칙적으로 빗금을 그은 선

59
- 연직거리 : 수평거리 $= 1 : n = 1 : 0.02$
- 연직거리가 4m일 때 수평거리
  $D = 0.02 \times 4 = 0.08\,\text{m} = 80\,\text{mm}$

60 도면을 철하지 않을 때 최소 윤곽의 나비
- 도면 A0, A1 : 20mm
- 도면 A2, A3, A4 : 10mm

정답 58 ② 59 ④ 60 ③

국가기술자격 CBT 필기시험문제

2018년도 기능사 제1회 필기시험

종 목	시험시간	배 점	테스트 결과(개수)		
전산응용토목제도기능사	1시간	60	1회	2회	3회

해 설

□□□ 11⑤, 18①

01 철근의 재질을 손상시키지 않을 한도 내에서 D38 철근을 구부릴 수 있는 최소 내면 반지름은?

① 철근 공칭지름의 3배
② 철근 공칭지름의 4배
③ 철근 공칭지름의 5배
④ 철근 공칭지름의 6배

01 최소 구부림 내면 반지름

철근의 지름	최소 내면 반지름
D10 ~ D25	$3d_b$
D29 ~ D35	$4d_b$
D38 이상	$5d_b$

□□□ 11⑤, 15①, 18①

02 숏크리트에 대한 설명으로 옳은 것은?

① 컴플셔 혹은 펌프를 이용하여 노즐 위치까지 호스 속으로 운반한 콘크리트를 압축공기에 의해 시공기면에 뿜어서 만든 콘크리트
② 미리 거푸집 속에 특정한 입도를 가지는 굵은 골재를 채워놓고 그 간극에 모르타르를 주입하여 제조한 콘크리트
③ 팽창재 또는 팽창 시멘트의 사용에 의해 팽창성이 부여된 콘크리트
④ 부재 혹은 구조물의 치수가 커서 시멘트의 수화열에 의한 온도 상승 및 강하를 고려하여 설계·시공해야 하는 콘크리트

02
① 숏크리트
② 프리플레이스트 콘크리트
③ 팽창 콘크리트
④ 매스 콘크리트

□□□ 11⑤, 14④, 18①

03 옥외의 공기나 흙에 직접 접하지 않는 콘크리트 보, 기둥에서 철근의 최소 피복두께는?

① 20mm
② 40mm
③ 60mm
④ 80mm

03 옥외의 공기나 흙에 직접 접하지 않는 콘크리트

철근의 외부 조건		최소 피복
보, 기둥		40mm
슬래브	D35 초과	40mm
벽체	D35 이하	20mm

□□□ 11④⑤, 13①, 14①, 18①

04 직경 150mm의 원주형 공시체를 사용한 콘크리트의 압축강도 시험에서 압축하중이 225kN에서 파괴가 진행되었다면 압축강도는 얼마인가?

① 2.5MPa
② 12.7MPa
③ 27.1MPa
④ 40.0MPa

04 압축강도
$$f_c = \frac{P}{A} = \frac{225 \times 1000}{\frac{\pi \times 150^2}{4}} = 12.7\text{MPa}$$

정답 01 ③ 02 ① 03 ② 04 ②

해 설

□□□ 11⑤, 18①
05 콘크리트의 건조수축에 미치는 영향으로 틀린 것은?

① 단위수량이 클수록 건조수축이 크다.
② 흡수량이 많은 골재를 사용하면 건조수축은 감소한다.
③ 습도가 낮을수록 건조수축은 크다.
④ 온도가 높을수록 건조수축은 크다.

05
흡수량이 많은 골재를 사용하면 건조수축이 크다.

□□□ 11⑤, 18①
06 다발철근을 사용하기 위한 규정으로 옳지 않은 것은?

① 보에서 D35를 초과하는 철근은 다발로 사용할 수 없다.
② 이형철근을 4개 이하로 사용하여야 한다.
③ 다발철근은 스터럽이나 띠 철근으로 둘러싸여져야 한다.
④ 정착길이는 다발철근이 아닌 경우보다 감소시킨다.

06 다발철근의 정착길이
- 개별철근의 지름에 기초를 두어 20% 또는 33% 증가시킨다.
- 보에서 D35를 초과하는 철근은 다발로 사용할 수 없다.

□□□ 11⑤, 15⑤, 18①
07 보통 강도 콘크리트와 비교하여 고강도 콘크리트용 재료에 대한 설명으로 옳은 것은?

① 단위 시멘트량을 낮게 하여 배합한다.
② 물-결합재비를 높게 하여 시공한다.
③ 고성능 감수제를 사용하지 않는다.
④ 골재는 내구성이 큰 골재를 사용한다.

07
- 단위 시멘트량을 높게 하여 배합한다.
- 공극과 물-결합재비가 작아야 한다.
- 고성능 감수제를 사용으로 시공연도를 개선한다.
- 골재는 내구성이 큰 골재를 사용한다.

□□□ 11⑤, 15④, 18①
08 조기 강도가 커서 긴급 공사한 한중 콘크리트에 알맞은 시멘트는?

① 알루미나 시멘트
② 팽창 시멘트
③ 플라이 애시 시멘트
④ 고로 슬래그 시멘트

08 알루미나 시멘트
- 조기 강도가 커서 긴급 공사나 한중 콘크리트에 알맞다.
- 내화학성도 크므로 해수 공사에도 사용할 수 있다.

□□□ 11⑤, 18①
09 정착길이에 대한 설명으로 옳지 않은 것은?

① 정착길이는 철근의 공칭지름과 관계있다.
② 피복두께가 크면 정착길이도 길어진다.
③ 인장 이형철근의 정착길이는 300mm 이상이어야 한다.
④ 압축 이형철근의 정착길이는 200mm 이상이어야 한다.

09 정착길이
- 철근의 공칭지름, 피복과 철근의 간격과 관계가 있다.
- 철근에 대한 콘크리트 덮개가 크고, 또 철근의 간격이 크면 정착 길이는 짧아진다.

정답 05 ② 06 ④ 07 ④ 08 ① 09 ②

□□□ 11⑤, 12①, 18①

10 압축부재에 사용되는 띠 철근의 수직간격을 결정하기 위하여 고려하여야할 사항으로 옳지 않은 것은?

① 축방향 철근지름의 16배 이하
② 띠 철근 지름의 48배 이하
③ 기둥 단면의 최소 치수 이하
④ 축방향 철근간격의 5배 이하

해설

10 압축부재에 사용하는 띠 철근 수직간격
- 축방향 철근지름의 16배 이하
- 띠 철근이나 철선지름의 48배 이하
- 기둥단면의 최소치수 이하

□□□ 10⑤, 11④⑤, 15④, 18①

11 시방 배합에서 사용되는 골재의 밀도는 어떤 상태를 기준으로 하는가?

① 절대 건조 포화 상태
② 공기 중 건조 상태
③ 표면 건조포화 상태
④ 습윤 상태

11 시방배합의 골재밀도 기준
시방배합에서 사용하는 골재의 밀도는 표면건조포화상태의 밀도를 기준으로 한다.

□□□ 11⑤, 18①

12 보의 주철근을 둘러싸고 이에 직각되게 또는 경사지게 배치한 복부보강근으로서 전단력 및 비틀림모멘트에 저항하도록 배치한 보강철근을 무엇이라 하는가?

① 덕트
② 띠 철근
③ 앵커
④ 스터럽

12 스터럽(stirrup)
보의 주철근을 둘러싸고 이에 직각되게 또는 경사지게 배치한 복부보강근으로서 전단력 및 비틀림모멘트에 저항하도록 배치한 보강철근

□□□ 10④, 11⑤, 13①④⑤, 14①, 15①, 16①④, 18①

13 토목 재료로서의 콘크리트 특징으로 옳지 않은 것은?

① 콘크리트 자체의 무게가 무겁다.
② 압축 강도와 내구성이 크다.
③ 재료의 운반과 시공이 쉽다.
④ 압축 강도 비해 인장 강도가 크다.

13 콘크리트 인장강도
- 압축강도에 비해 인장강도가 작다.
- 인장강도는 압축강도의 약 1/10 ~ 1/13 정도이다.

□□□ 15⑤, 18①

14 인장을 받는 이형철근 정착에서 전경량콘크리트의 f_{sp}(쪼갬인장강도)가 주어지지 않은 경우 보정계수 값은?

① 0.75
② 0.8
③ 0.85
④ 1.2

14 경량콘크리트계수 λ
- f_{sp} 값이 규정되어 있지 않은 경우
- $\lambda = 0.75$: 전경량콘크리트
- $\lambda = 0.85$: 모래경량콘크리트

정답 10 ④ 11 ③ 12 ④ 13 ④ 14 ①

15 기둥에 대한 설명으로 옳은 것은?

① 축방향 압축을 받는 부재로서 높이가 단면 최소 치수의 1배 이상인 것을 말한다.
② 축방향 압축을 받는 부재로서 높이가 단면 최소 치수의 2배 이상인 것을 말한다.
③ 축방향 압축을 받는 부재로서 높이가 단면 최소 치수의 3배 이상인 것을 말한다.
④ 축방향 압축을 받는 부재로서 높이가 단면 최소 치수의 4배 이상인 것을 말한다.

해설

15 기둥
축방향 압축과 휨을 받는 부재로서 높이가 단면 최소 치수의 3배 이상인 것

16 다음 철근 중 원칙적으로 겹침이음을 하여서는 안 되는 철근은?

① D10 철근 ② D16 철근
③ D32 철근 ④ D38 철근

16 겹침이음
D35를 초과하는 철근은 겹침이음을 할 수 없다.

17 철근 콘크리트에서 중립축에 대한 설명으로 옳은 것은?

① 응력이 "0"이다.
② 인장력이 압축력보다 크다.
③ 압축력이 인장력보다 크다.
④ 인장력, 압축력이 모두 최대값을 갖는다.

17
철근 콘크리트에서 중립축의 응력은 0이다.

18 강도 설계법에서 일반적으로 사용되는 철근의 탄성계수(E_S) 표준값은?

① 150000MPa ② 200000MPa
③ 240000MPa ④ 280000MPa

18 철근의 탄성계수
$E_s = 200000 \text{MPa}$
$= 10^5 \text{MPa}$의 값이 표준

19 강재의 용접 이음 방법이 아닌 것은?

① 아크 용접법 ② 리벳 용접법
③ 가스용접법 ④ 특수 용접법

19 강재의 용접 이음 방법
아크 용접법(전기 용접법), 가스 용접법, 특수 용접법

□□□ 11⑤, 15⑤, 18①

20 일반 콘크리트의 휨부재의 크리프와 건조수축에 의한 추가 장기 처짐을 근사식으로 계산할 경우 재하기간 5년 이상에 대한 시간경과계수(ξ)는?

① 1.0
② 1.2
③ 1.4
④ 2.0

해설

20 지속하중에 대한 시간경과계수(ξ)
5년 이상 : 2.0, 12개월 : 1.4
6개월 : 1.2, 3개월 : 1.0

□□□ 15⑤, 18①

21 철근기호의 SD300에서 300의 의미는?

① 철근의 단면적
② 철근의 항복강도
③ 철근의 연신율
④ 철근의 공칭지름

21 SD 300
- SD : 이형철근의 기호
- 300MPa : 철근의 항복강도

□□□ 11⑤, 12④, 16①, 18①

22 크리프에 영향을 미치는 요인 중 옳지 않은 것은?

① 재하 하중이 클수록 커진다.
② 콘크리트 온도가 높을수록 크리프 값이 커진다.
③ 고강도 콘크리트일수록 크리프 값이 크다.
④ 하중 재하시 콘크리트 재령이 짧고 하중 재하 기간이 길면 커진다.

22 콘크리트의 품질
고강도의 콘크리트일수록 크리프 변형은 적다.

□□□ 10④, 11⑤, 12④, 13⑤, 15①, 18①

23 슬래브에서 배력 철근을 설치하는 이유로 옳지 않은 것은?

① 균열을 집중시켜 유지보수를 쉽게 하기 위하여
② 응력을 고르게 분포시키기 위하여
③ 주철근의 간격을 유지시키기 위하여
④ 온도 변화에 의한 수축을 감소시키기 위하여

23 배력 철근의 설치
균열의 폭을 감소시키기 위해 배력 철근을 설치

□□□ 11④⑤, 12⑤, 15④, 18①

24 철근 콘크리트에서 철근의 용도에 대한 설명으로 옳은 것은?

① 콘크리트의 인장력을 보강한다.
② 콘크리트의 균열을 유도한다.
③ 검사와 개조를 쉽게 할 수 있다.
④ 콘크리트의 모양을 다양하게 제작할 수 있다.

24
콘크리트는 압축에는 강하지만 인장에는 매우 약하기 때문에 인장력에 철근을 사용해서 인장력을 보완한 것이다.

정답 20 ④ 21 ② 22 ③ 23 ① 24 ①

□□□ 11⑤, 15④, 18①

25 겹치기 이음 또는 T이음에 주로 사용되는 용접으로 용접할 모재를 겹쳐서 그 둘레를 용접하거나 2개의 모재를 T형으로 하여 모재 구석에 용착 금속을 채우는 용접은?

① 홈용접(Groove Welding)
② 필릿 용접(Fillet Welding)
③ 슬롯 용접(Slot Welding)
④ 플러그 용접(Plug Welding)

25
- 필릿용접 : 용접할 부재를 직각으로 겹쳐진(ㄴ, ㅜ 형태) 코너부분을 용접하는 방법
- 홈 용접 : 용접하려는 모재에 홈을 파서 용접하는 것이다.

□□□ 11⑤, 18①

26 유효깊이가 600mm인 철근콘크리트 부재에서 부재축에 직각으로 배치된 전단철근의 간격으로 옳은 것은?

① 300mm
② 600mm
③ 750mm
④ 900mm

26 부재축에 직각으로 배치된 전단철근의 간격
- 철근 콘크리트 부재 : $\frac{d}{2}$ 이하
- 프리스트레스트 콘크리트 부재 : 0.75h
- 어느 경우든 600mm 이하여야 한다.

□□□ 11⑤, 18①

27 보의 받침부와 기둥의 접합부나 라멘의 접합부 모서리 내에서 응력전달이 원활하도록 단면을 크게 한 부분을 무엇이라 하는가?

① 덮개
② 플랜지
③ 복부
④ 헌치

27 헌치(haunch)
지지하는 부재와의 접합부에서 응력집중의 완화와 지지부의 보강을 목적으로 단면을 크게 한 부분

□□□ 11⑤, 13②, 14④, 18①

28 기둥, 교대, 교각, 벽 등에 작용하는 상부 구조물의 하중을 지반에 안전하게 전달하기 위하여 설치하는 구조물은?

① 노상
② 암거
③ 노반
④ 확대기초

28
확대기초(footing foundation)에 대한 설명이다.

□□□ 11⑤, 12①④, 13①②⑤, 14④⑤, 18①

29 교량에 작용하는 주하중에 속하는 것은? (단, 도로교설계기준에 따른다)

① 활 하중
② 풍 하중
③ 지진의 영향
④ 온도 변화의 영향

29 하중의 종류

주하중	고정 하중, 활 하중, 충격 하중
부하중	풍 하중, 온도 변화의 영향, 지진 하중

정답 25 ② 26 ② 27 ④ 28 ④ 29 ①

□□□ 11⑤, 18①
30 철근 콘크리트에 사용하는 굳은 콘크리트의 성질 가운데 가장 중요한 것으로 일반적인 콘크리트의 강도를 의미하는 것은?

① 휨 강도　　　　② 인장 강도
③ 압축 강도　　　④ 전단 강도

30 압축강도
- 콘크리트의 강도라 하면 압축강도를 말한다.
- 콘크리트의 압축강도는 재령 28일의 강도를 설계기준강도로 한다.

□□□ 11⑤, 14④, 18①
31 그림 중 경사 확대기초는 어느 것인가?

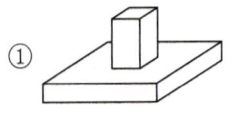 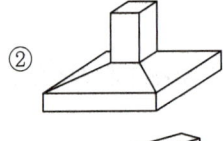
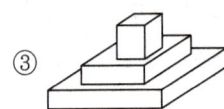 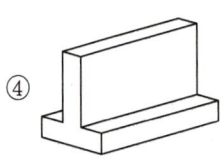

31
① 독립확대기초
② 경사확대기초
③ 계단식 확대기초
④ 벽확대기초

□□□ 11⑤, 18①
32 토목 구조물의 종류에 대한 설명 중 틀린 것은?

① 철근 콘크리트 구조물이란 콘크리트 속에 철근을 배치하여 양자가 일체가 되도록 한 RC구조로 된 구조물을 말한다.
② 프리스트레스트콘크리트 구조물이란 외력에 의한 응력을 상쇄할 수 있도록 미리 인위적으로 내력을 준 PSC구조로 된 구조물을 말한다.
③ 강 구조물은 강재로 이루어져 콘크리트보다 강도가 크고, 부재의 치수를 작게 할 수 있어 긴 지간의 교량을 축조하는데 유리하다.
④ 무근 콘크리트구조란 철근이 없이 강재의 보 위에 콘크리트 슬래브를 이어 쳐서 양자가 일체로 작용하도록 한 것을 말한다.

32 합성 구조
철근이 없이 강재의 보 위에 철근 콘크리트 슬래브를 이어쳐서 양자가 일체로 작용하도록 한 것

□□□ 11⑤, 13④, 14④, 16①④, 18①
33 사용 재료에 따른 토목 구조물의 분류 방법이 아닌 것은?

① 강 구조　　　　② 연속 구조
③ 콘크리트 구조　④ 합성 구조

33 사용 재료에 따른 분류
콘크리트 구조(철근 콘크리트구조, 프리스트레스트 콘크리트 구조), 강구조, 합성 구조

정답 30 ③ 31 ② 32 ④ 33 ②

□□□ 13①, 18①

34 프리스트레스하지 않은 부재의 현장치기콘크리트에서 흙에 접히거나 외부의 공기에 노출되는 콘크리트로서 D19 이상의 철근인 경우 최소 피복 두께는?

① 40mm　　② 50mm
③ 60mm　　④ 80mm

해설

34 흙에 접하거나 옥외의 공기에 직접 노출되는 콘크리트

철근의 외부 조건	최소 피복
D19 이상의 철근	50mm
D16 이하의 철근	40mm

□□□ 11⑤, 13④, 14⑤, 15④, 18①

35 〈보기〉의 특징이 설명하고 있는 교량 형식은?

【 보 기 】
㉠ 부재를 삼각형의 뼈대로 만든 것으로 보의 작용을 한다.
㉡ 수직 또는 수평 브레이싱을 설치하여 횡압에 저항토록 한다.
㉢ 부재와 부재의 연결점을 격점이라 한다.

① 단순교　　② 아치교
③ 트러스교　　④ 판형교

35 트러스교의 특징
- 비교적 계산이 간단하고 구조적으로 상당히 긴 지간이 유리하게 쓰인다.
- 부재의 길이에 비하여 단면이 작은 부재를 삼각형으로 이어서 만든 뼈대로서, 보의 작용을 하도록 한 구조이다.

□□□ 07①, 11⑤, 12①, 15④, 16①④, 18①

36 1방향 슬래브의 최소 두께는 얼마 이상으로 하여야 하는가? (단, 콘크리트구조설계기준에 따른다)

① 100mm　　② 200mm
③ 300mm　　④ 400mm

36 1방향 슬래브
최소 두께는 100mm 이상으로 규정하고 있다.

□□□ 12①, 18①

37 다음 중 역사적인 토목 구조물로서 가장 오래된 교량은?

① 미국의 금문교　　② 영국의 런던교
③ 프랑스의 아비뇽교　　④ 프랑스의 가르교

37 세계토목구조물의 역사
- 1~2세기 : 프랑스의 가르교
- 9~10세기 : 영국의 런던교, 프랑스의 아비뇽교
- 19~20세기 : 미국의 금문교

□□□ 09⑤, 10①, 18①

38 옹벽의 활동에 대한 저항력은 옹벽에 작용하는 수평력의 최소 몇 배 이상이 되도록 하여야 하는가?

① 1.0배　　② 1.5배
③ 2.0배　　④ 2.5배

38 옹벽의 안정조건
- 활동에 대한 안전율 : 1.5배 이상
- 전도에 대한 안전율 : 2.0배 이상

정답 34 ② 35 ③ 36 ① 37 ④ 38 ②

□□□ 11⑤, 18①

39 철근 콘크리트(RC)와 비교한 프리스트레스트 콘크리트(PSC)의 특징으로 옳지 않은 것은?

① PSC는 단면을 작게 할 수 있어 지간이 긴 교량에 적당하다.
② PSC는 변형이 크고 진동하기 쉽다.
③ PSC는 RC보다 내화성에 대하여 유리하다.
④ PSC는 설계 하중이 작용하더라도 균열이 발생하지 않는다.

39
고강도 강재는 높은 온도에 접하면 갑자기 강도가 감소하므로 내화성에 대하여 불리하다.

□□□ 03③, 10①, 11⑤, 12①④, 14③, 15①, 18①

40 긴장재에 준 인장응력은 여러 가지 원인에 의하여 감소하는데 다음 중 프리스트레스를 도입한 후의 손실 원인에 해당하는 것은?

① 콘크리트의 크리프
② 콘크리트의 탄성변형
③ 마찰에 의한 손실
④ PS강재의 활동 또는 정착장치의 변형

40 프리스트레스의 손실의 원인

도입시 손실 (즉시손실)	도입 후 손실 (시간적손실)
• 정착 장치의 활동 • 콘크리트의 탄성변형 • 포스트텐션 긴장재와 덕트의 마찰	• 콘크리트의 크리프 • 콘크리트의 건조수축 • PS강재의 릴랙세이션

토목제도

□□□ 10④, 12①, 14⑤, 18①

41 그림과 같은 재료 단면의 경계 표시가 나타내는 것은?

① 흙
② 호박돌
③ 바위
④ 잡석

41
호박돌 단면 경계 표시이다.

흙  / 암반면(바위)

잡석

□□□ 11⑤, 18①

42 치수 수치의 기입 방법으로 옳지 않은 것은?

① 치수 수치는 충분한 크기의 글자로 도면에 기입한다.
② 치수 수치는 도면상에서 다른 선에 의해 겹치거나 교차되거나 분리된다.
③ 치수 수치는 치수선에 평행하게 기입한다.
④ 치수 수치는 되도록 치수선의 중앙의 위쪽에 치수선으로부터 조금 띄어 기입한다.

42 치수 수치
도면상에서 다른 선에 의해 겹치거나 교차되거나 분리되지 않게 기입한다.

정답 39 ③ 40 ① 41 ② 42 ②

□□□ 11⑤, 14⑤, 18①

43 CAD 작업에서 도면층(layer)에 대한 설명으로 옳은 것은?

① 도면의 크기를 설정해 놓은 것이다.
② 축척에 따른 도면의 모습을 보여주는 자료이다.
③ 도면의 위치를 설정해 놓은 것이다.
④ 투명한 여러 장의 도면을 겹쳐 놓은 효과를 준다.

해 설

43 도면층(layer)
• 투명한 여러 장의 도면을 겹쳐 놓은 효과를 준다.
• 도면을 몇 개의 층으로 나누어 그리거나 편집할 수 있는 기능

□□□ 10⑤, 11⑤, 15④, 18①

44 그림에서와 같이 주사위를 바라보았을 때 우측면도를 바르게 표현한 것은? (단, 투상법은 제3각법이며, 물체의 모서리 부분의 표현은 무시한다.)

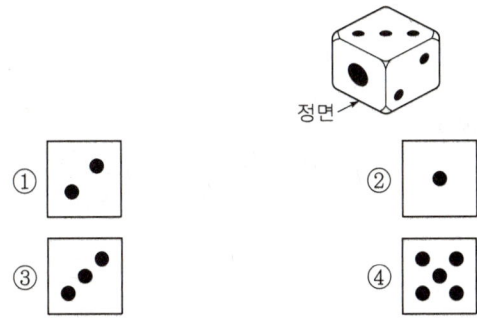

44 제3각법

평면도

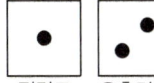
정면도 우측면도

∴ ① 우측면도
  ② 정면도
  ③ 평면도

□□□ 11⑤, 13⑤, 15①, 18①

45 긴 부재의 절단면 표시 중 환봉의 절단면 표시로 옳은 것은?

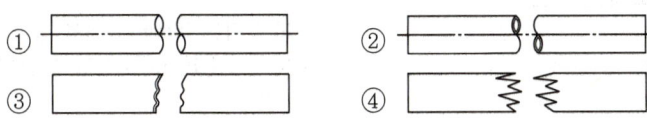

45 단면의 형태에 따른 절단면 표시
① 환봉   ② 파이프
③ 각봉   ④ 나무

□□□ 07①, 10①, 11⑤, 14④, 18①

46 주어진 각(∠AOB)을 2등분할 때 다음 중 두 번째로 해야 할 작업은?

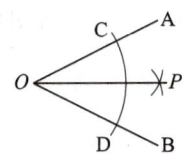

① A와 P를 연결한다.
② O점과 P점을 연결한다.
③ O점에서 임의의 원을 그려 C와 D점을 구한다.
④ C, D점에서 임의의 반지름으로 원호를 그려 P점을 찾는다.

46 주어진 각(∠AOB)을 2등분
① 점 O을 중심으로 임의의 반지름으로 원호를 그린다. 이 때, 선 A, B와 만나는 점을 C, D라 한다.
② 점 C, D를 각각 중심으로 하고 임의의 반지름으로 원호를 그려 만나는 점을 P라 한다.
③ 점 O와 점 P를 직선으로 연결한다. 직선 OP는 ∠AOB의 2등분선이 된다.

□□□ 11⑤, 15①, 18①
47 다양한 응용분야에서 정밀하고 능률적인 설계 제도 작업을 할 수 있도록 지원하는 소프트웨어는?

① CAD
② CAI
③ Excel
④ Access

47 CAD
모든 분야에서 정밀하고 능률적으로 설계 제도 작업에서부터 군사 및 과학에 이르기까지 가장 광범위하게 적용되고 있는 소프트웨어이다.

□□□ 11⑤, 12④, 13①, 15①, 16④, 18①
48 각 모서리가 직각으로 만나는 물체의 모서리를 세 축으로 하여 투상도를 그려 입체의 모양을 투상도 하나로 나타낼 수 있는 투상법은?

① 정 투상법
② 표고 투상법
③ 투시 투상법
④ 축측 투상법

48 축측 투상도
각 모서리가 직각으로 만나는 세 모서리를 좌표축으로 하여 하나의 투상도에 정면, 평면, 측면이 입체적으로 하나로 나타내는 투상법

□□□ 11⑤, 15④, 18①
49 도면이 구비하여야 할 일반적인 기본 요건으로 옳은 것은?

① 분야별 각기 독자적인 표현 체계를 가져야 한다.
② 기술의 국제 교류의 입장에서 국제성을 가져야 한다.
③ 기호의 다양성과 제작자의 특성을 잘 반영하여야 한다.
④ 대상물의 임의성을 부여하여야 한다.

49
도면은 기술의 국제 교류의 입장에서 국제성을 가져야 한다.

□□□ 03, 08①, 11⑤, 12①, 14④, 16①, 18①
50 지름 16mm인 이형철근의 표시방법으로 옳은 것은?

① A16
② D16
③ φ16
④ @16

50
• φ16 : 지름 16mm의 원형 철근
• D16 : 지름 16mm의 이형 철근(일반 철근)

□□□ 11⑤, 15⑤, 18①
51 도면을 인쇄할 때 프린터의 해상도를 나타내는 단위는?

① Byte
② LPM
③ DPI
④ COM

51 프린터의 해상도
DPI(Dots Per Inch)는 1인치(inch)에 인쇄되는 도트수(Dots/inch)

□□□ 10①④, 11①⑤, 13④, 18①
52 도면을 접을 때에 기준이 되는 크기는?

① A3
② A4
③ A5
④ A6

52
도면을 접을 때에는 A4(210×297mm) 크기로 접어야 한다.

정답 47 ① 48 ④ 49 ② 50 ② 51 ③
52 ②

	해 설

□□□ 11⑤, 18①

53 KS 제도 통칙에서 치수와 치수선에 대한 설명으로 틀린 것은?

① 치수선은 표시할 치수의 방향에 평행하게 긋는다.
② 치수의 단위는 mm를 원칙으로 하고 단위기호는 쓰지 않는다.
③ 치수는 모양 및 위치를 가장 명확하게 표시하며 중복을 피한다.
④ 치수선은 될 수 있는 대로 물체를 표시하는 도면의 내부에 긋는다.

53
치수선은 될 수 있는 대로 물체를 표시하는 도면의 외부에 긋는다.

□□□ 10①, 11④⑤, 13④⑤, 18①

54 물체의 투상 방법 중 투상면에 대하여 투상선이 수직으로 물체를 투상하는 방법은?

① 정 투상법   ② 등각 투상법
③ 사 투상법   ④ 전개도법

54 정 투상법
투상선이 투상면에 대하여 수직으로 투상되는 투상법

□□□ 11①⑤, 13①, 15①④, 18①

55 도면 관리상 필요한 사항과 도면의 내용에 관한 사항을 모아서 기입하기 위해 주로 오른쪽 아래 구석의 안쪽에 설치하는 것은?

① 외곽선   ② 부품표
③ 표제란   ④ 설명도

55 표제란
• 도면번호, 도면 이름, 척도, 투상법, 도면 작성일, 제도자 이름 등 필요한 사항을 모아서 기입한다.
• 정상적인 방향에서 보았을 때 도면의 오른쪽 아래 구석에 있어야 한다.

□□□ 10④, 11⑤, 13①, 15④, 18①

56 콘크리트 구조물 제도에서 구조물 전체의 개략적인 모양을 표시한 도면은?

① 일반도   ② 구조도
③ 상세도   ④ 구조 일반도

56 콘크리트 구조물의 일반도
구조물 전체의 개략적인 모양을 표시하는 도면

□□□ 11⑤, 12①, 14④, 15④, 16④, 18①

57 한 도면에서 두 종류 이상의 선이 같은 장소에 겹치게 될 때 우선 순위로 옳은 것은?

ㄱ. 숨은선   ㄴ. 중심선   ㄷ. 외형선   ㄹ. 절단선

① ㄹ-ㄱ-ㄷ-ㄴ   ② ㄷ-ㄱ-ㄹ-ㄴ
③ ㄱ-ㄴ-ㄷ-ㄹ   ④ ㄷ-ㄱ-ㄴ-ㄹ

57 선의 우선 순위
1) 외형선   2) 숨은선   3) 절단선
4) 중심선   5) 무게 중심선

정답 53 ④   54 ①   55 ③   56 ①   57 ②

□□□ 09①, 11⑤, 12④, 13④, 16④, 18①

58 주로 중심선이나 물체 또는 도형의 대칭선으로 사용되는 선은?

① 가는 실선
② 파선
③ 가는 2점 쇄선
④ 가는 1점 쇄선

□□□ 08④, 10④, 11⑤, 12⑤, 13①, 14④, 15④, 18①

59 제도 통칙에서 제도 용지의 세로와 가로의 비로 옳은 것은?

① $1 : \sqrt{2}$
② $1 : 1.5$
③ $1 : \sqrt{3}$
④ $1 : 2$

□□□ 11⑤, 14⑤, 18①

60 재료 단면 표시 중 모르타르를 표시하는 기호는?

해 설

58 가는 1점 쇄선
- 중심선, 기준선, 피치선에 사용되는 선
- 주로 도형의 중심을 나타내며 도형의 대칭선으로 사용

59
제도 용지의 세로(폭 a)과 가로(길이 b)의 비는 $1 : \sqrt{2}$ 이다.

60 재료의 단면 표시
① 자연석(석재)
② 모르타르
③ 벽돌
④ 블록

정답 58 ④ 59 ① 60 ②

국가기술자격 CBT 필기시험문제

2019년도 기능사 제1회 필기시험

종 목	시험시간	배 점	테스트 결과(개수)		
전산응용토목제도기능사	1시간	60	1회	2회	3회

해 설

01 보통 중량 골재를 사용한 콘크리트의 설계기준 압축강도 $f_{ck}=$ 24MPa으로 된 부재에 표준 갈고리를 갖는 인장이형철근의 기본정착 길이는 얼마인가? (단, 설계기준항복강도 $f_y=400$MPa, 공칭지름 25.4mm, $\lambda=1.0$, $\beta=1.0$)

① 530mm
② 498mm
③ 450mm
④ 410mm

01 표준 갈고리를 갖는 인장이형철근의 기본정착길이

$$l_{hb} = \frac{0.24\beta d_b f_y}{\lambda\sqrt{f_{ck}}}$$
$$= \frac{0.24 \times 1.0 \times 25.4 \times 400}{1.0\sqrt{24}}$$
$$= 498\text{mm}$$

02 단철근 직사각형보에서 단면의 폭이 400mm, 유효깊이가 500mm 인장 철근량이 1500mm² 일 때 인장 철근의 철근비는?

① 0.0075
② 0.08
③ 0.075
④ 0.01

02 철근의 철근비

$$\rho = \frac{A_s}{bd} = \frac{1500}{400 \times 500} = 0.0075$$

03 현장치기 콘크리트의 최소 피복두께가 가장 큰 경우는?

① 흙에 접하거나 옥외의 공기에 직접 노출되는 콘크리트
② 흙에 접하여 콘크리트를 친 후 영구히 흙에 묻혀 있는 콘크리트
③ 옥외의 공기나 흙에 직접 접하지 않는 콘크리트
④ 수중에서 치는 콘크리트

03 최소피복가 가장 큰 곳
수중에서 타설하는 콘크리트 : 100mm

04 토목 재료로서의 콘크리트 특징으로 옳지 않은 것은?

① 콘크리트는 자체의 무게가 무겁다.
② 재료의 운반과 시공이 비교적 어렵다.
③ 건조수축에 의해 균열이 생기기 쉽다.
④ 압축강도에 비해 인장강도가 작다.

04
재료의 운반과 시공이 쉽다.

정답 01 ② 02 ① 03 ④ 04 ②

□□□ 11①, 15①, 19①
05 원칙적으로 철근을 겹침이음으로 사용할 수 없는 것은?

① D19
② D25
③ D30
④ D38

해설 05
D35를 초과하는 철근은 겹침이음을 할 수 없다.

□□□ 11①, 12④, 19①
06 상단과 하단에 2단 이상으로 배치된 철근에 대한 설명으로 옳은 것은?

① 순간격을 25mm 이상으로 하고 상하 철근을 동일 연직면 내에 두어야 한다.
② 순간격은 20mm 이상으로 하고 상하 철근을 서로 엇갈리게 배치한다.
③ 순간격은 25mm 이상으로 하고 상하 철근을 서로 엇갈리게 배치한다.
④ 순간격은 20mm 이상으로 하고 상하 철근을 동일 연직면 내에 두어야 한다.

해설 06 상단과 하단에 2단 이상으로 배치된 경우
- 상하철근은 동일 연직면 내에 배치되어야 한다.
- 상하 철근의 순간격은 25mm 이상으로 하여야 한다.

□□□ 13①, 15①, 19①
07 철근의 표준 갈고리로 옳지 않은 것은?

① 주철근의 90° 표준 갈고리
② 주철근의 180° 표준 갈고리
③ 스터럽과 띠 철근의 135° 표준 갈고리
④ 스터럽과 띠 철근의 360° 표준 갈고리

해설 07 표준 갈고리의 종류
- 주철근의 표준 갈고리 : 180°(반원형)갈고리, 90°(직각)갈고리
- 스터럽과 띠 철근의 표준 갈고리 : 90°(직각)갈고리, 135°(예각) 표준 갈고리

□□□ 11①, 19①
08 혼화재료 중 사용량이 비교적 많아 그 자체의 부피가 콘크리트의 배합 계산에 영향을 끼치는 것은?

① 플라이 애시
② AE제
③ 감수제
④ 유동화제

해설 08 혼화재
- 사용량이 시멘트 무게의 5% 정도 이상이 되어 그 자체의 부피가 콘크리트의 배합계산에 관계되는 것
- 혼화재 : 플라이 애시, 고로 슬래그 미분말, 팽창재
- 혼화제 : AE제, 감수제, 유동화제, 촉진제, 급결제

□□□ 12①, 13①, 19①
09 용접이음은 철근의 설계기준항복강도 f_y의 몇 % 이상을 발휘할 수 있는 완전용접이어야 하는가?

① 85%
② 100%
③ 125%
④ 150%

해설 09 용접이음
- 용접용 철근을 사용해야 한다.
- 철근의 설계기준항복강도 f_y의 125% 이상을 발휘할 수 있는 용접이어야 한다.

정답 05 ④ 06 ① 07 ④ 08 ① 09 ③

□□□ 11①④, 12①, 16①, 19①

10 콘크리트 구조물의 설계는 일반적으로 어떤 설계방법을 적용하는 것을 원칙으로 하는가?

① 강도설계법
② 인장설계법
③ 압축설계법
④ 하중- 저항계수설계법

해설

10
콘크리트 구조물의 설계는 강도설계법을 적용하는 것을 원칙으로 한다.

□□□ 11①, 14⑤, 15①, 19①

11 물- 결합재비가 55%이고, 단위 수량이 176kg이면 단위 시멘트량은?

① 79kg
② 97kg
③ 320kg
④ 391kg

11
$$C = \frac{단위수량}{물-결합재비} = \frac{176}{\frac{55}{100}} = 320\,kg$$

□□□ 11①, 19①

12 폭이 b, 높이가 h인 콘크리트 직사각형 단면 보의 단면계수는?

① $bh^3/6$
② $bh^2/6$
③ $bh^3/12$
④ $bh^2/12$

12 단면계수
$$Z = \frac{I}{y} = \frac{\frac{bh^3}{12}}{\frac{h}{2}} = \frac{bh^2}{6}$$

□□□ 11①, 12④⑤, 14①, 19①

13 시방배합을 현장배합으로 고칠 경우에 고려하여야 할 사항으로 옳지 않은 것은?

① 단위 시멘트량
② 잔골재 중 5mm 체에 남는 굵은 골재량
③ 굵은 골재 중에서 5mm 체를 통과하는 잔골재량
④ 골재의 함수 상태

13 시방배합을 현장배합으로 변경 시 고려할 사항
• 골재의 함수상태
• 잔골재 속의 5mm체에 남는 양
• 굵은 골재 속의 5mm체를 통과하는 양

□□□ 11①, 15①, 19①

14 콘크리트에 AE제를 혼합하는 주목적은?

① 워커빌리티를 증대하기 위해서
② 부피를 증대하기 위해서
③ 부착력을 증대하기 위해서
④ 압축강도를 증대하기 위해서

14 AE제의 혼합 목적
콘크리트 속에 작은 기포를 고르게 분포시키는 혼화제이다.

정답 10 ① 11 ③ 12 ② 13 ① 14 ①

□□□ 12①④, 14①, 19①

15 다음 ( )에 알맞은 것은?

> 단부에 표준 갈고리가 있는 인장 이형철근의 정착길이 l_{dh}는 기본정착길이 l_{hb}에 적용 가능한 모든 보정계수를 곱하여 구하여야 한다. 다만, 이렇게 구한 정착길이 l_{hb}는 항상 $8d_b$ 이상, 또한 ( )mm 이상이어야 한다.

① 150
② 200
③ 250
④ 300

해설

15 표준 갈고리를 갖는 인장 이형철근의 정착
항상 인장이형철근의 정착길이는 $8d_b$ 이상 또한 150mm 이상이어야 한다.

□□□ 07, 10①, 12①, 16①④, 19①

16 콘크리트용 재료로서 골재가 갖춰야 할 성질에 대한 설명으로 옳지 않은 것은?

① 알맞은 입도를 가질 것
② 깨끗하고 강하며 내구적일 것
③ 연하고 가느다란 석편을 함유할 것
④ 먼지, 흙 등의 유해물이 허용한도 이내일 것

16 골재가 갖추어야 할 성질
• 연한 석편, 가느다란 석편을 함유하지 않을 것
• 함유하면 낱알을 방해 하므로 워커빌리티가 좋지 않다.

□□□ 08④, 13②, 19①

17 보에서 중립축 상단의 압축응력을 전적으로 콘크리트가 부담하고, 중립축 아래의 인장응력을 받는 부분에만 철근을 배치하여 인장응력을 부담하도록 하는 것은?

① 단철근 직사각형보
② 복철근 직사각형보
③ 연속보
④ 단순보

17 철근콘크리트 구조
• 콘크리트는 인장에 약한 콘크리트의 결점을 보완하기 위해 콘크리트는 압축을, 인장은 철근이 부담하는 구조이다.
• 단철근 직사각형보의 정의이다.

□□□ 11①, 19①

18 강 구조의 특징에 대한 설명으로 옳지 않은 것은?

① 구조의 내구성이 작다.
② 부재를 개수하거나 보강하기 쉽다.
③ 단위넓이에 대한 강도가 크고 자중이 작다.
④ 반복 하중에 의한 피로가 발생하기 쉽다.

18 강구조의 특징
내구성이 우수하여, 관리가 잘 된 강재는 거의 무한히 사용할 수 있다.

정답 15 ① 16 ③ 17 ① 18 ①

해 설

19 강재에서 볼트 구멍을 뺀 폭에 판 두께를 곱한 것을 무엇이라 하는가?

① 너트의 단면적
② 인장재의 총단면적
③ 인장재의 순단면적
④ 고장력 볼트의 단면적

19 인장재의 순단면적
볼트 구멍을 뺀 폭에 판 두께를 곱한 것

20 설계 하중에서 교량에 작용하는 충격 하중에 대한 설명으로 옳은 것은?

① 바람에 의한 압력을 말한다.
② 충격은 교량의 지간이 길수록 그 영향이 크다.
③ 충격은 교량의 자중이 작을수록 그 영향이 크다.
④ 자동차가 정지하고 있을 때 하중의 영향이 달릴 때 보다 더 크다.

20 충격 하중
- 풍 하중 : 바람에 의한 압력을 풍 하중이라 한다.
- 충격은 교량의 지간이 짧을수록, 자중이 작을수록 그 영향이 크다.
- 자동차가 정지하여 있을 때보다 달릴 때 하중의 영향이 훨씬 커진다.

21 직경 100mm의 원주형 공시체를 사용한 콘크리트의 압축강도 시험에서 압축하중이 200kN에서 파괴가 진행되었다면 압축강도는?

① 2.5MPa
② 10.2MPa
③ 20.0MPa
④ 25.5MPa

21 압축강도
$$f_c = \frac{P}{A} = \frac{200 \times 10^3}{\frac{\pi \times 100^2}{4}} = 25.5 \text{MPa}$$

22 교량의 분리 중 통로의 위치에 따른 분류가 아닌 것은?

① 사장교
② 상로교
③ 중로교
④ 하로교

22 통로의 위치에 따른 분류
상로교, 중로교, 하로교, 2층교

23 D16 이하의 스터럽이나 띠 철근에서 철근을 구부리는 내면 반지름은 철근 공칭지름(d_b)의 몇 배 이상으로 하여야 하는가?

① 1배
② 2배
③ 3배
④ 4배

23 구부림 내면 반지름
D16 이하의 철근을 스터럽과 띠 철근으로 사용할 때 표준 갈고리 구부림 내면 반지름은 $2d_b$ 이상으로 하여야 한다.

정답 19 ③ 20 ③ 21 ④ 22 ① 23 ②

| | 해 설 |

□□□ 11④, 19①

24 설계 전단강도는 전단력의 강도감소계수 φ를 곱하여 구한다. 이때, 전단력에 대한 강도감소 계수 φ값은?

① 0.70 ② 0.75
③ 0.80 ④ 0.85

24
전단력과 비틀림모멘트 : 0.75

□□□ 11①, 19①

25 철근 콘크리트 구조물과 비교할 때, 프리스트레스트 콘크리트 구조물의 특징이 아닌 것은?

① 내화성에 대하여 불리하다.
② 단면이 커진다.
③ 강성이 작아서 변형이 크고 진동하기 쉽다.
④ 고강도의 콘크리트와 강재를 사용한다.

25 PSC의 특징
단면을 작게 할 수 있어, 지간이 긴 교량이나 큰 하중을 받는 구조물에 적당하다.

□□□ 08⑤, 11①, 16①, 19①

26 슬래브의 종류에는 1방향 슬래브와 2방향 슬래브가 있다. 이를 구분하는 기준과 가장 관계가 깊은 것은?

① 설치 위치(높이)   ② 슬래브의 두께
③ 부철근의 구조   ④ 지지하는 경계 조건

26 슬래브
지지하는 경계조건에 따라 1방향 슬래브와 2방향 슬래브로 구별한다.

□□□ 05⑤, 10①, 11①, 14①⑤, 19①

27 한 개의 기둥에 전달되는 하중을 한 개의 기초가 단독으로 받도록 되어있는 확대기초는?

① 말뚝 기초   ② 벽 확대기초
③ 군 말뚝 기초   ④ 독립 확대기초

27 독립 확대기초
1개의 기둥에 전달되는 하중을 1개의 기초가 단독으로 받도록 되어 있는 확대기초

□□□ 11①, 19①

28 교량의 건설 시기와 교량이 잘못 짝지어진 것은?

① 고려 시대 – 선죽교(개성)
② 고구려 시대 – 농교(진천)
③ 조선 시대 – 수표교(서울)
④ 20세기 – 광진교(서울)

28 고려시대
• 다양한 형태의 다리가 건설
• 개성의 선죽교, 전남 함평의 고막천 석교, 충북 진천의 농교

정답 24 ② 25 ② 26 ④ 27 ④ 28 ②

□□□ 10⑤, 11①④, 12⑤, 14①, 19①

29 하중을 분포시키거나 균열을 제어할 목적으로 주철근과 직각에 가까운 방향으로 배치한 보조 철근은?

① 띠 철근
② 원형철근
③ 배력철근
④ 나선철근

29
배력철근(distributing)의 정의이다.

□□□ 09⑤, 11①, 16①, 19①

30 교량의 종류별 구조 형식을 설명한 것으로 틀린 것은?

① 아치교는 상부구조의 주체가 곡선으로 된 교량으로 계곡이나 지간이 긴 곳에 적당하다.
② 라멘교는 보와 기둥의 접합부를 일체가 되도록 결합한 것을 주형으로 이용한 교량이다.
③ 연속교는 주형 또는 주트러스를 3개 이상의 지점으로 지지하여 2경간 이상에 걸친 교량이다.
④ 사장교는 주형 또는 주트러스와 양 끝이 단순 지지된 교량으로 한 쪽은 힌지, 다른 쪽은 이동 지점으로 지지 되어 있다.

30
- 단순교는 주형 또는 주트러스와 양 끝이 단순 지지된 교량으로 한 쪽은 힌지, 다른 쪽은 이동 지점으로 지지 되어 있다.
- 사장교 : 교각 위에 탑을 세우고, 탑에서 경사진 케이블로 주형을 잡아당기는 형식의 교량

□□□ 10⑤, 11①, 14①, 15①, 19①

31 자중을 포함한 수직 하중 200kN를 받는 독립 확대기초에서 허용 지지력이 40kN/m²일 때, 확대기초의 필요한 최소 면적은?

① 2m²
② 3m²
③ 5m²
④ 6m²

31
$q_a = \dfrac{P}{A}$ 에서
$A = \dfrac{200}{40} = 5\text{m}^2$

□□□ 11①, 19①

32 높은 응력을 받는 강재는 급속하게 녹스는 일이 있고, 표면에 녹이 보이지 않더라도 조직이 취약해지는 현상은?

① 취성
② 응력 부식
③ 틱소트로피
④ 릴랙세이션

32 응력부식(stress corrosion)
높은 응력을 받는 강재는 급속하게 녹스는 일이 있고, 표면에 녹이 보이지 않더라도 조직이 취약해지는 현상

□□□ 08④, 15⑤, 19①

33 철근 콘크리트 부재에 이형 철근으로 2종인 SD 300을 사용 한다고 하면, SD 300에서 300의 의미는?

① 철근의 단면적
② 철근의 공칭지름
③ 철근의 연신율
④ 철근의 항복강도

33 SD 300
- SD : 이형철근의 기호
- 300MPa : 철근의 항복강도

정답 29 ③ 30 ④ 31 ③ 32 ② 33 ④

□□□ 11①, 19①
34 철근 콘크리트 기둥을 분류할 때 구조용 강재나 강관을 축방향으로 보강한 기둥은?

① 복합 기둥　　　　② 합성 기둥
③ 띠 철근 기둥　　　④ 나선철근 기둥

해설

34 합성 기둥
구조용 강재나 강관을 축방향으로 보강한 기둥

□□□ 07①, 09④, 10⑤, 11④, 13⑤, 14④, 19①
35 PS 강재의 필요한 성질이 아닌 것은?

① 인장강도가 커야 한다.
② 릴랙세이션이 커야 한다.
③ 적당한 연성과 인성이 있어야 한다.
④ 응력 부식에 대한 저항성이 커야한다.

35
릴랙세이션(relaxation)이 작아야 한다.

□□□ 14④, 19①
36 콘크리트를 주재료로 한 콘크리트 구조에 속하지 않는 것은?

① 강 구조
② 무근 콘크리트 구조
③ 철근 콘크리트 구조
④ 프리스트레스 콘크리트 구조

36 사용 재료에 따른 분류
콘크리트 구조(철근 콘크리트구조, 프리스트레스 콘크리트 구조), 강구조, 합성 구조

□□□ 11①, 19①
37 철근 콘크리트의 기본 개념에 대한 설명으로 옳지 않은 것은?

① 철근 콘크리트는 콘크리트를 주재료로 하고 철근을 보강 재료로 하여 만든 재료다.
② 콘크리트에 일어날 수 있는 인장 응력을 상쇄하기 위하여 미리 계획적으로 압축 응력을 준 콘크리트를 철근 콘크리트라 한다.
③ 콘크리트는 압축력에는 강하지만 인장력에는 매우 취약하므로, 인장력이 작용하는 부분에 철근을 묻어 넣어서 철근이 인장력의 대부분을 저항하도록 한 구조를 철근 콘크리트 구조라 한다.
④ 철근 콘크리트 구조물 중 교각 또는 기둥과 같이 콘크리트의 압축에 대한 성능을 개선하기 위하여 압축력을 받는 부분에도 철근을 묻어 넣어 사용하기도 한다.

37
콘크리트에 일어날 수 있는 인장 응력을 상쇄하기 위하여 인장력이 작용하는 부분에 철근을 묻어 넣어서 철근이 인장력의 대부분을 저항하도록 하는 복합 구조물이다.

정답 34 ② 35 ② 36 ② 37 ②

□□□ 10①, 19①
38 교량을 강도 설계법으로 설계하고자 할 때, 설계 계산에 앞서 결정하여야 할 사항이 아닌 것은?

① 사용성 검토 ② 응력의 결정
③ 재료의 선정 ④ 하중의 결정

38 설계계산에 앞서 먼저 결정할 사항
- 재료의 선정, 응력의 결정, 하중의 결정, 부재 단면의 가정, 단면의 결정
- 사용성의 검토 : 결정된 단면이 사용 목적에 맞는가를 검토한다.

□□□ 08①, 19①
39 교량 설계에 있어서 반드시 고려해야 하고 항상 장기적으로 작용하는 하중은?

① 주하중 ② 부하중
③ 특수 하중 ④ 충돌 하중

39 주하중
교량에 장기적으로 작용하는 하중으로 반드시 설계에 있어서 반드시 고려해야 할 하중

□□□ 03④, 07①, 09④, 13①, 16①④, 19①
40 옹벽은 외력에 대하여 안정성을 검토하는데, 그 대상이 아닌 것은?

① 전도에 대한 안정 ② 활동에 대한 안정
③ 침하에 대한 안정 ④ 간격에 대한 안정

40 옹벽의 안정 조건
전도에 대한 안정, 활동에 대한 안정, 침하에 대한 안정

토목제도

□□□ 10①④, 11①⑤, 13④, 19①
41 제도 용지의 큰 도면을 접을 때 기준이 되는 것은?

① A1 ② A2
③ A3 ④ A4

41
큰 도면을 접을 때에는 A4(210× 297mm)의 크기로 접는 것을 원칙으로 한다.

□□□ 08①, 09①, 12⑤, 13④, 14①, 15④, 19①
42 KS에서는 제도에 사용하는 투상법은 제 몇 각법에 따라 도면을 작성하는 것을 원칙으로 하는가?

① 제 1각법 ② 제 2각법
③ 제 3각법 ④ 제 4각법

42
KS에서는 제3각법에 따라 도면을 작성하는 것을 원칙으로 하고 있다.

정답 38 ① 39 ① 40 ④ 41 ④ 42 ③

□□□ 11⑤, 14④, 19①

43 다음 철근 표시법에 대한 설명으로 옳은 것은?

@125 C.T.C

① 철근의 개수가 125개
② 철근의 굵기가 125mm
③ 철근의 길이가 125mm
④ 철근의 간격이 125mm

해설

43 @125 C.T.C
- C.T.C(center to center)
- 철근과 철근의 중심 간격이 125mm를 의미한다.

□□□ 11①, 13⑤, 19①

44 선이나 원주 등을 같은 길이로 분류할 수 있는 제도 용구는?

① 형판
② 컴퍼스
③ 운형자
④ 디바이더

44 디바이더
- 치수를 자의 눈금에서 잰 후 제도 용지 위에 옮김
- 선, 원주 등을 같은 길이로 분할하는 데 사용

□□□ 14①, 19①

45 건설 재료 단면의 표시방법 중 모래를 나타낸 것은?

① ▨
② ▨
③ ▨
④ ▨

45 재료의 단면 경계 표시
① 지반면(흙)
② 잡석
③ 암반면(바위)
④ 모래

□□□ 11①, 13①④, 14①, 15④, 19①

46 선과 문자에 대한 설명으로 옳지 않은 것은?

① 숫자는 아라비아 숫자를 원칙으로 한다.
② 문자의 크기는 원칙적으로 높이를 표준으로 한다.
③ 한글 서체는 수직 또는 오른쪽 25° 경사지게 쓰는 것이 원칙이다.
④ 문자는 명확하게 써야하며, 문자의 크기가 같은 경우 그 선의 굵기도 같아야 한다.

46
한글 서체는 고딕체로 하고, 수직 또는 오른쪽 15° 오른쪽으로 경사지게 쓴다.

□□□ 02④, 08①, 11①④, 19①

47 도면에서 윤곽선은 최소 몇 mm 이상 두께의 실선으로 그리는 것이 좋은가?

① 0.1mm
② 0.2mm
③ 0.5mm
④ 1.0mm

47
윤곽선은 도면의 크기에 따라 0.5mm 이상의 굵기인 실선으로 긋는다.

정답 43 ④ 44 ④ 45 ④ 46 ③ 47 ③

□□□ 05⑤, 09⑤, 11③, 19①

48 내부의 보이지 않는 부분을 나타낼 때 물체를 절단하여 내부 모양을 나타낸 도면은?

① 단면도 ② 전개도
③ 투상도 ④ 입체도

48 단면도
물체 내부의 보이지 않는 부분을 나타낼 때에 물체를 설단하여 내부의 모양을 그리는 것을 단면도라 한다.

□□□ 11①, 19①

49 치수의 기입 방법에 대한 설명으로 옳지 않은 것은?

① 치수선이 세로일 때에는 치수선의 왼쪽에 쓴다.
② 치수는 선과 교차하는 곳에는 될 수 있는 대로 쓰지 않는다.
③ 각도를 기입하는 치수선은 양변 또는 그 연장선 사이의 호로 표시한다.
④ 경사의 방향을 표시할 필요가 있을 때에는 상향 경사쪽으로 화살표를 붙인다.

49 경사 표시

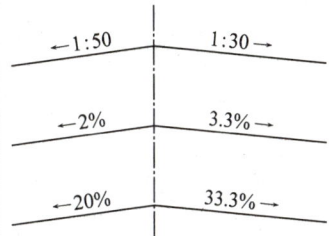

경사의 방향을 표시할 필요가 있을 때에는 하향 경사쪽으로 화살표를 붙인다.

□□□ 11①, 19①

50 제도용지 A_0와 B_0의 넓이는 약 얼마인가?

① $A_0 = 1m^2$, $B_0 = 1.5m^2$
② $A_0 = 1.5m^2$, $B_0 = 1m^2$
③ $A_0 = 1m^2$, $B_0 = 2m^2$
④ $A_0 = 2m^2$, $B_0 = 1m^2$

50
- A_0의 넓이는 약 $1m^2$이다.
- B_0의 넓이는 약 $1.5m^2$이다.

□□□ 11①, 13④, 19①

51 그림과 같은 절토면의 경사 표시가 바르게 된 것은?

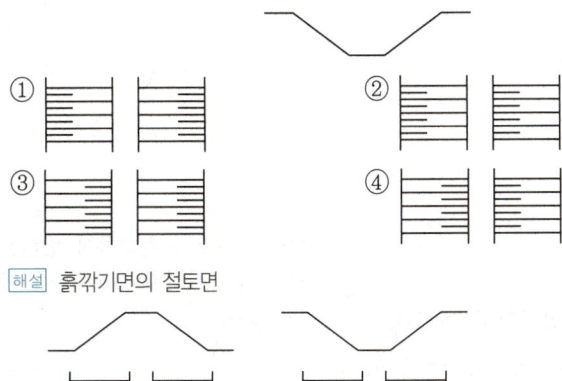

해설 흙깎기면의 절토면

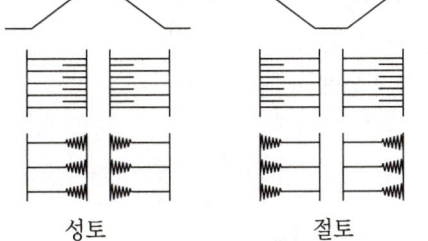

성토 절토

정답 48 ① 49 ④ 50 ① 51 ①

□□□ 11①, 13④, 19①

52 그림의 정면도와 우측면도를 보고 추측할 수 있는 물체의 모양으로 짝지어진 것은?

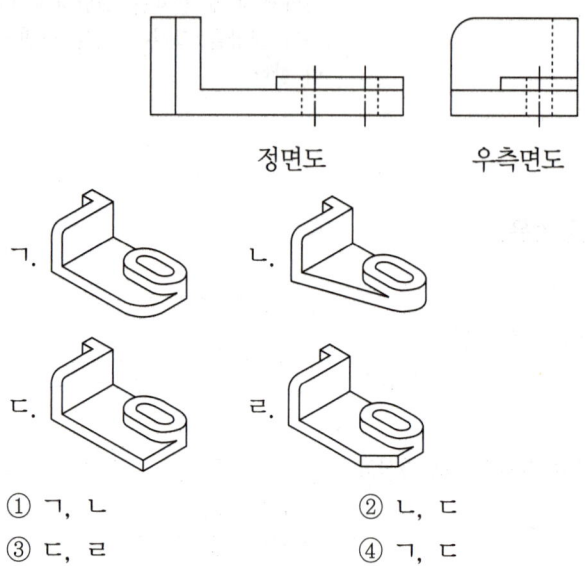

① ㄱ, ㄴ
② ㄴ, ㄷ
③ ㄷ, ㄹ
④ ㄱ, ㄷ

52
물체의 정면도(ㄱ)와 우측면도(ㄷ)이다.

□□□ 13①, 19①

53 구조용 재료의 단면표시 그림 중에서 자연석을 표시한 것은?

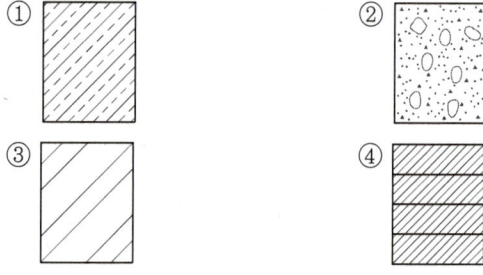

53 재료 단면의 표시
① 자연석(석재)
② 콘크리트
③ 납
④ 벽돌

□□□ 13①, 19①

54 CAD 작업의 특징으로 옳지 않은 것은?

① 설계 기간의 단축으로 생산성을 향상시킨다.
② 도면분석, 수정, 제작이 수작업에 비하여 더 정확하고 빠르다.
③ 컴퓨터 화면을 통하여 대화방식으로 도면을 입·출력할 수 있다.
④ 설계 도면을 여러 사람이 동시 작업이 불가능하여, 표준화 작업에 어려움이 있다.

54
심벌과 축척을 표준화하여 방대한 도면을 다중 작업해도 표준화를 이룰 수 있다.

정답 52 ④ 53 ① 54 ④

□□□ 11①, 13④, 19①
55 도로 설계를 할 때 평면도에 대한 설명으로 옳지 않은 것은?

① 평면도의 기점은 일반적으로 왼쪽에 둔다.
② 축척이 1/1000인 경우 등고선은 5m 마다 기입한다.
③ 노선 중심선 좌우 약 100m 정도의 지형 및 지물을 표시한다.
④ 산악이나 구릉부의 지형은 등고선을 기입하지 않는다.

55
산악이나 구릉부의 지형은 등고선을 기입하여 표시한다.

□□□ 11①, 19①
56 치수기입 방법 중 "R 25"가 의미하는 것은?

① 반지름이 25mm이다.
② 지름이 25mm이다.
③ 호의 길이가 25mm이다.
④ 한 변이 25mm인 정사각형이다.

56 반지름 R
원형의 반지름 치수 앞에 붙인다.
∴ R25 : 반지름이 25mm

□□□ 11①, 14①, 19①
57 컴퓨터의 운영체제(OS)에 해당하는 것이 아닌 것은?

① Windows   ② OS/2
③ Linux   ④ AutoCAD

57 컴퓨터의 운영체제(OS)의 종류
윈도(Windows), 유닉스(UNIX), 리눅스(Linux), 맥OS, OS/2

□□□ 11①, 14⑤, 19①
58 재료 단면의 경계 표시 중 잡석을 나타낸 그림은?

58
① 지반면(흙)
② 잡석
③ 모래
④ 일반면

□□□ 08⑤, 11①⑤, 14④, 19①
59 철근의 표시 및 치수 기입에 대한 설명 중 틀린 것은?

① φ18은 지름 18mm의 원형철근을 의미한다.
② D13은 공칭지름 13mm인 이형철근을 의미한다.
③ 13@100=1300은 전체길이가 1300mm에 대하여 철근 100개를 배치한 것이다.
④ @300 C.T.C는 철근간의 중심 간격이 300mm를 의미한다.

59
13@100=1300
전체길이 1300mm를 100mm로 13등분 한 것이다.

정답 55 ④ 56 ① 57 ④ 58 ② 59 ③

09④, 10③, 11③, 13①④, 14④, 19①

60 도면의 치수 보조 기호의 설명으로 옳지 않은 것은?

① t : 파이프의 지름에 사용된다.
② ϕ : 지름의 치수 앞에 붙인다.
③ R : 반지름 치수 앞에 붙인다.
④ SR : 구의 반지름 치수 앞에 붙인다.

60 치수 보조 기호

명칭	기호
판의 두께	t
원의 반지름	R
원의 지름	ϕ
구의 반지름	SR

60 ①

국가기술자격 CBT 필기시험문제

2020년도 기능사 제1회 필기시험

종 목	시험시간	배 점	테스트 결과(개수)		
전산응용토목제도기능사	1시간	60	1회	2회	3회

□□□ 08⑤, 15①, 20①

01 철근과 콘크리트 사이의 부착에 영향을 주는 주요 원리로 옳지 않은 것은?

① 콘크리트와 철근 표면의 마찰 작용
② 시멘트풀과 철근 표면의 점착 작용
③ 이형 철근 표면의 요철에 의한 기계적 작용
④ 거푸집에 의한 압축 작용

해설

01 부착작용의 세 가지 원리
- 시멘트풀과 철근 표면의 점착 작용
- 콘크리트와 철근 표면의 마찰 작용
- 이형 철근 표면의 요철에 의한 기계적 작용

□□□ 11④, 15①, 20①

02 공장제품용 콘크리트의 촉진양생방법에 속하는 것은?

① 오토클레이브 양생
② 수중 양생
③ 살수 양생
④ 매트 양생

02 촉진 양생법
증기양생, 오토클레이브 양생, 온수양생, 전기양생, 적외선 양생, 고주파양생

□□□ 09①, 12⑤, 20①

03 1방향 철근 콘크리트 슬래브의 수축·온도 철근의 간격으로 옳은 것은?

① 슬래브 두께의 5배 이하, 또한 450mm 이하
② 슬래브 두께의 6배 이하, 또한 500mm 이하
③ 슬래브 두께의 5배 이상, 또한 450mm 이상
④ 슬래브 두께의 6배 이상, 또한 500mm 이상

03 1방향 슬래브의 수축·온도철근의 간격
슬래브 두께의 5배 이하, 또한 450mm 이하로 한다.

□□□ 11⑤, 14④, 20①

04 프리스트레스하지 않는 부재의 현장치기콘크리트 중에서 외부의 공기나 흙에 접하지 않는 콘크리트의 보나 기둥의 최소 피복 두께는 얼마 이상이어야 하는가?

① 20mm
② 40mm
③ 50mm
④ 60mm

04 옥외의 공기나 흙에 직접 접하지 않는 콘크리트

철근의 외부 조건		최소 피복
보, 기둥		40mm
슬래브	D35 초과	40mm
벽체	D35 이하	20mm

정답 01 ④ 02 ① 03 ① 04 ②

□□□ 10⑤, 20①

05 그림은 T형 보를 나타내고 있다. 유효폭을 나타내고 있는 것은?

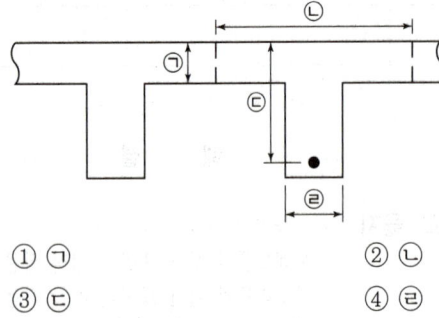

① ㉠
② ㉡
③ ㉢
④ ㉣

05
㉠ 플랜지의 폭
㉡ 플랜지의 유효폭
㉢ 유효높이
㉣ 복보폭

□□□ 07⑤, 10①, 16④, 20①

06 철근의 항복으로 시작되는 보의 파괴 형태로 철근이 먼저 항복한 후에 콘크리트가 큰 변형을 일으켜 사전에 붕괴의 조짐을 보이면서 점진적으로 일어나는 파괴는?

① 취성 파괴
② 연성 파괴
③ 경성 파괴
④ 강성 파괴

06 연성 파괴
철근이 항복한 후에 상당한 연성을 나타내기 때문에 파괴가 갑작스럽게 일어나지 않고 서서히 일어난다.

□□□ 12⑤, 20①

07 철근의 이음에 대한 설명으로 옳지 않은 것은?

① 철근은 잇지 않는 것을 원칙으로 한다.
② 부득이 이어야 할 경우 최대 인장 응력이 작용하는 곳에서는 이음을 하지 않는 것이 좋다.
③ 이음부를 한 단면에 집중시켜 같은 부분에서만 잇는 것이 좋다.
④ 철근의 이음 방법에는 겹침 이음법, 용접 이음법, 기계적인 이음법 등이 있다.

07
이음부를 한 단면에 집중시키지 말고, 서로 엇갈리게 하는 것이 좋다.

□□□ 15①, 20①

08 지간이 l인 캔틸레버 보에서 등분포하중 w를 받고 있을 때 최대 휨모멘트는?

① $\dfrac{wl^2}{2}$
② $\dfrac{wl^2}{4}$
③ $\dfrac{wl^2}{8}$
④ $\dfrac{wl^2}{16}$

08 최대휨모멘트

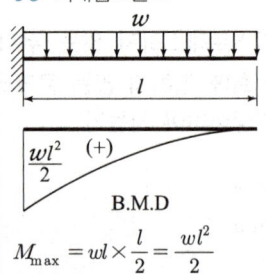

$M_{\max} = wl \times \dfrac{l}{2} = \dfrac{wl^2}{2}$

정답 05 ② 06 ② 07 ③ 08 ①

해 설

□□□ 13①, 15④, 20①

09 인장지배단면에 대한 강도감소계수는?

① 0.85　　② 0.80
③ 0.75　　④ 0.70

09 인장지배단면
강도감소계수 $\phi = 0.85$

□□□ 11①, 20①

10 혼화재료 중 사용량이 비교적 많아 그 자체의 부피가 콘크리트의 배합 계산에 영향을 끼치는 것은?

① 플라이 애시　　② AE제
③ 감수제　　④ 유동화제

10 혼화재
- 사용량이 시멘트 무게의 5% 정도 이상이 되어 그 자체의 부피가 콘크리트의 배합계산에 관계되는 것
- 혼화재 : 플라이 애시, 고로 슬래그 미분말, 팽창재
- 혼화제 : AE제, 감수제, 유동화제, 촉진제, 급결제

□□□ 11④, 16①, 20①

11 철근과 콘크리트가 그 경계면에서 미끄러지지 않도록 저항하는 것을 무엇이라 하는가?

① 부착　　② 정착
③ 이음　　④ 스터럽

11 부착(bond)
콘크리트에 묻혀있는 철근이 콘크리트와의 경계면에서 미끄러지지 않도록 저항하는 것

□□□ 13①, 20①

12 압축부재에서 사각형 띠 철근으로 둘러싸인 주철근의 최소 개수는?

① 4개　　② 9개
③ 16개　　④ 25개

12 압축부재의 축방향 주철근 최소 개수
- 사각형이나 원형 띠 철근으로 둘러싸인 경우 4개
- 삼각형 띠 철근으로 둘러싸인 경우는 3개
- 나선철근으로 둘러싸인 철근의 경우는 6개

□□□ 11①, 14⑤, 15①, 20①

13 물-결합재비가 55%이고, 단위 수량이 176kg이면 단위 시멘트량은?

① 79kg　　② 97kg
③ 320kg　　④ 391kg

13
$$단위\ 시멘트량 = \frac{단위수량}{물-결합재비}$$
$$= \frac{176}{\frac{55}{100}} = 320\,kg$$

□□□ 13②, 20①

14 컴플셔 혹은 펌프를 이용하여 노즐 위치까지 호스 속으로 운반한 콘크리트를 압축공기에 의해 시공면에 뿜어서 만든 콘크리트는?

① 진공 콘크리트　　② 유동화 콘크리트
③ 펌프 콘크리트　　④ 숏크리트

14 숏크리트
압축공기를 이용하여 콘크리트나 모르타르 재료를 시공면에 뿜어 붙여서 만든 콘크리트

정답　09 ①　10 ①　11 ①　12 ①　13 ③
　　　14 ④

□□□ 13⑤, 20①

15 철근 콘크리트 단순보의 지간 중앙 단면에서 철근을 배치할 때, 가장 적당한 위치는?

① A
② B
③ C
④ D

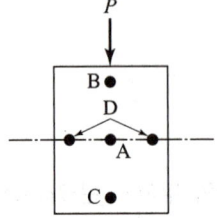

15
철근 콘크리트 보에서는 인장측의 콘크리트를 무시하므로 콘크리트의 인장측에 철근을 배치한다.

□□□ 10④, 11⑤, 13①④⑤, 20①

16 토목재료로서 갖는 콘크리트의 특징에 대한 설명으로 옳지 않은 것은?

① 재료의 운반과 시공이 비교적 쉽다.
② 인장강도에 비해 압축강도가 작다.
③ 콘크리트 자체의 무게가 무겁다.
④ 건조수축에 의해 균열이 생기기 쉽다.

16 콘크리트 인장강도
- 압축강도에 비해 인장강도가 작다.
- 인장강도는 압축강도의 약 1/10 ~ 1/13 정도이다.

□□□ 14①, 15④, 20①

17 주철근에서 90° 표준 갈고리는 구부린 끝에서 철근지름의 최소 몇 배 이상 연장되어야 하는가?

① 10배   ② 12배
③ 15배   ④ 20배

17 주철근의 90° 표준 갈고리

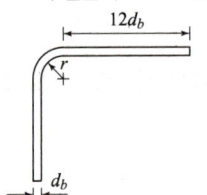

90° 구부린 끝에서 $12d_b$ 이상 더 연장해야 한다.

□□□ 06⑤, 09①⑤, 20①

18 철근의 겹침이음을 해서는 안 되는 철근은?

① D10을 초과하는 철근   ② D25를 초과하는 철근
③ D28을 초과하는 철근   ④ D35를 초과하는 철근

18
D35(지름35mm)를 초과하는 철근은 겹침이음을 할 수 없다.

□□□ 12④, 14⑤, 20①

19 콘크리트가 반복하중을 받는 경우가 정적하중을 받는 경우보다 낮은 응력에서 파괴되는 현상이 발생하는데, 이러한 현상을 무엇이라 하는가?

① 인장파괴   ② 압축파괴
③ 취성파괴   ④ 피로파괴

19
이러한 현상을 피로파괴(fatigue failure)라 한다.

정답 15 ③ 16 ② 17 ② 18 ④ 19 ④

□□□ 06④, 10①, 12⑤, 13①, 14⑤, 20①

20 1방향 슬래브의 위험단면에서 정모멘트 철근 및 부모멘트 철근의 중심 간격에 대한 기준으로 옳은 것은?

① 슬래브두께의 2배 이하, 또한 300mm 이하
② 슬래브두께의 2배 이하, 또한 400mm 이하
③ 슬래브두께의 3배 이하, 또한 300mm 이하
④ 슬래브두께의 3배 이하, 또한 400mm 이하

해 설

20 1방향 슬래브의 주철근의 간격 위험단면의 경우 슬래브 두께의 2배 이하, 300mm 이하

□□□ 11④, 15①, 20①

21 굳지 않은 콘크리트의 성질 중 거푸집에 쉽게 다져 넣을 수 있고 거푸집을 제거하면 천천히 형상이 변하기는 하지만 허물어지거나 재료가 분리되지 않는 성질은?

① 워커빌리티
② 성형성
③ 피니셔빌리티
④ 반죽질기

21 굳지 않은 콘크리트의 성질
• 반죽질기 : 물의 양이 많고 적음
• 워커빌리티 : 작업의 난이성 및 재료의 분리성
• 성형성 : 거푸집에 쉽게 다져 넣을 수 있는 성질
• 피니셔빌리티 : 표면 마무리하기 쉬운 정도

□□□ 13①, 20①

22 프리스트레스트 콘크리트(PSC)의 특징이 아닌 것은? (단, 철근 콘크리트와 비교)

① 고강도의 콘크리트와 강재를 사용한다.
② 안전성이 낮고 강성이 커서 변형이 작다.
③ 단면을 작게 할 수 있어 지간이 긴 구조물에 적당하다.
④ 설계하중이 작용하더라도 인장측 콘크리트에 균열이 발생하지 않는다.

22 PSC의 특징
PSC 구조는 안전성이 높지만 RC 구조에 비하여 강성이 작아서 변형이 크다.

□□□ 12⑤, 20①

23 토목 구조물의 종류에서 합성 구조에 대한 설명으로 옳은 것은?

① 외력에 의한 불리한 응력을 상쇄할 수 있도록 미리 인위적인 내력을 준 콘크리트 구조
② 강재로 이루어진 구조로 부재의 치수를 작게 할 수 있으며 공사 기간이 단축되는 등의 장점이 있는 구조
③ 강재의 보 위에 철근 콘크리트 슬래브를 이어 쳐서 양자가 일체로 작용 하도록 하는 구조
④ 콘크리트 속에 철근을 배치하여 양자가 일체가 되어 외력을 받게 한 구조

23
① 프리스트레스트 콘크리트 구조
② 강 구조
③ 합성 구조
④ 철근콘크리트 구조

정답 20 ① 21 ② 22 ② 23 ③

□□□ 10⑤, 11④, 12①, 14①⑤, 15①, 16①, 20①
24 콘크리트에 일정하게 하중이 작용하면 응력의 변화가 없는데도 변형이 증가하는 성질은?

① 피로파괴 ② 블리딩
③ 릴랙세이션 ④ 크리프

24 크리프(creep)
콘크리트에 일정한 하중을 계속 주면 응력의 변화는 없는데도 변형이 재령과 함께 점차 변형이 증대되는 성질

□□□ 11⑤, 15④, 20①
25 조기 강도가 커서 긴급 공사나 한중 콘크리트에 알맞은 시멘트는?

① 알루미나 시멘트 ② 팽창 시멘트
③ 플라이 애시 시멘트 ④ 고로 슬래그 시멘트

25 알루미나 시멘트
- 조기 강도가 커서 긴급 공사나 한중 콘크리트에 알맞다.
- 내화학성도 크므로 해수 공사에도 사용할 수 있다.

□□□ 12①, 14④, 20①
26 다음에서 설명하는 구조물은?

- 두께에 비하여 폭이 넓은 판 모양의 구조물
- 도로교에서 직접 하중을 받는 바닥판
- 건물의 각 층마다의 바닥판

① 보 ② 기둥
③ 슬래브 ④ 확대기초

26 슬래브의 조건
- 두께에 비해 폭이 넓은 판 모양의 구조물
- 도로교에서 직접 하중을 받는 바닥판
- 건물의 각층마다의 바닥판

□□□ 02④, 12①④⑤, 13②, 14④⑤, 15①, 16①, 20①
27 강구조에 관한 설명으로 옳지 않은 것은?

① 구조용 강재의 재료는 균질성을 갖는다.
② 다양한 형상의 구조물을 만들 수 있으나 개보수 및 보강이 어렵다.
③ 강재의 이음에는 용접 이음, 고장력 볼트 이음, 리벳 이음 등이 있다.
④ 강구조에 쓰이는 강은 탄소 함유량이 0.04%~2.0%로 유연하고 연성이 풍부하다.

27
- 다양한 형상의 구조물을 만들 수 있다.
- 부재를 개보수하거나 보강하기 쉽다.

□□□ 10①, 20①
28 교량을 강도 설계법으로 설계하고자 할 때, 설계 계산에 앞서 결정하여야 할 사항이 아닌 것은?

① 사용성 검토 ② 응력의 결정
③ 재료의 선정 ④ 하중의 결정

28 설계계산에 앞서 먼저 결정할 사항
- 재료의 선정, 응력의 결정, 하중의 결정, 부재 단면의 가정, 단면의 결정
- 사용성의 검토 : 결정된 단면이 사용 목적에 맞는가를 검토한다.

정답 24 ④ 25 ① 26 ③ 27 ② 28 ①

□□□ 09①④⑤, 10④, 11⑤, 20①

29 슬래브의 배력 철근에 대한 설명에서 틀린 것은?

① 응력을 고르게 분포시킨다.
② 주철근 간격을 유지시켜 준다.
③ 콘크리트의 건조수축을 크게 해준다.
④ 정철근이나 부철근에 직각으로 배치하는 철근이다.

29
콘크리트의 건조수축이나 온도변화에 의한 수축을 감소시켜 준다.

□□□ 11⑤, 14④, 20①

30 그림 중 경사 확대기초는 어느 것인가?

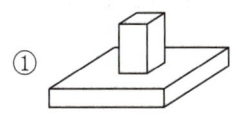 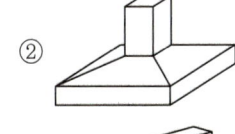
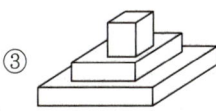 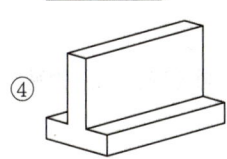

30
① 독립 확대기초
② 경사 확대기초
③ 계단식 확대기초
④ 벽 확대기초

□□□ 13①, 20①

31 그림과 같은 옹벽에 수평력 20kN, 수직력 40kN이 작용하고 있다. 전도에 대한 안전율은? (단, 기초 좌측 하단('O'점)을 기준으로 한다.)

① 1.3
② 2.0
③ 3.0
④ 4.0

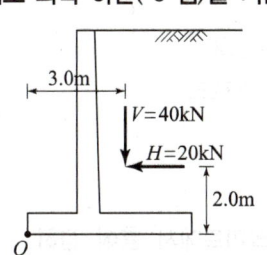

31 안전율 $F_s = \dfrac{M_r}{M_o}$

- $M_r = \sum V \cdot x = 40 \times 3 = 120\,\text{kN}$
- $M_o = \sum H \cdot y = 20 \times 2 = 40\,\text{kN}$

∴ $F_s = \dfrac{120}{40} = 3.0$

□□□ 02④, 12①④⑤, 13②, 14④⑤, 15①, 16①, 20①

32 콘크리트구조와 비교할 때, 강구조에 대한 설명으로 옳지 않은 것은?

① 공사기간이 긴 것이 단점이다.
② 부재의 치수를 작게 할 수 있다.
③ 콘크리트에 비하여 균질성을 가지고 있다.
④ 지간이 긴 교량을 축조하는 데에 유리하다.

32
강구조물을 공장에서 사전 조립이 가능하여 공사기간을 단축할 수 있다.

정답 29 ③ 30 ② 31 ③ 32 ①

□□□ 12④, 14⑤, 15④, 20①

33 강도 설계법에서 일반적으로 사용되는 철근의 탄성계수(E_S) 표준값은?

① 150000MPa
② 200000MPa
③ 240000MPa
④ 280000MPa

해설

33 철근의 탄성계수
$E_s = 200000 \text{MPa}$
$= 2 \times 10^5 \text{MPa}$의 값이 표준

□□□ 11④, 12④, 13⑤, 14⑤, 20①

34 독립 확대기초의 크기가 2m×3m이고 허용 지지력이 100kN/m²일 때, 이 기초가 받을 수 있는 하중의 크기는?

① 100kN
② 250kN
③ 500kN
④ 600kN

34
$q_a = \dfrac{P}{A}$ 에서
$\therefore P = q_a \cdot A = 100 \times 2 \times 3 = 600 \text{kN}$

□□□ 10①, 20①

35 철근의 겹침이음 길이를 결정하기 위한 요소 중 옳지 않은 것은?

① 철근의 종류
② 철근의 재질
③ 철근의 공칭지름
④ 철근의 설계기준항복강도

35 철근의 겹침이음의 길이
철근의 종류, 철근의 공칭지름, 철근의 설계기준항복강도, 철근의 양에 따라 달라진다.

□□□ 12①, 20①

36 다음 중 역사적인 토목 구조물로서 가장 오래된 교량은?

① 미국의 금문교
② 영국의 런던교
③ 프랑스의 아비뇽교
④ 프랑스의 가르교

36 세계토목구조물의 역사
- 1~2세기 : 프랑스의 가르교
- 9~10세기 : 영국의 런던교, 프랑스의 아비뇽교
- 19~20세기 : 미국의 금문교

□□□ 13①, 20①

37 프리스트레스하지 않은 부재의 현장치기콘크리트에서 흙에 접하거나 외부의 공기에 노출되는 콘크리트로서 D19 이상의 철근인 경우 최소 피복 두께는?

① 40mm
② 50mm
③ 60mm
④ 80mm

37 흙에 접하거나 옥외의 공기에 직접 노출되는 콘크리트

철근의 외부 조건	최소 피복
D19 이상의 철근	50mm
D16 이하의 철근	40mm

□□□ 08④, 14①, 20①

38 하천, 계곡, 해협 등에 가설하여 교통 소통을 위한 통로를 지지하도록 한 구조물을 무엇이라 하는가?

① 교량
② 옹벽
③ 기둥
④ 슬래브

38 교량(bridge)
하천, 계곡, 해협 등에 가설하여 교통소통을 위한 구조물

정답 33 ② 34 ④ 35 ② 36 ④ 37 ② 38 ①

해 설

39 토목 구조물 설계시 하중을 주하중, 부하중, 특수하중으로 분류할 때 주하중에 속하는 것은?

① 제동 하중   ② 풍 하중
③ 활 하중   ④ 원심 하중

39 하중의 종류

구 분	하중의 종류
주하중	고정 하중, 활 하중, 충격 하중
부하중	풍 하중, 온도 변화의 영향, 지진 하중

40 프리스트레스를 도입한 후의 손실 원인이 아닌 것은?

① 콘크리트의 크리프   ② 콘크리트의 건조수축
③ 콘크리트의 블리딩   ④ PS 강재의 릴랙세이션

40 프리스트레스의 손실의 원인

도입시 손실 (즉시손실)	도입 후 손실 (시간적손실)
• 정착 장치의 활동 • 콘크리트의 탄성변형 • 포스트텐션 긴장재와 덕트 사이의 마찰	• 콘크리트의 크리프 • 콘크리트의 건조수축 • PS강재의 릴랙세이션

토목제도

41 직육면체의 직각으로 만나는 3개의 모서리가 모두 120°를 이루는 투상도는?

① 정 투상도   ② 등각 투상도
③ 부등각 투상도 ④ 사 투상도

41 등각 투상도
- 하나의 그림으로 정육면체의 세 면을 같은 정도로 표시할 수 있는 투상법
- 직육면체의 등각 투상도에서 직각으로 만나는 3개의 모서리는 각각 120°이다.

42 단면의 경계면 표시 중 지반면(흙)을 나타내는 것은?

42
① 지반면(흙)
② 모래
③ 잡석
④ 수준면(물)

43 도면의 오른쪽 아래 끝에 도면명, 도면 번호, 축척, 도면 작성일 등의 내용을 기입하는 란을 무엇이라 하는가?

① 색인란   ② 표제란
③ 심사란   ④ 검인란

43 표제란
- 도면의 관리에 필요한 사항과 도면의 내용에 대한 사항을 모아서 기입
- 도면 번호, 도면 명칭, 기업체명, 책임자 서명, 도면 작성 일자, 축척 등을 기입

정답 39 ③ 40 ③ 41 ② 42 ① 43 ②

□□□ 11④, 14①④, 20①

44 건설재료 중 콘크리트의 단면 표시로 옳은 것은?

① 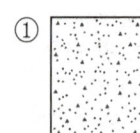   ②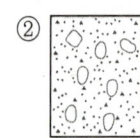

③ 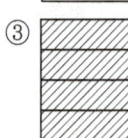   ④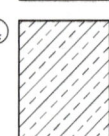

44 재료 단면의 표시
① 모르타르
② 콘크리트
③ 벽돌
④ 자연석

□□□ 09④, 10③, 11③, 13①④, 14④, 20①

45 도면의 치수 보조 기호의 설명으로 옳지 않은 것은?

① t : 파이프의 지름에 사용된다.
② ϕ : 지름의 치수 앞에 붙인다.
③ R : 반지름 치수 앞에 붙인다.
④ SR : 구의 반지름 치수 앞에 붙인다.

45 치수 보조 기호

명칭	기호
판의 두께	t
원의 반지름	R
원의 지름	ϕ
구의 반지름	SR

□□□ 11①, 20①

46 선과 문자에 대한 설명으로 옳지 않은 것은?

① 숫자는 아라비아 숫자를 원칙으로 한다.
② 문자의 크기는 원칙적으로 높이를 표준으로 한다.
③ 한글 서체는 수직 또는 오른쪽 25° 경사지게 쓰는 것이 원칙이다.
④ 문자는 명확하게 써야하며, 문자의 크기가 같은 경우 그 선의 굵기도 같아야 한다.

46
한글 서체는 고딕체로 하고, 수직 또는 오른쪽 15° 오른쪽으로 경사지게 쓴다.

□□□ 12①, 13④, 20①

47 다음 중 CAD프로그램으로 그려진 도면이 컴퓨터에 "파일명.확장자" 형식으로 저장될 때, 확장자로 옳은 것은?

① dwg   ② doc
③ jpg   ④ hwp

47 CAD시스템의 저장
파일형식은 기본적으로 dwg라는 파일 형식으로 저장된다.

□□□ 10①, 15①, 20①

48 철근의 치수와 배치를 나타낸 도면은?

① 일반도   ② 구조 일반도
③ 배근도   ④ 외관도

48 배근도
철근의 치수와 배치를 나타낸 그림 또는 도면을 말한다.

정답 44 ② 45 ① 46 ③ 47 ① 48 ③

□□□ 11②, 14④, 20①

49 그림과 같이 나타내는 정 투상법은?

① 제1각법
② 제2각법
③ 제3각법
④ 제4각법

평면도	
정면도	우측면도

해설 제3각법

정면도를 중심으로 하여 평면도는 정면도 위에, 우측면도는 정면도 우측에 그린다.

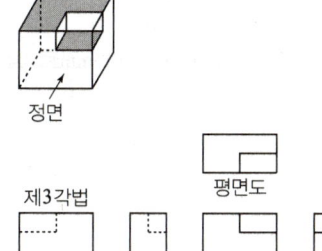

□□□ 10①, 11①, 13②, 15①④, 20①

50 아래 그림과 같은 강관의 치수 표시 방법으로 옳은 것은? (단, B : 내측지름, L : 축방향길이)

① 보통 $\phi A - L$
② $\phi A \times t - L$
③ $\square A \times B - L$
④ $B \times A \times L - t$

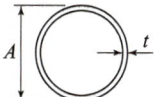

50 판형재의 치수 표시
- 강관 : ϕ A×t-L
- 환강 : 이형 D A-L
- 평강 : □A×B-L
- 등변 ㄱ형강 : L A×B×t-L

□□□ 14①, 20①

51 치수 기입 방법에 대한 설명으로 옳은 것은?

① 치수 보조선과 치수선은 서로 교차하도록 한다.
② 치수 보조선은 각각의 치수선보다 약간 길게 끌어내어 그린다.
③ 원의 지름을 표시하는 치수는 숫자 앞에 R을 붙여서 지름을 나타낸다.
④ 치수 보조선은 치수를 기입하는 형상에 대해 평행하게 그린다.

51
- 치수 보조선과 치수선은 서로 교차하지 않도록 한다.
- 원의 지름을 표시하는 치수는 숫자 앞에 ϕ을 붙여서 지름을 나타낸다.
- 치수 보조선은 치수를 기입하는 형상에 대해 직각되게 그린다.

정답 49 ③ 50 ② 51 ②

□□□ 11⑤, 14⑤, 20①

52 CAD작업에서 도면층(layer)에 대한 설명으로 옳은 것은?

① 도면의 크기를 설정해 놓은 것이다.
② 도면의 위치를 설정해 놓은 것이다.
③ 축척에 따른 도면의 모습을 보여주는 자료이다.
④ 투명한 여러 장의 도면을 겹쳐 놓은 효과를 준다.

해설

52 도면층(layer)
- 투명한 여러장의 도면을 겹쳐 놓은 효과를 준다.
- 도면을 몇 개의 층으로 나누어 그리거나 편집할 수 있는 기능

□□□ 04, 08①, 10④, 12①, 20①

53 철근의 표시 방법에 대한 설명으로 옳은 것은?

24@200=4800

① 전장 4800m를 24m로 200등분
② 전장 4800mm를 200mm로 24등분
③ 전장 4800m를 200m 간격으로 24등분
④ 전장 4800mm를 24m 간격으로 200등분

53 철근의 표시 방법
24@200=4800
전장 4800mm를 200mm로 24등분

□□□ 11①, 13①④, 14①, 15④, 20①

54 문자에 대한 토목제도 통칙으로 옳지 않은 것은?

① 문자의 크기는 높이에 따라 표시한다.
② 숫자는 주로 아라비아 숫자를 사용한다.
③ 글자는 필기체로 쓰고 수직 또는 30° 오른쪽으로 경사지게 쓴다.
④ 영자는 주로 로마자의 대문자를 사용하나 기호, 그 밖에 특별히 필요한 경우에는 소문자를 사용해도 좋다.

54
한글 서체는 고딕체로 하고, 수직 또는 오른쪽 15° 오른쪽으로 경사지게 쓴다.

□□□ 13①, 20①

55 도형의 표시방법에서 투상도에 대한 설명으로 옳지 않은 것은?

① 물체의 오른쪽과 왼쪽이 같을 때에는 우측면도만 그린다.
② 정면도와 평면도만 보아도 그 물체를 알 수 있을 때에는 측면도를 생략해도 된다.
③ 물체의 길이가 길 때, 정면도와 평면도만으로 표시할 수 있을 경우에는 측면도를 생략한다.
④ 물체에 따라 정면도 하나로 그 형태의 모든 것을 나타낼 수 있을 때에도 다른 투상도를 모두 그려야 한다.

55 투상도의 선정
물체에 따라 정면도 하나로 그 형태의 모든 것을 나타낼 수 있을 때에는 다른 투상도는 그리지 않는다.

정답 52 ④ 53 ② 54 ③ 55 ④

□□□ 08①, 10④, 20①
56 토목이나 건축에서의 현장 겨냥도, 구조물의 조감도에 많이 쓰이는 투상법은?

① 축측 투상법　　② 사 투상법
③ 정 투상법　　　④ 투시도법

해설

56 투시도법
- 멀고 가까운 거리감을 느낄 수 있노록 하나의 시점과 물체의 각 점을 방사선으로 이어서 그리는 방법
- 주로 토목이나 건축에서 현장의 겨냥도, 구조물의 조감도 등에 쓰인다.

□□□ 10①④, 11④, 14①, 14⑤, 20①
57 도면에 대한 설명으로 옳지 않은 것은?

① 큰 도면을 접을 때에는 A4의 크기로 접는다.
② A3도면의 크기는 A2도면의 절반 크기이다.
③ A계열에서 가장 큰 도면의 호칭은 A0이다.
④ A4의 크기는 B4보다 크다.

57
A4(210×297mm)의 크기는 B4(257×364mm)의 크기보다 작다.

□□□ 12④, 12⑤, 20①
58 문자의 선 굵기는 한글자, 숫자 및 영자일 때 문자 크기의 호칭에 대하여 얼마로 하는 것이 바람직한가?

① 1/3　　② 1/6
③ 1/9　　④ 1/12

58
글자의 굵기는 한글, 숫자 및 로마자의 경우에는 1/9로 하는 것이 적당하다.

□□□ 05⑤, 11⑤, 20①
59 주로 중심선이나 물체 또는 도형의 대칭선으로 사용되는 선은?

① 가는 실선　　　② 파선
③ 가는 2점 쇄선　④ 가는 1점 쇄선

59 가는 1점 쇄선
- 중심선, 기준선, 피치선에 사용되는 선
- 주로 도형의 중심을 나타내며 도형의 대칭선으로 사용

□□□ 11①, 20①
60 토목제도에서 캐드(CAD)작업으로 할 때의 특징으로 볼 수 없는 것은?

① 도면의 수정, 재활용이 용이하다.
② 제품 및 설계 기법의 표준화가 어렵다.
③ 다중 작업(Multi-tasking)이 가능하다.
④ 설계 및 제도작업이 간편하고 정확하다.

60
심벌과 축척을 표준화하여 방대한 도면을 다중작업이 수월하다.

정답 56 ④　57 ④　58 ③　59 ④　60 ②

국가기술자격 CBT 필기시험문제

2021년도 기능사 제1회 필기시험

종 목	시험시간	배 점	테스트 결과(개수)		
전산응용토목제도기능사	1시간	60	1회	2회	3회

해 설

□□□ 08④, 15④, 21①

01 다음 시멘트 중에서 수화열이 적고, 해수에 대한 저항성이 커서 댐 및 방파제 공사에 적합한 시멘트는?

① 조강 포틀랜드 시멘트
② 플라이애시 시멘트
③ 알루미나 시멘트
④ 팽창 시멘트

01 플라이 애시 시멘트의 특징
• 수화열이 적고, 장기강도가 크다.
• 해수에 대한 저항성이 커서 댐 및 방파제 공사 등에 사용한다.

□□□ 12⑤, 21①

02 콘크리트용으로 사용하는 부순돌(쇄석)의 특징으로 옳지 않은 것은?

① 시멘트와 부착이 좋다.
② 수밀성, 내구성 등은 약간 저하된다.
③ 보통 콘크리트보다 단위수량이 10% 정도 많이 요구 된다.
④ 부순돌은 강자갈과 달리 거친 표면 조직과 풍화암이 섞여 있지 않다.

02 부순돌
강자갈과 달리 거친 표면 조직과 풍화암이 섞여 있기 쉽다.

□□□ 16①, 21①

03 압축부재에 사용되는 띠 철근에 관한 기준으로 (   )에 알맞은 것은?

> 기초판 또는 슬래브의 윗면에 연결되는 압축부재의 첫 번째 띠 철근 간격은 다른 띠 철근 간격의 (   ) 이하로 하여야 한다.

① 1/2
② 1/3
③ 1/4
④ 1/5

03
기초판 또는 슬래브의 윗면에 연결되는 압축부재 첫 번째 띠 철근 간격은 다른 띠 철근 간격의 1/2 이하로 하여야 한다.

□□□ 08④, 21①

04 철근 크기 D10~D25에서 180° 표준 갈고리의 구부림 최소 내면 반지름은 철근지름(   )의 몇 배인가?

① 2배
② 3배
③ 4배
④ 5배

04 최소 구부림 내면 반지름

철근의 지름	최소 반지름
D10~D25	$3d_b$
D29~D35	$4d_b$
D38 이상	$5d_b$

정답 01 ② 02 ④ 03 ① 04 ②

□□□ 10①, 21①
05 폴리머 콘크리트(폴리머-시멘트 콘크리트)의 성질로 옳지 않은 것은?

① 강도가 크다.
② 건조수축이 작다.
③ 내충격성이 좋다.
④ 내마모성이 작다.

05 폴리머 콘크리트
- 강도가 크고, 내충격성, 동결융해, 내마모성이 크다.
- 작은 인장강도, 큰 건조수축, 내약품성이 취약하다.

□□□ 14④, 21①
06 압축부재에 사용되는 나선철근의 순간격 기준으로 옳은 것은?

① 25mm 이상, 55mm 이하
② 25mm 이상, 75mm 이하
③ 55mm 이상, 75mm 이하
④ 55mm 이상, 90mm 이하

06 압축부재에 사용되는 나선철근의 순간격
25mm 이상, 75mm 이하

□□□ 12④, 21①
07 콘크리트 표면과 그에 가장 가까이 배치된 철근 표면 사이에 최단거리를 무엇이라 하는가?

① 피복두께
② 철근의 간격
③ 콘크리트 여유
④ 철근의 두께

07 피복두께
철근 표면으로부터 콘크리트 표면까지의 최단 거리

□□□ 08①, 12④, 15⑤, 21①
08 블리딩을 작게 하는 방법으로 옳지 않은 것은?

① 분말도가 높은 시멘트를 사용한다.
② 단위 수량을 크게 한다.
③ 감수제를 사용한다.
④ AE제를 사용한다.

08 블리딩을 적게 하는 방법
- 분말도가 높은 시멘트를 사용한다.
- AE제, 포졸란, 감수제를 사용한다.
- 단위수량을 적게 한다.

□□□ 11①, 12④, 21①
09 상단과 하단에 2단 이상으로 배치된 철근에 대한 설명으로 옳은 것은?

① 순간격을 25mm 이상으로 하고, 상하 철근을 동일 연직면 내에 두어야 한다.
② 순간격은 20mm 이상으로 하고, 상하 철근을 서로 엇갈리게 배치한다.
③ 순간격은 25mm 이상으로 하고, 상하 철근을 서로 엇갈리게 배치한다.
④ 순간격은 20mm 이상으로 하고, 상하 철근을 동일 연직면 내에 두어야 한다.

09 상단과 하단에 2단 이상으로 배치된 경우
- 상하철근은 동일 연직면 내에 배치되어야 한다.
- 상하 철근의 순간격은 25mm 이상으로 하여야 한다.

정답 05 ④ 06 ② 07 ① 08 ② 09 ①

□□□ 14①, 21①

10 비례한도 이상의 응력에서도 하중을 제거하면 변형이 거의 처음 상태로 돌아가는데, 이 때의 한도를 칭하는 용어는?

① 상항복점
② 극한강도
③ 탄성한도
④ 소성한도

해설

10 탄성한도
- 영구 변형을 일으키지 않는 한도의 응력
- 비례한도 이상의 응력에서도 하중을 제거하면 변형이 거의 처음 상태로 돌아가는 한도

□□□ 10①, 14④, 15④, 21①

11 철근의 정착 길이를 결정하기 위하여 고려해야 할 조건이 아닌 것은?

① 철근의 지름
② 철근 배근위치
③ 콘크리트 종류
④ 굵은 골재의 최대치수

11 철근의 정착길이 결정시 고려사항
철근의 종류, 철근의 공칭지름, 철근의 설계기준항복강도, 철근의 양에 따라 달라진다.

□□□ 10④, 11⑤, 13①④⑤, 14①, 15①, 16①④, 21①

12 토목 재료 요소의 콘크리트 특징으로 옳지 않은 것은?

① 콘크리트 자체의 무게가 무겁다.
② 압축강도와 내구성이 크다.
③ 재료의 운반과 시공이 쉽다.
④ 압축강도에 비해 인장강도가 크다.

12 콘크리트 인장강도
- 압축강도에 비해 인장강도가 작다.
- 인장강도는 압축강도의 약 1/10 ~ 1/13 정도 이다.

□□□ 11①, 12⑤, 13②⑤, 21①

13 프리스트레스하지 않는 부재의 현장치기콘크리트 중 수중에서 치는 콘크리트의 최소 피복두께는?

① 40mm
② 60mm
③ 80mm
④ 100mm

13 피복두께
수중에서 타설하는 콘크리트 : 100mm

□□□ 09①, 21①

14 다음 중 철근의 겹침이음에 대한 설명으로 옳은 것은?

① 이형철근을 겹침이음할 때는 갈고리를 적용한다.
② D35를 초과하는 철근은 겹침이음으로 연결한다.
③ 인장 이형철근의 겹침이음길이는 A급이 B급보다 짧다.
④ 압축 이형철근의 겹침이음길이는 A, B, C급으로 분류한다.

14 철근의 겹침이음
- 이형철근은 말단부분에 갈고리를 생략한다.
- D35를 초과하는 철근은 용접에 의한 맞댐 이음을 한다.
- 인장 이형철근의 겹침이음길이는 A급($1.0l_d$), B급($1.3l_d$)으로 분류한다.

정답 10 ③ 11 ④ 12 ④ 13 ④ 14 ③

□□□ 13②, 21①

15 혼화제의 일종으로, 시멘트 분말을 분산시켜서 콘크리트의 워커빌리티를 얻기에 필요한 단위수량을 감소시키는 것을 주목적으로 한 재료는?

① 급결제 ② 감수제
③ 촉진제 ④ 보수제

15 감수제
- 시멘트의 입자를 분산시겨 콘크리트의 단위 수량을 감소시키는 혼화제
- 시멘트 분산제라 한다.

□□□ 14④, 21①

16 콘크리트를 주재료로한 콘크리트 구조에 속하지 않는 것은?

① 강 구조 ② 무근 콘크리트 구조
③ 철근 콘크리트 구조 ④ 프리스트레스 콘크리트 구조

16 사용 재료에 따른 분류
콘크리트 구조(철근 콘크리트구조, 프리스트레스 콘크리트 구조), 강구조, 합성 구조

□□□ 13②, 21①

17 구조물의 파괴 상태 또는 파괴에 가까운 상태를 기준으로 하여 그 구조물의 사용 기간 중에 예상되는 최대 하중에 대하여 구조물의 안전을 적절한 수준으로 확보하려는 설계방법으로 하중 계수와 강도 감소 계수를 적용하는 설계법은?

① 강도 설계법 ② 허용 응력 설계법
③ 한계 상태 설계법 ④ 안전율 설계법

17 강도 설계법
- 구조물의 파괴상태 또는 파괴에 가까운 상태를 기준으로 한다.
- 구조물의 사용 기간 중에 예상되는 최대 하중에 대하여 구조물의 안전을 적절한 수준으로 확보하려는 설계방법

□□□ 11④, 21①

18 그림과 같이 슬래브에 놓이는 하중이 지간이 긴 A1 보와 A2 보에 의해 지지되는 구조는?

① 1방향 슬래브
② 2방향 슬래브
③ 3방향 슬래브
④ 4방향 슬래브

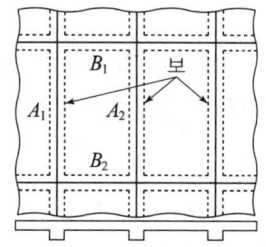

18 1방향 슬래브
슬래브에 놓이는 하중이 지간이 긴 A1보와 A2보에 의해 지지되는 슬래브이다.

□□□ 16①, 21①

19 지간(L)이 6m인 단순보의 중앙에 집중하중(P) 120kN이 작용할 때 최대 휨모멘트는(M)?

① 120kN·m ② 180kN·m
③ 360kN·m ④ 720kN·m

19 최대 휨모멘트
$$M_{max} = \frac{P \cdot L}{4} = \frac{120 \times 6}{4} = 180 \text{kN} \cdot \text{m}$$

정답 15 ② 16 ② 17 ① 18 ① 19 ②

□□□ 15①, 21①

20 로마 문명 중심으로 아치교가 발달한 시기는?

① 기원전 1~2세기
② 9~10세기
③ 11~18세기
④ 19~20세기

20 기원제 1~2세기
로마 문명 중심으로 아치교가 발달
(프랑스의 가르교)

□□□ 16①, 21①

21 그림과 같이 부정정 구조물에 정정힌지를 넣어 정정구조물로 만든 보의 명칭은?

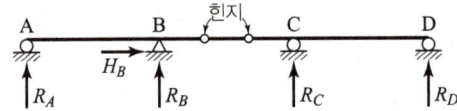

① 캔틸레버보
② 내민보
③ 게르버보
④ 부정정보

21 게르버보
부정정 연속보에 부정정 차수만큼의 힌지(활절)을 넣어 정정보로 만들어서 힘의 평형 방정식 3개만으로도 구조해석을 할 수 있는 보

□□□ 16①, 21①

22 외력(P)이 작용하는 철근콘크리트 단순보에 대한 설명으로 옳은 것은?

① 콘크리트의 인장응력은 압축응력보다 더 크다.
② 중립축 아래쪽에 있는 철근은 압축응력을 담당한다.
③ 철근과 콘크리트는 온도에 대한 열팽창 계수가 거의 같다.
④ 압축측 콘크리트는 외력(P)에 의해 인장응력이 작용한다.

22
• 콘크리트의 압축응력은 인장응력보다 더 크다.
• 중립축 아래쪽에 있는 철근은 인장응력을 담당한다.
• 압축측 콘크리트는 외력(P)에 의해 압축응력이 작용한다.

□□□ 08④, 10⑤, 11④, 12①, 14①⑤, 21①

23 콘크리트 구조물에 일정한 힘을 가한 상태에서 힘은 변화 하지 않는데 시간이 지나면서 점차 변형이 증가되는 성질을 무엇이라 하는가?

① 탄성
② 크랙(crack)
③ 소성
④ 크리프(creep)

23 크리프(creep)
콘크리트에 일정한 하중을 계속 주면 응력의 변화는 없는데도 변형이 재령과 함께 점차 변형이 증대되는 성질

□□□ 09④, 21①

24 가장 보편적으로 사용되고, 철근 콘크리트로 만들어지며 보통 3~7.5m 정도의 높이에 사용되며 역 T형 옹벽이라고도 하는 것은?

① 뒷부벽식 옹벽
② 캔틸레버 옹벽
③ 앞부벽식 옹벽
④ 중력식 옹벽

24 캔틸레버 옹벽
• 역 T형 옹벽이라고도 한다.
• 보통 3~7.5m 정도 높이에 사용된다.

정답 20 ① 21 ③ 22 ③ 23 ④ 24 ②

□□□ 11①, 21①

25 교량의 분리 중 통로의 위치에 따른 분류가 아닌 것은?

① 사장교
② 상로교
③ 중로교
④ 하로교

25
통로의 위치에 따른 분류 : 상로교, 중로교, 하로교, 2층교

□□□ 07, 08⑤, 13①, 16④, 21①

26 무근 콘크리트로 만들어지며 자중에 의하여 안정을 유지하는 옹벽의 종류는?

① 캔틸레버식 옹벽
② 중력식 옹벽
③ 앞부벽식 옹벽
④ 뒷부벽식 옹벽

26 중력식 옹벽
무근 콘크리트로 만들어지며, 자중에 의하여 안정을 유지한다.

□□□ 02⑤, 08⑤, 09④, 09⑤, 12⑤, 15⑤, 21①

27 2개 이상의 기둥을 1개의 확대기초로 지지하도록 만든 확대기초는?

① 경사 확대기초
② 독립 확대기초
③ 연결 확대기초
④ 계단식 확대기초

27 연결 확대기초
2개 이상의 기둥을 1개의 확대기초로 받치도록 만든 기초

□□□ 09①⑤, 21①

28 4변에 의해 지지되는 2방향 슬래브 중에서 짧은 변에 대한 긴 변의 비가 최소 몇 배를 넘으면 1방향 슬래브로 해석하는가?

① 2배
② 3배
③ 4배
④ 5배

28 슬래브 구분

1방향	$\dfrac{장변}{단변} \geq 2.0$
2방향	$\dfrac{장변}{단변} < 2.0$

□□□ 15①, 21①

29 프리스트레스트 콘크리트를 철근 콘크리트와 비교할 때 특징으로 옳지 않은 것은?

① 고정 하중을 받을 때에 처짐이 작다.
② 고강도의 콘크리트 및 강재를 사용한다.
③ 단면을 작게 할 수 있어, 긴 교량이나 큰 하중을 받는 구조물이 적당하다.
④ 프리스트레스트 콘크리트 구조물은 높은 온도에 강도의 변화가 없으므로, 내화성에 대하여 유리하다.

29
고강도 강재는 높은 온도에 접하면 갑자기 강도가 감소하므로 내화성에 불리하다.

정답 25 ① 26 ② 27 ③ 28 ① 29 ④

□□□ 02④, 06④, 08①, 10①, 12⑤, 13①, 14⑤, 21①

30 최대 휨모멘트가 일어나는 단면에서 1방향슬래브의 정철근 및 부철근의 중심간격에 대한 설명으로 옳은 것은?

① 슬래브 두께의 2배 이하이어야 하고, 또한 300mm 이하로 하여야 한다.
② 슬래브 두께의 2배 이하이어야 하고, 또한 400mm 이하로 하여야 한다.
③ 슬래브 두께의 3배 이하이어야 하고, 또한 300mm 이하로 하여야 한다.
④ 슬래브 두께의 3배 이하이어야 하고, 또한 400mm 이하로 하여야 한다.

30 1방향 슬래브의 주철근의 간격 위험단면의 경우 슬래브 두께의 2배 이하, 300mm 이하

□□□ 09①④, 10⑤, 14④, 21①

31 압축부재의 횡철근에서 나선철근의 순간격범위는?

① 20mm 이상, 50mm 이하
② 25mm 이상, 75mm 이하
③ 20mm 이상, 80mm 이하
④ 25mm 이상, 100mm 이하

31 압축부재에 사용되는 나선철근 나선철근의 순간격은 25mm 이상, 75mm 이하이어야 한다.

□□□ 12④, 15④⑤, 21①

32 철근 콘크리트에서 중립축에 대한 설명으로 옳은 것은?

① 응력이 "0"이다.
② 인장력이 압축력보다 크다.
③ 압축력이 인장력보다 크다.
④ 인장력, 압축력이 모두 최대값을 갖는다.

32 철근 콘크리트에서 중립축의 응력은 0이다.

□□□ 08⑤, 15①, 21①

33 철근과 콘크리트 사이의 부착에 영향을 주는 주요 원리와 거리가 먼 것은?

① 콘크리트와 철근 표면의 마찰 작용
② 시멘트풀과 철근 표면의 점착 작용
③ 이형 철근 표면에 의한 기계적 작용
④ 거푸집에 의한 압축 작용

33 부착작용의 세 가지 원리
• 시멘트풀과 철근 표면의 점착 작용
• 콘크리트와 철근 표면의 마찰 작용
• 이형 철근 표면의 요철에 의한 기계적 작용

정답 30 ① 31 ② 32 ① 33 ④

□□□ 11①, 21①

34 교량의 종류별 구조 형식을 설명한 것으로 틀린 것은?

① 아치교는 상부구조의 주체가 곡선으로 된 교량으로 계곡이나 지간이 긴 곳에 적당하다.
② 라멘교는 보와 기둥의 접합부를 일체가 되도록 결합한 것을 주형으로 이용한 교량이다.
③ 연속교는 주형 또는 주트러스를 3개 이상의 지점으로 지지하여 2경간 이상에 걸친 교량이다.
④ 사장교는 주형 또는 주트러스와 양 끝이 단순 지지된 교량으로 한 쪽은 힌지, 다른 쪽은 이동 지점으로 지지 되어 있다.

34
- 단순교는 주형 또는 주트러스와 양 끝이 단순 지지된 교량으로 한 쪽은 힌지, 다른 쪽은 이동 지점으로 지지 되어 있다.
- 사장교 : 교각 위에 탑을 세우고, 탑에서 경사진 케이블로 주형을 잡아당기는 형식의 교량

□□□ 10⑤, 11①, 14①, 21①

35 자중을 포함하여 $P=2700\text{kN}$인 수직 하중을 받는 독립 확대기초에서 허용 지지력 $q_a=300\text{kN/m}^2$일 때, 경제적인 기초의 한 변의 길이는? (단, 기초는 정사각형임)

① 2m   ② 3m
③ 4m   ④ 5m

35
$q_a = \dfrac{P}{A}$ 에서
- $300 = \dfrac{2700}{A} = \dfrac{2700}{a^2}$
- $a^2 = \dfrac{2700}{300} = 9\text{m}^2$ ∴ $a = 3\text{m}$

참고 SOLVE 이용

□□□ 15①, 21①

36 합성형 구조의 특징이 아닌 것은?

① 역학적으로 유리하다.
② 상부 플랜지의 단면적이 감소된다.
③ 품질이 좋은 콘크리트를 사용한다.
④ 슬래브 콘크리트의 크리프 및 건조수축에 대한 검토가 불필요 하다.

36 합성형 구조의 특징
슬래브 콘크리트의 크리프 및 건조수축에 대해 검토해야 한다.

□□□ 13②, 21①

37 그림과 같은 기초를 무엇이라 하는가?

① 독립 확대기초
② 경사 확대기초
③ 벽 확대기초
④ 연결 확대기초

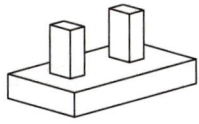

37 연결 확대기초
2개 이상의 기둥을 1개의 확대기초로 받치도록 만든 기초

□□□ 08⑤, 10①, 21①

38 양안에 주탑을 세우고 그 사이에 케이블을 걸어, 여기에 보강형 또는 보강 트러스를 매단 형식의 교량은?

① 아치교 ② 현수교
③ 연속교 ④ 라멘교

해설

38 현수교
양안에 주탑을 세우고 그 사이에 케이블을 걸어, 여기에 보강한 또는 보강 트러스를 매단 형식의 교량

□□□ 12④, 14④, 21①

39 일반적인 기둥의 종류가 아닌 것은?

① 띠 철근 기둥 ② 나선철근 기둥
③ 강도 기둥   ④ 합성 기둥

39 기둥의 종류
띠 철근 기둥, 나선철근 기둥, 합성 기둥

□□□ 02④, 12①④⑤, 13②, 14④, 21①

40 강 구조의 장점이 아닌 것은?

① 강도가 매우 크다.
② 균질성을 가지고 있다.
③ 부재를 개수하거나 보강하기 쉽다.
④ 차량 통행으로 인한 소음 발생이 적다.

40
차량 통행에 의하여 소음이 발생하기 쉽다.

토목제도

□□□ 10①⑤, 16①, 21①

41 강 구조물의 도면에 대한 설명으로 옳지 않은 것은?

① 제작이나 가설을 고려하여 부분적으로 제작단위마다 상세도를 작성한다.
② 평면도, 측면도, 단면도 등을 소재나 부재가 잘 나타나도록 각가 독립하여 그린다.
③ 도면을 잘 보이도록 하기 위해서 절단선과 지시선의 방향을 표시하는 것이 좋다.
④ 강 구조물이 너무 길고 넓어 많은 공간을 차지해도 반드시 전부를 표현한다.

41
강구조물은 너무 길고 넓어 많은 공간을 차지하므로 몇 가지의 단면으로 절단하여 표현한다.

정답 38 ② 39 ③ 40 ④ 41 ④

□□□ 04④, 10④, 15④, 21①

42 파선(숨은선)의 사용 방법으로 옳은 것은?

① 단면도의 절단면을 나타낸다.
② 물체의 보이지 않는 부분을 표시하는 선이다.
③ 대상물의 보이는 부분의 겉모양을 표시한다.
④ 부분 생략 또는 부분 단면의 경계를 표시한다.

42
파선 : 숨은선
대상물의 보이지 않는 부분의 모양을 표시

□□□ 15④, 21①

43 다음 그림과 같은 물체를 제3각법으로 나타낼 때 평면도는?

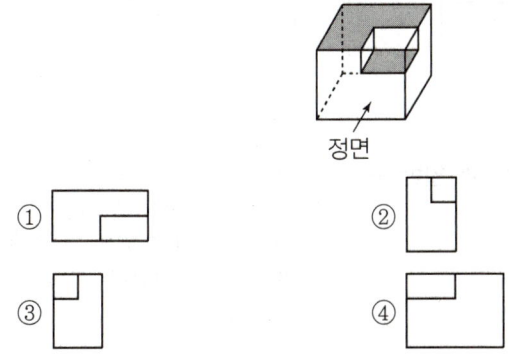

43 제 3각법

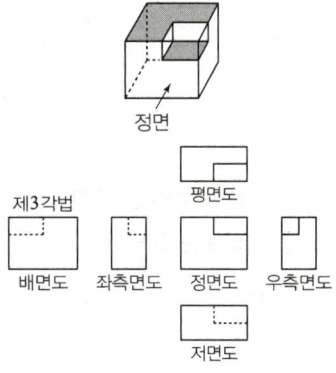

∴ ① 평면도 ③ 우측면도

□□□ 09①, 11①, 14⑤, 21①

44 다음은 재료의 단면표시이다. 무엇을 표시하는가?

① 석재
② 목재
③ 강재
④ 콘크리트

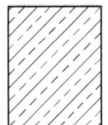

44
건설재료의 자연석(석재)를 표시한다.

□□□ 08④, 10⑤, 21①

45 치수기입에 대한 설명으로 바르지 않은 것은?

① 치수의 단위는 m를 사용하나 단위 기호는 기입하지 않는다.
② 치수 수치는 치수선에 평행하게 기입하고, 되도록 치수선의 중앙의 위쪽에 치수선으로부터 조금 띄어 기입한다.
③ 경사를 표시할 때는 백분율(%) 또는 천분율(‰)로 표시 할 수 있다.
④ 치수는 선과 교차하는 곳에는 가급적 쓰지 않는다.

45
치수의 단위는 mm를 사용하나 단위 기호는 기입하지 않는다.

정답 42 ② 43 ① 44 ① 45 ①

□□□ 16①, 21①
46 하천 공사 계획의 기본도가 되는 도면은?

① 평면도 ② 종단면도
③ 횡단면도 ④ 하저 경사도

□□□ 10④, 12⑤, 21①
47 단면 형상에 따른 절단면 표시에 관한 내용으로 파이프를 나타내는 그림은?

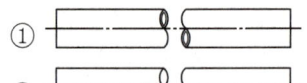

□□□ 15①, 21①
48 구조물의 평면도, 입면도, 단면도 등에 의해서 그 형식과 일반 구조를 나타내는 도면은?

① 정면도 ② 일반도
③ 조립도 ④ 공정도

□□□ 11①, 21①
49 "리벳 기호는 리벳선을 (　)으로 표시하고, 리벳선 위에 기입 하는 것을 원칙으로 한다."에서 (　)에 알맞은 선의 종류는?

① 1점 쇄선 ② 2점 쇄선
③ 가는 점선 ④ 가는 실선

□□□ 13①, 21①
50 구조물 제도에서 물체의 절단면을 표현하는 것으로 중심선에 대하여 45° 경사지게 일정한 간격으로 긋는 것은?

① 파선 ② 스머징
③ 해칭 ④ 스프릿

□□□ 10①, 11④⑤, 13④⑤, 21①
51 투상선이 모든 투상면에 대하여 수직으로 투상되는 것은?

① 정 투상법 ② 투시 투상도법
③ 사 투상법 ④ 축측 투상도법

해설

46 하천공사 계획의 기본도
평면도는 개수, 그 밖의 하천 공사 계획의 기본도가 되는 것이다.

47 단면의 형태에 따른 절단면 표시
① 파이프 ② 나무
③ 환봉 ④ 각봉

48 표현형식에 따른 분류
일반도 : 구조물의 평면도, 입면도, 단면도 등에 의해서 그 형식과 일반 구조를 나타내는 도면

49 리벳기호의 기입
• 리벳기호는 리벳선을 가는 실선으로 그린다.
• 리벳선 위에 기입하는 것을 원칙으로 한다.

50 해칭(hatching)
• 단면도의 절단면을 나타내는 선
• 가는 실선으로 규칙적으로 빗금을 그은 선
• 해칭선은 중심선 또는 단면도의 주된 외형선에 대하여 45°의 가는 실선을 같은 간격으로 긋는다.

51 정 투상법
투상선이 투상면에 대하여 수직으로 투상되는 투상법

정답 46 ① 47 ① 48 ② 49 ④ 50 ③
51 ①

□□□ 12①, 21①
52 척도에 대한 설명으로 옳지 않은 것은?

① 현척은 1 : 1을 의미한다.
② 척도의 종류는 축척, 현척, 배척이 있다.
③ 척도는 물체의 실제 크기와 도면에서의 크기 비율을 말한다.
④ 1 : 2는 2배로 크게 그린 배척을 의미한다.

해 설

52 척도
도면에서의 크기(A) : 물체의 실제 크기(B) = 1 : n
∴ n값이 클수록 작게 그려지는 척도이다.

□□□ 12①, 21①
53 한 도면에서 두 종류 이상의 선이 같은 장소에 겹치게 될 때 순서로 옳은 것은?

① 숨은선→외형선→절단선→중심선
② 외형선→숨은선→절단선→중심선
③ 중심선→외형선→절단선→숨은선
④ 숨은선→중심선→절단선→외형선

53 선의 우선 순위
1) 외형선
2) 숨은선
3) 절단선
4) 중심선
5) 무게 중심선

□□□ 16①, 21①
54 CAD 시스템에서 키보드로 도면 작업을 수행할 수 있는 영역은?

① 명령 영역   ② 내림메뉴영역
③ 도구막대 영역   ④ 고정 아이콘 메뉴 영역

54 명령영역
• 키보드로 명령창에 직접 입력한다.
• 사용할 명령어나 선택 항목을 키보드로 입력하는 영역

□□□ 11③, 21①
55 인출선에 관한 설명으로 옳은 것은?

① 치수선을 그리기 위해 보조적 역할을 한다.
② 치수, 가공법, 주의 사항 등을 기입하기 위하여 사용한다.
③ 일점쇄선으로 표기하는 것이 일반적이다.
④ 원이나 호의 치수는 인출선으로 한다.

55 인출선
치수, 가공법, 주의 사항 등을 기입하기 위해 사용하는 인출선은 가로에 대하여 직각 또는 45°의 직선을 긋고 치수선의 위쪽에 치수를 표시

□□□ 11④, 14④, 15①⑤, 16①, 21①
56 멀고 가까운 거리감을 느낄 수 있도록 하나의 시점과 물체의 각 점을 방사선으로 이어서 그리는 도법은?

① 투시도법   ② 구조 투상도법
③ 부등각 투상법   ④ 축측 투상도법

56 투시도법
멀고 가까운 거리감(원근감)을 느낄 수 있도록 하나의 시점과 물체의 각 점을 방사선으로 이어서 그리는 방법

정답 52 ④ 53 ② 54 ① 55 ② 56 ①

□□□ 04, 08①, 09①, 10④, 12①, 21①

57 "24@200=4800"에 대한 설명으로 옳은 것은?

① 전장 4800mm를 200mm로 24등분 한다.
② 전장 4800mm를 24mm로 200등분 한다.
③ 200cm 간격으로 24등분 하여 4800cm로 만든다.
④ 24cm 간격으로 200등분 하여 4800cm로 만든다.

57
24@200=4800
전장 4800mm를 200mm로 24등분

□□□ 11④, 12⑤, 13⑤, 14①⑤, 16①, 21①

58 그림이 나타내고 있는 지형의 표현으로 옳은 것은?

① 절토면
② 성토면
③ 수준면
④ 유수면

[해설] 평면도에서의 경사면 표시

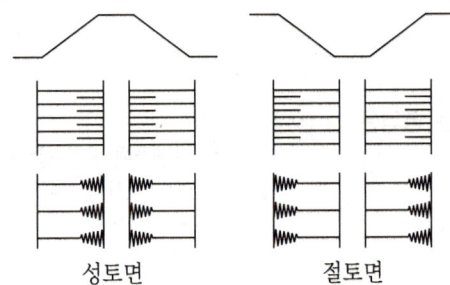
성토면   절토면

□□□ 10⑤, 21①

59 사 투상도에서 물체를 입체적으로 나타내기 위해 수평선에 대하여 주는 경사각으로 주로 사용되지 않는 각은?

① 30°   ② 45°
③ 60°   ④ 75°

59 사 투상도
물체를 입체적으로 나타내기 위해 수평선에 대하여 30°, 45°, 60° 경사각을 주어 삼각자를 쓰기에 편리한 각도로 한다.

□□□ 08④, 15①, 21①

60 그림과 같은 모양의 I형강 2개를 바르게 표시한 것은? (축방향 길이=2000)

① 2-I 30×60×10×2000
② 2-I 60×30×10×2000
③ I-2 10×60×30×2000
④ I-2 10×30×60×2000

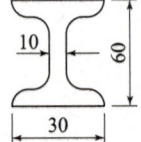

60 I형강 2개
- 2-$IH×B×t-L$
- 2-I 60×30×10-2000

정답 57 ① 58 ② 59 ④ 60 ②

국가기술자격 CBT 필기시험문제

2022년도 기능사 제1회 필기시험

종 목	시험시간	배 점	테스트 결과(개수)		
전산응용토목제도기능사	1시간	60	1회	2회	3회

□□□ 10①, 11④⑤, 12⑤, 13③, 15④⑤, 22①

01 철근 콘크리트를 널리 이용하는 이유가 아닌 것은?

① 자중이 크다.
② 철근과 콘크리트가 부착이 매우 잘 된다.
③ 철근과 콘크리트는 온도에 대한 열팽창계수가 거의 같다.
④ 콘크리트 속에 묻힌 철근은 녹이 슬지 않는다.

해 설

01 철근 콘크리트의 단점
자중이 크다.

□□□ 04④, 09⑤, 11④, 14④, 15⑤, 22①

02 휨 부재에 대하여 강도설계법으로 설계할 때의 가정으로 옳지 않은 것은?

① 철근과 콘크리트 사이의 부착은 완전하다.
② 휨모멘트 또는 휨모멘트와 축력을 동시에 받는 부재의 콘크리트 압축연단의 극한변형률은 콘크리트의 설계기준압축강도가 40MPa 이하인 경우에는 0.0033으로 가정한다.
③ 콘크리트 및 철근의 변형률은 중립축으로부터의 거리에 비례한다.
④ 휨 부재의 극한 상태에서 휨 모멘트를 계산할 때에는 콘크리트의 압축과 인장강도를 모두 고려하여야 한다.

02
콘크리트의 인장강도는 KDS 14 20 60의 규정에 해당하는 경우를 제외하고는 철근 콘크리트 부재 단면의 축강도와 휨(인장)강도 계산에서 무시한다.

□□□ 11①, 12④, 22①

03 상단과 하단에 2단 이상으로 배치된 철근에 대한 설명으로 옳은 것은?

① 순간격을 25mm 이상으로 하고, 상하 철근을 동일 연직면 내에 두어야 한다.
② 순간격은 20mm 이상으로 하고, 상하 철근을 서로 엇갈리게 배치한다.
③ 순간격은 25mm 이상으로 하고, 상하 철근을 서로 엇갈리게 배치한다.
④ 순간격은 20mm 이상으로 하고, 상하 철근을 동일 연직면 내에 두어야 한다.

03 상단과 하단에 2단 이상으로 배치된 경우
• 상하철근은 동일 연직면 내에 배치되어야 한다.
• 상하 철근의 순간격은 25mm 이상으로 하여야 한다.

정답 01 ① 02 ④ 03 ①

□□□ 05④, 10①, 13⑤, 15④, 22①

04 나선철근의 정착은 나선철근의 끝에서 추가로 최소 몇 회전만큼 더 확보하여야 하는가?

① 1.0회전 ② 1.5회전
③ 2.0회전 ④ 2.5회전

04
나선철근의 정착을 위해 나선철근의 끝에서 1.5회전 만큼 더 연장해야 한다.

□□□ 11④⑤, 12⑤, 15④, 22①

05 철근 콘크리트의 특징에 대한 설명으로 옳지 않은 것은?

① 구조물의 파괴, 해체가 어렵다.
② 구조물에 균열이 생기기 쉽다.
③ 구조물의 검사 및 개조가 어렵다.
④ 압축력에 약해 철근으로 압축력을 보완하여야 한다.

05
콘크리트는 압축에는 강하지만 인장에는 매우 약하기 때문에 인장력에 강재를 사용해서 인장력을 보완한 것이다.

□□□ 11⑤, 15⑤, 22①

06 일반 콘크리트 휨 부재의 크리프와 건조수축에 의한 추가 장기처짐을 근사식으로 계산할 경우 재하기간 10년에 대한 시간경과계수(ξ)는?

① 1.0 ② 1.2
③ 1.4 ④ 2.0

06 지속하중에 대한 시간경과계수(ξ)
• 5년 이상 : 2.0
• 12개월 : 1.4
• 6개월 : 1.2
• 3개월 : 1.0

□□□ 14⑤, 22①

07 철근의 설계기준 항복강도 f_y가 400MPa을 초과하는 경우 압축이형철근의 최대 겹침이음길이에 관한 식으로 옳은 것은?
(단, d_b : 철근의 공칭지름[mm])

① $(0.013f_y - 24)d_b$ ② $(0.13f_y - 24)d_b$
③ $(0.0013f_y - 24)d_b$ ④ $(0.13f_y - 24)f_y$

07 압축이형철근의 이음
• $f_y \leq 400$MPa일 때 $L_s = 0.072f_y d_b$
• $f_y > 400$MPa일 때
  $L_s = (0.13f_y - 24)d_b$

□□□ 11⑤, 12⑤, 13①, 14⑤, 22①

08 지간 10m인 단순보에 고정하중 40kN/m, 활하중 60kN/m 작용할 때 극한 설계 하중은? (단, 다른 하중은 무시하며 $1.2D+1.6L$을 사용한다.)

① 71kN/m ② 100kN/m
③ 144kN/m ④ 158kN/m

08 극한 설계 하중
$U = 1.2D + 1.6L$
$= 1.2 \times 40 + 1.6 \times 60 = 144$kN/m

정답 04 ② 05 ④ 06 ④ 07 ② 08 ③

해 설

□□□ 15①, 22①

09 강도 설계법에 있어 강도감소계수 φ의 값으로 옳게 연결된 것은?

① 인장지배단면 : 0.75
② 압축지배단면으로 나선철근으로 보강된 철근콘크리트 부재 : 0.7
③ 전단력과 비틀림모멘트 : 0.85
④ 포스트텐션 정착구역 : 0.65

09 강도감소계수 φ
- 인장지배단면 : 0.85
- 압축지배단면으로 나선철근으로 보강된 철근콘크리트 부재 : 0.7
- 전단력과 비틀림모멘트 : 0.75
- 포스트텐션 정착구역 : 0.85

□□□ 07⑤, 10①, 16④, 22①

10 철근의 항복으로 시작되는 보의 파괴 형태로 철근이 먼저 항복한 후에 콘크리트가 큰 변형을 일으켜 사전에 붕괴의 조짐을 보이면서 점진적으로 일어나는 파괴는?

① 취성 파괴   ② 연성 파괴
③ 경성 파괴   ④ 강성 파괴

10 연성 파괴
철근이 항복한 후에 상당한 연성을 나타내기 때문에 파괴가 갑작스럽게 일어나지 않고 서서히 일어난다.

□□□ 10④, 11④, 12①⑤, 13④⑤, 14①, 15⑤, 22①

11 단철근 직사각형보에서 단면의 폭이 400mm, 유효깊이가 500mm 인장 철근량이 1500mm²일 때 인장 철근의 철근비는?

① 0.0075   ② 0.08
③ 0.075   ④ 0.01

11 철근의 철근비
$$\rho = \frac{A_s}{bd} = \frac{1500}{400 \times 500} = 0.0075$$

□□□ 10①, 14④, 15④, 22①

12 철근의 정착 길이를 결정하기 위하여 고려해야 할 조건이 아닌 것은?

① 철근의 지름   ② 철근 배근위치
③ 콘크리트 종류   ④ 굵은 골재의 최대치수

12 철근의 정착길이 결정시 고려사항
철근의 종류, 철근의 공칭지름, 철근의 설계기준항복강도, 철근의 양에 따라 달라진다.

□□□ 06④, 10①, 12⑤, 13①, 14⑤, 22①

13 1방향 슬래브의 위험단면에서 정모멘트 철근 및 부모멘트 철근의 중심 간격에 대한 기준으로 옳은 것은?

① 슬래브두께의 2배 이하, 또한 300mm 이하
② 슬래브두께의 2배 이하, 또한 400mm 이하
③ 슬래브두께의 3배 이하, 또한 300mm 이하
④ 슬래브두께의 3배 이하, 또한 400mm 이하

13 1방향 슬래브의 주철근의 간격
위험단면의 경우 슬래브 두께의 2배 이하, 300mm 이하

정답 09 ② 10 ② 11 ① 12 ④ 13 ①

□□□ 09①, 16④, 22①

14 이형철근을 인장철근으로 사용하는 A급 이음일 경우 겹침이음의 최소 길이는? (단, 인장철근의 정착길이는 280mm이다.)

① 360mm   ② 330mm
③ 300mm   ④ 280mm

해설

14 인장 이형철근의 겹침이음 길이
인장력을 받는 이형철근 및 이형철선의 겹침이음 길이는 A급, B급으로 분류하며, 항상 300mm 이상이어야 한다.

□□□ 11①, 15①, 22①

15 다음 중 인장을 받는 곳에 겹침이음을 할 수 있는 철근은?

① D25   ② D38
③ D41   ④ D51

15
D35를 초과하는 철근은 겹침이음을 할 수 없다.

□□□ 11⑤, 13④, 14④, 16①, 22①

16 토목 구조물을 주요 재료에 따라 구분할 때 그 분류와 거리가 먼 것은?

① 강 구조   ② 골조 구조
③ 합성 구조   ④ 콘크리트 구조

16 사용 재료에 따른 분류
콘크리트 구조(철근 콘크리트구조, 프리스트레스 콘크리트 구조), 강 구조, 합성 구조

□□□ 12①④, 14①, 22①

17 다음 ( )에 알맞은 것은?

> 단부에 표준 갈고리가 있는 인장 이형철근의 정착길이 l_{dh}는 기본정착길이 l_{hb}에 적용 가능한 모든 보정계수를 곱하여 구하여야 한다. 다만, 이렇게 구한 정착길이 l_{hb}는 항상 $8d_b$ 이상, 또한 ( )mm 이상이어야 한다.

① 150   ② 200
③ 250   ④ 300

17 표준 갈고리를 갖는 인장 이형철근의 정착
항상 인장이형철근의 정착길이는 $8d_b$ 이상 또한 150mm 이상이어야 한다.

□□□ 14①, 15④⑤, 22①

18 D25 철근을 사용한 90° 표준 갈고리는 90° 구부린 끝에서 최소 얼마 이상 더 연장하여야 하는가? (단, d_b는 철근의 공칭지름)

① $6d_b$ ② $9d_b$
③ $12d_b$ ④ $15d_b$

18
90° 표준 갈고리

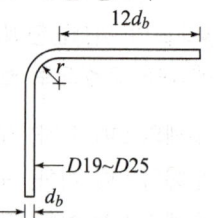

D19, D22, 및 D25인 철근은 90° 구부린 끝에서 $12d_b$ 이상을 더 연장하여야 한다.

정답 14 ③ 15 ① 16 ② 17 ① 18 ③

□□□ 08⑤, 12①, 13①, 15⑤, 22①

19 D16 이하의 철근을 사용하여 현장 타설한 콘크리트의 경우 흙에 접하거나 옥외공기에 직접 노출되는 콘크리트 부재의 최소 피복두께는?

① 20mm
② 40mm
③ 50mm
④ 60mm

□□□ 13⑤, 14⑤, 22①

20 보의 주철근을 둘러싸고 이에 직각되게 또는 경사지게 배치한 철근으로서 전단력 및 비틀림모멘트에 저항하도록 배치한 보강철근을 무엇이라 하는가?

① 덕트
② 띠 철근
③ 앵커
④ 스터럽

□□□ 12④, 15①④, 22①

21 콘크리트의 피복두께에 대한 정의로 옳은 것은?

① 콘크리트 표면과 그에 가장 멀리 배근된 철근 중심 사이의 콘크리트 두께
② 콘크리트 표면과 그에 가장 가까이 배근된 철근 중심 사이의 콘크리트 두께
③ 콘크리트 표면과 그에 가장 멀리 배근된 철근 표면 사이의 콘크리트 두께
④ 콘크리트 표면과 그에 가장 가까이 배근된 철근 표면 사이의 콘크리트 두께

□□□ 10④, 13①⑤, 16①④, 22①

22 주탑을 기준으로 경사방향의 케이블에 의해 지지되는 교량의 형식은?

① 사장교
② 아치교
③ 트러스교
④ 라멘교

□□□ 12④, 14④, 16④, 22①

23 철근 콘크리트 기둥을 크게 세 가지 형식으로 분류할 때, 이에 해당되지 않는 것은?

① 합성 기둥
② 원형 기둥
③ 띠 철근 기둥
④ 나선철근 기둥

해 설

19 흙에 접하거나 옥외의 공기에 직접 노출되는 콘크리트

철근의 외부 조건	최소 피복
D19 이상의 철근	50mm
D16 이하의 철근 16mm 이하의 철선	40mm

20 스터럽(stirrup)에 대한 설명이다.

21 피복두께
철근 표면으로부터 콘크리트 표면까지(사이)의 최단 거리

22 사장교
- 교각 위에 탑을 세우고 주탑과 경사로 배치된 케이블로 주형을 고정시키는 형식의 교량이다.
- 서해대교는 대표적인 사장교이다.

23 철근 콘크리트 기둥의 3가지 형식
띠 철근 기둥, 나선철근 기둥, 합성 기둥

정답 19 ② 20 ④ 21 ④ 22 ① 23 ②

□□□ 05⑤, 07⑤, 10①⑤, 12①, 16④, 22①
24 토목구조물의 특징에 속하지 않는 것은?

① 건설에 많은 비용과 시간이 소요된다.
② 공공의 목적으로 건설되기 때문에 사회의 감시와 비판을 받게 된다.
③ 구조물의 공용 기간이 길어 장래를 예측하여 설계하고 건설해야 한다.
④ 주로 다량 생산 체계로 건설된다.

24
다량 생산이 아니다.
동일한 조건의 동일한 구조물을 두 번 이상 건설하는 일이 없다.

□□□ 13⑤, 14④, 15⑤, 22①
25 시멘트의 분말도에 관한 설명으로 옳지 않은 것은?

① 시멘트의 입자가 가늘수록 분말도가 높다.
② 시멘트 입자의 가는 정도를 나타내는 것을 분말도라 한다.
③ 시멘트의 분말도가 높으면 조기강도가 커진다.
④ 시멘트의 분말도가 높으면 균열 및 풍화가 생기지 않는다.

25 분말도가 높으면
• 풍화하기 쉽고, 건조수축이 커진다.
• 수화 작용이 빨라서 조기강도가 커진다.
• 분말도가 높은 시멘트는 블리딩이 저감된다.

□□□ 11①, 12④⑤, 14①, 22①
26 시방배합을 현장배합으로 고칠 경우에 고려하여야 할 사항으로 옳지 않은 것은?

① 굵은 골재 중에서 5mm 체를 통과하는 잔골재량
② 잔골재 중 5mm 체에 남는 굵은 골재량
③ 골재의 함수 상태
④ 단위 시멘트량

26 시방배합을 현장배합으로 변경시 고려할 사항
• 골재의 함수상태
• 잔골재 속의 5mm체에 남는 양
• 굵은 골재 속의 5mm체를 통과하는 양

□□□ 05⑤, 10①, 11①, 14①⑤, 22①
27 그림은 어느 형식의 확대기초를 표시한 것인가?

① 말뚝 확대기초
② 경사 확대기초
③ 연결 확대기초
④ 독립 확대기초

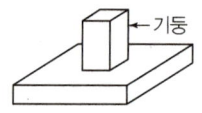

27 독립 확대기초
1개의 기둥에 전달되는 하중을 1개의 기초가 단독으로 받도록 되어 있는 확대기초

□□□ 11⑤, 15④, 22①
28 조기 강도가 커서 긴급 공사나 한중 콘크리트에 알맞은 시멘트는?

① 알루미나 시멘트
② 팽창 시멘트
③ 플라이 애시 시멘트
④ 고로 슬래그 시멘트

28 알루미나 시멘트
• 조기 강도가 커서 긴급 공사나 한중 콘크리트에 알맞다.
• 내화학성도 크므로 해수 공사에도 사용할 수 있다.

□□□ 02④, 12①④⑤, 13②, 14④⑤, 15①, 22①
29 강구조의 특징에 대한 설명으로 옳은 것은?

① 콘크리트에 비해 균일성이 없다.
② 콘크리트에 비해 부재의 치수가 크게 된다.
③ 콘크리트에 비해 공사기간 단축이 용이하다.
④ 재료의 세기, 즉 강도가 콘크리트에 비해 월등히 작다.

29
- 콘크리트에 비해 균일성이 있다.
- 콘크리트에 비해 부재의 치수가 작다.
- 재료의 세기, 즉 강도가 콘크리트에 비해 월등히 크다.

□□□ 07①, 10⑤, 11④, 13⑤, 14④, 22①
30 프리스트레스(PS) 강재에 필요한 성질이 아닌 것은?

① 인장강도가 커야 한다.
② 릴랙세이션(relaxation)이 커야 한다.
③ 적당한 연성과 인성이 있어야 한다.
④ 응력 부식에 대한 저항성이 커야 한다.

30
릴랙세이션(relaxation)이 작아야 한다.

□□□ 13①, 22①
31 외력에 대한 옹벽의 안정 조건이 아닌 것은?

① 활동에 대한 안정
② 침하에 대한 안정
③ 전도에 대한 안정
④ 전단력에 대한 안정

31 옹벽의 안정 조건
전도에 대한 안정, 활동에 대한 안정, 침하에 대한 안정

□□□ 11①, 15①, 22①
32 콘크리트에 AE제를 혼합하는 주목적은?

① 워커빌리티를 증대하기 위해서
② 부피를 증대하기 위해서
③ 부착력을 증대하기 위해서
④ 압축강도를 증대하기 위해서

32 AE제의 혼합 목적
콘크리트 속에 작은 기포를 고르게 분포시키는 혼화제이다.

□□□ 10⑤, 11④, 12①, 14①⑤, 22①
33 콘크리트에 일정하게 하중을 주면 응력의 변화는 없는데도 변형이 시간이 경과함에 따라 커지는 현상은?

① 건조수축   ② 크리프
③ 틱소트로피   ④ 릴랙세이션

33 크리프(creep)
콘크리트에 일정한 하중을 계속 주면 응력의 변화는 없는데도 변형이 재령과 함께 점차 변형이 증대되는 성질

정답 29 ③ 30 ② 31 ④ 32 ① 33 ②

□□□ 11④, 12⑤, 13②, 22①

34 콘크리트를 친 후 시멘트와 골재알이 가라앉으면서 물이 올라와 콘크리트의 표면에 떠오르는 현상은?

① 슬럼프 ② 워커빌리티
③ 레이턴스 ④ 블리딩

해 설

34 블리딩
- 콘크리트를 친 후 시멘트와 골재알이 가라앉으면서 물이 떠오르는 현상
- 블리딩에 의하여 콘크리트의 표면에 떠올라 가라 앉는 아주 작은 물질을 레이탄스라 한다.

□□□ 11④, 15①, 22①

35 굳지 않은 콘크리트의 성질 중 거푸집에 쉽게 다져 넣을 수 있고 거푸집을 제거하면 천천히 형상이 변하기는 하지만 허물어지거나 재료가 분리되지 않는 성질은?

① 위커빌리티 ② 성형성
③ 피니셔빌리티 ④ 반죽질기

35 굳지 않은 콘크리트의 성질
- 반죽질기 : 물의 양이 많고 적음
- 워커빌리티 : 작업의 난이성 및 재료의 분리성
- 성형성 : 거푸집에 쉽게 다져 넣을 수 있는 성질
- 피니셔빌리티 : 표면 마무리하기 쉬운 정도

□□□ 11④⑤, 13①, 14①, 22①

36 직경 100mm의 원주형 공시체를 사용한 콘크리트의 압축강도 시험에서 압축하중이 300kN에서 파괴가 진행되었다면 압축강도는?

① 18.8MPa ② 25.0MPa
③ 32.5MPa ④ 38.2MPa

36 압축강도
$$f_c = \frac{P}{A} = \frac{300 \times 10^3}{\frac{\pi \times 100^2}{4}} = 38.2\text{MPa}$$

□□□ 10④, 11⑤, 13①④⑤, 14①, 22①

37 토목 재료로서의 콘크리트 특징으로 옳지 않은 것은?

① 콘크리트는 자체의 무게가 무겁다.
② 재료의 운반과 시공이 비교적 어렵다.
③ 건조수축에 의해 균열이 생기기 쉽다.
④ 압축강도에 비해 인장강도가 작다.

37
재료의 운반과 시공이 비교적 쉽다.

□□□ 07, 08④, 10①, 12①, 16①④, 22①

38 콘크리트용 재료로서 골재가 갖춰야 할 성질에 대한 설명으로 옳지 않은 것은?

① 알맞은 입도를 가질 것
② 깨끗하고 강하며 내구적일 것
③ 연하고 가느다란 석편을 함유할 것
④ 먼지, 흙 등의 유해물이 허용한도 이내일 것

38 골재가 갖추어야 할 성질
- 연한 석편, 가느다란 석편을 함유하지 않을 것
- 함유하면 낱알을 방해 하므로 워커빌리티가 좋지 않다.

정답 34 ④ 35 ② 36 ④ 37 ② 38 ③

□□□ 12④⑤, 22①

39 교량 설계에서 하중을 주하중, 부하중, 주하중에 상당하는 특수하중, 부하중에 상당하는 특수하중으로 구분할 때 주하중이 아닌것은?

① 풍 하중
② 활 하중
③ 고정 하중
④ 충격 하중

해 설

39 하중의 종류

주하중	고정 하중, 활 하중, 충격 하중
부하중	풍 하중, 온도 변화의 영향, 지진 하중
특수 하중	설 하중, 원심 하중, 제동 하중, 지점 이동의 영향 가설 하중, 충돌 하중

□□□ 03③, 10①, 11⑤, 12①④, 14⑤, 15①, 22①

40 프리스트레스를 도입한 후의 손실 원인이 아닌 것은?

① 콘크리트의 크리프
② 콘크리트의 건조수축
③ 콘크리트의 블리딩
④ PS 강재의 릴랙세이션

40 프리스트레스의 손실의 원인

도입시 손실 (즉시손실)	도입 후 손실 (시간적손실)
•정착 장치의 활동 •콘크리트의 탄성변형 •포스트텐션 긴장재와 덕트 사이의 마찰	•콘크리트의 크리프 •콘크리트의 건조수축 •PS강재의 릴랙세이션

토목제도

□□□ 13①, 22①

41 재료의 단면 표시 중 벽돌을 나타내는 것은?

①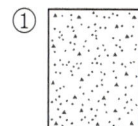
②
③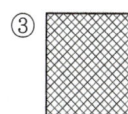
④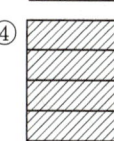

41 재료 단면의 표시
① 모르타르
② 블록
④ 벽돌

□□□ 04③, 11⑤, 12①, 15④, 22①

42 한 도면에서 두 종류의 이상의 선이 같은 장소에 겹치게 될 때 우선순위로 옳은 것은?

| ㉠ 숨은선 | ㉡ 중심선 | ㉢ 외형선 | ㉣ 절단선 |

① ㉣ - ㉠ - ㉢ - ㉡
② ㉢ - ㉠ - ㉣ - ㉡
③ ㉠ - ㉡ - ㉢ - ㉣
④ ㉢ - ㉠ - ㉡ - ㉣

42 선의 우선 순위
1) 외형선
2) 숨은선
3) 절단선
4) 중심선
5) 무게 중심선

정답 39 ① 40 ③ 41 ④ 42 ②

□□□ 08⑤, 09①, 11①, 13①④, 22①
43 도면에 사용되는 글자에 대한 설명 중 옳지 않은 것은?

① 글자의 크기는 높이로 나타낸다.
② 숫자는 아라비아 숫자를 원칙으로 한다.
③ 문장은 가로 왼쪽부터 쓰는 것을 원칙으로 한다.
④ 일반적으로 글자는 수직 또는 수직에서 35° 오른쪽으로 경사지게 쓴다.

43
한글 서체는 고딕체로 하고, 수직 또는 오른쪽 15° 오른쪽으로 경사지게 쓴다.

□□□ 14①④, 16①, 22①
44 도면 제도를 위한 치수 기입 방법으로 옳지 않은 것은?

① 치수의 단위는 m를 원칙으로 한다.
② 각도의 단위는 도(°), 분(′), 초(″)를 사용한다.
③ 완성된 도면에는 치수를 기입하여야 한다.
④ 치수 기입 요소는 치수선, 치수보조선, 치수등을 포함한다.

44
치수의 단위는 mm를 원칙으로 한다.

□□□ 03④, 08⑤, 09⑤, 10⑤, 11③, 12①, 13①, 22①
45 한국 산업 표준 중에서 토건 기호는?

① KS A
② KS C
③ KS F
④ KS M

45 KS의 부문별 기호

기호	KS F	KS A	KS M	KS C
부문	토건	기본	화학	전기

□□□ 10①, 15⑤, 16①, 22①
46 단면도의 절단면을 해칭할 때 사용되는 선의 종류는?

① 가는 파선
② 가는 실선
③ 가는 1점 쇄선
④ 가는 2점 쇄선

46 해칭
단면을 표시하는 경우나 강 구조에 있어서 연결판의 측면 또는 충전재의 측면을 표시하는 때 사용되는 것으로 가는 실선을 사용한다.

□□□ 04, 08①, 10④, 12①, 22①
47 철근의 표시 방법에 대한 설명으로 옳은 것은?

24@200 = 4800

① 전장 4800m를 24m로 200등분
② 전장 4800mm를 200mm로 24등분
③ 전장 4800m를 200m 간격으로 24등분
④ 전장 4800mm를 24m 간격으로 200등분

47
24@200＝4800
전장 4800mm를 200mm로 24등분

정답 43 ④ 44 ① 45 ③ 46 ② 47 ②

□□□ 10①, 12⑤, 13④, 15④, 22①

48 치수 기입의 원칙에 어긋나는 것은?

① 치수의 중복 기입은 피해야 한다.
② 치수는 계산할 필요가 없도록 기입해야 한다.
③ 주 투상도에는 가능한 치수 기입을 생략하여야 한다.
④ 도면에 길이의 크기와 자세 및 위치를 명확하게 표시해야 한다.

해설

48
치수는 될 수 있는 대로 주 투상도에 기입해야 한다.

□□□ 08④, 10④, 11⑤, 12⑤, 13①, 14④, 15④, 22①

49 제도용지의 세로와 가로의 비로 옳은 것은?

① 1 : 1
② 1 : 2
③ 1 : $\sqrt{2}$
④ 1 : $\sqrt{3}$

49
제도 용지의 폭(a)과 길이(b)의 비는 1 : $\sqrt{2}$ 이다.

□□□ 10⑤, 11③, 13⑤, 15①④, 16④, 22①

50 제도 용지에서 A3의 크기는 몇 mm인가?

① 254×385
② 268×398
③ 274×412
④ 297×420

50 제도 용지의 규격

A1	A2	A3	A4
594× 841mm	420× 594mm	297× 420mm	210× 297mm

□□□ 11①⑤, 13①, 15①, 22①

51 도면에서 반드시 그려야 할 사항으로 도면의 번호, 도면 이름, 척도, 투상법 등을 기입하는 것은?

① 표제란
② 윤곽선
③ 중심마크
④ 재단마크

51 표제란
• 도면의 관리에 필요한 사항과 도면의 내용에 대한 사항을 모아서 기입
• 도면 번호, 도면 명칭, 기업체명, 책임자 서명, 도면 작성 일자, 축척 등을 기입

□□□ 02, 08①, 10④⑤, 12④, 16①, 22①

52 정 투상법에서 제1각법의 순서로 옳은 것은?

① 눈→물체→투상면
② 눈→투상면→물체
③ 물체→눈→투상면
④ 물체→투상면→눈

52
• 제1각법 : 눈→물체→투상면
• 제3각법 : 눈→투상면→물체

□□□ 14①, 22①

53 건설 재료 단면의 표시방법 중 모래를 나타낸 것은?

53 재료의 단면 경계 표시
① 지반면(흙)
② 잡석
③ 암반면(바위)
④ 모래

정답 48 ③ 49 ③ 50 ④ 51 ① 52 ①
53 ④

□□□ 09①, 12④⑤, 15④, 22①
54 제도 통칙에서 한글, 숫자 및 영자에 해당하는 문자의 선 굵기는 문자 크기의 호칭에 대하여 얼마로 하는 것이 바람직한가?

① 1/2
② 1/5
③ 1/9
④ 1/13

54
글자의 굵기는 한글, 숫자 및 로마자의 경우에는 1/9로 하는 것이 적당하다.

□□□ 03, 05, 09④, 11⑤, 15⑤, 22①
55 대칭인 도형은 중심선에서 한쪽은 외형도를 그리고 그 반대쪽은 무엇을 표시하는가?

① 정면도
② 평면도
③ 측면도
④ 단면도

55
대칭되는 도면은 중심선의 한쪽은 외형도를 반대쪽은 단면도로 표시하는 것을 원칙으로 한다.

□□□ 10④⑤, 15④, 22①
56 대상물의 보이지 않는 부분의 모양을 표시하는 선은?

① 굵은 실선
② 가는 실선
③ 1점 쇄선
④ 파선

56
파선 : 숨은선
대상물의 보이지 않는 부분의 모양을 표시

□□□ 07④, 11①, 14①, 15④, 22①
57 척도에서 물체의 실제 크기보다 확대하여 그리는 것은?

① 축척
② 현척
③ 배척
④ 실척

57 척도의 종류
• 축척 : 물체의 실제보다 축소하여 그림
• 현척 : 물체의 실제와 같은 크기로 그림
• 배척 : 물체의 실제보다 확대하여 그림

□□□ 11①, 14①, 22①
58 컴퓨터 운영체제가 아닌 것은?

① 유닉스(unix)
② 리눅스(linux)
③ 윈도우즈(windows)
④ 엑세스(access)

58 컴퓨터의 운영체제(OS)의 종류
윈도(Windows), 유닉스(UNIX), 리눅스(Linux), 맥OS, OS/2

□□□ 11①, 13⑤, 15④, 22①
59 토목 CAD의 이용효과에 대한 설명으로 옳지 않은 것은?

① 모듈화된 표준도면을 사용할 수 있다.
② 도면의 수정이 용의하다.
③ 입체적 표현이 불가능하나, 표현 방법이 다양하다.
④ 다중작업(multi-tasking)이 가능하다.

59
입체적 표현이 가능하며 표현 방법이 증대된다.

정답 54 ③ 55 ④ 56 ④ 57 ③ 58 ④ 59 ③

□□□ 08⑤, 09①, 14⑤, 22①

60 그림에서 치수기입 방법이 옳지 않은 것은?

① A
② B
③ C
④ D

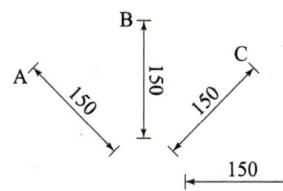

60
치수선 B 부분 150은 좌측에 기입한다.

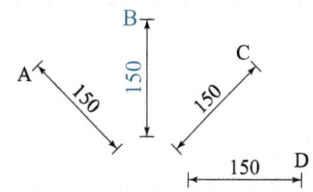

정답 60 ②

국가기술자격 CBT 필기시험문제

2023년도 기능사 제1회 필기시험

종 목	시험시간	배 점	테스트 결과(개수)		
전산응용토목제도기능사	1시간	60	1회	2회	3회

해 설

□□□ 13②, 23①

01 콘크리트에 철근을 보강하는 가장 큰 이유는?

① 압축력 보강
② 인장력 보강
③ 전단력 보강
④ 비틀림 보강

01 철근 콘크리트
철근은 인장력에 강하고 콘크리트는 압축력에 강하므로 이에 인장력에 약한 콘크리트를 보강하기 위하여 철근을 보강한 것

□□□ 13①, 15④, 23①

02 지간 4m의 캔틸레버보가 보 전체에 걸쳐 고정하중 20kN/m, 활하중 30kN/m의 등분포 하중을 받고 있다. 이 보의 계수휨모멘트는 (M_u)는?(단, 고정하중과 활하중에 대한 하중계수는 각각 1.2와 1.6이다.)

① 18kN·m
② 72kN·m
③ 100kN·m
④ 144kN·m

02
계수휨모멘트 $M_u = \dfrac{Ul^2}{8}$

- $U = 1.2M_D + 1.6M_L$
  $= 1.2 \times 20 + 1.6 \times 30 = 72\,\text{kN/m}$

∴ $M_u = \dfrac{Ul^2}{8}$
$= \dfrac{72 \times 4^2}{8} = 144\,\text{kN·m}$

□□□ 11⑤, 12①⑤, 14①, 15④, 23①

03 콘크리트의 등가직사각형 응력블록과 관계된 계수 β_1은 콘크리트의 압축강도의 크기에 따라 달라지는 값이다. 콘크리트의 압축강도가 38MPa일 경우 β_1의 값은?

① 0.65
② 0.70
③ 0.75
④ 0.80

03
- β_1 값
- $f_{ck} \leq 40\text{MPa}$일 때 $\beta_1 = 0.80$

□□□ 14①, 15⑤, 23①

04 단철근 직사각형보를 강도 설계법으로 해석할 때 최소 철근량 이상으로 인장철근을 배치하는 이유는?

① 처짐을 방지하기 위하여
② 전단파괴를 방지하기 위하여
③ 연성파괴를 방지하기 위하여
④ 취성파괴를 방지하기 위하여

04 휨부재의 최소 철근량을 규정하고 있는 이유
부재에는 급작스러운 파괴(취성파괴)가 일어날 수 있어 이를 방지하기 위해서 규정

정답 01 ② 02 ④ 03 ④ 04 ④

해 설

□□□ 12⑤, 13②, 15④, 23①

05 휨 또는 휨과 압축을 동시에 받는 부재의 콘크리트 압축 연단의 극한변형률은 얼마로 가정하는가? (단, $f_{ck} \leq 40\text{MPa}$)

① 0.0022
② 0.0033
③ 0.0044
④ 0.0055

05 휨모멘트 또는 휨모멘트와 축력을 동시에 받는 부재의 콘크리트 압축연단의 극한변형률은 콘크리트의 설계기준압축강도가 40MPa 이하인 경우에는 0.0033으로 가정한다.

□□□ 11⑤, 14④, 23①

06 프리스트레스하지 않는 부재의 현장치기콘크리트 중에서 외부의 공기나 흙에 접하지 않는 콘크리트의 보나 기둥의 최소 피복 두께는 얼마 이상이어야 하는가?

① 20mm
② 40mm
③ 50mm
④ 60mm

06 옥외의 공기나 흙에 직접 접하지 않는 콘크리트

철근의 외부 조건		최소 피복
보, 기둥		40mm
슬래브	D35 초과	40mm
벽체	D35 이하	20mm

□□□ 11④, 13①, 15④, 23①

07 인장지배단면에 대한 강도감소계수는?

① 0.85
② 0.80
③ 0.75
④ 0.70

07 인장지배단면
강도감소계수 $\phi = 0.85$

□□□ 11④, 13①, 15⑤, 23①

08 폭 $b = 300\text{mm}$이고 유효높이 $d = 500\text{mm}$를 가진 단철근 직사각형보가 있다. 이 보의 철근비가 0.01일 때 인장철근량은?

① 1000mm²
② 1500mm²
③ 2000mm²
④ 3000mm²

08 철근비 $\rho = \dfrac{A_s}{bd}$ 에서
∴ $A_s = \rho(b \cdot d) = 0.01 \times (300 \times 500)$
$= 1500\text{mm}^2$

□□□ 15⑤, 23①

09 2개 이상의 철근을 묶어서 사용하는 다발철근의 사용방법으로 옳지 않은 것은?

① 다발철근의 지름은 등가단면적으로 환산된 한 개의 철근지름으로 보아야 한다.
② 다발철근으로 사용하는 철근의 개수는 4개 이하이어야 한다.
③ 스터럽이나 띠 철근으로 둘러싸야 한다.
④ 보에서 D25를 초과하는 철근은 다발로 사용할 수 없다.

09 보에서 D35를 초과하는 철근은 다발로 사용할 수 없다.

정답 05 ② 06 ② 07 ① 08 ② 09 ④

☐☐☐ 11④, 16①, 23①

10 철근과 콘크리트가 그 경계면에서 미끄러지지 않도록 저항하는 것을 무엇이라 하는가?

① 부착 ② 정착
③ 이음 ④ 스터럽

해 설

10 부착(bond)
콘크리트에 묻혀있는 철근이 콘크리트와의 경계면에서 미끄러지지 않도록 저항하는 것

☐☐☐ 13②, 16①, 23①

11 인장 이형철근의 겹침이음에서 A급 이음일 때 이음의 최소길이는? (단, l_d는 인장 이형철근의 정착길이)

① $1.0l_d$ 이상 ② $1.3l_d$ 이상
③ $1.5l_d$ 이상 ④ $2.0l_d$ 이상

11 이형철근의 겹침이음길이
- A급 이음 : $1.0l_d$
- B급 이음 : $1.3l_d$

☐☐☐ 14①, 15①, 23①

12 철근의 이음 방법으로 옳지 않은 것은?

① 피복 이음법 ② 겹침 이음법
③ 용접 이음법 ④ 기계적인 이음법

12 철근의 이음방법
겹침이음, 용접이음, 기계적 이음

☐☐☐ 02, 13⑤, 16④, 23①

13 아치교에 대한 설명으로 옳지 않은 것은?

① 미관이 아름답다.
② 계곡이나 지간이 긴 곳에도 적당하다.
③ 상부 구조의 주체가 아치(arch)로 된 교량을 말한다.
④ 우리나라의 대표적인 아치교는 거가대교이다.

13
우리나라의 대표적인 아치교는 한강대교(타이드아치교)이다.

☐☐☐ 07①, 11⑤, 12①, 15④, 16①④, 23①

14 1방향 슬래브의 최소 두께는 얼마인가?

① 100mm ② 200mm
③ 300mm ④ 400mm

14 1방향 슬래브
최소 두께는 100mm 이상으로 규정하고 있다.

☐☐☐ 10⑤, 23①

15 콘크리트의 시방배합에서 잔골재 및 굵은 골재는 어느 상태를 기준으로 하는가?

① 노건조상태 ② 공기중건조상태
③ 표면건조포화상태 ④ 습윤상태

15
시방배합에서 사용하는 골재는 표면건조포화상태를 기준으로 한다.

정답 10 ① 11 ① 12 ① 13 ④ 14 ①
15 ③

□□□ 15④, 23①

16 콘크리트에 대한 설명으로 옳은 것은?

① 시멘트, 잔골재, 굵은 골재, 이 밖에 혼화재료를 섞어 물로 비벼서 만든 것이다.
② 시멘트에 물만 넣어 반죽한 것이다.
③ 시멘트와 잔골재를 물로 비벼서 만든 것이다.
④ 시멘트와 굵은골재를 섞어 물로 비벼서 만든 것이다.

해설

16 콘크리트
모르타르에 굵은 골재를 배합한 것으로 시멘트와 잔골재, 굵은 골재, 혼화재료를 물로 비벼서 만든 것

□□□ 12①, 14⑤, 23①

17 D16 이하의 스터럽과 띠 철근의 표준 갈고리에서 구부림 내면 반지름은 철근지름의 최소 몇 배 이상이어야 하는가?

① 2배 ② 3배
③ 4배 ④ 5배

17 D16 이하의 스터럽이나 띠 철근 철근을 구부리는 내면반지름은 철근공칭지름(d_b)의 $2d_b$ 이상으로 하여야 한다.

□□□ 12④, 14④, 16④, 23①

18 철근 콘크리트 기둥을 크게 세 가지 형식으로 분류할 때, 이에 해당되지 않는 것은?

① 합성 기둥 ② 원형 기둥
③ 띠 철근 기둥 ④ 나선철근 기둥

18 철근 콘크리트 기둥의 3가지 형식
띠 철근 기둥, 나선철근 기둥, 합성기둥

□□□ 05④, 10④, 11①④, 12④, 13④, 16①, 23①

19 정철근이나 부철근을 2단 이상으로 배치할 경우에 상하 철근의 최소 순간격은?

① 15mm 이상 ② 25mm 이상
③ 40mm 이상 ④ 50mm 이상

19 상단과 하단에 2단 이상으로 배치된 경우
• 상하철근은 동일 연직면 내에 배치되어야 한다.
• 상하 철근의 순간격은 25mm 이상으로 하여야 한다.

□□□ 02④, 12①④⑤, 13②, 14④⑤, 15①, 16①, 23①

20 콘크리트구조와 비교할 때, 강구조에 대한 설명으로 옳지 않은 것은?

① 공사기간이 긴 것이 단점이다.
② 부재의 치수를 작게 할 수 있다.
③ 콘크리트에 비하여 균질성을 가지고 있다.
④ 지간이 긴 교량을 축조하는 데에 유리하다.

20
강구조물을 공장에서 사전 조립이 가능하여 공사기간을 단축할 수 있다.

정답 16 ① 17 ① 18 ② 19 ② 20 ①

□□□ 11①, 12⑤, 13②⑤, 23①

21 프리스트레스하지 않는 부재의 현장치기콘크리트 중 수중에서 치는 콘크리트의 최소 피복두께는?

① 40mm
② 60mm
③ 80mm
④ 100mm

21 피복두께
수중에서 타설하는 콘크리트 : 100mm

□□□ 12④, 14⑤, 15④, 23①

22 강도 설계법에서 일반적으로 사용되는 철근의 탄성계수(E_s) 표준값은?

① 150000MPa
② 200000MPa
③ 240000MPa
④ 280000MPa

22 철근의 탄성계수
E_s = 200000MPa
= 10^5 MPa의 값이 표준

□□□ 12①, 14⑤, 23①

23 D16 이하의 스터럽과 띠 철근의 표준 갈고리에서 구부림 내면 반지름은 철근지름의 최소 몇 배 이상이어야 하는가?

① 2배
② 3배
③ 4배
④ 5배

23 D16 이하의 스터럽이나 띠 철근 철근을 구부리는 내면반지름은 철근공칭지름(d_b)의 $2d_b$ 이상으로 하여야 한다.

□□□ 16①, 23①

24 일반적으로 철근의 정착길이는 철근의 어떤 응력에 기초를 둔 것인가?

① 평균부착응력
② 평균굽힘응력
③ 평균전단응력
④ 평균허용응력

24 정착길이 개념
철근의 묻힘길이에 대하여 얻을 수 있는 평균 부착응력에 기초를 두고 있다.

□□□ 05④, 06⑤, 13⑤, 16①, 23①

25 옹벽의 종류가 아닌 것은?

① 뒷부벽식 옹벽
② 중력식 옹벽
③ 캔틸레버 옹벽
④ 독립식 옹벽

25 옹벽의 종류
중력식 옹벽, 캔틸레버 옹벽, 뒷부벽식 옹벽, 앞부벽식 옹벽 L형 옹벽, 역 L형 옹벽, 반중력식 옹벽

□□□ 13⑤, 15④, 23①

26 활하중에 해당하는 것은?

① 자동차 하중
② 구조물의 자중
③ 토압
④ 수압

26 활하중
교량을 통행하는 사람이나 자동차 등의 이동 하중을 말한다.

정답 21 ④ 22 ② 23 ① 24 ① 25 ④
26 ①

□□□ 11④, 12④, 13②, 14①, 23①
27 토목 구조물의 특징이 아닌 것은?

① 공용기간이 짧다. ② 다량생산이 아니다.
③ 일반적으로 규모가 크다. ④ 대부분 자연환경 속에 놓인다.

해 설

27
구조물의 수명, 즉 공용 기간이 길다.

□□□ 12④, 14④, 23①
28 일반적인 기둥의 종류가 아닌 것은?

① 띠 철근 기둥 ② 나선철근 기둥
③ 강도 기둥 ④ 합성 기둥

28 기둥의 종류
띠 철근 기둥, 나선철근 기둥, 합성 기둥

□□□ 05④, 10①, 13⑤, 15④, 23①
29 나선철근의 정착은 나선철근의 끝에서 추가로 최소 몇 회전만큼 더 확보하여야 하는가?

① 1.0회전 ② 1.5회전
③ 2.0회전 ④ 2.5회전

29
나선철근의 정착을 위해 나선철근의 끝에서 1.5회전만큼 더 연장해야 한다.

□□□ 09①, 13②, 23①
30 PS 강재를 어떤 인장력으로 긴장한 채 그 길이를 일정하게 유지해 주면 시간이 지남에 따라 PS 강재의 인장응력이 감소하는 현상은?

① 프리플렉스 ② 응력 부식
③ 릴랙세이션 ④ 그라우팅

30 릴랙세이션(relaxation)
PS 강재의 인장응력이 감소하는 현상

□□□ 15④, 23①
31 다음 시멘트 중에서 수화열이 적고, 해수에 대한 저항성이 커서 댐이나 방파제 공사에 적합한 것은?

① 조강포틀랜드 시멘트 ② 플라이 애시 시멘트
③ 알루미나 시멘트 ④ 팽창 시멘트

31 플라이 애시 시멘트의 특징
• 수화열이 적고, 장기강도가 크다.
• 해수에 대한 저항성이 커서 댐 및 방파제 공사 등에 사용한다.

□□□ 11⑤, 13④, 14④, 16①④, 23①
32 사용 재료에 따른 토목 구조물의 분류 방법이 아닌 것은?

① 강 구조 ② 연속 구조
③ 콘크리트 구조 ④ 합성 구조

32 사용재료에 따른 토목 구조물의 종류
콘크리트 구조(철근콘크리트, 프리스트레스트 콘크리트), 강 구조, 합성 구조

정답 27 ① 28 ③ 29 ② 30 ③ 31 ②
32 ②

해 설

□□□ 12⑤, 23①
33 콘크리트용으로 사용하는 부순돌(쇄석)의 특징으로 옳지 않은 것은?

① 시멘트와 부착이 좋다.
② 수밀성, 내구성 등은 약간 저하된다.
③ 보통 콘크리트보다 단위수량이 10% 정도 많이 요구 된다.
④ 부순돌은 강자갈과 달리 거친 표면 조직과 풍화암이 섞여 있지 않다.

33 부순돌
강자갈과 달리 거친 표면 조직과 풍화암이 섞여 있기 쉽다.

□□□ 10⑤, 13⑤, 23①
34 워싱턴형 공기량 측정기를 사용하여 공기실의 일정한 압력을 콘크리트에 주었을 때 공기량으로 인하여 공기실의 압력이 떨어지는 것으로부터 공기량을 구하는 방법은?

① 무게법
② 부피법
③ 공기실 압력법
④ 진공법

34 공기량 시험법의 종류
• 공기실 압력법, 무게법, 부피법
• 공기실 압력법 : 워싱턴형 공기량 측정기를 사용하며, 보일(Boyle)의 법칙에 의하여 공기실에 일정한 압력을 콘크리트에 주었을 때 공기량으로 인하여 법칙에 저하하는 것으로부터 공기량을 구하는 것이다.

□□□ 14④, 23①
35 시멘트의 분말도에 관한 설명으로 옳지 않은 것은?

① 시멘트의 분말도란 단위질량(g)당 표면적을 말한다.
② 분말도가 클수록 블리딩이 증가한다.
③ 분말도가 클수록 건조수축이 크다.
④ 분말도가 크면 풍화하기 쉽다.

35 분말도가 높으면
• 풍화하기 쉽고, 건조수축이 커진다.
• 수화 작용이 빨라서 조기강도가 커진다.
• 분말도가 높은 시멘트는 블리딩이 저감된다.

□□□ 13②, 15⑤, 23①
36 콘크리트의 워커빌리티에 영향을 끼치는 요소로 옳지 않은 것은?

① 시멘트의 분말도가 높을수록 워커빌리티가 좋아진다.
② AE제, 감수제 등의 혼화제를 사용하면 워커빌리티가 좋아진다.
③ 시멘트량에 비해 골재의 양이 많을수록 워커빌리티가 좋아진다.
④ 단위수량이 적으면 유동성이 적어 워커빌리티가 나빠진다.

36 시멘트
골재의 양보다 단위 시멘트의 양이 많을수록 워커빌리티가 좋아진다.

□□□ 13①, 23①
37 숏크리트 시공 및 그라우팅에 의한 지수공법에 주로 사용되는 혼화제는?

① 발포제
② 급결제
③ 공기연행제
④ 고성능 유동화제

37 급결제
• 시멘트의 응결을 상당히 빠르게 하기 위하여 사용하는 혼화제
• 숏크리트, 그라우트에 의한 지수 공법 등에 사용

정답 33 ④ 34 ③ 35 ② 36 ③ 37 ②

38 콘크리트의 각종 강도 중 크기가 가장 큰 것은? (단, 콘크리트는 보통 강도의 콘크리트에 한한다.)

① 부착강도 ② 휨강도
③ 압축강도 ④ 인장강도

해설

38 압축강도
- 인장강도는 압축강도의 약 1/10~1/13 정도이다.
- 휨강도는 압축강도의 1/5~1/8 정도이다.

39 콘크리트의 내구성에 영향을 끼치는 요인으로 가장 거리가 먼 것은?

① 동결과 융해
② 거푸집의 종류
③ 물 흐름에 의한 침식
④ 철근의 녹에 의한 균열

39 콘크리트의 내구성에 영향을 끼치는 요소
동결융해, 기상작용, 물, 산, 염 등에 화학적 침식, 그 밖의 전류에 의한 침식, 철근의 녹에 의한 균열

40 프리스트레스를 도입한 후의 손실 요인 아닌 것은?

① 콘크리트의 크리프 ② 콘크리트의 건조수축
③ 콘크리트의 탄성변형 ④ PS강재의 릴랙세이션

40 프리스트레스의 손실의 원인

도입시 손실 (즉시손실)	도입 후 손실 (시간적손실)
• 정착 장치의 활동	• 콘크리트의 크리프
• 콘크리트의 탄성변형	• 콘크리트의 건조수축
• 포스트텐션 긴장재와 덕트 사이의 마찰	• PS강재의 릴랙세이션

토목제도

41 도면을 접어서 보관할 때 기본적인 도면의 크기는?

① A1 ② A2
③ A3 ④ A4

41 도면을 접을 때에는 A4(210×297mm)의 크기로 접는 것을 원칙으로 한다.

42 1 : 1보다 큰 척도를 의미하는 것은?

① 실척 ② 축척
③ 현척 ④ 배척

42 척도의 종류
- 축척 : 물체의 실제보다 축소
- 현척 : 물체의 실제와 같은 크기
- 배척 : 물체의 실제보다 확대

정답 38 ③ 39 ② 40 ③ 41 ④ 42 ④

| | 해　　설 |

□□□ 09④, 11④, 15④, 23①

43 보기의 철강 재료 기호 표시에서 재질을 나타내는 기호 등을 표시하는 부분은?

<보기> KS D 3503　S　S　330
　　　　　ⓐ　　　　ⓑ ⓒ　 ⓓ

① ㉠　　　　　　　　② ㉡
③ ㉢　　　　　　　　④ ㉣

43 구조용 압연재
KS D 3503　S S　41
(KS 분류 번호)　└ 최저 인장 강도 41
　　　　　　　└ 일반 구조용 압연재
　　　　　　　└ 강
㉠ KS D 3503 : KS 분류 번호
㉡ S : 강(steel)
㉢ S : 일반 구조용 압연강재
㉣ 330 : 최저 인장 강도
　　　(330N/mm²)

□□□ 10①④, 11④, 14①⑤, 23①

44 도면에 대한 설명으로 옳지 않은 것은?

① 큰 도면을 접을 때에는 A4의 크기로 접는다.
② A3도면의 크기는 A2도면의 절반 크기이다.
③ A계열에서 가장 큰 도면의 호칭은 A0이다.
④ A4의 크기는 B4보다 크다.

44
A4(210×297mm)의 크기는 B4(257×364mm)의 크기보다 작다.

□□□ 10①, 13④, 23①

45 치수에 대한 설명으로 옳지 않은 것은?

① 치수는 될 수 있는 대로 주 투상도에 기입해야 한다.
② 치수는 모양 및 위치를 가장 명확하게 표시하며 중복은 피한다.
③ 치수의 단위는 mm를 원칙으로 하며 단위 기호는 쓰지 않는다.
④ 부분 치수의 합계 또는 전체의 치수는 개개의 부분 치수 안쪽에 기입한다.

45
부분 치수의 합계 또는 전체의 치수는 순차적으로 개개의 부분 치수 바깥쪽에 기입한다.

□□□ 15①, 23①

46 치수 보조선에 대한 설명 중 옳지 않은 것은?

① 치수 보조선은 치수선을 넘어서 약간 길게 끌어내어 그린다.
② 치수 보조선은 치수선과 항상 직각이 되도록 그어야 한다.
③ 불가피한 경우가 아닐 때에는, 치수 보조선과 치수선이 다른 선과 교차하지 않게 한다.
④ 부품의 중심선이나 외형선은 치수선으로 사용해서는 안되며 치수 보조선으로는 사용할 수 없다.

46
치수 보조선이 외형선과 접근하기 때문에 선의 구별이 어려울 때에는 치수선과 적당한 각도(될 수 있는 대로 60° 방향)를 가지게 한다.

정답 43 ②　44 ④　45 ④　46 ②

□□□ 13①, 14①, 23①

47 척도에 관한 설명으로 옳지 않은 것은?

① 현척은 실제 크기를 의미한다.
② 배척은 실제보다 큰 크기를 의미한다.
③ 축척은 실제보다 작은 크기를 의미한다.
④ 그림의 크기가 치수와 비례하지 않으면 NP를 기입한다.

47 NS(not to scale)
그림의 형태가 치수와 비례하지 않을 때에는 치수 밑에 밑줄을 긋거나, 비례가 아님 또는 NS(not to scale) 등의 문자를 기입하여야 한다.

□□□ 12⑤, 14①, 23①

48 도면에 그려야 할 내용의 영역을 명확하게 하고, 제도용지의 가장자리에 생기는 손상으로 기재 사항을 해치지 않도록 하기 위하여 그리는 선은?

① 윤곽선
② 외형선
③ 치수선
④ 중심선

48 윤곽선
• 윤곽선이 있는 도면은 윤곽선이 없는 도면에 비하여 안정되어 보인다.
• 도면의 크기에 따라 0.5mm 이상의 굵은 실선으로 그린다.

□□□ 04③, 08④, 11⑤, 12①, 15④, 23①

49 토목 구조물 도면의 작성 순서로 가장 적당한 것은?

① 외형선→중심선→지시선→철근선
② 기준선→철근선→외형선→해칭선
③ 철근선→외형선→숨은선→치수선
④ 중심선→외형선→철근선→치수선

49 원도(토목구조물 도면)의 작성 순서
• 윤곽선, 표제란, 중심선, 기준선을 긋는다.
• 외형선, 절단선, 파단선을 긋는다.
• 철근 단면 및 철근선, 숨은선을 긋는다.
• 치수선, 치수 보조선, 지시선 및 해칭선을 긋는다.

□□□ 04④, 10④, 15④, 23①

50 파선(숨은선)의 사용 방법으로 옳은 것은?

① 단면도의 절단면을 나타낸다.
② 물체의 보이지 않는 부분을 표시하는 선이다.
③ 대상물의 보이는 부분의 겉모양을 표시한다.
④ 부분 생략 또는 부분 단면의 경계를 표시한다.

50
파선 : 숨은선
대상물의 보이지 않는 부분의 모양을 표시

□□□ 07⑤, 09①, 11⑤, 16④, 23①

51 토목제도에서의 대칭인 물체나 원형인 물체의 중심선으로 사용되는 선은?

① 파선
② 1점 쇄선
③ 2점 쇄선
④ 나선형 실선

51 1점 쇄선
• 중심선, 기준선, 피치선에 사용되는 선
• 주로 도형의 중심을 나타내며 도형의 대칭선으로 사용

정답 47 ④ 48 ① 49 ④ 50 ② 51 ②

□□□ 03, 08①, 11⑤, 12①, 14④, 16①, 23①
52 철근 표시에서 'D16'이 의미하는 것은?

① 지름 16mm인 원형 철근
② 지름 16mm인 이형 철근
③ 반지름 16mm인 이형철근
④ 반지름 16mm인 고강도 철근

52 이형철근
- 이형철근의 지름은 호칭 D로 나타낸다.
- D16 : 지름 16mm의 이형 철근
- ϕ16 : 지름 16mm의 원형 철근

□□□ 14①④, 23①
53 토목제도에서 도면치수의 기본적인 단위는?

① mm   ② cm
③ m   ④ km

53
치수의 단위는 mm를 원칙으로 하고, 단위 기호는 쓰지 않는다.

□□□ 15④, 23①
54 건설재료 단면의 경계 표시 기호 중에서 지반면(흙)을 나타낸 것은?

①   ②
③   ④

54
① 모래
② 일반도
③ 호박돌
④ 지반면(흙)

□□□ 14⑤, 23①
55 시스템 소프트웨어(system software)가 아닌 것은?

① 운영체제   ② 언어 프로그램
③ CAD 프로그램   ④ 유틸리티 프로그램

55 시스템 소프트웨어의 구성
운영체제, 언어 번역기, 유틸리티 프로그램 등이 있다.

□□□ 15④, 23①
56 네트워크 보안을 강화하는 방법으로 옳지 않은 것은?

① 해킹   ② 암호화
③ 방화벽 설치   ④ 인트라넷 구축

56 해킹
- 다른 시스템에 불법적으로 접근하여 피해를 입히는 행위
- 인터넷을 통하여 정보를 공유하고 교류하는 긍정적인 효과와는 달리 정보사회의 역기능

□□□ 10①, 11⑤, 13④, 23①
57 옹벽의 벽체 높이가 4500mm, 벽체의 기울기가 1:0.02일 때, 수평거리는 몇 mm인가?

① 20   ② 45
③ 90   ④ 180

57
- 연직거리 : 수평거리 = 1 : n = 1 : 0.02
- 연직거리가 4500mm일 때 수평거리
  $D = 0.02 \times 4500 = 90\text{mm}$

정답 52 ② 53 ① 54 ④ 55 ③ 56 ①
57 ③

58 토목제도에서 치수선에 대한 치수의 위치로 바르지 않은 것은?

59 건설 재료에서 콘크리트를 나타내는 단면 표시는?

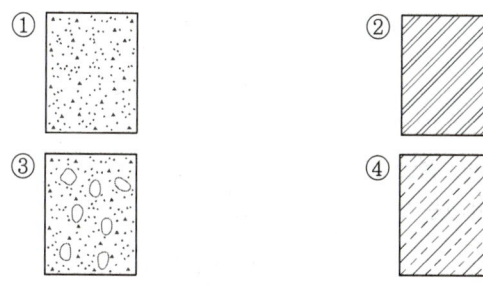

60 아래의 내용은 어떤 투상법에 대한 설명인가?

정면도를 기준으로 하여 좌우, 상하에서 본 모양을 본 위치에 그리게 되므로 도면을 보고 물체를 이해하기가 쉽다.

① 제 1각법　　② 제 3각법
③ 제 4각법　　④ 투시도법

해　설

58
치수선이 세로인 때에는 치수선의 왼쪽(좌측)에 기입한다.

59 재료 단면 표시
① 모르타르
② 강철
③ 콘크리트
④ 자연석(석재)

60
제3각법에 대한 설명이다.

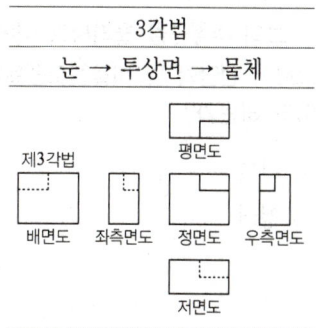

정답 58 ① 59 ③ 60 ②

국가기술자격 CBT 필기시험문제

2024년도 기능사 제1회 필기시험

종 목	시험시간	배 점	테스트 결과(개수)		
전산응용토목제도기능사	1시간	60	1회	2회	3회

해 설

□□□ 11④⑤, 12⑤, 13⑤, 15④⑤, 24①

01 철근 콘크리트를 널리 이용하는 이유가 아닌 것은?

① 자중이 크다.
② 철근과 콘크리트가 부착이 매우 잘 된다.
③ 철근과 콘크리트는 온도에 대한 열팽창계수가 거의 같다.
④ 콘크리트 속에 묻힌 철근은 녹이 슬지 않는다.

01 철근 콘크리트의 단점 자중이 크다.

□□□ 10④, 12①⑤, 13④⑤, 15①④, 24①

02 단철근 직사각형 보의 높이 $d=300\text{mm}$, 폭 $b=200\text{mm}$, 철근 단면적 $A_s=1275\text{mm}^2$일 때, 등가직사각형 응력블록의 깊이 a는?
(단, $f_{ck}=20\text{MPa}$, $f_y=400\text{MPa}$이다.)

① 40mm   ② 80mm
③ 120mm   ④ 150mm

02
$a = \dfrac{A_s f_y}{\eta(0.85 f_{ck})b}$

• $f_{ck} \leq 40\text{MPa}$일 때
$\eta = 1.0$, $\beta_1 = 0.80$

∴ $a = \dfrac{1275 \times 400}{1.0 \times 0.85 \times 20 \times 200}$
$= 150\text{mm}$

□□□ 13⑤, 14⑤, 24①

03 보의 주철근을 둘러싸고 이에 직각되게 또는 경사지게 배치한 철근으로서 전단력 및 비틀림모멘트에 저항하도록 배치한 보강철근을 무엇이라 하는가?

① 덕트   ② 띠 철근
③ 앵커   ④ 스터럽

03 스터럽(stirrup)에 대한 설명이다.

□□□ 07⑤, 10①, 16④, 24①

04 철근의 항복으로 시작되는 보의 파괴 형태로 철근이 먼저 항복한 후에 콘크리트가 큰 변형을 일으켜 사전에 붕괴의 조짐을 보이면서 점진적으로 일어나는 파괴는?

① 취성 파괴   ② 연성 파괴
③ 경성 파괴   ④ 강성 파괴

04
• 취성파괴
 : 균형철근비 $\rho_b <$ 철근비 ρ
• 연성파괴
 : 균형철근비 $\rho_b >$ 철근비 ρ

정답 01 ① 02 ④ 03 ④ 04 ②

□□□ 12⑤, 13②, 15④, 24①

05 휨 또는 휨과 압축을 동시에 받는 부재의 콘크리트 압축 연단의 극한변형률은 얼마로 가정하는가? (단, $f_{ck} \leq 40\text{MPa}$)

① 0.0022　　② 0.0033
③ 0.0044　　④ 0.0055

05
휨모멘트 또는 휨모멘트와 축력을 동시에 받는 부재의 콘크리트 압축 연단의 극한변형률은 콘크리트의 설계기준압축강도가 40MPa 이하인 경우에는 0.0033으로 가정한다.

□□□ 11④, 16①, 24①

06 철근과 콘크리트가 그 경계면에서 미끄러지지 않도록 저항하는 것을 무엇이라 하는가?

① 부착　　② 정착
③ 이음　　④ 스터럽

06 부착(bond)
콘크리트에 묻혀있는 철근이 콘크리트와의 경계면에서 미끄러지지 않도록 저항하는 것

□□□ 11①, 12⑤, 13②⑤, 24①

07 프리스트레스하지 않는 부재의 현장치기콘크리트 중 수중에서 치는 콘크리트의 최소 피복두께는?

① 40mm　　② 60mm
③ 80mm　　④ 100mm

07 피복두께
수중에서 타설하는 콘크리트
: 100mm

□□□ 14①, 15⑤, 24①

08 단철근 직사각형보를 강도 설계법으로 해석할 때 최소 철근량 이상으로 인장철근을 배치하는 이유는?

① 처짐을 방지하기 위하여
② 전단파괴를 방지하기 위하여
③ 연성파괴를 방지하기 위하여
④ 취성파괴를 방지하기 위하여

08 휨부재의 최소 철근량을 규정하고 있는 이유
부재에는 급작스러운 파괴(취성파괴)가 일어날 수 있어 이를 방지하기 위해서 규정

□□□ 14①, 15④⑤, 24①

09 D25 철근을 사용한 90° 표준 갈고리는 90° 구부린 끝에서 최소 얼마 이상 더 연장하여야 하는가? (단, d_b는 철근의 공칭지름)

① $6d_b$　　② $9d_b$
③ $12d_b$　　④ $15d_b$

09 90° 표준 갈고리

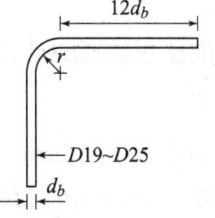

D19, D22, 및 D25인 철근은 90° 구부린 끝에서 $12d_b$ 이상을 더 연장하여야 한다.

정답 05 ②　06 ①　07 ④　08 ④　09 ③

☐☐☐ 12①, 13①, 24①

10 용접이음은 철근의 설계기준항복강도 f_y의 몇 % 이상을 발휘할 수 있는 완전용접이어야 하는가?

① 85% ② 100%
③ 125% ④ 150%

해설

10 용접이음
- 용접용 철근을 사용해야 한다.
- 철근의 설계기준항복강도 f_y의 125% 이상을 발휘할 수 있는 용접이어야 한다.

☐☐☐ 12⑤, 16④, 24①

11 재료의 강도란 물체에 하중이 작용할 때 그 하중에 저항하는 능력을 말하는데 이때 강도 중 하중 속도 및 작용에 따라 분류되는 강도가 아닌 것은?

① 정적 강도 ② 충격 강도
③ 피로 강도 ④ 릴렉세이션 강도

11 재료 강도
- 하중 재하속도 및 작용에 따라 정적강도, 충격강도, 피로강도, 크리프강도 등으로 구별된다.
- 릴렉세이션 : 재료에 응력을 준 상태에서 변형을 일정하게 유지하면, 시간이 지남에 따라 응력이 감소하는 현상

☐☐☐ 13⑤, 14④, 15⑤, 24①

12 시멘트의 분말도에 관한 설명으로 옳지 않은 것은?

① 시멘트의 입자가 가늘수록 분말도가 높다.
② 시멘트 입자의 가는 정도를 나타내는 것을 분말도라 한다.
③ 시멘트의 분말도가 높으면 조기강도가 커진다.
④ 시멘트의 분말도가 높으면 균열 및 풍화가 생기지 않는다.

12 분말도가 높으면
- 풍화하기 쉽고, 건조수축이 커진다.
- 수화 작용이 빨라서 조기강도가 커진다.
- 분말도가 높은 시멘트는 블리딩이 저감된다.

☐☐☐ 12⑤, 13①, 24①

13 숏크리트 시공 및 그라우팅에 의한 지수공법에 주로 사용되는 혼화제는?

① 발포제 ② 급결제
③ 공기연행제 ④ 고성능 유동화제

13 급결제
- 시멘트의 응결을 상당히 빠르게 하기 위하여 사용하는 혼화제
- 숏크리트, 그라우트에 의한 지수공법 등에 사용

☐☐☐ 11①, 12④⑤, 14①, 24①

14 시방배합을 현장배합으로 고칠 경우에 고려하여야 할 사항으로 옳지 않은 것은?

① 굵은 골재 중에서 5mm 체를 통과하는 잔골재량
② 잔골재 중 5mm 체에 남는 굵은 골재량
③ 골재의 함수 상태
④ 단위 시멘트량

14 시방배합을 현장배합으로 변경 시 고려할 사항
- 골재의 함수상태
- 잔골재 속의 5mm체에 남는 양
- 굵은 골재 속의 5mm체를 통과하는 양

정답 10 ③ 11 ④ 12 ④ 13 ② 14 ④

□□□ 12①, 14④, 24①

15 잔골재의 조립률 2.3, 굵은골재의 조립률 6.4을 사용하여 잔골재와 굵은골재를 질량비 1:1.5로 혼합하면 이때 혼합된 골재의 조립률은?

① 3.67
② 4.76
③ 5.27
④ 6.12

해설

15 혼합 조립률
$$f_a = \frac{m}{m+n}f_s + \frac{n}{m+n}f_g$$
$$= \frac{1}{1+1.5} \times 2.3 + \frac{1.5}{1+1.5} \times 6.4$$
$$= 4.76$$

□□□ 10⑤, 13⑤, 24①

16 인장철근의 겹침이음 길이는 최소 얼마 이상으로 하여야 하는가?

① 200mm
② 250mm
③ 300mm
④ 350mm

16 인장 이형철근의 정착길이는 항상 300mm 이상이어야 한다.

□□□ 11④, 13①, 15④, 24①

17 인장지배단면에 대한 강도감소계수는?

① 0.85
② 0.80
③ 0.75
④ 0.70

17 인장지배단면 강도감소계수 $\phi = 0.85$

□□□ 12④, 14⑤, 15⑤, 24①

18 굳지 않은 콘크리트의 반죽 질기를 측정하는데 사용되는 시험은?

① 자르시험
② 브리넬 시험
③ 비비시험
④ 로스앤젤레스 시험

18
- 비비시험 : 슬럼프시험으로 측정하기 어려운 된 비빔 콘크리트의 반죽질기에 적용
- 브리넬시험 : 금속 재료의 경도 시험이다.
- 로스앤젤레스 시험 : 굵은골재의 닳음 측정용이다.

□□□ 10⑤, 11④, 12①, 14①⑤, 24①

19 콘크리트에 일정하게 하중을 주면 응력의 변화는 없는데도 변형이 시간이 경과함에 따라 커지는 현상은?

① 건조수축
② 크리프
③ 틱소트로피
④ 릴랙세이션

19 크리프(creep)
콘크리트에 일정한 하중을 계속 주면 응력의 변화는 없는데도 변형이 재령과 함께 점차 변형이 증대되는 성질

□□□ 11①, 14⑤, 24①

20 물-결합재비가 55%이고, 단위수량이 176kg이면 단위시멘트량은?

① 96.8kg
② 144kg
③ 280kg
④ 320kg

20
$$C = \frac{단위수량}{물-결합재비} = \frac{176}{0.55} = 320\,\text{kg}$$

정답 15 ② 16 ③ 17 ① 18 ③ 19 ② 20 ④

□□□ 10①, 12①, 24①

21 콘크리트를 배합 설계할 때 물-결합재 비를 결정할 때의 고려사항으로 거리가 먼 것은?

① 소요의 강도
② 내구성
③ 수밀성
④ 철근의 종류

21 물결합재비(W/B)의 결정
소요의 강도(배합강도), 내구성, 수밀성

□□□ 10①, 16④, 24①

22 폴리머 콘크리트(폴리머-시멘트 콘크리트)의 성질로 옳은 것은?

① 건조수축이 크다.
② 내마모성이 좋다.
③ 동결융해 저항성이 작다.
④ 방수성, 불투성이 불량하다.

22 폴리머 콘크리트
• 강도가 크고, 동결융해, 내마모성이 크다.
• 건조수축 작고, 방수성, 내충격성이 좋다.

□□□ 05⑤, 07⑤, 10①⑤, 12①, 16④, 24①

23 토목구조물의 특징에 속하지 않는 것은?

① 건설에 많은 비용과 시간이 소요된다.
② 공공의 목적으로 건설되기 때문에 사회의 감시와 비판을 받게 된다.
③ 구조물의 공용 기간이 길어 장래를 예측하여 설계하고 건설해야 한다.
④ 주로 다량 생산 체계로 건설된다.

23
다량생산이 아니다.
• 동일한 조건의 동일한 구조물을 두 번 이상 건설하는 일이 없다.

□□□ 12⑤, 16④, 24①

24 교량의 상부 구조에 해당하지 않는 것은?

① 슬래브
② 트러스
③ 교대
④ 보

24
• 상부 구조 : 바닥판(포장, 슬래브), 바닥틀(가로보, 세로보), 주형, 주트러스, 받침
• 하부 구조 : 교대, 교각 및 기초 (말뚝기초 및 우물통 기초)

□□□ 10④, 11⑤, 12①

25 축방향 압축을 받는 부재로서 높이가 단면 최소 치수의 몇 배 이상이 되어야 기둥이라 하는가?

① 2배
② 3배
③ 4배
④ 5배

25 기둥
축방향 압축과 휨을 받는 부재로서 높이가 단면 최소 치수의 3배 이상인 것

정답 21 ④ 22 ② 23 ④ 24 ③ 25 ②

해 설

□□□ 10①, 13①, 24①

26 콘크리트를 주재료로 하고 철근을 보강 재료로 하여 만든 구조를 무엇이라 하는가?

① 합성 콘크리트 구조
② 무근 콘크리트 구조
③ 철근 콘크리트 구조
④ 프리스트레스트 콘크리트 구조

26 철근 콘크리트 구조
콘크리트 속에 철근을 배치하여 양자가 입체가 되어 외력을 받게 한 구조

□□□ 13①, 15⑤, 24①

27 압축부재의 축방향 주철근이 나선철근으로 둘러싸인 경우에 주철근의 최소 개수는?

① 6개　　② 8개
③ 9개　　④ 10개

27 압축부재의 축방향 주철근 최소 개수
- 사각형이나 원형 띠 철근으로 둘러싸인 경우 4개
- 삼각형 띠 철근으로 둘러싸인 경우는 3개
- 나선철근으로 둘러싸인 철근의 경우는 6개

□□□ 02④, 12①④⑤, 13②, 14④⑤, 15①, 16①

28 콘크리트구조와 비교할 때, 강구조에 대한 설명으로 옳지 않은 것은?

① 공사기간이 긴 것이 단점이다.
② 부재의 치수를 작게 할 수 있다.
③ 콘크리트에 비하여 균질성을 가지고 있다.
④ 지간이 긴 교량을 축조하는 데에 유리하다.

28 강구조
강구조물을 공장에서 사전 조립이 가능하여 공사기간을 단축할 수 있다.

□□□ 10⑤, 14⑤, 24①

29 기둥의 지지 조건에서 양 끝이 고정되어 있는 기둥의 전체 길이가 L일 때 유효길이는?

① $0.5L$　　② $0.7L$
③ $1.0L$　　④ $2.0L$

29
유효길이 = $K \cdot L$

양단 지지상태	유효길이
양단고정	0.5L
1단힌지 타단 고정	0.7L
양단힌지	1.0L
1단자유 타단 고정	2.0L

□□□ 12④, 14④, 16④, 24①

30 철근 콘크리트 기둥을 크게 세 가지 형식으로 분류할 때, 이에 해당되지 않는 것은?

① 합성 기둥　　② 원형 기둥
③ 띠철근 기둥　　④ 나선철근 기둥

30
철근 콘크리트 기둥의 3가지 형식
: 띠 철근 기둥, 나선철근 기둥, 합성 기둥

정답 26 ③　27 ①　28 ①　29 ①　30 ②

□□□ 11⑤, 13②, 14⑤, 24①

31 강교에서 주구조가 축방향 인장 및 압축부재로 조합된 형식의 교량으로 비교적 계산이 간단하고, 구조적으로 상당한 긴 지간에 유리하게 쓰이는 것은?

① 판형교 ② 트러스교
③ 라멘교 ④ 사장교

31 트러스교의 특징
- 비교적 계산이 간단하고 구조적으로 상당히 긴 지간이 유리하게 쓰인다.
- 부재의 길이에 비하여 단면이 작은 부재를 삼각형으로 이어서 만든 뼈대로서, 보의 작용을 하도록 한 구조이다.

□□□ 10⑤, 14④, 24①

32 압축부재에 사용되는 나선철근의 순간격 기준으로 옳은 것은?

① 25mm 이상, 55mm 이하
② 25mm 이상, 75mm 이하
③ 55mm 이상, 75mm 이하
④ 55mm 이상, 90mm 이하

32 압축부재에 사용되는 나선철근의 순간격
25mm 이상, 75mm 이하

□□□ 07①, 11⑤, 12①, 15④, 16①④, 24①

33 1방향 슬래브의 최소 두께는 얼마인가?

① 100mm ② 200mm
③ 300mm ④ 400mm

33 1방향 슬래브
최소 두께는 100mm 이상으로 규정하고 있다.

□□□ 12⑤, 14①, 16④, 24①

34 슬래브에 대한 설명으로 옳지 않은 것은?

① 슬래브는 두께에 비하여 폭이 넓은 판모양의 구조물이다.
② 주철근의 구조에 따라 크게 1방향 슬래브, 2방향 슬래브로 구별할 수 있다.
③ 2방향 슬래브는 주철근의 배치가 서로 직각으로 만나도록 되어 있다.
④ 4변에 의해 지지되는 슬래브 중에서 단변에 대한 장변의 비가 4배를 넘으면 2방향 슬래브로 해석한다.

34 1방향 슬래브
4변에 의해 지지되는 슬래브 중에서 단변에 대한 장변의 비가 4배를 넘으면 1방향 슬래브로 해석한다.

□□□ 03, 07, 09④, 13①, 16①④, 24①

35 옹벽은 외력에 대하여 안정성을 검토하는데, 그 대상이 아닌 것은?

① 전도에 대한 안정 ② 활동에 대한 안정
③ 침하에 대한 안정 ④ 간격에 대한 안정

35 옹벽의 안정 조건
전도에 대한 안정, 활동에 대한 안정, 침하에 대한 안정

정답 31 ② 32 ② 33 ① 34 ④ 35 ④

□□□ 12④, 15⑤, 24①

36 두께에 비하여 폭이 넓은 판 모양의 구조물로 지지조건에 의한 주철근 구조에 따라 2가지로 구분되는 것은?

① 확대기초 ② 슬래브
③ 기둥   ④ 옹벽

36 슬래브
- 두께에 비하여 폭이 넓은 판 모양의 구조물
- 지지하는 경계조건에 따라 1방향 슬래브와 2방향슬래브로 구별한다.

□□□ 11⑤, 13②, 14④, 24①

37 기둥, 교대, 교각, 벽 등에 작용하는 상부 구조물의 하중을 지반에 안전하게 전달하기 위하여 설치하는 구조물은?

① 노상 ② 암거
③ 노반 ④ 확대기초

37 확대기초
기둥, 교대, 교각, 벽 등에 작용하는 상부 구조물의 하중을 지반에 안전하게 전달하기 위하여 설치하는 구조물

□□□ 10⑤, 11①④, 12⑤, 14①

38 하중을 분포시키거나 균열을 제어할 목적으로 주철근과 직각에 가까운 방향으로 배치한 보조 철근은?

① 띠 철근   ② 원형철근
③ 배력철근   ④ 나선철근

38
배력철근(distributing)의 정의이다.

□□□ 05⑤, 10①, 11①, 14①⑤, 24①

39 그림은 어느 형식의 확대기초를 표시한 것인가?

① 말뚝 확대기초
② 경사 확대기초
③ 연결 확대기초
④ 독립 확대기초

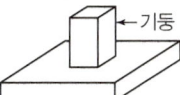

39 독립 확대기초
1개의 기둥에 전달되는 하중을 1개의 기초가 단독으로 받도록 되어 있는 확대기초

□□□ 07, 13①, 16④

40 보통 무근 콘크리트로 만들어지며 자중에 의하여 안정을 유지하는 옹벽의 형태는?

① 중력식 옹벽   ② L형 옹벽
③ 캔틸레버 옹벽   ④ 뒷부벽식 옹벽

40 중력식 옹벽
무근 콘크리트로 만들어지며, 자중에 의하여 안정을 유지한다.

정답 36 ② 37 ④ 38 ③ 39 ④ 40 ①

토목제도

41 보기의 철강 재료 기호 표시에서 재질을 나타내는 기호 등을 표시하는 부분은?

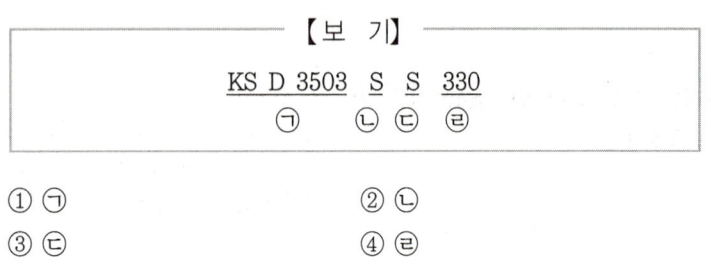

① ㉠
② ㉡
③ ㉢
④ ㉣

41 구조용 압연재

KS D 3503　S　S　41
(KS 분류 번호)　　　　최저 인장 강도 41
　　　　　　　　　　일반 구조용 압연재
　　　　　　　　　　강

㉠ KS D 3503 : KS 분류 번호
㉡ S : 강(steel)
㉢ S : 일반 구조용 압연강재
㉣ 330 : 최저 인장 강도
　　　(330N/mm²)

42 도면을 표현 형식에 따라 분류할 때 구조물의 구조 계산에 사용되는 선도로 교량의 골조를 나타내는 도면은?

① 일반도
② 배근도
③ 구조선도
④ 상세도

42 표현형식에 따른 분류
- 일반도 : 구조물의 평면도, 입면도, 단면도 등에 의해서 그 형식과 일반 구조를 나타내는 도면
- 외관도 : 대상물의 외형과 최소한의 필요한 치수를 나타낸 도면
- 구조선도 : 교량 등의 골조를 나타내고, 구조 계산에 사용하는 선도로 뼈대 그림

43 다음 중 선의 접속 및 교차에 대한 제도방법이 틀린 것은?

43
선의 교차점은 십자형이 되어야 한다.

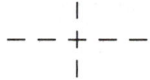

44 척도에 관한 설명으로 옳지 않은 것은?

① 현척은 실제 크기를 의미한다.
② 배척은 실제보다 큰 크기를 의미한다.
③ 축척은 실제보다 작은 크기를 의미한다.
④ 그림의 크기가 치수와 비례하지 않으면 NP를 기입한다.

44 NS(not to scale)
그림의 형태가 치수와 비례하지 않을 때에는 치수 밑에 밑줄을 긋거나, 비례가 아님 또는 NS(not to scale) 등의 문자를 기입하여야 한다.

정답 41 ② 42 ③ 43 ① 44 ④

□□□ 08①, 12①, 15①, 24①

45 축척자(스케일)는 여러 가지 종류가 있으나 일반적으로 사용하는 삼각 스케일의 축척이 아닌 것은?

① 1 : 10
② 1 : 200
③ 1 : 300
④ 1 : 600

□□□ 03④, 08⑤, 09⑤, 10⑤, 11③, 12①, 13①, 24①

46 한국 산업 규격 중에서 토건 기호는?

① KS A
② KS C
③ KS D
④ KS F

□□□ 08④, 09①, 10⑤, 11③, 13⑤, 15①④, 16④, 24①

47 제도용지 중 A3 용지의 크기는? (단, 단위는 mm)

① 254×385
② 268×398
③ 274×412
④ 297×420

□□□ 09①, 10⑤, 12④, 16④, 24①

48 치수와 치수선에 대한 설명으로 옳지 않은 것은?

① 치수를 특별히 명시하지 않으면 마무리 치수로 표시한다.
② 치수선은 표시할 치수의 방향에 평행하게 긋는다.
③ 제작, 조립, 시공, 설계를 할 때에 기준이 되는 곳이 있을 때에는 그 곳을 기준으로 하여 치수를 기입한다.
④ 치수의 단위는 cm를 원칙으로 하고, 단위 기호는 반드시 기입하여야 한다.

□□□ 04③, 11⑤, 12①, 15④, 24①

49 한 도면에서 두 종류 이상의 선이 같은 장소에 겹치게 될 때 우선 순위로 옳은 것은?

【보 기】
㉠ 숨은선 ㉡ 중심선 ㉢ 외형선 ㉣ 절단선

① ㉣-㉠-㉢-㉡
② ㉢-㉠-㉣-㉡
③ ㉠-㉡-㉢-㉣
④ ㉢-㉠-㉡-㉣

해 설

45 삼각 스케일
1면에 1m의 1/100, 1/200, 1/300, 1/400, 1/500, 1/600에 해당하는 여섯 가지의 축척 눈금이 새겨져 있다.

46 KS의 부문별 기호

KS A	기본
KS C	전기
KS D	금속
KS F	토건

47 도면의 치수

크기	$a \times b$
A0	841×1189
A1	594×841
A2	420×594
A3	297×420
A4	210×297

48 치수 단위
치수 단위는 mm를 원칙으로 하며, 단위 기호는 표기하지 않는다.

49 선의 우선 순위
① 외형선
② 숨은선
③ 절단선
④ 중심선
⑤ 무게 중심선

정답 45 ① 46 ④ 47 ④ 48 ④ 49 ②

□□□ 07⑤, 09①, 11⑤, 16④, 24①
50 토목제도에서의 대칭인 물체나 원형인 물체의 중심선으로 사용되는 선은?

① 파선
② 1점 쇄선
③ 2점 쇄선
④ 나선형 실선

50 1점 쇄선
- 중심선, 기준선, 피치선에 사용되는 선
- 주로 도형의 중심을 나타내며 도형의 대칭선으로 사용

□□□ 10④, 11①, 14④, 24①
51 치수 기입 중 SR40이 의미하는 것은?

① 반지름 40mm인 원
② 반지름 40mm인 구
③ 한 변이 40mm인 정사각형
④ 한 변이 40mm인 정삼각형

51 구면기호 S
- SR : 구의 반지름 치수의 수치 앞에 붙인다.
  ∴ SR40 : 반지름 40mm인 구
- Sϕ : 구의 지름 기호

□□□ 09①, 11①, 14⑤, 24①
52 그림은 어떤 건설 재료의 단면 표시인가?

① 석재
② 목재
③ 강
④ 콘크리트

52
건설재료인 석재(자연석)의 단면 표시

□□□ 03, 08①, 11⑤, 12①, 14④, 16①, 24①
53 철근 표시에서 'D16'이 의미하는 것은?

① 지름 16mm인 원형 철근
② 지름 16mm인 이형 철근
③ 반지름 16mm인 이형철근
④ 반지름 16mm인 고강도 철근

53 이형철근
- 이형철근의 지름은 호칭 D로 나타낸다.
- D16 : 지름 16mm의 이형 철근
- ϕ16 : 지름 16mm의 원형 철근

□□□ 11⑤, 14⑤, 24①
54 CAD작업에서 도면층(layer)에 대한 설명으로 옳은 것은?

① 도면의 크기를 설정해 놓은 것이다.
② 도면의 위치를 설정해 놓은 것이다.
③ 축척에 따른 도면의 모습을 보여주는 자료이다.
④ 투명한 여러 장의 도면을 겹쳐 놓은 효과를 준다.

54 도면층(layer)
- 투명한 여러 장의 도면을 겹쳐 놓은 효과를 준다.
- 도면을 몇 개의 층으로 나누어 그리거나 편집할 수 있는 기능

정답 50 ② 51 ② 52 ① 53 ② 54 ④

□□□ 10①④, 11④, 14①⑤, 24①
55 도면을 접어서 보관할 때 기본적인 도면의 크기는?

① A1
② A2
③ A3
④ A4

55
도면을 접을 때에는 A4(210×297 mm)의 크기로 접는 것을 원칙으로 한다.

□□□ 10①, 12④, 15④, 16①, 24①
56 각봉의 절단면을 바르게 표시한 것은?

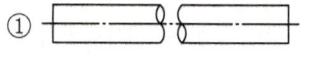

56 단면의 형태에 따른 절단면 표시
① 환봉
② 나무
③ 파이프
④ 각봉

□□□ 09①, 12⑤, 13④, 14①, 15④, 24①
57 KS에서 원칙으로 하고 있는 정 투상도를 그리는 방법은?

① 제1각법
② 제2각법
③ 제3각법
④ 제4각법

57 정 투상법
KS에서는 정 투상법은 제3각법에 따라 도면을 작성하는 것을 원칙으로 하고 있다.

□□□ 06, 08⑤, 14①, 24①
58 재료 단면의 경계 표시 중 암반면을 나타내는 것은?

58 재료의 단면 경계 표시
① 지반면(흙)
② 수준면(물)
③ 암반면(바위)
④ 잡석

□□□ 11④, 12④, 14④, 15④, 24①
59 도로 설계에서 종단 측량 결과로서 종단면도에 기입할 사항이 아닌 것은?

① 면적
② 거리
③ 지반고
④ 계획고

59 종단면도에 기입사항
곡선, 측점, 거리 및 추가거리, 지반고, 계획고, 땅깎기 및 흙쌓기, 경사 등의 기입란을 만들고 종단측량 결과를 차례로 기입한다.

□□□ 08①, 09①, 12④⑤, 15④, 24①
60 제도의 통칙에서 한글, 숫자 및 영자의 경우 글자의 굵기는 글자의 높이의 얼마 정도로 하는가?

① 1/2
② 1/5
③ 1/9
④ 1/13

60 글자의 굵기
글자의 굵기는 한글, 숫자 및 로마자의 경우에는 1/9로 하는 것이 적당하다.

정답 55 ④ 56 ④ 57 ③ 58 ③ 59 ①
60 ③

국가기술자격 CBT 필기시험문제

2025년도 기능사 제1회 필기시험

종 목	시험시간	배 점	테스트 결과(개수)		
전산응용토목제도기능사	1시간	60	1회	2회	3회

해 설

□□□ 11⑤, 25①

01 토목 구조물의 종류에 대한 설명 중 틀린 것은?

① 철근 콘크리트 구조물이란 콘크리트 속에 철근을 배치하여 양자가 일체가 되도록 한 RC구조로 된 구조물을 말한다.
② 프리스트레스트콘크리트 구조물이란 외력에 의한 응력을 상쇄할 수 있도록 미리 인위적으로 내력을 준 PSC구조로 된 구조물을 말한다.
③ 강 구조물은 강재로 이루어져 콘크리트보다 강도가 크고, 부재의 치수를 작게 할 수 있어 긴 지간의 교량을 축조하는데 유리하다.
④ 무근 콘크리트구조란 철근이 없이 강재의 보 위에 콘크리트 슬래브를 이어 쳐서 양자가 일체로 작용하도록 한 것을 말한다.

01 합성 구조
철근이 없이 강재의 보 위에 철근 콘크리트 슬래브를 이어쳐서 양자가 일체로 작용하도록 한 것

□□□ 05⑤, 07⑤, 10①⑤, 12①, 16④, 25①

02 토목구조물의 특징에 속하지 않는 것은?

① 건설에 많은 비용과 시간이 소요된다.
② 공공의 목적으로 건설되기 때문에 사회의 감시와 비판을 받게 된다.
③ 구조물의 공용 기간이 길어 장래를 예측하여 설계하고 건설해야 한다.
④ 주로 다량 생산 체계로 건설된다.

02
• 대량산이 아니다.
• 동일한 조건의 동일한 구조물을 두 번 이상 건설하는 일이 없다.

□□□ 12⑤, 15④, 25①

03 철근의 이음에 대한 설명으로 옳지 않은 것은?

① 철근은 잇지 않는 것을 원칙으로 한다.
② 부득이 이어야 할 경우 최대 인장 응력이 작용하는 곳에서는 이음을 하지 않는 것이 좋다.
③ 이음부를 한 단면에 집중시켜 같은 부분에서만 잇는 것이 좋다.
④ 철근의 이음 방법에는 겹침 이음법, 용접 이음법, 기계적인 이음법 등이 있다.

03
이음부를 한 단면에 집중시키지 말고, 서로 엇갈리게 하는 것이 좋다.

정답 01 ④ 02 ④ 03 ③

□□□ 10④, 13①⑤, 16①, 25①

04 서해 대교와 같이 교각 위에 주탑을 세우고 주탑과 경사로 배치된 케이블로 주형을 고정시키는 형식의 교량은?

① 현수교　　　　　② 라멘교
③ 연속교　　　　　④ 사장교

04 사장교
- 교각 위에 탑을 세우고 주탑과 경사로 배치된 케이블로 주형을 고정시키는 형식의 교량이다.
- 서해대교는 대표적인 사장교이다.

□□□ 11⑤, 25①

05 교량에 작용하는 주하중에 속하는 것은? (단, 도로교설계기준에 따른다.)

① 활 하중　　　　② 풍 하중
③ 지진의 영향　　④ 온도 변화의 영향

05 하중의 종류

구 분	하중의 종류
주하중	고정 하중, 활 하중, 충격 하중
부하중	풍 하중, 온도 변화의 영향, 지진 하중

□□□ 11④, 14⑤, 25①

06 기둥의 철근배근에 대한 설명으로 옳지 않은 것은?

① 축방향 주철근의 철근비는 1~8%이다.
② 축방향 철근의 순간격을 25mm 이상으로 배치한다.
③ 나선철근의 순간격은 25mm 이상, 75mm 이하이어야 한다.
④ 축방향 철근은 철근 공칭 지름의 1.5배 이상의 간격으로 배치한다.

06 축방향 철근의 순간격
나선철근과 띠철근 기둥에서 40mm 이상으로 배치한다.

□□□ 12①, 14④, 25①

07 다음에서 설명하는 구조물은?

- 두께에 비하여 폭이 넓은 판 모양의 구조물
- 도로교에서 직접 하중을 받는 바닥판
- 건물의 각 층마다의 바닥판

① 보　　　　② 기둥
③ 슬래브　　④ 확대기초

07 슬래브의 조건
- 두께에 비하여 폭이 넓은 판 모양의 구조물
- 도로교에서 직접 하중을 받는 바닥판
- 건물의 각층마다의 바닥판

□□□ 03, 07, 09④, 13①, 16①④, 25①

08 옹벽의 설계시에 안정 조건에 해당되지 않는 것은?

① 전도　　　② 투수
③ 침하　　　④ 활동

08 옹벽의 안정 조건
전도에 대한 안정, 활동에 대한 안정, 침하에 대한 안정

정답　04 ④　05 ①　06 ②　07 ③　08 ②

□□□ 14①, 15⑤, 25①

09 단철근 직사각형 보에서 철근 콘크리트 휨부재의 최소 철근량을 규정하고 있는 이유는?

① 부재의 부착강도를 높이기 위하여
② 부재의 경제적인 단면 설계를 위하여
③ 부재의 급작스러운 파괴를 방지하기 위하여
④ 부재의 재료를 절약하기 위하여

□□□ 10④, 11⑤, 12④, 13⑤, 25①

10 슬래브의 배력철근에 관한 사항으로 옳지 않은 것은?

① 배력철근을 배치하는 이유는 가해지는 응력을 고르게 분포시키기 위해서이다.
② 정철근 또는 부철근으로 힘을 받는 주철근이다.
③ 배력철근은 주철근의 간격을 유지시켜 준다.
④ 배력철근은 콘크리트의 건조수축이나 온도 변화에 의한 수축을 감소시켜 준다.

□□□ 12⑤, 15⑤, 25①

11 2개 이상의 기둥을 1개의 확대기초로 지지하도록 만든 기초는?

① 경사 확대기초   ② 연결 확대기초
③ 독립 확대기초   ④ 계단식 확대기초

□□□ 13①, 15⑤, 25①

12 압축부재의 축방향 주철근이 나선철근으로 둘러싸인 경우에 주철근의 최소 개수는?

① 6개   ② 8개
③ 9개   ④ 10개

□□□ 11④, 12④, 13⑤, 14⑤, 25①

13 독립 확대기초의 크기가 2m×3m이고 허용 지지력이 $100\,kN/m^2$일 때, 이 기초가 받을 수 있는 하중의 크기는?

① 100kN   ② 250kN
③ 500kN   ④ 600kN

해 설

09 휨부재의 최소 철근량을 규정하고 있는 이유
부재에는 급작스러운 파괴가 일어날 수 있어 이를 방지하기 위해서 규정

10 슬래브의 배력철근
정(+)철근 또는 부(−)철근에 직각 또는 직각에 가까운 방향으로 배치한 보조 철근

11 연결 확대기초
2개 이상의 기둥을 1개의 확대기초로 받치도록 만든 기초

12 압축부재의 축방향 주철근 최수 개수
- 사각형이나 원형띠철근으로 둘러싸인 경우 4개
- 삼각형 띠철근으로 둘러싸인 경우는 3개
- 나선철근으로 둘러싸인 철근의 경우는 6개

13
$q_a = \dfrac{P}{A}$에서
$\therefore P = q_a \cdot A$
$= 100 \times 2 \times 3 = 600\,kN$

정답 09 ③ 10 ② 11 ② 12 ① 13 ④

□□□ 13②, 25①

14 그림과 같은 기초를 무엇이라 하는가?

① 독립 확대기초
② 경사 확대기초
③ 벽 확대기초
④ 연결 확대기초

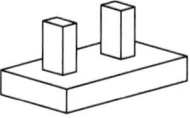

해 설

14 연결 확대기초
2개 이상의 기둥을 1개의 확대기초로 받치도록 만든 기초

□□□ 15①, 25①

15 옹벽의 역할에 대한 설명으로 옳은 것은?

① 도로의 측구 역할을 한다.
② 교량의 받침대 역할을 한다.
③ 물을 흐르는 역할을 한다.
④ 비탈면에서 흙이 무너져 내려오는 것을 방지하는 역할을 한다.

15 옹벽(retaining wall)
비탈면에서 흙이 무너져 내려오는 것을 방지하기 위해 설치하는 구조물

□□□ 12①, 13①, 15⑤, 25①

16 현장치기 콘크리트에서 흙에 접하거나 옥외의 공기에 직접 노출되는 D16 이하의 철근의 최소 피복두께는?

① 40mm
② 50mm
③ 60mm
④ 70mm

16 흙에 접하거나 옥외의 공기에 직접 노출되는 콘크리트

철근 조건	최소 피복
D19 이상	50mm
D16 이하	40mm

□□□ 11④⑤, 12⑤, 15④, 25①

17 철근 콘크리트의 특징에 대한 설명으로 옳지 않은 것은?

① 구조물의 파괴, 해체가 어렵다.
② 구조물에 균열이 생기기 쉽다.
③ 구조물의 검사 및 개조가 어렵다.
④ 압축력에 약해 철근으로 압축력을 보완하여야 한다.

17 인장력 보완
콘크리트는 압축에는 강하지만 인장에는 매우 약하기 때문에 인장력에 강재를 사용해서 인장력을 보완한 것이다.

□□□ 10④, 12①⑤, 13④⑤, 14①, 15⑤, 25①

18 폭 $b=400$mm, 유효깊이 $d=500$mm인 단철근 직사각형보에서 인장철근의 비는? (단, 철근의 단면적 $A_s=4000$mm²임)

① 0.02
② 0.03
③ 0.04
④ 0.05

18
$\rho = \dfrac{A_s}{bd} = \dfrac{4000}{400 \times 500} = 0.02$

정답 14 ④ 15 ④ 16 ① 17 ④ 18 ①

07①, 10⑤, 11④, 13⑤, 14①, 25①

19 PS 강재에서 필요한 성질로만 짝지어진 것은?

> ㄱ. 인장강도가 커야 한다.
> ㄴ. 릴랙세이션이 커야 한다.
> ㄷ. 적당한 연성과 인성이 있어야 한다.
> ㄹ. 응력 부식에 대한 저항성이 커야 한다.

① ㄱ, ㄴ, ㄷ　　② ㄱ, ㄴ, ㄹ
③ ㄴ, ㄷ, ㄹ　　④ ㄱ, ㄷ, ㄹ

19 PS 강재의 필요한 성질
- 인장강도가 커야 한다.
- 릴랙세이션이 작아야 한다.
- 적당한 연성과 인성이 있어야 한다.
- 응력 부식에 대한 저항성이 커야 한다.

02④, 12①④⑤, 13②, 14④⑤, 15①, 16①, 25①

20 콘크리트구조와 비교할 때, 강구조에 대한 설명으로 옳지 않은 것은?

① 공사기간이 긴 것이 단점이다.
② 부재의 치수를 작게 할 수 있다.
③ 콘크리트에 비하여 균질성을 가지고 있다.
④ 지간이 긴 교량을 축조하는 데에 유리하다.

20 강구조
강구조물을 공장에서 사전 조립이 가능하여 공사기간을 단축할 수 있다.

12⑤, 13②, 15④, 25①

21 휨 또는 휨과 압축을 동시에 받는 부재의 콘크리트 압축 연단의 극한변형률은 얼마로 가정하는가? (단, $f_{ck} \leq 40\text{MPa}$)

① 0.0022　　② 0.0033
③ 0.0044　　④ 0.0055

21 극한 변형률
휨모멘트 또는 휨모멘트와 축력을 동시에 받는 부재의 콘크리트 압축 연단의 극한변형률은 콘크리트의 설계기준압축강도가 40MPa 이하인 경우에는 0.0033으로 가정한다.

10④, 12①⑤, 13②⑤, 15①, 25①

22 단철근 직사각형보의 휨 강도 계산 시 등가 직사각형 응력 분포의 깊이를 구하는 식은? (단, f_y : 철근의 항복강도, f_{ck} : 콘크리트의 설계기준강도, A_s : 철근의 단면적, b : 단면의 폭, d : 유효깊이)

① $a = \dfrac{660}{660+f_y}d$
② $a = \dfrac{f_y A_s d}{\eta(0.85f_{ck})}$
③ $a = \dfrac{A_s f_y}{\eta(0.85f_{ck})b}$
④ $a = \dfrac{\eta(0.85f_{ck})b}{A_s}$

22 $C = T$
- 압축력 $C = \eta(0.85f_{ck})ab$,
  인장력 $T = f_y A_s$
  $\therefore a = \dfrac{A_s f_y}{\eta(0.85f_{ck})b}$

정답 19 ④　20 ①　21 ②　22 ③

☐☐☐ 11①, 12④, 14④, 15①, 25①

23 단철근 직사각형보에서 철근의 항복강도 $f_y = 350\text{MPa}$, 콘크리트의 설계기준압축강도 $f_{ck} = 28\text{MPa}$, 단면의 유효깊이 $d = 600\text{mm}$일 때 균형 단면에 대한 중립축의 깊이(c)를 강도설계법으로 구한 값은 약 얼마인가?

① 280mm
② 300mm
③ 380mm
④ 392mm

해 설

23 중립축의 깊이
$f_{ck} \leq 40\text{MPa}$일 때
- $c = \dfrac{660}{660 + f_y} d$
  $= \dfrac{660}{660 + 350} \times 600 = 392\text{mm}$

☐☐☐ 13⑤, 14⑤, 25①

24 보의 주철근을 둘러싸고 이에 직각되게 또는 경사지게 배치한 철근으로서 전단력 및 비틀림모멘트에 저항하도록 배치한 보강철근을 무엇이라 하는가?

① 덕트
② 띠 철근
③ 앵커
④ 스터럽

24
스터럽(stirrup)에 대한 설명이다.

☐☐☐ 11①, 12④⑤, 14①, 25①

25 콘크리트의 시방 배합을 현장 배합으로 수정할 때 고려(보정)하여야 하는 것으로 짝지어진 것은?

① 골재의 밀도 및 잔골재율
② 골재의 밀도 및 표면수량
③ 골재의 입도 및 잔골재율
④ 골재의 입도 및 표면수량

25 시방배합을 현장배합 변경시 고려할 사항
현장 골재(골재의 입도, 골재의 표면수량)의 상태
- 골재의 표면수량
- 잔골재 속의 5mm체에 남는 양 굵은 골재 속의 5mm체를 통과하는 양

☐☐☐ 12④, 15④⑤, 25①

26 철근 콘크리트에서 중립축에 대한 설명으로 옳은 것은?

① 응력이 "0"이다.
② 인장력이 압축력보다 크다.
③ 압축력이 인장력보다 크다.
④ 인장력, 압축력이 모두 최대값을 갖는다.

26
철근 콘크리트에서 중립축의 응력은 0이다.

☐☐☐ 13②, 15⑤, 25①

27 콘크리트의 워커빌리티에 영향을 끼치는 요소로 옳지 않은 것은?

① 시멘트의 분말도가 높을수록 워커빌리티가 좋아진다.
② AE제, 감수제 등의 혼화제를 사용하면 워커빌리티가 좋아진다.
③ 시멘트량에 비해 골재의 양이 많을수록 워커빌리티가 좋아진다.
④ 단위수량이 적으면 유동성이 적어 워커빌리티가 나빠진다.

27 시멘트
골재의 양보다 단위 시멘트의 양이 많을수록 워커빌리티가 좋아진다.

정답 23 ④ 24 ④ 25 ④ 26 ① 27 ③

□□□ 10①, 14④, 15④, 25①

28 철근의 정착길이를 결정하기 위하여 고려해야 할 조건이 아닌 것은?

① 철근의 지름
② 철근 배근위치
③ 콘크리트 종류
④ 굵은 골재의 최대치수

28 철근의 정착길이 결정시 고려사항
철근의 종류, 철근의 공칭지름, 철근의 설계기준항복강도, 철근의 양에 따라 달라진다.

□□□ 10⑤, 12④, 15①④, 16①④, 25①

29 철근의 피복두께에 관한 설명으로 옳지 않은 것은?

① 최 외측 철근의 중심으로부터 콘크리트 표면까지의 최단거리이다.
② 철근의 부식을 방지할 수 있도록 충분한 두께가 필요하다.
③ 내화 구조로 만들기 위하여 소요 피복두께를 확보한다.
④ 철근과 콘크리트의 부착력을 확보한다.

29 피복두께
철근 표면으로부터 콘크리트 표면까지(사이)의 최단 거리

□□□ 13①, 15①, 25①

30 강도 설계법에 있어 강도감소계수 ϕ의 값으로 옳게 연결된 것은?

① 인장지배단면 : 0.75
② 압축지배단면으로 나선철근으로 보강된 철근콘크리트 부재 : 0.7
③ 전단력과 비틀림모멘트 : 0.85
④ 포스트텐션 정착구역 : 0.65

30 강도감소계수 ϕ
• 인장지배단면 : 0.85
• 압축지배단면으로 나선철근으로 보강된 철근콘크리트 부재 : 0.70
• 전단력과 비틀림모멘트 : 0.75
• 포스트텐션 정착구역 : 0.85

□□□ 11④, 12⑤, 13②, 14④, 25①

31 콘크리트를 친 후 시멘트와 골재알이 가라앉으면서 물이 떠오르는 현상을 무엇이라 하는가?

① 풍화
② 레이턴스
③ 블리딩
④ 경화

31 블리딩
• 콘크리트를 친 후 시멘트와 골재알이 가라앉으면서 물이 떠오르는 현상
• 블리딩에 의하여 콘크리트의 표면에 떠올라 가라 앉는 아주 작은 물질을 레이탄스라 한다.

□□□ 07, 10①, 12①, 16①④, 25①

32 콘크리트용 재료로서 골재가 갖춰야 할 성질에 대한 설명으로 옳지 않은 것은?

① 알맞은 입도를 가질 것
② 깨끗하고 강하며 내구적일 것
③ 연하고 가느다란 석편을 함유할 것
④ 먼지, 흙 등의 유해물이 허용한도 이내일 것

32 골재가 갖추어야 할 성질
• 연한 석편, 가느다란 석편을 함유하지 않을 것
• 함유하면 낱알을 방해 하므로 워커빌리티가 좋지 않다.

정답 28 ④ 29 ① 30 ② 31 ③ 32 ③

☐☐☐ 12⑤, 14①, 25①

33 골재알이 공기 중 건조 상태에서 표면건조 포화상태로 되기까지 흡수하는 물의 양을 무엇이라 하는가?

① 함수량
② 흡수량
③ 유효 흡수량
④ 표면수량

해 설

33 유효 흡수량
표면건조 포화상태 – 공기 중 건조 상태

☐☐☐ 10④, 11⑤, 13①④⑤, 14①, 15①, 16①, 25①

34 토목재료로서 콘크리트의 일반적인 특징으로 옳지 않은 것은?

① 콘크리트 자체가 무겁다.
② 압축강도와 인장강도가 거의 동일하다.
③ 건조수축에 의한 균열이 생기기 쉽다.
④ 내구성과 내화성이 모두 크다.

34 콘크리트 인장강도
· 압축강도에 비해 인장강도가 작다.
· 인장강도는 압축강도의 약 1/10 ~ 1/13 정도이다.

☐☐☐ 12④, 15⑤, 25①

35 블리딩을 작게 하는 방법으로 옳지 않은 것은?

① 분말도가 높은 시멘트를 사용한다.
② 단위 수량을 크게 한다.
③ 감수제를 사용한다.
④ AE제를 사용한다.

35 블리딩을 적게 하는 방법
· 분말도가 높은 시멘트를 사용한다.
· AE제, 포촐라나, 감수제를 사용한다.
· 단위수량을 적게 한다.

☐☐☐ 11⑤, 12④, 16①, 25①

36 크리프에 영향을 미치는 요인에 대한 설명으로 옳지 않는 것은?

① 재하 하중이 클수록 크리프 값이 크다.
② 콘크리트 온도가 높을수록 크리프 값이 크다.
③ 고강도 콘크리트일수록 크리프 값이 크다.
④ 콘크리트 재령이 짧고 하중 재하 기간이 길면 크리프 값이 크다.

36 콘크리트의 품질
고강도의 콘크리트일수록 크리프 변형은 적다.

☐☐☐ 16①, 25①

37 다음의 시멘트 중 상대적으로 수화열이 높은 것은?

① 중용열 포틀랜드 시멘트
② 조강 포틀랜드 시멘트
③ 플라이 애시 시멘트
④ 고로 시멘트

37 조강 포틀랜드 시멘트
수화열이 높으므로 한중 콘크리트에 알맞으며, 조기에 강도를 필요로 하는 공사, 긴급공사 등에 사용된다.

정답 33 ③ 34 ② 35 ② 36 ③ 37 ②

☐☐☐ 11⑤, 15⑤, 25①

38 보통 콘크리트와 비교되는 고강도 콘크리트용 재료에 대한 설명으로 옳은 것은?

① 단위 시멘트량을 작게 하여 배합한다.
② 물 - 결합재비를 크게 하여 시공한다.
③ 고성능 감수제는 사용하지 않는다.
④ 골재는 내구성이 큰 골재를 사용한다.

해 설

38
- 단위 시멘트량을 높게 하여 배합한다.
- 공극과 물 - 결합재비가 작아야 한다.
- 고성능 감수제의 사용으로 시공연도를 개선한다.
- 골재는 내구성이 큰 골재를 사용한다.

☐☐☐ 03③, 10①, 11⑤, 12①④, 14⑤, 15①, 25①

39 프리스트레스를 도입한 후의 손실 원인이 아닌 것은?

① 콘크리트의 크리프
② 콘크리트의 건조수축
③ 콘크리트의 블리딩
④ PS 강재의 릴랙세이션

39 프리스트레스의 손실의 원인

도입시 손실 (즉시손실)	도입 후 손실 (시간적 손실)
•정착 장치의 활동 •콘크리트의 탄성변형 •포스트텐션 긴장재와 덕트 사이의 마찰	•콘크리트의 크리프 •콘크리트의 건조수축 •PS강재의 릴랙세이션

☐☐☐ 14①, 15④⑤, 25①

40 주철근에서 90° 표준 갈고리는 구부린 끝에서 철근지름의 최소 몇 배 이상 연장되어야 하는가?

① 10배   ② 12배
③ 15배   ④ 20배

40
주철근의 90° 표준 갈고리

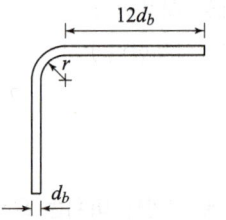

- 90° 구부린 끝에서 $12d_b$ 이상 더 연장해야 한다.

토목제도

☐☐☐ 08①, 08⑤, 13⑤, 25①

41 윤곽 및 윤곽선에 대한 설명 중 틀린 것은?

① 윤곽의 나비는 A0 크기에 대하여 최소 20mm인 것이 바람직하다.
② 윤곽의 나비는 A1 크기에 대하여 최소 10mm인 것이 바람직하다.
③ 그림을 그리는 영역을 한정하기 위한 윤곽선은 최소 0.5mm 이상 두께의 실선으로 그린다.
④ 도면을 철하기 위한 구멍 뚫기의 여유는 최소 나비 20mm(윤곽선 포함)로 표제란에서 가장 떨어진 왼쪽 끝에 둔다.

41 도면을 철하지 않을 때 최소 윤곽의 나비
- 도면 A0, A1 : 20mm
- 도면 A2, A3, A4 : 10mm

정답 38 ④ 39 ③ 40 ② 41 ②

□□□ 08④, 10④, 11⑤, 12⑤, 13①, 14④, 15④, 25①

42 제도 통칙에서 제도 용지의 세로와 가로의 비로 옳은 것은?

① $1 : \sqrt{2}$
② $1 : 1.5$
③ $1 : \sqrt{3}$
④ $1 : 2$

42 제도 용지
제도 용지의 세로와 가로의 비는 $1 : \sqrt{2}$ 이다.

□□□ 10①④, 11①⑤, 14①⑤, 25①

43 도면을 접을 때에 기준이 되는 크기는?

① A3
② A4
③ A5
④ A6

43 도면의 기준
도면을 접을 때에는 A4(210×297mm) 크기로 접어야 한다.

□□□ 12⑤, 13④, 14④, 25①

44 다음 그림은 어떤 재료의 단면 표시인가?

① 블록
② 아스팔트
③ 벽돌
④ 사질토

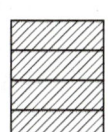

44 단면 표시
벽돌 단면을 표시한다.

□□□ 08①, 14⑤, 25①

45 토목제도에서 현의 길이를 바르게 표시한 것은?

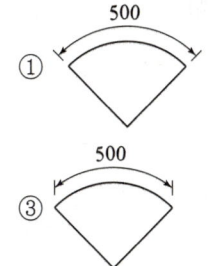
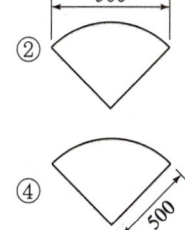

45
① 호의 길이
② 현의 길
③ 현의 길이

□□□ 09④, 12①, 25①

46 도면의 치수기입 방법으로 옳지 않은 것은?

① 치수는 치수선에 평행하게 기입한다.
② 치수선이 수직일 때 치수는 왼쪽에 쓴다.
③ 협소한 구간에서 치수는 인출선을 사용하여 표시해도 된다.
④ 협소한 구간이 연속될 때라도 치수선의 위쪽과 아래쪽에 번갈아 써서는 안된다.

46 협소한 구간의 치수 기입
협소한 구간이 연속될 때에는 치수선의 위쪽과 아래쪽에 번갈아 치수를 기입할 수 있다.

정답 42 ① 43 ② 44 ③ 45 ② 46 ④

□□□ 08④, 10①, 15⑤, 16①, 25①

47 단면도의 절단면에 가는 실선을 규칙적으로 나열한 선은?

① 해칭선　　② 절단선
③ 피치선　　④ 파단선

47 해칭선
- 단면도의 절단된 부분을 표시하는 데 이용
- 가는 실선으로 규칙적으로 빗금을 그은 선

□□□ 10①, 11④⑤, 13④⑤, 25①

48 투상선이 투상면에 대하여 수직으로 투상되는 투영법은?

① 사 투상법　　② 정 투상법
③ 중심 투상법　　④ 평행 투사법

48 정 투상법
투상선이 투상면에 대하여 수직으로 투상되는 투영법

□□□ 02, 07①, 10①, 13⑤, 25①

49 입면도를 쓰지 않고 수평면으로부터 높이의 수치를 평면도에 기호로 주기하여 나타내는 투상법은?

① 정 투상법　　② 사 투상법
③ 축측 투상법　　④ 표고 투상법

49 표고 투상법
입면도를 쓰지 않고 수평면으로부터 높이의 수치를 평면도에 기호로 주기하여 나타내는 방법

□□□ 06, 09⑤, 10⑤, 13⑤, 25①

50 구조용 재료의 단면 중 강(鋼)을 나타내는 것은?

① 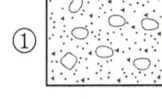　　②
③ 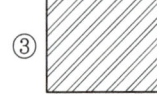　　④

50 구조용 재료
① 콘크리트
② 자연석(석재)
③ 강철
④ 목재

□□□ 11⑤, 13⑤, 15①, 25①

51 긴 부재의 절단면 표시 중 환봉의 절단면 표시로 옳은 것은?

①
②
③
④

51 단면의 형태에 따른 절단면 표시
① 각봉
② 파이프
③ 환봉
④ 나무

정답 47 ① 48 ② 49 ④ 50 ③ 51 ③

□□□ 08④, 10④, 11⑤, 12⑤, 13①, 14④, 15④, 25①

42 제도 통칙에서 제도 용지의 세로와 가로의 비로 옳은 것은?

① 1 : $\sqrt{2}$
② 1 : 1.5
③ 1 : $\sqrt{3}$
④ 1 : 2

42 제도 용지
제도 용지의 세로와 가로의 비는 1 : $\sqrt{2}$ 이다.

□□□ 10①④, 11①⑤, 14①⑤, 25①

43 도면을 접을 때에 기준이 되는 크기는?

① A3
② A4
③ A5
④ A6

43 도면의 기준
도면을 접을 때에는 A4(210×297mm) 크기로 접어야 한다.

□□□ 12⑤, 13④, 14④, 25①

44 다음 그림은 어떤 재료의 단면 표시인가?

① 블록
② 아스팔트
③ 벽돌
④ 사질토

44 단면 표시
벽돌 단면을 표시한다.

□□□ 08①, 14⑤, 25①

45 토목제도에서 현의 길이를 바르게 표시한 것은?

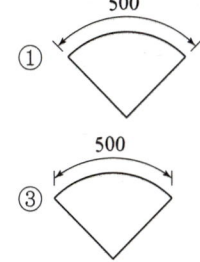
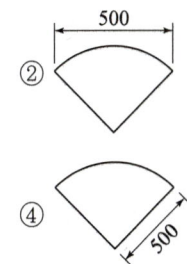

45
① 호의 길이
② 현의 길이
③ 현의 길이

□□□ 09④, 12①, 25①

46 도면의 치수기입 방법으로 옳지 않은 것은?

① 치수는 치수선에 평행하게 기입한다.
② 치수선이 수직일 때 치수는 왼쪽에 쓴다.
③ 협소한 구간에서 치수는 인출선을 사용하여 표시해도 된다.
④ 협소한 구간이 연속될 때라도 치수선의 위쪽과 아래쪽에 번갈아 써서는 안된다.

46 협소한 구간의 치수 기입
협소한 구간이 연속될 때에는 치수선의 위쪽과 아래쪽에 번갈아 치수를 기입할 수 있다.

정답 42 ① 43 ② 44 ③ 45 ② 46 ④

□□□ 08④, 10①, 15⑤, 16①, 25①

47 단면도의 절단면에 가는 실선을 규칙적으로 나열한 선은?

① 해칭선 ② 절단선
③ 피치선 ④ 파단선

47 해칭선
• 단면도의 절단된 부분을 표시하는 데 이용
• 가는 실선으로 규칙적으로 빗금을 그은 선

□□□ 10①, 11④⑤, 13④⑤, 25①

48 투상선이 투상면에 대하여 수직으로 투상되는 투영법은?

① 사 투상법 ② 정 투상법
③ 중심 투상법 ④ 평행 투사법

48 정 투상법
투상선이 투상면에 대하여 수직으로 투상되는 투영법

□□□ 02, 07①, 10①, 13⑤, 25①

49 입면도를 쓰지 않고 수평면으로부터 높이의 수치를 평면도에 기호로 주기하여 나타내는 투상법은?

① 정 투상법 ② 사 투상법
③ 축측 투상법 ④ 표고 투상법

49 표고 투상법
입면도를 쓰지 않고 수평면으로부터 높이의 수치를 평면도에 기호로 주기하여 나타내는 방법

□□□ 06, 09⑤, 10⑤, 13⑤, 25①

50 구조용 재료의 단면 중 강(鋼)을 나타내는 것은?

①  ②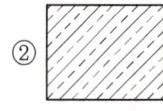

③  ④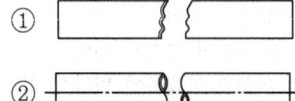

50 구조용 재료
① 콘크리트
② 자연석(석재)
③ 강철
④ 목재

□□□ 11⑤, 13⑤, 15①, 25①

51 긴 부재의 절단면 표시 중 환봉의 절단면 표시로 옳은 것은?

①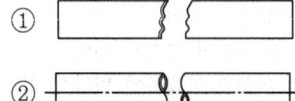
②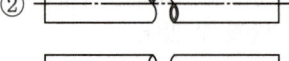
③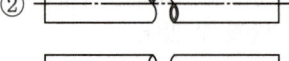
④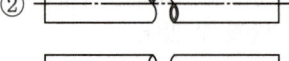

51 단면의 형태에 따른 절단면 표시
① 각봉
② 파이프
③ 환봉
④ 나무

정답 47 ① 48 ② 49 ④ 50 ③ 51 ③

09④, 13①, 16①, 25①

52 판형재 중 각 강(鋼)의 치수 표시방법은?

① φA-L
② □A-L
③ DA-L
④ □A×B×t-L

해설

52 각 강

종류	단면모양	표시방법
직강	A 정사각형 A	□A-L

10④, 11⑤, 15④, 25①

53 콘크리트 구조물 제도에서 구조물 전체의 개략적인 모양을 표시한 도면은?

① 단면도
② 구조도
③ 상세도
④ 일반도

53 콘크리트 구조물의 일반도
구조물 전체의 개략적인 모양을 표시하는 도면

08⑤, 09①④, 25①

54 다음 중 철근의 기호 표시로 가장 적합한 것은? (단, 영문의 대소문자의 구분은 무시한다.)

① Ⓦ : 기초
② Ⓗ : 헌치
③ Ⓕ : 벽체
④ Ⓚ : 슬래브

54
Ⓦ : 벽(Wall)
Ⓕ : 기초(Foundation)
Ⓢ : 슬랩(Slab)

08④, 14①, 25①

55 No.0의 지반고는 10m, 중심말뚝의 간격은 20m, 오르막 경사가 4%일 때 No.4+5의 계획고는?

① 10m
② 13.4m
③ 14.5m
④ 20m

55
• 100 : 4=85(=20×4+5) : x
∴ x=3.4m
• No.4+5의 계획고=10+3.4
　　　　　　　=13.4m

08①, 09①, 10④, 12①, 15④, 25①

56 CAD 시스템의 입력 장치가 아닌 것은?

① 마우스
② 디지타이저
③ 키보드
④ 플로터

56 CAD시스템의 입출력 장치
• 입력 장치 : 키보드, 마우스, 라이트펜, 디지타이저, 태블릿
• 출력 장치 : 모니터, 프린터, 플로터

10⑤, 12④, 25①

57 문자의 크기를 나타낼 때 무엇을 기준으로 하는가?

① 모양
② 굵기
③ 높이
④ 서체

57 문자의 크기
도면에서 문자의 크기는 문자의 높이로 나타낸다.

정답 52 ② 53 ④ 54 ② 55 ② 56 ④ 57 ③

□□□ 10③, 14①, 25①

58 CAD 작업의 특징으로 옳지 않은 것은?

① 도면의 출력과 시간 단축이 어렵다.
② 도면의 관리, 보관이 편리하다.
③ 도면의 분석, 제작이 정확하다.
④ 도면의 수정, 보완이 편리하다.

□□□ 05, 08④, 09①, 14①, 25①

59 다음 중 실선으로 표시하지 않는 것은?

① 중심선   ② 파단선
③ 외형선   ④ 해칭선

□□□ 03④, 04④, 06⑤, 13⑤, 25①

60 "물체의 실제 치수"에 대한 "도면에 표시한 대상물"의 비를 의미하는 용어는?

① 척도   ② 도면
③ 연각선   ④ 표제란

해 설

58 CAD 작업의 특징
도면의 출력과 시간 단축으로 생산성이 향상시킨다.

59 선의 종류에 따른 용도
• 굵은 실선 : 외형선
• 가는 실선 : 치수선, 지시선, 수준면선, 해칭선, 파단선
• 가는 1점 쇄선 : 중심선, 기준선, 피치선

60 척도의 표시방법

A : B
  │ └── 물체의 실제 크기
  └───── 도면에서의 크기

축척 1 : 2
현척 1 : 1
배척 2 : 1

정답 58 ① 59 ① 60 ①

PART 4

Pick Remember
작업형 실기문제

01 토목 CAD의 기본사항
02 국가기술자격 실기시험문제
  ❂ 수험자 유의사항 (공통사항)
  1. 역T형 옹벽 구조도 유형
      • 요구사항 • 각 과제별 제출도면 배치 • 역T형 옹벽 작도방법
      • 도로토공 횡단면도 작도방법 • 도로 토공 종단면도 작도방법
  2. 역T형 돌출부 옹벽 구조도 유형
  3. L형 돌출부 옹벽 구조도 유형
  4. L형 옹벽 구조도 유형

|연도별 출제문제 경향|

출제년도	옹벽구조도	도로토공 횡단면도	도로토공 종단면도
2025년 3회	역T형 돌출부 옹벽 구조도	○	○
2025년 1회	역T형 옹벽 구조도	○	○
2024년 4회	L형 옹벽 구조도	○	○
2024년 3회	역T형 옹벽 구조도	○	○
2024년 1회	역T형 돌출부 옹벽 구조도	○	○
2023년 4회	L형 돌출부 옹벽 구조도	○	○
	L형 옹벽 구조도		
2023년 1·3회	역T형 돌출부 옹벽 구조도	○	○
2022년 4회	역T형 옹벽 구조도	○	○
2022년 3회	L형 돌출부 옹벽 구조도	○	○
2022년 1회	L형 옹벽 구조도	○	○

※ 각 단면의 축척은 요구사항을 반드시 확인할 것

CHAPTER 01 토목 CAD의 기본사항

01 Layer 설정

① Layer(레이어) 생성 및 선 종류 설정

1 명령어 LA(Layer) [Enter]
- 새 도면층을 생성하고, 도면층의 이름, 색상 선가중치를 설정한다.
- 프린터 그림에 체크가 되어 있으면 해당 레이어는 출력되지 않으므로 주의한다.

2 중심선 및 파단선의 선 종류 설정
① 중심선 및 파단선의 선 종류(Continuous)선택
- 중심선파단선의 선 종류를 로드하여, "CENTERx2"로 변경한다.

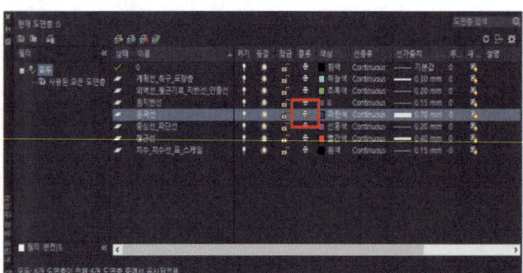
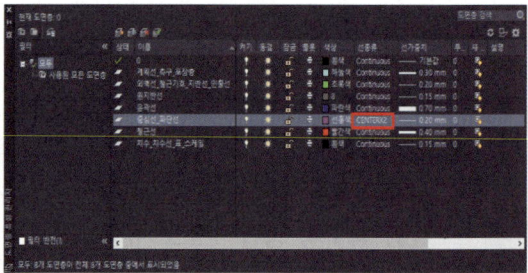

02 주요부분 그리기

① 치수설정(축척 1/30)

※ 축척이 1/40 또는 1/50인 경우 도면에 어울리게 조정한다.
※ 도로 토공 횡단면도 및 도로 토공 종단면도 또한 마찬가지로, 도면에 어울리게 값을 조정하면 된다.

1 명령어 D (Dimstyle) [Enter]
- 치수스타일을 새로 생성한다.
- 치수스타일 이름을 변경한다.
  (사용자가 임의로 지정하여 사용한다)

2 선 설정

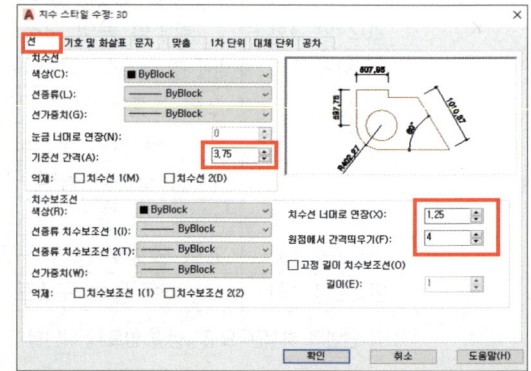

3 기호 및 화살표 설정

- 닫고 채움 : 화살표가 화살표로 나타날 때(화살표크기 : 2.5)
- 닫고 채움 : 화살표가 점으로 나타날 때(화살표크기 : 1.5)
- 기울기 : 화살표가 사선으로 나타날 때

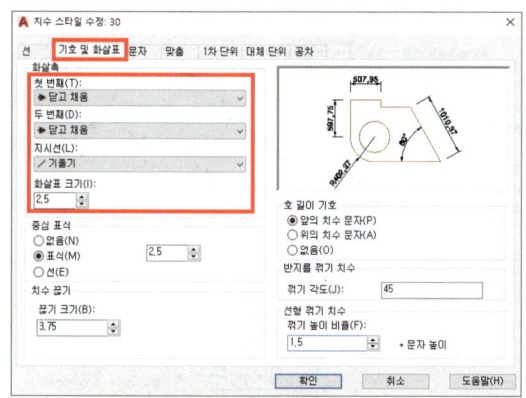 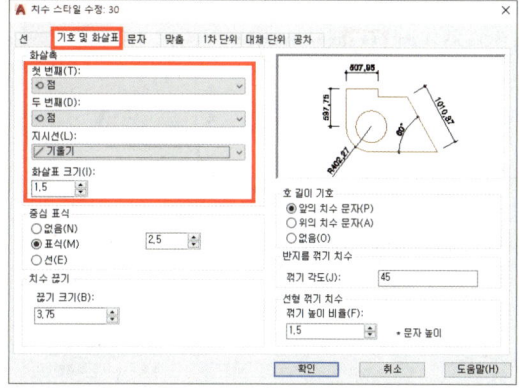

4 문자설정

- 문자스타일을 새로 만든다.
- 스타일 이름을 돋움 또는 굴림으로 한다.
- 글꼴이름을 돋움으로 설정한다.(스타일 이름을 굴림으로 한 경우, 굴림으로 설정한다.)
- 문자 스타일을 새로 만든 돋움으로 설정해준다.
- 문자높이 및 정렬 : 문자높이(3.0), 문자정렬(치수선에 정렬 또는 ISO표준)
- 문자위치 : (수직(V) : 위), (수평(Z) : 중심), (뷰 방향(D) : 왼쪽에서 오른쪽으로 설정)

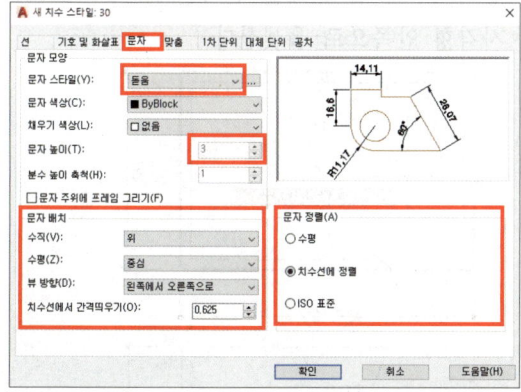

5 맞춤 설정

- 전체 축척 사용(S) : 30
  ※ 축척에 따라 치수 및 문자크기가 자동으로 적용된다.

6 1차단위 설정

- 단위형식(U) : 십진
- 정밀도(P) : 0
- 소수구분기호(C) : '.'(마침표)

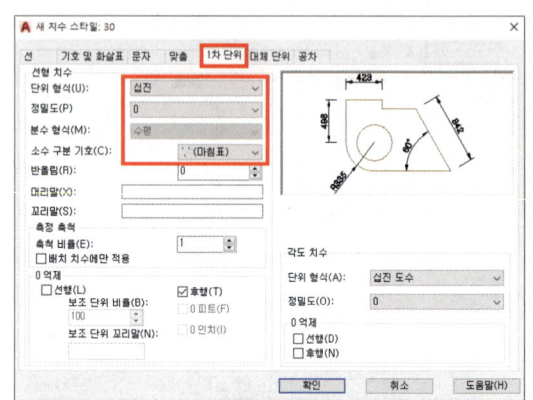

7 전역축척비율 설정

- 중심선, 파단선을 나타내기 위해서 전역축척 비율을 설정한다.

② 윤곽선 그리기

1 명령어 REC(Rectang) Enter

- 첫 번째 구석점 지정 : 0,0
- 다른 구석점 지정 : 420,297

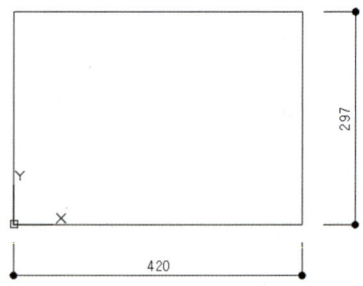

2 명령어 O(Offset) Enter

- 간격띄우기 거리 : 15
- 간격띄우기 할 객체를 선택한다.
- 사각형 안쪽으로 옵셋한다.

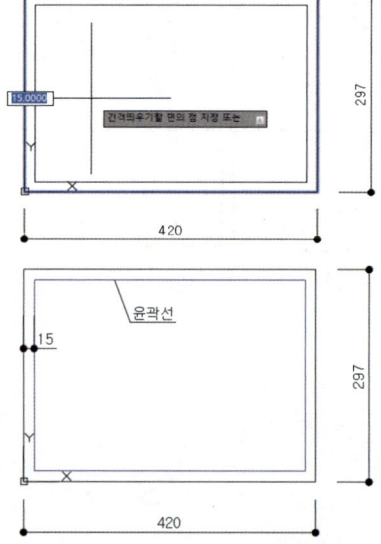

③ 표제란 그리기

1 명령어 O(Offset) Enter, 명령어 L(Line) Enter
- 옵셋명령으로 10씩 3칸 작성
- 라인명령으로 좌측 세로선 작성
- 작성된 좌측세로선을 옵셋명령으로 20, 30씩 작성한다.

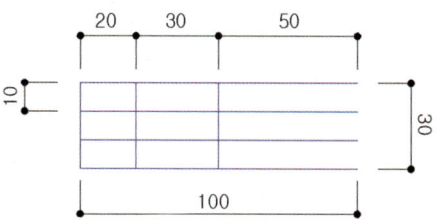

2 명령어 TR(Trim) Enter
- Trim명령으로 불필요한 선을 정리한다.

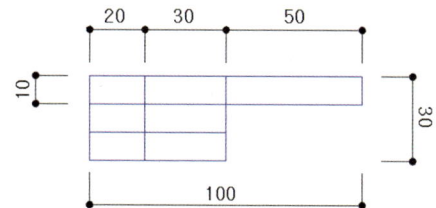

3 명령어 M(Move) Enter
- Move 명령으로 작성한 표제란을 선택한다.
- 표제란의 좌측상단점을 지정한 후, 윤곽선 좌측 상단으로 이동시킨다.

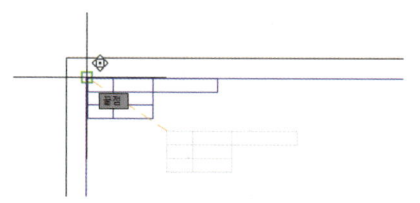

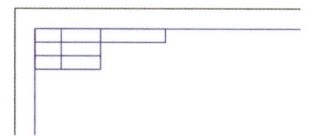

4 명령어 MT(Mtext) Enter
- MText 명령으로 작도된 표제란에 내용을 작성한다.
- 내용을 작성할 표의 좌측상단을 클릭한다.
- 자리맞추기(J) 선택 후 중앙중간(MC)를 선택하여 표 중앙에 글씨가 작성되도록 한다.
- 설정된 치수스타일과 문자높이(90)를 확인한 후, 수험번호를 입력한다.
- 나머지 내용도 위와 같은 방법으로 작성한다.
- 작성된 표제란과 내용을 레이어에 맞게 수정한다.

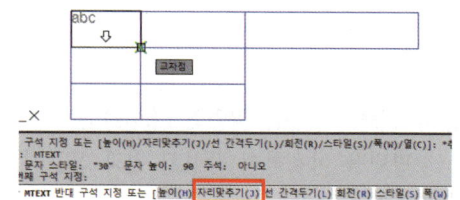

※ 표제란의 내용은 작성된 윤곽과 표제란을 축척에 맞게 확대한 다음 작성한다.

④ 지반선 그리기

1 명령어 L(Line) Enter, 명령어 O(Offset) Enter, 명령어 RO(Rotate) Enter
- 작성된 선을 45도 각도로 회전시킨다.
- Line과 옵셋 명령어를 이용하여 아래와 같이 제도한다.

2 명령어 TR(Trim) Enter
- Trim명령으로 불필요한 선을 정리하고 지반선을 제도한다.

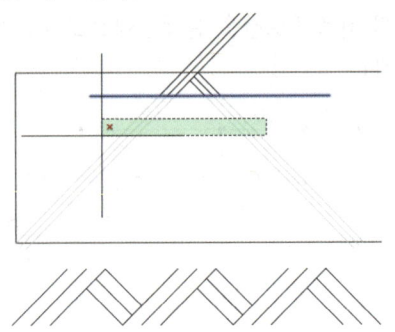

⑤ 철근기호 작성 및 문자높이

1 명령어 DT(Text) Enter
- 문자높이 : W와 D13은 90, 3은 55로 한다.
- 문자의 회전각도 : 0

2 명령어 C(Circle) Enter
- 원 작도 : 반지름 100

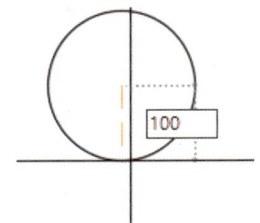

※ 원을 작도할 시 지름과 반지름의 설정을 혼동하지 않도록 주의한다.

3 명령어 M(Move) Enter, 명령어 L(line) Enter
- Move 명령을 이용하여 작성된 원과 철근기호를 겹쳐준다.
- 작도된 원의 사분점을 선택한 후 원에 접하는 선을 작도한다.
- Copy 명령을 이용하여 다른 철근기호는 복사하여 사용한다.

4 문자크기(축척 1/30)
- 큰제목 문자높이 : 240 (옹벽구조도)
- 소제목 문자높이 : 150 (표준단면도(1/30), 일반도(1/60))
- 경사 문자높이 : 90 (1 : 0.02, 1 : 1.5)

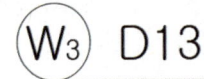

⑥ 점철근 그리기

1 명령어 DO(Donut) [Enter]
- 내부가 채워진 원을 그리는 명령어로 내경값이 주어지면 도넛모양으로 제도된다.
- 내경값이 커질수록 내부지름이 커진다.
- 내경값이 "0"에 가까울수록 안이 채워진 원이 작도된다.

2 축척 1/30일 때 점철근 작도
- 도넛의 내부지름 : 0
- 도넛의 외부지름 : 30

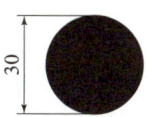

03 AutoCAD 계산기

① CAD 내 계산기 사용

1 명령어 QC (QUICKCALC) [Enter]
- CAD 내 계산기를 이용하여, 각종계산 작업을 수행한다.

- 계산기 지참이 불가하므로 CAD 내 계산기 사용법을 필히 알고 있어야 한다.

2 명령어 CAL [Enter]
- CAL 명령어를 이용하여 계산을 할 수 있다.

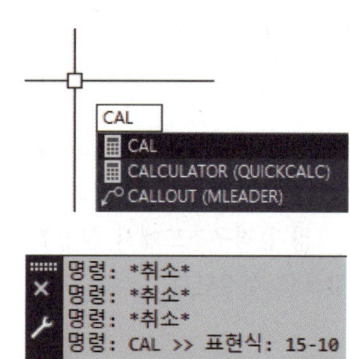

04 도로토공 횡단면도

① 도로토공의 명칭

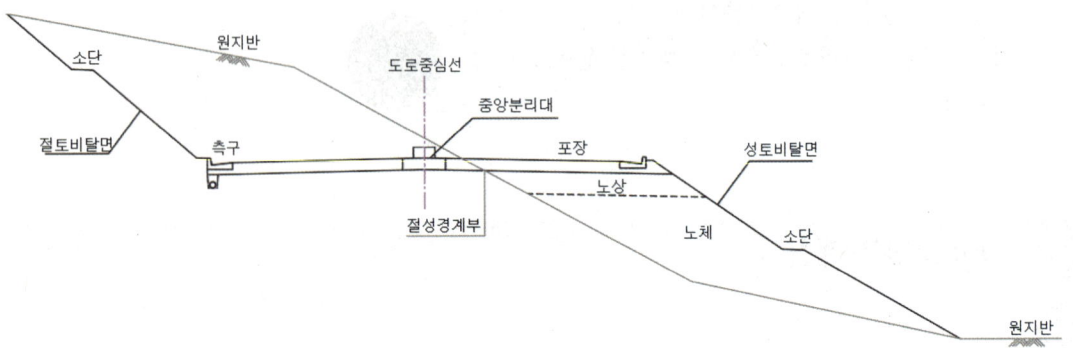

② 치수설정(축척 1/100)

1 치수 설정
- 프로그램 실행(AutoCAD 2020), 사용자 환경 설정, OSNAP설정, LAYER설정과 일부 치수 설정은 역T형 옹벽구조도에서 설정했던 값과 동일한 값으로 설정한다.

2 맞춤 설정
- 전체 축척 사용(S) : 0.1

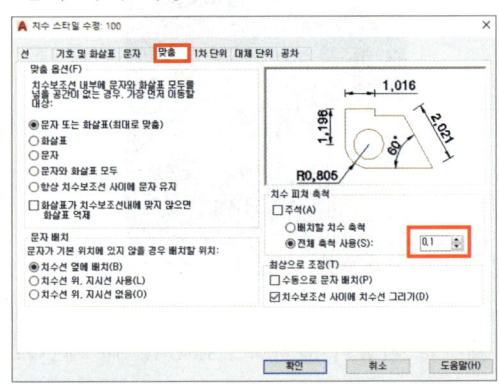

※ 도로토공 횡단면도는 m단위로 작성하므로 축척이 100이 아닌 0.1이다.

3 전역축척비율 설정
중심선, 파단선을 나타내기 위해 전역축척 비율을 설정한다.
- 전역 축척 비율(G) : 0.03

③ 윤곽선 그리기

1 역T형옹벽구조도에서 제도한 방법과 동일하게 제도한다.

④ 표제란 그리기

1 역T형옹벽구조도에서 제도한 방법과 동일하게 제도한다.
- 표제란은 1 : 1 축척으로 작성한다.
- 설정된 치수스타일과 문자높이(0.3)를 확인한 후, 수험번호를 입력한다.
- 작성된 표제란과 내용을 레이어에 맞게 수정한다.

수험번호	1234567890	전산응용토목제도기능사
성　　명	홍 길 동	
감독확인		

※ 표제란의 내용은 작성된 윤곽선과 표제란을 축척 (0.1)에 맞게 확대한 다음 작성한다.
※ 도로토공횡단면도는 m단위로 작성하므로 축척이 100이 아닌 0.1이다.
※ 문자높이가 0.3으로 적용이 안된 경우에는 0.3으로 변경해준다.

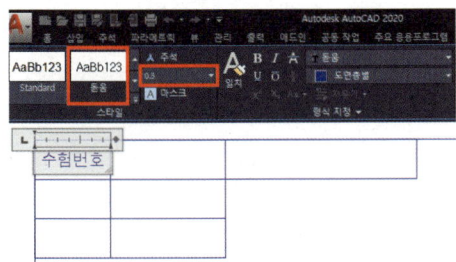

⑤ 편경사 제도

1 명령어 L(Line) [Enter]

마우스 방향을 아래로 2, 좌측으로 100씩 입력하여 삼각형 모양을 제도한다.
- 다음 점 지정 또는[명령 취소(U)] : 2
- 다음 점 지정 또는[명령 취소(U)] : 100
- 다음 점 지정 또는[명령 취소(U)] : *취소* 또는 (ESC 또는 Enter를 누른다.)

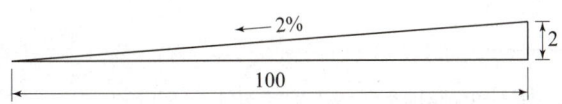

⑥ 포장두께 제도

1 명령어 CO(Copy) [Enter]
- Copy 명령어를 이용하여 도로포장두께를 제도한다.

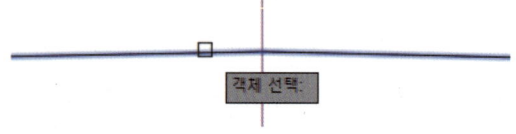

- 표층의 두께가 50mm이므로, 0.05를 이격한다.
- 기층의 두께가 150mm이므로, 0.05+0.15=0.20을 이격한다.

- 보조기층의 두께가 300mm이므로, 0.05+0.15+0.3=0.5를 이격한다.

※ 문제에서 주어진 도로포장두께를 제도하여야 한다.

⑦ 포장층의 해치 선택

1 명령어 H(Hatch) [Enter]
❶ **표층**은 SOLID 해치를 적용한다.

❷ **기층**은 ANSI31 해치를 적용한다.
- 기층의 해치축척은 0.1을 적용한다.

❸ **보조기층**은 ANSI37 해치를 적용한다.
- 보조기층의 해치축척은 0.05를 적용한다.

 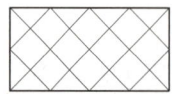

※ "HE(Hatchedit)" 명령을 이용하여 해치패턴과 축척을 수정할 수 있다.
※ 주어진 도면을 보고 해치의 축척을 가늠하여 수정한다.

05 도로토공 종단면도

① 종단면도의 명칭

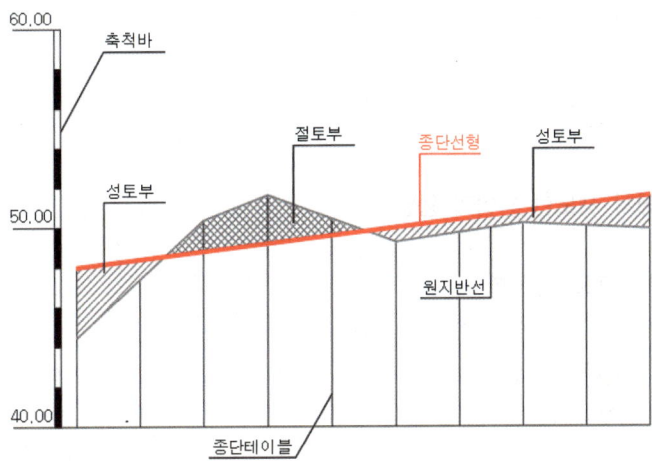

② 치수설정(축척 1/1200)

1 치수 설정
- 프로그램 실행(AutoCAD 2020), 사용자 환경 설정, OSNAP설정, LAYER설정과 일부 치수 설정은 역T형 옹벽구조도에서 설정했던 값과 동일한 값으로 설정한다.

2 맞춤 설정
- 전체 축척 사용(S) : 1.2

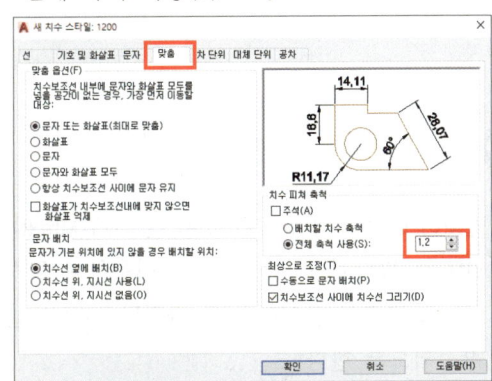

※ 도로토공 종단면도는 m단위로 작성하므로 축척이 1200이 아닌 1.2이다.

3 전역축척비율 설정
- 중심선, 파단선을 나타내기 위해 전역축척 비율을 설정한다.
- 전역 축척 비율(G) : 0.4

③ 윤곽선 그리기

1 역T형옹벽구조도에서 제도한 방법과 동일하게 제도한다.

④ 표제란 그리기

1 역T형옹벽구조도에서 제도한 방법과 동일하게 제도한다.
- 표제란은 1:1 축척으로 작성한다.
- 설정된 치수스타일과 문자높이(3.6)를 확인한 후, 수험번호를 입력한다.
- 작성된 표제란과 내용을 레이어에 맞게 수정한다.

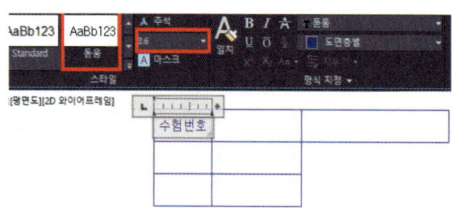

※ 표제란의 내용은 작성된 윤곽선과 표제란을 축척 (1.2)에 맞게 확대한 다음 작성한다.
※ 도로토공횡단면도는 m단위로 작성하므로 축척이 1200이 아닌 1.2이다.
※ 문자높이가 3.6으로 적용이 안된 경우에는 3.6으로 변경해준다.

⑤ 절성토고 야장 작성

1 명령어 O(Offset) Enter, L(Line) Enter, MT(Mtext) Enter
- Offset 명령과 Line명령어를 이용하여 절성고 야장을 제도한다.
- Mtext 명령어를 이용하여, 자리맞추기(J) 선택 후 중앙중간(MC)를 선택하여 표 중앙에 글씨가 작성되도록 한다.
- 설정된 치수스타일과 문자높이(3.6)를 확인한 후, 작성한다.

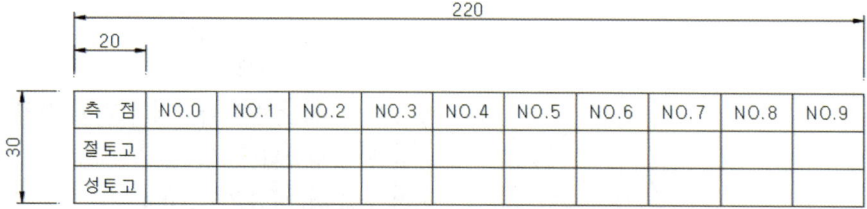

⑥ 종단면도 테이블 작성

1 명령어 L(Line) Enter, O(Offset) Enter
- Line명령으로 종단선형 길이만큼의 선을 제도한다.
- 예를 들어 측점이 NO.9까지 있으면, 한 체인당 거리가 20m이므로 총 거리는 180m이다.
- 첫 번째 점에서 위로 120 길이의 선을 제도한다.
- Offset 명령어를 이용하여 배치간격 20씩 9칸을 제도한다.

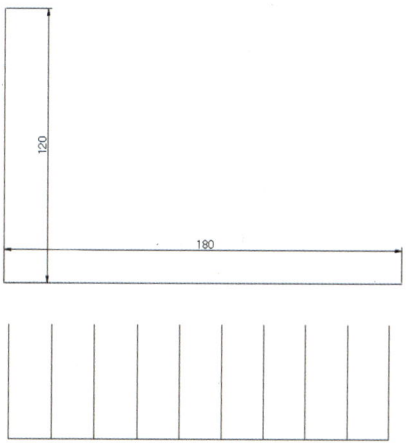

⑦ 축척바 작성

1 명령어 L(Line) Enter, O(Offset) Enter, H(Hatch)
- Line명령으로 선을 제도한다.
- Offset 명령어를 이용하여 배치간격 12 만큼 10칸을 제도한다.
- 축척바는 SOLID 해치를 적용한다.
  ※ 문제에서 출제된 축척에 따라 축척바 간격을 제도하여야 한다.
  ※ 도로토공 종단단면도의 축척은 H=1,200 V=200으로, 1:6의 비율을 가지고 있다. 따라서, 축척바 간격 2m는 12m로 제도하여야 한다.

2 명령어 DT(Dtext) Enter
❶ 작성된 축척바에 문자를 제도한다.
- 문자높이 : 0.3
- 문자의 회전각도 : 0

❷ 문자를 제도한 후 문자하단에 선을 제도한다.

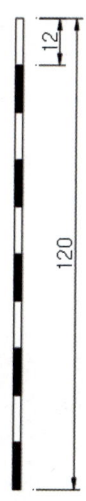

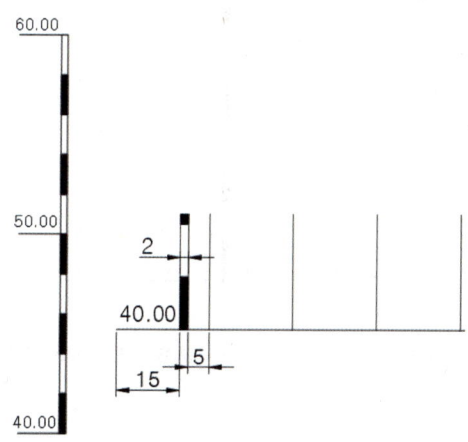

※ 축척바와 종단테이블간 거리는 5가 적당하고 축척바의 두께는 2, 문자하단의 선은 15가 적당하다.

⑧ 원지반선 작성

1 종단테이블에서 NO.0 지반고와 NO.1 지반고를 찾는다.
- 예를 들어 문제에서 주어진 NO.0 지반고의 높이는 44.44m이다.
- 문제에서 주어진 축척바의 하단의 높이는 40m이므로 축척바의 하단으로부터, 4.44m 만큼 상단에 NO.0의 지반고가 위치한다.
- 단, 도로토공 종단단면도의 축척은 H=1,200, V=200으로, 1:6의 비율을 가지고 있다. 따라서, 4.44×6=26.64 만큼 이동한 위치가 NO.0 지반고 "44.44m"이다.
- 위와 같은 방법으로 NO.1 지반고를 찾은 후, Line명령어로 두 점을 연결한다.
- 나머지 원지반선도 제도한다.

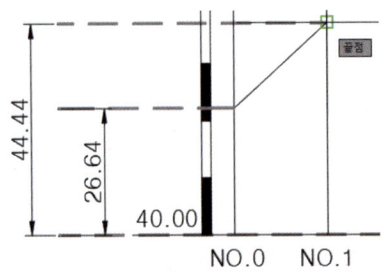

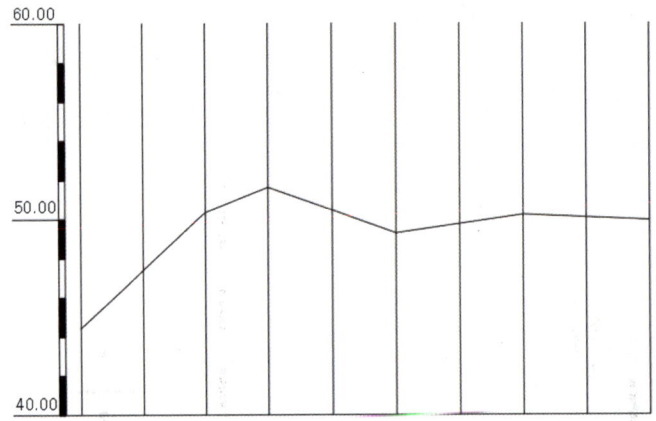

※ 출제된 축척에 따라 증가해야할 비율이 변경되므로 유의하여야 한다.

⑨ 종단계획선 작성

1 종단테이블에서 NO.0 계획고와 NO.9 계획고를 찾는다.
- 예를 들어 문제에서 주어진 NO.0 계획고의 높이는 48.00m이다.
- 문제에서 주어진 축척바의 하단의 높이는 40m이므로 축척바의 하단으로부터, 8m 만큼 상단에 NO.0의 계획고가 위치한다.
- 단, 도로토공 종단단면도의 축척은 H=1,200, V=200으로, 1:6의 비율을 가지고 있다. 따라서, 8×6=48 만큼 이동한 위치가 NO.0 계획고 "48.00m"이다.

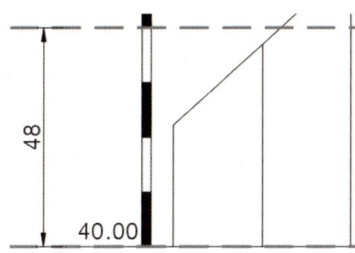

2 위와 같은 방법으로 NO.9 계획고를 찾은 후, Line명령어로 두 점을 연결한다.

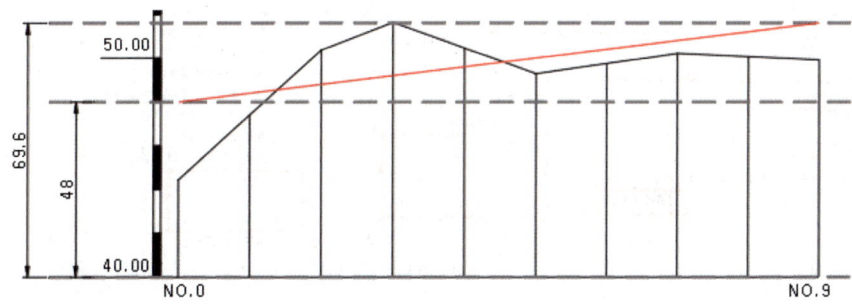

06 출력 설정 도면출력방법

❶ 명령어 PLOT [Enter]
 • 완성된 도면을 출력하는 명령어이다.

❷ 출력장치 프린터를 설정한다.
 • 우측하단의 펼침아이콘(〉)을 클릭하여 프린터를 설정한다.
 • 프린터/플로터 : 시험장에 설치된 프린터를 설정한다.
 • 용지크기(Z) : A3
 • 플롯의 중심(C) : 선택
 • 축척(S) : 30
 • 플롯스타일 설정 : monochrome.ctb 선택
 • 플롯대상(W) : 윈도우
 • 플롯대상(W) : 윈도우
 • 축척표시단위 : 밀리미터(mm)
 • 도면방향 : 가로

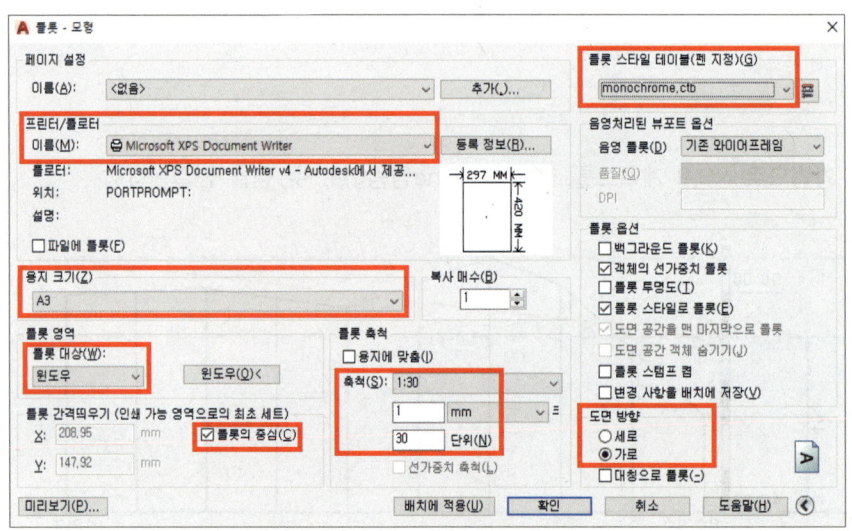

※ 축척은 문제에서 주어진 도면에 따라 다르다.

❸ 설정이 완료된 후 플롯영역을 선택한다.
 • 윈도우를 클릭하여, 도면의 좌측상단과 우측하단을 선택하여 플롯영역을 지정한다.

❹ 플롯영역을 지정한 후, 미리보기를 클릭한다.
- 미리보기(P)를 하여, 출력설정이 이상이 없는지 반드시 확인한 후 출력한다.
- 아래와 같은 창이 뜨면 "계속"을 선택한다.

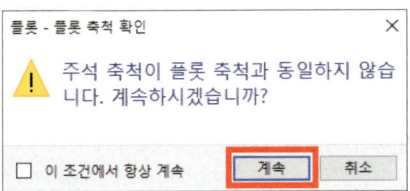

❺ 마우스 오른쪽을 클릭하여 플롯을 선택한다.

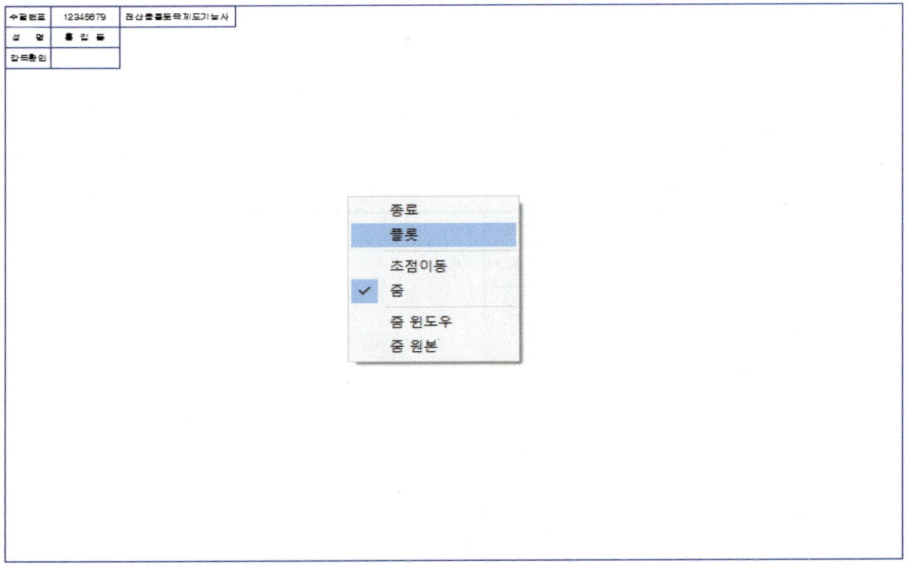

CHAPTER 02 국가기술자격 실기시험문제

수험자 유의사항 (공통사항)

1 다음의 유의사항을 고려하여 요구사항을 완성

- 명시되지 않은 조건은 토목제도의 원칙에 따르시오.
- 정전 및 기계고장 등에 의한 자료손실을 방지하기 위하여 수시로 저장하시오.
- 계산기 지참이 **불가**하오니 이점 유의하시어 준비하시기 바랍니다.
  계산이 필요한 경우 CAD 내 계산기(명령어 : QUICKCALC 또는 QC)만을 사용하며, 이외의 계산기 및 문서 프로그램(excel 등)은 사용할 수 없습니다.
- 윤곽선의 여백은 상하좌우 모두 15mm 범위가 되도록 작도하고, 철근의 단면은 출력 결과물에 지름 1mm가 되도록 작도하시오.
- 시험 시작 후 우선 도면 좌측상단에 아래와 같이 표제란을 만들어 수험번호, 성명을 기재하시오.
  (단, 표제란의 축척은 1:1로 하시오.)

	100	
수험번호	123456789	전산응용토목제도기능사
성 명	홍길동	
감독확인		

(세로 30, 가로 50 / 100)

- 작업이 끝나면 감독위원의 확인을 받은 후 파일과 문제지를 제출하고 본부위원의 지시에 따라 흑백(출력결과물에서 선의 진하고 연함이 없이 선의 굵기로만 구분되도록 출력 : AutoCAD의 monochrome.ctb 기준)으로 도면을 요구사항에 따라 출력하시오. [출력시간은 시험시간에서 제외(20분을 초과할 수 없음)하고 출력은 주어진 축척에 맞게 수험자가 직접 하여야 합니다.]
- 선의 굵기를 구분하기 위하여 선의 색을 다음과 같이 정하여 작도하시오.

선굵기	색 상(color)	용 도
0.7mm	파란색(5-Blue)	윤곽선
0.4mm	빨간색(1-Red)	철근선
0.3mm	하늘색(4-Cyan)	계획선, 측구, 포장선
0.2mm	선홍색(6-Magenta)	중심선, 파단선
0.2mm	초록색(3-Green)	외벽선, 철근기호, 지반선, 인출선
0.15mm	흰색(7-White)	치수, 치수선, 표, 스케일
0.15mm	회색(8-Gray)	원지반선

2 다음 사항은 실격에 해당하여 채점 대상에서 제외

- 수험자 본인이 수험 도중 시험에 대한 포기 의사를 표현하는 경우
- 장비조작 미숙으로 파손 및 고장을 일으킬 것으로 시험위원이 합의하거나 출력시간이 20분을 초과할 경우
- 3개 과제 중 1과제라도 0점인 경우
- 출력작업을 시작한 후 작업내용을 수정할 경우
- 수험자는 컴퓨터에 어떤 프로그램도 설치 또는 제거하여서는 안 되며 별도의 저장장치를 휴대하거나 작업시 타인과 대화하는 경우
- 시험시간 내에 3개 과제(옹벽 구조도, 도로 토공 횡단면도, 도로 토공 종단면도)를 제출하지 못하는 경우
- 과제별 도면 명칭, 기울기, 치수선, 철근 종류 등 10개소 이상 누락된 경우
- 도면 축척이 틀리거나 지시한 내용과 다르게 출력되어 채점이 불가한 경우

1. 역 T 형 옹벽 구조도

국가기술자격 실기시험문제

자격종목	전산응용토목제도기능사	과제명	옹벽 구조도 도로 토공 횡단면도 도로 토공 종단면도

시험시간 : 작업시간(3시간)

- 2022년 4회 전산응용토목제도기능사 실기 출제문제유형
- 2024년 3회 전산응용토목제도기능사 실기 출제문제유형
- 2025년 1회 전산응용토목제도기능사 실기 출제문제유형

01 요구사항

※ 주어진 도면(1), (2), (3)을 보고 CAD프로그램을 이용하여 아래 조건에 맞게 도면을 작도하여 감독위원의 지시에 따라 저장하고, 주어진 축척에 맞게 A3(420×297)용지에 **흑백으로 가로로 출력**하여 파일과 함께 제출하시오.

01 옹벽 구조도

1) 주어진 도면(1)을 참고하여 표준 단면도(1 : 30)와 일반도(1 : 60)를 작도하고, 표준단면도는 도면의 **좌측**에, 일반도는 **우측**에 적절히 배치하시오.

2) 도면상단에 과제명과 축척을 도면의 크기에 어울리게 작도하시오.

02 도로 토공 횡단면도

1) 주어진 도면 (2)를 참고하여 도로 토공 횡단면도(1 : 100)를 작도하고, 도로 포장 단면의 표층, 기층, 보조기층을 아래의 단면 표시에 따라 출력물에서 구분될 수 있도록 적당한 크기로 해칭하여 완성하시오.

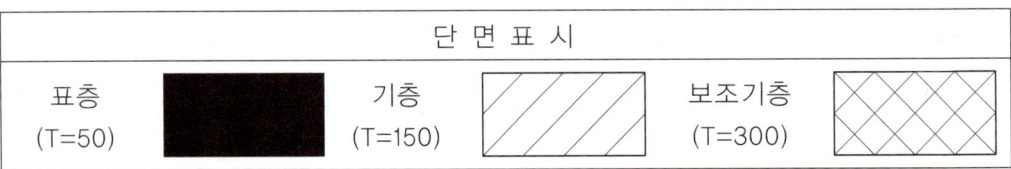

2) 도면상단에 과제명과 축척을 도면의 크기에 어울리게 작도하시오.

03 도로 토공 종단면도

1) 주어진 도면(3)을 참고하여 도로 토공 종단면도(하단 야장표 제외)를 가로 축척(H=1 : 1200), 세로축척(V=1 : 200)에 맞게 작도하고, 절토고 및 성토고 표를 적당한 크기로 완성하여 종단면도의 우측에 배치하시오.

2) 도면상단에 과제명과 축척을 도면의 크기에 어울리게 작도하시오.

02 각 과제별 제출도면 배치(예시)

1과제 〈 옹벽구조도 〉

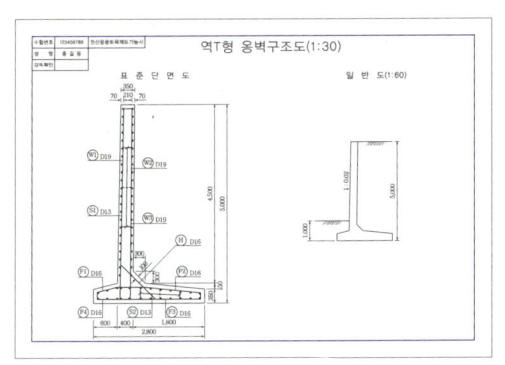

2과제 〈 도로 토공 횡단면도 〉

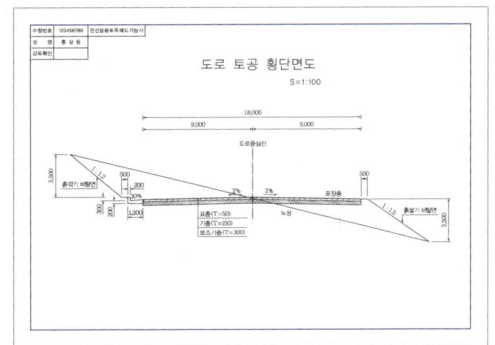

3과제 〈 도로 토공 종단면도 〉

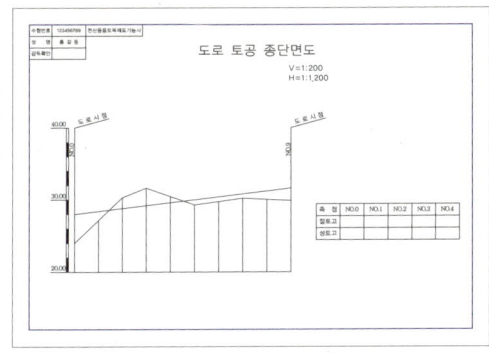

각 과제별 제출 시 '도면의 배치'를 나타내는
예시로서 수치 및 형태는 주어진 문제와
다를 수 있으니 참고하시기 바랍니다.

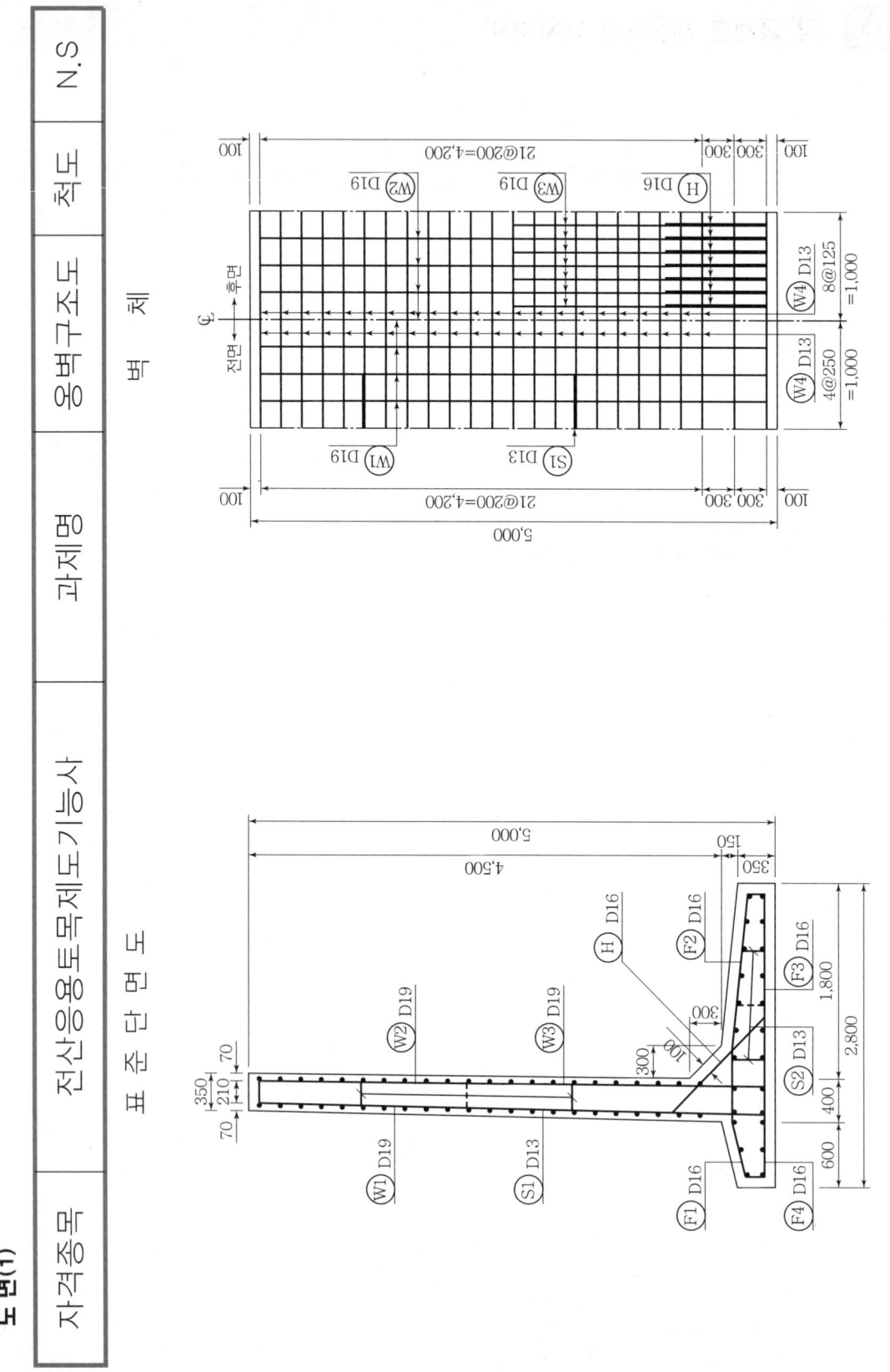

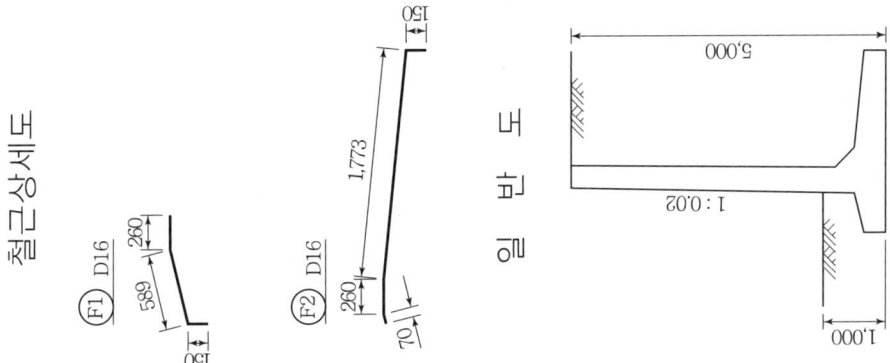

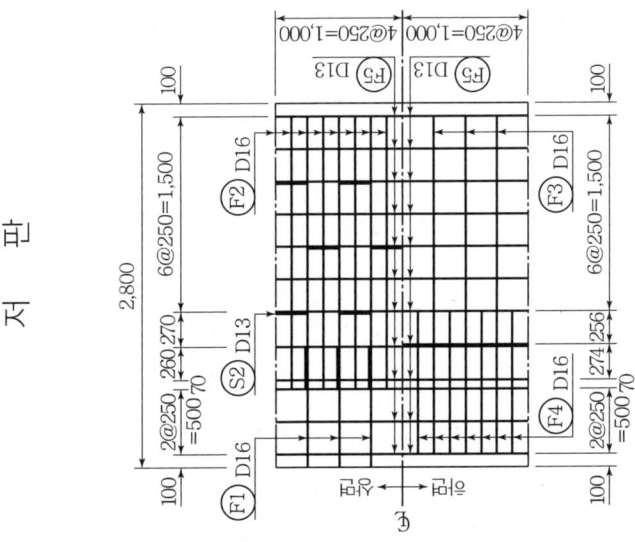

1. 역T형 옹벽 구조도 4-23

도면(2)

| 자격종목 | 전산응용토목제도기능사 | 과제명 | 도로토공 횡단면도 | 척도 | N.S |

도 면(3)

| 자격종목 | 전산응용토목제도기능사 | 과제명 | 도로토공 종단면도 | 척도 | N.S |

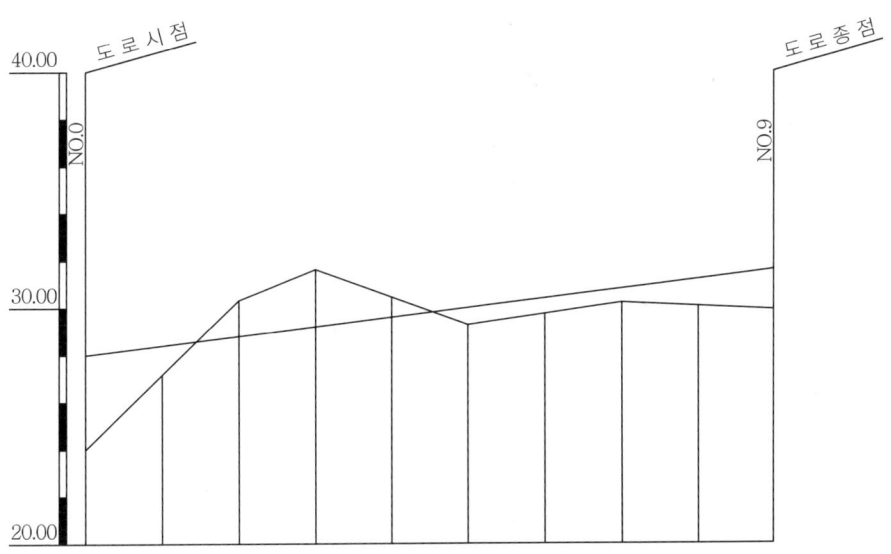

측 점	NO.0	NO.1	NO.2	NO.3	NO.4
절토고					
성토고					

03 역T형 옹벽 작도방법

① 단면도

1 외벽 제도

① 명령어 L(Line) [Enter]

- 마우스 커서를 조정하여 원하는 방향으로 외벽선을 제도한다.
  ※ 첫 번째 점을 지정한 다음 마우스커서를 좌측으로 하고 길이를 입력하면 좌측으로 입력한 길이만큼 제도가 된다.

- 마우스 방향을 위로 300, 좌측으로 300씩 입력하여 삼각형 모양을 제도한다.
  • 다음 점 지정 또는[명령 취소(U)] : 300
  • 다음 점 지정 또는[명령 취소(U)] : 300
  • 다음 점 지정 또는[명령 취소(U)] : *취소* 또는 (ESC 또는 Enter를 누른다.)

- 같은 방법으로 마우스 커서를 조정하여, 옹벽하단부 외벽선을 제도한다.

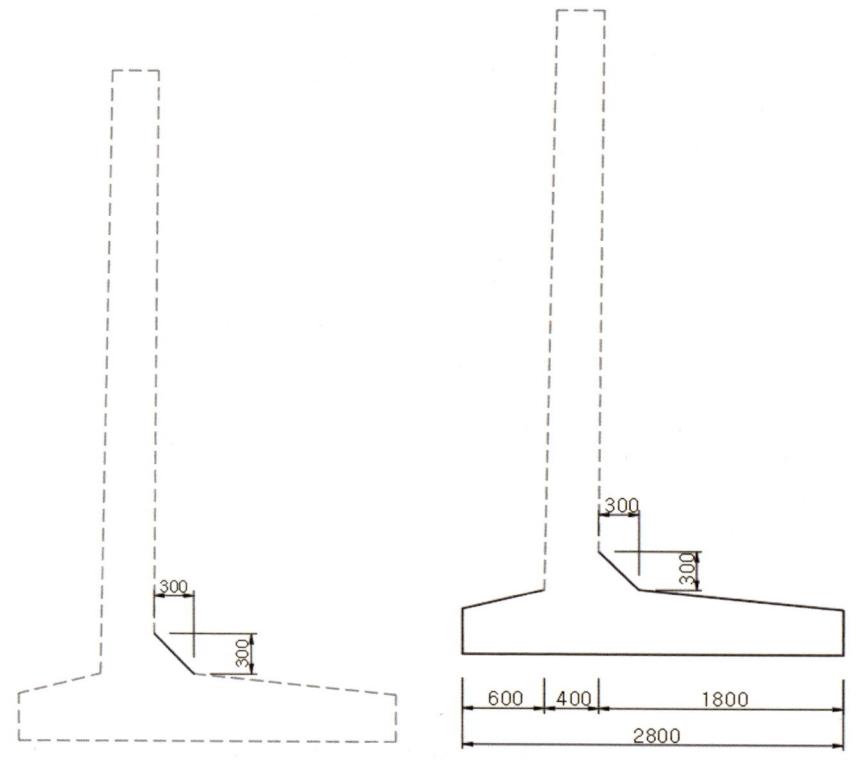

❷ 명령어 L(Line) [Enter]
- 마우스방향을 위로 4500, 오른쪽으로 90씩 입력하여 삼각형 모양을 제도한다.
- 다음 점 지정 또는 [명령 취소(U)] : 4500
- 다음 점 지정 또는 [명령 취소(U)] : 90

※ 옹벽의 기울기가 1 : 0.02이므로 4500×0.02 = 90 만큼 기울어져 있다.

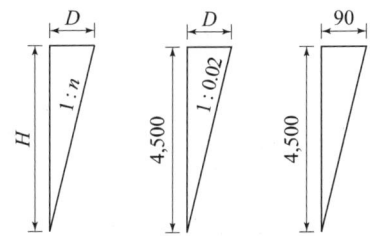

$D = H \cdot n = 4500 \times 0.02 = 90$

- 다음 점 지정 또는 [명령 취소(U)] : *취소* 또는 (ESC 또는 Enter를 누른다.)

- Line명령어를 이용하여 끝점과 끝점을 연결한다.
- 제도된 외벽선의 레이어를 변경해준다.

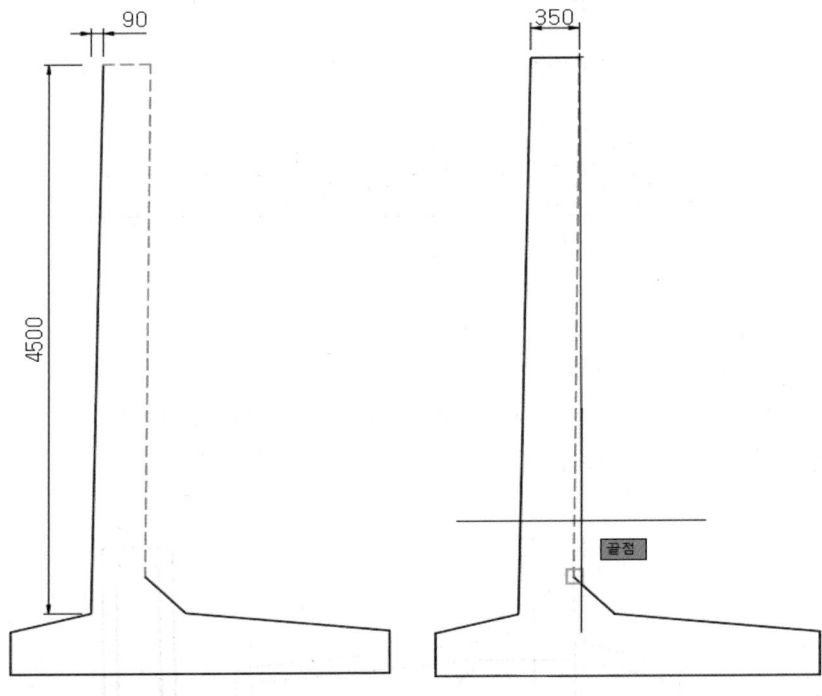

1. 역T형 옹벽 구조도 **4-27**

2 주철근 배치

❶ 명령어 O(Offset) Enter
- Offset명령으로 주철근을 배치한다.
- 벽체상부의 철근 근입깊이 : 100 (Offset)
- 벽체 좌,우 주철근 간격 : 70 (Offset)
- Key 좌우측 및 밑면 : 100 (Offset)
- 헌치철근 : 100 (Offset)
- 저판과 벽체가 접하는 부분의 철근 : 400

  ※ 벽체와 저판 도면을 참고하여, 주어지지 않은 치수를 확인하여 제도한다.

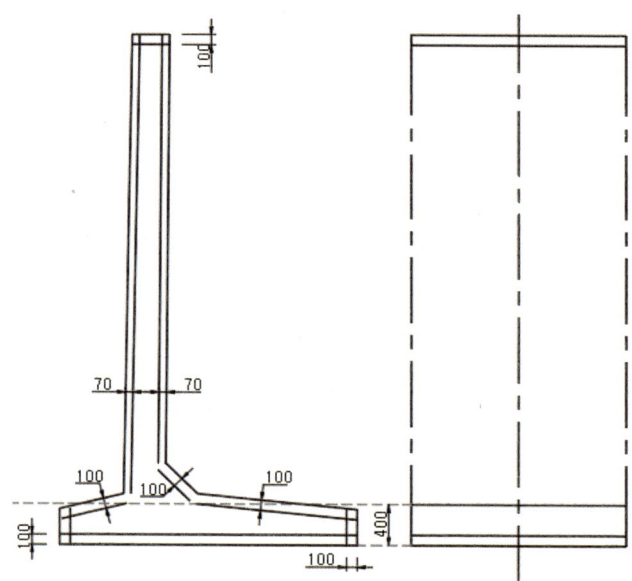

❷ 명령어 EX(Extend) Enter, 명령어 TR(Trim) Enter
- Extend명령어를 이용하여 벽체 좌우측 주철근과 헌치철근을 연장한다.
- Trim명령어를 이용하여 제도된 주철근과 헌치철근을 정리한다.

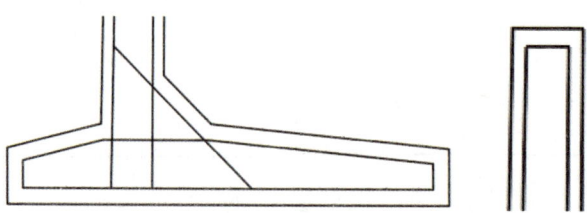

3 점철근 배치

명령어 DO(Donut) Enter, 명령어 AR(Array) Enter, 명령어 O(Offset) Enter, 명령어 CO(Copy) Enter

❶ 벽체단면
- Offset명령어를 이용하여 보조선을 제도한다.
  • 간격띄우기 거리 지정 또는 [통과점(T) 지우기(E) 도면층(L)] 〈통과점〉 : 15
- Donut명령어를 이용하여 벽체전면의 첫 번째 점철근을 제도한다.
  • 도넛의 내부 지름 지정 : 0
  • 도넛의 외부 지름 지정 : 30
  ※ 도넛의 외부지름을 지정할 때 축척을 고려하여야 한다.
  ※ 점철근을 배치하기 전 레이어를 먼저 변경하고 작업한다.

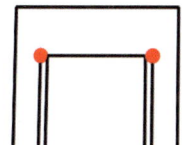

- Array명령어를 이용하여 벽체전면의 점철근을 제도한다.
  • ARRAY 배열 경로 곡선을 선택한다.
  • ARRAY 그립은 항목(I), 항목 정렬(A)을 지정해준다.
  • 항목(I) : 200
  • 항목(I) 개수는 22개를 입력한다.
  • 항목 정렬(A) : 배열된 항목을 경로에 따라 정렬한다. (예(Y)를 선택한다.)
  ※ 항목개수와 거리 및 항목정렬이 잘 설정했는지 확인한다.

❷ 저판(기초)
  • 위와 같은 방법으로 보조선을 이용하여 점철근을 제도한다.

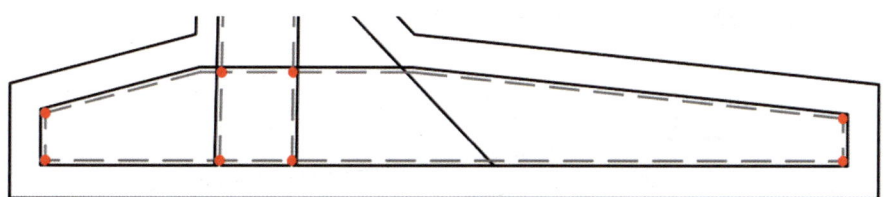

※ 나머지 점철근은 조립철근을 배치할 때 같이 제도한다.

4 조립철근 배치

❶ 벽체와 저판의 치수를 참고하여 조립철근을 제도한다.
  ■ 제도된 조립철근 중 도면에 표시된 조립철근의 선타입을 "HIDDEN2"로 변경한다.
  • "CENTERX2" 선타입을 로드한 방법으로 한다.

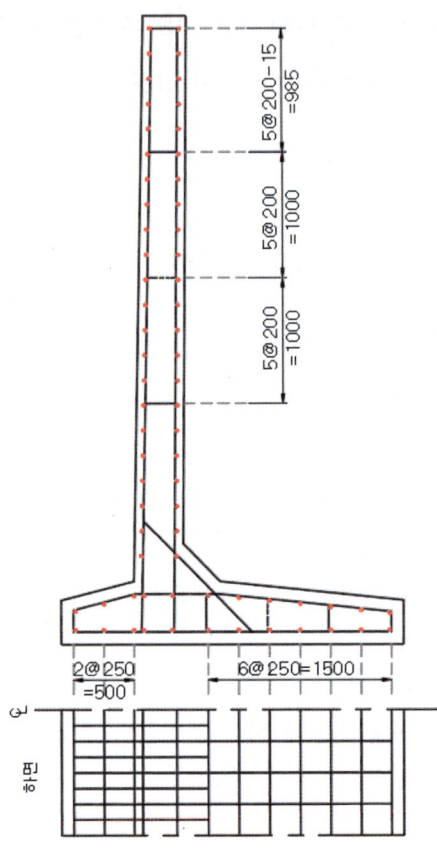

❷ 점철근에서 점철근 간격이 아닌 주철근에서 점철근 간격으로 제도해야 한다.
  • 도면에 표시된 조립철근의 위치를 확인한 후 제도하여야 한다.

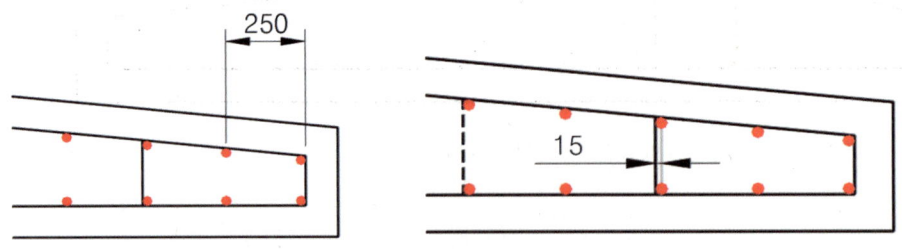

5 철근기호 및 인출선 제도

❶ 명령어 LE(Qleader) [Enter], 명령어 DT(DText) [Enter], 명령어 C(Circle) [Enter], CO(Copy) [Enter]
- DT명령으로 문자높이 : W와 D19은 90, 2은 55로 한다.
- 문자의 회전각도 : 0
- Circle명령으로 반지름이 "100"인 원을 작성한다.
- 인출선은 "화살표"로 설정하여 제도한다.
- Copy 명령을 이용하여 나머지 부분은 복사하여 제도한다.

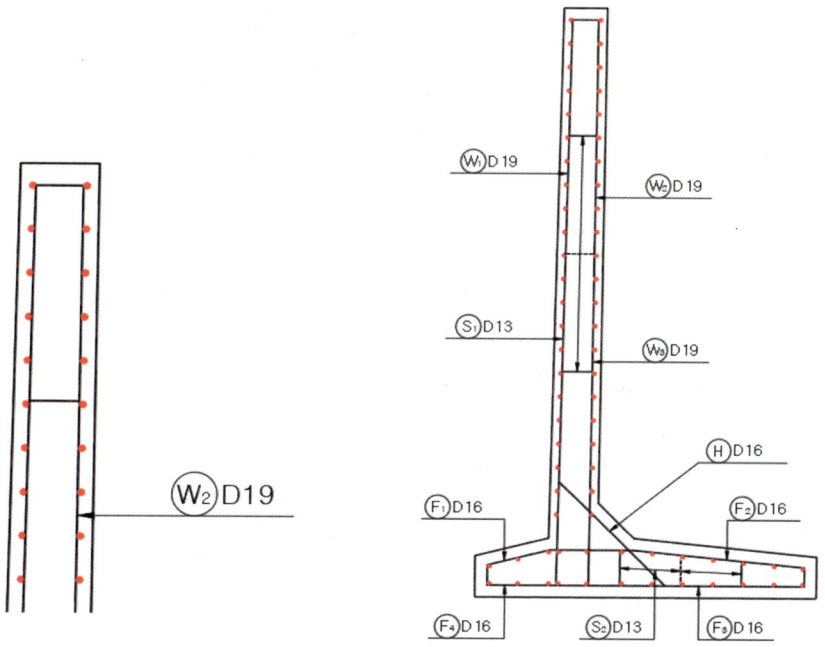

✓ CAD 명령어 (1)

명령어	단축키	내 용
Qleader	LE	지시선 그리기
Dtext	DT	다이나믹 문자쓰기
Circle	C	원 그리기
Copy	CO	복사하기
Quickcalc	QC	계산기
Donut	DO	도넛그리기

6 치수선 제도

❶ 명령어 DIM [Enter], X(Explode) [Enter]

- DIM명령어를 이용하여, 치수를 측정하고 싶은 시작점과 끝점을 선택한다.
- Explode 명령어를 이용하여 제도된 치수선 분해하여 세밀하게 치수선을 제도할 수 있다.
- 치수선을 제도하고, 레이어에 맞게 설정한다.

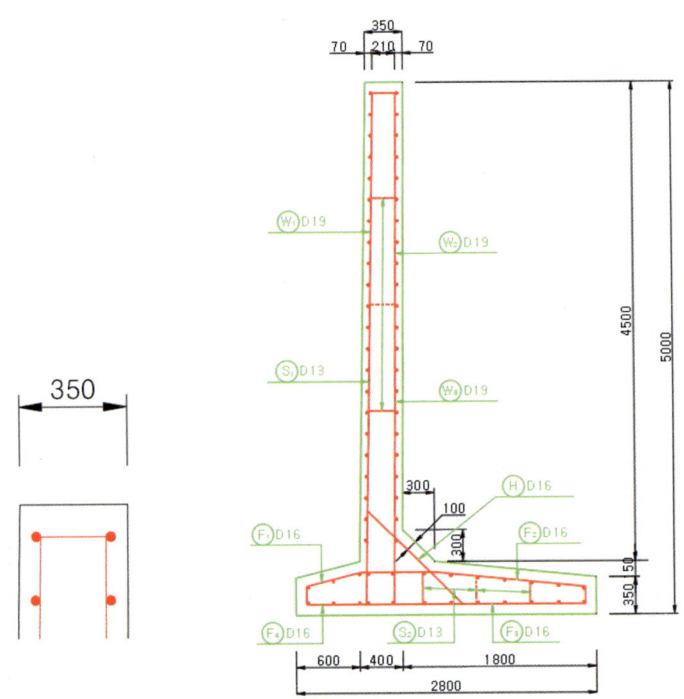

✓ CAD 명령어 (2)

명령어	단축키	내 용
DIMENSION	DIM	치수기입
Explode	X	객체 분해하기
Trim	TR	자르기
Offset	O	간편 및 형행선 복사

❷ 일반도

1 외벽 제도

❶ 명령어 CO(Copy) [Enter] , 명령어 SC(Scale) [Enter]
- 단면도의 외벽선을 선택하여 복사한다.
- Scale 명령어를 이용하여 일반도의 축척에 맞게 제도한다.
- 단면도의 축척은 1 : 30이고, 일반도의 축척은 1 : 60이므로 축척은 0.5를 적용한다.

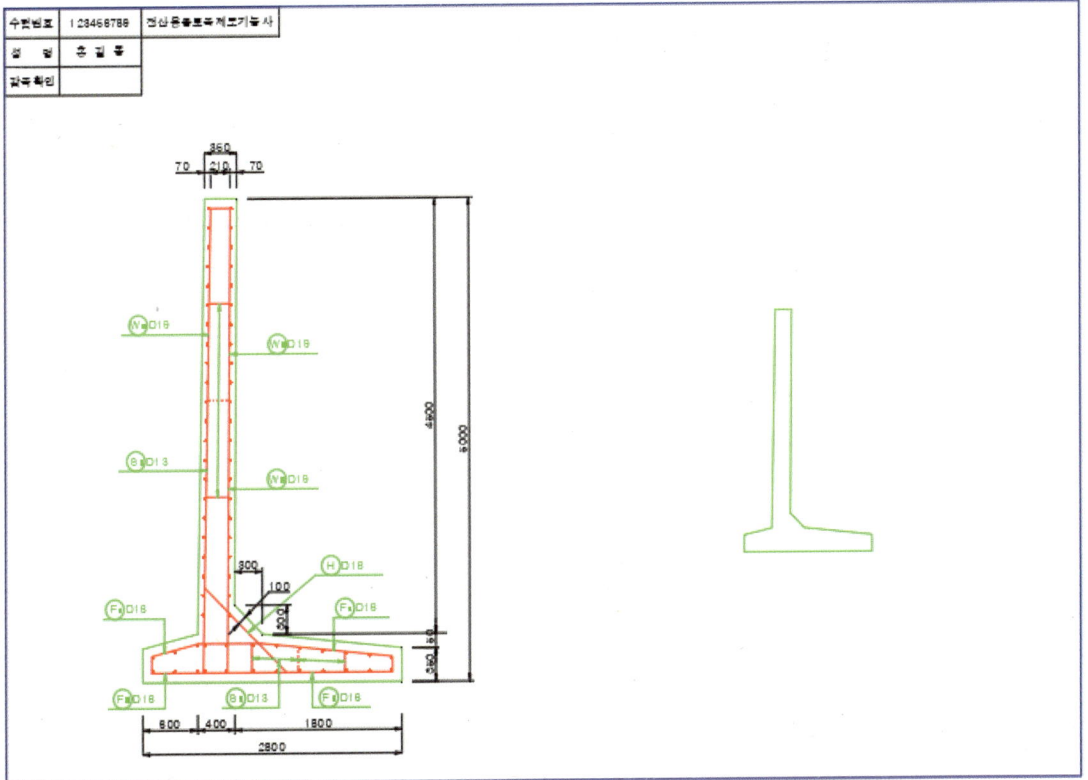

CAD 명령어 (3)

명령어	단축키	내 용
Copy	CO	복사하기
Scale	SC	객체축척변경(크기변경)
Move	M	이동하기
Dimstyle	D	글자 스타일 변경

2 원지반선 제도

명령어 L(line) [Enter], 명령어 O(Offset) [Enter]

❶ 근입깊이
- Line 명령어를 이용하여 키(key) 좌측하단에 적정길이의 선을 제도한다.
- Offset 명령어를 이용하여 500 만큼 간격띄우기를 한다.
  - 간격띄우기 거리 지정 또는 [통과점(T) 지우기(E) 도면층(L)] 〈통과점〉: 500
  ※ 일반도의 축척이 1:60이므로 10000이 아닌 500을 Offset 해야 한다.

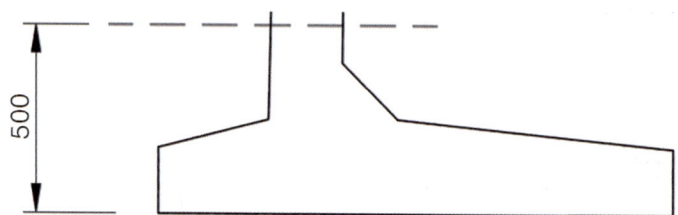

❷ 지반선
- 명령어 REC(Rectang) [Enter], 명령어 L(Line) [Enter], 명령어 CO(Copy) [Enter]
- Rectang명령으로 적당한 사각형을 제도한다.
- Line명령으로 적당한 선을 제도하고, 45도 각도로 회전시킨다.
- 적당한 간격으로 옵셋하고, Copy명령으로 작성된 선을 복사한다.
- Trim명령으로 불필요한 선을 정리한다.

3 치수선 제도

❶ 명령어 DIM [Enter], X(Explode) [Enter]
- 치수선제도는 옹벽 단면도에서 제도한 방법과 동일하게 치수선을 제도한다.
- 문제에서 주어진 일반도의 치수와 맞게 치수값을 수정해준다.

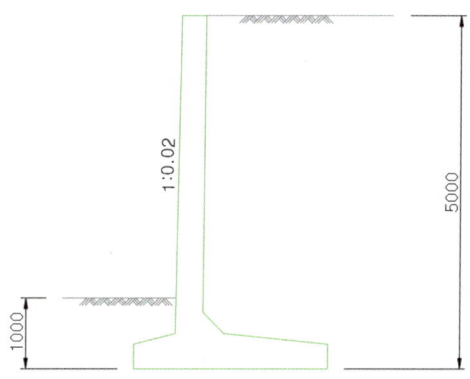

③ 소제목 및 큰제목

❶ 명령어 DT(Copy) [Enter]
- 소제목 문자높이 : 150
- 큰제목 문자높이 : 240
- 문자의 회전각도 : 0

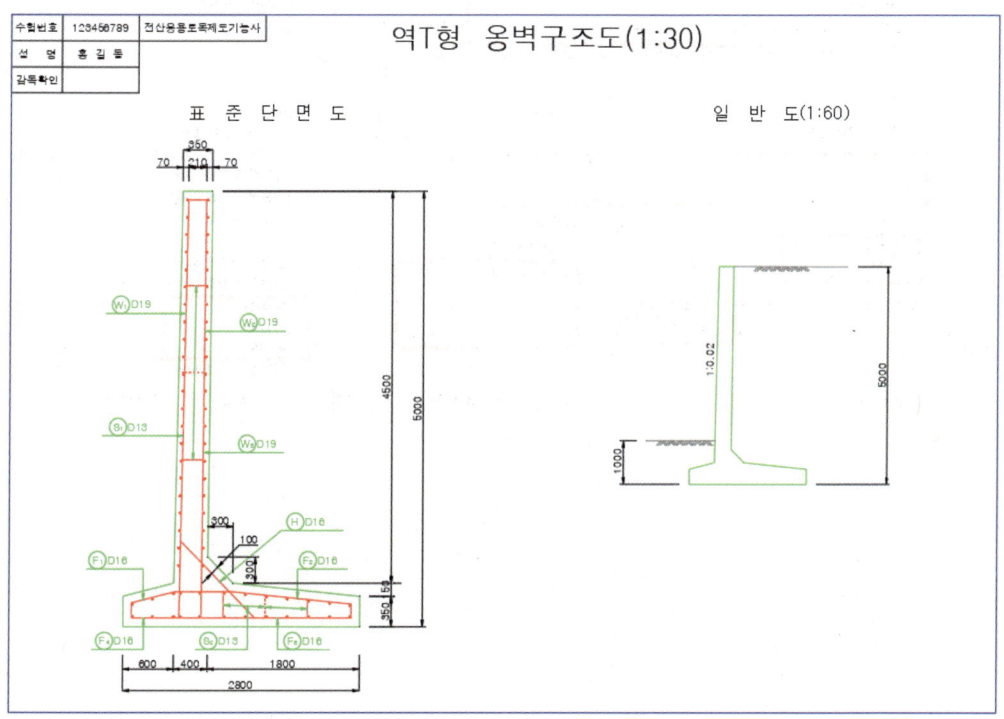

④ 출력 설정 도면 출력 방법

❶ 명령어 PLOT [Enter]
- 완성된 도면을 출력하는 명령어이다.

❷ 출력장치 프린터를 설정한다.
- 우측하단의 펼침아이콘(>)을 클릭하여 프린터를 설정한다.
- 프린터/플로터 : 시험장에 설치된 프린터를 설정한다.
- 용지크기(Z) : A3
- 플롯대상(W) : 윈도우
- 플롯의 중심(C) : 선택
- 플롯대상(W) : 윈도우
- 축척(S) : 30
- 축척표시단위 : 밀리미터(mm)
- 플롯스타일 설정 : monochrome.ctb 선택
- 도면방향 : 가로

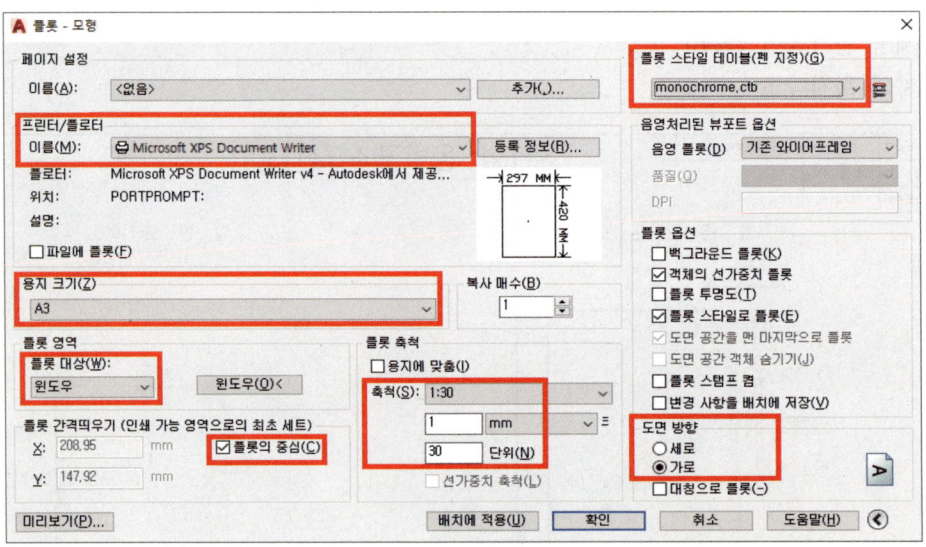

❸ 설정이 완료된 후 플롯영역을 선택한다.
- 윈도우를 클릭한다.

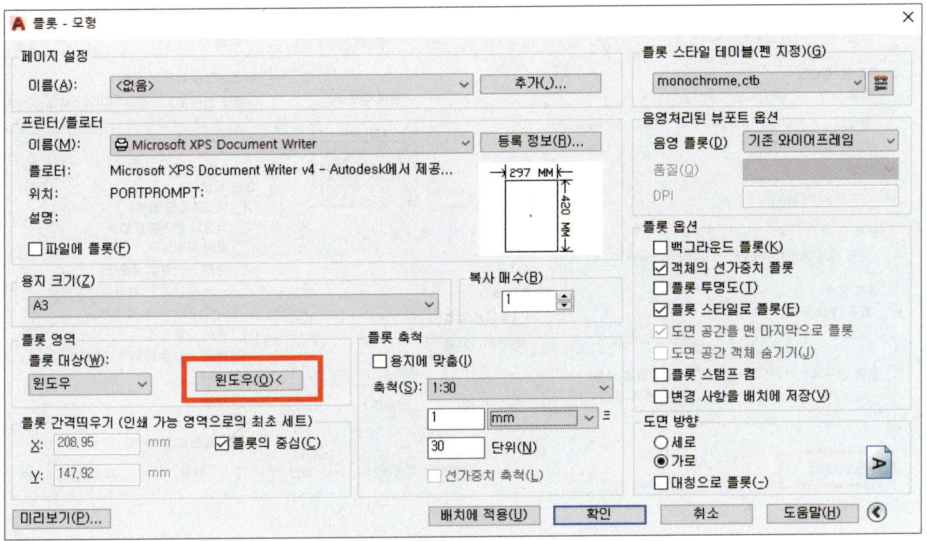

- 도면의 좌측상단과 우측하단을 선택하여 플롯영역을 지정한다.

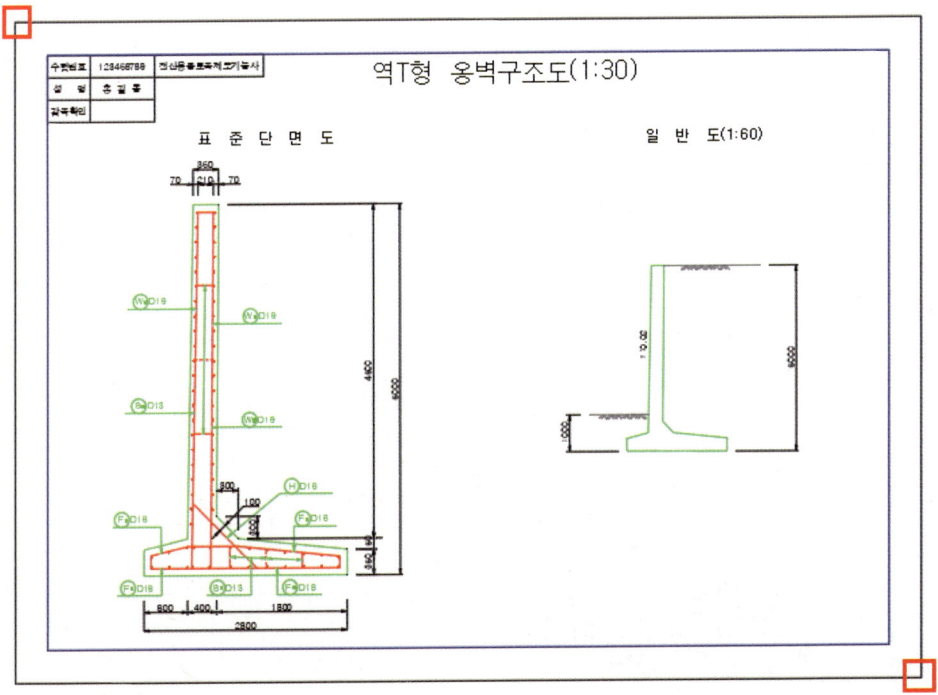

❹ 플롯영역을 지정한 후, 미리보기를 클릭한다.
- 미리보기(P)를 하여, 출력설정이 이상이 없는지 반드시 확인한 후 출력한다.

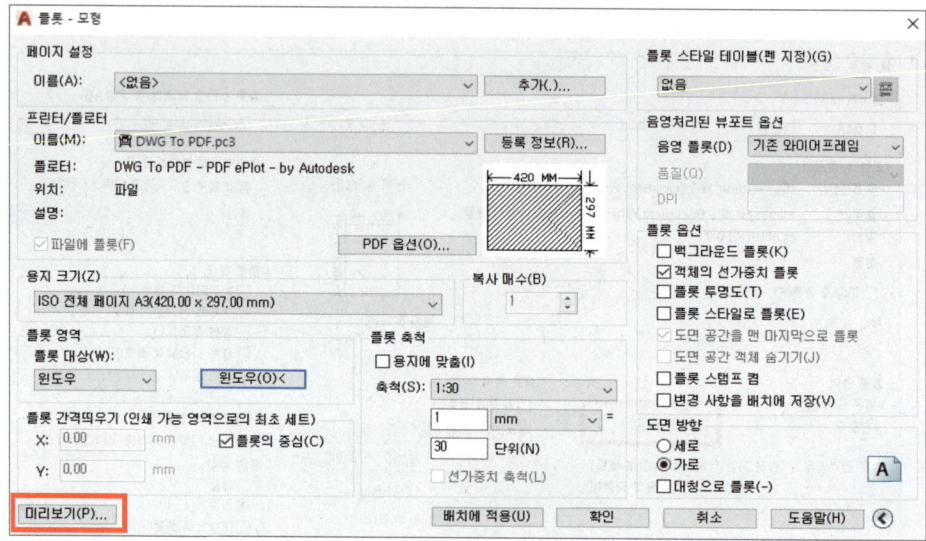

- 아래와 같은 창이 뜨면 "계속"을 선택한다.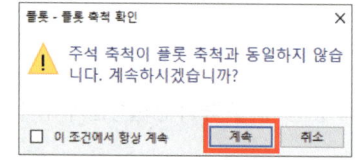

❺ 마우스 오른쪽을 클릭하여 플롯을 선택한다. (출력은 반드시 흑백으로 출력)

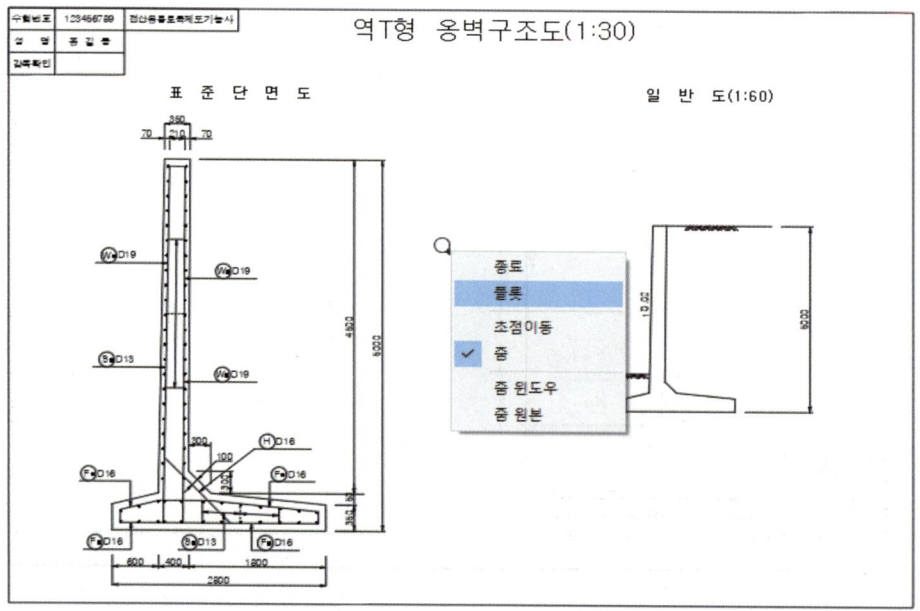

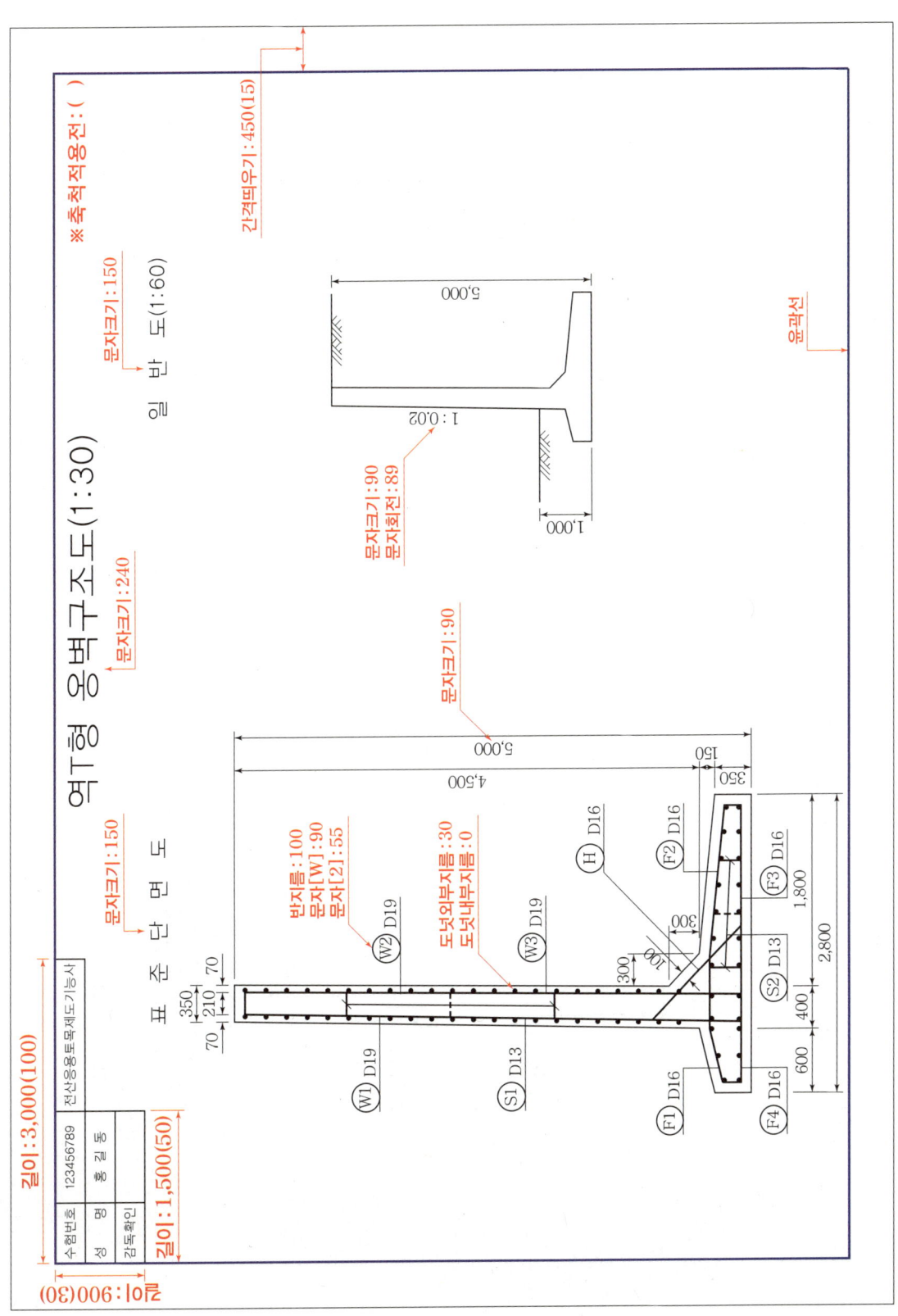

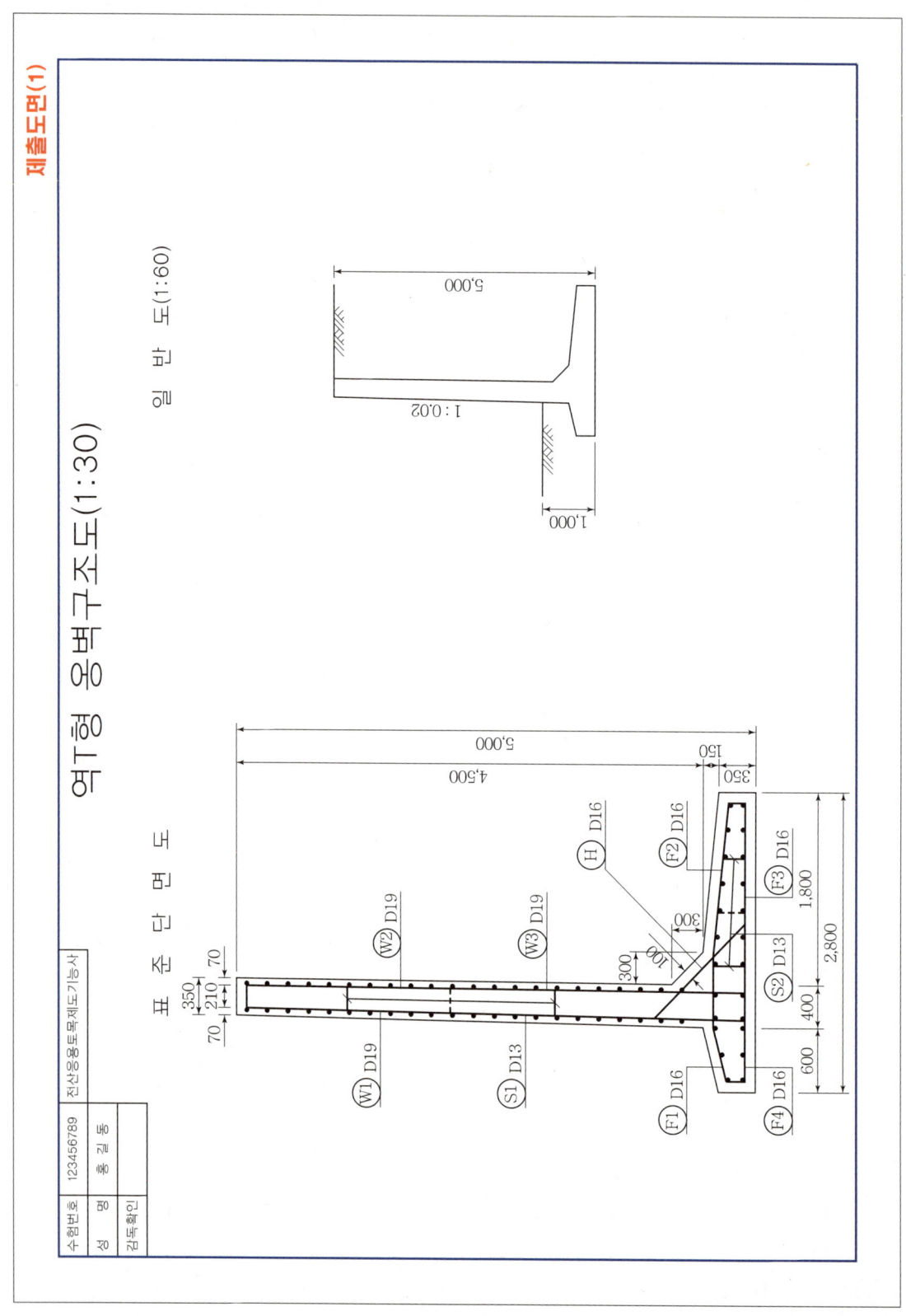

04 도로토공 횡단면도 작도방법

① 환경설정 및 제도준비

1 제도준비

- 프로그램 실행(AutoCAD 2020), 사용자 환경설정, OSNAP설정, LAYER설정은 역T형 옹벽구조도에서 설정했던 값과 동일한 값으로 설정한다.
- "역T형 옹벽구조도"를 전체 선택한 후 "Ctrl + C"를 한 다음 작성해야 되는 새 도면에 "Ctrl + V"를 하면 "역T형 옹벽구조도"의 환경설정 및 LAYER설정값이 그대로 적용된다.

❸ 기호 및 화살표 설정

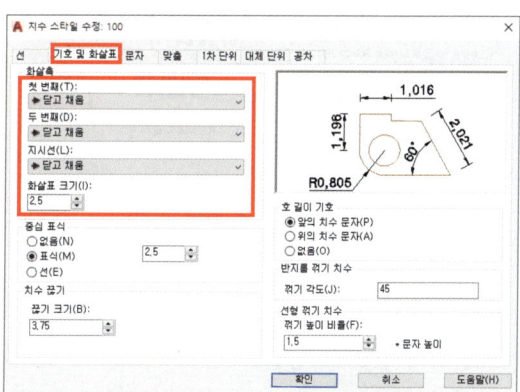

2 치수설정(축척 1/100)

❶ 명령어 D(Dimstyle) Enter
- 치수스타일을 새로 생성한다.
- 치수스타일 이름을 "100"으로 한다.
  (사용자가 임의로 지정하여 사용해도 된다.)

❹ 문자설정
- 문자스타일을 새로 만든다.
- 스타일 이름을 돋움 또는 굴림으로 한다.
- 문자높이 : 3.0
- 문자위치 : 수직(V): "위", 수평(Z) : "중심", 뷰 방향(D) : "왼쪽에서 오른쪽으로 설정"
- 문자정렬 : ISO표준

❷ 선 설정

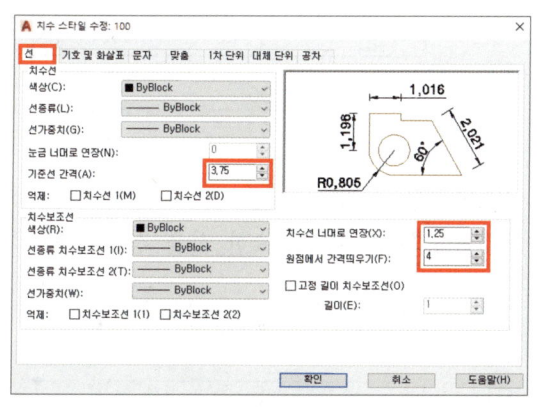

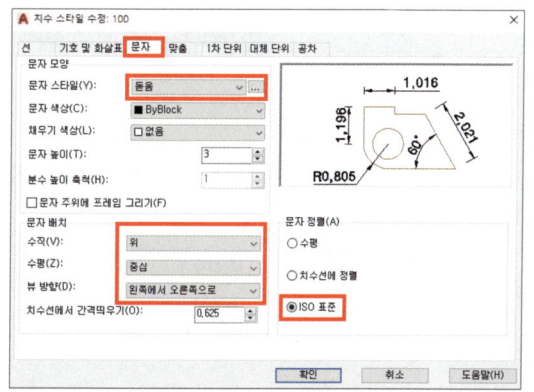

❺ 맞춤 설정
- 전체 축척 사용(S) : 0.1

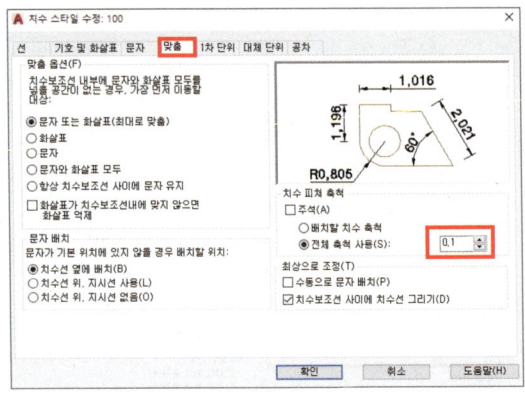

❻ 1차단위 설정
- 단위형식(U) : 십진
- 정밀도(P) : 0.000
- 소수구분기호(C) : ' , '(쉼표)

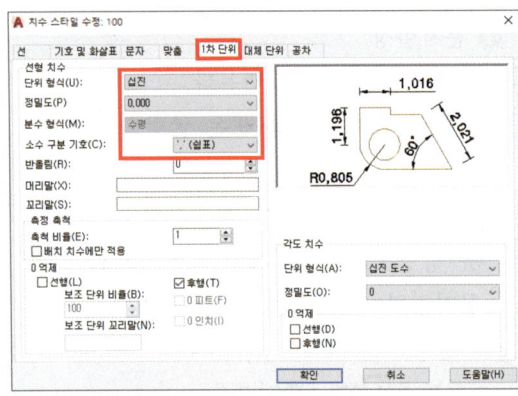

❼ 전역축척비율 설정
- 중심선, 파단선을 나타내기 위해 전역축척 비율을 설정한다.
- 전역 축척 비율(G) : 0.03

3 윤곽선 그리기
- 윤곽선은 역T형 옹벽구조도와 같은 방법으로 제도한다.

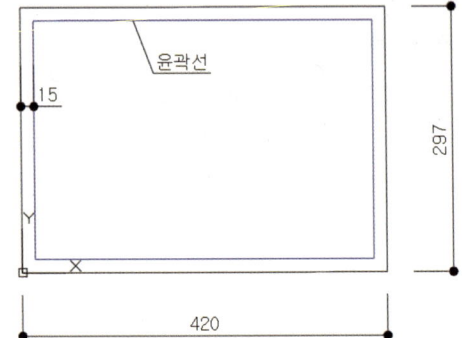

4 표제란 그리기

❶ 명령어 O(Offset) [Enter], 명령어 L(Line) [Enter]
- 옵셋명령으로 10씩 3칸 작성
- 라인명령으로 좌측 세로선 작성
- 작성된 좌측세로선을 옵셋명령으로 20, 30씩 작성한다.

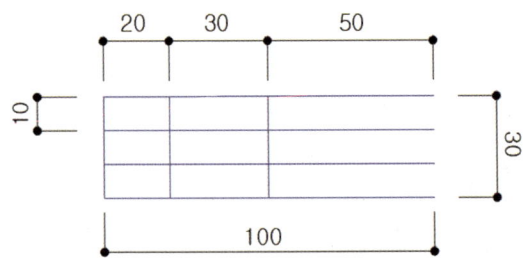

❷ 명령어 TR(Trim) [Enter]
- Trim명령으로 불필요한 선을 정리한다.

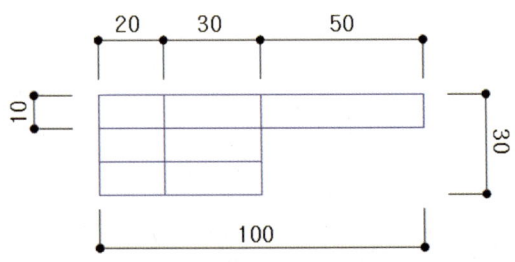

❸ 명령어 M(Move) [Enter]
- Move 명령으로 작성한 표제란을 선택한다.
- 표제란의 좌측상단점을 지정한 후, 윤곽선 좌측 상단으로 이동시킨다.

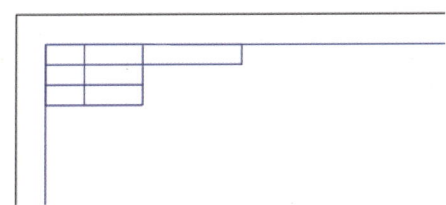

❹ 명령어 MT(Mtext) [Enter]
- MText 명령으로 작도된 표제란에 내용을 작성한다.
- 내용을 작성할 표의 좌측상단을 클릭한다.
- 자리맞추기(J) 선택 후 중앙중간(MC)를 선택하여 표 중앙에 글씨가 작성되도록 한다.
- 설정된 치수스타일과 문자높이(0.3)를 확인한 후, 수험번호를 입력한다.
- 나머지 내용도 위와 같은 방법으로 작성한다.
- 작성된 표제란과 내용을 레이어에 맞게 수정한다.

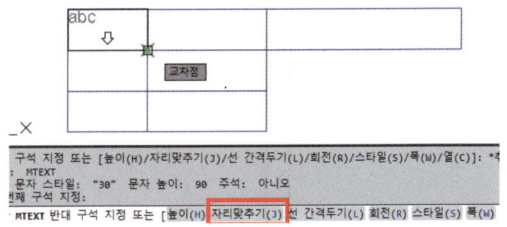

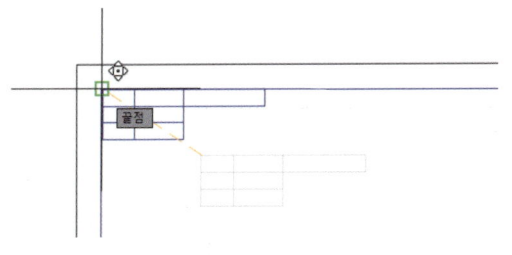

※ 표제란의 내용은 작성된 윤곽과 표제란을 축척 (0.1)에 맞게 확대한 다음 작성한다.

② 도로토공 횡단면도

1 도로중심선 제도

❶ 명령어 L(Line) [Enter]
- Line명령으로 제도된 윤곽선의 중심에 도로중심선을 제도한다.
- 작성된 도로중심선의 레이어를 변경한다.

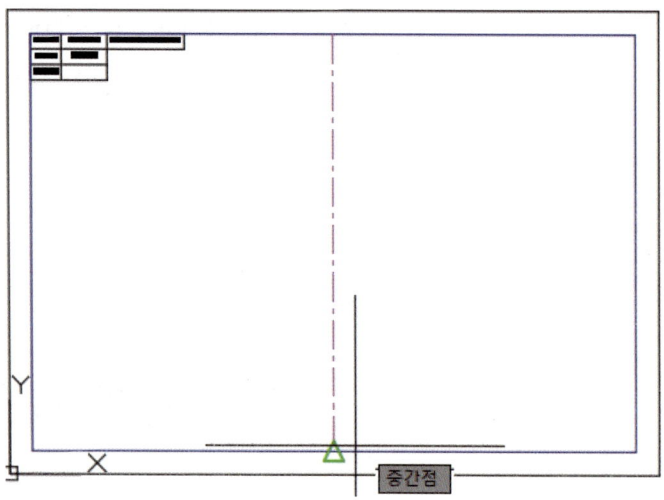

2 편경사 제도

❶ 명령어 L(Line) [Enter]
- 마우스 방향을 아래로 2, 좌측으로 100씩 입력하여 삼각형 모양을 제도한다.
  - 다음 점 지정 또는[명령 취소(U)] : 2
  - 다음 점 지정 또는[명령 취소(U)] : 100
  - 다음 점 지정 또는[명령 취소(U)] : *취소* 또는 (ESC 또는 Enter를 누른다.)

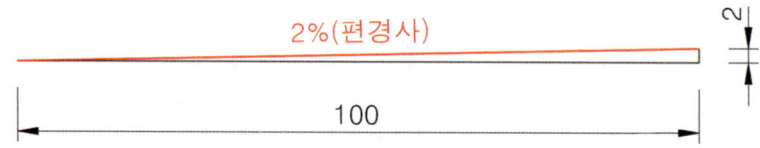

- 나머지도 같은 방법으로 제도하거나 Mirror 명령어를 이용하여 제도한다.

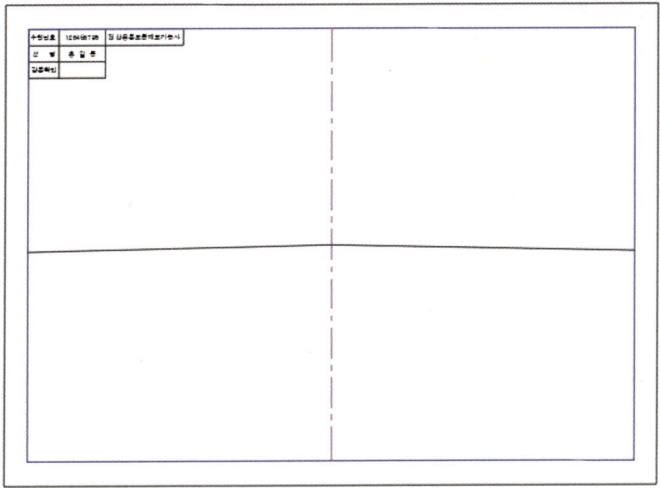

3 포장두께 제도

❶ 명령어 CO(Copy) [Enter]

- Copy 명령어를 이용하여 도로포장두께를 제도한다.
- 표층의 두께가 50mm이므로, 0.05를 이격한다.
- 기층의 두께가 150mm이므로, 0.05+0.15=0.20을 이격한다.
- 보조기층의 두께가 300mm이므로, 0.05+0.15+0.3=0.5를 이격한다.

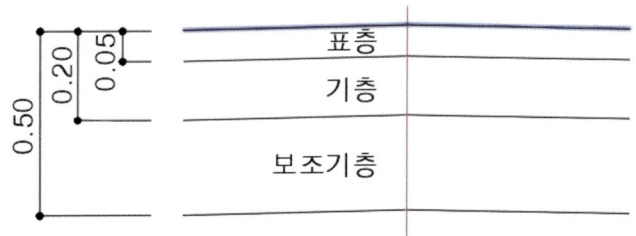

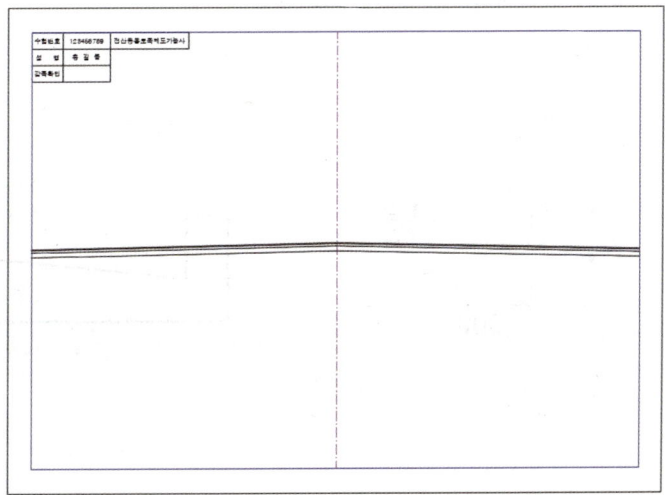

4 도로폭원 및 포장층 해치

❶ 명령어 O(Offset) Enter
- Offset 명령어를 이용하여 도로폭원을 구획한다.

❷ 명령어 H(Hatch) Enter
- 표층은 SOLID 해치를 적용한다.
- 기층은 ANSI31 해치를 적용한다.
- 기층의 해치축척은 0.1을 적용한다.
- 보조기층은 ANSI37 해치를 적용한다.
- 보조층의 해치축척은 0.05을 적용한다.

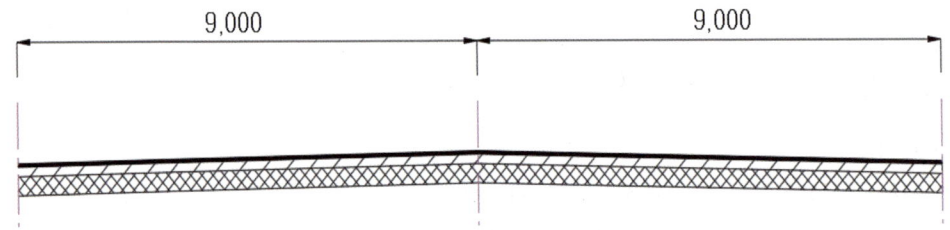

※ "HE(Hatchedit)" 명령을 이용하여 해치패턴과 축척을 수정할 수 있다.

5 측구, 사면, 원지반 제도

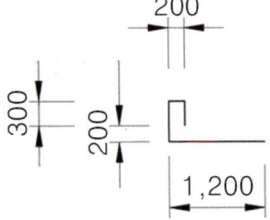

❶ 명령어 L(Line) Enter, O(Offset) Enter
- Line명령어를 이용하여 측구를 제도한다.

❷ 명령어
- 측구 바닥에서 0.2 Offset 하고 다시 0.1 Offset을 한다.
  ※ 문제에서 측구의 경사가 10%(i = 0.1/1)이므로 Offset 0.1을 한다.

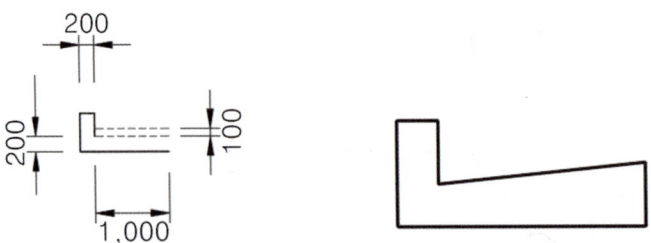

❸ 명령어 L(Line) [Enter]
(1) 사면(성토)
- 1 : 1.5의 사면의 기울기를 제도한다.
- 마우스 방향을 아래로 1, 우측으로 1.5씩 입력하여 삼각형 모양을 제도한다.
- 다음 점 지정 또는[명령 취소(U)] : 1
- 다음 점 지정 또는[명령 취소(U)] : 1.5
- 다음 점 지정 또는[명령 취소(U)] : *취소* 또는 (ESC 또는 Enter를 누른다.)

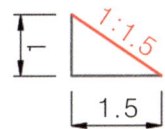

- 마우스 방향을 우측으로 0.5 입력하여 선을 제도한다.
- Offset 명령어를 이용하여, 제도된 선으로부터 3.5 Offset한다.
- Move 명령어를 이용하여, 제도된 사면기울기를 이동한다.
- Extend 명령어를 이용하여, 사면기울기를 연장한다.

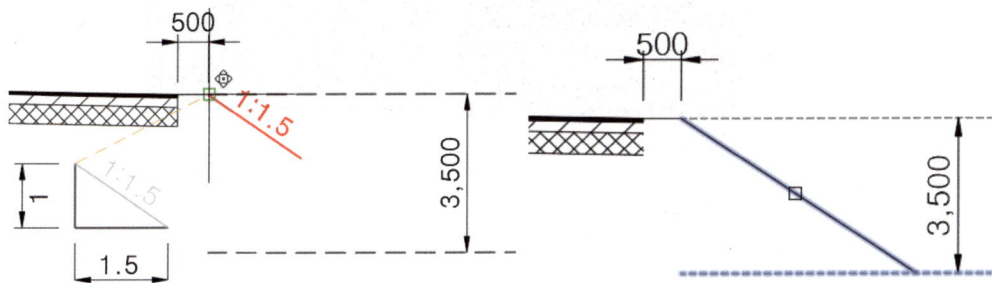

- 절토사면도 위와 동일한 방법으로 제도한다.

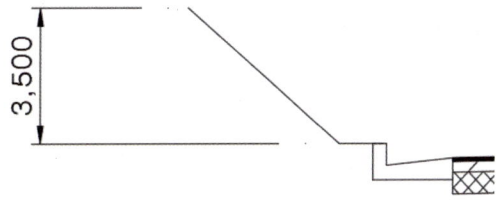

(2) 원지반선
- Line 명령어를 이용하여 절토사면의 끝점과 성토사면의 끝점을 연결한다.

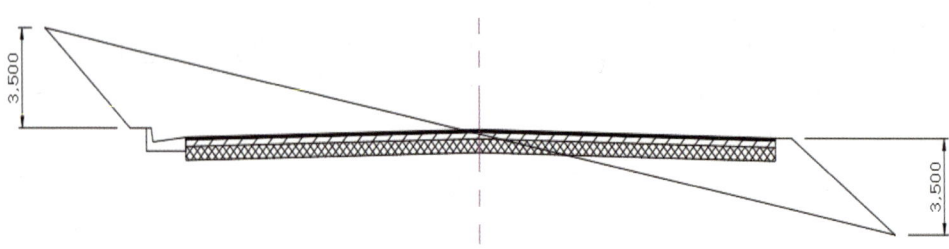

6 치수선 및 지시선 제도

❶ 명령어 DIM [Enter] or 아이콘 클릭
- 치수를 측정하고 싶은 시작점과 끝점을 선택한다.

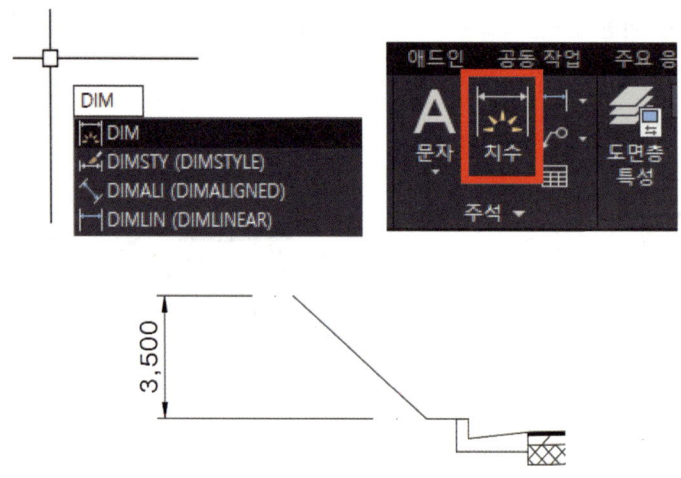

- 위와 같은 방법으로 치수선을 제도한다.

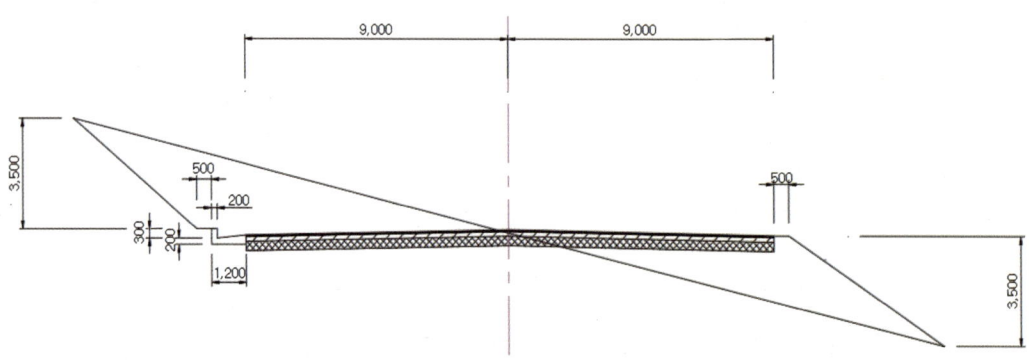

❷ 명령어 LE(Qleader) [Enter], DT(Text) [Enter], DO(Donut) [Enter]

(1) 인출선 제도
- LE명령어를 이용하여 적당한 길이의 인출선을 제도한다.

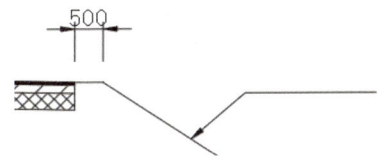

(2) 편경사, 측구경사, 포장두께 및 그 외 도면에 표현된 문자데이터
- DT명령을 이용하여 편경사, 측구경사, 포장두께 및 문자데이터를 작성한다.
- 문자높이 : 0.3
- 문자의 회전각도 : 0
- 편경사, 측구경사 및 사면기울기는 Rotate 명령어를 이용하여 문자를 회전시켜 작성한다.
- 포장두께의 경우 치수선, 지시선이 아닌 Line 및 Donut 명령어를 이용하여 작성한다.

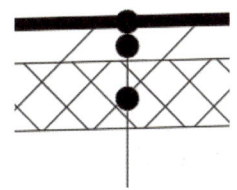

- 도넛의 내부 지름 지정 : 0
- 도넛의 외부 지름 지정 : 0.1
  ※ 도넛의 외부지름을 지정할 때 축척을 고려하여야 한다.

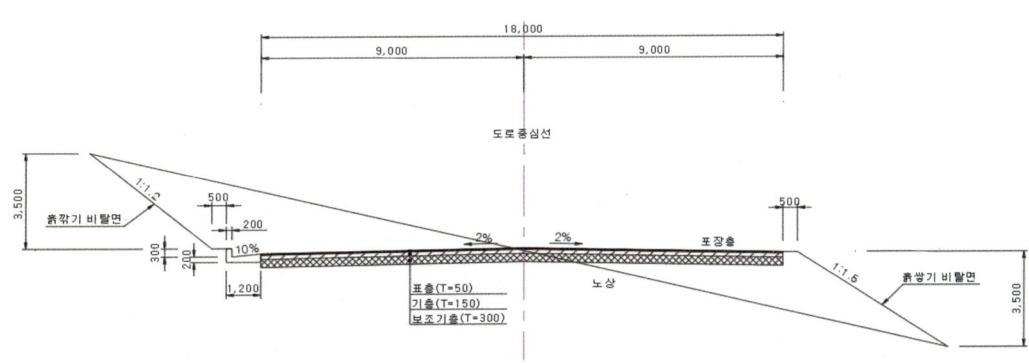

7 제목, 레이어 설정 및 정리

❶ 명령어 DT(Text) [Enter]
- 큰제목 문자높이 : 0.8
- 축척 문자높이 : 0.5

❷ 제도된 도로토공횡단면도의 측구, 계획선, 원지반선 등을 알맞은 레이어로 설정한다.

❸ 도로중심선을 알맞게 잘라낸다.

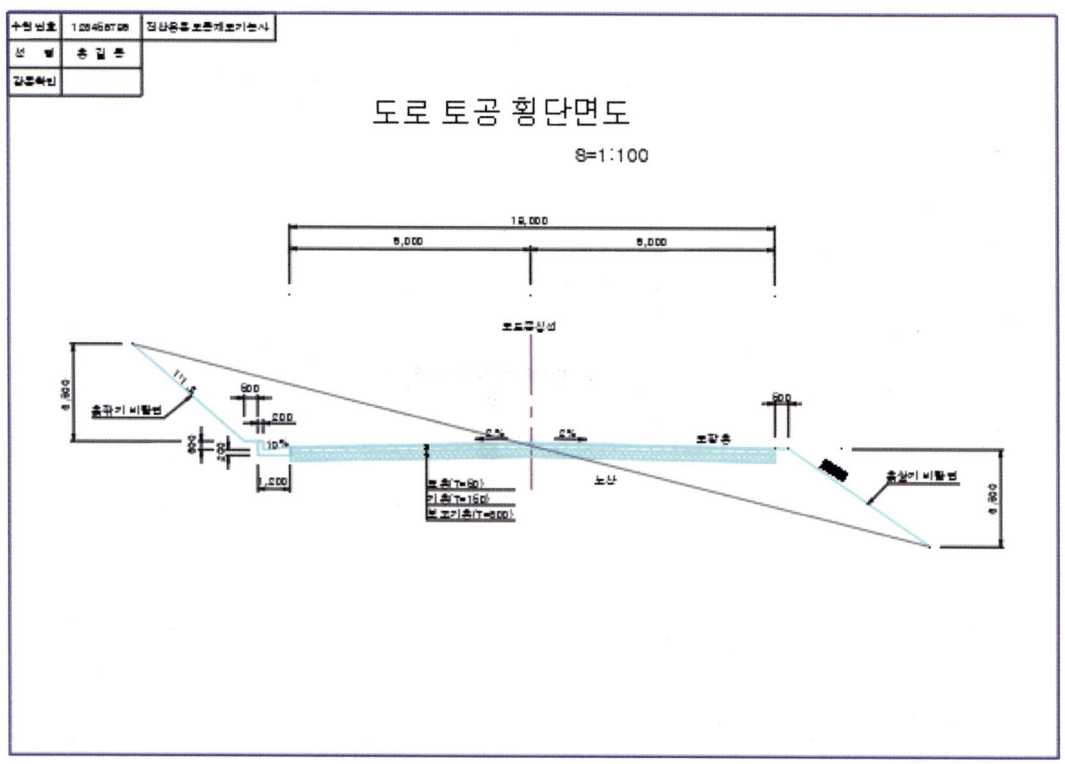

※ 제도된 횡단면도는 도면의 중심에 위치하도록 한다.

③ 출력 (도면 출력 방법)

1 명령어 PLOT [Enter]
- 완성된 도면을 출력하는 명령어이다.

2 출력장치 프린터를 설정한다.
- 우측하단의 펼침아이콘(>)을 클릭하여 프린터를 설정한다.
- 프린터/플로터 : 시험장에 설치된 프린터를 설정한다.
- 용지크기(Z) : A3
- 플롯대상(W) : 윈도우
- 플롯의 중심(C) : 선택
- 플롯대상(W) : 윈도우
- 축척(S) : 0.1
- 축척표시단위 : 밀리미터(mm)
- 플롯스타일 설정 : monochrome.ctb 선택
- 도면방향 : 가로

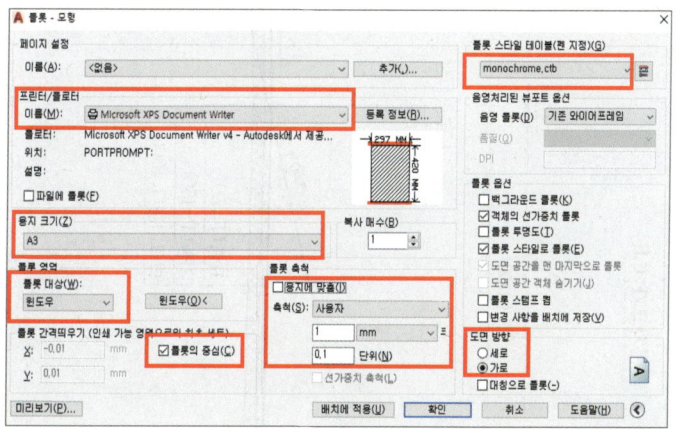

3 설정이 완료된 후 플롯영역을 선택한다.
- 윈도우를 클릭하여, 도면의 좌측상단과 우측하단을 선택하여 플롯영역을 지정한다.

4 플롯영역을 지정한 후, 미리보기를 클릭한다.
- 미리보기(P)를 하여, 출력설정이 이상이 없는지 반드시 확인한 후 출력한다.
- 아래와 같은 창이 뜨면 "계속"을 선택한다.

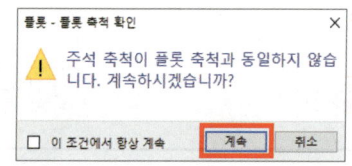

5 마우스 오른쪽을 클릭하여 플롯을 선택한다. **(출력은 반드시 흑백으로 출력)**

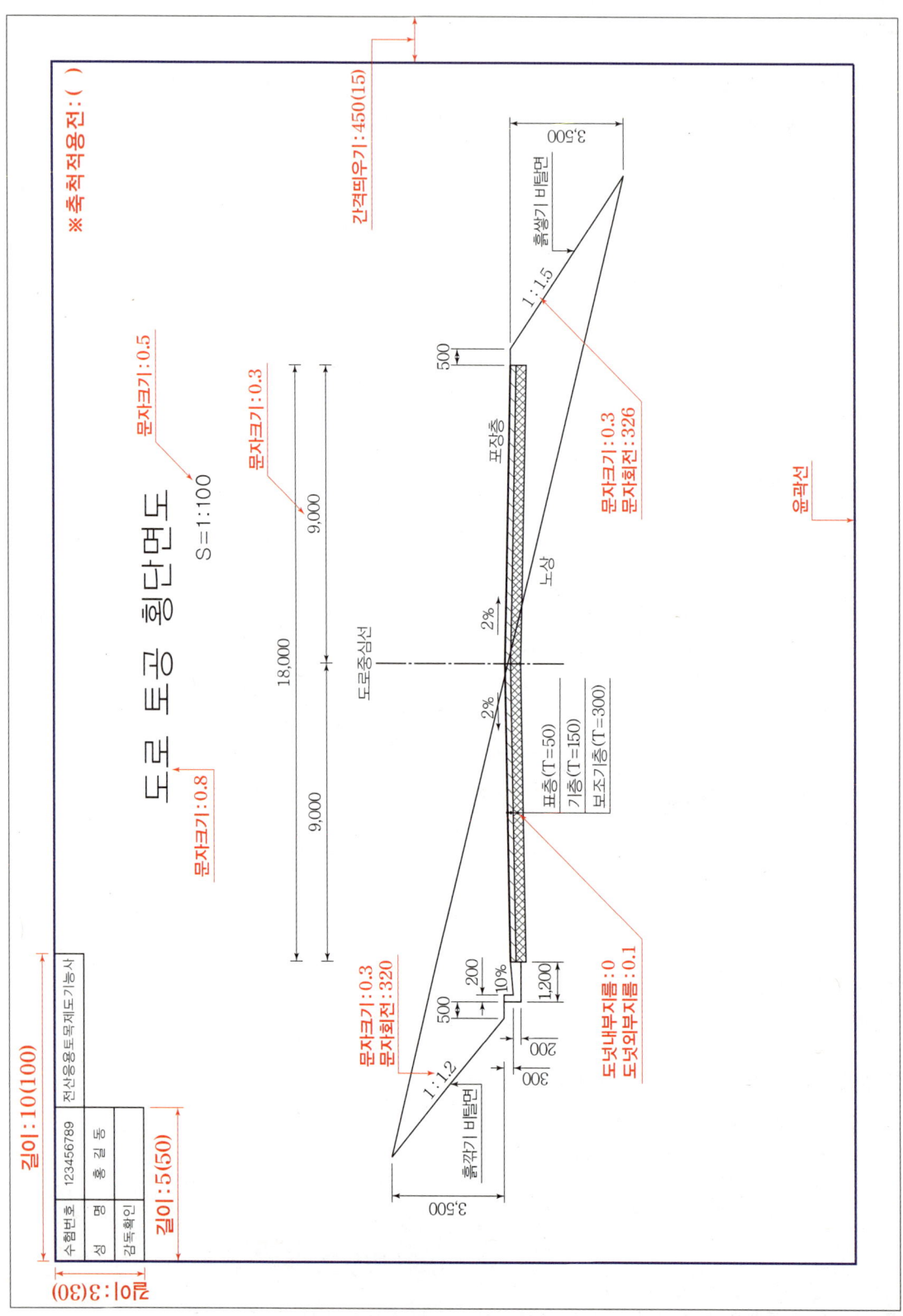

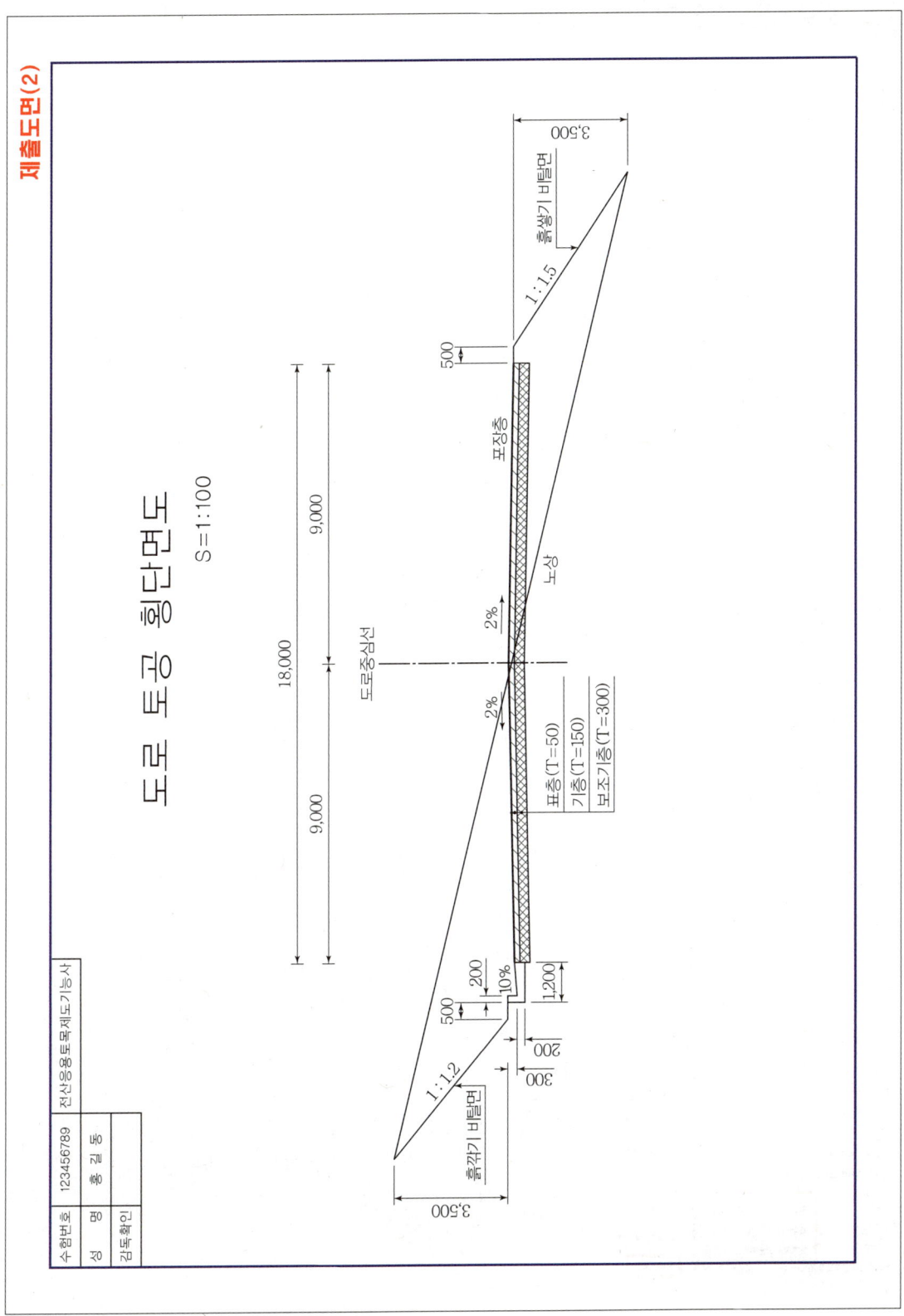

05 도로토공 종단면도 작도방법

① 환경설정 및 제도준비

■ 제도준비

❶ 프로그램 실행(AutoCAD 2020), 사용자 환경설정, OSNAP설정, LAYER설정은 역T형 옹벽구조도에서 설정했던 값과 동일한 값으로 설정한다.

❷ "역T형 옹벽구조도"를 전체 선택한 후 "Ctrl + C"를 한 다음 작성해야 되는 새 도면에 "Ctrl + V"를 하면 "역T형 옹벽구조도"의 환경설정 및 LAYER설정값이 그대로 적용된다.

❸ 맞춤 설정
• 전체 축척 사용(S) : 1.2

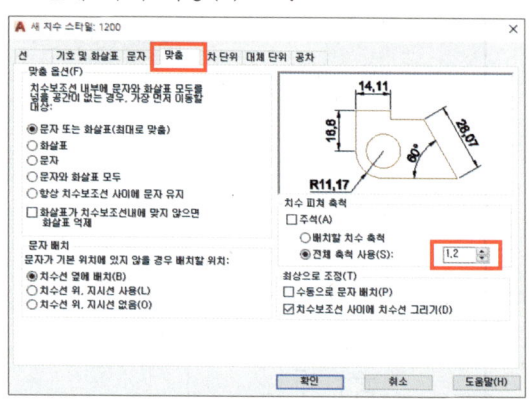

■ 치수설정(축척 1/1200)

❶ 명령어 D(Dimstyle) Enter
• 치수스타일을 새로 생성한다.
• 치수스타일 이름을 "1200"으로 한다.(사용자가 임의로 지정하여 사용해도 된다.)

❷ 문자설정
• 문자스타일을 새로 만든다.
• 스타일 이름을 돋움 또는 굴림으로 한다.
• 문자높이 : 3.0
• 문자위치 : 수직(V) : "위", 수평(Z) : "중심", 뷰 방향(D) : "왼쪽에서 오른쪽으로 설정"
• 문자정렬 : ISO표준

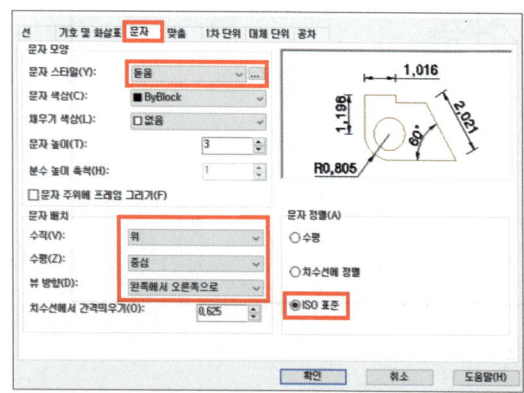

❹ 1차단위 설정
• 단위형식(U) : 십진
• 정밀도(P) : 0
• 소수구분기호(C) : ' . '(마침표)

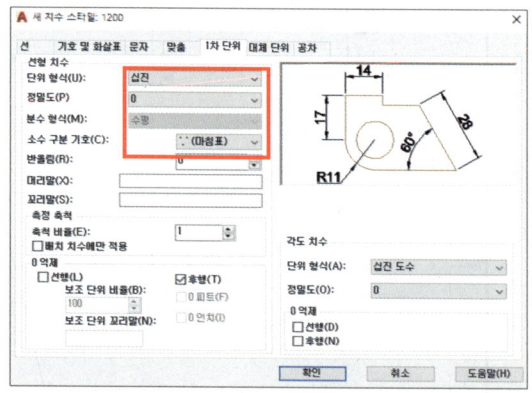

❺ 전역축척비율 설정
• 전역 축척 비율(G) : 0.4

3 윤곽선 그리기

❶ 윤곽선은 역T형 옹벽구조도와 같은 방법으로 제도한다.

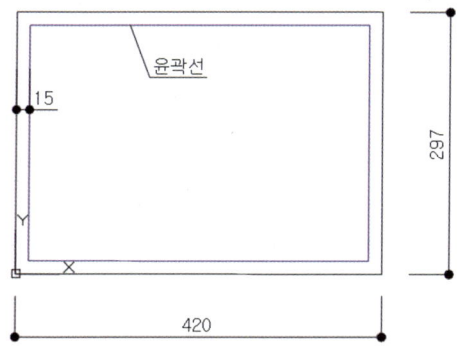

4 표제란 그리기

❶ 명령어 O(Offset) [Enter], 명령어 L(Line) [Enter]
- 옵셋명령으로 10씩 3칸 작성
- 라인명령으로 좌측 세로선 작성
- 작성된 좌측세로선을 옵셋명령으로 20, 30씩 작성한다.

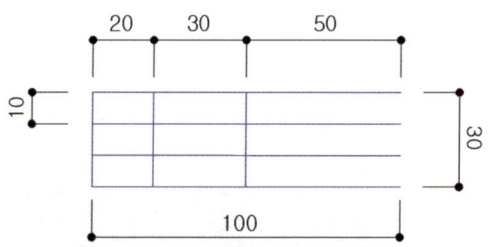

❷ 명령어 TR(Trim) [Enter]
- Trim명령으로 불필요한 선을 정리한다.

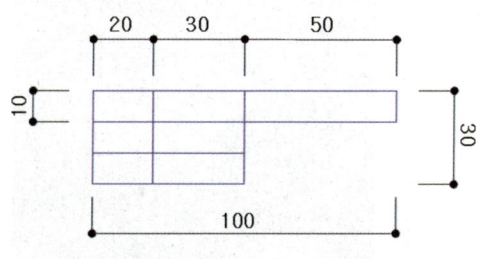

❸ 명령어 M(Move) [Enter]
- Move 명령으로 작성한 표제란을 선택한다.
- 표제란의 좌측상단점을 지정한 후, 윤곽선 좌측 상단으로 이동시킨다.

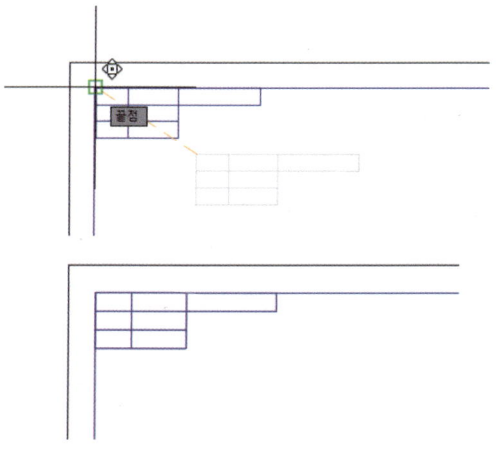

❹ 명령어 MT(Mtext) [Enter]
- MText 명령으로 작도된 표제란에 내용을 작성한다.
- 내용을 작성할 표의 좌측상단을 클릭한다.
- 자리맞추기(J) 선택 후 중앙중간(MC)를 선택하여 표 중앙에 글씨가 작성되도록 한다.
- 설정된 치수스타일과 문자높이(3.6)를 확인한 후, 수험번호를 입력한다.
- 나머지 내용도 위와 같은 방법으로 작성한다.
- 작성된 표제란과 내용을 레이어에 맞게 수정한다.

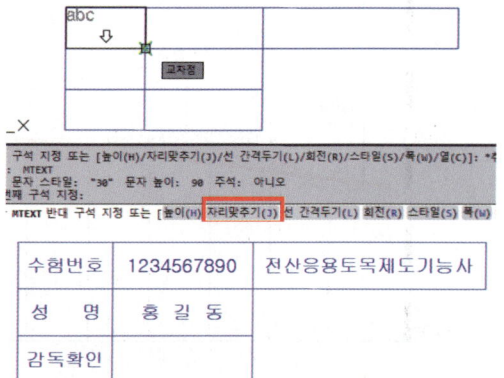

※ 표제란의 내용은 작성된 윤곽과 표제란을 축척 (1,2)에 맞게 확대한 다음 작성한다.

② 도로토공 종단면도

1 절토·성토고 야장 작성

❶ 명령어 L(Line) [Enter], O(Offset) [Enter], MT(Mtext) [Enter]
- 220 길이의 선을 제도한다.
- Offset 명령어를 이용하여 아래로 3칸, 우측으로 11칸을 제도한다.
- Mtext 명령어를 이용하여, 자리맞추기(J) 선택 후 중앙중간(MC)를 선택하여 표 중앙에 글씨가 작성되도록 한다.
- 설정된 치수스타일과 문자높이(3.6)를 확인한 후, 작성한다.

측 점	NO.0	NO.1	NO.2	NO.3	NO.4
절토고					
성토고					

❷ 명령어 QC [Enter] 또는 CAL [Enter], 명령어 MT(Mtext) [Enter]
- 절성토고를 산출하여 작성된 야장에 기입한다.
  - 절성토고=계획고−지반고
  ※ 계획고에서 지반고를 차한 값이 (+)이면 성토고, (−)이면 절토고이다.

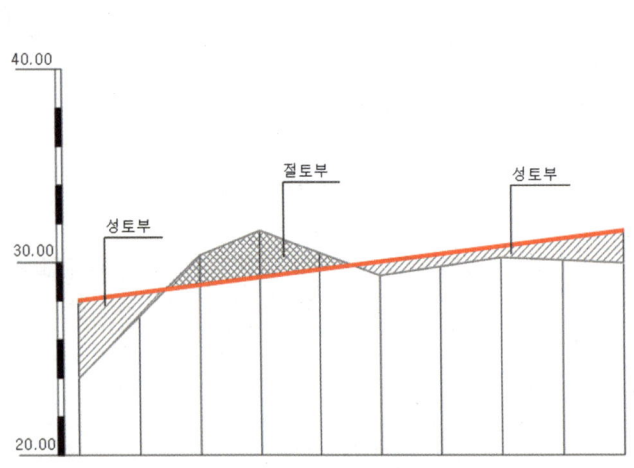
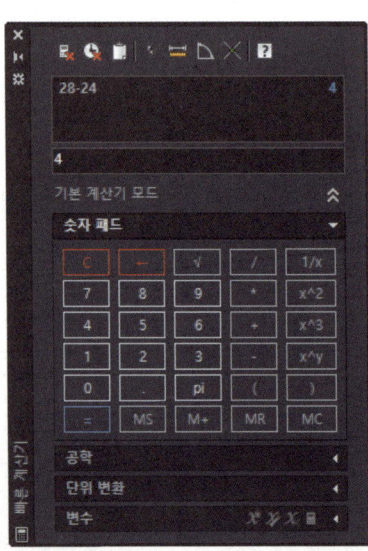

- NO.0의 절성고를 계산한다.
  - 절성고＝계획고－지반고
         ＝28.00－24.00＝4.00m (값이 (＋)이므로, 성토고이다.)
- 위와 같은 방법으로 나머지 NO.1 ～ NO.4의 절성고를 계산한다.

측 점	NO.0	NO.1	NO.2	NO.3	NO.4
절토고	–	–	1.56	2.43	0.86
성토고	4.00	1.22	–	–	–

※ 작성된 야장은 완성된 종단면도의 우측에 배치하여야 한다.

2 종단면도 테이블 작성

❶ 명령어 L(Line) [Enter], O(Offset) [Enter]
- Line명령으로 180 길이의 선을 제도한다.
  - 측점이 NO.9까지 있고, 한 체인당 거리가 20m이므로 총 거리는 180m이다.
- Line명령으로 위로 120 길이의 선을 제도한다.
- Offset 명령어를 이용하여 배치간격 20씩 9칸을 제도한다.

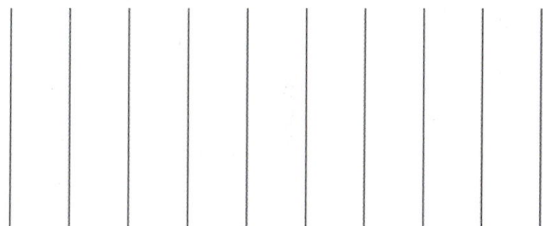

3 축척바 작성

❶ 명령어 L(Line) [Enter], O(Offset) [Enter], H(Hatch)
- Line명령으로 선을 제도한다.
- Offset 명령어를 이용하여 배치간격 12 만큼 10칸을 제도한다.
- 축척바는 SOLID 해치를 적용한다.
  ※ 문제에서 출제된 축척에 따라 축척바 간격을 제도하여야 한다.
  ※ 도로토공 종단단면도의 축척은 H=1,200 V=200으로, 1 : 6의 비율을 가지고 있다.
     따라서 축척바 간격 2m는 12m로 제도하여야 한다.

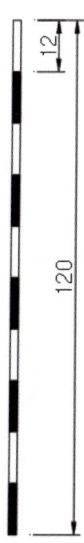

❷ 명령어 DT(Text) Enter
- 작성된 축척바에 문자를 제도한다.
- 문자높이 : 0.3
- 문자의 회전각도 : 0
- 문자를 제도한 후 문자하단에 선을 제도한다.
  ※ 축척바와 종단테이블간 거리는 5가 적당하고 축척바의 두께는 2, 문자하단의 선은 15가 적당하다.

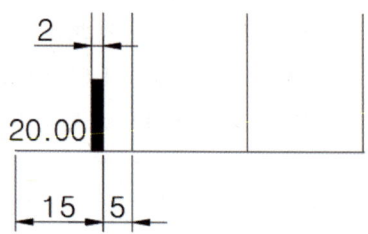

4 원지반선 작성

❶ 종단테이블에서 NO.0 지반고와 NO.1 지반고를 찾는다.
- 문제에서 주어진 NO.0 지반고의 높이는 24.00m이다.
- 문제에서 주어진 축척바의 하단의 높이는 20m이므로 축척바의 하단으로부터, 4.0m 만큼 상단에 NO.0의 지반고가 위치한다.
- 단, 도로토공 종단단면도의 축척은 H=1,200 V=200으로, 1 : 6의 비율을 가지고 있다. 따라서, 4.0×6=24.00 만큼 이동한 위치가 NO.0 지반고 "24.00m"이다.

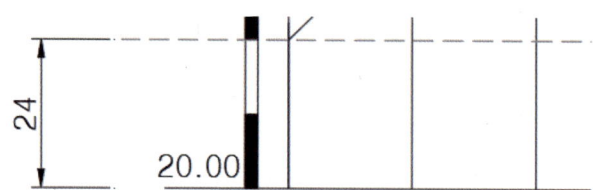

❷ 위와 같은 방법으로 NO.1 지반고를 찾은 후, Line명령어로 두 점을 연결한다.
- 위와 같은 방법으로 나머지 원지반선도 제도한다.

5 종단계획선 작성

❶ 종단테이블에서 NO.0 계획고와 NO.9 계획고를 찾는다.
- 문제에서 주어진 NO.0 계획고의 높이는 28.00m이다.
- 문제에서 주어진 축척바의 하단의 높이는 20m 이므로 축척바의 하단으로부터, 8m 만큼 상단에 NO.0의 계획고가 위치한다.
- 단, 도로토공 종단단면도의 축척은 H=1,200 V=200으로, 1 : 6의 비율을 가지고 있다. 따라서, 8×6=48 만큼 이동한 위치가 NO.0 계획고 "28.00m"이다.

❷ 위와 같은 방법으로 NO.9 계획고를 찾은 후, Line명령어로 두 점을 연결한다.

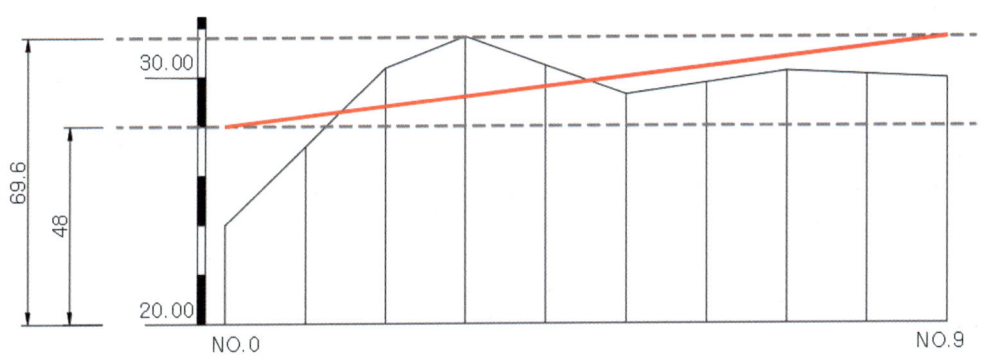

6 도로시종점 제도

❶ DT(Text) [Enter], CO(Copy) [Enter]
- Text 명령어를 이용하여 "도로시점" 및 "NO.0"을 작성한다.
- 작성된 "도로시점"을 복사하여 "도로종점" 및 "NO.9"을 작성한다.
- 문자높이 : 0.3

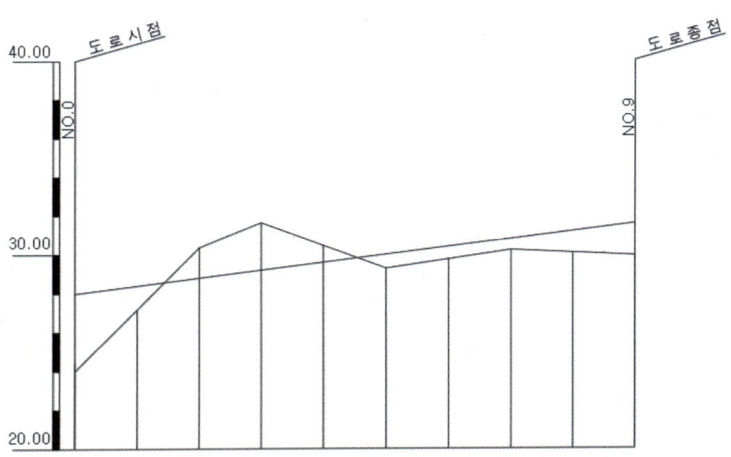

7 제목, 레이어 설정 및 정리

❶ 명령어 DT(Text) [Enter]
- 큰제목 문자높이 : 9.6
- 축척 문자높이 : 6
- 문자의 회전각도 : 0

❷ 레이어에 맞게 설정한다.
- 계획선과 원지반선의 레이어 설정을 제외하고 나머지는 "치수, 치수선, 표, 스케일" 레이어로 변경한다.
  ※ 작성된 종단면도와 야장이 도면 중앙에 위치하도록 한다.

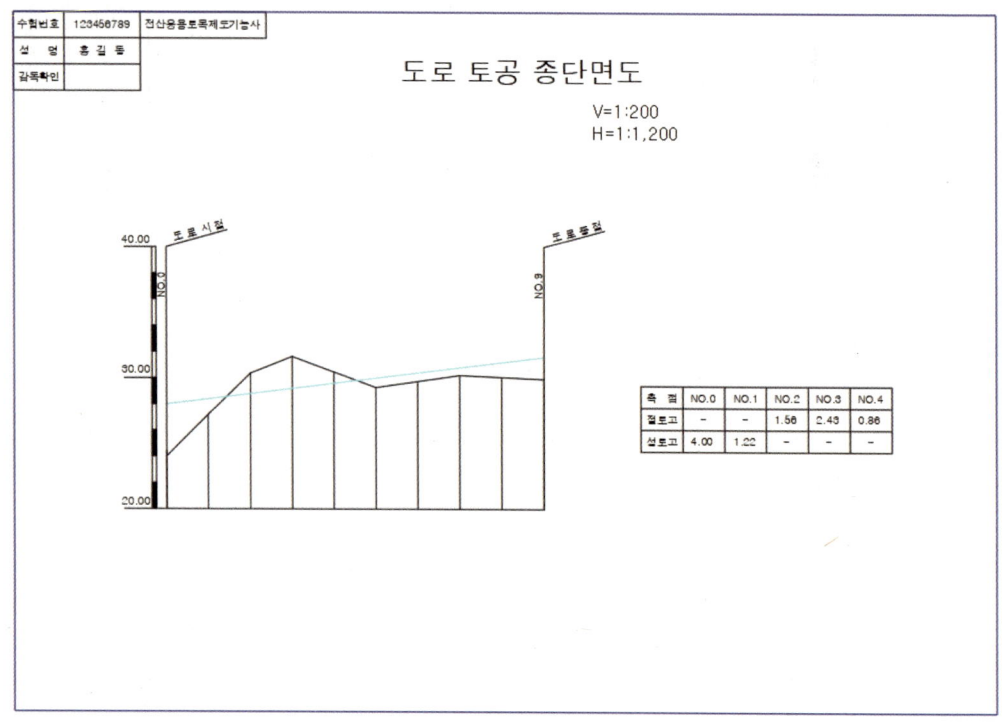

③ 출력 (도면 출력 방법)

❶ 명령어 PLOT [Enter]
- 완성된 도면을 출력하는 명령어이다.

❷ 출력장치 프린터를 설정한다.
- 우측하단의 펼침아이콘(>)을 클릭하여 프린터를 설정한다.
- 프린터/플로터 : 시험장에 설치된 프린터를 설정한다.
- 용지크기(Z) : A3
- 플롯대상(W) : 윈도우
- 플롯의 중심(C) : 선택
- 플롯대상(W) : 윈도우
- 축척(S) : 1.2
- 축척표시단위 : 밀리미터(mm)
- 플롯스타일 설정 : monochrome.ctb 선택
- 도면방향 : 가로

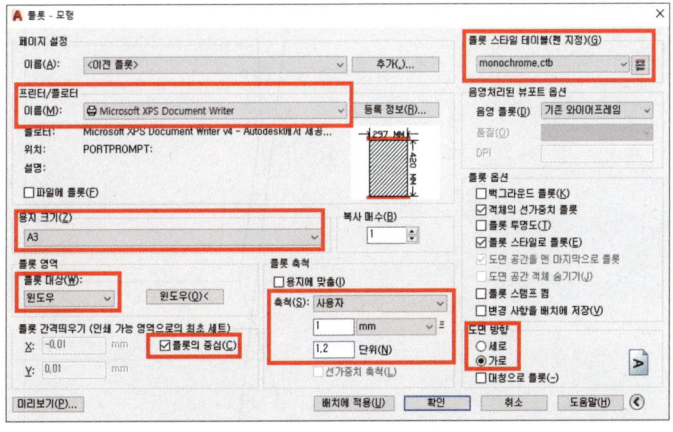

❸ 설정이 완료된 후 플롯영역을 선택한다.
- 윈도우를 클릭하여, 도면의 좌측상단과 우측하단을 선택하여 플롯영역을 지정한다.

❹ 플롯영역을 지정한 후, 미리보기를 클릭한다.
- 미리보기(P)를 하여, 출력설정이 이상이 없는지 반드시 확인한 후 출력한다.
- 아래와 같은 창이 뜨면 "계속"을 선택한다.

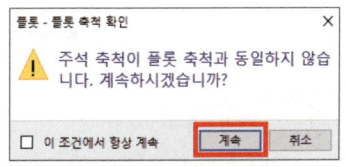

❺ 마우스 오른쪽을 클릭하여 플롯을 선택한다. (출력은 반드시 흑백으로 출력)

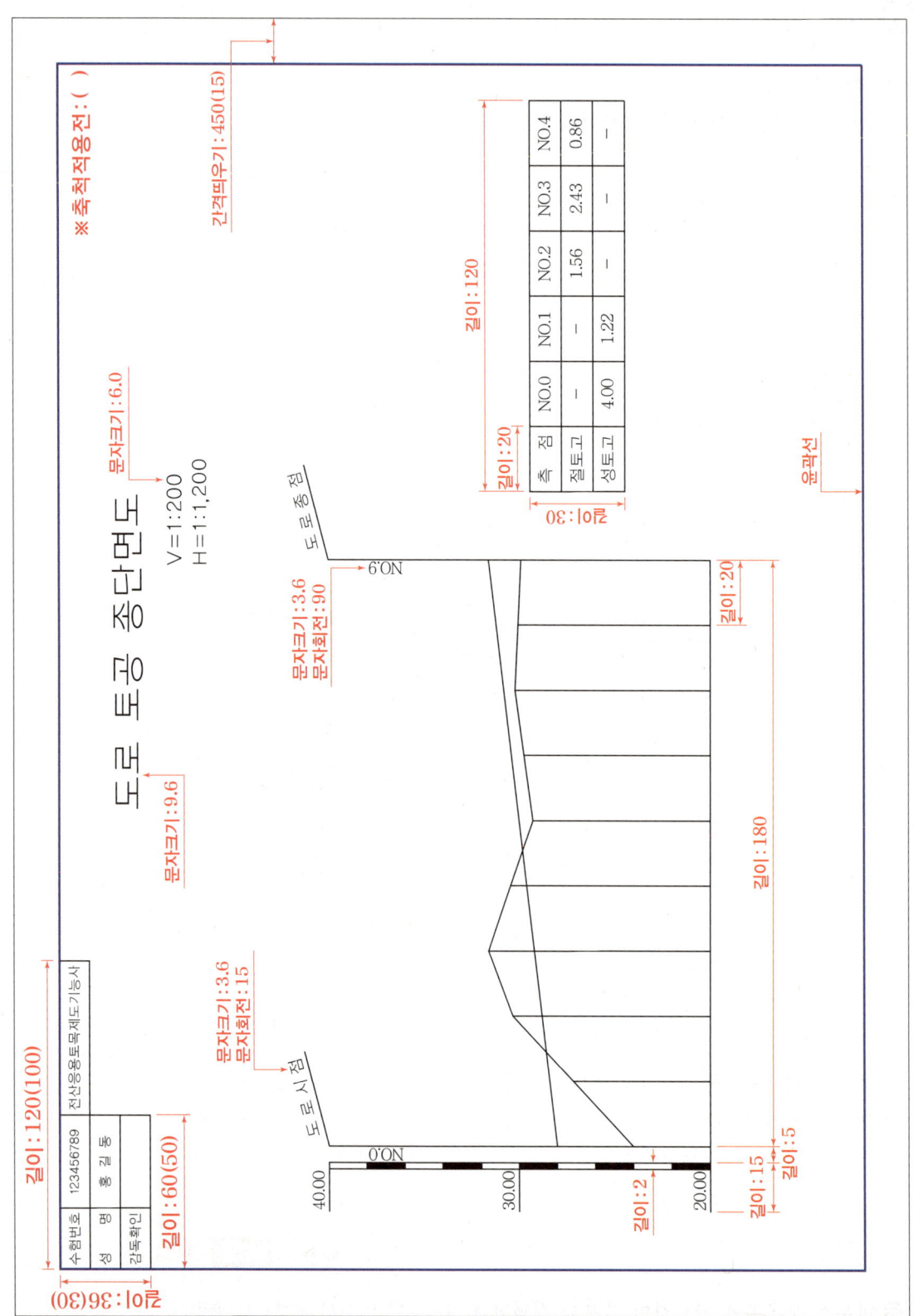

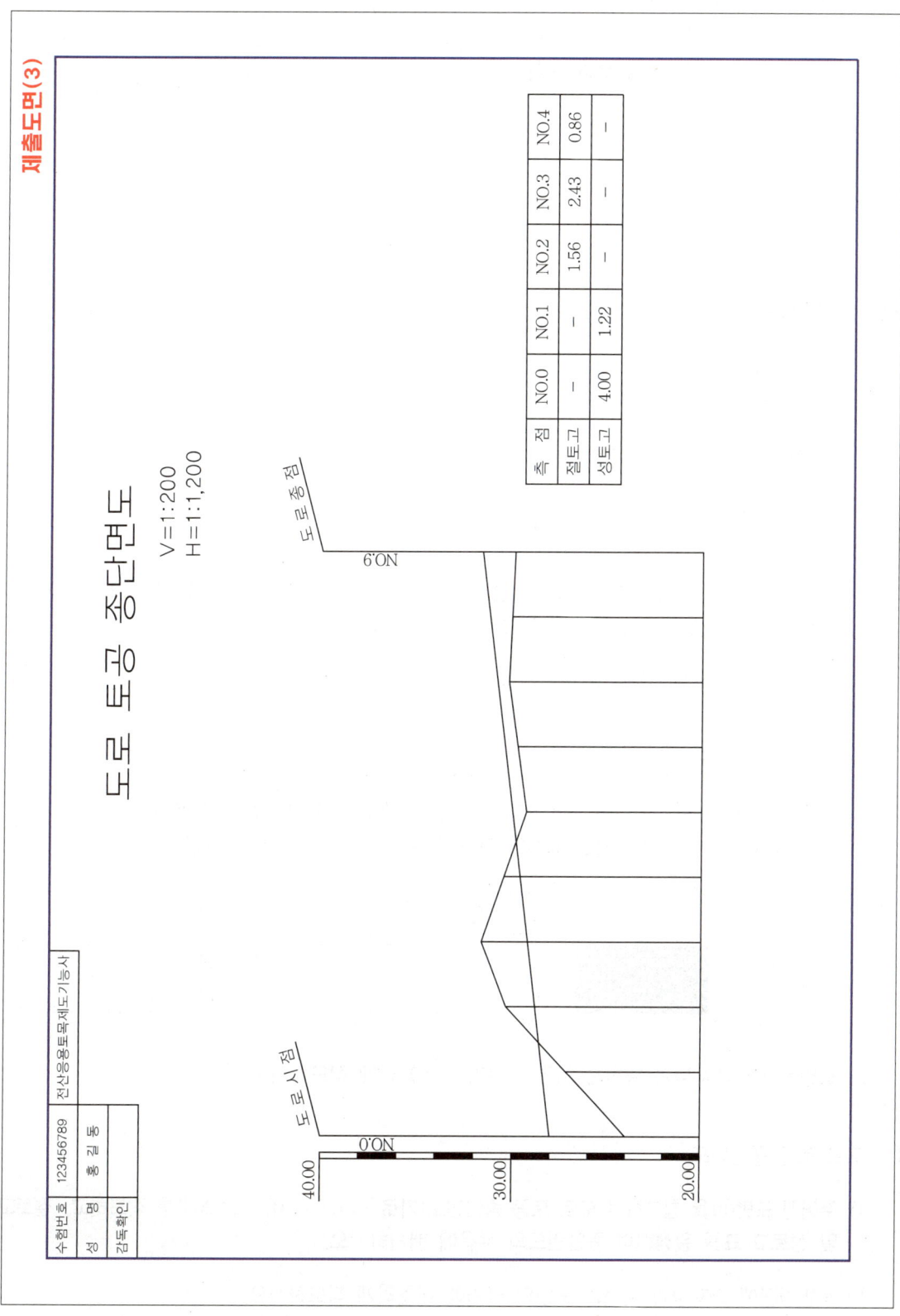

2. 역T형 돌출부 옹벽 구조도

국가기술자격 실기시험문제

자격종목	전산응용토목제도기능사	과제명	옹벽 구조도 도로 토공 횡단면도 도로 토공 종단면도

시험시간 : 작업시간(3시간)

- 2023년 1·3회 전산응용토목제도기능사 실기 출제문제유형
- 2024년 1회 전산응용토목제도기능사 실기 출제문제유형
- 2025년 3회 전산응용토목제도기능사 실기 출제문제유형

01 요구사항

※ 주어진 도면(1), (2), (3)을 보고 CAD프로그램을 이용하여 아래 조건에 맞게 도면을 작도하여 감독위원의 지시에 따라 저장하고, 주어진 축척에 맞게 A3(420×297)용지에 **흑백으로 가로로 출력**하여 파일과 함께 제출하시오.

01 옹벽 구조도

1) 주어진 도면(1)을 참고하여 표준 단면도(1:30)와 일반도(1:60)를 작도하고, 표준단면도는 도면의 **좌측**에, 일반도는 **우측**에 적절히 배치하시오.

2) 도면상단에 과제명과 축척을 도면의 크기에 어울리게 작도하시오.

02 도로 토공 횡단면도

1) 주어진 도면 (2)를 참고하여 도로 토공 횡단면도(1:100)를 작도하고, 도로 포장 단면의 표층, 기층, 보조기층을 아래의 단면 표시에 따라 적당한 크기로 해칭하여 완성하시오.

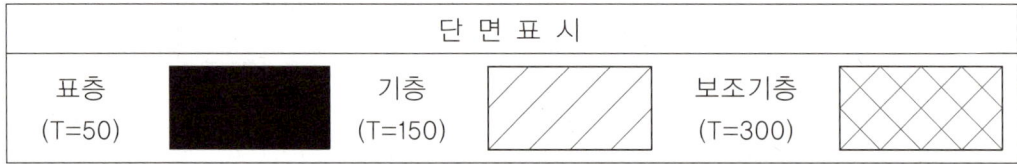

2) 도면상단에 과제명과 축척을 도면의 크기에 어울리게 작도하시오.

03 도로 토공 종단면도

1) 주어진 도면(3)을 참고하여 도로 토공 종단면도(가로 1:1200, 세로 1:200)를 작도하고, 절토고 및 성토고 표를 완성하여 종단면도의 우측에 배치하시오.

2) 도면상단에 과제명과 축척을 도면의 크기에 어울리게 작도하시오.

02 각 과제별 제출도면 배치(예시)

1과제 〈 옹벽구조도 〉

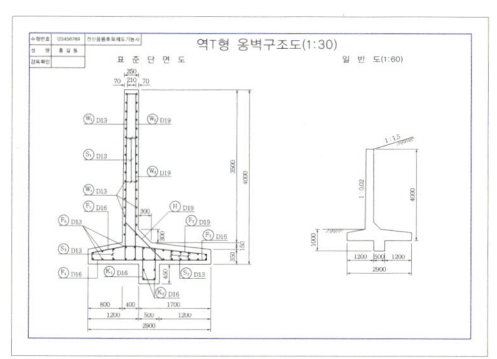

2과제 〈 도로 토공 횡단면도 〉

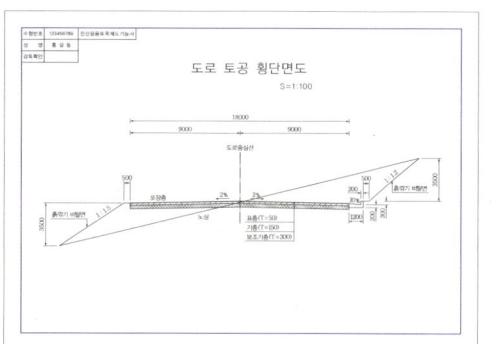

3과제 〈 도로 토공 종단면도 〉

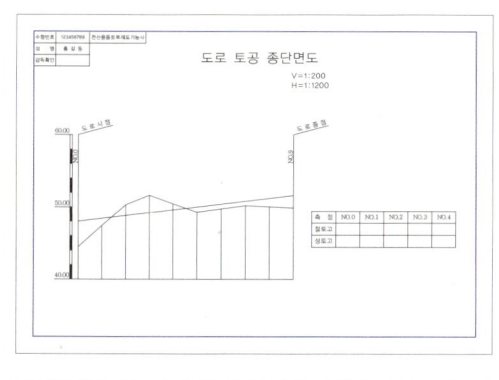

각 과제별 제출 시 '도면의 배치'를 나타내는
예시로서 수치 및 형태는 주어진 문제와
다를 수 있으니 참고하시기 바랍니다.

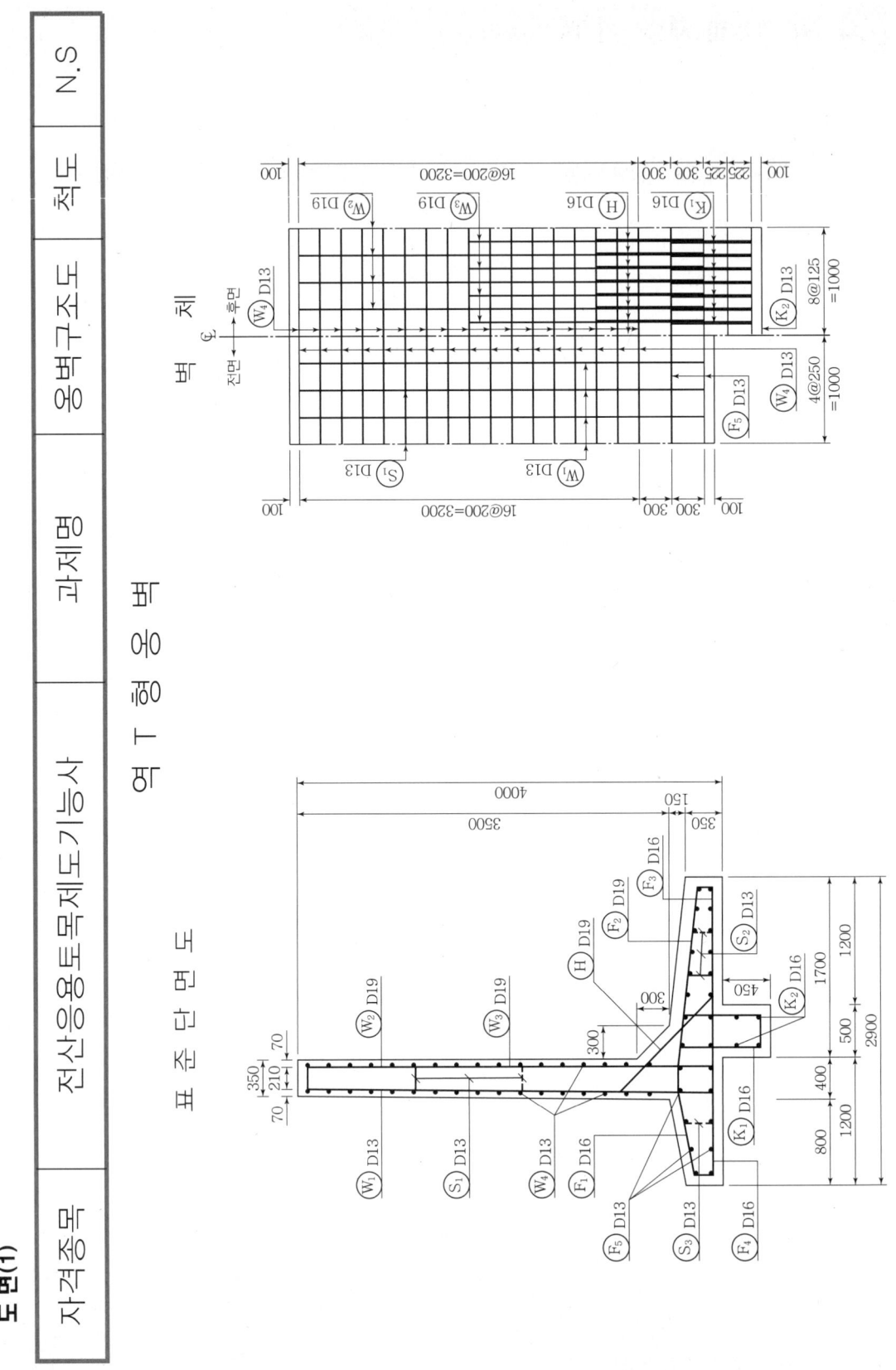

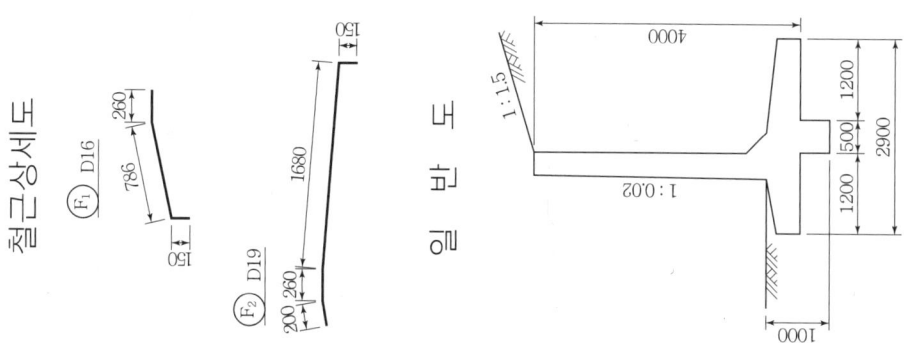

철근상세도

일 반 도

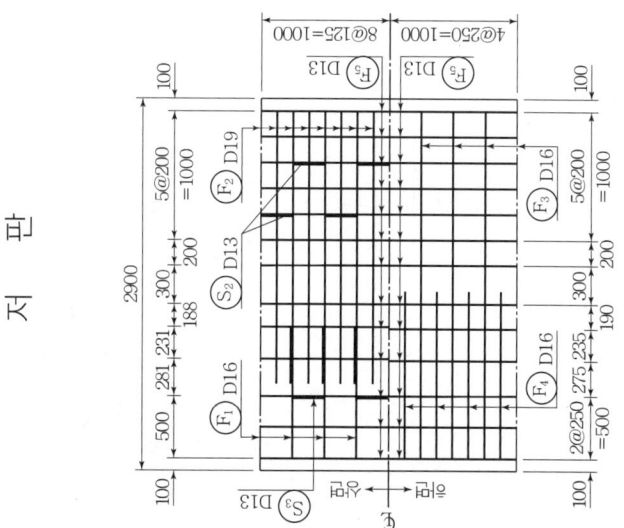

저 판

2. 역T형 돌출부 옹벽 구조도

도면(2)

자격종목	전산응용토목제도기능사	과제명	도로토공 횡단면도	척도	N.S

도로 횡단면도 치수:
- 전체 폭: 18000 (중심선 기준 9000 + 9000)
- 횡단경사: 2%
- 포장층 구성: 표층(T=50), 기층(T=150), 보조기층(T=300)
- 성토부(우측): 1:1.5, 흙깎기 비탈면, 3500, 500
- 절토부(좌측): 1:1.2, 흙깎기 비탈면, 3500, 500, 300, 200, 200, 1200, 10%
- 도로중심선, 노상, 포장층

도 면(3)

| 자격종목 | 전산응용토목제도기능사 | 과제명 | 도로토공 종단면도 | 척도 | N.S |

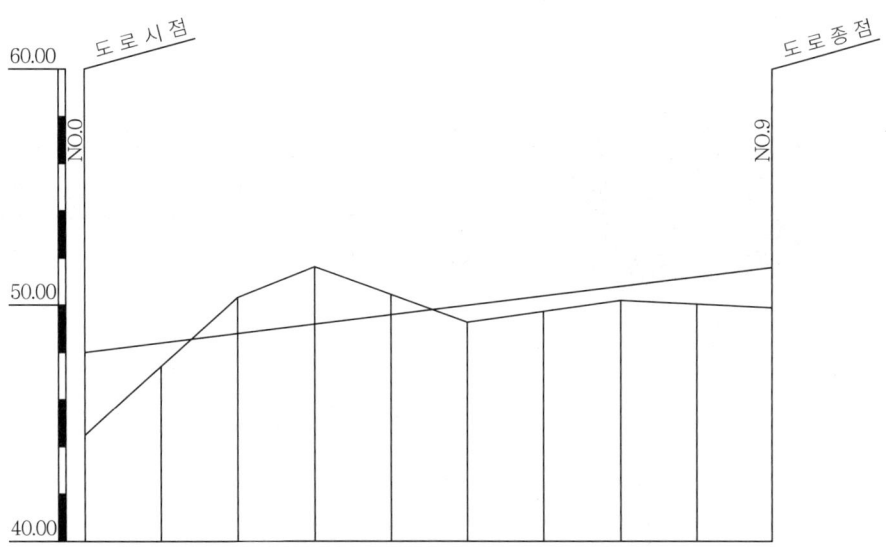

측 점	NO.0	NO.1	NO.2	NO.3	NO.4
절토고					
성토고					

03 역T형(key)옹벽 작도방법

① 단면도

1 외벽 제도

❶ 명령어 L(Line) [Enter]

- Line명령으로 첫 번째 점을 지정한다.

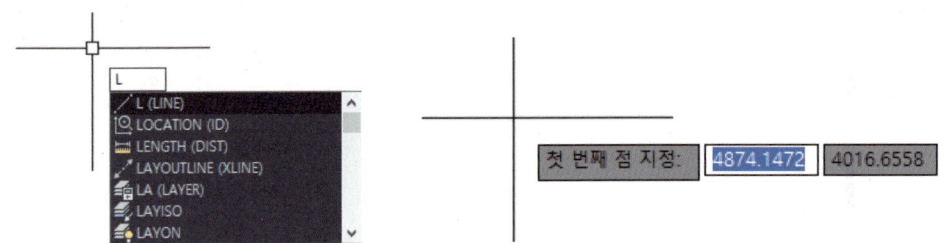

- 마우스 커서를 조정하여 원하는 방향으로 외벽선을 제도한다.
  ※ 첫 번째 점을 지정한 다음 마우스커서를 좌측으로 하고 길이를 입력하면 좌측으로 입력한 길이만큼 제도가 된다.

- 마우스 방향을 위로 300, 좌측으로 300씩 입력하여 삼각형 모양을 제도한다.
- 다음 점 지정 또는[명령 취소(U)] : 300
- 다음 점 지정 또는[명령 취소(U)] : 300
- 다음 점 지정 또는[명령 취소(U)] : *취소* 또는 ___ (ESC 또는 Enter를 누른다.)

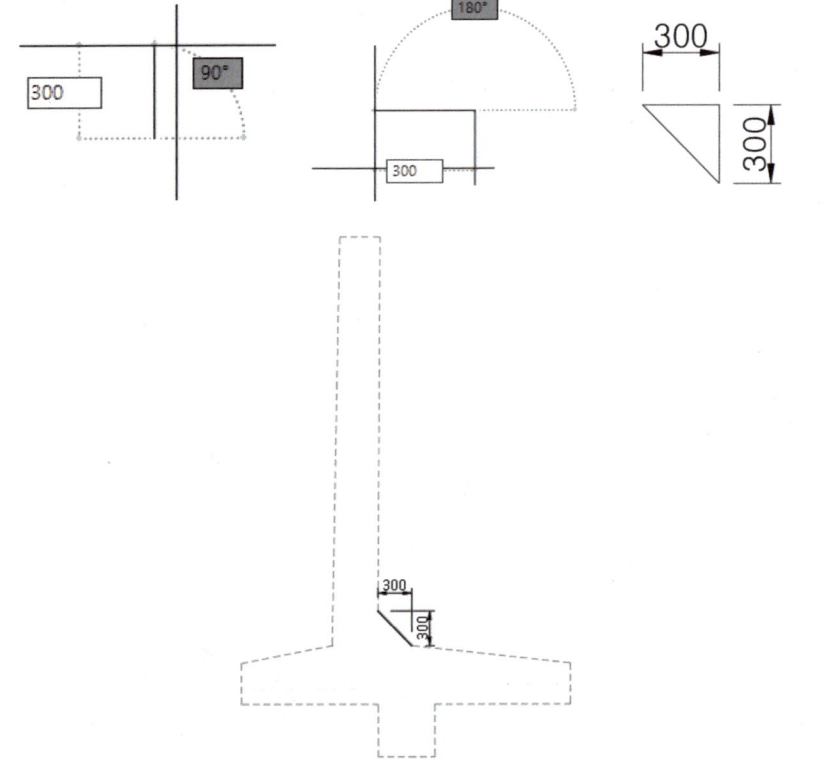

❷ 명령어 L(Line) [Enter]
- 위와 같은 방법으로 마우스 커서를 조정하여, 마우스 방향을 우측으로 1400, 아래로 150씩 입력하여 삼각형 모양을 제도한다.
- 다음 점 지정 또는 [명령 취소(U)] : 1400
- 다음 점 지정 또는 [명령 취소(U)] : 150
- 다음 점 지정 또는 [명령 취소(U)] : *취소* 또는 ___ (ESC 또는 Enter를 누른다.)

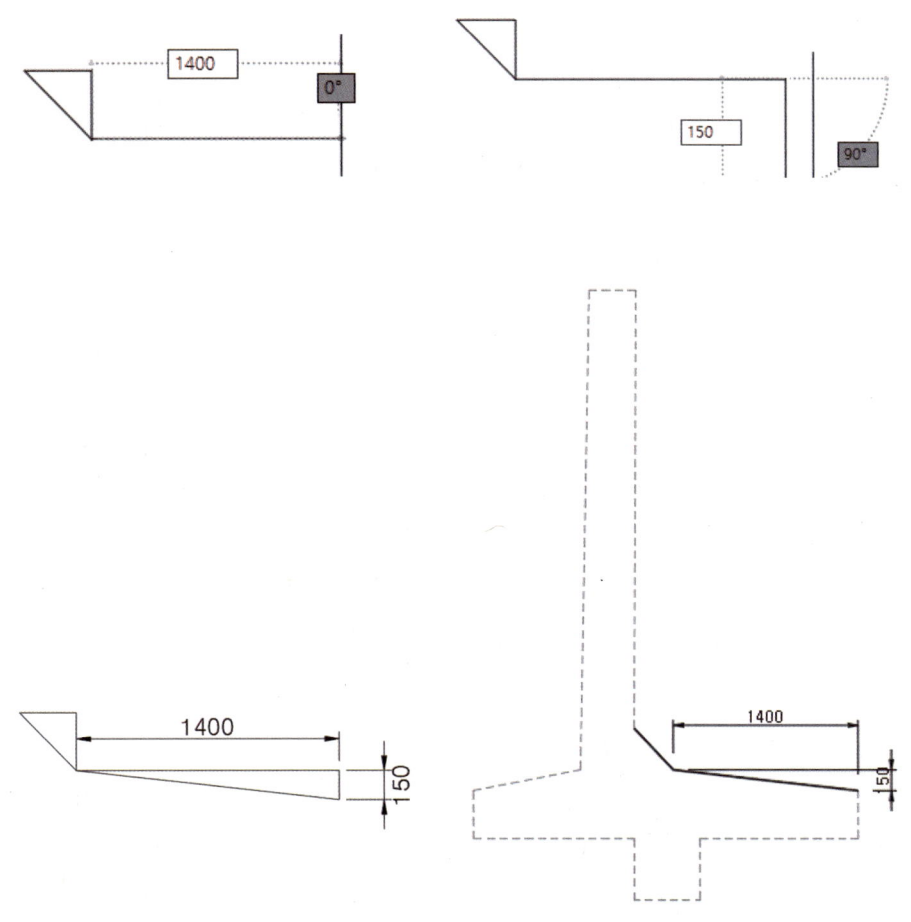

❸ 명령어 L(Line) [Enter]

- 위와 같은 방법으로 마우스 커서를 조정하여, 마우스 방향을 아래로 350, 좌측으로 1200, 아래로 450, 좌측으로 500, 위로 450, 좌측으로 1200, 위로 350을 입력하여 외벽선을 제도한다.
- 다음 점 지정 또는 [명령 취소(U)] : 350
- 다음 점 지정 또는 [명령 취소(U)] : 1200
- 다음 점 지정 또는 [명령 취소(U)] : 450
- 다음 점 지정 또는 [명령 취소(U)] : 500
- 다음 점 지정 또는 [명령 취소(U)] : 450
- 다음 점 지정 또는 [명령 취소(U)] : 1200
- 다음 점 지정 또는 [명령 취소(U)] : 350
- 다음 점 지정 또는 [명령 취소(U)] : *취소* 또는 ___ (ESC 또는 Enter를 누른다.)

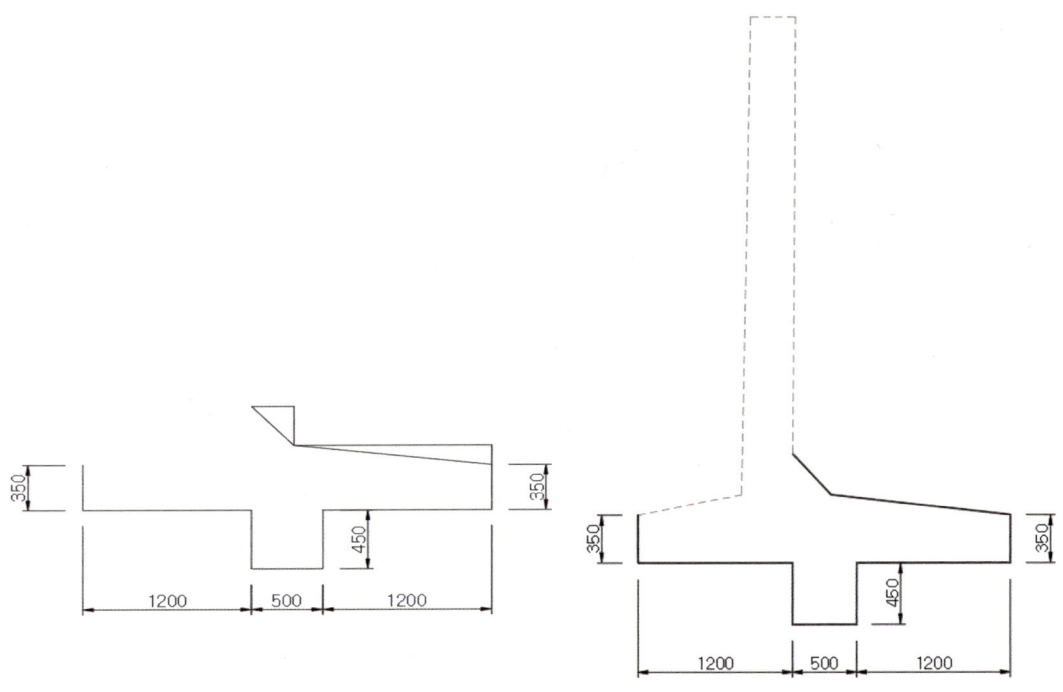

❹ 명령어 L(Line) [Enter]
- 위와 같은 방법으로 마우스 커서를 조정하여, 마우스 방향을 우측으로 800, 위로 150씩 입력하여 삼각형 모양을 제도한다.
- 다음 점 지정 또는 [명령 취소(U)] : 800
- 다음 점 지정 또는 [명령 취소(U)] : 150
- 다음 점 지정 또는 [명령 취소(U)] : *취소* 또는 ___ (ESC 또는 Enter를 누른다.)

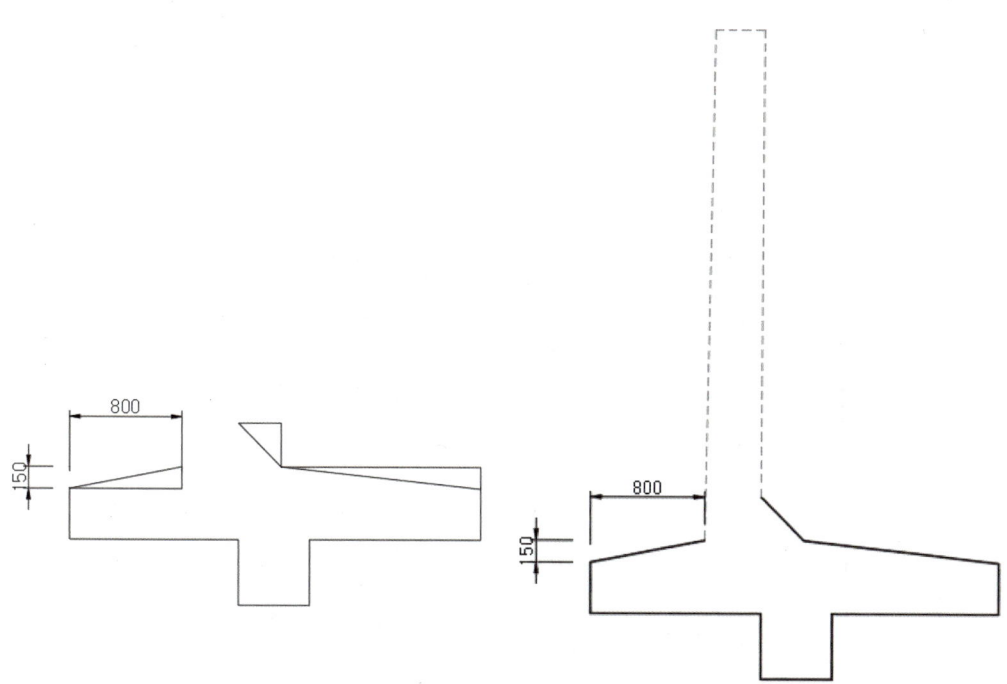

❺ 명령어 L(Line) [Enter]
- 위와 같은 방법으로 마우스 커서를 조정하여, 마우스 방향을 위로 3500, 오른쪽으로 70씩 입력하여 삼각형 모양을 제도한다.
- 다음 점 지정 또는 [명령 취소(U)] : 3500
- 다음 점 지정 또는 [명령 취소(U)] : 70
  ※ 옹벽의 기울기가 1:0.020이므로 3500×0.02=70 만큼 기울어져 있다.
- 다음 점 지정 또는 [명령 취소(U)] : *취소* 또는 ___ (ESC 또는 Enter를 누른다.)

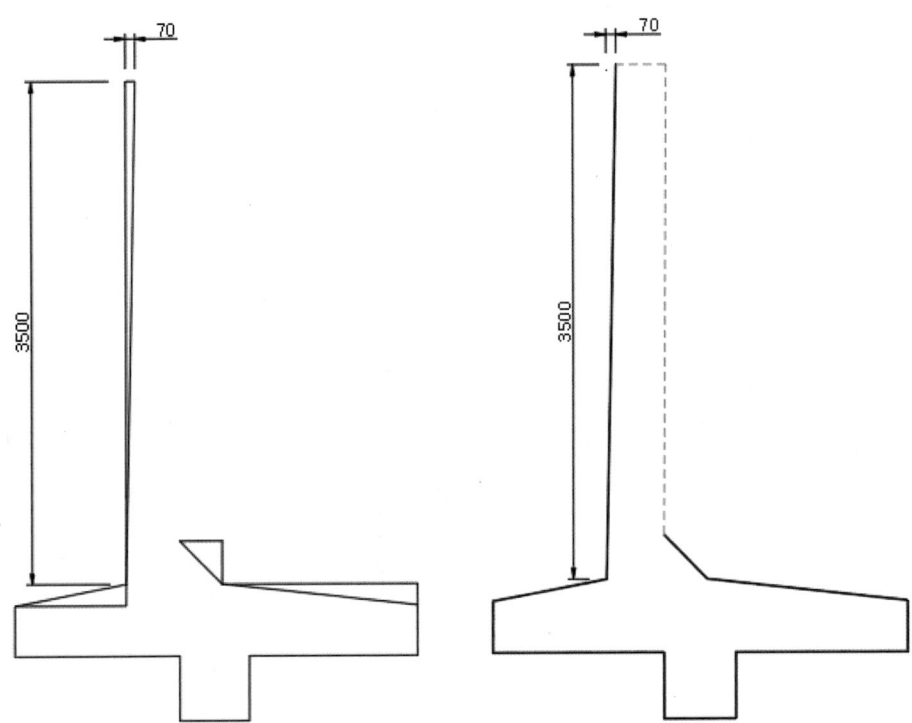

❻ 명령어 L(Line) [Enter]
- 위와 같은 방법으로 마우스 커서를 조정하여, 마우스 방향을 우측으로 350을 입력하여 외벽선을 제도한다.
  - 다음 점 지정 또는 [명령 취소(U)] : 350
  - 다음 점 지정 또는 [명령 취소(U)] : *취소* 또는 ___ (ESC 또는 Enter를 누른다.)
- Line명령어를 이용하여 끝점과 끝점을 연결한다.
- 제도된 외벽선의 레이어를 변경해준다.

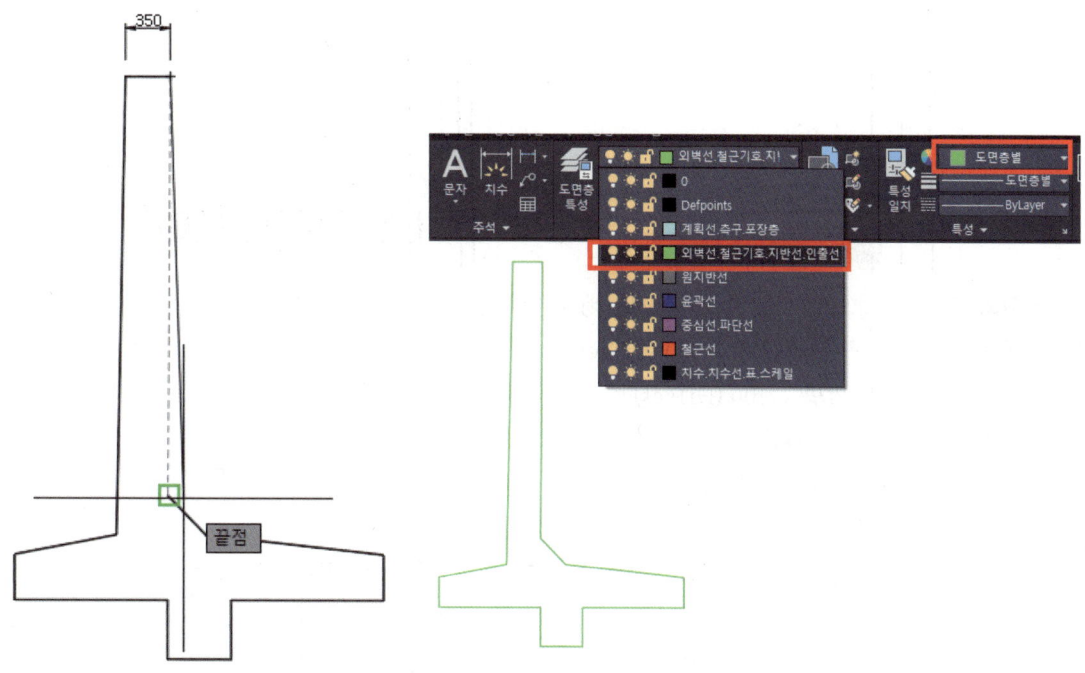

2 주철근 배치

❶ 명령어 O(Offset) [Enter]

- Offset명령으로 주철근을 배치한다.

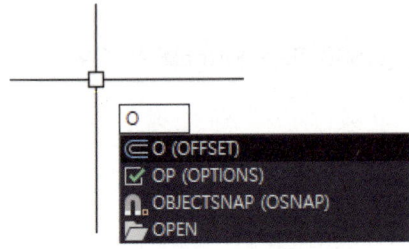

- 벽체 좌,우 주철근 간격 : 70
- 간격띄우기 거리 지정 또는 [통과점(T) 지우기(E) 도면층(L)]〈통과점〉: 70

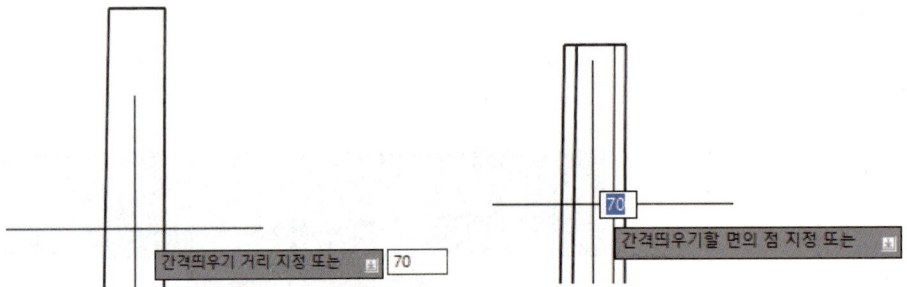

- 위와 같은 방법으로 나머지 주철근도 배치한다.
- 벽체상부의 철근 근입깊이 : 100 (Offset)
- Key 좌우측 및 밑면 : 100 (Offset)
- 헌치철근 : 100 (Offset)
- 저판과 벽체가 접하는 부분의 철근 : 400

※ 벽체와 저판 도면을 참고하여, 주어지지 않은 치수를 확인하여 제도한다.

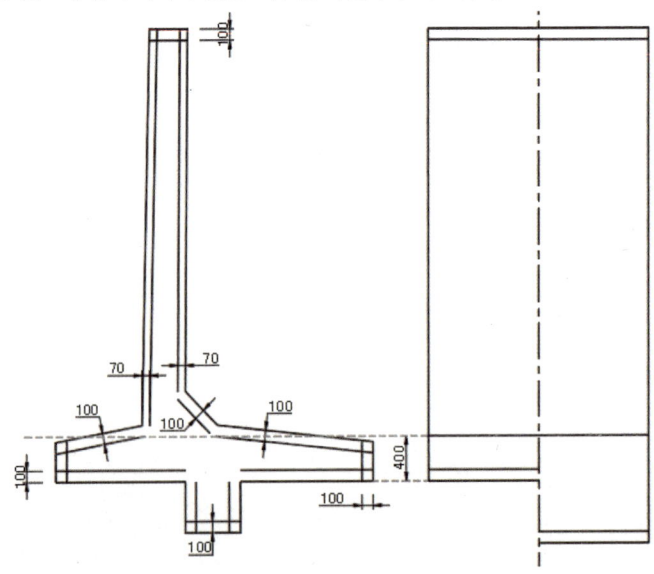

❷ 명령어 EX(Extend) [Enter], 명령어 TR(Trim) [Enter]

(1) 연장하기

- Extend명령어를 이용하여 벽체 좌우측 주철근과 헌치철근을 연장한다.

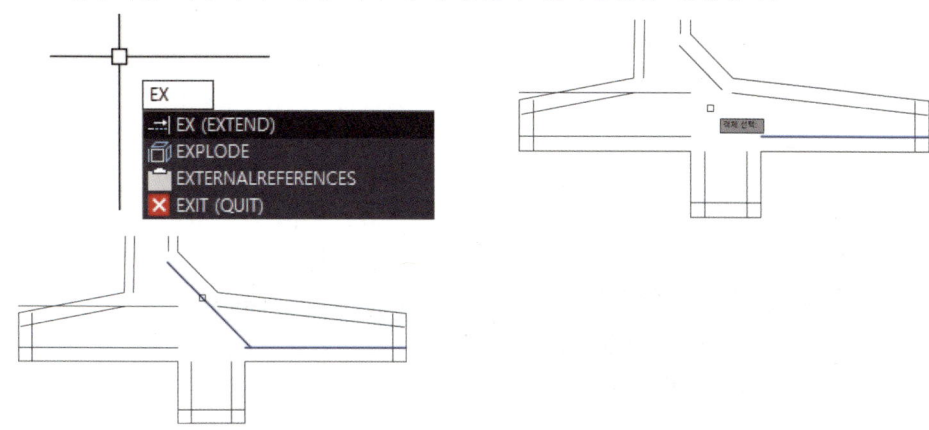

- 위와 같은 방법으로 나머지 철근을 연장한다.

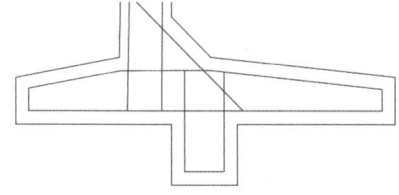

(2) 자르기

- Trim명령어를 이용하여 제도된 주철근과 헌치철근을 정리한다.

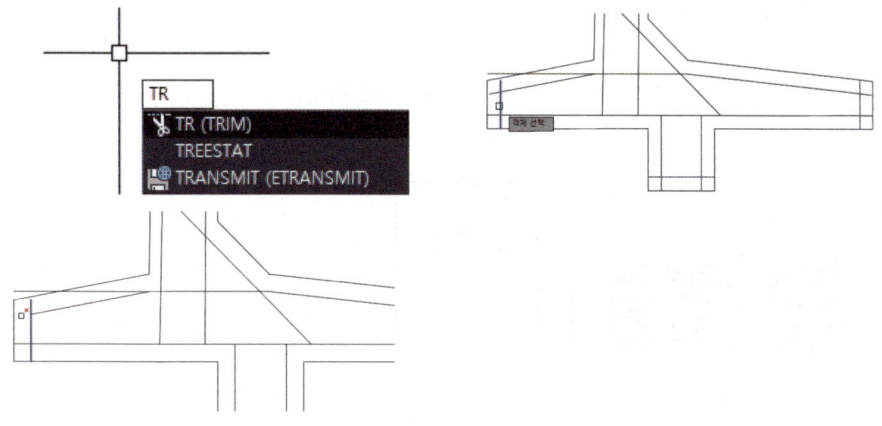

- 위와 같은 방법으로 나머지 철근도 정리한다.

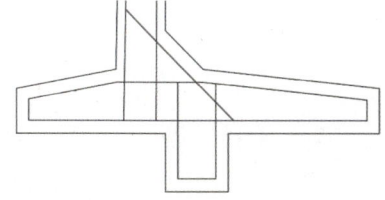

3 점철근 배치

명령어 DO(Donut) [Enter], 명령어 AR(Array) [Enter], 명령어 O(Offset) [Enter], 명령어 CO(Copy) [Enter]

❶ 벽체단면

- Offset명령어를 이용하여 보조선을 제도한다.
  - 간격띄우기 거리 지정 또는 [통과점(T) 지우기(E) 도면층(L)] 〈통과점〉 : 15

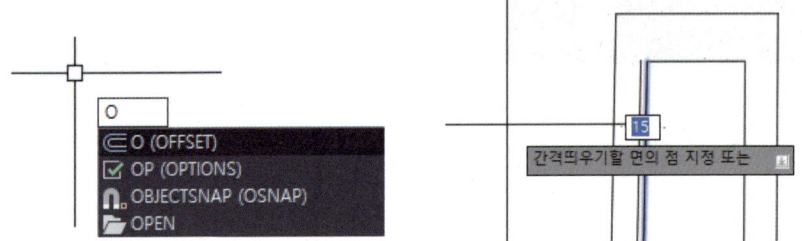

- Donut명령어를 이용하여 벽체전면의 첫 번째 점철근을 제도한다.
  - 도넛의 내부 지름 지정 : 0
  - 도넛의 외부 지름 지정 : 30
    ※ 도넛의 외부지름을 지정할 때 축척을 고려하여야 한다.
    ※ 점철근을 배치하기 전 레이어를 먼저 변경하고 작업한다.

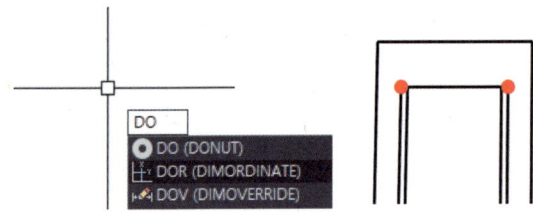

- ARRAY명령어를 이용하여 벽체전면의 점철근을 제도한다.
  - ARRAY할 객체를 선택한다.

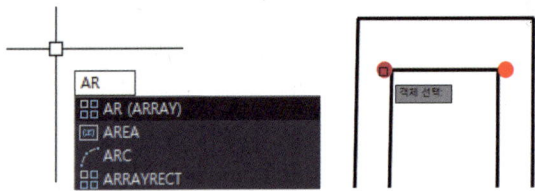

  - ARRAY 배열유형입력 경로(PA)

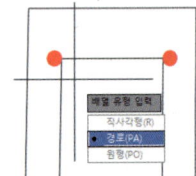

- ARRAY 그립은 항목(I), 항목 정렬(A)을 지정해준다.

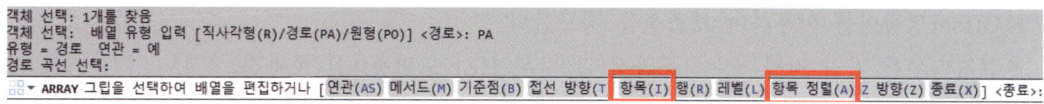

- 항목(I): 200
- 항목(I) 개수는 17개를 입력한다.
- 항목 정렬(A) : 배열된 항목을 경로를 따라 정렬한다. (예(Y)를 선택한다.)

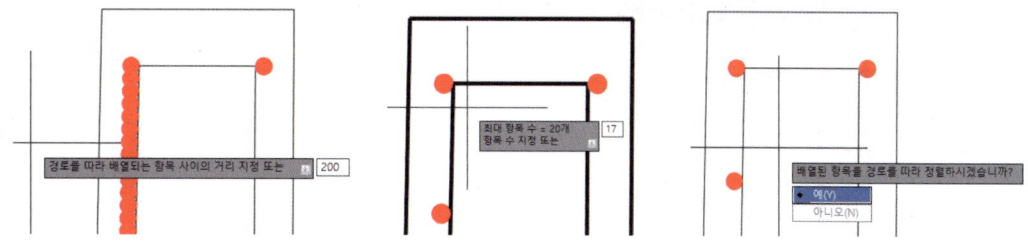

※ 항목개수와 거리 및 항목정렬이 잘 설정됐는지 확인한다.

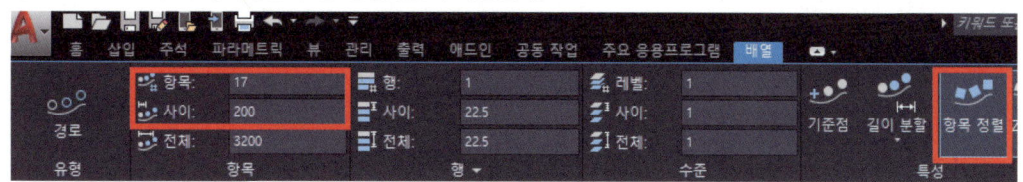

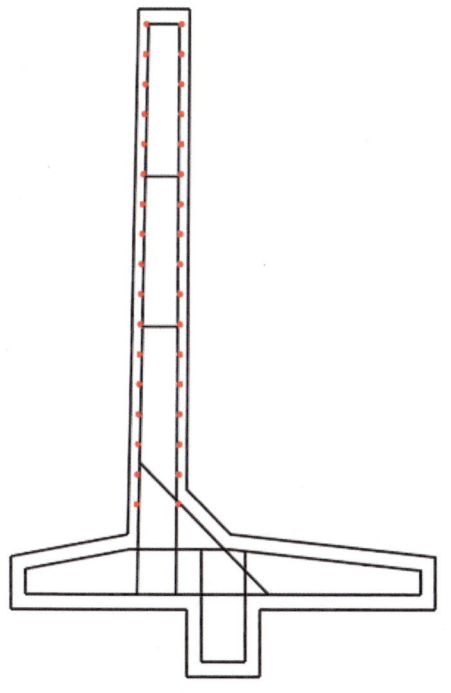

❷ 저판(기초)
- Offset명령어를 이용하여 보조선을 제도한다.
  - 간격띄우기 거리 지정 또는 [통과점(T) 지우기(E) 도면층(L)]〈통과점〉: 15

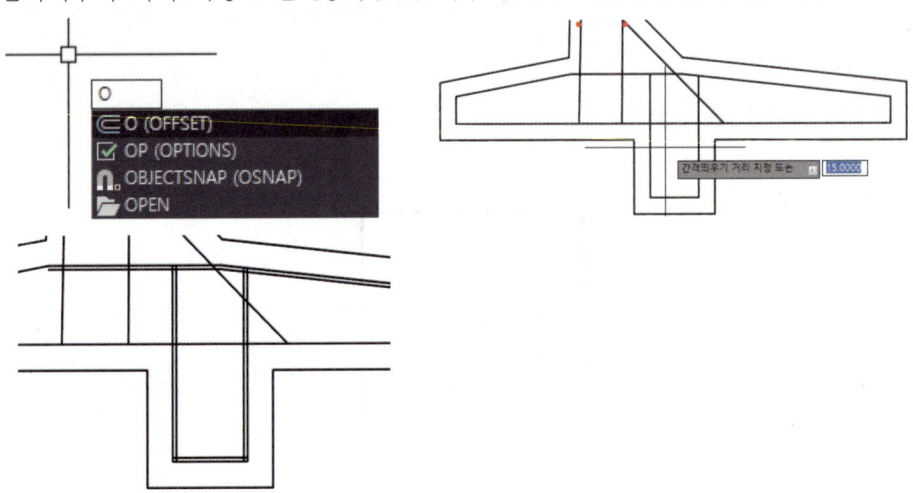

- Donut명령어를 이용하여 첫 번째 저판 점철근을 제도한다.

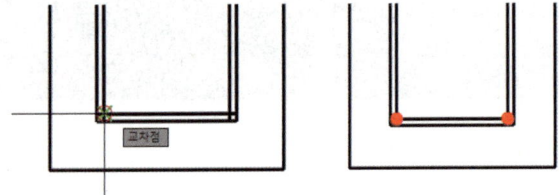

- Copy명령어를 제도된 첫 번째 저판 점철근을 복사하여 나머지 점철근을 제도한다.

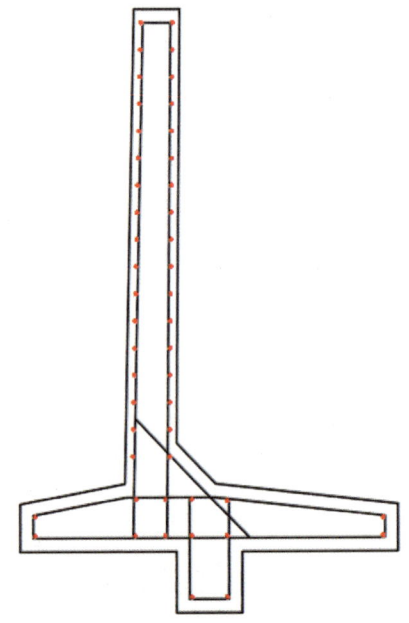

※ 나머지 점철근은 조립철근을 배치할 때 같이 제도한다.

4 조립철근 배치

❶ 벽체와 저판의 치수를 참고하여 조립철근을 제도한다.

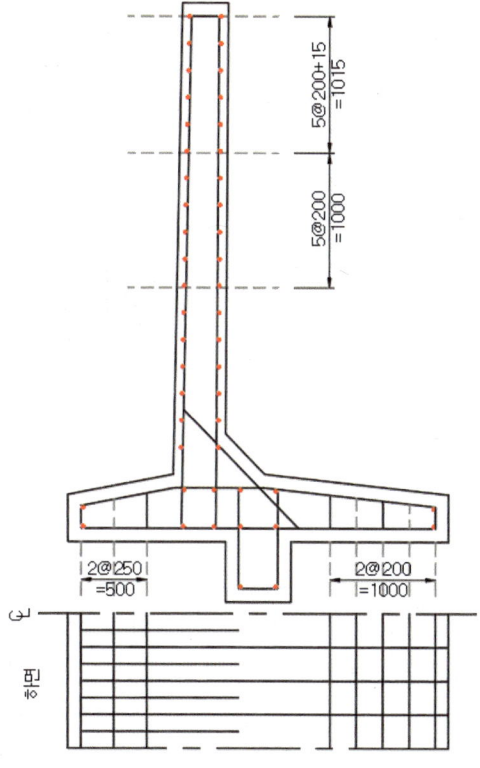

(1) 벽체

- Offset명령어를 이용하여 조립철근을 제도한다.
  - 간격띄우기 거리 지정 또는 [통과점(T) 지우기(E) 도면층(L)]〈통과점〉: 1015
  - 간격띄우기 거리 지정 또는 [통과점(T) 지우기(E) 도면층(L)]〈통과점〉: 1000

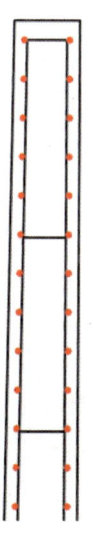

(2) 저판(기초)

- Offset명령어를 이용하여 조립철근과 보조선을 제도하고, 점철근도 제도한다.
  - 간격띄우기 거리 지정 또는 [통과점(T) 지우기(E) 도면층(L)]〈통과점〉: 200

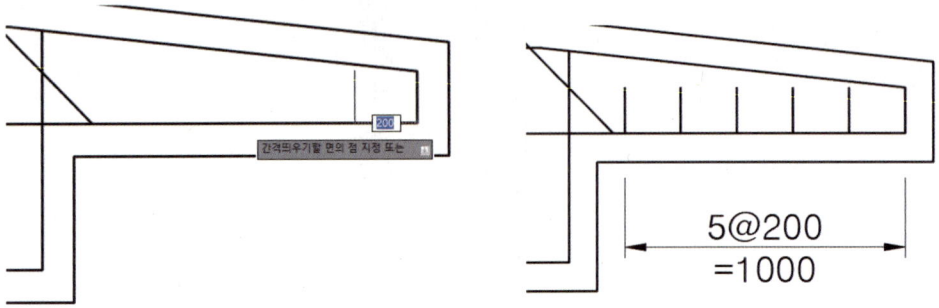

- Extend명령어를 이용하여 제도된 조립철근을 연장한다.

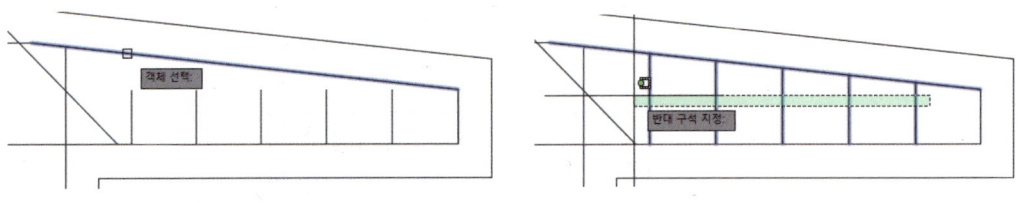

- Offset명령어를 이용하여 보조선을 제도한다.

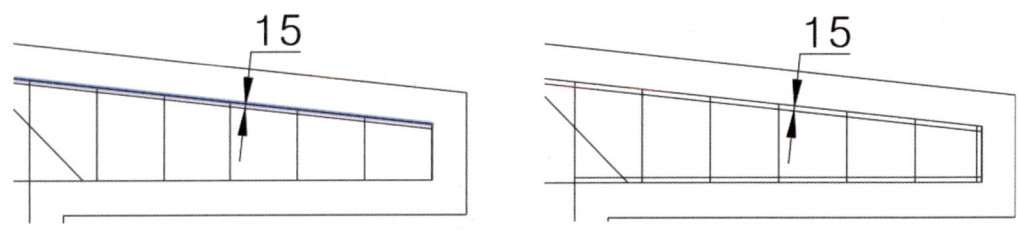

- Donut명령어를 이용하여 점철근을 제도한다.

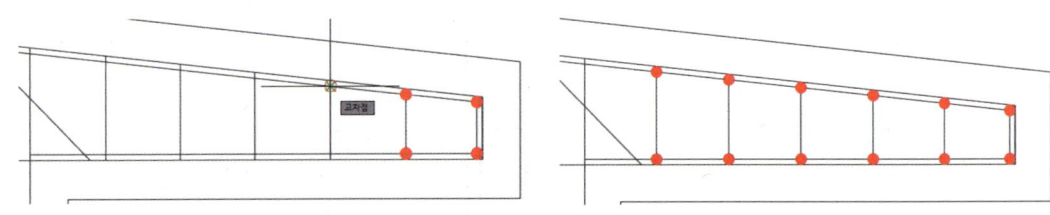

■ 위와 같은 방법으로 나머지 조립철근과 점철근을 제도한다.

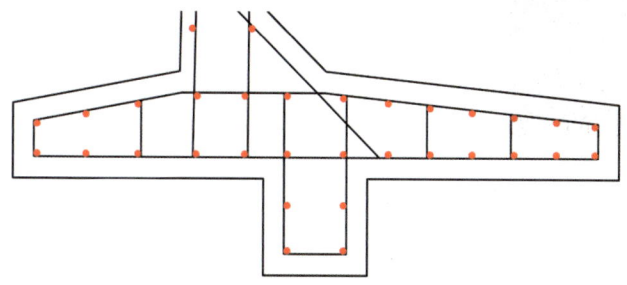

※점철근에서 점철근 간격이 아닌 주철근에서 점철근 간격으로 제도해야 한다.
※도면에 표시된 조립철근의 위치를 확인한 후 제도하여야 한다.

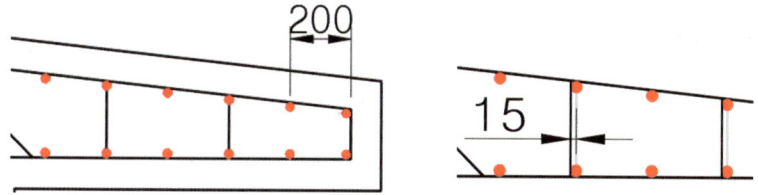

(3) 조립철근 HIDDEN2 변경 및 레이어변경
■ 도면에 표시된 조립철근의 선타입을 "HIDDEN2"로 변경한다.
• "CENTERX2" 선타입을 로드한 방법으로 한다.

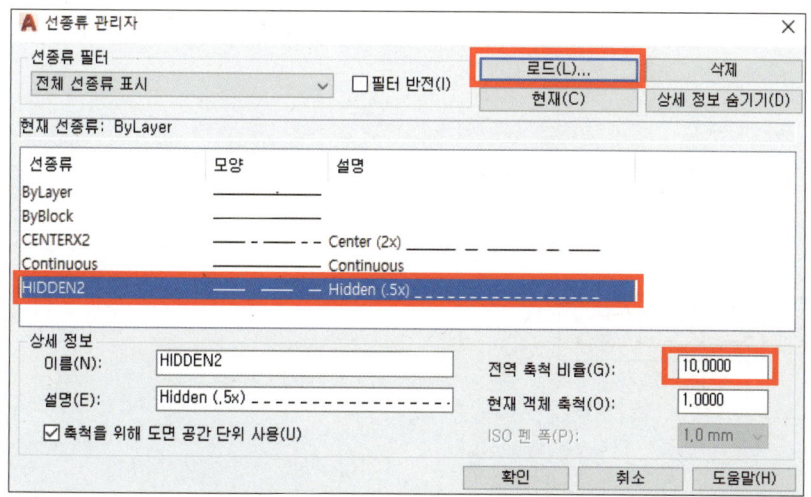

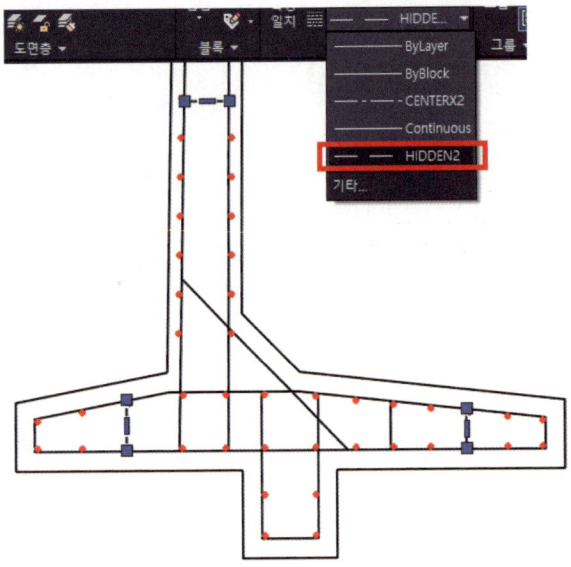

■ 제도된 철근선을 레이어에 맞게 설정한다.

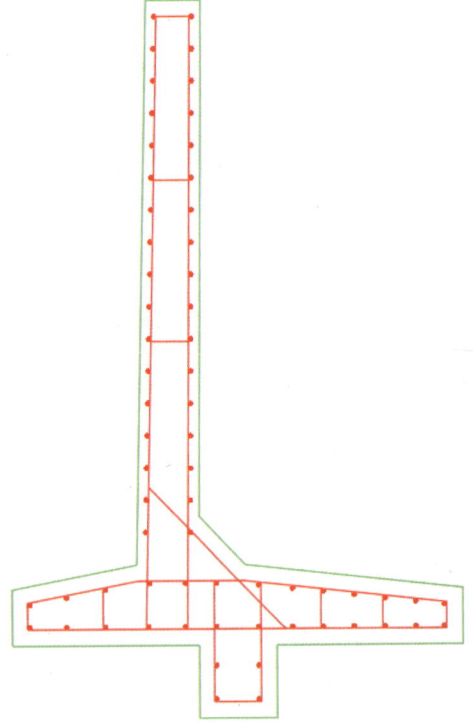

5 철근기호 및 인출선 제도

❶ 명령어 LE(Qleader) [Enter], 명령어 DT(DText) [Enter]

- 인출선 제도
  - 적당한 길이의 인출선을 제도한다.

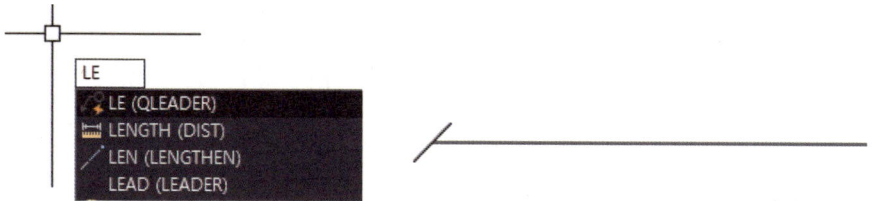

- 철근기호 및 문자
  - DT명령으로 철근기호를 각각 기입한다.
  - 문자높이 : W와 D19은 90, 2은 55로 한다.
  - 문자의 회전각도 : 0

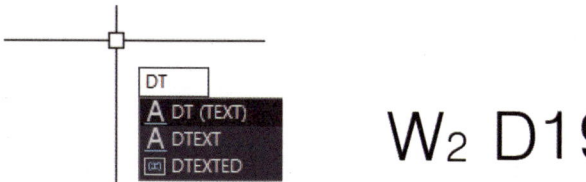

❷ 명령어 C(Circle) [Enter]

- Circle명령으로 반지름이 "100"인 원을 작성한다.

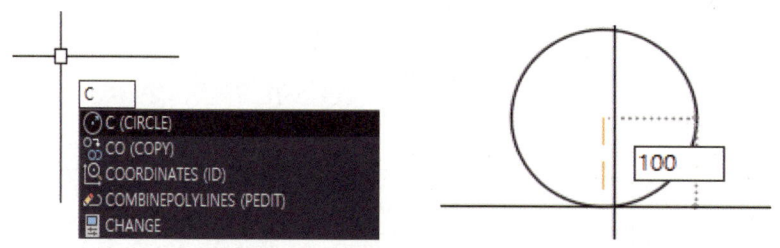

※ 원을 작도할 시 지름과 반지름의 설정을 혼동하지 않도록 주의한다.

❸ 명령어 M(Move) [Enter]
- Move 명령을 이용하여 제도된 원과 철근기호 및 인출선을 겹쳐준다.
- 마우스우측클릭 + [Shift]를 누른 후 사분점(Q)을 선택하여 작성된 원에 접하게 제도한다.

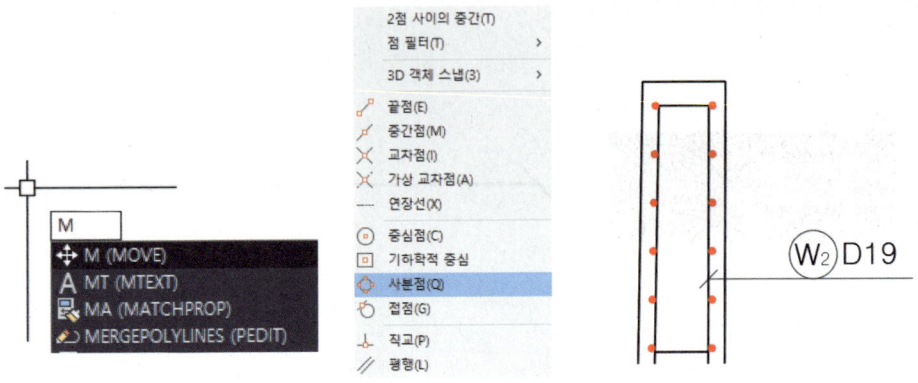

❹ CO(Copy) [Enter]
- Copy 명령을 이용하여 나머지 부분은 복사하여 제도한다.
- 제도된 철근기호 및 인출선을 레이어에 맞게 설정한다.

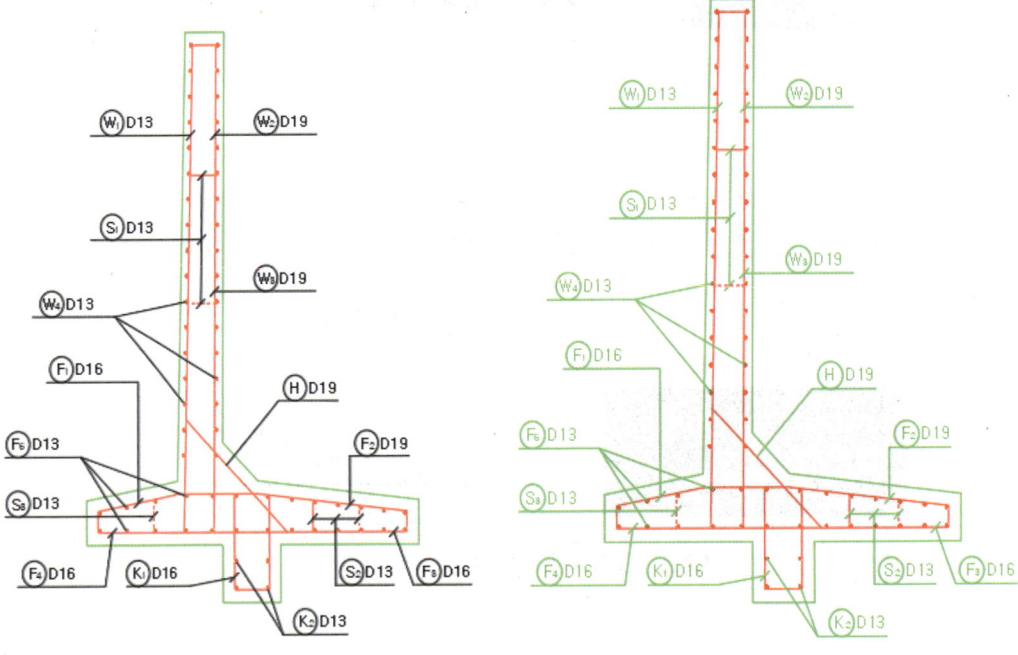

6 치수선 제도

❶ 명령어 DIM `Enter` or 아이콘 클릭
- 치수를 측정하고 싶은 시작점과 끝점을 선택한다.

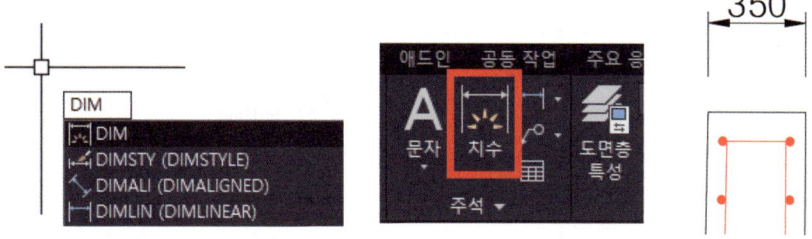

❷ 명령어 X(Explode) `Enter`
- Explode 명령어를 이용하여 제도된 치수선 분해하여 세밀하게 치수선을 제도할 수 있다.

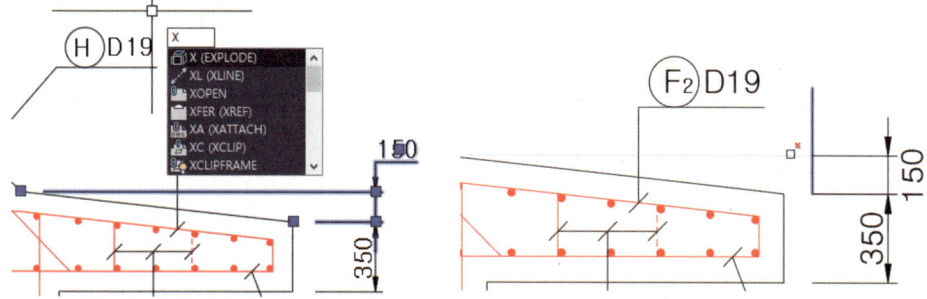

- 위와 같은 방법으로 치수선을 제도하고, 레이어에 맞게 설정한다.

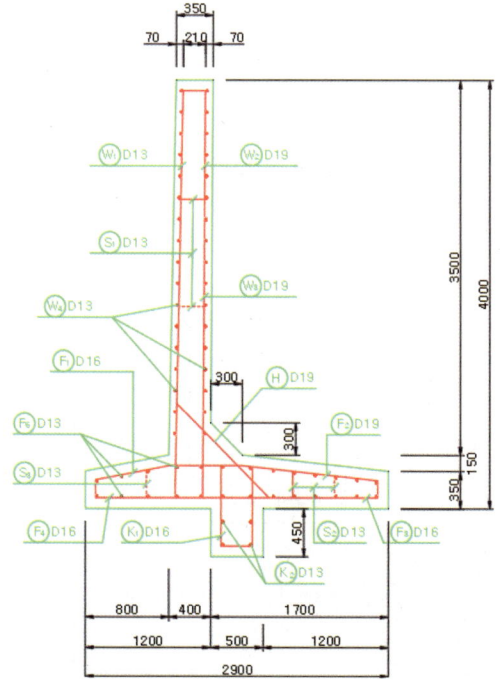

7 단면도 소제목

- 명령어 DT(Copy) ⏎
- 소제목 문자높이 : 150
- 문자의 회전각도 : 0

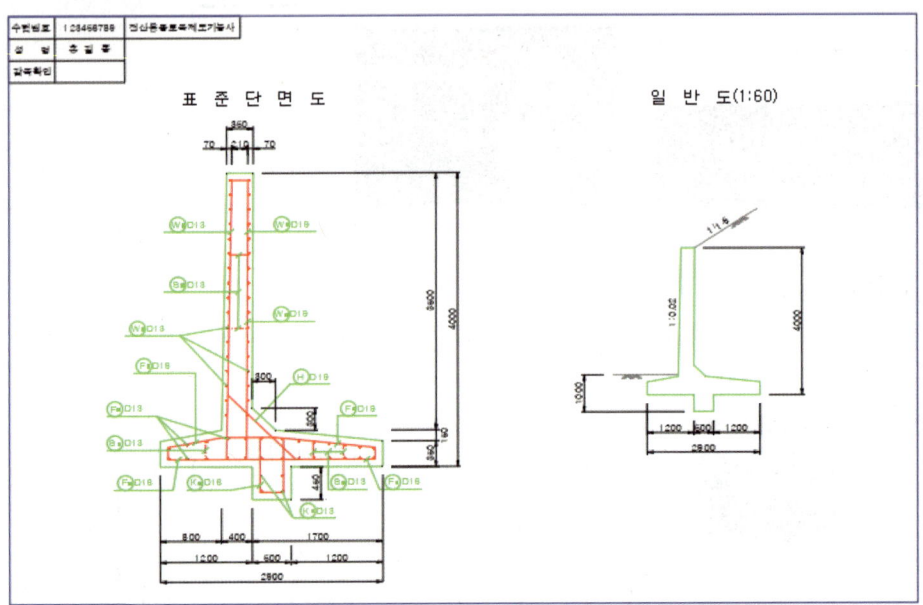

8 단면도 큰제목

- 명령어 DT(Copy) ⏎
- 큰제목 문자높이 : 240
- 문자의 회전각도 : 0

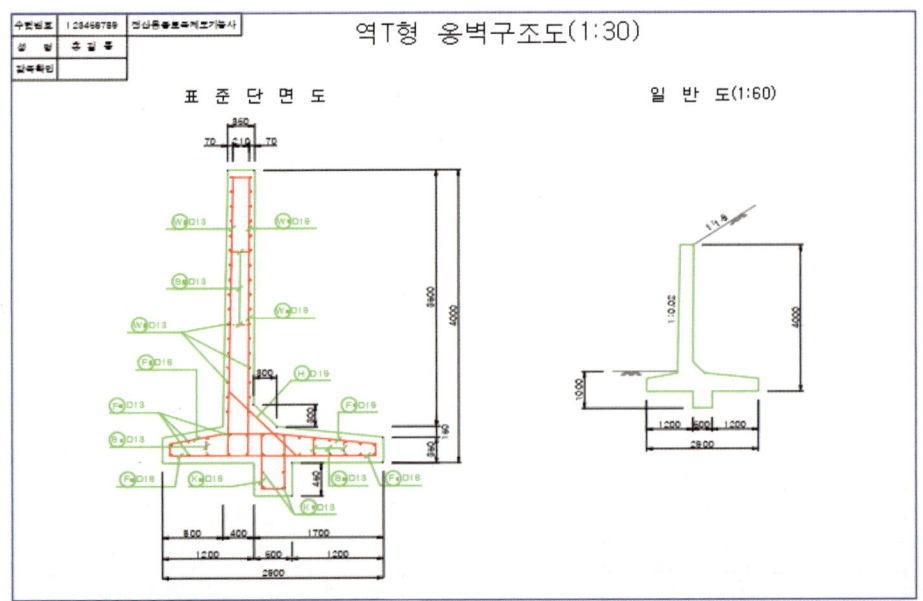

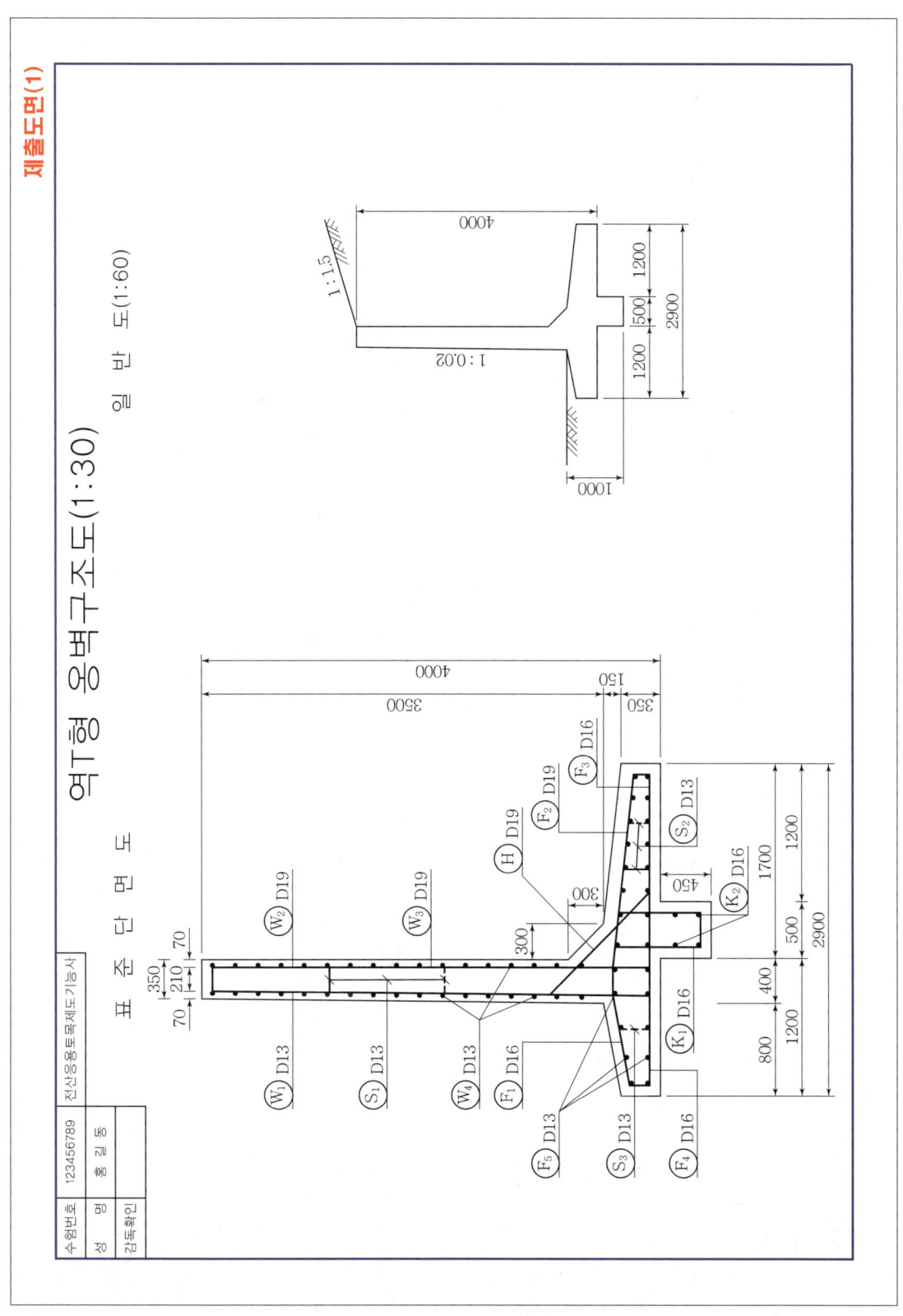

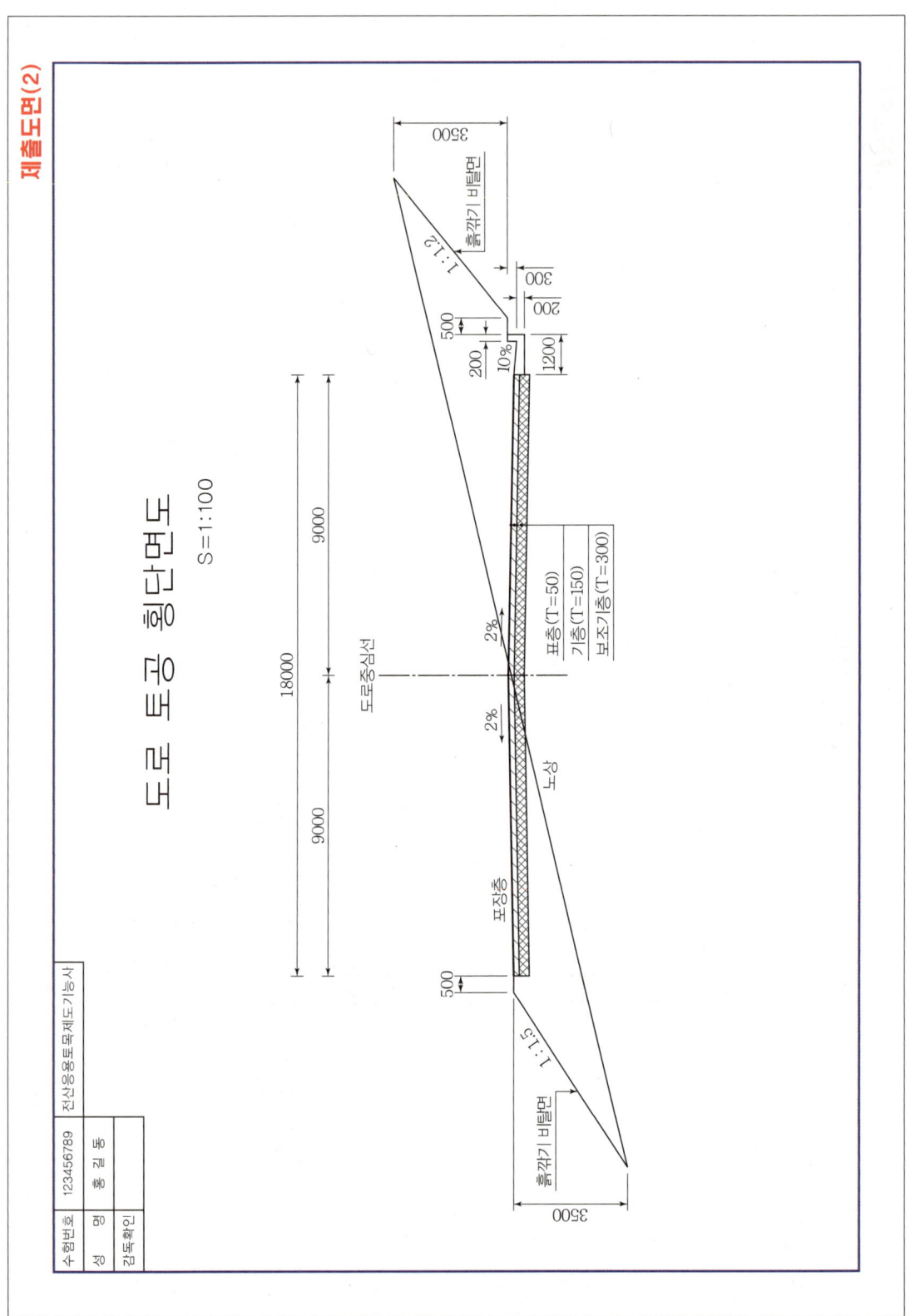

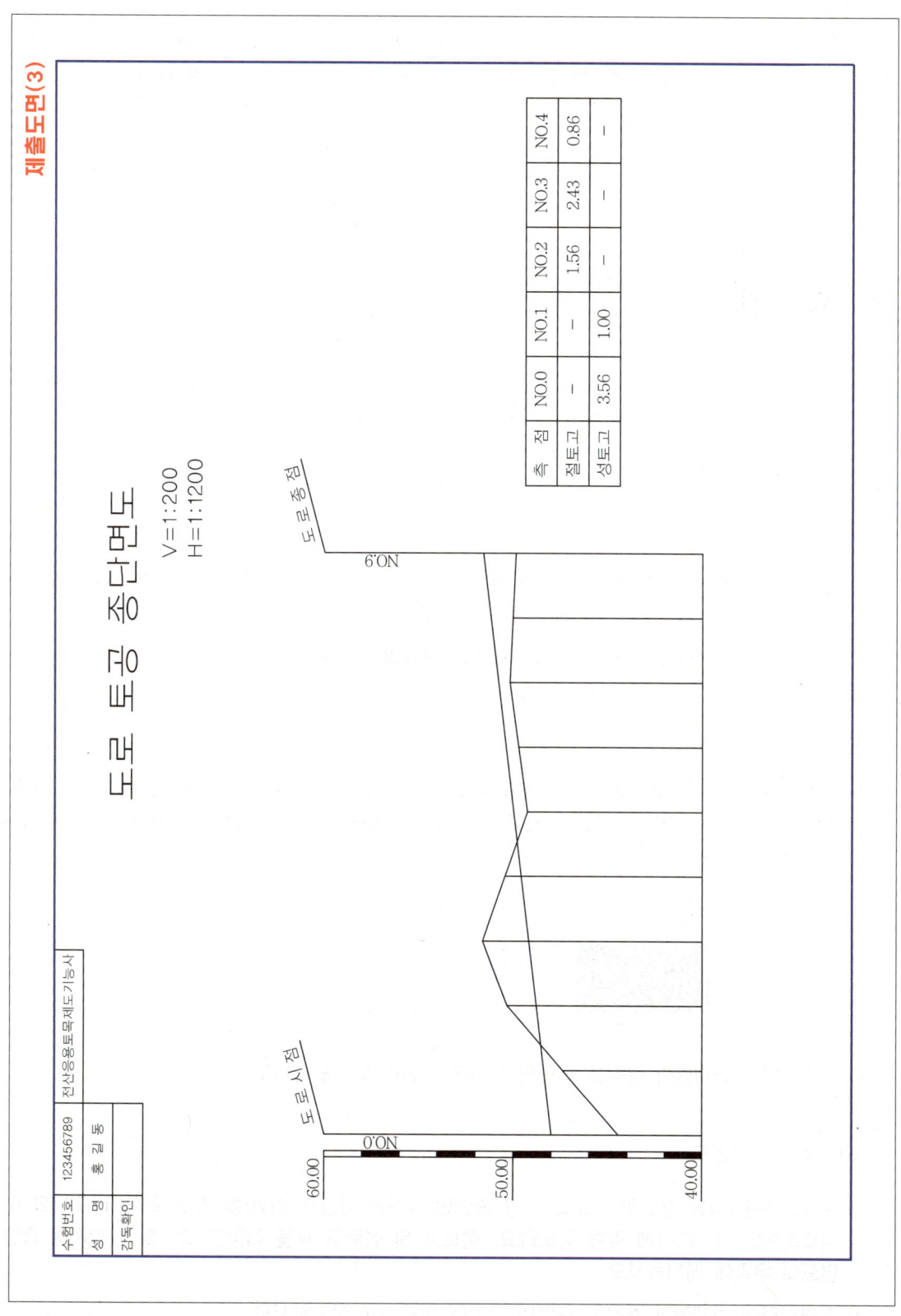

3. L형 돌출부 옹벽 구조도

국가기술자격 실기시험문제

자격종목	전산응용토목제도기능사	과제명	옹벽 구조도 도로 토공 횡단면도 도로 토공 종단면도

시험시간 : 작업시간(3시간)

- 2022년 3회 전산응용토목제도기능사 실기 출제문제유형(L형 돌출부 옹벽)
- 2023년 4회 전산응용토목제도기능사 실기 출제문제유형(L형 돌출부 옹벽)

01 요구사항

※ 주어진 도면(1), (2), (3)을 보고 CAD프로그램을 이용하여 아래 조건에 맞게 도면을 작도하여 감독위원의 지시에 따라 저장하고, 주어진 축척에 맞게 A3(420×297)용지에 **흑백으로 가로로 출력**하여 파일과 함께 제출하시오.

01 옹벽 구조도

1) 주어진 도면(1)을 참고하여 표준 단면도(1:30)와 일반도(1:60)를 작도하고, 표준단면도는 도면의 좌측에, 일반도는 우측에 적절히 배치하시오.
2) 도면상단에 과제명과 축척을 도면의 크기에 어울리게 작도하시오.

02 도로 토공 횡단면도

1) 주어진 도면 (2)를 참고하여 도로 토공 횡단면도(1:100)를 작도하고, 도로 포장 단면의 표층, 기층, 보조기층을 아래의 단면 표시에 따라 출력물에서 구분될 수 있도록 적당한 크기로 해칭하여 완성하시오.

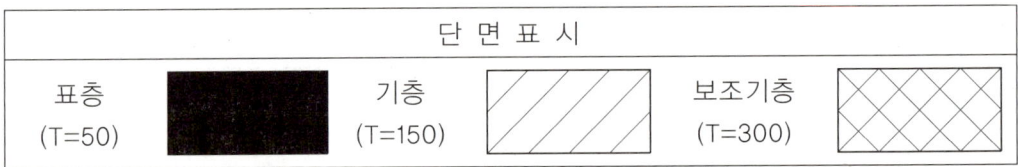

2) 도면상단에 과제명과 축척을 도면의 크기에 어울리게 작도하시오.

03 도로 토공 종단면도

1) 주어진 도면(3)을 참고하여 도로 토공 종단면도(하단 야장표 제외)를 가로 축척(H=1:1200), 세로축척(V=1:200)에 맞게 작도하고, 절토고 및 성토고 표를 적당한 크기로 완성하여 종단면도의 우측에 배치하시오.
2) 도면상단에 과제명과 축척을 도면의 크기에 어울리게 작도하시오.

02 각 과제별 제출도면 배치(예시)

1과제 〈 옹벽구조도 〉

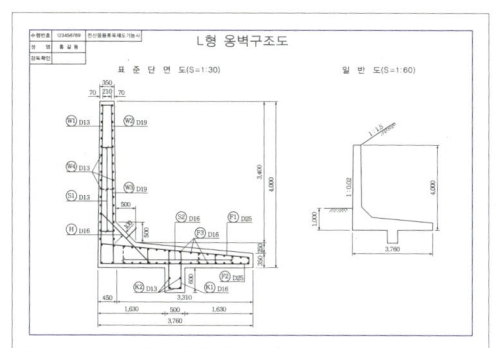

2과제 〈 도로 토공 횡단면도 〉

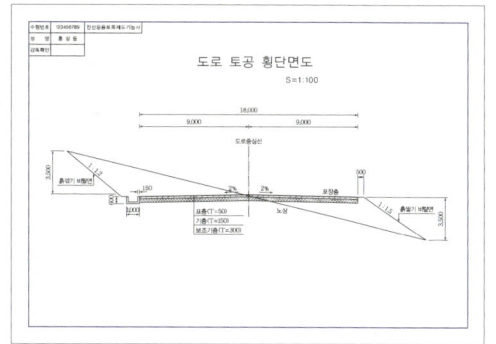

3과제 〈 도로 토공 종단면도 〉

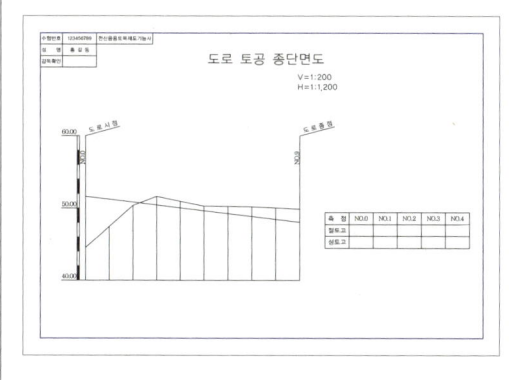

각 과제별 제출 시 '도면의 배치'를 나타내는 예시로서 수치 및 형태는 주어진 문제와 다를 수 있으니 참고하시기 바랍니다.

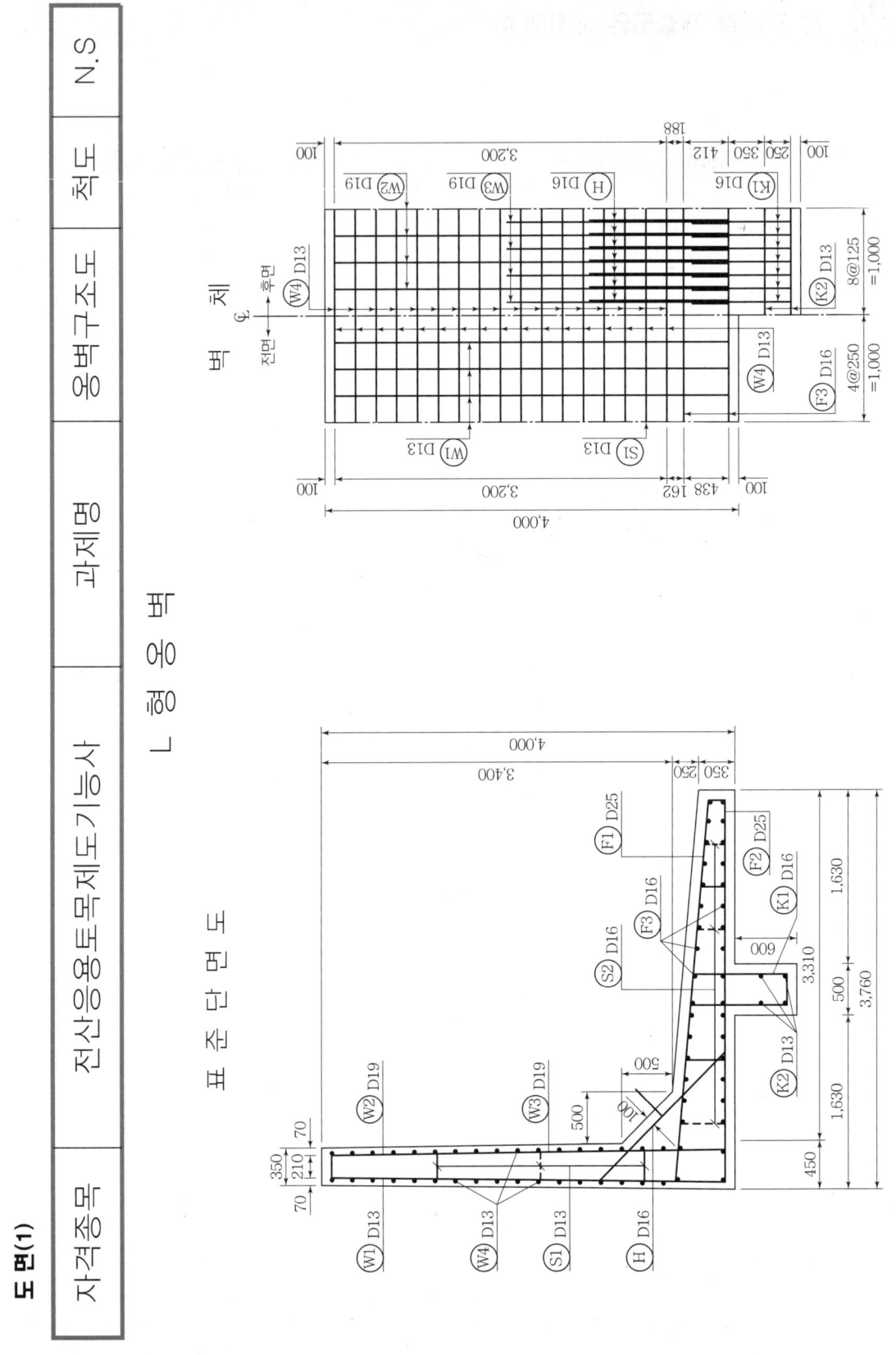

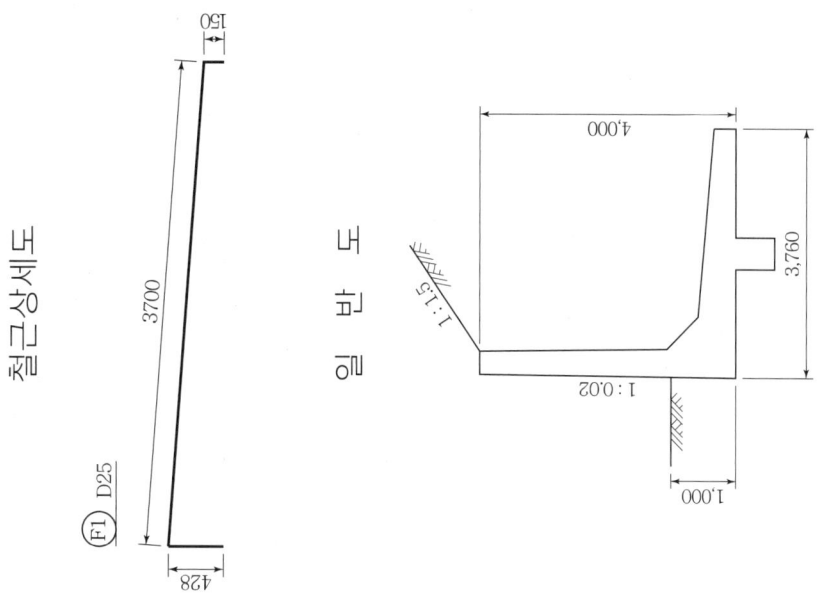

철근상세도

일 반 도

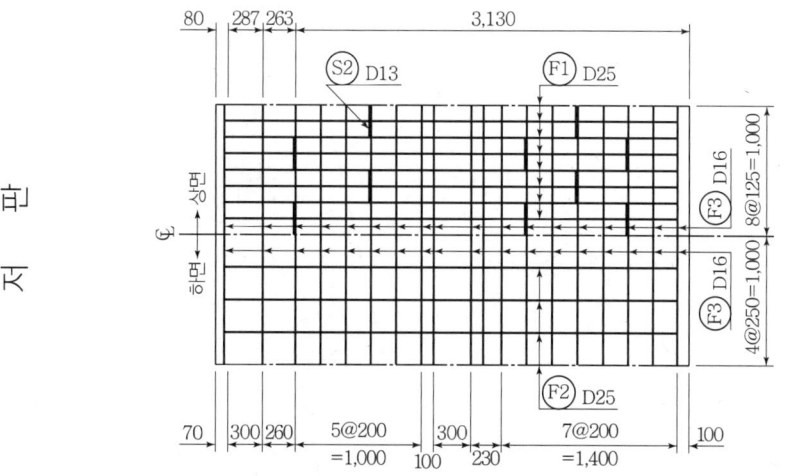

저 판

3. L형 돌출부 옹벽 구조도

도 면(2)

| 자격종목 | 전산응용토목제도기능사 | 과제명 | 도로토공 횡단면도 | 척도 | N.S |

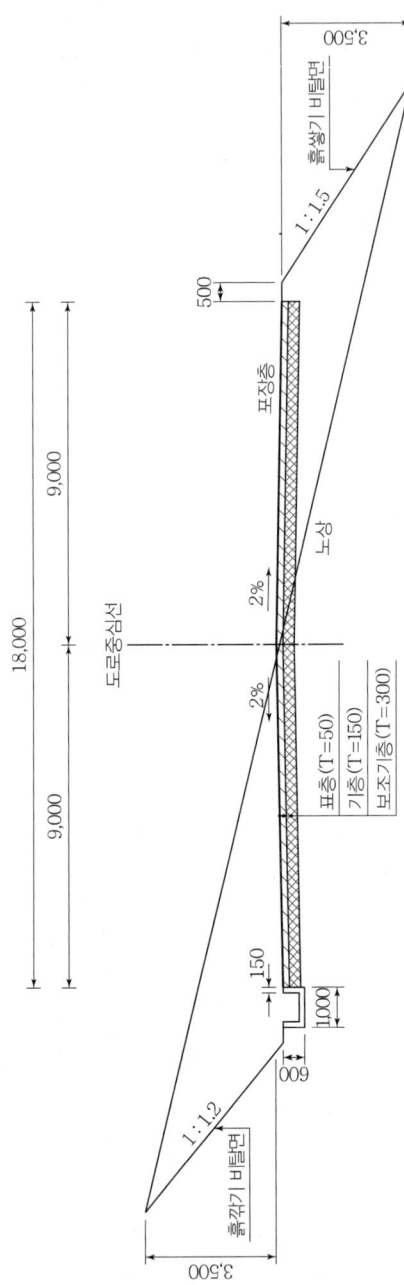

도 면(3)

| 자격종목 | 전산응용토목제도기능사 | 과제명 | 도로토공 종단면도 | 척도 | N.S |

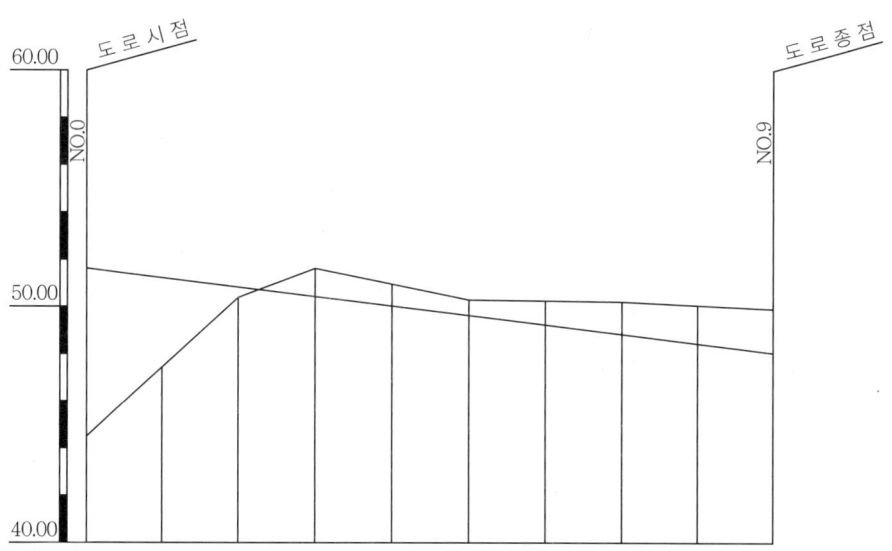

측 점	NO.0	NO.1	NO.2	NO.3	NO.4
절토고					
성토고					

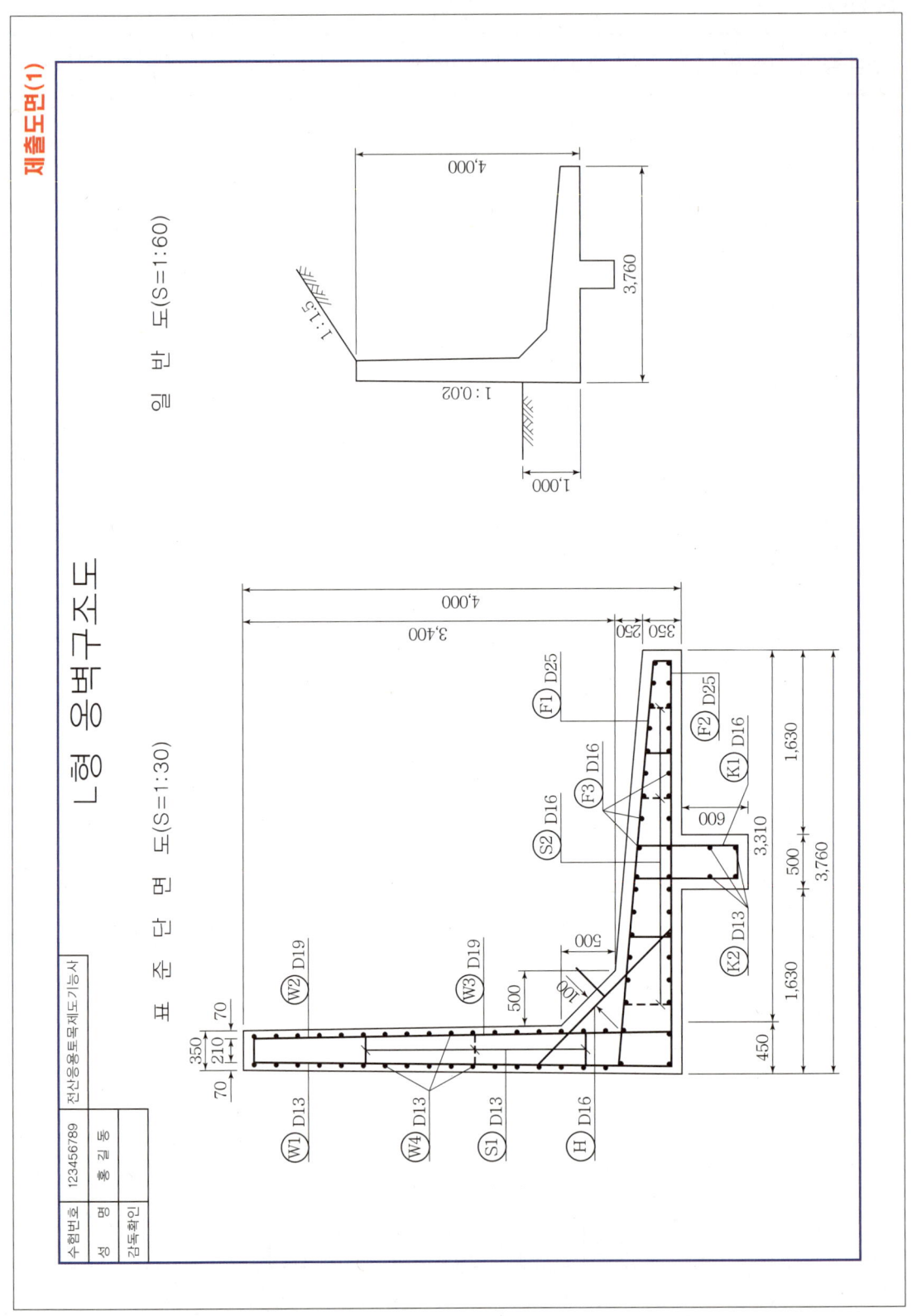

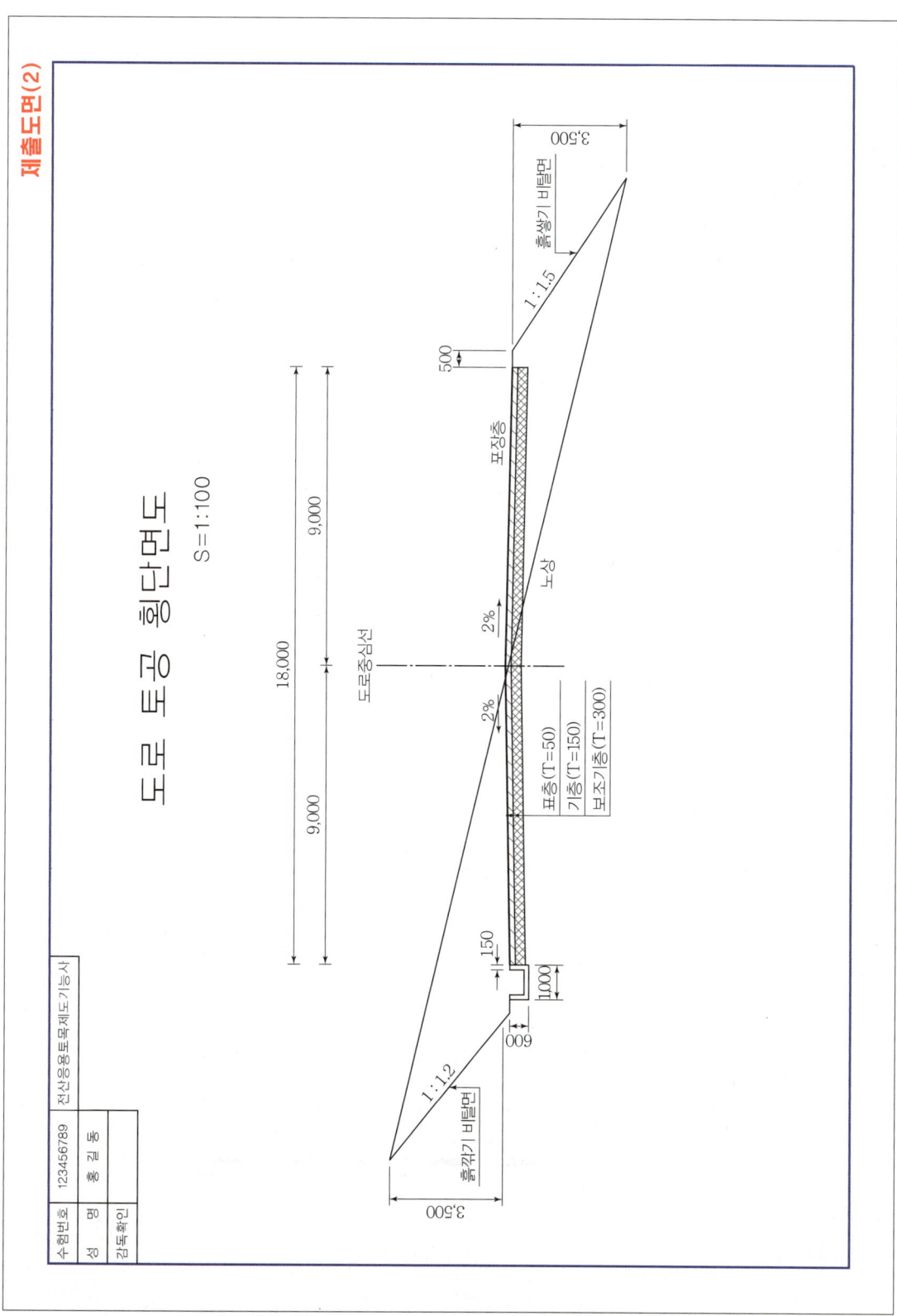

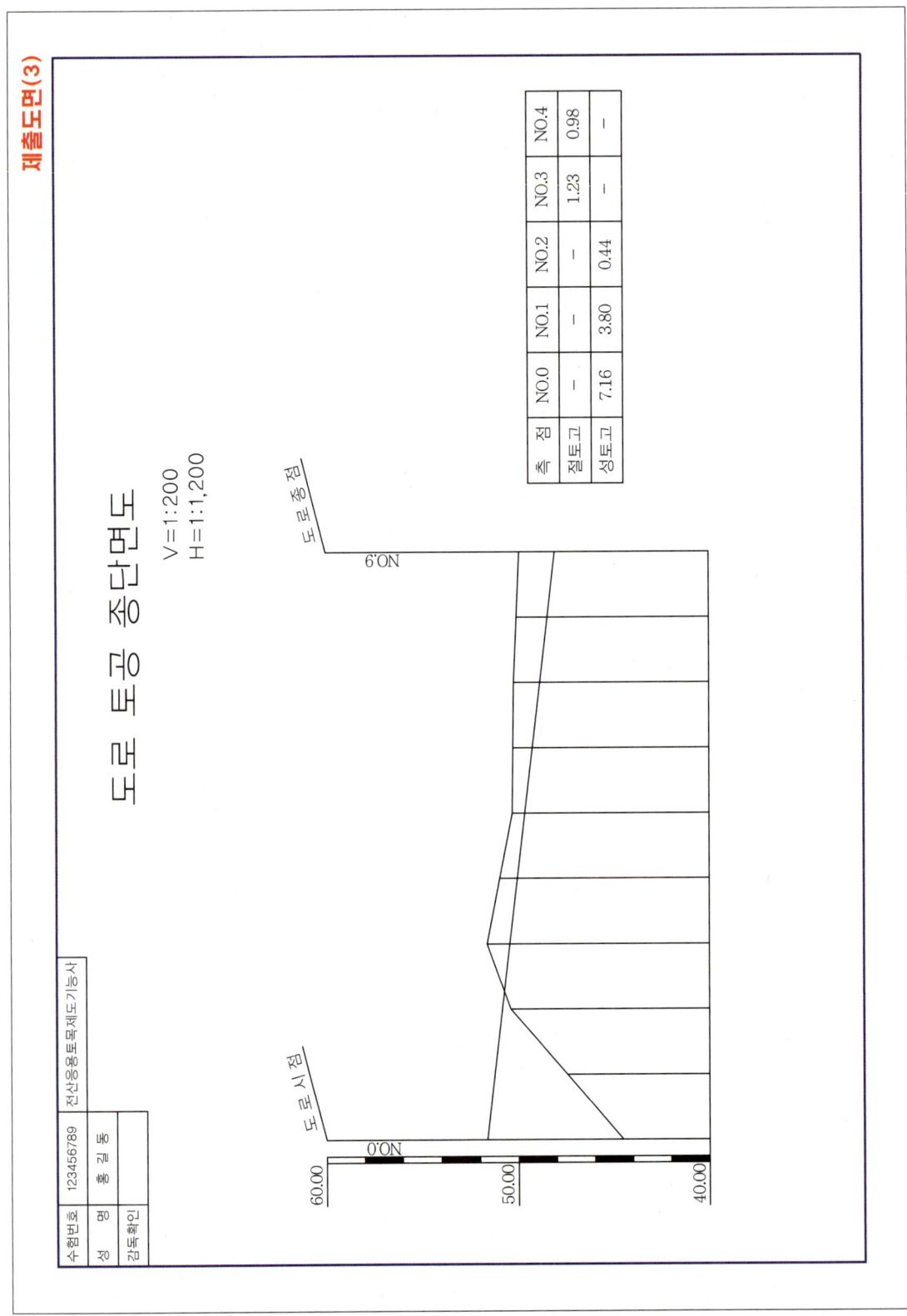

4. L형 옹벽 구조도

국가기술자격 실기시험문제

자격종목	전산응용토목제도기능사	과제명	옹벽 구조도 도로 토공 횡단면도 도로 토공 종단면도

시험시간 : 작업시간(3시간)

- 2022년 1회 전산응용토목제도기능사 실기 출제문제유형(L형 옹벽)
- 2023년 4회 전산응용토목제도기능사 실기 출제문제유형(L형 옹벽)
- 2024년 4회 전산응용토목제도기능사 실기 출제문제유형(L형 옹벽)

01 요구사항

※ 주어진 도면(1), (2), (3)을 보고 CAD프로그램을 이용하여 아래 조건에 맞게 도면을 작도하여 감독위원의 지시에 따라 저장하고, 주어진 축척에 맞게 A3(420×297)용지에 흑백으로 가로로 출력하여 파일과 함께 제출하시오.

01 옹벽 구조도

1) 주어진 도면(1)을 참고하여 표준 단면도(1:30)와 일반도(1:60)를 작도하고, 표준단면도는 도면의 좌측에, 일반도는 우측에 적절히 배치하시오.
2) 도면상단에 과제명과 축척을 도면의 크기에 어울리게 작도하시오.

02 도로 토공 횡단면도

1) 주어진 도면 (2)를 참고하여 도로 토공 횡단면도(1:100)를 작도하고, 도로 포장 단면의 표층, 기층, 보조기층을 아래의 단면 표시에 따라 출력물에서 구분될 수 있도록 적당한 크기로 해칭하여 완성하시오.

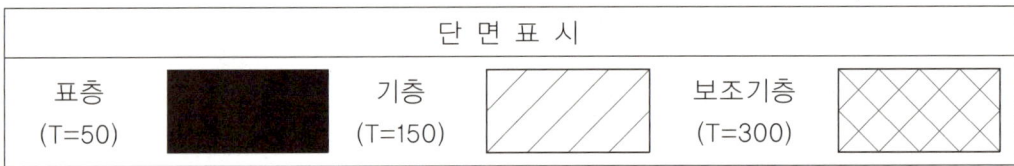

2) 도면상단에 과제명과 축척을 도면의 크기에 어울리게 작도하시오.

03 도로 토공 종단면도

1) 주어진 도면(3)을 참고하여 도로 토공 종단면도(하단 야장표 제외)를 가로 축척(H=1:1200), 세로축척(V=1:200)에 맞게 작도하고, 절토고 및 성토고 표를 적당한 크기로 완성하여 종단면도의 우측에 배치하시오.
2) 도면상단에 과제명과 축척을 도면의 크기에 어울리게 작도하시오.

02 각 과제별 제출도면 배치(예시)

1과제 〈 옹벽구조도 〉

2과제 〈 도로 토공 횡단면도 〉

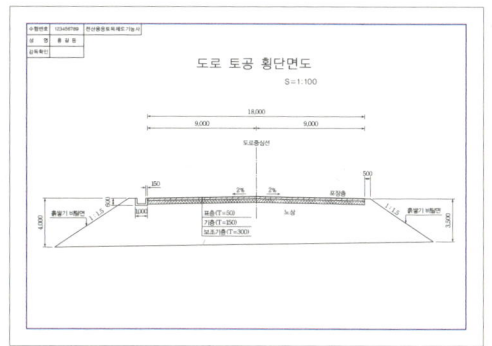

3과제 〈 도로 토공 종단면도 〉

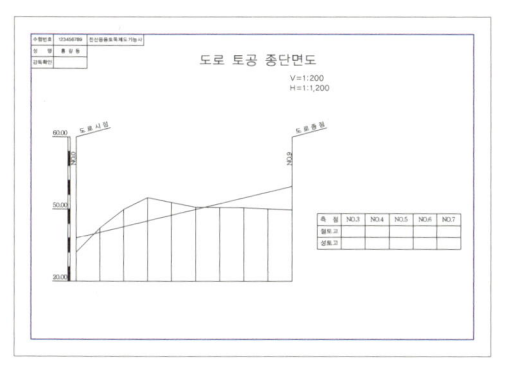

각 과제별 제출 시 '도면의 배치'를 나타내는 예시로서 수치 및 형태는 주어진 문제와 다를 수 있으니 참고하시기 바랍니다.

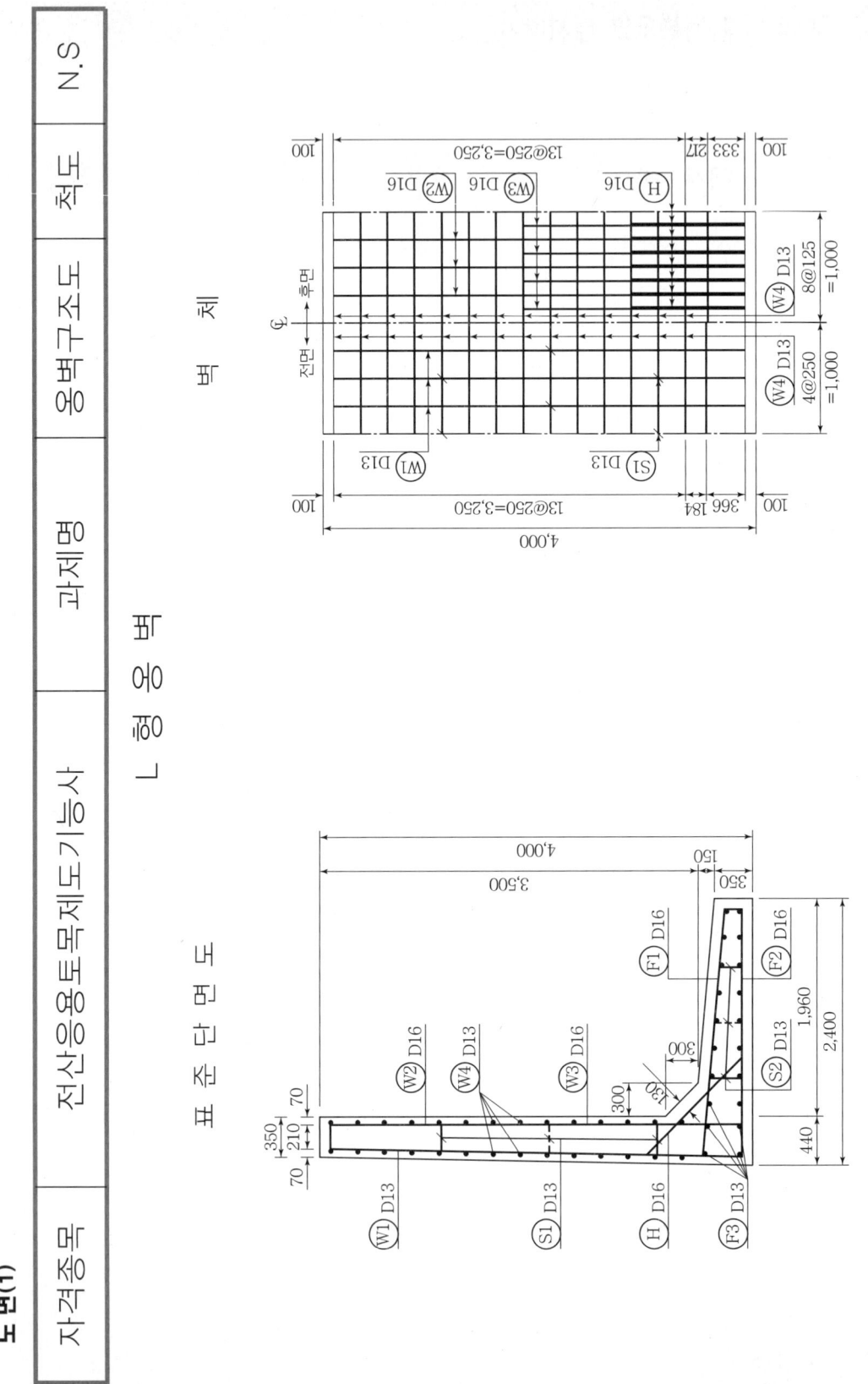

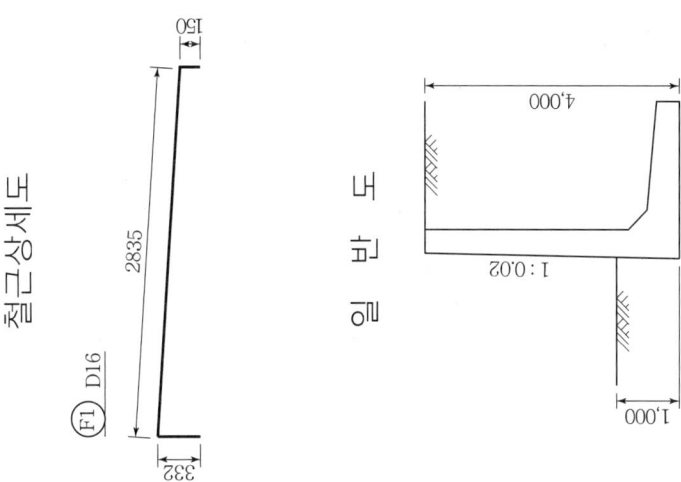

철근상세도

일반도

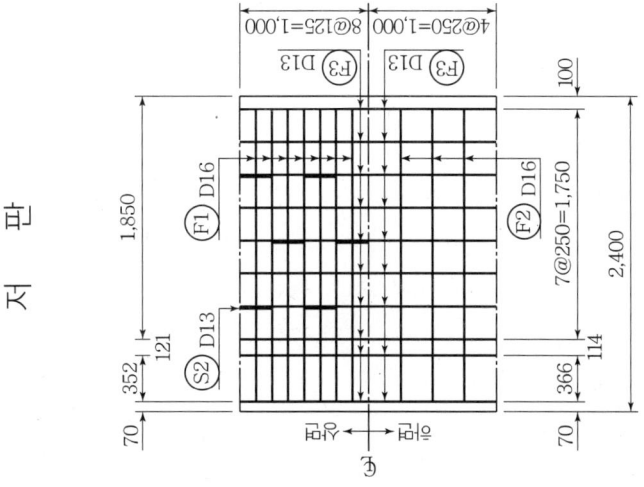

저 판

4. L형 옹벽 구조도

도 면(2)

자격종목	전산응용토목제도기능사	과제명	도로토공 횡단면도	척도	N.S

- 3,500
- 흙쌓기 비탈면
- 1:1.5
- 500
- 포장층
- 9,000
- 노상
- 2%
- 18,000
- 도로중심선
- 2%
- 9,000
- 표층(T=50)
- 기층(T=150)
- 보조기층(T=300)
- 150
- 1,000
- 600
- 1:1.5
- 흙쌓기 비탈면
- 4,000

도 면(3)

| 자격종목 | 전산응용토목제도기능사 | 과제명 | 도로토공 종단면도 | 척도 | N.S |

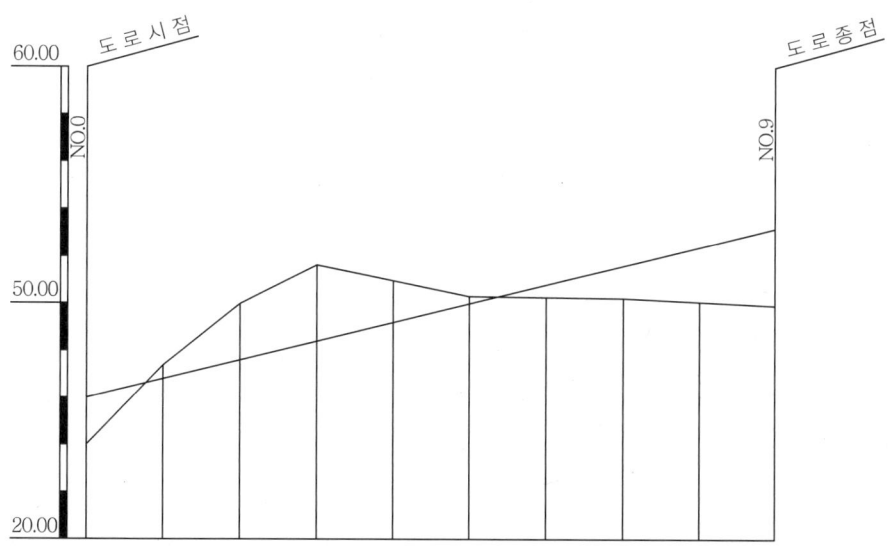

경 사	S=4.000%　L=180.0M / H=7.2M									
계 획 고	46.00	46.80	47.60	48.40	49.20	50.00	50.80	51.60	52.40	53.20
지 반 고	44.00	47.40	50.00	51.63	50.98	50.32	50.27	50.22	50.08	50.00
거 리	0.00	20.00	20.00	20.00	20.00	20.00	20.00	20.00	20.00	20.00
측 점	NO.0	NO.1	NO.2	NO.3	NO.4	NO.5	NO.6	NO.7	NO.8	NO.9

V=200
L=180.0M

측 점	NO.3	NO.4	NO.5	NO.6	NO.7
절토고					
성토고					

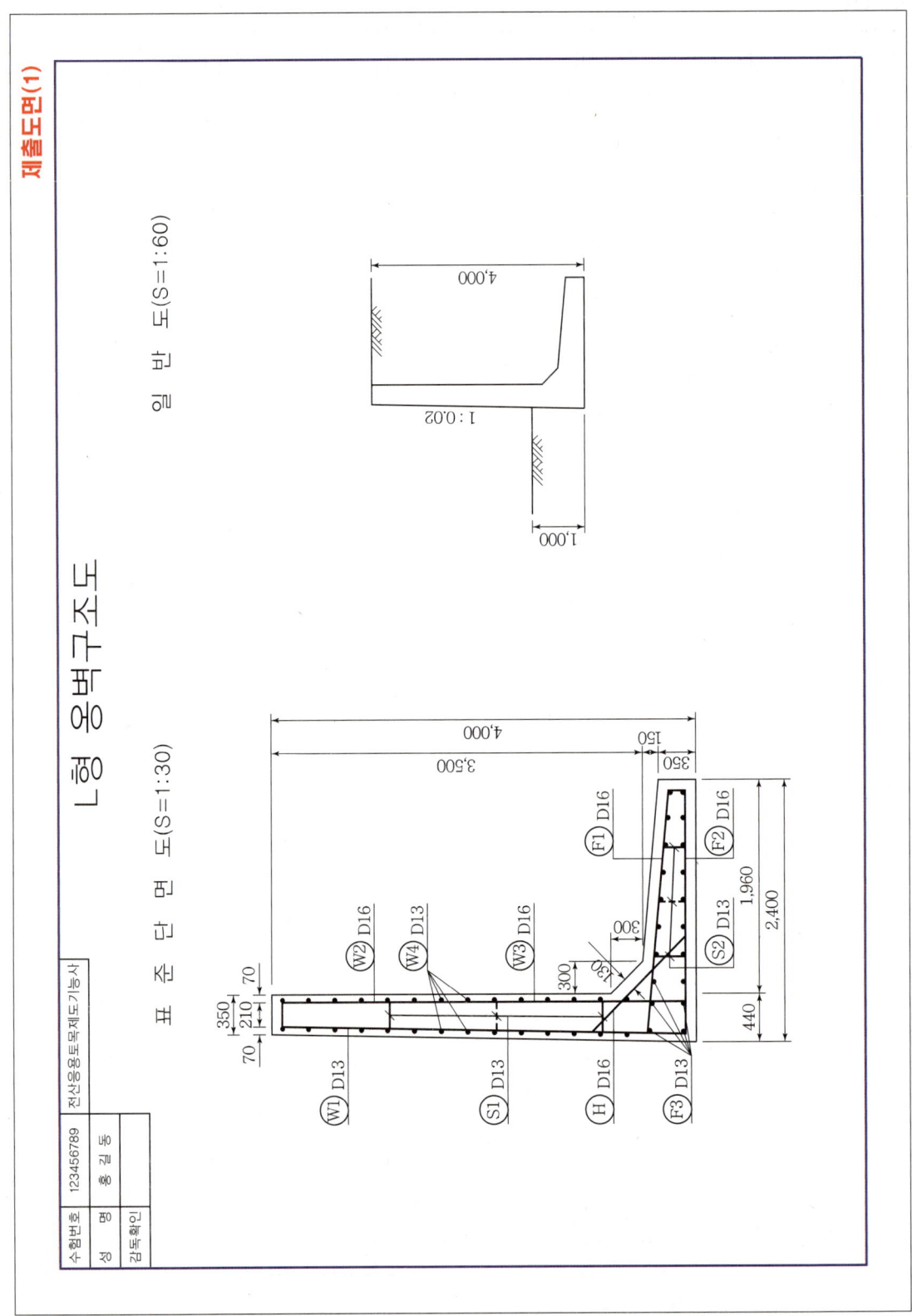

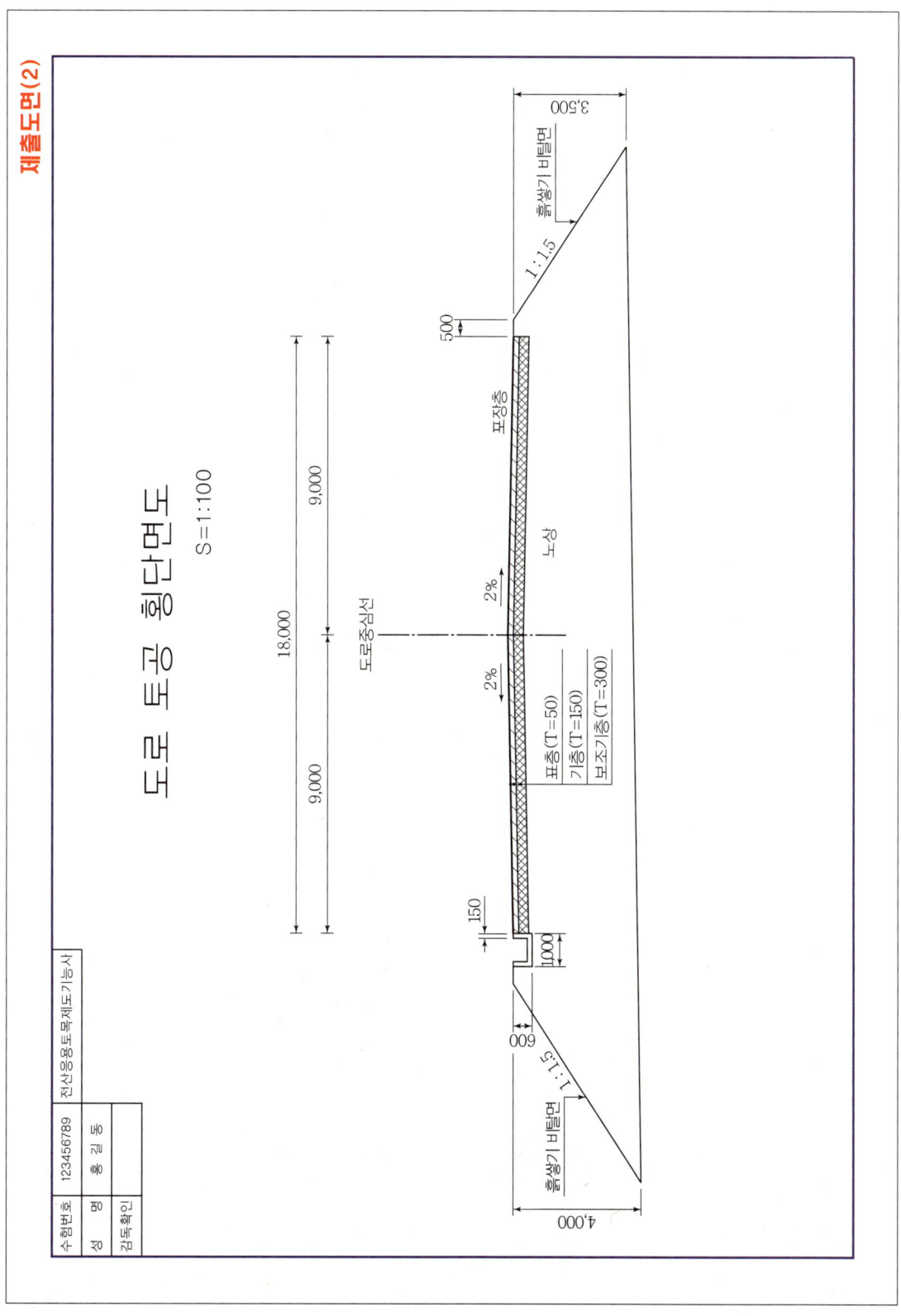

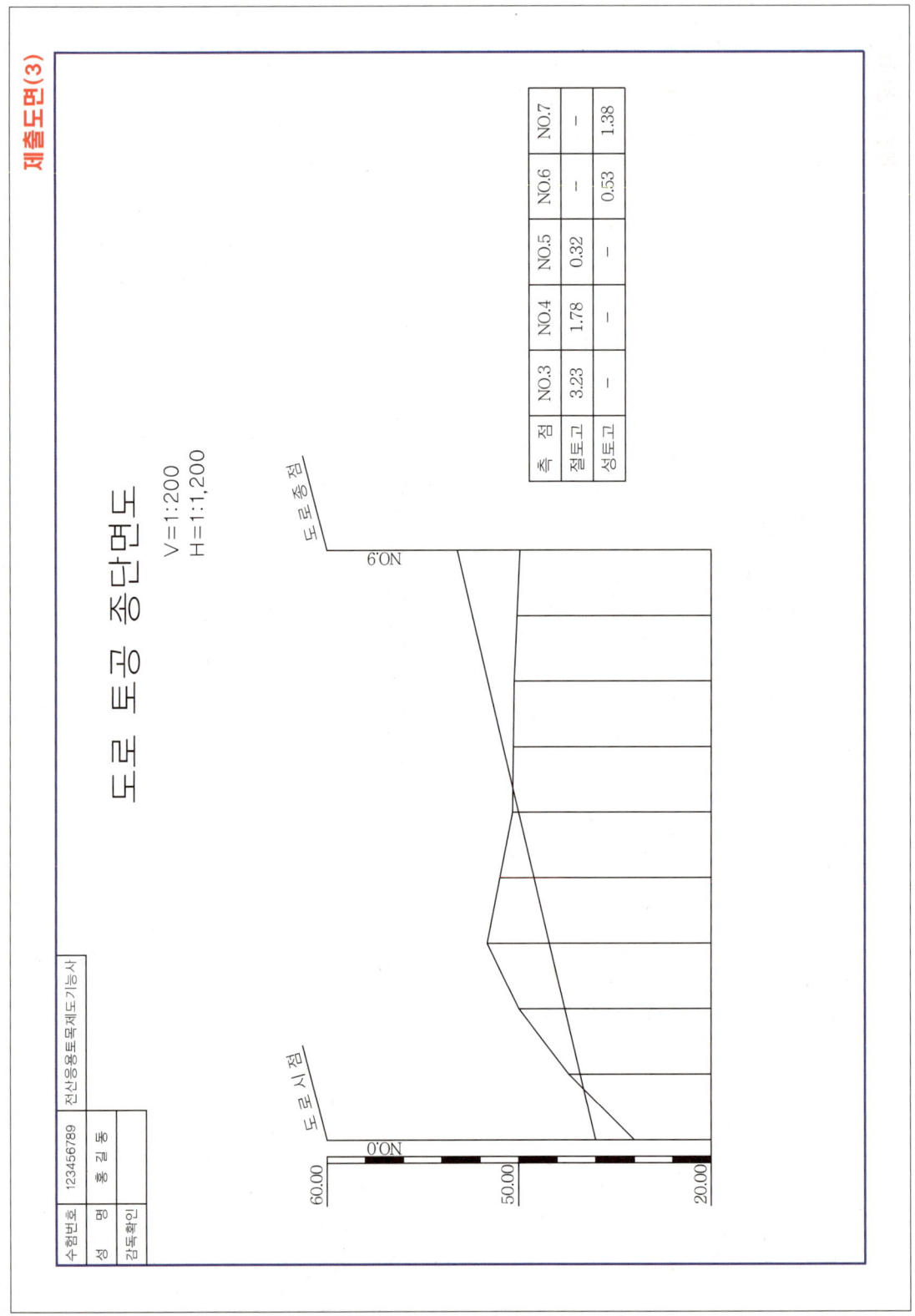

2026 CBT시험대비
전산응용토목제도기능사 3주완성(필기+실기)

定價 29,000원

| 저 자 | 염창열 · 김지우 |
| | 최진호 |

발행인 이　종　권

2022年　5月　 9日　초 판 발 행
2023年　4月　 4日　1차개정발행
2024年　2月　 7日　2차개정발행
2025年　1月　16日　3차개정발행
2026年　1月　 6日　4차개정발행

發行處　 **(주) 한솔아카데미**

(우)06775 서울시 서초구 마방로10길 25 트윈타워 A동 2002호
TEL : (02)575-6144/5　FAX : (02)529-1130
〈1998. 2. 19 登錄 第16-1608號〉

※ 본 교재의 내용 중에서 오타, 오류 등은 발견되는 대로 한솔아
카데미 인터넷 홈페이지를 통해 공지하여 드리며 보다 완벽한
교재를 위해 끊임없이 최선의 노력을 다하겠습니다.
※ 파본은 구입하신 서점에서 교환해 드립니다.
www.inup.co.kr / www.bestbook.co.kr

ISBN 979-11-6654-766-9　13540

한솔아카데미 발행도서

**건축기사시리즈
①건축계획**
이종석, 이병억 공저
432쪽 | 27,000원

**건축기사시리즈
②건축시공**
김형중, 한규대, 이명철 공저
570쪽 | 27,000원

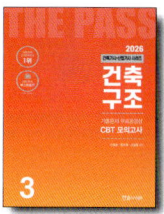

**건축기사시리즈
③건축구조**
안광호, 홍태화, 고길용 공저
796쪽 | 27,000원

**건축기사시리즈
④건축설비**
오병칠, 권영철, 오호영 공저
564쪽 | 27,000원

**건축기사시리즈
⑤건축법규**
현정기, 조영호, 한웅규, 김주석 공저
622쪽 | 27,000원

**건축기사 필기 10개년
핵심 과년도문제해설**
안광호, 백종엽, 이병억 공저
1,028쪽 | 45,000원

건축기사 4주완성
남재호, 송우용 공저
1,412쪽 | 47,000원

건축산업기사 4주완성
남재호, 송우용 공저
1,136쪽 | 44,000원

**7개년 기출문제
건축산업기사 필기**
한솔아카데미 수험연구회
868쪽 | 38,000원

건축설비기사 4주완성
남재호 저
1,088쪽 | 46,000원

**건축설비산업기사
4주완성**
남재호 저
872쪽 | 40,000원

**10개년 핵심
건축설비기사 과년도**
남재호 저
1,148쪽 | 40,000원

건축기사 실기
한규대, 김형중, 안광호, 이병억 공저
1,708쪽 | 53,000원

**건축기사 실기
(The Bible)**
안광호, 백종엽, 이병억 공저
1,000쪽 | 41,000원

**건축기사 실기 14개년
과년도**
안광호, 백종엽, 이병억 공저
688쪽 | 34,000원

건축산업기사 실기
한규대, 김형중, 안광호, 이병억 공저
696쪽 | 33,000원

**건축산업기사 실기
(The Bible)**
안광호, 백종엽, 이병억 공저
300쪽 | 30,000원

실내건축기사 4주완성
남재호 저
1,320쪽 | 39,000원

**실내건축산업기사
4주완성**
남재호 저
1,096쪽 | 32,000원

**시공실무
실내건축(산업)기사 실기**
안동훈, 이병억 공저
422쪽 | 30,000원

Hansol Academy

**건축사 과년도출제문제
1교시 대지계획**
한솔아카데미 건축사수험연구회
346쪽 | 33,000원

**건축사 과년도출제문제
2교시 건축설계1**
한솔아카데미 건축사수험연구회
192쪽 | 33,000원

**건축사 과년도출제문제
3교시 건축설계2**
한솔아카데미 건축사수험연구회
436쪽 | 33,000원

**건축물에너지평가사
①건물 에너지 관계법규**
건축물에너지평가사 수험연구회
852쪽 | 32,000원

**건축물에너지평가사
②건축환경계획**
건축물에너지평가사 수험연구회
516쪽 | 30,000원

**건축물에너지평가사
③건축설비시스템**
건축물에너지평가사 수험연구회
708쪽 | 32,000원

**건축물에너지평가사
④건물 에너지효율설계 · 평가**
건축물에너지평가사 수험연구회
648쪽 | 32,000원

**건축물에너지평가사
2차실기(상)**
건축물에너지평가사 수험연구회
940쪽 | 45,000원

**건축물에너지평가사
2차실기(하)**
건축물에너지평가사 수험연구회
905쪽 | 50,000원

**토목기사시리즈
①응용역학**
안광호, 김창원, 염창열, 정용욱 공저
540쪽 | 28,000원

**토목기사시리즈
②측량학**
남수영, 정경동, 고길용 공저
392쪽 | 28,000원

**토목기사시리즈
③수리학 및 수문학**
심기오, 노재식, 한웅규 공저
396쪽 | 28,000원

**토목기사시리즈
④철근콘크리트 및 강구조**
정경동, 정용욱, 고길용, 김지우 공저
464쪽 | 28,000원

**토목기사시리즈
⑤토질 및 기초**
안진수, 박광진, 김창원, 홍성협 공저
588쪽 | 28,000원

**토목기사시리즈
⑥상하수도공학**
노재식, 이상도, 한웅규, 정용욱 공저
544쪽 | 28,000원

**10개년 핵심 토목기사
과년도문제해설**
김창원 외 5인 공저
1,076쪽 | 46,000원

**토목기사 4주완성
핵심 및 과년도문제해설**
이상도, 고길용, 안광호, 한웅규, 홍성협, 김지우 공저
1,054쪽 | 45,000원

**토목산업기사 4주완성
과년도문제해설**
이상도, 정경동, 고길용, 안광호, 한웅규, 홍성협 공저
752쪽 | 42,000원

토목기사 실기
김태선, 박광진, 홍성협, 김창원, 김상욱, 이상도, 한웅규 공저
1,540쪽 | 52,000원

**토목기사 실기
과년도문제해설**
김태선, 이상도, 한웅규, 홍성협, 김상욱, 김지우 공저
892쪽 | 38,000원

www.bestbook.co.kr

콘크리트기사・산업기사 4주완성(필기)
정용욱, 고길용, 전지현, 김지우 공저
856쪽 | 39,000원

콘크리트기사 과년도(필기)
정용욱, 고길용, 김지우 공저
684쪽 | 30,000원

콘크리트기사・산업기사 3주완성(실기)
정용욱, 한웅규, 홍성협, 전지현 공저
784쪽 | 33,000원

건설재료시험기사 4주완성(필기)
박광진, 이상도, 김지우, 전지현 공저
742쪽 | 39,000원

건설재료시험기사 과년도(필기)
고길용, 정용욱, 홍성협, 전지현 공저
692쪽 | 32,000원

건설재료시험기사 3주완성(실기)
고길용, 홍성협, 전지현, 김지우 공저
728쪽 | 33,000원

콘크리트기능사 3주완성(필기+실기)
정용욱, 고길용, 염창열, 전지현 공저
538쪽 | 27,000원

지적기능사(필기+실기) 3주완성
염창열, 정병노 공저
640쪽 | 30,000원

측량기능사 3주완성
염창열, 정병노, 고길용 공저
580쪽 | 29,000원

전산응용토목제도기능사 필기 3주완성
염창열, 김지우, 최진호 공저
644쪽 | 29,000원

건설안전기사 4주완성 필기
지준석, 조태연 공저
1,388쪽 | 38,000원

산업안전기사 4주완성 필기
지준석, 조태연 공저
1,560쪽 | 38,000원

공조냉동기계기사 필기
조성안, 이승원, 강희중 공저
1,358쪽 | 41,000원

공조냉동기계산업기사 필기
조성안, 이승원, 강희중 공저
1,236쪽 | 36,000원

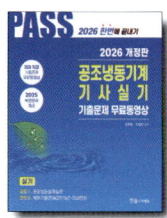
공조냉동기계기사 실기
조성안, 강희중 공저
1,040쪽 | 38,000원

조경기사・산업기사 필기
이윤진 저
1,464쪽 | 49,000원

조경기사・산업기사 실기
이윤진 저
784쪽 | 45,000원

조경기능사 필기
이윤진 저
682쪽 | 29,000원

조경기능사 실기
이윤진 저
360쪽 | 29,000원

조경기능사 필기
한상엽 저
712쪽 | 28,000원

Hansol Academy

조경기능사 실기
한상엽 저
823쪽 | 30,000원

산림기사·산업기사 1권
이윤진 저
888쪽 | 27,000원

산림기사·산업기사 2권
이윤진 저
974쪽 | 27,000원

전기기사시리즈(전6권)
대산전기수험연구회
2,240쪽 | 131,000원

전기기사 5주완성
전기기사수험연구회
2,140쪽 | 43,000원

전기산업기사 5주완성
전기산업기사수험연구회
1,964쪽 | 43,000원

전기공사기사 5주완성
전기공사기사수험연구회
2,096쪽 | 43,000원

전기공사산업기사 5주완성
전기공사산업기사수험연구회
1,606쪽 | 43,000원

전기(산업)기사 실기
대산전기수험연구회
766쪽 | 43,000원

전기기사 실기 20개년 과년도문제해설
대산전기수험연구회
992쪽 | 38,000원

전기기사시리즈(전6권)
김대호 저
3,230쪽 | 136,000원

전기기사 실기 기본서
김대호 저
964쪽 | 39,000원

전기기사 실기 기출문제
김대호 저
1,340쪽 | 43,000원

전기산업기사 실기 기본서
김대호 저
920쪽 | 39,000원

전기산업기사 실기 기출문제
김대호 저
1,076쪽 | 41,000원

전기기사/전기산업기사 실기 마인드 맵
김대호 저
232 | 15,000원

CBT 전기기사 단기완성
이승원, 김승철, 윤종식 공저
1,244쪽 | 42,000원

전기기능사 3단계 핵심 및 과년도
김승철, 신면순, 오용환, 이승원 공저
876쪽 | 28,000원

전기기능사 3주완성
이승원, 김승철, 윤종식 공저
532쪽 | 27,000원

소방설비기사 기계분야 필기
김흥준, 윤중오 공저
1,212쪽 | 40,000원

www.bestbook.co.kr

소방설비기사 전기분야 필기
김흥준, 신면순 공저
1,148쪽 | 40,000원

공무원 건축계획
이병억 저
800쪽 | 37,000원

7·9급 토목직 응용역학
정경동 저
1,192쪽 | 42,000원

응용역학개론 기출문제
정경동 저
686쪽 | 40,000원

측량학(9급 기술직/ 서울시·지방직)
정병노, 염창열, 정경동 공저
756쪽 | 29,000원

응용역학(9급 기술직/ 서울시·지방직)
이국형 저
628쪽 | 23,000원

스마트 9급 물리 (서울시·지방직)
신용찬 저
422쪽 | 23,000원

7급 공무원 스마트 물리학개론
신용찬 저
996쪽 | 45,000원

1종 운전면허
도로교통공단 저
110쪽 | 13,000원

2종 운전면허
도로교통공단 저
110쪽 | 13,000원

지게차 운전기능사
건설기계수험연구회 편
216쪽 | 15,000원

굴삭기 운전기능사
건설기계수험연구회 편
224쪽 | 15,000원

지게차 운전기능사 3주완성
건설기계수험연구회 편
338쪽 | 12,000원

굴삭기 운전기능사 3주완성
건설기계수험연구회 편
356쪽 | 12,000원

초경량 비행장치 무인멀티콥터
권희춘, 김병구 공저
258쪽 | 22,000원

시각디자인 산업기사 4주완성
김영애, 서정술, 이원범 공저
1,102쪽 | 36,000원

시각디자인 기사·산업기사 실기
김영애, 이원범 공저
508쪽 | 35,000원

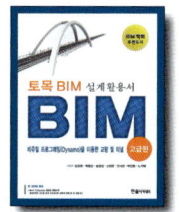

토목 BIM 설계활용서
김영휘, 박형순, 송윤상, 신현준, 안서현, 박진훈, 노기태 공저
388쪽 | 30,000원

BIM 전문가 토목 2급자격(필기+실기)
BIM전문가 토목연구회 공저
324쪽 | 32,000원

BIM 구조편
(주)알피종합건축사사무소
(주)동양구조안전기술 공저
536쪽 | 32,000원

Hansol Academy

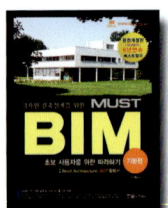
BIM 기본편
(주)알피종합건축사사무소
402쪽 | 32,000원

BIM 기본편 2탄
(주)알피종합건축사사무소
380쪽 | 28,000원

BIM 건축계획설계 Revit 실무지침서
BIMFACTORY
607쪽 | 35,000원

전통가옥에서 BIM을 보며
김요한, 함남혁, 유기찬 공저
548쪽 | 32,000원

BIM 주택설계편
(주)알피종합건축사사무소
박기백, 서창석, 함남혁, 유기찬 공저
514쪽 | 32,000원

BIM 활용편 2탄
(주)알피종합건축사사무소
380쪽 | 30,000원

BIM 건축전기설비설계
모델링스토어, 함남혁
572쪽 | 32,000원

BIM 토목편
송현혜, 김동욱, 임성순, 유자영, 심창수 공저
278쪽 | 25,000원

디지털모델링 방법론
이나래, 박기博, 함남혁, 유기찬 공저
380쪽 | 28,000원

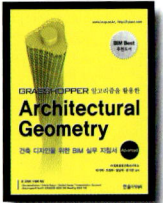
건축디자인을 위한 BIM 실무 지침서
(주)알피종합건축사사무소
박기백, 오정우, 함남혁, 유기찬 공저
516쪽 | 30,000원

BIM 전문가 건축 2급자격(필기+실기)
모델링스토어
760쪽 | 36,000원

BIM 전문가 토목 2급 실무활용서
채재현, 김영휘, 박준오, 소광영, 김소희, 이기수, 조수연
614쪽 | 35,000원

BE Architect
유기찬, 김재준, 차성민, 신수진, 홍유찬 공저
282쪽 | 20,000원

BE Architect 라이노&그래스호퍼
유기찬, 김재준, 조준상, 오주연 공저
288쪽 | 22,000원

BE Architect AUTO CAD
유기찬, 김재준 공저
400쪽 | 25,000원

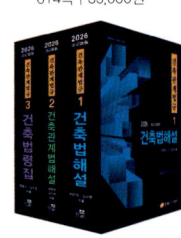
건축관계법규(전3권)
최한석, 김수영 공저
3,544쪽 | 110,000원

건축법령집
최한석, 김수영 공저
1,490쪽 | 60,000원

건축법해설
김수영, 이종석, 김동화, 김용환, 조영호, 오호영 공저
918쪽 | 32,000원

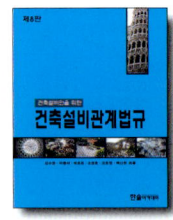
건축설비관계법규
김수영, 이종석, 박호준, 조영호, 오호영 공저
790쪽 | 34,000원

건축계획
이순희, 오호영 공저
422쪽 | 23,000원

CBT 대비 별책부록

전 산 응 용 토목제도기능사

Pick REMEMBER

[CONTENTS]

- 핵심이론 40선 ·················· 4
- 핵심문제 180선 ················ 22

CBT 대비 별책부록

전 산 응 용
토목제도기능사

Pick REMEMBER

[CONTENTS]

- 핵심이론 40선 ·· 4
- 핵심문제 180선 ·· 22

Pick
Remember

핵심
이론

40

선

01 Pick Remember 40선
핵심이론

HANSOL 2025
전산응용토목제도

1 치수 기입의 요소

(1) 도면의 윤곽치수

크기와 호칭		A0	A1	A2	A3	A4
도면의 윤곽선	도면의 크기($a \times b$)	841×1189	594×841	420×594	297×420	210×297
	c(최소)	20	20	10	10	10
	d (최소) 철하지 않았을 때	20	20	10	10	10
	철할 때	25	25	25	25	25

(2) 치수

① 도면에는 완성된 물체의 치수를 기입하는 것이 원칙이다.
② 치수의 단위에는 길이와 각도가 있다.
③ 길이의 단위는 mm를 사용한다. 그러나 도면에 mm는 기입하지 않는다.
③ 각도의 단위는 도(°)를 쓰며, 필요에 따라서는 분(′)과 초(″)의 단위도 쓸 수 있다.

2 치수 기입의 원칙

도면에 치수를 기입할 때에는 다음 사항에 유의해야 한다.
① 도면에 길이의 크기와 자세 및 위치를 명확하게 표시해야 한다.
② 치수는 될 수 있는 대로 주투상도에 기입해야 한다.
③ 치수의 중복 기입을 피해야 한다.
④ 치수는 계산 할 필요가 없도록 기입해야 한다.
⑤ 관련되는 치수는 될 수 있는 대로 한 곳에 모아서 기입해야 한다.

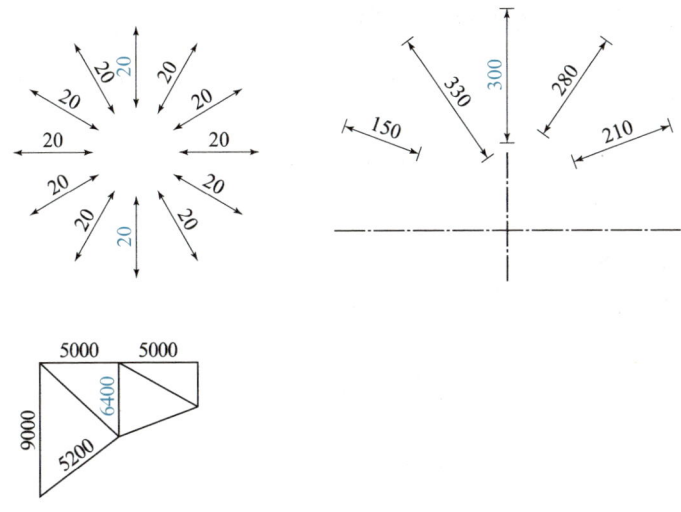

3 작도 통직

① 도면은 간단하고, 중복을 피한다.
② 보이는 부분은 실선으로 하고, 숨겨진 부분은 파선으로 표시한다.
③ 경사면을 가진 구조물의 표시는 경사면 부분만의 보조도를 넣는다.
④ 대칭적인 것은 중심선의 한쪽을 외형도, 반대쪽을 단면도로 표시한다.

4 척도의 표시 방법

① 도면에는 편의상 물체의 크기를 실제와 같거나 다르게 나타낸다.
② 척도란 물체의 실제 크기와 도면에서의 크기 비율을 말한다.
   즉, A(도면에서의 크기) : B(실제 크기)
③ 축척은 실제 크기보다 작은 크기로서 도형을 그릴 때의 척도를 말한다.

척도의 표시 방법은 다음과 같다.

A : B
└── 물체의 실제 크기
└── 도면에서의 크기

축척 1 : 2
현척 1 : 1
배척 2 : 1

■ 척도의 종류
- 축척 : 실물보다 축소하여 그린 축척
- 현척 : 실물과 같은 크기로 그린 현척
- 배척 : 실물보다 확대하여 그린 배척

5 글자

① 도면에서 문자의 크기는 문자의 높이로 나타낸다.
② 글자는 명확하게 써야 하며, 문장은 가로로 왼쪽부터 쓰는 것이 좋다.
③ 글자체는 고딕체로 하고, 수직 또는 오른쪽 15° 경사지게 쓰는 것이 좋다.
④ 숫자는 아라비아 숫자를 원칙으로 한다.
⑤ 글자의 크기는 원칙적으로 높이 2.24, 3.15, 4.5, 6.3, 9, 12.5 및 18.5mm(7종)를 표준하며 구조물 도면에서 보통 4mm로 한다.
⑥ 글자의 굵기는 한자의 경우에는 글자의 높이의 1/12.5로 한다.
⑦ 글자의 굵기는 한글, 숫자 및 로마자의 경우에는 1/9로 하는 것이 적당하다.
⑧ 4자리 이상의 숫자는 3자리마다 자리 표시를 하거나 간격을 두어야 한다.

6 선의 종류에 따른 용도

선의 종류	명칭	선의 용도
굵은 실선	외형선	대상물의 보이는 부분의 겉모양을 표시한다. (0.35~1mm 정도)
	치수선	치수를 기입하기 위하여 사용한다.
	치수 보조선	치수를 기입하기 위하여 도형에서 인출한 선이다.
가는 실선	지시선	지시, 기호 등을 나타내기 위하여 사용한다.
	수준면선	수면, 유면 등의 위치를 나타낸다. (0.18~0.3mm 정도)
파선	숨은선	대상물의 보이지 않는 부분의 모양을 표시한다.
1점 쇄선	중심선	도형의 중심을 나타내며 중심선이 이동한 중심 궤적을 표시하는 데 사용한다.
	기준선	위치 결정의 근거임을 나타내기 위하여 사용한다.
	피치선	반복 도형의 피치의 기준을 잡는다.
2점 쇄선	가상선	가공 부분을 이동하는 특정 위치 또는 이동 한계의 위치를 나타낸다.
	무게 중심선	단면의 무게 중심 연결에 사용한다.
파형, 지그재그의 가는 실선	파단선	대상물의 일부를 파단한 경계 또는 일부를 떼어 낸 경계를 표시한다.
가는 실선으로 규칙적으로 빗금을 그은 선	해칭	단면도의 절단면을 나타낸다.

7 치수선

① 치수선은 표시할 치수의 방향에 평행하게 긋는다.
② 치수선은 될 수 있는 대로 물체를 표시하는 도면의 외부에 긋는다. 다스의 평행 치수선을 서로 접근시켜 그을 때에는 선의 간격은 동일하게 하고 서로 교차하지 않도록 한다.
③ 치수선은 0.2mm 이하의 가는 실선으로 그어 외형선과 구별하고 양 끝에는 화살표를 붙인다.
④ 치수선은 외형선과 너무 가까우면 치수를 읽기가 곤란하므로, 외형선에서는 10~15mm 띄어서 긋는다.
⑤ 많은 치수선을 평행하게 그을 때에는 7~8mm의 같은 간격이 되도록 한다.
⑥ 치수선의 양끝에는 화살표를 붙인다. 화살표의 크기는 화살표 길이와 나비의 비율을 3 : 1 정도로 하면 좋다.

⑦ 협소하여 화살표를 붙일 여백 또는 치수를 쓸 여백이 없을 때에는 치수선을 치수 보조선 바깥쪽에 긋고, 안쪽을 향하여 화살표를 붙인다.
⑧ 중심선으로 대칭물의 한쪽을 표시하는 도면의 치수선은 그 중심을 지나 연장함을 원칙으로 한다. 이런 때는 치수선의 중심 쪽 끝에는 화살표를 붙이지 않는다.

8 치수 보조선

① 0.2mm 이하의 가는 실선으로 치수선에 직각이 되며, 치수선의 위치보다 약간 길게 긋는다.
② 불가피한 경우가 아닐 때에는, 치수 보조선과 치수선이 다른 선과 교차하지 않게 한다.

③ 치수 보조선이 외형선과 접근하기 때문에 선의 구별이 어려울 때에는 치수선과 적당한 각도(될수 있는 대로 60° 방향)를 가지게 한다.
④ 한 중심선에서 다른 중심선까지의 거리를 나타낼 때에는 중심선으로 치수 보조선을 대신한다.
⑤ 치수 보조선이 다른 선과 교차되어 복잡하게 될 경우에는 외형선을 치수 보조선으로 대신하여 사용할 수도 있다.
⑥ 치수를 도형 안에 기입하는 것이 더 뚜렷한 경우에는 외형선을 치수 보조선으로 대신하여 사용할 수도 있다.

9 정투상법

① 제 3각법 : 눈 → 투상면 → 물체
② 제 1각법 : 눈 → 물체 → 투상면
③ 등각 투상도 : 정면, 평면, 측면을 하나의 투상도에서 동시에 볼 수 있으며 직각으로 만나는 3개의 모서리가 각각 120°를 이루게 그리는 도법
④ 사투상도 : 물체의 왼쪽으로 돌려 물체의 앞면 모서리는 수평선과 평행하게, 옆면 모서리는 수평선과 임의의 각도로 하여 그린 투상도

10 철근의 치수 및 배치

① $\phi 12$: 지름 12mm의 원형철근
② D12 : 공칭지름 12mm의 이형철근
③ 5×100=500 : 전체길이 500mm를 100mm로 5등분
④ $\phi 12@300$: 지름 12mm의 원형철근을 300mm 간격으로 배치

11 구조용 재료의 단면

(1) 금속재 및 비금속재의 단면 표시

 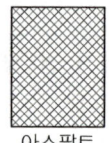 

강철   아스팔트   목재

(2) 석재 및 콘크리트재의 단면 표시

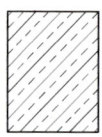 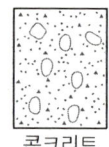 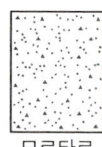 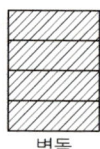 

자연석   콘크리트   모르타르   벽돌   블록

(3) 골재의 단면 표시

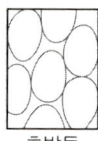 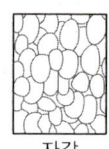 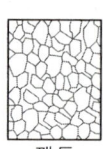 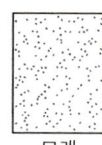 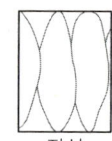 

호박돌   자갈   깬돌   모래   잡석   사질토

12 재료 단면의 경계 표시

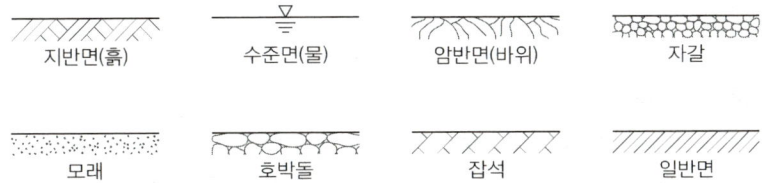

13 지형의 경사면 표시

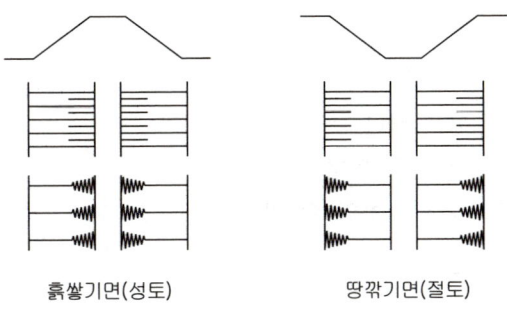

14 단면의 형태에 따른 절단면 표시

(1) 긴 부재의 단면 형상에 따라 절단면 표시는 다음과 같이 한다.

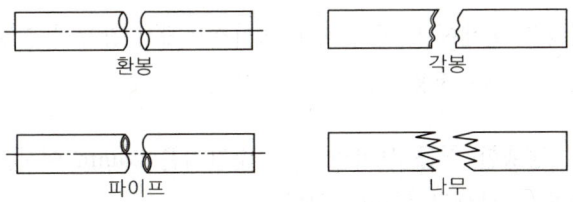

(2) 철근의 이음
   ① 철근의 용접이음 : ──────•──────
   ② 철근의 기계적 이음 : ─────▭─────

(3) 철근의 기호 표시
   - Ⓑ : Base, Beam, Bottom
   - Ⓗ : Haunch
   - Ⓢ : Spacer, Slab
   - Ⓦ : Wall
   - Ⓕ : Foundation, Footing
   - Ⓒ : Column

15 철근 및 콘크리트

(1) 철근 콘크리트의 특징
   ① 내구성이 우수하다.
   ② 검사, 개조 및 파괴 등이 어렵다.
   ③ 다양한 모양과 치수를 만들 수 있다.
   ④ 부재를 일체로 만들어 강도를 높일 수 있다.

(2) 최소 구부림 내면 반지름

철근의 지름	최소 내면 반지름
D10~D25	$3d_b$
D29~D35	$4d_b$
D38 이상	$5d_b$

(3) 포스트텐션 정착부 설계에 있어서 최대 프리스트레싱 강재의 긴장력에 대하여 하중계수 1.2를 적용

(4) 동일 평면에서 평행한 철근 사이의 수평 순간격은 25mm 이상, 또한 철근의 공칭지름 이상으로 하여야 한다.

16 인장 이형철근의 겹침이음

① 인장력을 받는 이형철근 및 이형철선의 겹침이음 길이는 A급, B급으로 분류하며, 300mm 이상이어야 한다.
② A급 이음 : $1.0 l_d$, B급 이음 : $1.3 l_d$
   여기서, l_d : 인장 이형철근의 정착길이

$$균형철근비 \ \rho_b = \frac{\eta(0.85 f_{ck})\beta_1}{f_y} \times \frac{660}{660 + f_y}$$

17 슬래브

① 1방향 슬래브 : 주철근을 1방향으로만 배치하는 슬래브로 2변에 지지된다.
② 2방향 슬래브 : 주철근을 2방향으로만 배치하는 슬래브로 4변에 지지된다.
③ 1방향 슬래브의 주철근의 간격 : 콘크리트 구조 설계 기준에서는 정(+)의 철근 또는 부(-)의 철근의 중심 간격은 최대 휨모멘트가 일어나는 단면에서는 슬래브 두께의 2배 이하, 300mm 이하로 규정하고 있다.
④ 1방향 슬래브의 최소 두께는 100mm 이상으로 규정하고 있다.
⑤ 4변에 의해 지지되는 슬래브 중에서 단변에 대한 장변의 비가 4배를 넘으면 1방향 슬래브로 해석한다.
⑥ 2방향 슬래브에서 위험단면의 철근 간격은 슬래브 두께의 2배 이하, 300mm 이하이어야 한다.

18 프리스트레스트 콘크리트 PSC 의 특징

① PSC는 안정성을 갖는다.
② PSC는 변형이 크고 진동하기 쉽다.
③ PSC는 지간이 긴 교량이나 큰 하중을 받는 구조물에 사용된다.
④ PSC는 설계하중이 작용하더라도 인장측에 균열이 발생하지 않는다.

19 콘크리트의 일반적인 특징

① 건조수축에 의한 균열이 생기기 쉽다.
② 콘크리트의 인장강도는 압축강도의 약 1/10~1/13 정도 이다.
③ 내구성과 내화성이 강재에 비해 높다.
④ 균열이 생기기 쉽고 부분적으로 파손되기 쉽다.

20 콘크리트의 최소 피복두께

철근의 외부 조건			최소 피복
• 수중에서 타설하는 콘크리트			100mm
• 흙에 접하여 콘크리트를 친 후에 영구히 흙에 묻혀 있는 콘크리트			75mm
• 흙에 접하거나 옥외의 공기에 직접 노출되는 콘크리트		D19 이상 철근	50mm
		D16 이하의 철근 지름 16mm 이하의 철선	40mm
• 옥외의 공기나 흙에 직접 접하지 않는 콘크리트	슬래브 벽체, 장선	D35 초과하는 철근	40mm
		D35 이하 철근	20mm
	보		40mm
	쉘, 절판부재		20mm

21 AE공기의 특징

① 콘크리트의 워커빌리티와 마무리성이 좋아진다.
② 기상작용에 대한 내구성과 수밀성이 커진다.
③ 경화 후 동결융해에 대한 저항성이 증대된다.

22 피복두께

콘크리트 표면과 그에 가장 가까이 배치된 철근 표면 사이의 최단거리

23 폴리머 콘크리트의 특징

① 워커빌리티가 좋고 휨 강도, 인장 강도가 크다.
② 내수성, 내충격성, 닳음 저항성, 동결 융해 저항성이 크다.

24 골재가 갖춰야 할 성질

① 알맞은 입도를 가질 것
② 깨끗하고 강하며 내구적일 것
③ 연하고 가느다란 석편을 함유하지 않을 것
④ 먼지, 흙 등의 유해물이 허용한도 이내일 것

25 경량골재 콘크리트

경량골재를 써서 만든 콘크리트의 단위용적질량이 $1500 \sim 1900 kg/m^3$ 인 콘크리트

26 연성파괴

철근의 항복으로 시작되는 보의 파괴 형태로 철근이 먼저 항복한 후에 콘크리트가 큰 변형을 일으켜 사전에 붕괴의 조짐을 보이면서 점진적으로 일어나는 파괴

27 블리딩 및 레이턴스

① 블리딩 : 콘크리트를 친 후 시멘트와 골재알이 가라앉으면서 물이 떠오른 현상
② 레이턴스 : 블리딩에 의하여 콘크리트의 표면에 떠올라 가라 앉는 아주 작은 물질

28 릴랙세이션

재료에 응력을 준 상태에서 변형을 일정하게 유지하며, 시간이 지남에 따라 응력이 감소하는 현상

29 부착

철근과 콘크리트가 그 경계면에서 미끄러지지 않도록 저항하는 것

30 주형의 구조 형식에 따른 분류

① 단순교 : 주형 또는 주트러스의 양 끝이 단순 지지된 교량을 말하며, 한쪽 지점은 힌지, 다른 쪽 지점은 이동 지점으로 지지된다.
② 아치교 : 타이드 아치형식의 한강대교와 같이 상부 구조의 주체가 아치로 된 교량으로 계곡이나 지간이 긴 곳에 적당하다.
③ 라멘교 : 보와 기둥의 접합부를 일체가 되도록 결합한 것을 주형으로 사용한 교량
④ 연속교 : 주형 혹은 주트러스를 3개 이상의 지점으로 지지하여 2경간 이상에 걸쳐 연속시킨 교량의 구조 형식

31 아치교

① 미관이 아름답다.
② 계곡이나 지간이 긴 곳에도 적당하다.
③ 상부 구조의 주체가 아치(arch)로 된 교량을 말한다.
④ 우리나라의 대표적인 아치교는 한강교이다.

32 사장교

서해 대교와 같이 교각 위해 주탑을 세우고 주탑과 경사로 배치된 케이블로 주형을 고정시키는 형식의 교량
- 사장교 : 교각 위에 탑을 세우고, 탑에서 경사진 케이블로 주형을 잡아당기는 형식의 교량으로 국내 최대 사장교인 서해대교가 있다.

33 오일러의 장주공식

일단고정 타단자유	$n = \dfrac{1}{4}$	$K = 2.0$
양단힌지	$n = 1$	$K = 1.0$
일단힌지 타단고정	$n = 2$	$K = \dfrac{1}{\sqrt{2}}$
양단고정	$n = 4$	$K = \dfrac{1}{\sqrt{4}}$

34 확대기초의 종류

① 독립 확대기초 : 1개의 기둥에 전달되는 하중을 1개의 기초가 단독으로 받도록 되어 있는 확대기초
② 벽 확대기초 : 벽으로부터 전달되는 하중을 분포시키기 위하여 연속적으로 만들어진 확대기초
③ 연결 확대기초 : 2개 이상의 기둥을 1개의 확대기초로 받치도록 만든 기초

35 기둥의 형식 3가지

① 띠철근 기둥 : 축방향 철근을 적당한 간격의 띠철근으로 둘러 감은 기둥
② 나선철근 기둥 : 축방향 철근을 나선철근으로 촘촘히 둘러 감은 기둥
③ 합성 기둥 : 구조용 강재나 강관을 축방향으로 보강한 기둥

36 구조물의 종류

① 사용재료에 따른 토목 구조물의 종류 : 콘크리트 구조, 강 구조, 합성 구조
② 슬래브의 형태에 따른 분류 : 사각형, 사다리꼴, 다각형, 원형슬래브
③ 철근콘크리트기둥의 종류 : 띠철근 기둥, 나선철근 기둥, 합성 기둥

37 옹벽

① 옹벽의 종류
- 중력식 옹벽
- 뒷부벽식 옹벽
- L형 옹벽
- 반중력식 옹벽
- 캔틸레버 옹벽
- 앞부벽식 옹벽
- 역 L형 옹벽

② 안정 조건
- 전도에 대한 안정(2.0배 이상)
- 활동에 대한 안정(1.5배 이상)
- 침하에 대한 안정

38 기둥

① 지붕, 바닥 등의 상부 하중을 받아서 토대 및 기초에 전달하고 벽체의 골격을 이루는 수직 구조체이다.
② 기둥의 강도는 길이의 휘는 길이를 나타내므로 크게 영향을 받는다.
③ 단주인가 장주인가에 따라 동일한 단면이라도 그 강도가 달라진다.
④ 순수한 축방향 압축력만을 받는 일은 거의 없다.
⑤ 허용지지력

$$f_a = \frac{P}{A}$$

39 강 구조의 특징

① 균질성이 우수하다.
② 부재를 개수하거나 보강하기 쉽다.
③ 반복하중에 의한 피로가 발생하기 쉽다.
④ 차량 통행에 의하여 소음이 발생하기 쉽다.

40 교량의 구성

① 상부 구조 : 바닥판, 바닥틀, 주형 또는 주트러스, 받침
② 하부 구조 : 교대, 교각 및 기초

상부 구조		하부 구조	
교량의 주체가 되는 부분으로서 교통의 하중을 직접 받쳐주는 부분		상부 구조로부터의 하중을 지반에 전달해 주는 부분	
바닥판	포장, 슬래브	교각, 교대	상부의 하중을 지반에 전달하는 역할
바닥틀	세로보, 가로보	기초	지반의 조건에 따라 말뚝 기초 또는 우물통 기초가 사용
주형, 주트러스	트러스, PSC 상자		

Pick
Remember

핵심
문제
180
선

01 Pick Remember 180선
토목제도

HANSOL2026
전산응용토목제도

제도기준

□□□ 기 08⑤, 09⑤, 10①⑤, 11①, 13④⑤
01 국제 표준화 기구를 나타내는 표준 규격 기호는?

① ANS ② JIS
③ ISO ④ DIN

| 해답 | ③

국가별 표준 규격 기호

국 별	기호
국제 표준화 기구	ISO
미국 규격	ANSI
영국 규격	DIS
일본 규격	JIS

□□□ 기 11⑤, 15④
02 도면이 구비하여야 할 일반적인 기본 요건으로 옳은 것은?

① 분야별 각기 독자적인 표현 체계를 가져야 한다.
② 기술의 국제 교류의 입장에서 국제성을 가져야 한다.
③ 기호의 다양성과 제작자의 특성을 잘 반영하여야 한다.
④ 대상물의 임의성을 부여하여야 한다.

| 해답 | ②
도면은 기술의 국제 교류의 입장에서 국제성을 가져야 한다.

□□□ 기 03④, 08⑤, 09⑤, 10⑤, 11③, 12①, 13①, 17①
03 한국 산업 표준 중에서 토건 기호는?

① KS A ② KS C
③ KS F ④ KS M

| 해답 | ③

KS의 부문별 기호

기호	KS F	KS A	KS M	KS C
부문	토 건	기 본	화 학	전 기

□□□ 기 10①, 15①, 17①
04 철근의 치수와 배치를 나타낸 도면은?

① 일반도 ② 구조 일반도
③ 배근도 ④ 외관도

| 해답 | ③

배근도
철근의 치수와 배치를 나타낸 그림 또는 도면을 말한다.

□□□ 기 08①, 12①, 15①
05 삼각 스케일에 표시된 축척이 아닌 것은?

① 1 : 100 ② 1 : 300
③ 1 : 500 ④ 1 : 700

| 해답 | ④

삼각 스케일
1면에 1m의 1/100, 1/200, 1/300, 1/400, 1/500, 1/600에 해당하는 여섯가지의 축척 눈금이 새겨져 있다.

□□□ 기 12①, 14⑤, 15④

06 도면을 표현형식에 따라 분류할 때 구조물의 구조 계산에 사용되는 선도로 교량의 골조를 나타내는 도면은?

① 일반도
② 배근도
③ 구조선도
④ 상세도

| 해답 | ③

표현 형식에 따른 도면의 분류
• 종류 : 일반도, 외관도, 구조선도
• 구조선도 : 교량 등의 골조를 나타내고, 구조 계산에 사용하는 선도로 교량의 골조를 나타내는 도면이다.

□□□ 기 09④, 11④, 15④, 23①

07 보기의 철강 재료 기호 표시에서 재질을 나타내는 기호 등을 표시하는 부분은?

① ㉠
② ㉡
③ ㉢
④ ㉣

〈보기〉 KS D 3503   S   S   330
         ㉠   ㉡ ㉢   ㉣

| 해답 | ②

구조용 압연재

KS D 3503 S S 41
(KS 분류 번호) │ │ └ 최저 인장 강도 41
              │ └── 일반 구조용 압연재
              └─── 강

㉠ KS D 3503 : KS 분류 번호
㉡ S : 강(steel)
㉢ S : 일반 구조용 압연강재
㉣ 330 : 최저 인장 강도($330N/mm^2$)

□□□ 기 09①, 11①, 13⑤
08 선, 원주 등을 같은 길이로 분할할 때 사용하는 기구는?

① 컴퍼스 ② 디바이더
③ 형판   ④ 운형자

> |해답| ②
> 디바이더
> • 치수를 자의 눈금에서 잰 후 제도 용지 위에 옮김
> • 선, 원주 등을 같은 길이로 분할하는 데 사용

□□□ 기 08④, 09①, 10②, 11⑤, 12⑤, 13①, 14④, 15⑤
09 제도 용지의 폭과 길이의 비는 얼마인가?

① $1 : \sqrt{5}$ ② $1 : \sqrt{3}$
③ $1 : \sqrt{2}$ ④ $1 : 1$

> |해답| ③
> 제도 용지의 세로(폭 a)과 가로(길이 b)의 비는 $1 : \sqrt{2}$ 이다.

□□□ 기 09①, 10⑤, 11③, 13⑤, 15①④, 16④
10 A3 도면으로 나타내기 위한 도면 영역의 한계점(단위 : mm)은?

① 1189, 841 ② 841, 594
③ 420, 297   ④ 297, 210

> |해답| ③
> 도면의 치수
>
> | 호칭 | A0 | A1 | A2 | A3 | A4 |
> |---|---|---|---|---|---|
> | a×b | 841×1189 | 594×841 | 420×594 | 297×420 | 210×297 |

□□□ 기 12⑤, 16④

11 구체적인 설계를 하기 전에 계획자의 의도를 제시하기 위하여 그려지는 도면은?

① 설계도 ② 계획도
③ 제작도 ④ 시공도

| 해답 | ②

용도에 따른 분류
- 계획도, 설계도, 제작도, 시공도
- 계획도 : 구체적인 설계를 하기 전에 계획자의 의도를 명시하기 위하여 그리는 도면

□□□ 기 10①④, 11④, 14①⑤

12 도면을 접어서 보관할 때 기본적인 도면의 크기는?

① A1 ② A2
③ A3 ④ A4

| 해답 | ④

도면을 접을 때에는 A4(210×297mm) 의 크기로 접는 것을 원칙으로 한다.

□□□ 기 02, 05, 06, 07⑤, 09④⑤, 11①⑤, 13①, 15①④

13 도면에서 반드시 그려야 할 사항으로 도면의 번호, 도면 이름, 척도, 투상법 등을 기입하는 것은?

① 표제란 ② 윤곽선
③ 중심마크 ④ 재단마크

| 해답 | ①

표제란
- 도면의 관리에 필요한 사항과 도면의 내용에 대한 사항을 모아서 기입
- 도면 번호, 도면 명칭, 기업체명, 책임자 서명, 도면 작성 일자, 축척 등을 기입

□□□ 기 08⑤, 10⑤, 13⑤
14 도면 작성에서 가는 선 : 굵은 선의 굵기 비율로 옳은 것은?

① 1 : 1.5   ② 1 : 2
③ 1 : 2.5   ④ 1 : 3

| 해답 | ②

굵기에 따른 선의 종류

선의 종류	굵기 비율
가는 선	1
굵은 선	2
아주 굵은 선	4

□□□ 기 07①, 10④⑤, 15④, 16④
15 선의 종류 중 보이지 않는 부분의 모양을 표시할 때 사용하는 선은?

① 일점쇄선   ② 이점쇄선
③ 파선   ④ 실선

| 해답 | ④

파선 : 숨은선
대상물의 보이지 않는 부분의 모양을 표시

□□□ 기 10①, 12①
16 치수표기에서 특별한 명시가 없으면 무엇으로 표시하는가?

① 가상 치수   ② 재료 치수
③ 재단 치수   ④ 마무리 치수

| 해답 | ④

치수는 특별히 명시하지 않으면 마무리 치수로 표시한다.

□□□ 기 11①, 13①④, 14①, 15⑤
17 문자에 대한 토목제도 통칙으로 옳지 않은 것은?

① 문자의 크기는 높이에 따라 표시한다.
② 숫자는 주로 아라비아 숫자를 사용한다.
③ 글자는 필기체로 쓰고 수직 또는 30° 오른쪽으로 경사지게 쓴다.
④ 영자는 주로 로마자의 대문자를 사용하나 기호, 그 밖에 특별히 필요한 경우에는 소문자를 사용해도 좋다.

| 해답 | ③
한글 서체는 고딕체로 하고, 수직 또는 15° 오른쪽으로 경사지게 쓴다.

□□□ 기 02④, 08①, 11①④, 19①
18 도면에서 윤곽선은 최소 몇 mm 이상 두께의 실선으로 그리는 것이 좋은가?

① 0.1mm
② 0.2mm
③ 0.5mm
④ 1.0mm

| 해답 | ③
윤곽선은 도면의 크기에 따라 0.5mm 이상의 굵기인 실선으로 긋는다.

□□□ 기 09①, 12④⑤, 15④
19 제도 통칙에서 한글, 숫자 및 영자에 해당하는 문자의 선 굵기는 문자 크기의 호칭에 대하여 얼마로 하는 것이 바람직한가?

① 1/2
② 1/5
③ 1/9
④ 1/13

| 해답 | ③
글자의 굵기는 한글, 숫자 및 로마자의 경우에는 1/9로 하는 것이 적당하다.

□□□ 기 09①, 14⑤

20 A1 용지에서 윤곽의 나비는 철하지 않을 때 최소 몇 mm 이상 여유를 두는 것이 바람직한가?

① 5
② 10
③ 15
④ 20

| 해답 | ④

도면의 윤곽 치수

크기와 호칭	A0	A1	A2	A3	A4
a×b	841×1189	594×841	420×594	297×420	210×297
철하지 않을 때	20	20	10	10	10
철할 때	25	25	25	25	25

□□□ 기 08①, 08⑤, 13⑤

21 윤곽 및 윤곽선에 대한 설명 중 틀린 것은?

① 윤곽의 나비는 A0 크기에 대하여 최소 20mm인 것이 바람직하다.
② 윤곽의 나비는 A1 크기에 대하여 최소 10mm인 것이 바람직하다.
③ 그림을 그리는 영역을 한정하기 위한 윤곽선은 최소 0.5mm 이상 두께의 실선으로 그린다.
④ 도면을 철하기 위한 구멍 뚫기의 여유는 최소 나비 20mm(윤곽선 포함)로 표제란에서 가장 떨어진 왼쪽 끝에 둔다.

| 해답 | ②

도면을 철하지 않을 때 최소 윤곽의 나비
• 도면 A0, A1 : 20mm
• 도면 A2, A3, A4 : 10mm

□□□ 기 04③, 11⑤, 12①, 14④, 15④, 16④

22 도면에서 두 종류 이상의 선이 같은 장소에 서로 겹칠 때 우선순위로 옳은 것은?

① 외형선→숨은선→절단선→중심선
② 외형선→숨은선→중심선→절단선
③ 절단선→숨은선→중심선→외형선
④ 절단선→외형선→중심선→숨은선

| 해답 | ①

선의 우선 순위

1	외형선
2	숨은선
3	절단선
4	중심선

□□□ 기 07⑤, 10①, 14①

23 도면을 철하지 않을 경우 A3 도면 윤곽선의 여백 치수의 최소값은 얼마로 하는 것이 좋은가?

① 25mm ② 20mm
③ 10mm ④ 5mm

| 해답 | ③

도면을 철하지 않을 경우 A3 도면 윤곽선의 최소 여백 치수 10mm
도면의 윤곽 치수

크기와 호칭	A0	A1	A2	A3	A4
철하지 않을 때	20	20	10	10	10
철할 때	25	25	25	25	25

□□□ 기 09①, 14⑤
24 선과 선이 서로 교차할 때 표시법으로 옳지 않은 것은?

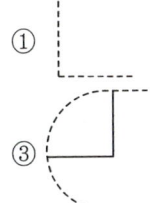
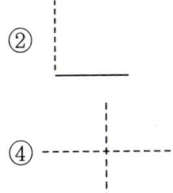

| 해답 | ②

점선과 실선이 만나야 한다.

□□□ 기 08①, 14⑤
25 토목제도에서 현의 길이를 바르게 표시한 것은?

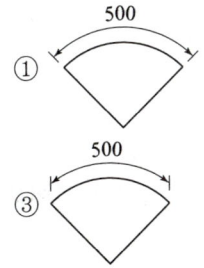
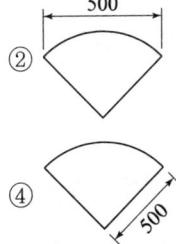

| 해답 | ②

① 호의 길이
② 현의 길이
③ 현의 길이

토목제도

□□□ 기 09④, 12①, 13④
26 다음 중 같은 크기의 물체를 도면에 그릴 때 가장 작게 그려지는 척도는?

① 1 : 2
② 1 : 3
③ 2 : 1
④ 3 : 1

| 해답 | ②
척도
- 도면에서의 크기(A) : 물체의 실제 크기(B)=1 : n
  ∴ n값이 클수록 작게 그려지는 척도이다.

□□□ 기 14①④, 16①
27 도면 제도를 위한 치수 기입 방법으로 옳지 않은 것은?

① 치수의 단위는 m를 원칙으로 한다.
② 각도의 단위는 도(°), 분(′), 초(″)를 사용한다.
③ 완성된 도면에는 치수를 기입하여야 한다.
④ 치수 기입 요소는 치수선, 치수보조선, 치수 등을 포함한다.

| 해답 | ①
치수의 단위는 mm를 원칙으로 한다.

□□□ 기 03, 05, 09④, 11⑤, 15⑤
28 대칭인 도형은 중심선에서 한쪽은 외형도를 그리고 그 반대쪽은 무엇을 표시하는가?

① 정면도
② 평면도
③ 측면도
④ 단면도

| 해답 | ④
대칭적인 것은 중심선의 한쪽을 외형도, 반대쪽을 단면도로 표시하는 것을 원칙으로 한다.

□□□ 기 08⑤, 09①, 14⑤

29 그림에서 치수기입 방법이 옳지 않은 것은?

① A
② B
③ C
④ D

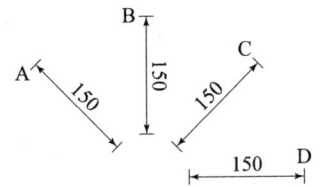

| 해답 | ②
치수선 B 부분은 좌측에 기입한다.

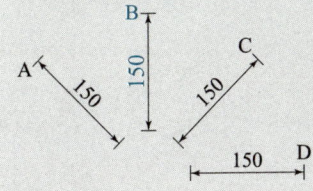

□□□ 기 09④, 10③, 11③, 13①④, 14④, 19①

30 도면의 치수 보조 기호의 설명으로 옳지 않은 것은?

① t : 파이프의 지름에 사용된다.
② ϕ : 지름의 치수 앞에 붙인다.
③ R : 반지름 치수 앞에 붙인다.
④ SR : 구의 반지름 치수 앞에 붙인다.

| 해답 | ①
치수 보조 기호

명칭	기호
판의 두께	t
원의 반지름	R
원의 지름	ϕ
구의 반지름	SR

□□□ 기 07⑤, 09①, 11⑤, 12④, 13④, 16④
31 토목제도에서의 대칭인 물체나 원형인 물체의 중심선으로 사용되는 선은?

① 파선
② 1점 쇄선
③ 2점 쇄선
④ 나선형 실선

|해답| ②
중심선
- 가는 1점 쇄선
- 대칭의 중심을 표시하는 데 사용

□□□ 기 10⑤, 12④⑤, 15①④
32 문자에 대한 설명으로 옳지 않은 것은?

① 숫자에는 아라비아 숫자가 주로 쓰인다.
② 한글의 서체는 활자체에 준하는 것이 좋다.
③ 문자의 크기는 문자의 폭으로 나타낸다.
④ 도면에 사용되는 문자로는 한글, 숫자, 로마자 등이 있다.

|해답| ③
문자의 크기는 원칙적으로 높이를 표준으로 한다.

□□□ 기 10①, 15⑤, 16①
33 단면도의 절단면을 해칭할 때 사용되는 선의 종류는?

① 가는 파선
② 가는 실선
③ 가는 1점 쇄선
④ 가는 2점 쇄선

|해답| ②
해칭
- 단면도의 절단면을 나타내는 선
- 가는 실선으로 규칙적으로 빗금을 그은 선

□□□ 기 10①, 12⑤, 13④, 15④

34 치수 기입의 원칙에 어긋나는 것은?

① 치수의 중복 기입은 피해야 한다.
② 치수는 계산할 필요가 없도록 기입해야 한다.
③ 주투상도에는 가능한 치수 기입을 생략하여야 한다.
④ 도면에 길이의 크기와 자세 및 위치를 명확하게 표시해야 한다.

| 해답 | ③
치수 기입의 원칙
치수는 될 수 있는 대로 주투상도에 기입해야 한다.

□□□ 기 08①, 09①, 15⑤, 24③

35 실제 거리가 120m인 옹벽을 축척 1 : 1200의 도면에 그릴 때 도면상의 길이는?

① 12mm
② 100mm
③ 10000mm
④ 120000mm

| 해답 | ②
도면상의 길이
$$l = \frac{1}{1200} \times 120 = 0.1\text{m} = 100\text{mm}$$

□□□ 기 11④, 12⑤, 13④⑤, 16①

36 인출선을 사용하여 기입하는 내용과 거리가 먼 것은?

① 치수
② 가공법
③ 주의 사항
④ 도면 번호

| 해답 | ④
인출선
치수, 가공법, 주의 사항 등을 기입하기 위해 사용하는 인출선은 가로에 대하여 직각 또는 45°의 직선을 긋고 치수선의 위쪽에 치수를 표시

□□□ 기 10①⑤, 16①
37 강 구조물의 도면에 대한 설명으로 옳지 않은 것은?

① 제작이나 가설을 고려하여 부분적으로 제작단위마다 상세도를 작성한다.
② 평면도, 측면도, 단면도 등을 소재나 부재가 잘 나타나도록 각각 독립하여 그린다.
③ 도면을 잘 보이도록 하기 위해서 절단선과 지시선의 방향을 표시하는 것이 좋다.
④ 강 구조물이 너무 길고 넓어 많은 공간을 차지해도 반드시 전부를 표현한다.

| 해답 | ④
강 구조물은 너무 길고 넓어 많은 공간을 차지하므로 몇 가지의 단면으로 절단하여 표현한다.

□□□ 기 07④, 11①, 13⑤, 14①, 15④, 16①④
38 제도의 척도에 해당하지 않는 것은?

① 배척
② 현척
③ 상척
④ 축척

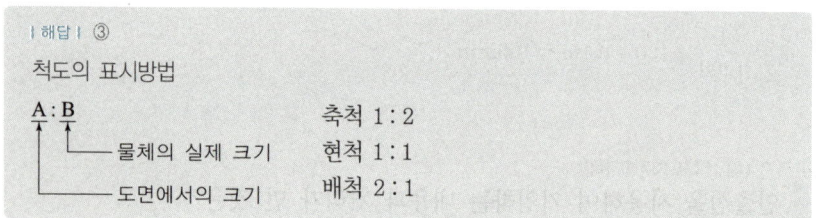

| 해답 | ③
척도의 표시방법
A : B
물체의 실제 크기
도면에서의 크기

축척 1 : 2
현척 1 : 1
배척 2 : 1

□□□ 기 10①, 11⑤, 13④
39 옹벽의 벽체 높이가 4500mm, 벽체의 기울기가 1 : 0.02일 때, 수평거리는 몇 mm인가?

① 20
② 45
③ 90
④ 180

| 해답 | ③
- 연직거리 : 수평거리
  $H : D = 1 : n = 1 : 0.02$
- 연직거리가 4500mm일 때 수평거리
  $D = n \cdot H = 0.02 \times 4500 = 90 \text{mm}$

□□□ 기 09①, 10⑤, 12④, 16④
40 치수와 치수선에 대한 설명으로 옳지 않은 것은?

① 치수를 특별히 명시하지 않으면 마무리 치수로 표시한다.
② 치수선은 표시할 치수의 방향에 평행하게 긋는다.
③ 제작, 조립, 시공, 설계를 할 때에 기준이 되는 곳이 있을 때에는 그 곳을 기준으로 하여 치수를 기입한다.
④ 치수의 단위는 cm를 원칙으로 하고, 단위 기호는 반드시 기입 하여야 한다.

| 해답 | ④
치수 단위는 mm를 원칙으로 하며, 단위 기호는 표기하지 않는다.

□□□ 기 10④, 13④, 15①
41 도면의 작도에 대한 설명으로 옳지 않은 것은?

① 도면은 간단히 하고 중복을 피한다.
② 대칭일 때는 중심선의 한쪽에 외형도, 반대쪽은 단면도를 표시한다.
③ 경사면을 가진 구조물의 표시는 경사면 부분만의 보조도를 넣는다.
④ 보이는 부분은 굵은 실선으로 하고, 숨겨진 부분은 가는 실선으로 하여 구분한다.

| 해답 | ④
작도 통칙
보이는 부분은 실선으로 표시하고, 숨겨진 부분은 파선으로 표시한다.

□□□ 기 13①, 14①
42 척도에 관한 설명으로 옳지 않은 것은?

① 현척은 실제 크기를 의미한다.
② 배척은 실제보다 큰 크기를 의미한다.
③ 축척은 실제보다 작은 크기를 의미한다.
④ 그림의 크기가 치수와 비례하지 않으면 NP를 기입한다.

| 해답 | ④
NS
그림의 형태가 치수와 비례하지 않을 때에는 치수 밑에 밑줄을 긋거나, 비례가 아님 또는 NS(not to scale) 등의 문자를 기입하여야 한다.

□□□ 기 07④, 11①, 13⑤, 14①, 15④, 16①④
43 1:1보다 큰 척도를 의미하는 것은?

① 실척　　　　　　　　② 축척
③ 현척　　　　　　　　④ 배척

| 해답 | ④
척도의 종류
• 축척 : 물체의 실제보다 축소　　• 현척 : 물체의 실제와 같은 크기
• 배척 : 물체의 실제보다 확대

□□□ 기 05⑤, 09①, 11⑤, 12④, 13④, 16④
44 도형의 중심을 나타내는 중심선, 위치 결정의 근거임을 나타내는 기준선 등에 사용되는 선의 종류는?

① 1점 쇄선　　　　　　② 2점 쇄선
③ 파선　　　　　　　　④ 가는 실선

| 해답 | ①
1점 쇄선
• 중심선, 기준선, 피치선에 사용되는 선
• 주로 도형의 중심을 나타내며 도형의 대칭선으로 사용

기본도법

□□□ 기 10④, 14①

45 투상법은 보는 방법과 그리는 방법에 따라 여러 가지 종류가 있는데, 투상법의 종류가 아닌 것은?

① 정 투상법
② 등변 투상법
③ 등각 투상법
④ 사 투상법

| 해답 | ②

투상법의 종류
• 정 투상법 : 제3각법, 제1각법
• 표고 투상도
• 특수 투상법 : 축측 투상법(등각 투상도, 부등각 투상도), 사 투상도
• 투시도법

□□□ 기 11⑤, 14④

46 다음 철근 표시법에 대한 설명으로 옳은 것은?

@125 C.T.C

① 철근의 개수가 125개
② 철근의 굵기가 125mm
③ 철근의 길이가 125mm
④ 철근의 간격이 125mm

| 해답 | ④

@125 C.T.C
철근과 철근의 중심 간격이 125mm를 의미한다.

□□□ 기 10①, 11①, 13④, 15①④
47 판형재의 치수표시에서 강관의 표시방법으로 옳은 것은?

① $\phi A \times t$
② $D \times t$
③ $\phi D \times t$
④ $A \times t$

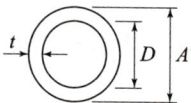

| 해답 | ①

판형재의 치수 표시
• 강관 : $\phi A \times t - L$
• 환강 : 이형 $D\ A - L$
• 평강 : □ $A \times B - L$
• 등변 ㄱ형강 : $L\ A \times B \times t - L$

□□□ 기 12①, 13①, 15④
48 투상법에서 제3각법에 대한 설명으로 옳지 않은 것은?

① 정면도 아래에 배면도가 있다.
② 정면도 위에 평면도가 있다.
③ 정면도 좌측에 좌측면도가 있다.
④ 제3면각 안에 물체를 놓고 투상하는 방법이다.

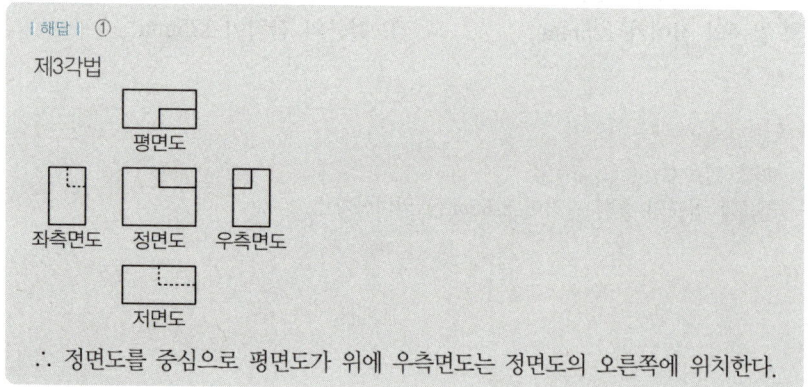

| 해답 | ①

제3각법

∴ 정면도를 중심으로 평면도가 위에 우측면도는 정면도의 오른쪽에 위치한다.

□□□ 기 02, 09④, 15①
49 그림과 같이 투상하는 방법은?

① 제1각법
② 제2각법
③ 제3각법
④ 제4각법

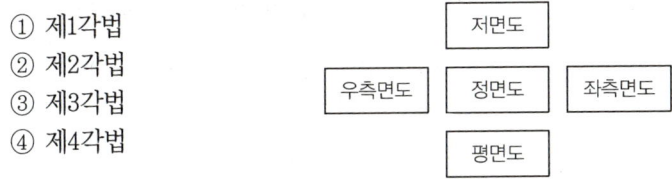

| 해답 | ①
제1각법

□□□ 기 11④, 12⑤, 13⑤, 14①⑤, 15④, 16①
50 그림은 평면도상에서 어떤 지형의 절단면 상태를 나타낸 것인가?

① 절토면
② 성토면
③ 수준면
④ 물매면

| 해답 | ②
성토면

□□□ 기 10⑤, 11⑤, 15④, 18①
51 그림에서와 같이 주사위를 바라보았을 때 우측면도를 바르게 표현한 것은?
(단, 투상법은 제3각법이며, 물체의 모서리 부분의 표현은 무시한다.)

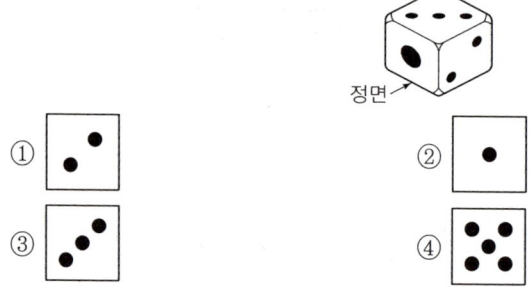

| 해답 | ①
∴ ① 우측면도   ② 정면도   ③ 평면도

□□□ 기 06, 09④, 11①, 13④
52 도로 설계 제도의 평면도에 산악, 구릉부 등의 지형을 나타내는데 사용되는 것은?

① 거리표   ② 도근점
③ 다각형   ④ 등고선

| 해답 | ④
산악이나 구릉부의 지형은 등고선을 기입하여 표시한다.

□□□ 기 11③, 14①④, 15①
53 건설재료 중 콘크리트의 단면 표시로 옳은 것은?

① 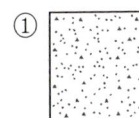   ②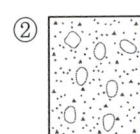

③ 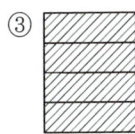   ④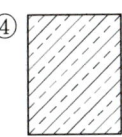

| 해답 | ②

재료 단면의 표시
① 모르타르
② 콘크리트
③ 벽돌
④ 자연석

□□□ 기 08④, 10①, 15⑤, 16④
54 단면의 경계면 표시 중 지반면(흙)을 나타내는 것은?

| 해답 | ①

재료의 경계 표시
① 지반면(흙)
② 모래
③ 잡석
④ 수준면(물)

□□□ 기 02, 07①, 10①, 13⑤, 14⑤, 17①
55 그림과 같은 투상법을 무엇이라 하는가?

① 정 투상법
② 사 투상법
③ 표고 투상법
④ 축측 투상법

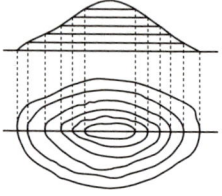

| 해답 | ③

표고 투상법
입면도를 쓰지 않고 수평면으로부터 높이의 수치를 평면도에 기호로 주기하여 나타내는 방법

□□□ 기 11④, 12④, 14④, 15④
56 도로 설계에서 종단 측량 결과로서 종단면도에 기입할 사항이 아닌 것은?

① 면적　　　　　　　　② 거리
③ 지반고　　　　　　　④ 계획고

| 해답 | ①

종단면도에 기입사항
곡선, 측점, 거리 및 추가거리, 지반고, 계획고, 땅깎기 및 흙쌓기, 경사 등의 기입란을 만들고 종단측량 결과를 차례로 기입한다.

□□□ 기 09①, 12⑤, 13④, 14①, 15④, 24①
57 KS에서 원칙으로 하고 있는 정투상도를 그리는 방법은?

① 제1각법　　　　　　② 제2각법
③ 제3각법　　　　　　④ 제4각법

| 해답 | ③

정 투상법
KS에서는 정 투상법은 제3각법에 따라 도면을 작성하는 것을 원칙으로 하고 있다.

□□□ 기 11⑤, 12④, 13①, 15①, 16④
58 각 모서리가 직각으로 만나는 물체는 모서리를 세 축으로 하여 투상도를 그리면 입체의 모양을 하나로 나타낼 수 있는데 이러한 투상법은?

① 정 투상법
② 사 투상법
③ 축측 투상법
④ 표고 투상법

> | 해답 | ③
>
> 축측 투상도
> 각 모서리가 직각으로 만나는 세 모서리를 좌표축으로 하여 하나의 투상도에 정면, 평면, 측면이 입체적으로 하나로 나타내는 투상법

□□□ 기 02, 08①, 10④⑤, 12④, 16①④
59 정 투상법에서 제1각법의 순서로 옳은 것은?

① 눈 → 물체 → 투상면
② 눈 → 투상면 → 물체
③ 물체 → 눈 → 투상면
④ 물체 → 투상면 → 눈

> | 해답 | ①
>
> 정투상도
> • 제1각법 : 눈 → 물체 → 투상면 (1각법 : 눈물)
> • 제3각법 : 눈 → 투상면 → 물체 (3각법 : 눈투)

□□□ 기 03, 08①, 11⑤, 12①, 14④, 16①
60 철근 표시에서 'D16'이 의미하는 것은?

① 지름 16mm인 원형 철근
② 지름 16mm인 이형 철근
③ 반지름 16mm인 이형철근
④ 반지름 16mm인 고강도 철근

> | 해답 | ②
>
> 철근의 표시
> • D16 : 지름 16mm의 이형 철근
> • ϕ16 : 지름 16mm의 원형 철근

□□□ 기 09①, 11⑤, 12④, 13①, 15①, 16④

61 정면, 평면, 측면을 하나의 투상도에서 동시에 볼 수 있도록 3개의 모서리가 각각 120°를 이루게 그리는 도법은?

① 경사 투상도
② 유각 투상도
③ 등각 투상도
④ 평행 투상도

| 해답 | ③

등각 투상도
• 정면, 평면, 측면을 하나의 투상도에서 동시에 볼 수 있다.
• 직육면체의 등각 투상도에서 직각으로 만나는 3개의 모서리는 각각 120°를 이룬다.

□□□ 기 09⑤, 10④, 11④, 14③, 15①⑤, 16①

62 멀고 가까운 거리감을 느낄 수 있도록 하나의 시점과 물체의 각 점을 방사선 상으로 이어서 그리는 도법으로 구조물의 조감도에 많이 쓰이는 투상법은?

① 투시도법
② 사 투상법
③ 정 투상법
④ 축측 투상법

| 해답 | ①

투시도법
멀고 가까운 거리감(원근감)을 느낄 수 있도록 하나의 시점과 물체의 각 점을 방사선으로 이어서 그리는 방법

□□□ 기 10①④, 12④⑤, 15④, 16①④, 17①

63 각봉의 절단면을 바르게 표시한 것은?

① 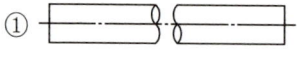   ②
③    ④

| 해답 | ④
단면의 형태에 따른 절단면 표시
① 환봉 ② 나무 ③ 파이프 ④ 각봉

□□□ 기 12①, 16④

64 물체를 투상면에 대하여 한쪽으로 경사지게 투상하여 입체적으로 나타낸 것은?

① 투시투상도 ② 사투상도
③ 등각 투상도 ④ 축측투상도

| 해답 | ②
사투상도
• 물체의 상징인 정면 모양이 실제로 표시되며 한쪽으로 경사지게 투상하여 입체적으로 나타내는 투상도
• 물체를 입체적으로 나타내기 위해 수평선에 대하여 30°, 45°, 60° 경사각을 주어 삼각자를 쓰기에 편리한 각도로 한다.

□□□ 기 04, 08①, 09①, 10④, 12①, 21①

65 "24@200=4800"에 대한 설명으로 옳은 것은?

① 전장 4800mm를 200mm로 24등분 한다.
② 전장 4800mm를 24mm로 200등분 한다.
③ 200cm 간격으로 24등분하여 4800cm로 만든다.
④ 24cm 간격으로 200등분하여 4800cm로 만든다.

| 해답 | ①
24@200=4800
전장 4800mm를 200mm로 24등분

□□□ 기 09④, 15⑤
66 투시도에서 물체가 기면에 평행으로 무한히 멀리 있을 때 수평선 위의 한 점으로 모이게 되는 점은?

① 시점
② 소점
③ 정점
④ 대점

| 해답 | ②

소점(V.P)
물체가 기면에 평행으로 무한히 멀리 있을 때 수평선 위의 한 점에 모이게 되는 점

□□□ 기 10①, 11④⑤, 13④⑤
67 투상선이 모든 투상면에 대하여 수직으로 투상되는 것은?

① 정 투상법
② 투시 투상도법
③ 사 투상법
④ 축측 투상도법

| 해답 | ①

정 투상법
투상선이 투상면에 대하여 수직으로 투상되는 것

□□□ 기 10⑤, 11⑤, 12①, 14⑤
68 도로설계 제도에서 굴곡부 노선의 제도에 사용되는 기호 중 곡선 시점을 나타내는 것은?

① I.P
② E.C
③ T.L
④ B.C

| 해답 | ④

굴곡부 노선
- 먼저 교점(I.P)의 위치를 정하고 교각(I)을 각도기로 정확히 측정한다.
- 교점(I.P)에서 접선길이(T.L)와 동등하게 곡선시점(B.C) 및 곡선종점(E.C)를 취한다.

02 Pick Remember 180선
토목 CAD

HANSOL2026
전산응용토목제도

CAD 일반

□□□ 기 09④, 12①, 15④

69 CAD 시스템에서 입력 장치가 아닌 것은?

① 키보드
② 디지타이저
③ 태블릿
④ 플로터

| 해답 | ④

CAD시스템의 입출력 장치

구분	종류
입력 장치	키보드, 마우스, 스캐너, 디지타이저, 태블릿, 터치스크린, 디지털 카메라, 라이트 펜, 조이스틱
출력 장치	모니터, 프린터, 플로터, 프로젝터

□□□ 기 11⑤, 14⑤

70 CAD 작업에서 도면층(layer)에 대한 설명으로 옳은 것은?

① 도면의 크기를 설정해 놓은 것이다.
② 축척에 따른 도면의 모습을 보여주는 자료이다.
③ 도면의 위치를 설정해 놓은 것이다.
④ 투명한 여러 장의 도면을 겹쳐 놓은 효과를 준다.

| 해답 | ④

도면층(layer)
- 투명한 여러 장의 도면을 겹쳐 놓은 효과를 준다.
- 도면을 몇 개의 층으로 나누어 그리거나 편집할 수 있는 기능

□□□ 기 11①, 14①
71 컴퓨터 운영체제가 아닌 것은?

① 유닉스(unix)
② 리눅스(linux)
③ 윈도우즈(windows)
④ 엑세스(access)

| 해답 | ④

컴퓨터의 운영체제(OS)의 종류
윈도(Windows), 유닉스(UNIX), 리눅스(Linux), 맥OS, OS/2

□□□ 기 11⑤, 15⑤
72 모니터의 해상도를 나타내는 단위는?

① Point
② RGB
③ TFT
④ DPI

| 해답 | ④

DPI(Dots Per Inch)
- 1인치(inch)에 인쇄되는 도트수(Dots/inch)
- 컴퓨터의 모니터, 플로터 등의 문자나 도형의 해상도를 나타내는 단위

□□□ 기 14⑤, 15④
73 중앙 처리 장치와 주기억 장치 사이에서 실행속도를 높이기 위해 사용되는 접근속도가 빠른 기억 장치는?

① 캐시 메모리(Cache Memory)
② DRAM(Dynamic RAM)
③ SRAM(Static RAM)
④ ROM(Read Only Memory)

| 해답 | ①

캐시 메모리
중앙 처리 장치와 주기억 장치 사이에서 실행 속도를 높이기 위해 제작된 고속의 특수 기억 장치이다.

□□□ 기 04④, 09①, 13①⑤

74 컴퓨터 기억 장치 중 기억된 자료를 읽고 쓰기는 가능하나 전원이 끊어지면 기억된 내용이 지워지는 장치는?

① ROM
② RAM
③ 하드디스크
④ 자기 디스크

| 해답 | ②
RAM
주기억 장치로 정보를 자유롭게 읽고 쓸 수는 있지만 휘발성의 특징을 가지고 있어 전원이 끊어지면 기억된 내용이 모두 지워진다.

□□□ 기 11⑤, 15①

75 다양한 응용분야에서 정밀하고 능률적인 설계 제도 작업을 할 수 있도록 지원하는 소프트웨어는?

① CAD
② CAI
③ Excel
④ Access

| 해답 | ①
CAD
모든 분야에서 정밀하고 능률적으로 설계 제도 작업에서부터 군사 및 과학에 이르기까지 가장 광범위하게 적용되고 있는 소프트웨어이다.

□□□ 기 11①, 13⑤, 15④

76 토목 CAD의 이용효과에 대한 설명으로 옳지 않은 것은?

① 모듈화된 표준도면을 사용할 수 있다.
② 도면의 수정이 용이하다.
③ 입체적 표현이 불가능 하나, 표현 방법이 다양하다.
④ 다중작업(multi-tasking)이 가능하다.

| 해답 | ③
입체적 표현이 가능하며 표현 방법이 증대된다.

03 Pick Remember 180선
철근 및 콘크리트

HANSOL2026
전산응용토목제도

구조물 설계

□□□ 기 09④, 13①, 14①⑤
77 구조물 설계를 위한 일반적인 도면의 작도순서로 옳은 것은?

① 단면도 – 일반도 – 철근 상세도 – 주철근 조립도 – 배근도
② 단면도 – 일반도 – 배근도 – 철근 상세도 – 주철근 조립도
③ 단면도 – 배근도 – 일반도 – 주철근 조립도 – 철근 상세도
④ 단면도 – 배근도 – 철근 상세도 – 주철근 조립도 – 일반도

| 해답 | ③
도면의 작도순서
단면도 → 각부 배근도 → 일반도 → 주철근 조립도 → 철근 상세도

□□□ 기 09⑤, 11④, 14④
78 구조물 설계 제도에 대한 설명으로 옳지 않은 것은?

① 도면에 오류가 없어야 한다.
② 도면은 상세하게 중복하여 반복 작성한다.
③ 도면에는 불필요한 사항은 기입하지 않는다.
④ 도면은 설계자의 의도가 정확하게 전달 될 수 있어야 한다.

| 해답 | ②
도면은 될 수 있는 대로 간단하게 그리며 중복을 피한다.

□□□ 기 09①, 11④, 14④
79 토목 구조물의 일반적인 도면 작도 순서에서 다음 중 가장 먼저 그리는 부분은?

① 각부 배근도
② 일반도
③ 주철근 조립도
④ 단면도

| 해답 | ④
도면의 작도 방법
도면의 작도 순서는 단면도를 먼저 그리고, 그 단면도에 의한 각부 배근도(일반도, 철근 상세도 등)를 완성한다.

철근 콘크리트 구조

□□□ 기 10①④, 12①④⑤, 13④⑤, 14④⑤, 15⑤, 16④
80 단철근 직사각형보에서 $f_{ck}=24\text{MPa}$, $f_y=300\text{MPa}$일 때 균형철근비는?

① 0.020
② 0.035
③ 0.037
④ 0.041

| 해답 | ③
균형철근비
$$\rho_b = \frac{\eta(0.85f_{ck})\beta_1}{f_y} \times \frac{660}{660+f_y}$$
• $f_{ck} \leq 40\text{MPa}$일 때
  $\eta=1.0$, $\beta_1=0.80$
∴ $\rho_b = \dfrac{1.0 \times (0.85 \times 24) \times 0.80}{300} \times \dfrac{660}{660+300} = 0.037$

□□□ 기 10④, 12①⑤, 13④⑤, 15①④
81 단철근 직사각형 보의 높이 $d=300\text{mm}$, 폭 $b=200\text{mm}$, 철근 단면적 $A_s=1275\text{mm}^2$일 때, 등가직사각형 응력블록의 깊이 a는?
(단, $f_{ck}=20\text{MPa}$, $f_y=400\text{MPa}$이다.)

① 40mm　　　　　　　② 80mm
③ 120mm　　　　　　 ④ 150mm

| 해답 | ④

$$a = \frac{A_s f_y}{\eta(0.85 f_{ck})b}$$

$f_{ck} \leq 40\text{MPa}$일 때
$\eta = 1.0$, $\beta_1 = 0.80$

$$\therefore a = \frac{1275 \times 400}{1.0 \times 0.85 \times 20 \times 200} = 150\,\text{mm}$$

□□□ 기 11⑤, 12①⑤, 14①, 15④
82 콘크리트의 등가직사각형 응력블록과 관계된 계수 β_1은 콘크리트의 압축강도의 크기에 따라 달라지는 값이다. 콘크리트의 압축강도가 38MPa일 경우 β_1의 값은?

① 0.65　　　　　　　② 0.70
③ 0.75　　　　　　　④ 0.80

| 해답 | ④

계수 $\eta(0.85 f_{ck})$와 β_1 값

f_{ck}	≤ 40	50	60	70	80
η	1.00	0.97	0.95	0.91	0.87
β_1	0.80	0.80	0.76	0.74	0.72

$\therefore f_{ck} \leq 40\text{MPa}$일 때 $\beta_1 = 0.80$

☐☐☐ 기 11①, 14④

83 압축이형철근의 기본정착길이를 구하는 식은? (단, f_y : 철근의 설계기준 항복강도, d_b : 철근의 공칭지름, f_{ck} : 콘크리트의 설계기준 압축강도, λ : 경량 콘크리트계수)

① $\dfrac{0.15 d_b f_y}{\lambda \sqrt{f_{ck}}}$
② $\dfrac{0.25 d_b f_y}{\lambda \sqrt{f_{ck}}}$
③ $\dfrac{0.30 d_b f_y}{\lambda \sqrt{f_{ck}}}$
④ $\dfrac{0.45 d_b f_y}{\lambda \sqrt{f_{ck}}}$

| 해답 | ②
압축 이형철근의 기본정착 길이
$l_{db} = \dfrac{0.25 d_b f_y}{\lambda \sqrt{f_{ck}}} \geq 0.043 d_b f_y$
• 압축이형정착길이는 항상 200mm 이상이어야 한다.

☐☐☐ 기 12①, 14①⑤, 16④

84 철근 콘크리트의 특징으로 틀린 것은?

① 내구성이 우수하다.
② 검사, 개조 및 파괴 등이 용이하다.
③ 다양한 모양과 치수를 만들 수 있다.
④ 부재를 일체로 만들어 강도를 높일 수 있다.

| 해답 | ②
철근 콘크리트의 특징
• 유지관리비가 적게 든다.
• 검사, 개조 및 보강 등이 어렵다.
• 내구성, 내화성, 내진성이 우수하다.
• 여러 가지 모양과 치수의 구조물을 만들기 쉽다.

□□□ 기 10①, 11④⑤, 12⑤, 13⑤, 15④⑤, 16④

85 철근 콘크리트를 널리 이용하는 이유가 아닌 것은?

① 자중이 크다.
② 철근과 콘크리트가 부착이 매우 잘 된다.
③ 철근과 콘크리트는 온도에 대한 열팽창계수가 거의 같다.
④ 콘크리트 속에 묻힌 철근은 녹이 슬지 않는다.

| 해답 | ①

철근 콘크리트를 널리 이용하는 이유
① 철근과 콘크리트는 부착이 매우 잘 된다.
② 콘크리트 속에 묻힌 철근은 녹슬지 않는다.
③ 철근과 콘크리트 온도에 대한 열팽창계수가 거의 같다.

□□□ 기 12①④, 14①

86 다음 (   )에 알맞은 것은?

단부에 표준 갈고리가 있는 인장 이형철근의 정착길이 l_{dh} 는 기본정착길이 l_{hb} 에 적용 가능한 모든 보정계수를 곱하여 구하여야 한다. 다만, 이렇게 구한 정착길이 l_{hb} 는 항상 $8d_b$ 이상, 또한 (   )mm 이상이어야 한다.

① 150
② 200
③ 250
④ 300

| 해답 | ①

표준 갈고리를 갖는 인장 이형철근의 정착
항상 인장이형철근의 정착길이는 $8d_b$ 이상 또한 150mm 이상이어야 한다.

□□□ 기 11⑤, 12⑤, 13①, 14⑤
87 지간 10m인 단순보에 고정하중 40kN/m, 활하중 60kN/m 작용할 때 극한 설계 하중은? (단, 다른 하중은 무시하며 $1.2D+1.6L$을 사용한다.)

① 71kN/m
② 100kN/m
③ 144kN/m
④ 158kN/m

| 해답 | ③
극한 설계하중
$U = 1.2D + 1.6L = 1.2 \times 40 + 1.6 \times 60 = 144 \text{kN/m}$

□□□ 기 04④, 09⑤, 11④, 14④
88 철근 콘크리트 보의 휨부재에 대한 강도설계법의 기본 가정이 아닌 것은?

① 콘크리트의 변형률은 중립축으로부터 거리에 비례한다.
② 철근의 변형률은 중립축으로부터 거리에 비례한다.
③ 단면설계시 콘크리트의 응력은 등가직사각형 분포로 가정한다.
④ 단면설계시 콘크리트의 인장강도를 고려한다.

| 해답 | ④
콘크리트의 인장강도는 KDS 14 20 60의 규정에 해당하는 경우를 제외하고는 철근 콘크리트 부재 단면의 축강도와 휨(인장)강도 계산에서 무시한다.

□□□ 10④, 11⑤, 15①
89 다음 철근 중 원칙적으로 겹침이음을 하여서는 안 되는 철근은?

① D10 철근
② D16 철근
③ D32 철근
④ D38 철근

| 해답 | ④
겹침이음
D35를 초과하는 철근은 겹침이음을 할 수 없다.

□□□ 기 11①, 13⑤

90 철근 콘크리트용 표준 갈고리에 대한 설명으로 옳지 않은 것은?

① 주철근 표준 갈고리는 180° 표준 갈고리와 90° 표준 갈고리로 분류된다.
② 스터럽과 띠 철근의 표준 갈고리는 90° 표준 갈고리와 180° 표준 갈고리로 분류된다.
③ 주철근의 180° 표준 갈고리는 180° 구부린 반원 끝에서 $4d_b$ 이상, 또한 60mm 이상 더 연장되어야 한다.
④ 주철근의 90° 표준 갈고리는 90° 구부린 끝에서 $12d_b$ 이상 더 연장되어야 한다.

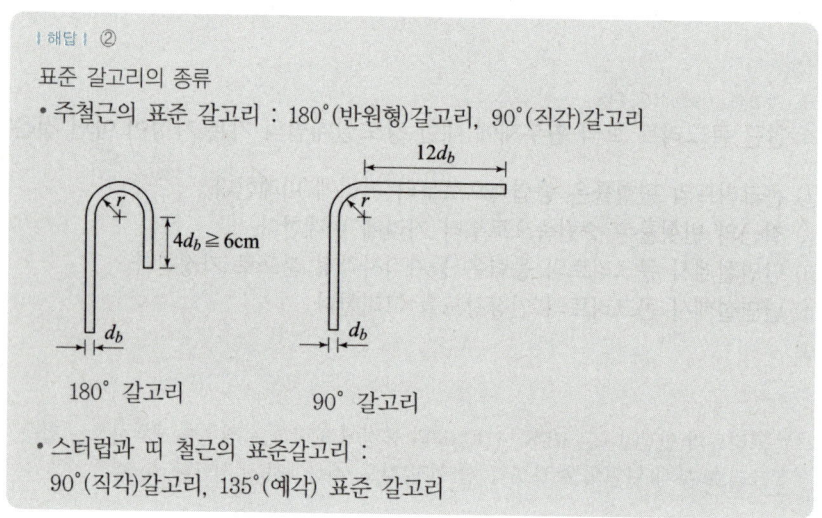

| 해답 | ②
표준 갈고리의 종류
• 주철근의 표준 갈고리 : 180°(반원형)갈고리, 90°(직각)갈고리
• 스터럽과 띠 철근의 표준갈고리 : 90°(직각)갈고리, 135°(예각) 표준 갈고리

□□□ 기 10⑤, 13⑤

91 인장철근의 겹침이음 길이는 최소 얼마 이상으로 하여야 하는가?

① 200mm   ② 250mm
③ 300mm   ④ 350mm

| 해답 | ③
인장 이형철근의 정착길이는 항상 300mm 이상이어야 한다.

□□□ 기 14①, 15④⑤

92 D25 철근을 사용한 90° 표준갈고리는 90° 구부린 끝에서 최소 얼마 이상 더 연장하여야 하는가? (단, d_b는 철근의 공칭지름)

① $6d_b$
② $9d_b$
③ $12d_b$
④ $15d_b$

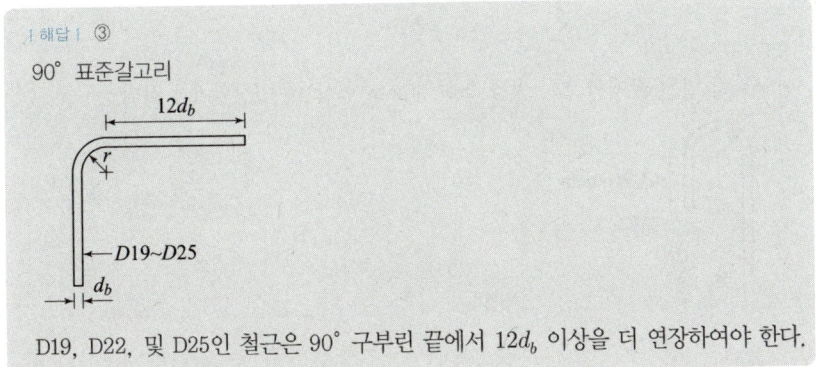

| 해답 | ③

90° 표준갈고리

D19, D22, 및 D25인 철근은 90° 구부린 끝에서 $12d_b$ 이상을 더 연장하여야 한다.

□□□ 기 11①, 12④, 14④, 15①

93 단철근 직사각형보에서 철근의 항복강도 $f_y = 350\text{MPa}$, 콘크리트의 설계기준압축강도 $f_{ck} = 28\text{MPa}$, 단면의 유효깊이 $d = 600\text{mm}$일 때 균형 단면에 대한 중립축의 깊이(c)를 강도설계법으로 구한 값은 약 얼마인가?

① 280mm
② 300mm
③ 380mm
④ 392mm

| 해답 | ④

$f_{ck} \leq 40\text{MPa}$일 때

$c = \dfrac{660}{660 + f_y} d$

$= \dfrac{660}{660 + 350} \times 600 = 392\,\text{mm}$

□□□ 기 05⑤, 09⑤, 14④

94 180° 표준갈고리는 구부린 반원 끝에서 철근 공칭지름(d_b)의 최소 몇 배 이상 연장해야 하는가?

① 4배
② 5배
③ 6배
④ 7배

| 해답 | ①
180° 표준갈고리
• 구부린 반원 끝에서 $4d_b$ 이상 또한 60mm 이상 더 연장되어야 한다.

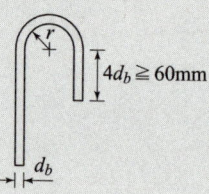

□□□ 기 15①

95 철근과 콘크리트 사이의 부착에 영향을 주는 주요 원리로 옳지 않은 것은?

① 콘크리트와 철근 표면의 마찰 작용
② 시멘트풀과 철근 표면의 점착 작용
③ 이형 철근 표면의 요철에 의한 기계적 작용
④ 거푸집에 의한 압축 작용

| 해답 | ④
부착작용의 세 가지 원리
• 시멘트풀과 철근 표면의 점착 작용
• 콘크리트와 철근 표면의 마찰 작용
• 이형 철근 표면의 요철에 의한 기계적 작용

□□□ 기 09④, 12⑤

96 D22이형철근으로 스터럽의 135° 표준갈고리를 제작할 때 135° 구부린끝에서 최소 얼마 이상 더 연장하여야 하는가? (단, d_b는 철근의 지름이다.)

① $6d_b$
② $9d_b$
③ $12d_b$
④ $15d_b$

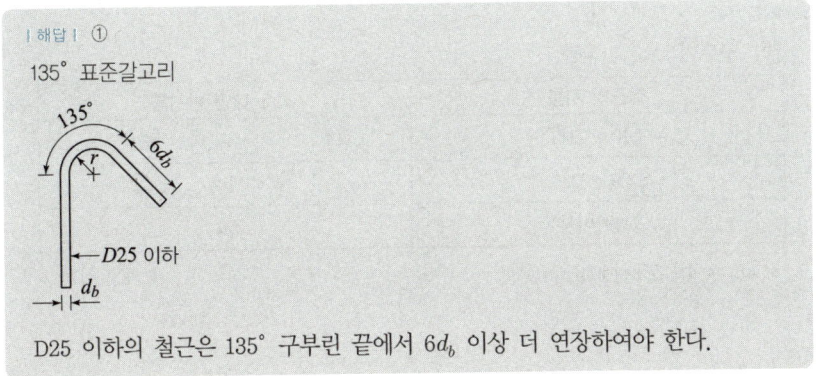

| 해답 | ①

135° 표준갈고리

D25 이하의 철근은 135° 구부린 끝에서 $6d_b$ 이상 더 연장하여야 한다.

□□□ 기 10④, 11①, 12④, 13④

97 단면의 폭 $b = 400mm$, 유효깊이 $d = 600mm$인 단철근 직사각형 보에 D22의 정철근을 2단으로 배치할 경우 그 연직 순간격은 얼마 이상으로 하여야 하는가?

① 25mm 이상
② 35mm 이상
③ 40mm 이상
④ 50mm 이상

| 해답 | ①

상단과 하단에 2단 이상으로 배치된 경우
• 상하철근은 동일 연직면 내에 배치되어야 한다.
• 상하 철근의 순간격은 25mm 이상으로 하여야 한다.

□□□ 기 16①
98 유효 깊이 $d=450\text{mm}$인 캔틸레버에서 D29의 인장 철근이 배치되어 있을 경우 표준갈고리의 최소 내면 반지름은?

① 58mm ② 87mm
③ 116mm ④ 145mm

| 해답 | ③

최소 구부림 내면 반지름

철근의 지름	최소 내면 반지름
D10 ~ D25	$3d_b$
D29 ~ D35	$4d_b$
D38 이상	$5d_b$

∴ $4d_b = 4 \times 29 = 116\text{mm}$

□□□ 기 11①, 12⑤, 13④⑤, 14⑤
99 프리스트레스하지 않는 부재의 현장치기 콘크리트 중 수중에서 치는 콘크리트의 최소 피복두께는?

① 40mm ② 60mm
③ 80mm ④ 100mm

| 해답 | ④

프리스트레스하지 않는 부재의 현장치기 콘크리트

철근의 외부 조건	최소 피복
수중에서 치는 콘크리트	100mm
흙에 접하여 콘크리트를 친 후 영구히 흙에 묻혀있는 콘크리트	75mm

☐☐☐ 기 11⑤, 14④

100 프리스트레스하지 않는 부재의 현장치기 콘크리트 중에서 외부의 공기나 흙에 접하지 않는 콘크리트의 보나 기둥의 최소 피복 두께는 얼마 이상이어야 하는가?

① 20mm ② 40mm
③ 50mm ④ 60mm

| 해답 | ②

옥외의 공기나 흙에 직접 접하지 않는 콘크리트

철근의 외부 조건		최소 피복
보, 기둥		40mm
슬래브 벽체	D35 초과	40mm
	D35 이하	20mm

☐☐☐ 기 10①, 14④

101 철근콘크리트 부재의 경우에 사용할 수 있는 전단철근의 형태가 아닌 것은?

① 주인장 철근에 30° 이상의 각도로 구부린 굽힘철근
② 주인장 철근에 45° 이상의 각도로 설치되는 스터럽
③ 스터럽과 굽힘철근의 조합
④ 주인장 철근과 나란한 용접철망

| 해답 | ④

철근콘크리트 부재에 사용하는 전단철근 형태
• 주인장 철근에 45° 이상의 각도로 설치되는 스터럽
• 주인장 철근에 30° 이상의 각도로 구부린 굽힘철근
• 스터럽과 굽힘철근의 조합

□□□ 기 10①, 14④, 15④

102 철근의 정착 길이를 결정하기 위하여 고려해야 할 조건이 아닌 것은?

① 철근의 지름
② 철근 배근위치
③ 콘크리트 종류
④ 굵은 골재의 최대치수

> |해답| ④
> 철근의 정착길이 결정시 고려사항
> 철근의 종류, 철근의 공칭지름, 철근의 설계기준항복강도, 철근의 양에 따라 달라진다.

□□□ 기 13⑤, 14⑤

103 보의 주철근을 둘러싸고 이에 직각되게 또는 경사지게 배치한 철근으로서 전단력 및 비틀림모멘트에 저항하도록 배치한 보강철근을 무엇이라 하는가?

① 덕트
② 띠 철근
③ 앵커
④ 스터럽

> |해답| ④
> 스터럽(stirrup)
> 보의 주철근을 둘러싸고 이에 직각되게 또는 경사지게 배치한 복부보강근으로서 전단력 및 비틀림모멘트에 저항하도록 배치한 보강철근

□□□ 기 12①, 14⑤

104 D16 이하의 스터럽과 띠 철근의 표준 갈고리에서 구부림 내면 반지름은 철근지름의 최소 몇 배 이상이어야 하는가?

① 2배
② 3배
③ 4배
④ 5배

> |해답| ①
> D16 이하의 스터럽이나 띠 철근
> 철근을 구부리는 내면반지름은 철근공칭지름(d_b)의 $2d_b$ 이상으로 하여야 한다.

□□□ 기 09①, 11⑤, 15⑤

105 보에서 다발철근으로 사용할 수 있는 최대 공칭지름의 철근은?

① D19
② D25
③ D32
④ D35

| 해답 | ④
보에서 D35를 초과하는 철근은 다발로 사용할 수 없다.

□□□ 기 13①, 15①

106 철근의 표준 갈고리로 옳지 않은 것은?

① 주철근의 90° 표준 갈고리
② 주철근의 180° 표준 갈고리
③ 스터럽과 띠 철근의 135° 표준 갈고리
④ 스터럽과 띠 철근의 360° 표준 갈고리

| 해답 | ④
표준 갈고리의 종류
• 주철근의 표준 갈고리 : 180°(반원형)갈고리, 90°(직각)갈고리
• 스터럽과 띠 철근의 표준 갈고리 : 90°(직각)갈고리, 135°(예각) 표준 갈고리

□□□ 기 10⑤, 12④, 15①④, 16①④

107 콘크리트의 피복두께에 대한 정의로 옳은 것은?

① 콘크리트 표면과 그에 가장 멀리 배근된 철근 중심 사이의 콘크리트 두께
② 콘크리트 표면과 그에 가장 가까이 배근된 철근 중심 사이의 콘크리트 두께
③ 콘크리트 표면과 그에 가장 멀리 배근된 철근 표면 사이의 콘크리트 두께
④ 콘크리트 표면과 그에 가장 가까이 배근된 철근 표면 사이의 콘크리트 두께

| 해답 | ④
피복두께
철근 표면으로부터 콘크리트 표면까지(사이)의 최단 거리

□□□ 기 10④, 11④, 12①⑤, 13④⑤, 14①, 15⑤

108 단철근 직사각형보에서 단면의 폭이 400mm, 유효깊이가 500mm, 인장 철근량이 1500mm²일 때 인장 철근의 철근비는?

① 0.0075　　　　　　② 0.08
③ 0.075　　　　　　　④ 0.01

| 해답 | ①
철근비
$$\rho = \frac{A_s}{bd} = \frac{1500}{400 \times 500} = 0.0075$$

□□□ 기 07⑤, 10①, 16④

109 철근의 항복으로 시작되는 보의 파괴 형태로 철근이 먼저 항복한 후에 콘크리트가 큰 변형을 일으켜 사전에 붕괴의 조짐을 보이면서 점진적으로 일어나는 파괴는?

① 취성 파괴　　　　　② 연성 파괴
③ 경성 파괴　　　　　④ 강성 파괴

| 해답 | ②
연성파괴
철근이 항복한 후에 상당한 연성을 나타내기 때문에 파괴가 갑작스럽게 일어나지 않고 서서히 일어난다.

□□□ 기 11④, 16①

110 철근과 콘크리트가 그 경계면에서 미끄러지지 않도록 저항하는 것을 무엇이라 하는가?

① 부착　　　　　　　② 정착
③ 이음　　　　　　　④ 스터럽

| 해답 | ①
부착(bond)
콘크리트에 묻혀있는 철근이 콘크리트와의 경계면에서 미끄러지지 않도록 저항하는 것

□□□ 기 09①, 16④
111 이형철근을 인장철근으로 사용하는 A급 이음일 경우 겹침이음의 최소 길이는? (단, 인장철근의 정착길이는 280mm이다.)

① 360mm
② 330mm
③ 300mm
④ 280mm

| 해답 | ③
인장 이형철근의 겹침이음 길이
인장력을 받는 이형철근 및 이형철선의 겹침이음 길이는 A급, B급으로 분류하며, 항상 300mm 이상이어야 한다.

□□□ 기 12⑤, 15④
112 철근의 이음에 대한 설명으로 옳은 것은?

① 철근은 항상 이어서 사용해야 한다.
② 철근의 이음부는 최대 인장력 발생지점에 설치한다.
③ 철근의 이음은 한 단면에 집중시키는 것이 유리하다.
④ 철근의 이음에는 겹침이음, 용접이음 또는 기계적 이음 등이 있다.

| 해답 | ④
- 철근은 잇지 않는 것을 원칙으로 한다.
- 최대응력이 작용하는 곳에서는 이음을 하지 않는다.
- 이음부를 한 단면에 집중시키지 않고 서로 엇갈리게 두는 것이 좋다.
- 철근의 이음방법은 겹침이음, 용접이음, 기계적 이음 등이 있다.

□□□ 기 12①, 13①
113 용접이음은 철근의 설계기준항복강도 f_y의 몇 % 이상을 발휘할 수 있는 완전용접이어야 하는가?

① 85%
② 100%
③ 125%
④ 150%

| 해답 | ③
용접이음
- 용접용 철근을 사용해야 한다.
- 철근의 설계기준항복강도 f_y의 125% 이상을 발휘할 수 있는 용접이어야 한다.

□□□ 기 13②, 16①
114 인장 이형철근의 겹침이음에서 A급 이음일 때 이음의 최소길이는?
(단, l_d는 인장 이형철근의 정착길이)

① $1.0l_d$ 이상
② $1.3l_d$ 이상
③ $1.5l_d$ 이상
④ $2.0l_d$ 이상

| 해답 | ①
이형철근의 겹침이음길이
- A급 이음 : $1.0l_d$
- B급 이음 : $1.3l_d$

□□□ 기 09④, 14⑤
115 D25 이형철근($d_b = 25.4$mm)을 압축 철근으로 사용할 경우, $f_y = 350$MPa 이라면 겹침이음 길이는 얼마 이상이어야 하는가?

① 340mm
② 440mm
③ 540mm
④ 640mm

| 해답 | ④

압축이형철근의 이음
- $f_y \leq 400\,\mathrm{MPa}$일 때 $0.072 f_y d_b$
- $f_y > 400\,\mathrm{MPa}$일 때 $(0.13 f_y - 24) d_b$
$\therefore\ l = 0.072 f_y d_b = 0.072 \times 350 \times 25.4 = 640\,\mathrm{mm}$

☐☐☐ 기 12⑤, 13⑤

116 표준 갈고리를 가지는 인장 이형철근의 보정계수가 0.8이고 기본정착길이가 600mm이었다면 이 철근의 정착 길이는?

① 360mm
② 420mm
③ 480mm
④ 540mm

| 해답 | ③

이형철근의 정착길이
$l_d =$ 기본 정착 길이$(l_{db}) \times$ 보정 계수
$\quad = 600 \times 0.8 = 480\,\mathrm{mm}$

☐☐☐ 기 14①, 15①

117 철근의 이음 방법으로 옳지 않은 것은?

① 피복 이음법
② 겹침 이음법
③ 용접 이음법
④ 기계적인 이음법

| 해답 | ①

철근의 이음방법
- 겹침이음
- 철근의 용접이음(———•———)
- 철근의 기계적 이음(———▭———)

프리스트레스트 콘크리트

□□□ 기 02④, 12①④⑤, 13②, 14④⑤, 15①, 16①④

118 구조 재료로서 강재의 단점으로 옳은 것은?

① 재료의 균질성이 떨어진다.
② 부재를 개수하거나 보강하기 어렵다.
③ 차량 통행에 의하여 소음이 발생하기 쉽다.
④ 강 구조물을 사전 제작하여 조립이 힘들다.

| 해답 | ③

강재의 장·단점
- 재료의 균질성을 가지고 있다.
- 부재를 개수하거나 보강하기 쉽다.
- 차량 통행에 의하여 소음이 발생하기 쉽다.
- 강 구조물은 공장에서 사전 조립이 가능하다.

□□□ 기 07①, 09④, 10⑤, 11④, 13⑤, 14①④

119 PS 강재의 필요한 성질이 아닌 것은?

① 인장강도가 커야 한다.
② 릴랙세이션이 커야 한다.
③ 적당한 연성과 인성이 있어야 한다.
④ 응력 부식에 대한 저항성이 커야한다.

| 해답 | ②

PS 강재의 필요한 성질
① 인장강도가 커야 한다.
② 릴랙세이션이 작아야 한다.
③ 적당한 연성과 인성이 있어야 한다.
④ 응력 부식에 대한 저항성이 커야 한다.

□□□ 기 13①④⑤, 16①
120 프리스트레스트 콘크리트 보를 설명한 것으로 옳지 않은 것은?

① 고강도의 PC강선이 사용된다.
② 긴 지간의 교량에는 적당하지 않다.
③ 프리스트레스트 콘크리트 보 밑면의 균열을 방지할 수 있다.
④ 프리스트레싱에 의해 보가 위로 솟아오르기 때문에 고정하중을 받을 때의 처짐도 작다.

| 해답 | ②
PSC은 단면을 작게 할 수 있어 지간이 긴 교량에 적당하다.

□□□ 기 03③, 10①, 11⑤, 12①④, 14⑤, 15①
121 프리스트레스를 도입한 후의 손실 원인이 아닌 것은?

① 콘크리트의 크리프
② 콘크리트의 건조수축
③ 콘크리트의 블리딩
④ PS 강재의 릴랙세이션

| 해답 | ③
프리스트레스의 손실의 원인

도입시 손실(즉시손실)	도입 후 손실(시간적 손실)
• 정착 장치의 활동	• 콘크리트의 크리프
• 포스트텐션 긴장재와 덕트 사이의 마찰	• 콘크리트의 건조수축
• 콘크리트의 탄성변형	• PS강재의 릴랙세이션

□□□ 기 14①, 15④
122 포스트 텐션 방식에 있어서 PS강재를 콘크리트와 부착하기 위하여 시스 안에 시멘트풀이나 모르타르를 주입하는 작업을 무엇이라 하는가?

① 앵커
② 라이닝
③ 록 볼트
④ 그라우팅

| 해답 | ④
그라우팅(grouting)
시멘트 풀 또는 모르타르를 주입하는 작업

콘크리트

□□□ 기 10④, 11⑤, 13①④⑤, 14①, 15①, 16①④
123 토목재료로서 콘크리트의 일반적인 특징으로 옳지 않은 것은?

① 콘크리트 자체가 무겁다.
② 압축강도와 인장강도가 거의 동일하다.
③ 건조수축에 의한 균열이 생기기 쉽다.
④ 내구성과 내화성이 모두 크다.

| 해답 | ②
콘크리트 인장강도
• 압축강도에 비해 인장강도가 작다.
• 인장강도는 압축강도의 약 1/10 ~ 1/13 정도이다.

□□□ 기 10⑤, 11④, 12①, 14①⑤, 15①, 16①
124 콘크리트 구조물에 일정한 힘을 가한 상태에서 힘은 변화하지 않는데 시간이 지나면서 점차 변형이 증가되는 성질을 무엇이라 하는가?

① 탄성   ② 크랙
③ 소성   ④ 크리프

| 해답 | ④
크리프(creep)
콘크리트에 일정한 하중을 계속 주면 응력의 변화는 없는데도 변형이 재령과 함께 점차 변형이 증대되는 성질

□□□ 기 11①, 12④⑤, 14①
125 시방배합을 현장배합으로 고칠 경우에 고려하여야 할 사항으로 옳지 않은 것은?

① 굵은 골재 중에서 5mm 체를 통과하는 잔골재량
② 잔골재 중 5mm 체에 남는 굵은 골재량
③ 골재의 함수 상태
④ 단위 시멘트량

| 해답 | ④

시방배합을 현장배합으로 변경 시 고려할 사항
- 골재의 함수상태
- 잔골재 속의 5mm체에 남는 양
- 굵은 골재 속의 5mm체를 통과하는 양

□□□ 기 09①, 11①, 12①④, 14⑤, 15④, 16④
126 굳지 않은 콘크리트에 AE제를 사용하여 연행공기를 발생시켰다. 이 AE 공기의 특징으로 옳은 것은?

① 콘크리트의 유동성을 저하시킨다.
② 콘크리트의 온도가 낮을수록 AE공기가 잘 소실된다.
③ 경화 후 동결융해에 대한 저항성이 증대된다.
④ 기포의 직경이 클수록 잘 소실되지 않는다.

| 해답 | ③

AE공기의 특징
- 기상작용에 대한 내구성과 수밀성이 좋다.
- 경화 후 동결융해에 대한 저항성이 증대된다.
- 콘크리트의 워커빌리티와 마무리성이 좋아진다.

□□□ 기 10④, 11④, 15④
127 수밀 콘크리트를 만드는데 적합하지 않은 것은?

① 단위수량을 되도록 적게 한다.
② 물- 결합재비를 되도록 적게 한다.
③ 단위 굵은 골재량을 되도록 크게 한다.
④ AE제를 사용하지 않음을 원칙으로 한다.

| 해답 | ④
AE제, 감수제를 사용하는 것이 좋다.

□□□ 기 10⑤, 11④⑤, 15④
128 콘크리트의 시방배합에서 잔골재는 어느 상태를 기준으로 하는가?

① 5mm체를 전부 통과하고 표면건조포화상태인 골재
② 5mm체를 전부 통과하고 공기중건조상태인 골재
③ 5mm체에 전부 남고 표면건조포화상태인 골재
④ 5mm체에 전부 남고 공기중건조상태인 골재

| 해답 | ①
시방배합에서 잔골재
잔골재는 5mm체를 전부 통과하고 표면건조포화상태인 골재

□□□ 기 07, 10①, 12①, 16①④
129 콘크리트용 재료로서 골재가 갖춰야 할 성질에 대한 설명으로 옳지 않은 것은?

① 알맞은 입도를 가질 것
② 깨끗하고 강하며 내구적일 것
③ 연하고 가느다란 석편을 함유할 것
④ 먼지, 흙 등의 유해물이 허용한도 이내일 것

| 해답 | ③

콘크리트용 골재가 갖추어야 할 성질
- 알맞는 입도를 가질 것
- 깨끗하고, 강하며, 내구적일 것
- 연한 석편, 가느다란 석편을 함유하지 않을 것
- 먼지, 흙, 유기 불순물, 염화물 등의 유해량을 함유하지 않을 것

□□□ 기 11④⑤, 13①, 14①

130 직경 100mm의 원주형 공시체를 사용한 콘크리트의 압축강도 시험에서 압축하중이 300kN에서 파괴가 진행되었다면 압축강도는?

① 18.8MPa
② 25.0MPa
③ 32.5MPa
④ 38.2MPa

| 해답 | ④

압축강도
$$f_c = \frac{P}{A} = \frac{300 \times 10^3}{\frac{\pi \times 100^2}{4}} = 38.2 \text{MPa}$$

□□□ 기 11⑤, 12④, 16①

131 크리프에 영향을 미치는 요인에 대한 설명으로 옳지 않은 것은?

① 재하 하중이 클수록 크리프 값이 크다.
② 콘크리트 온도가 높을수록 크리프 값이 크다.
③ 고강도 콘크리트일수록 크리프 값이 크다.
④ 콘크리트 재령이 짧고 하중 재하 기간이 길면 크리프 값이 크다.

| 해답 | ③

콘크리트의 품질
고강도의 콘크리트일수록 크리프 변형은 적다.

□□□ 기 09①, 11④, 12⑤, 13④, 14④, 16①④

132 콘크리트를 친 후 시멘트와 골재알이 가라 앉으면서 물이 떠오르는 현상을 무엇이라 하는가?

① 풍화
② 레이턴스
③ 블리딩
④ 경화

| 해답 | ③

블리딩
- 콘크리트를 친 후 시멘트와 골재알이 가라앉으면서 물이 떠오르는 현상
- 블리딩에 의하여 콘크리트의 표면에 떠올라 가라 앉는 아주 작은 물질을 레이턴스라 한다.

강 구조

□□□ 기 02④, 12①④⑤, 13②, 14④⑤, 15①, 16①④

133 구조 재료로서의 강재의 특징에 대한 설명으로 옳지 않은 것은?

① 균질성을 가지고 있다.
② 관리가 잘 된 강재는 내구성이 우수하다.
③ 다양한 형상과 치수를 가진 구조로 만들 수 있다.
④ 다른 재료에 비해 단위 면적에 대한 강도가 작다.

| 해답 | ④

구조 재료로서의 강재의 장점
- 재료의 균질성을 가지고 있다.
- 부재를 개수하거나 보강하기 쉽다.
- 다양한 형상과 치수를 가진 구조로 만들 수 있다.
- 다른 재료에 비해 단위 면적에 대한 강도가 크다.
- 재료의 세기, 즉 강도가 콘크리트에 비해 월등히 크다.
- 강 구조물을 공장에서 사전 조립이 가능하여 공사기간을 단축할 수 있다.

□□□ 기 09④, 14①
134 강 구조에 사용하는 강재의 종류에 있어서 녹슬기 쉬운 강재의 단점을 개선한 강재는?

① 일반 구조용 압연 강재　　② 용접 구조용 압연 강재
③ 내후성 열간 압연 강재　　④ 너트 구조용 압연 강재

|해답| ③
구조용 강재의 종류
• 일반 구조용 압연 강재 : 압연 강재의 대부분을 차지
• 용접 구조용 압연 강재 : 용접성이 좋도록 만든 강재
• 내후성 열간 압연 강재 : 녹슬기 쉬운 단점을 개선한 강재

□□□ 기 12④, 14⑤
135 콘크리트가 반복하중을 받는 경우가 정적하중을 받는 경우보다 낮은 응력에서 파괴되는 현상이 발생하는데, 이러한 현상을 무엇이라 하는가?

① 인장파괴　　② 압축파괴
③ 취성파괴　　④ 피로파괴

|해답| ④
이러한 현상을 피로파괴(fatigue failure)라 한다.

□□□ 기 10⑤, 13①
136 용접이음의 특징에 대한 설명으로 옳지 않은 것은?

① 접합부의 강성이 작다.
② 시공 중에 소음이 없다.
③ 인장측에 리벳 구멍에 의한 단면 손실이 없다.
④ 리벳 접합 방식에 비하여 강재를 절약할 수 있다.

|해답| ①
접합부의 강성이 크다.

□□□ 기 11⑤, 15④

137 겹치기 이음 또는 T이음에 주로 사용되는 용접으로 용접할 모재를 겹쳐서 그 둘레를 용접하거나 2개의 모재를 T형으로 하여 모재 구석에 용착 금속을 채우는 용접은?

① 홈 용접(Groove Welding)
② 필릿 용접(Fillet Welding)
③ 슬롯 용접(Slot Welding)
④ 플러그 용접(Plug Welding)

| 해답 | ②

- 필릿 용접 : 용접할 부재를 직각으로 겹쳐진(ㄴ, ㅜ 형태) 코너부분을 용접하는 방법
- 홈 용점 : 용접하려는 모재에 홈을 파서 용접하는 것이다.

□□□ 기 11⑤, 13④, 14⑤, 15④

138 강교에서 주구조가 축방향 인장 및 압축부재로 조합된 형식의 교량으로 비교적 계산이 간단하고, 구조적으로 상당한 긴 지간에 유리하게 쓰이는 것은?

① 판형교
② 트러스교
③ 라멘교
④ 사장교

| 해답 | ②

트러스교의 특징
- 비교적 계산이 간단하고 구조적으로 상당히 긴 지간이 유리하게 쓰인다.
- 부재의 길이에 비하여 단면이 작은 부재를 삼각형으로 이어서 만든 뼈대로서, 보의 작용을 하도록 한 구조이다.

□□□ 기 10①, 15⑤

139 트러스의 종류 중 주트러스로서는 잘 쓰이지 않으나, 가로 브레이싱에 주로 사용되는 형식은?

① K 트러스
② 프랫(pratt) 트러스
③ 하우(howe) 트러스
④ 워런(warren) 트러스

| 해답 | ①

K트러스
• 겉보기에 좋지 않으므로 주 트러스로서는 잘 쓰이지 않는다.
• 가로 브레이싱으로 주로 쓰인다.

04 Pick Remember 180선
토목일반

HANSOL2026
전산응용토목제도

> 토목설계

☐☐☐ 기 12①, 14⑤, 15①

140 다음 교량 중 가장 오래된 것은?

① 영국의 런던교
② 미국의 금문교
③ 프랑스의 가르교
④ 일본의 아카시 대교

|해답| ③
세계토목구조물의 역사
- 1~2세기 : 프랑스의 가르교
- 9~10세기 : 영국의 런던교, 프랑스의 아비뇽교
- 19~20세기 : 미국의 금문교
- 1988년 완성 : 일본의 아카시 대교

☐☐☐ 기 09④, 11⑤, 12①

141 강재의 보 위에 철근 콘크리트 슬래브를 이어 쳐서 양자가 일체하도록 된 구조는?

① 철근 콘크리트 구조
② 콘크리트 구조
③ 강 구조
④ 합성 구조

|해답| ④
합성 구조
철근이 없이 강재의 보 위에 철근 콘크리트 슬래브를 이어쳐서 양자가 일체로 작용하도록 한 것

□□□ 기 05⑤, 07⑤, 10①⑤, 12①, 16④
142 토목 구조물의 특징에 속하지 않는 것은?

① 건설에 많은 비용과 시간이 소요된다.
② 공공의 목적으로 건설되기 때문에 사회의 감시와 비판을 받게 된다.
③ 구조물의 공용 기간이 길어 장래를 예측하여 설계하고 건설해야 한다.
④ 주로 다량 생산 체계로 건설된다.

|해답| ④

토목 구조물의 특징
- 일반적으로 규모가 크다.
- 건설에 많은 비용과 시간이 소요된다.
- 대부분이 공공의 목적으로 건설된다. 즉 사회의 감시와 비판을 받는다.
- 구조물의 수명, 즉 공용 기간이 길다.
- 대부분 자연 환경 속에 놓인다.
- 다량 생산이 아니다. 즉 동일한 조건의 동일한 구조물을 2번 이상 건설하는 일이 없다.
- 동일한 조건의 동일한 구조물을 두 번 이상 건설하는 일이 없다.

□□□ 기 11⑤, 12①④, 13①②⑤, 14④⑤
143 교량의 설계 하중에서 주하중이 아닌 것은?

① 설 하중
② 활 하중
③ 고정 하중
④ 충격 하중

|해답| ①

하중의 종류

주하중	고정 하중, 활 하중, 충격 하중
부하중	풍 하중, 온도 변화의 영향, 지진 하중
특수 하중	설 하중, 원심 하중, 제동 하중, 지점 이동의 영향 가설 하중, 충돌 하중

□□□ 기 10⑤, 12⑤, 16①

144 재료 및 신기술의 발전과 사회 환경의 변화로 포틀랜드 시멘트가 개발되고 장대교량이 출현한 시기는?

① 기원전 1~2세기
② 9~10세기
③ 11~18세기
④ 19~20세기

| 해답 | ④
19~20세기 초
재료 및 신기술의 발전과 사회 환경의 변화로 포틀랜드 시멘트가 개발되어 장대교량이 출현

□□□ 기 11⑤, 13④, 14④, 16①④

145 사용 재료에 따른 토목 구조물의 분류 방법이 아닌 것은?

① 강 구조
② 연속 구조
③ 콘크리트 구조
④ 합성 구조

| 해답 | ②
사용 재료에 따른 분류
콘크리트 구조(철근 콘크리트구조, 프리스트레스트 콘크리트 구조), 강 구조, 합성 구조

□□□ 기 12⑤, 16④

146 교량의 상부 구조에 해당하지 않는 것은?

① 슬래브
② 트러스
③ 교대
④ 보

| 해답 | ③
• 상부 구조 : 바닥판, 바닥틀, 주형 또는 주트러스, 받침
• 하부 구조 : 교대, 교각 및 기초(말뚝기초 및 우물통 기초)

□□□ 기 09⑤, 11①, 16①
147 주형 혹은 주트러스를 3개 이상의 지점으로 지지하여 2경간 이상에 걸쳐 연속시킨 교량의 구조 형식은?

① 단순교　　　　　　　② 라멘교
③ 연속교　　　　　　　④ 아치교

| 해답 | ③
연속교
주형 또는 주트러스를 3개 이상의 지점으로 지지하여 2경간이상에 걸쳐 연속시킨 교량

□□□ 기 10④, 13①⑤, 16①④
148 주탑을 기준으로 경사방향의 케이블에 의해 지지되는 교량의 형식은?

① 사장교　　　　　　　② 아치교
③ 트러스교　　　　　　④ 라멘교

| 해답 | ①
사장교
- 교각 위에 탑을 세우고 주탑과 경사로 배치된 케이블로 주형을 고정시키는 형식의 교량이다.
- 서해대교는 대표적인 사장교이다.

□□□ 기 08⑤, 14①
149 하천, 계곡, 해협 등에 가설하여 교통 소통을 위한 통로를 지지하도록 한 구조물을 무엇이라 하는가?

① 교량　　　　　　　　② 옹벽
③ 기둥　　　　　　　　④ 슬래브

| 해답 | ①
교량(bridge)
하천, 계곡, 해협 등에 가설하여 교통 소통을 위한 구조물

기둥

□□□ 기 10⑤, 14⑤

150 기둥의 지지 조건에서 양 끝이 고정되어 있는 기둥의 전체 길이가 L일 때 유효길이는?

① $0.5L$
② $0.7L$
③ $1.0L$
④ $2.0L$

| 해답 | ①

유효길이 $= K \cdot L$

양단 지지상태	유효길이
양단고정	$0.5L$
1단힌지 타단 고정	$0.7L$
양단힌지	$1.0L$
1단자유 타단 고정	$2.0L$

□□□ 기 11⑤, 12①④

151 압축부재의 띠 철근 수직간격 결정시 검토하여야 할 조건으로 옳은 것은?

① 300mm 이하
② 축방향 철근 지름의 16배 이하
③ 띠 철근 지름의 32배 이하
④ 기둥 단면 최소 치수의 1/2 이하

| 해답 | ②

압축부재에 사용하는 띠 철근 수직간격
- 축방향 철근지름의 16배 이하
- 띠 철근이나 철선지름의 48배 이하
- 기둥 단면의 최소 치수 이하

□□□ 기 11④, 15⑤

152 기둥과 같이 압축력을 받는 부재가 압축력에 의해 휘거나 파괴되는 현상을 무엇이라 하는가?

① 피로
② 좌굴
③ 연화
④ 쇄굴

| 해답 | ②
좌굴
기둥이 휘어져 파괴되는 현상

□□□ 기 10④, 11⑤, 12①, 14①

153 축방향 압축을 받는 부재로서 높이가 단면 최소 치수의 몇 배 이상이 되어야 기둥이라 하는가?

① 2배
② 3배
③ 4배
④ 5배

| 해답 | ②
기둥
축방향 압축과 힘을 받는 부재로서 높이가 단면 최소 치수의 3배 이상인 것

□□□ 기 12④, 14④, 16④

154 철근 콘크리트 기둥을 크게 세 가지 형식으로 분류할 때, 이에 해당되지 않는 것은?

① 합성 기둥
② 원형 기둥
③ 띠 철근 기둥
④ 나선철근 기둥

| 해답 | ②
기둥의 3가지 형식
띠 철근 기둥, 나선철근 기둥, 합성 기둥

□□□ 기 09①, 10①, 16①

155 철근 콘크리트 기둥을 분류할 때 구조용 강재나 강관을 축방향으로 보강한 기둥은?

① 띠 철근 기둥
② 합성기둥
③ 나선철근 기둥
④ 복합기둥

| 해답 | ②

기둥의 형식 3가지
- 띠 철근 기둥 : 축방향 철근을 적당한 간격의 띠 철근으로 둘러 감은 기둥
- 나선철근기둥 : 축방향 철근을 나선철근으로 촘촘히 둘러 감은 기둥
- 합성기둥 : 구조용 강재나 강관을 축방향으로 보강한 기둥

□□□ 기 05④, 10①, 13⑤, 15④

156 나선철근의 정착은 나선철근의 끝에서 추가로 최소 몇 회전만큼 더 확보하여야 하는가?

① 1.0회전
② 1.5회전
③ 2.0회전
④ 2.5회전

| 해답 | ②

나선철근의 정착을 위해 나선철근의 끝에서 1.5회전 만큼 더 연장해야 한다.

□□□ 기 09①④, 10⑤, 14④

157 압축부재에 사용되는 나선철근의 순간격 기준으로 옳은 것은?

① 25mm 이상, 55mm 이하
② 25mm 이상, 75mm 이하
③ 55mm 이상, 75mm 이하
④ 55mm 이상, 90mm 이하

| 해답 | ②

압축부재에 사용되는 나선철근의 순간격
- 25mm 이상, 75mm 이하

□□□ 기 13①, 15⑤
158 압축부재의 축방향 주철근이 나선철근으로 둘러싸인 경우에 주철근의 최소 개수는?

① 6개
③ 9개
② 8개
④ 10개

| 해답 | ①
압축부재의 축방향 주철근 최소 개수
- 사각형이나 원형 띠 철근으로 둘러싸인 경우 4개
- 삼각형 띠 철근으로 둘러싸인 경우는 3개
- 나선철근으로 둘러싸인 철근의 경우는 6개

□□□ 기 09④, 15①④
159 기둥에서 종방향 철근의 위치를 확보하고 전단력에 저항하도록 정해진 간격으로 배치된 횡방향의 보강 철근을 무엇이라 하는가?

① 띠 철근
③ 인장 철근
② 절곡 철근
④ 주 철근

| 해답 | ①
띠 철근 기둥
축방향 철근의 위치를 확보하고 좌굴을 방지하기 위하여 축방향 철근을 가로 방향으로 묶어 주는 역할

□□□ 기 14①, 15④
160 띠 철근 기둥에서 축방향 철근의 순간격은 최소 몇 mm 이상이어야 하는가?

① 40mm
③ 80mm
② 60mm
④ 100mm

| 해답 | ①
띠 철근(나선철근) 기둥
축방향 철근의 순간격은 40mm 이상, 철근 공칭지름의 1.5배 이상

슬래브

□□□ 기 12①, 14④
161 다음에서 설명하는 구조물은?

- 두께에 비하여 폭이 넓은 판 모양의 구조물
- 도로교에서 직접 하중을 받는 바닥판
- 건물의 각 층마다의 바닥판

① 보 ② 기둥
③ 슬래브 ④ 확대기초

| 해답 | ③

슬래브의 조건
- 두께에 비해 폭이 넓은 판 모양의 구조물
- 도로교에서 직접 하중을 받는 바닥판
- 건물의 각층마다의 바닥판

□□□ 기 10④, 11⑤, 12④, 13⑤, 15①
162 슬래브의 배력 철근에 관한 사항으로 옳지 않은 것은?

① 배력철근을 배치하는 이유는 가해지는 응력을 고르게 분포시키기 위해서이다.
② 정철근 또는 부철근으로 힘을 받는 주철근이다.
③ 배력철근은 주철근의 간격을 유지시켜 준다.
④ 배력철근은 콘크리트의 건조수축이나 온도 변화에 의한 수축을 감소시켜 준다.

| 해답 | ②

배력 철근을 배치하는 이유
- 응력을 고르게 분포시키기 위해서
- 주철근의 간격을 유지시켜 준다.
- 균열을 분포시키는 데 유효하다.
- 콘크리트의 건조 수축이나 온도 변화에 의한 수축을 감소시킨다.
- 정(+)철근 또는 부(−)철근에 직각 또는 직각에 가까운 방향으로 배치한 보조 철근

□□□ 기 07①, 09①④⑤, 11⑤, 12①, 15④, 16①④
163 1방향 슬래브의 최소 두께는 얼마 이상인가?

① 50mm
② 80mm
③ 100mm
④ 150mm

| 해답 | ③

1방향 슬래브
최소 두께는 100mm 이상으로 규정하고 있다.

□□□ 기 06④, 10①, 12⑤, 13①, 14⑤, 16①
164 2방향 슬래브의 위험단면에서 철근 간격은 슬래브 두께의 2배 이하 또한 몇 mm 이하이어야 하는가?

① 100mm
② 200mm
③ 300mm
④ 400mm

| 해답 | ③

2방향 슬래브
위험단면의 철근 간격은 슬래브 두께의 2배 이하, 300mm 이하이어야 한다.

□□□ 기 12⑤, 14①, 16④
165 슬래브에 대한 설명으로 옳지 않은 것은?

① 슬래브는 두께에 비하여 폭이 넓은 판모양의 구조물이다.
② 주철근의 구조에 따라 크게 1방향 슬래브, 2방향 슬래브로 구별할 수 있다.
③ 2방향 슬래브는 주철근의 배치가 서로 직각으로 만나도록 되어 있다.
④ 4변에 의해 지지되는 슬래브 중에서 단변에 대한 장변의 비가 4배를 넘으면 2방향 슬래브로 해석한다.

| 해답 | ④

4변에 의해 지지되는 슬래브 중에서 단변에 대한 장변의 비가 4배를 넘으면 1방향 슬래브로 해석한다.

□□□ 기 08⑤, 11①, 16①

166 슬래브를 1방향 슬래브와 2방향 슬래브로 구분하는 기준과 가장 관계가 깊은 것은?

① 설치위치(높이)
② 슬래브의 두께
③ 부철근의 구조
④ 지지하는 경계조건

| 해답 | ④
슬래브
지지하는 경계조건에 따라 1방향 슬래브와 2방향 슬래브로 구별한다.

□□□ 기 10⑤, 11①④, 12⑤, 14①

167 하중을 분포시키거나 균열을 제어할 목적으로 주철근과 직각에 가까운 방향으로 배치한 보조 철근은?

① 띠 철근
② 원형철근
③ 배력철근
④ 나선철근

| 해답 | ③
배력철근(distributing)의 정의이다.

□□□ 기 06④, 10①, 12⑤, 13①, 14⑤, 15①④

168 슬래브에서 정모멘트 철근 및 부모멘트 철근의 중심 간격에 대한 기준과 관련이 없는 것은?

① 위험단면에서는 슬래브 두께의 2배 이하
② 위험단면에서는 200mm 이하
③ 위험단면 외의 기타 단면에서는 슬래브 두께의 3배 이하
④ 위험단면 외의 기타 단면에서는 450mm 이하

| 해답 | ②
1방향 슬래브의 주철근의 간격
• 위험단면의 경우 슬래브 두께의 2배 이하, 300mm 이하
• 기타의 단면은 슬래브 두께의 3배 이하, 450mm 이하

확대기초

□□□ 기 11⑤, 14④

169 그림 중 경사 확대기초는 어느 것인가?

①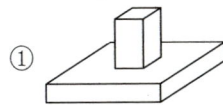
②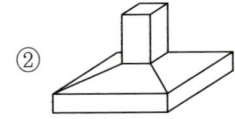
③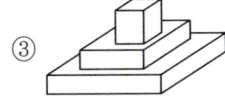
④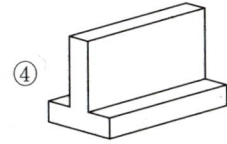

| 해답 | ②
① 독립 확대기초
② 경사 확대기초
③ 계단식 확대기초
④ 벽 확대기초

□□□ 기 11④, 12①④, 13⑤, 14⑤, 16①④

170 확대기초의 크기가 3m×2m이고, 허용 지지력이 500kN/m²일 때 이 기초가 받을 수 있는 최대 하중은?

① 1000kN
② 1800kN
③ 2100kN
④ 3000kN

| 해답 | ④

$q_a = \dfrac{P}{A}$ 에서

∴ $P = q_a \cdot A = 500 \times 3 \times 2 = 3000\text{kN}$

□□□ 기 02⑤, 08⑤, 09④⑤, 12⑤, 15⑤

171 2개 이상의 기둥을 한 개의 확대기초로 받치도록 만든 기초는?

① 독립 확대기초
② 벽 확대기초
③ 연결 확대기초
④ 전면 확대기초

| 해답 | ③

연결 확대기초
2개 이상의 기둥을 1개의 확대기초로 받치도록 만든 기초

□□□ 기 11④, 12①, 16①

172 벽으로부터 전달되는 하중을 분포시키기 위하여 연속적으로 만들어진 확대기초는?

① 말뚝 기초
② 벽 확대기초
③ 연결 확대기초
④ 독립 확대기초

| 해답 | ②

벽 확대기초
벽으로부터 전달되는 하중을 분포시키기 위하여 연속적으로 만들어진 확대기초

□□□ 기 05⑤, 10①, 11①, 14①⑤, 22①

173 그림은 어느 형식의 확대기초를 표시한 것인가?

① 말뚝 확대기초
② 경사 확대기초
③ 연결 확대기초
④ 독립 확대기초

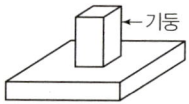

| 해답 | ④

독립 확대기초
1개의 기둥에 전달되는 하중을 1개의 기초가 단독으로 받도록 되어 있는 확대기초

□□□ 기 10⑤, 11①, 14①, 15①

174 자중을 포함한 수직 하중 200kN를 받는 독립 확대기초에서 허용 지지력이 5kN/m²일 때, 확대기초의 필요한 최소 면적은?

① 5m²
② 20m²
③ 30m²
④ 40m²

| 해답 | ④

$$q_a = \frac{P}{A} \text{에서 } A = \frac{200}{5} = 40\,\text{m}^2$$

□□□ 기 11⑤, 13②, 14④

175 기둥, 교대, 교각, 벽 등에 작용하는 상부 구조물의 하중을 지반에 안전하게 전달하기 위하여 설치하는 구조물은?

① 노상
② 암거
③ 노반
④ 확대기초

| 해답 | ④

확대기초
기둥, 교대, 교각, 벽 등에 작용하는 상부 구조물의 하중을 지반에 안전하게 전달하기 위하여 설치하는 구조물

옹벽

□□□ 기 10⑤
176 옹벽의 종류와 설명이 바르게 연결된 것은?

① 뒷부벽식 옹벽 : 통상 무근 콘크리트로 만든다.
② 캔틸레버 옹벽 : 철근 콘크리트로 만들어지며 역 T형 옹벽이라 한다.
③ 중력식 옹벽 : 통상 높이가 6m 이상의 옹벽에 주로 쓰인다.
④ 앞부벽식 옹벽 : 옹벽 높이가 7.5m를 넘는 경우는 비경제적이다.

| 해답 | ②
- 뒷부벽식 옹벽 : 캔틸레버 옹벽의 뒷면에 일정한 간격의 부벽을 설치하여 보강한 옹벽으로 높이가 7.5m를 넘는 경우에 사용하면 경제적이다.
- 중력식 옹벽 : 무근 콘크리트로 만들어지며, 자중에 의하여 안정을 유지한다.
- 앞부벽식 옹벽 : 캔틸레버 옹벽의 전면에 일정한 간격의 부벽을 설치하여 보강한 옹벽

□□□ 기 05④, 06⑤, 13⑤, 16①
177 옹벽의 종류가 아닌 것은?

① 뒷부벽식 옹벽
② 중력식 옹벽
③ 캔틸레버 옹벽
④ 독립식 옹벽

| 해답 | ④
옹벽의 종류
중력식 옹벽, 캔틸레버 옹벽, 뒷부벽식 옹벽, 앞부벽식 옹벽, L형 옹벽, 역 T형 옹벽, 반중력식 옹벽

☐☐☐ 기 07, 13①, 16④
178 보통 무근 콘크리트로 만들어지며 자중에 의하여 안정을 유지하는 옹벽의 형태를 무엇이라 하는가?

① 중력식 옹벽 ② L형 옹벽
③ 캔틸레버 옹벽 ④ 뒷부벽식 옹벽

|해답| ①
중력식 옹벽
무근 콘크리트로 만들어지며, 자중에 의하여 안정을 유지한다.

☐☐☐ 기 03④, 07①, 09④, 13①, 16①④
179 옹벽은 외력에 대하여 안정성을 검토하는데, 그 대상이 아닌 것은?

① 전도에 대한 안정 ② 활동에 대한 안정
③ 침하에 대한 안정 ④ 간격에 대한 안정

|해답| ④
옹벽의 안정 조건
전도에 대한 안정, 활동에 대한 안정, 침하에 대한 안정

☐☐☐ 기 09⑤, 10①, 16④
180 옹벽의 활동에 대한 저항력은 옹벽에 작용하는 수평력의 최소 몇 배 이상이 되도록 하여야 하는가?

① 1.0배 ② 1.5배
③ 2.0배 ④ 2.5배

|해답| ②
옹벽의 안정조건
- 활동에 대한 안전율 : 1.5배 이상
- 전도에 대한 안전율 : 2.0배 이상

별책부록

전산응용토목제도기능사 3주완성

發行處 **(주) 한솔아카데미**

(우)06775 서울시 서초구 마방로10길 25 트윈타워 A동 2002호
TEL : (02)575-6144/5   FAX : (02)529-1130
〈1998. 2. 19 登錄 第16-1608號〉

※ 破本은 交換해 드립니다.

※ 본 교재의 내용 중에서 오타, 오류 등은 발견되는 대로 한솔아카데미 인터넷 홈페이지를 통해 공지하여 드리며 보다 완벽한 교재를 위해 끊임없이 최선의 노력을 다하겠습니다.
www.inup.co.kr / www.bestbook.co.kr

www.bestbook.co.kr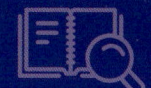

건축시공학
이찬식, 김선국, 김예상, 고성석,
손보식, 유정호, 김태완 공저
776쪽 | 30,000원

**현장실무를 위한
토목시공학**
남기천,김상환,유광호,강보순,
김종민,최준성 공저
1,212쪽 | 45,000원

알기쉬운 토목시공
남기천, 유광호, 류명찬, 윤영철,
최준성, 고준영, 김연덕 공저
818쪽 | 28,000원

Auto CAD 오토캐드
김수영, 정기범 공저
364쪽 | 25,000원

친환경 업무매뉴얼
정보현, 장동원 공저
352쪽 | 30,000원

**건축시공기술사
기출문제**
배용환, 서갑성 공저
1,146쪽 | 69,000원

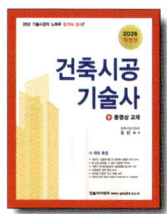

**합격의 정석
건축시공기술사**
조민수 저
904쪽 | 67,000원

**건축시공기술사
용어해설**
조민수 저
1,438쪽 | 70,000원

**건축전기설비기술사
(상,하)**
서학범 저
1,532쪽 | 65,000원(각권)

**디테일 기본서 PE
건축시공기술사**
백종엽 저
730쪽 | 62,000원

**디테일 마법지 PE
건축시공기술사**
백종엽 저
504쪽 | 50,000원

**용어설명1000 PE
건축시공기술사(상,하)**
백종엽 저
2,148쪽 | 70,000원(각권)

역학의 정석
김성민, 김성범 공저
788쪽 | 52,000원

**합격의 정석
토목시공기술사**
김무섭, 조민수 공저
874쪽 | 60,000원

건설안전기술사
이태엽 저
776쪽 | 60,000원

소방기술사 上
윤정득, 박견용 공저
656쪽 | 55,000원

소방기술사 下
윤정득, 박견용 공저
730쪽 | 55,000원

**소방시설관리사 1차
(상,하)**
김홍준 저
1,630쪽 | 63,000원

건축에너지관계법해설
조영호 저
614쪽 | 27,000원

ENERGYPULS
이광호 저
236쪽 | 25,000원

Hansol Academy

수학의 마술(2권)
아서 벤저민 저, 이경희, 윤미선, 김은현, 성지현 옮김
206쪽 | 24,000원

스트레스, 과학으로 풀다
그리고리 L. 프리키온, 애너이브 코비치, 앨버트 S.융 저
176쪽 | 20,000원

행복충전 50Lists
에드워드 호프만 저
272쪽 | 16,000원

지치지 않는 뇌 휴식법
이시카와 요시키 저
188쪽 | 12,800원

지능형홈관리사
김일진, 이의신, 송한춘, 황준호, 장우성 공저
500쪽 | 35,000원

스마트 건설, 스마트 시티, 스마트 홈
김선근 저
436쪽 | 19,500원

e-Test 엑셀 ver.2016
임창인, 조은경, 성대근, 강현권 공저
268쪽 | 17,000원

e-Test 파워포인트 ver.2016
임창인, 권영희, 성대근, 강현권 공저
206쪽 | 15,000원

e-Test 한글 ver.2016
임창인, 이권일, 성대근, 강현권 공저
198쪽 | 13,000원

e-Test 엑셀 2010(영문판)
Daegeun-Seong
188쪽 | 25,000원

e-Test 한글+엑셀+파워포인트
성대근, 유재휘, 강현권 공저
412쪽 | 28,000원

재미있고 쉽게 배우는 포토샵 CC2020
이영주 저
320쪽 | 23,000원

토목기사 4주완성

이상도, 고길용, 안광호, 한웅규, 홍성협, 김지우
1,054쪽 | 45,000원

토목산업기사 4주완성

이상도, 정경동, 고길용, 안광호, 한웅규, 홍성협
752쪽 | 42,000원

※ 구입처는 **전국대형서점**에서 구매하실 수 있습니다.